深度学习：原理及遥感地学分析

李连发 著

科学出版社

北 京

内 容 简 介

随着卫星遥感、无人机、物联网等技术的发展，地球时空大数据不断累积，如何从地球大数据中高效挖掘知识、模式及规则，成为地球系统科学研究的难点及重点。常规统计及机器学习方法存在诸多局限，本书将深度学习纳入地学系统科学问题框架，从地球及遥感科学的背景及视角系统阐述深度学习的基本原理，并提供了典型的应用实例。通过阅读本书，期待读者在面对影响因素繁杂的地学领域的过程演化、地表参数反演、地物对象识别等实际问题时，能够化繁为简，找到合适的原理及解决方法。

全书共分三部分，即基础篇、方法篇及遥感地学分析篇：基础篇是机器学习及深度学习的基础；方法篇则系统描述了深度学习的方法及特点；遥感地学分析篇概括了深度学习在遥感地学分析系统的建模架构与典型的应用。

本书适合信息科学、数据科学、地学及遥感等相关专业的学生和研究人员阅读与参考。

图书在版编目（CIP）数据

深度学习：原理及遥感地学分析 / 李连发著. —北京：科学出版社，2022.10

ISBN 978-7-03-070051-3

Ⅰ. ①深… Ⅱ. ①李… Ⅲ. ①机器学习-应用-地质遥感-研究 Ⅳ. ①TP181②P627

中国版本图书馆 CIP 数据核字（2021）第 211436 号

责任编辑：陈 静 / 责任校对：郑金红

责任印制：吴兆东 / 封面设计：迷底书装

科 学 出 版 社 出版

北京东黄城根北街 16 号

邮政编码：100717

http://www.sciencep.com

北京中石油彩色印刷有限责任公司 印刷

科学出版社发行 各地新华书店经销

*

2022 年 10 月第 一 版 开本：720×1 000 1/16

2023 年 11 月第三次印刷 印张：26 1/4 插页：7

字数：526 000

定价：248.00 元

（如有印装质量问题，我社负责调换）

前　言

在地球大数据时代，我们拥有由卫星遥感、无人机等平台所搭载的各类传感器采集的海量时空数据。高级人工智能技术的发展顺应大数据处理需求，但其作为最核心的深度学习技术，主要源于计算机视觉及自然语言处理等领域，对地球大数据的处理及知识的智能提取存在一定的学科及知识壁垒。例如，不同领域数据特征存在差异，应用目标也存在差异；深度学习基于数据驱动，缺乏地学背景知识嵌入机制，如何融合二者是应用深度学习的重要考量。地学多尺度变换引起的空间相关性及分异性变化也可能导致深度学习预测的偏差及不适用性，地学中的标注数据的大量缺乏则限制需大量样本训练的深度学习的应用。因此，想要应用深度学习方法从海量地球大数据中高效提取有意义及有价值的信息，就需要打通学科间的壁垒，克服方法差异，加强知识及数据的融合，提高模型的可解译性。基于此，本书从机器学习及深度学习原理入手，系统总结主要方法，提出遥感地学大数据分析背景下的建模系统框架及关键技术，并展示深度学习技术在遥感地学分析中的典型应用，为推动深度学习方法高效应用于遥感地学分析提供重要参考。

机器学习及深度学习本质上是基于统计学习的，本书首先介绍基本数学原理；然后介绍主要方法;最后给出系统的深度学习遥感地学分析的建模架构及典型应用。全书分为基础、方法及遥感地学分析三部分。

(1)基础篇，主要深入浅出地介绍数学及机器学习基础，包括概率论、线性代数、马尔可夫链蒙特卡罗、变分优化及机器学习基础。本部分着眼于基本原理及其深层机制，为深度学习在地学中灵活应用奠定理论基础。

(2)方法篇，关于深度学习方法的系统介绍，包括前馈神经网络、模型训练及优化、卷积神经网络、循环神经网络、图网络及注意力机制等经典方法。本部分着眼于方法系统学习，包括方法特点、优缺点及应用前提的介绍。

(3)遥感地学分析篇，本篇系统分析深度学习在遥感地学中面临的问题，提出相应建模框架及解决方案，展示了土地利用、建筑物识别、气象及地表参数反演、遥感数据缺值插补、空气污染评估等典型应用。

当前随着大量地球时空大数据累积，如何从这些数据里高效挖掘知识成为地球系统科学研究难点及重点，常规统计及机器学习方法有诸多局限。本书从地球科学及遥感的背景与视角出发，阐述了深度学习基本原理，并将其纳入地球系统科学问题框架，为合理地采用深度学习方法来解决遥感地学分析的问题，奠定了相应的学科基础，提供了典型实例。与国内外已出版的同类书比较，本书的特点及独到之处在于从基本原理入手，内容涵盖的方法全面，深入浅出地分析问题，并结合典型案例，视角全面且深入。本书在有的重要章节中加入了启发式提问，由于答案并不固定，为促进读者独立思考相关问题，相关答案书中并不提供。我们将在开源代码网站 GitHub（https://github.com/lspatial/deeplearning_geoscience）公布书中采用的典型软件包的安装及示范信息、专利，并提供启发示提问的参考答案。

本书得到了国家自然科学基金面上项目（41871351、42071369）、国家重点研发计划（2021YFB3900501）及中国科学院先导课题“美丽中国”（XDA19040501）等的资助。李连发负责本书主要章节撰写，吴家杰、朱志萍、方颖、汪承义及高茜琳参与了本书部分研究工作，朱志萍负责全书的编辑整理及校正，最后由李连发统稿。本书涉及的相关研究工作得到了王劲峰教授、周成虎院士、葛咏教授及王卷乐教授等的指导与支持，在此一并表示衷心感谢。

如何高效地将地学知识融合到深度学习中，提高地球大数据挖掘及知识提取的效率，本书提供了基本原理及典型方法，并给出了遥感地学分析中的典型案例。限于作者水平及时间，书中难免存在错误与疏漏，恳请同行专家及读者不吝批评指正。

李连发

2021 年 9 月于北京

目　录

方 法 篇

遥感地学分析篇

基 础 篇

本篇着重介绍机器学习及深度学习(deep learning，DL)的基本原理，深入浅出地介绍相关数学及机器学习基础。机器及深度学习本质上是统计学习方法，所以第1章介绍了概率论的基本知识；而深度学习涉及大量的矩阵运算，所以第2章介绍了线性代数的基本知识，包括求导，主成分分析及奇异值分解等；考虑到实际应用中样本的缺乏等问题，第3章介绍了马尔可夫链蒙特卡罗(Markov chain Monte Carlo，MCMC)随机模拟法，作为重要的基于采样的统计计算方法；而作为现代机器学习基础之一的变分优化法，可以在没有解析解情况下较好地获得优化解，这在第4章重点进行了介绍；第5章则是系统地介绍了现代机器学习的基本方法，包括监督及非监督方法、评价标准、学习流程等。这些基本的知识都为学习方法篇奠定相应的数学及机器学习基础。

第1章 概 率 论

概率论是机器学习及深度学习(DL)的基础之一。本章介绍有关概率论的基本知识，包括概率的定义、数量特征、典型分布以及在机器学习中的应用特点等，同时配合基本介绍，也给出了一些有趣而又有助于增加理解的问题，加强读者对概率相关概念的理解。

1.1 概率的本质

概率是测量一个随机事件发生的可能性的量化性指标，又称或然率，采用0～1之间的一个实数表示，值越大表示发生的可能性越高(李贤平，2010)。概率的本质是“在表面上是偶然性在起作用的地方，这种偶然性始终是受内部的隐藏着的规律支配的，而问题只是在于发现这些规律”(恩格斯，1972)。实验表明一个随机事件出现的频率常在某个固定的常数值附近摆动，称此为统计规律性。而此稳定性也表明了概率存在的客观性，可以采用一套方法对其进行量化。

样本空间与事件是概率最基本的概念。样本点表示试验中可能出现的结果，而所有样本点构成的全体构成了样本空间。例如，采用ω表示样本点，Ω表示样本空间，则有$\omega \in \Omega$。而概率论中的事件则指样本点的某个集合，具备某种特征，将某事件的发生看作当且仅当它所包含的某个样本点出现。事件用A、B、C等大写英文字母表示，将事件A发生的概率记为$P(A)$。如此，某个样本点ω属于某个事件S则称$\omega \in S$，否则记为$\omega \notin S$。单个点也可定义一个事件集合，而没有包括任意点的集合则称为空集。

在现今计算技术发展的时代，很少采用手工的方式(如采用投硬币方式)确定一个事件发生的概率，而采用计算机进行模拟，能更快及更准确地模拟一个事件发生的概率。根据程序提供的[0, 1]均匀分布的抽样函数，很容易采用计算机模拟一个随机事件。下面给出了几个例子说明此点。

例 1.1 已知一个[0, 1]区间的均匀分布函数以及一枚硬币出现正面的概率为p_1，如何采用随机模拟函数模拟投掷硬币的过程？

本例可以先采用[0, 1]均匀分布的函数抽样，如果发现抽样值小于等于p_1，则返回1，否则返回0。反复执行该函数得到最终的统计结果，最后验证出现正面的概率是否接近于p_1。

例 1.2 已知一维数组包含若干最大值，顺序性地遍历该数组，如何等概率返回数组中若干最大值中的一个，并使得时间复杂度为 $O(N)$ (N 为数组元素个数)？如一维数组 $\{1,2,3,1,0,-1,3,-2,3,3\}$，等概率随机返回其中 4 个最大值中的一个。

先记录下当前的最大值 $V_{\max}$ 及其索引 $I_{\max}$，同时记录最大值的个数 $C_{\max}$，在依次遍历数组过程中，遇到比当前更大的数时，更新最大值及其索引，修改最大记录数 $C_{\max}$ 为 1；如果遇到同最大值一样大的数，则递增最大值个数为 $C_{\max}+1$，并在[0, 1]区间均匀随机抽样 p；如果 $p \leqslant 1/C_{\max}$，则更新最大值索引为当前数的位置，否则保持索引不变。这样保证返回的最大值索引在数组里是等概率分布的。该方法可以采用数学归纳法证明。

证明 (1) 初始条件 $i=1$，即只有一个最大值，结论显然成立。

(2) 若 $i=k$ 时结论成立，则可以推导出当 $i=k+1$，即有 $k+1$ 个最大值时结论也成立。根据随机均匀抽样 $p \leqslant 1/(k+1)$，选择最后一个最大值索引的概率为 $\dfrac{1}{k+1}$，则选择前面 k 个的概率为 $1-\dfrac{1}{k+1}=\dfrac{k}{k+1}$；又根据 $i=k$ 时假设结论成立，即前 k 个中一个被选中的概率为 $\dfrac{1}{k}$，所以此时后面 k 个中有一个被选中的概率为 $\dfrac{k}{k+1}\times\dfrac{1}{k}=\dfrac{1}{k+1}$。证毕。

以下讲述概率论的几个概念。

定义 1.1 概率质量函数(probability mass function，PMF)是离散随机变量在各特定取值上的概率，数学定义如下：

$$f_X(x)=\begin{cases}P(X=x), & x\in S\\ 0, & x\in\mathbb{R}\setminus S\end{cases} \tag{1.1}$$

其中，x 是离散随机变量，S 为随机样本空间中的某个事件(随机样本点集合)。

定义 1.2 概率密度函数(probability density function, PDF)是连续型变量的概率表达方法，它表示在某个取值点附近的可能性函数，将连续型随机变量 X 的概率密度函数记为 $f(x)$，则随机变量 X 在某个区域内的概率为该概率密度函数在该区域内的积分。

注意两个概率的差别，概率质量函数主要是描述离散随机变量在特定值的概率，而概率密度函数则是描述连续随机变量在特定取值附近的输出，本身不是概率，其概率应该是针对一定区间的积分。

定义 1.3 累积分布函数(cumulative distribution function, CDF)是概率质量函数小于每个值的累加和，或密度函数小于某个值的积分。

(1) 对于离散变量：

$$F_X(x)=P(X\leqslant x)=\sum_{-\infty}^{x}f(x) \tag{1.2}$$

其中，$f(x)$为概率质量函数。

(2)对于连续变量：

$$F_X(x)=P(X\leqslant x)=\int_{-\infty}^{x}f_X(t)\mathrm{d}t \tag{1.3}$$

其中，$f(x)$为概率密度函数。

定义 1.4 边缘概率分布(marginal probability distribution，MPD)是对多个随机变量的联合概率分布而言的，即通过对离散随机变量的概率累积求和或对连续随机变量求积分的方法求得在子随机变量上的分布，如对多个离散随机变量 x 与 y，其 x 的边缘概率通过下式求和：

$$\forall x,\quad P(X=x)=\sum_y P(X=x,Y=y) \tag{1.4}$$

而对连续随机变量而言，采用下式积分求边际概率：

$$\forall x,\quad p(x)=\int_{-\infty}^{+\infty}f(x,y)\mathrm{d}y \tag{1.5}$$

定义 1.5 条件概率(conditional probability)是指在样本空间Ω中一个随机事件 A 在另外一个随机事件 B 发生下($P(B)>0$)的概率。若以随机变量 X 与 Y 分别表示事件 A 与 B，则可用公式表示为

$$P(X=x\,|\,Y=y)=\frac{P(X=x,Y=y)}{P(X=x)} \tag{1.6}$$

条件概率与联合概率及边缘概率紧密联系，是最主要的关系之一。在贝叶斯(Bayes)机器学习中遇到的后验概率也是以条件概率的基本原理作为基础的。

利用条件概率可以解决许多概率推导问题，以下给出几个例子。

例 1.3 采用随机数抽样函数实现洗牌过程，保证事件复杂度为 $O(N)$。

设数组 A 共有 N 个元素，依次为 $a_0,a_1,\cdots,a_{n-1}$，从最后一个元素向前迭代，首先从随机变量$[0,\cdots,i]$(i 表示当前迭代的数组索引)中抽取一个元素 k，然后将数组元素 a_k 与 a_i 交换位置。该方法具有很好的空间复杂度($O(1)$)及事件复杂度($O(N)$)。证明每个元素被抽取的概率为$\frac{1}{N}$，可采用类似例 1.2 中的数学归纳法及条件概率原理进行推导。

定义 1.6 概率的链式法则(chain rule)是指概率的多个随机变量的联合概率分布可以分解为多个单随机变量的条件概率的乘积：

$$P(x^{(1)},x^{(2)},\cdots,x^{(n)})=P(x^{(1)})\prod_{i=2}^{n}P(x^{(i)}\,|\,x^{(1)},\cdots,x^{(i-1)}) \tag{1.7}$$

采用条件概率公式及数学归纳法即可证明该链式法则。

定义 1.7 （独立性及条件独立性(independence and conditionally independence)）独立性一般指两个随机变量之间没有依赖性，数学上表示为两个随机变量的联合概率分布直接等于各自分布函数的乘积：

$$\forall x \in X, y \in Y, \quad P(X = x, Y = y) = P(X = x)P(Y = y) \tag{1.8}$$

而条件独立性则是指该独立性以另外的随机事件为条件，即

$$\forall x \in X, y \in Y, z \in Z, \quad P(X = x, Y = y, Z = z) = P(X = x \mid Z = z)P(Y = y \mid Z = z) \tag{1.9}$$

例 1.4 令样本空间 Ω 为投一个 6 面骰子时出现正面数字样本 ω 的集合，每一面出现的概率分别定义为 $\{p_k\}(k = 1,2,\cdots,6)$，试采用计算机程序模拟投掷的随机事件，最优的时间复杂度是多少？

可以类似例 1.1 采用随机事件模拟与累计概率分布结合的方法求解本题。而采用二分搜索时可以将时间复杂度控制到 $O(\log n)$ (n 为骰子的面数)。

1.2 典型概率分布

1.2.1 伯努利分布

参照例 1.1 的投掷硬币，设定出现正面的概率为参数μ，得到出现正面的概率为 $p(x = 1 \mid \mu) = \mu$，则式(1.10)表示的分布称为伯努利分布(Bernoulli distribution)。

$$\mathrm{Bern}(x \mid \mu) = \mu^x (1 - \mu)^{1-x} \tag{1.10}$$

其中，x 代表投掷硬币的结果，x=1 为正面，而 x=0 为反面。容易证明，伯努利分布的均值及方差分别为 $E[x] = \mu$ 及 $\mathrm{Var}[x] = \mu(1 - \mu)$。

问题 1.1 如何证明伯努利分布的均值及方差分别为式(1.11)与式(1.12)？

假定做了 N 次独立实验，得到数据集 $D = \{x_1, \cdots, x_N\}$，则可以得到似然函数：

$$p(D \mid \mu) = \prod_{i=1}^{N} p(x_i \mid \mu) = \prod_{i=1}^{N} \mu^{x_i} (1 - \mu)^{1-x_i} \tag{1.11}$$

$$\Rightarrow \ln p(D \mid \mu) = \sum_{i=1}^{N} \ln p(x_i \mid \mu) = \sum_{i=1}^{N} \{x_i \ln \mu + (1 - x_i)\ln(1 - \mu)\} \tag{1.12}$$

通过微分求极值的方法，可求得最大似然解：

$$\mu_{\mathrm{ML}} = \frac{1}{N}\sum_{i=1}^{N} x_i = m / N \tag{1.13}$$

其中，m 为出现正面的次数。

1.2.2 二项分布

二项分布(binomial distribution)是在伯努利分布基础上的统计量分布，即 N 次投掷硬币实验得到数据集，其中出现正面次数为 m 的概率分布：

$$\mathrm{Bin}(m\mid N,\mu)=\binom{N}{m}\mu^m(1-\mu)^{N-m} \tag{1.14}$$

其中，$\binom{N}{m}=\dfrac{N!}{(N-m)!m!}$。该分布的均值及方差分别为

$$E[m]=\sum_{i=0}^{N}m\mathrm{Bin}(m\mid N,\mu)=N\mu$$

$$\mathrm{Var}[m]=\sum_{i=0}^{N}(m-E[m])^2\,\mathrm{Bin}(m\mid N,\mu)=N\mu(1-\mu)$$

1.2.3 贝塔分布

贝塔分布(Beta distribution)是带两个参数(α,β)的定义在区间(0, 1)上的连续分布，且$\alpha,\beta>0$：

$$\mathrm{Beta}(\mu\mid\alpha,\beta)=\frac{\Gamma(\alpha+\beta)}{\Gamma(\alpha)\Gamma(\beta)}\mu^{\alpha-1}(1-\mu)^{\beta-1} \tag{1.15}$$

其中，μ为随机变量，$\Gamma(\cdot)$为伽马函数(Gamma function)，而参数α与β满足正则化条件$\int_0^1\mathrm{Beta}(\mu\mid\alpha,\beta)\mathrm{d}\mu=1$。

伽马函数定义如下：

$$\Gamma(x)=\int_0^\infty u^{x-1}\mathrm{e}^{-u}\mathrm{d}u \tag{1.16}$$

对式(1.16)采用分部积分公式可证明：

$$\Gamma(x+1)=x\Gamma(x) \tag{1.17}$$

初始条件 x=1 时，$\Gamma(1)=1$，令 x 为整数，则可得到$\Gamma(x+1)=x!$。

贝塔分布的均值及方差分别为

$$E[\mu]=\frac{\alpha}{\alpha+\beta},\quad \mathrm{Var}[\mu]=\frac{\alpha\beta}{(\alpha+\beta)^2(\alpha+\beta+1)}$$

贝塔分布具有很好的解析解，可以作为伯努利分布的共轭先验分布(保持后验分布函数同先验函数的形式一致的先验分布)，令在 N 次伯努利分布实验中出现正面次数为 m，反面次数为 l，则有$l=N-m$，采用贝塔(Beta)分布为先验分布，可以得到：

$$p(\mu \mid m,l,\alpha,\beta)=\frac{\Gamma(m+\alpha+l+\beta)}{\Gamma(m+\alpha)\Gamma(l+\beta)}\mu^{m+\alpha-1}(1-\mu)^{l+\beta-1} \tag{1.18}$$

图 1.1 展示了 Beta 分布不同参数变化对概率密度函数(pdf)的影响，可以结合其均值及方差函数进行解释。图 1.2 则展示了应用贝塔函数作为先验概率的后验概率密度函数的变化。

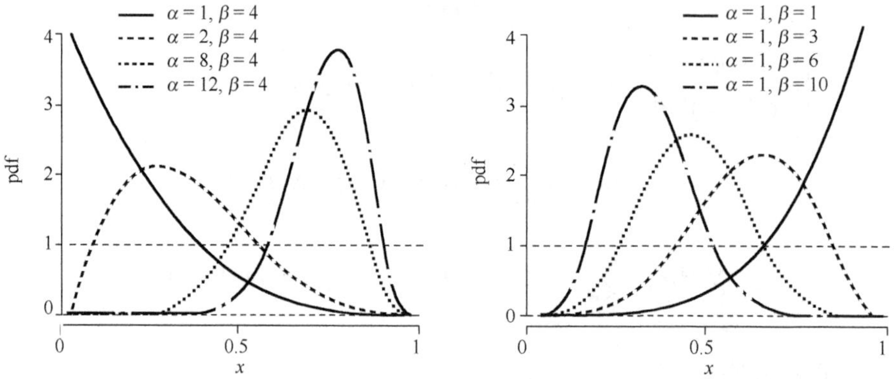

(a) 参数α变化 (b) 参数β变化

图 1.1 不同参数变化的 Beta 概率密度函数

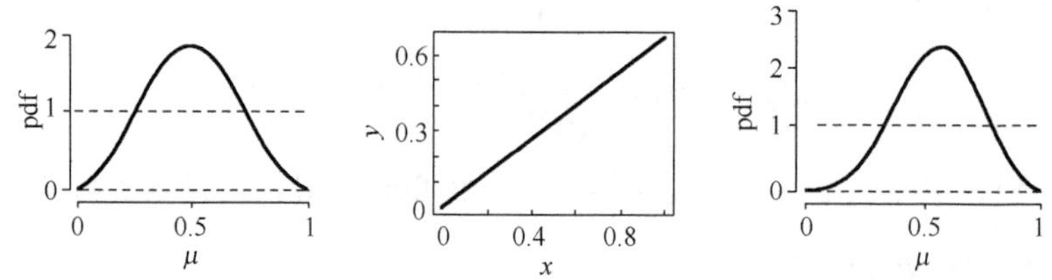

(a) Beta先验概率密度函数(α=3, β=3) (b) 基于实验数据的似然函数(m=2, N=3) (c) 后验概率密度函数

图 1.2 加入 Beta 先验概率密度函数导致后验概率密度函数的变化

1.2.4 多项分布

多项分布(multinomial distribution)是将二项分布扩展到大于两种输出结果(如例 1.4 的掷骰子问题，有 6 种可能的输出结果)。定义矢量 $\boldsymbol{x}$ 代表可能的状态：

$$\boldsymbol{x}=(0,1,0,0,0,0)^{\mathrm{T}} \tag{1.19}$$

其中，$\boldsymbol{x}$ 满足 $\sum_{k=1}^{K} x_k=1$ ($\boldsymbol{x}$ 为实验输出结果，K 为总的输出可能数，如例 1.4 中 K=6)。令状态 $x_k=1$ 的概率参数为 μ_k，则 $\boldsymbol{x}$ 的分布函数：

$$p(\boldsymbol{x} \mid \boldsymbol{\mu})=\prod_{k=1}^{K} \mu_k^{x_k} \tag{1.20}$$

其中，$\boldsymbol{\mu}=(\mu_1,\cdots,\mu_K)^{\mathrm{T}}$，且 $\mu_k \geqslant 0$，$\sum_{k=1}^{K}\mu_k=1$。

$\boldsymbol{x}$ 的均值：

$$E[\boldsymbol{x}\mid\boldsymbol{\mu}]=\sum_{\boldsymbol{x}}p(\boldsymbol{x}\mid\boldsymbol{\mu})\boldsymbol{x}=(\mu_1,\cdots,\mu_K)^{\mathrm{T}}=\boldsymbol{\mu} \tag{1.21}$$

同样可以通过实验，借助最大似然估计(maximum likelihood estimate，MLE)法来确定多项分布的主要参数(各类的概率值)。令 N 次实验的结果 $\{x_1,\cdots,x_N\}$ 构成数据集 D，则有似然函数：

$$L(D\mid\boldsymbol{\mu})=\prod_{n=1}^{N}\prod_{k=1}^{K}\mu_k^{x_k^{(n)}}=\prod_{k=1}^{K}\mu_k^{\sum_{n=1}^{N}x_k^{(n)}}=\prod_{k=1}^{K}\mu_k^{m_k} \tag{1.22}$$

其中，m_k 表示出现状态 k 的次数，即 $m_k=\sum_{n=1}^{N}x_k^{(n)}$，而 $x_k^{(n)}$ 表示第 n 次观察值中的 k 个状态的取值。

对于有约束的极值求解问题，引入拉格朗日乘子(Lagrange multiplier) $\lambda\left(\sum_{k=1}^{K}\mu_k-1\right)$，得到 μ_k 的最大似然解：

$$\mu_k^{\mathrm{ML}}=\frac{m_k}{N} \tag{1.23}$$

即第 k 种状态输出占总实验次数的比例。

由此得到基于概率矢量 $\boldsymbol{\mu}$ 及 N 次实验观察结果的多项分布：

$$\mathrm{Mult}(m_1,\cdots,m_K\mid\boldsymbol{\mu},N)=\begin{pmatrix}N\\ m_1\cdots m_K\end{pmatrix}\prod_{k=1}^{K}\mu_k^{m_k} \tag{1.24}$$

其中，$\begin{pmatrix}N\\ m_1\cdots m_K\end{pmatrix}=\dfrac{N!}{m_1!\cdots m_K!}$，$m_k$ 为第 k 种状态观察值 $x_k^{(n)}(n=1,\cdots,N)$ 的实例和，m_k 具有限制条件 $\sum_{k=1}^{K}m_k=N$。

多项分布是一类重要的分布，而分类学习算法中类别输出的结果与多项分布基本一致。

1.2.5 狄利克雷分布

贝塔分布是伯努利分布的共轭先验分布，而狄利克雷分布(Dirichlet distribution)与之类似，是多项分布的共轭先验分布，它是贝塔分布推广到多个输出的情况。令多项分布中的 k 种状态概率参数 $0\leqslant\mu_k\leqslant1$ 及 $\sum_{k=1}^{K}\mu_k=1$，则有：

$$p(\boldsymbol{\mu}\mid\boldsymbol{\alpha})\propto\prod_{k=1}^{K}\mu_k^{\alpha_k-1} \tag{1.25}$$

其中，$\alpha_1,\cdots,\alpha_K$ 为分布参数，可采用矢量形式记为 $(\alpha_1,\cdots,\alpha_K)^{\mathrm{T}}$。

狄利克雷分布：

$$\mathrm{Dir}(\boldsymbol{\mu}\mid\boldsymbol{\alpha})=\frac{\Gamma(\alpha_0)}{\Gamma(\alpha_1)\cdots\Gamma(\alpha_K)}\prod_{k=1}^{K}\mu_k^{\alpha_k-1} \tag{1.26}$$

其中，$\Gamma(\cdot)$ 是伽马函数（式(1.16)），$\alpha_0=\sum_{k=1}^{K}\alpha_k$。

若将如式(1.26)所示的狄利克雷分布作为先验知识融入多项分布之中，则可得概率参数的后验分布为：

$$\begin{aligned}p(\boldsymbol{\mu}\mid D,\boldsymbol{\alpha})&=\mathrm{Dir}(\boldsymbol{\mu}\mid\boldsymbol{\alpha}+\boldsymbol{m})\\&=\frac{\Gamma(\alpha_0+N)}{\Gamma(\alpha_1+m_1)\cdots\Gamma(\alpha_K+m_K)}\prod_{k=1}^{K}\mu_k^{\alpha_k+m_k-1}\end{aligned} \tag{1.27}$$

其中，$\boldsymbol{m}=(m_1,\cdots,m_K)^{\mathrm{T}}$，$m_k$ 为数据中出现 $x_k=1$ 的实例个数；α_k 为狄利克雷分布中第 k 个伽马函数对应的参数。

1.2.6　高斯分布

高斯分布(Gaussian distribution)也叫正态分布(normal distribution)，它是关于连续变量的分布，具有广泛的应用。

一维高斯分布：

$$N(x\mid\mu,\sigma)=\frac{1}{(2\pi\sigma^2)^{\frac{1}{2}}}\exp\left(-\frac{1}{2\sigma^2}(x-\mu)^2\right) \tag{1.28}$$

其中，μ 是均值，σ^2 是方差。

多维(d 维)高斯分布：

$$N(\boldsymbol{x}\mid\boldsymbol{\mu},\boldsymbol{\Sigma})=\frac{1}{(2\pi)^{\frac{d}{2}}\left|\boldsymbol{\Sigma}\right|^{\frac{1}{2}}}\exp\left(-\frac{1}{2}(\boldsymbol{x}-\boldsymbol{\mu})^{\mathrm{T}}\boldsymbol{\Sigma}^{-1}(\boldsymbol{x}-\boldsymbol{\mu})\right) \tag{1.29}$$

其中，$\boldsymbol{\mu}$ 为 d 维的均值矢量；$\boldsymbol{\Sigma}$ 为 $d\times d$ 的协方差矩阵，而 $\left|\boldsymbol{\Sigma}\right|$ 为矩阵的行列式(determinant)的值。

根据中心极限定理，在一般情况下，多个随机变量的分布随着变量数的增加接近于高斯分布，而在仅知道均值及方差的情况下，随机变量的最大熵分布也是高斯分布，这说明高斯分布是一种很常见的分布，具有广泛的应用。

定义 1.8 马氏距离是测量多元高斯分布中样本点 $\boldsymbol{x}$ 同均值 $\boldsymbol{\mu}$ 相似性的度量：

$$\Delta=\sqrt{(\boldsymbol{x}-\boldsymbol{\mu})^{\mathrm{T}}\boldsymbol{\Sigma}^{-1}(\boldsymbol{x}-\boldsymbol{\mu})} \tag{1.30}$$

通过计算协方差矩阵的特征值及特征矢量，可以计算出 $\boldsymbol{\Sigma}$ 的逆矩阵，以及行列式的值。

$$\boldsymbol{\Sigma}=\sum_{i=1}^{d}\lambda_i\boldsymbol{u}_i\boldsymbol{u}_i^{\mathrm{T}}\Rightarrow\boldsymbol{\Sigma}^{-1}=\sum_{i=1}^{d}\frac{1}{\lambda_i}\boldsymbol{u}_i\boldsymbol{u}_i^{\mathrm{T}} \tag{1.31}$$

$$|\boldsymbol{\Sigma}|^{\frac{1}{2}}=\prod_{j=1}^{d}\lambda_j^{\frac{1}{2}} \tag{1.32}$$

其中，λ_i 为第 i 个特征值，$\boldsymbol{u}_i$ 为特征向量，d 为维度。

使用最大似然估计法可以得到，符合高维高斯分布的数据 D 的均值及方差，分别是样本均值和样本方差。

问题 1.2 确定一个 d 维高斯分布的参数有多少个？是否可根据一些特征减少其参数个数？

定义 1.9 (条件高斯分布/边缘高斯分布)如果两组变量的联合分布函数是高斯分布，那么一组变量以另外一组为条件的分布也是高斯分布(Bishop，2006)。同样地，任何一组的边缘分布也是高斯分布。

令 $\boldsymbol{x}=\begin{pmatrix}\boldsymbol{x}_a\\\boldsymbol{x}_b\end{pmatrix}$，相应的均值为 $\boldsymbol{\mu}=\begin{pmatrix}\mu_a\\\mu_b\end{pmatrix}$，协方差矩阵 $\boldsymbol{\Sigma}=\begin{pmatrix}\boldsymbol{\Sigma}_{aa}&\boldsymbol{\Sigma}_{ab}\\\boldsymbol{\Sigma}_{ba}&\boldsymbol{\Sigma}_{bb}\end{pmatrix}$，令协方差矩阵的逆为

$$\boldsymbol{\Lambda}=\boldsymbol{\Sigma}^{-1}=\begin{pmatrix}\boldsymbol{\Lambda}_{aa}&\boldsymbol{\Lambda}_{ab}\\\boldsymbol{\Lambda}_{ba}&\boldsymbol{\Lambda}_{bb}\end{pmatrix} \tag{1.33}$$

采用一系列矩阵转换方法及配方法(completing the square)，可以得到以 b 为条件的 a 的均值及协方差矩阵：

$$\mu_{a|b}=\mu_a+\boldsymbol{\Sigma}_{ab}\boldsymbol{\Sigma}_{bb}^{-1}(\boldsymbol{x}_b-\mu_b) \tag{1.34}$$

$$\boldsymbol{\Sigma}_{a|b}=\boldsymbol{\Sigma}_{aa}-\boldsymbol{\Sigma}_{ab}\boldsymbol{\Sigma}_{bb}^{-1}\boldsymbol{\Sigma}_{ba} \tag{1.35}$$

类似地，可以得到边际概率的均值及协方差矩阵：

$$E[\boldsymbol{x}_a]=\mu_a,\quad \mathrm{Cov}[\boldsymbol{x}_a]=\boldsymbol{\Sigma}_{aa}$$

基于数据 D(总数据量 N)的高斯分布特征值(均值及协方差)的最大似然估计：

$$E[\mu_{\mathrm{ML}}]=\boldsymbol{\mu} \tag{1.36}$$

$$E[\boldsymbol{\Sigma}_{\mathrm{ML}}]=\frac{N-1}{N}\boldsymbol{\Sigma} \tag{1.37}$$

从式(1.37)可以看到，最大似然估计法低估了实际的方差。

考虑一个一元高斯随机变量 x，假设方差 σ^2 已知，需要从一组 N 次的观测 $\boldsymbol{X}=(x_1, x_2,\cdots, x_N)$ 中推断均值 μ 。可以设计高斯分布的均值 μ 及协方差 $\boldsymbol{\Sigma}$ 相应的共轭先验分布，将先验知识引入高斯分布的参数估计之中。对于均值 μ 的求解，也可以令其符合高斯分布 $\mu\sim N(\mu\,|\,\mu_0,\sigma_0^2)$，最终得到后验分布。

$$p(\mu\,|\,\boldsymbol{X})=N(\mu\,|\,\mu_0,\sigma_0^2) \tag{1.38}$$

$$\mu_N=\frac{\sigma^2}{N\sigma_0^2+\sigma^2}\mu_0+\frac{N\sigma_0^2}{N\sigma_0^2+\sigma^2}\mu_{\mathrm{ML}} \tag{1.39}$$

$$\frac{1}{\sigma_N^2}=\frac{1}{\sigma_0^2}+\frac{N}{\sigma^2} \tag{1.40}$$

其中，最大似然估计值 $\mu_{\mathrm{ML}}=\frac{1}{N}\sum_{n=1}^{N}x_n$ 。

从上式可以看出，随着样本数 N 的增加，均值的最大似然估计所占的权重增加，$\sigma_N^2\to 0$ 。

方差(令 $\lambda=1/\sigma^2$)的共轭先验知识采用伽马分布函数进行拟合。

图 1.3 展示了不同的协方差导致的不同的概率密度分布。

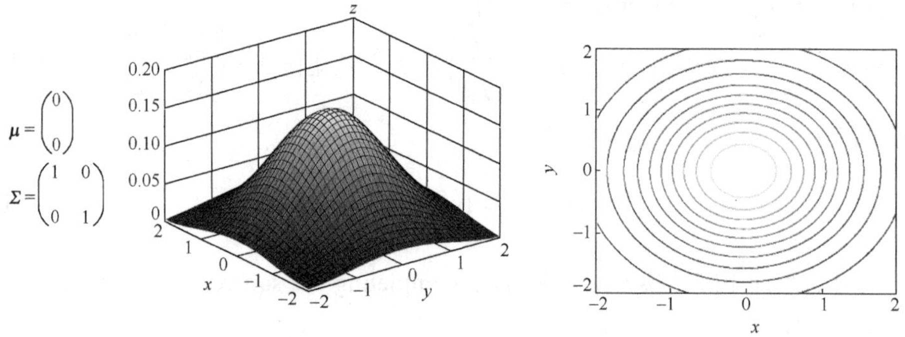

(a) 球状高斯分布(等方差、无相关性)

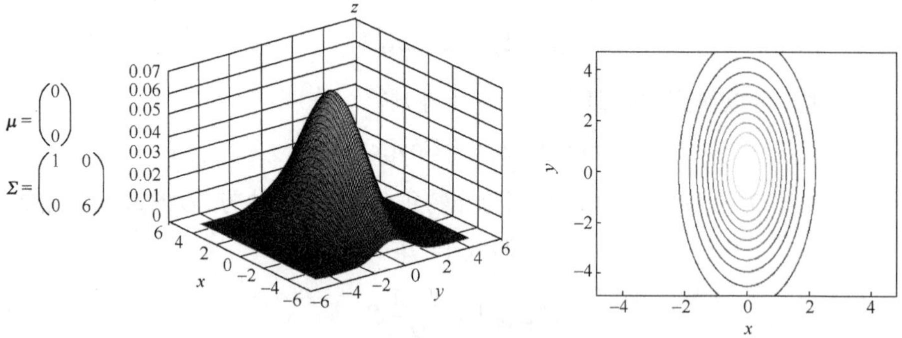

(b) 对角协方差高斯分布(无相关性)

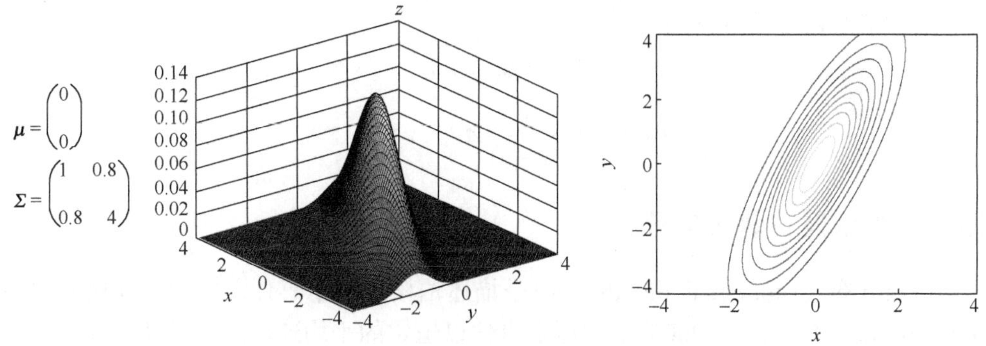

(c) 完全协方差高斯分布(相关性：0.8)

图 1.3 不同协方差矩阵对应的二维高斯分布函数曲面及等分线

定义 1.10 (伽马分布)随机变量 x 符合以下函数的称为伽马分布：

$$\mathrm{Gam}(x\mid a,b)=\frac{1}{\Gamma(a)}b^{a}x^{a-1}\exp(-bx) \tag{1.41}$$

其中，$\Gamma(a)$ 称为伽马函数(式(1.16))；参数 a, b 分别为伽马分布的形状参数与逆尺度参数。

伽马分布的均值及方差分别为

$$E[x]=\frac{a}{b},\quad \mathrm{Var}[x]=\frac{a}{b^2}$$

1.2.7 学生 t 分布

随机变量 x 密度函数符合以下的分布称为学生 t 分布(students)：

$$\mathrm{St}(x\mid\mu,\lambda,v)=\frac{\Gamma\left(\dfrac{v}{2}+\dfrac{1}{2}\right)}{\Gamma\left(\dfrac{v}{2}\right)}\left(\frac{\lambda}{\pi v}\right)^{\frac{1}{2}}\left[1+\frac{\lambda(x-\mu)^2}{v}\right]^{-\frac{v}{2}-\frac{1}{2}} \tag{1.42}$$

其中，λ 为精度，v 为自由度，μ 为均值。

多变量学生 t 分布：

$$\mathrm{St}(\boldsymbol{x}\mid\boldsymbol{\mu},\boldsymbol{\Lambda},v)=\frac{\Gamma\left(\dfrac{d}{2}+\dfrac{v}{2}\right)}{\Gamma\left(\dfrac{v}{2}\right)}\frac{|\boldsymbol{\Lambda}|^{\frac{1}{2}}}{(\pi v)^{\frac{d}{2}}}\left(1+\frac{\Delta^2}{v}\right)^{-\frac{d}{2}-\frac{v}{2}} \tag{1.43}$$

其中，Δ^2 是马氏距离，$\Delta^2=(\boldsymbol{x}-\boldsymbol{\mu})^{\mathrm{T}}\boldsymbol{\Lambda}(\boldsymbol{x}-\boldsymbol{\mu})$。

其均值及协方差分别为

$$E[\boldsymbol{x}] = \boldsymbol{\mu},\ \ v > 1$$

$$\mathrm{Cov}[\boldsymbol{x}] = \frac{v}{(v-2)}\boldsymbol{\Lambda}^{-1}\ \ ,v > 2$$

1.2.8　指数及拉普拉斯分布

指数分布(exponential distribution)是描述泊松过程中事件之间的时间概率分布(Lawless and Fredette，2005)，它假定事件以恒定的平均速率连续且独立地发生，它是伽马分布的特殊情况之一，具有无记忆的关键性质。

$$f(x|\lambda) = \begin{cases} \lambda \mathrm{e}^{-\lambda x}, & x > 0 \\ 0, & x \leqslant 0 \end{cases} \tag{1.44}$$

其中，$\lambda > 0$，λ 为率参数，即单位时间内发生某事件的次数。指数分布在 $x \leqslant 0$ 时值均为 0。其均值及方差分别为

$$E(x) = \frac{1}{\lambda},\quad \mathrm{Var}(x) = \frac{1}{\lambda^2}$$

拉普拉斯分布(Laplace distribution)是指具有以下形式的分布函数：

$$\mathrm{Laplace}(x;\mu,\lambda) = \frac{1}{2\lambda}\exp\left(-\frac{|x-\mu|}{\lambda}\right) \tag{1.45}$$

其中，μ,λ 分别为位置参数与尺度参数。拉普拉斯分布的均值及方差分别为

$$E(x) = \mu,\ \mathrm{Var}(x) = 2\lambda^2$$

例 1.5　x 与 y 均为连续随机变量，二者之间有 $y = g(x)$ 关系，同时有唯一的可逆函数 $x = g^{-1}(y)$ 存在，试问 $p_y(y) = p_x(g^{-1}(y))$ 是否正确(Goodfellow et al.，2016)？其中，$p_A(\cdot)$ 代表概率密度函数。

设 $y = \frac{x}{3}, x \sim U[0,1]$，则可得 $x = 3y$，$y \sim U[0,1/3]$，利用假定 $p_y(y) = p_x(g^{-1}(y)) = p_x(3y)$，可得 $\int p_y(y)\mathrm{d}y = \int p_x(3y)\mathrm{d}y = \frac{1}{3}\int p_x(x)\mathrm{d}x = \frac{1}{3}$，明显错误。这里需要明确连续随机变量的概率密度函数与离散变量的概率质量函数之间的差异，概率密度函数本身不是概率，其在 x 点附近的概率由两部分所决定，即 $p(x)$ 和 δx，δx 代表 x 区间附近的无穷小量，x 与 y 之间的关系决定了它们彼此可能具有不同的尺度，所以需要通过无穷小项 δx 实现尺度转换。从而正确的解法：

$$|p_y(g(x))\mathrm{d}y| = |p_x(x)\mathrm{d}x| \Rightarrow p_y(y) = p_x(g^{-1}(y))\left|\frac{\partial x}{\partial y}\right|$$

对于多维度情况，可采用雅可比矩阵(Jacobian matrix)来转换，$J_{ij} = \frac{\partial x_i}{\partial y_j}$，即 $p_y(y) = p_x(g^{-1}(x))\left|\det\left(\frac{\partial x}{\partial y}\right)\right|$。

例 1.6　利用均匀分布生成高斯分布。

利用均匀分布生成其他概率密度分布，一般采用逆变换法，复杂情况下可以采用马尔可夫链蒙特卡罗(MCMC)方法(参见第 3 章)。逆变换法一般是生成累积概率分布函数 $F(x) = p(X < x) = \int_{-\infty}^{x} f(t)\mathrm{d}t$ 的反函数 $F^{-1}(y)$。令 $y \sim U[0,1]$，则 $F^{-1}(y)$ 将服从 F 的分布。例如，对于指数函数，其累积概率函数为 $F(x) = 1 - \mathrm{e}^{-\lambda x}$，其反函数为 $F^{-1}(y) = \frac{\ln(1-y)}{\lambda}$，利用该反函数即可生成指数分布。对于高斯函数而言，可直接采用 Box-Muller 算法(Box and Muller，1958；Carter，1994)，该算法证明了对于两个在(0, 1)区间均匀分布的随机变量 $u_1, u_2 \sim U(0,1)$，其组合函数 z_1, z_2 服从高斯分布，即 $z_1 = \cos(2\pi u_1)\sqrt{-2\ln(1-u_2)} \sim N(0,1)$，$z_2 = \sin(2\pi u_1)\sqrt{-2\ln(1-u_2)} \sim N(0,1)$。对于非标准的高斯分布 $N(\mu, \sigma^2)$，则通过转换 $y_1 = z_1\sigma + \mu$ 或 $y_2 = z_2\sigma + \mu$ 获得。

问题 1.3　试证明 Box-Muller 算法生成的输出符合标准高斯分布。

1.3　随机变量的数字特征及信息测度

本节介绍随机变量相关的一些特征统计量，包括数学期望、方差、矩等，以及相关的信息测度定义。

数学期望反映了随机变量根据应用目标设定的某种平均值，反映了随机变量变化的平均情况。

定义 1.11　(离散变量的数学期望)令 ξ 为离散随机变量，它取值 $x_i(i = 1,2,\cdots)$ 对应的概率为 $p_i(i = 1,2,\cdots)$，如果级数 $\sum_{i=1}^{\infty} x_i p_i$ 收敛，则称其为数学期望，记为 $E\xi$。

定义 1.12　(连续变量的数学期望)令 ξ 分布函数为 $F(x)$，则定义 $E\xi = \int_{-\infty}^{\infty} x\mathrm{d}F(x)$ 为 ξ 的数学期望。这里也要求积分收敛。

定义 1.13　(方差)若随机变量 ξ 的 $E(\xi - E\xi)^2$ 存在，则称其为随机变量 ξ 的方差，记为 $D\xi$，而称 $\sqrt{D\xi}$ 为 ξ 的标准差。

性质 1.1　方差具有如下属性：

$$D\xi = 0 \Leftrightarrow P\{\xi = C\} = 1；\quad D(C\xi) = C^2 D\xi；\quad C \neq E\xi \Rightarrow D\xi < E(\xi - C)^2$$

其中，C 为常数。

定义 1.14 (协方差)多个随机变量 $\xi=(\xi_1,\cdots,\xi_n)$，其协方差定义为 $\mathrm{Cov}(\xi_i,\xi_j)=E(\xi_i-E\xi_i)(\xi_j-E\xi_j)$，$i,j=1,\cdots,n$。

由此可以定义其协方差矩阵为：$\boldsymbol{B}=\{b_{ij}\}$，其中 $b_{ij}=\mathrm{Cov}(\xi_i,\xi_j)$。

定义 1.15 (相关系数)标准化了的协方差：

$$r_{ij}=\frac{\mathrm{Cov}(\xi_i,\xi_j)}{\sqrt{D\xi_i}\sqrt{D\xi_j}}$$

称为 ξ_i 与 ξ_j 之间的相关系数。

定义 1.16 (矩)设 k 是正整数，若 $E|\xi|^k$ 存在，则称 $\boldsymbol{m}_k=E\xi^k$ 为 ξ 的 k 阶原点矩，数学期望 $E\xi$ 为 ξ 的 1 阶原点矩。定义 $\boldsymbol{c}_k=E(\xi-E\xi)^k$ 为 ξ 的 k 阶中心矩。

定义 1.17 (自信息)自信息(self-information)定义如下：

$$I(x)=-\log p(x) \tag{1.46}$$

其中，$p(x)$表示事件 x 发生的概率。式(1.46)主要是测量单一事件发生时所包含的信息量。在机器学习里，采用自然对数 e 为基底，以 nat 为单位，一个 nat 表示观察一个发生概率为 $\frac{1}{\mathrm{e}}$ 所获得的信息量。若采用 2 为基底，则以 bit 为单位，一个 bit 表示观察一个发生概率大小为 $\frac{1}{2}$ 的事件所获得的信息量。

定义 1.18 信息熵也叫香农熵(Shannon entropy)，定义如下：

$$H(x)=E_{X\sim P}[I(x)]=-E_{X\sim P}\log P(x) \tag{1.47}$$

该概念代表了从一个分布抽样某事件所获得的期望信息量。

定义 1.19 (K-L 散度)测量两个概率分布非对称的差异，采用 K-L 散度(Kullback-Leibler divergence)：

$$D_{\mathrm{KL}}(P\|Q)=E_{X\sim P}\left[\log\left(\frac{P(x)}{Q(x)}\right)\right]=E_{X\sim P}[\log P(x)-\log Q(x)] \tag{1.48}$$

从信息论的角度来看，K-L 散度代表了使用 Q 分布来近似 P 分布时，同真实的 P 分布相比所需要的额外的编码大小，越大，说明 Q 分布与 P 分布之间的偏差越大。

性质 1.2 K-L 散度具有如下属性：

(1)非负性 $D_{\mathrm{KL}}(P\|Q)\geqslant 0$，等号成立的条件是当且仅当 P 与 Q 完全相同；

(2)非对称性，即在某些情况下，$D_{\mathrm{KL}}(P\|Q)\neq D_{\mathrm{KL}}(Q\|P)$。

K-L 散度在机器学习及深度学习领域具有广泛的应用，如将 K-L 散度作为 EM 算法迭代收敛的基础(参见第 4.4 节)，以及将 K-L 作为正则化算子实现自解码的稀疏化等。

定义 1.20 （叉熵(cross-entropy)）叉熵同 K-L 散度相关：

$$H(P,Q) = -E_{X\sim P}\log Q(x) = H(P) + D_{\mathrm{KL}}(P\|Q) \tag{1.49}$$

二者关系为 $\arg\min_{Q} H(P,Q) = \arg\min_{Q} D_{\mathrm{KL}}(P\|Q)$。

1.4 指数族分布函数

在 1.2 节介绍的概率质量函数或者密度函数中大部分都包含了指数项，此类分布函数具有一定的共性，统称为指数族(exponential family)分布函数。指数族分布函数(概率密度或质量函数)具有如下的形式：

$$p(\boldsymbol{x}\mid\boldsymbol{\eta}) = h(\boldsymbol{x})g(\boldsymbol{\eta})\exp\{\boldsymbol{\eta}^{\mathrm{T}}u(\boldsymbol{x})\} \tag{1.50}$$

其中，$\boldsymbol{x}$ 可以为单一或多维向量，包括离散或连续变量；$\boldsymbol{\eta}$ 为自然参数；$h(\boldsymbol{x})$ 与 $u(\boldsymbol{x})$ 是关于 $\boldsymbol{x}$ 的函数；而正则化因子 $g(\boldsymbol{\eta})$ 需要满足以下条件：

$$g(\boldsymbol{\eta})\int h(\boldsymbol{x})\exp\left\{\boldsymbol{\eta}^{\mathrm{T}}u(\boldsymbol{x})\right\}\mathrm{d}\boldsymbol{x} = 1 \tag{1.51}$$

对于离散分布情况，用求和取代积分即可。例如，伯努利分布经转换后也可以采用指数形式表示。

给出独立同分布的数据集 $\{x_1,\cdots,x_N\}$ 后，可以求得 $\boldsymbol{\eta}$ 的最大似然估计：

$$-\nabla\ln g(\boldsymbol{\eta}_{\mathrm{ML}}) = \frac{1}{N}\sum_{n=1}^{N}u(x_n) \tag{1.52}$$

基于指数族分布函数的共性，可以得到其共轭先验函数的统一形式(共轭先验函数确保后验函数也具有先验函数一致的形式)：

$$p(\boldsymbol{\eta}\mid\chi,\nu) = f(\chi,\nu)g(\boldsymbol{\eta})^{\nu}\exp\{\nu\boldsymbol{\eta}^{\mathrm{T}}\chi\} \tag{1.53}$$

其中，$f(\chi,\nu)$ 是正则化系数，$g(\boldsymbol{\eta})$ 同式(1.51)的定义一样。具体推导参见(Bishop，2006)

例 1.7 已知总共有 n 个位置，开始时在每个位置都放 1 个球(总共 n 个球)，每次重复性地从 n 个位置中抽样，问要抽多少次，才可能获得全部的球？

这是典型的采集花费问题(Dawkins，1991)，需要准确把握随机变量及其数学期望的概念。此处可以定义将球全部采集需要的时间为随机变量 T，而定义前面已经采集了 i–1 个球后采取到第 i 个球的时间为随机变量 t_i，则有采集到第 i 个球的概率为 $p(t_i) = (n-(i-1))/n$，符合期望值为 $1/p(t_i)$ 的几何分布(Pitman，1993)，而几何分布的均值的物理意义为抽取到第一个球所需要的实验次数，由此，将采集所有球需要的次数的几何分布的期望值相加，$\sum_{i=1}^{n} n\frac{1}{i}$ 即所求的结果。

$$E(T)=n\sum_{i=1}^{n}\frac{1}{i}=n\log n+\gamma n+\frac{1}{2}+O\left(\frac{1}{n}\right)\approx n\log n+\gamma n+0.5$$

其中，$\gamma\approx 0.5772$（称为欧拉(Euler)常数）(Dawkins，1991)。

1.5 混合分布

现实中事件的概率分布常受到多方面因素的影响，呈现出多态性，故将多个概率模型结合可更好地拟合事件的概率分布。一个典型的例子就是多分类模型，不同类别的变量集呈现出不同的分布状态，总体的变量分布受到这些类别的影响。由此，产生了混合分布的概念。

令 K 个组件构成混合分布，第 k 个概率密度(质量)分布为 $p(x|k)$，则有：

$$p(x)=\sum_{k=1}^{K}p(c=k)p(x\mid c=k)=\sum_{k=1}^{K}\pi_k p(x\mid c=k)\tag{1.54}$$

其中，$p(c=k)$ 为第 k 个组件的先验概率，简写为 π_k，相当于各组件概率函数的权重，且符合总共 K 类别的多项分布 $p(c)\sim \text{Mult}(m_1,\cdots,m_K\mid \mu,N)$。图 1.4(a)展示了 3 个单变量模型组成的高斯混合模型。

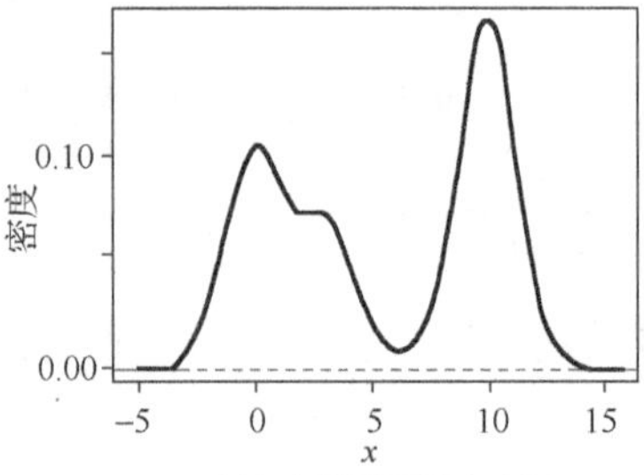

(a) 混合高斯模型的密度图

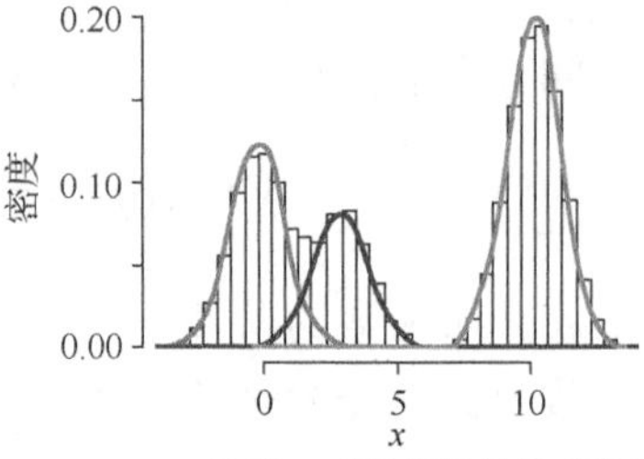

(b) 使用EM算法提取的组成模式

图 1.4　由 3 个高斯组件（$\pi_1=0.3, x\sim N(0,1)$；$\pi_2=0.5, x\sim N(10,1)$；$\pi_3=0.2, x\sim N(3,1)$）合成的混合高斯模型的密度图及采用 EM 算法提取的组成模式(见彩图)

图(a)中灰线表示密度为 0 的基准线；图(b)中 3 条不同颜色表示 3 个不同的高斯分布

在混合分布中假定总共有 K 个组件影响了分布，在分类中相当于 K 个类别，每个组件称为潜在变量(latent variable)。该随机变量不能直接观察到，只能通过可观测变量(observables) x 体现。而每个类别除了符合多项分布外，其先验分布可以采用狄利克雷分布来接近。

当分布函数 $p(x\mid k)$ 符合高斯分布时，称此混合分布为高斯分布函数：

$$\begin{gathered}c\sim \text{Mult}(\pi)\\ x\mid c=k\sim N(\mu_k,\sigma_k^2)\end{gathered}\tag{1.55}$$

其中，μ_k 与 σ_k^2 分别为第 k 个组件高斯分布的均值及方差。

在混合高斯模型中，主要涉及以下计算。

(1) 边缘化计算观测值 x 的概率：

$$p(x)=\sum_{k=1}^{K} p(c=k)p(x\mid c=k) \tag{1.56}$$

(2) 后验推导：

$$p(z\mid x)\propto p(z)p(x\mid z) \tag{1.57}$$

根据后验推导，如 x_2 缺值，可以根据已有值 x_1 推导出 x_2：

$$p(x_1\mid x_2)=\sum_{k=1}^{K} p(k\mid x_1)p(x_1\mid k,x_1)$$

(3) $p(x)$ 的对数似然性：

$$\frac{\mathrm{d}}{\mathrm{d}\theta}\log p(x)=\frac{\mathrm{d}}{\mathrm{d}\theta}\log\sum_{k} p(k,x)=E_{p(k|x)}\left[\frac{\mathrm{d}}{\mathrm{d}\theta}\log p(k,x)\right] \tag{1.58}$$

(4) 令观测值有 N 个样本，根据样本之间独立性，对第 k 个组件的对数似然函数求参数 μ_k 的导数：

$$\frac{\mathrm{d}}{\mathrm{d}\mu_k}\log\prod_{i} p(x^{(i)})=\sum_{i=1}^{N}\Pr(c^{(i)}=k\mid x^{(i)})\frac{x^{(i)}-\mu_k}{\sigma_k^2}=\sum_{i=1}^{N} r_k^{(i)}\frac{x^{(i)}-\mu_k}{\sigma_k^2} \tag{1.59}$$

其中，$r_k^{(i)}=\Pr(c^{(i)}=k\mid x^{(i)})$ 称为责任因子(responsibility)，由此求得：

$$\mu_k=\frac{\sum_{i=1}^{N} r_k^{(i)}x^{(i)}}{\sum_{i=1}^{N} r_k^{(i)}} \tag{1.60}$$

由此，得到权重因子：

$$\pi_k=\frac{1}{N}\sum_{i=1}^{N} r_k^{(i)} \tag{1.61}$$

由式(1.59)和式(1.61)可以看到，在求导得到参数 μ_k、π_k 的过程中，卷入了 $r_k^{(i)}$ 的计算，无法直接使似然函数值最大来获得各分布的参数 μ_k、σ_k^2 及其权重参数 π_k，实际应用中一般采用 EM 算法迭代计算(图 1.4(b)为采用 EM 算法计算得到的结果)(EM 算法参见 4.4 节)。

1.6 小　　结

本章主要介绍了概率的本质及基本原理，包括不确定性的信息度量、指数族分布函数、混合概率密度函数等。

参 考 文 献

恩格斯. 1972. 路德维希 · 费尔巴哈和德国古典哲学的终结. 中共中央马克思恩格斯列宁斯大林著作编译局译. 北京: 人民出版社

李贤平. 2010. 概率论基础. 3 版. 北京: 高等教育出版社

Bishop M C. 2006. Pattern Recognition and Machine Learning. Berlin: Springer

Box G E P, Muller E M. 1958. A note on the generation of random normal deviates. The Annals of Mathematical Statistics, 29 (2) : 610-611

Carter E F. 1994. The generation and application of random numbers. Forth Dimensions, Oakland

Dawkins B. 1991. Siobhan's problem: The coupon collector revisited. The American Statistician, 45 (1) : 76-82

Goodfellow I, Yoshua B, Courville A. 2016. Deep Learning. Cambridge: The MIT Press

Lawless J F, Fredette M. 2005. Frequentist predictions intervals and predictive distributions. Biometrika, 92 (3) : 529-542

Pitman J. 1993. Probability. Berlin: Springer

第2章 线性代数

机器学习与深度学习涉及了线性代数中矢量、矩阵及张量的计算，具体包括特征值分解、奇异值分解(singular value decomposition，SVD)及稀疏矩阵运算等内容。本章介绍了线性代数相关的基本概念、算法原理及优化，为后面深度学习的算法优化奠定理论基础。

2.1 基本数据类型

本节首先介绍线性代数中的一些基本概念，包括标量、矢量(向量)、矩阵及张量。

定义 2.1 标量(scalar)是指单独的一个具有大小度量的数，这个数可以是整数、实数或者复数等，一般采用小写的斜体字母表示。

定义 2.2 矢量(vector，也叫向量)是指有序排列的一列相同类型的数据。矢量表示一个既有大小，又有方向的数据，如在笛卡儿二维坐标系中，坐标表示的矢量代表了沿某个角度(如与横坐标的夹角)的线段，具有大小(线段的长度)及方向(夹角)。一般采用粗体的小写字母表示矢量，如采用以下记号：

$$\boldsymbol{x}=[x_1,x_2,\cdots,x_n]^{\mathrm{T}}=\begin{bmatrix}x_1\\x_2\\\vdots\\x_n\end{bmatrix} \tag{2.1}$$

其中，符号 T 代表了矢量的转置(即方向的变化)。

定义 2.3 矩阵(matrix)是具有相同数据类型的由多个矢量按照列组合而成的一个集合，展现为一张二维数据表格。在机器学习与深度学习中，矩阵的行代表一个数据对象，而列代表每个特征(变量)，每列具有相同的数据类型。通常采用黑体的大写字母表示矩阵，并采用小写的斜体字母表示其大小，如 $\boldsymbol{A}\in\mathbb{R}^{m\times n}$ 代表 $\boldsymbol{A}$ 是一个 m 行 n 列的实数矩阵。矩阵可以简单表示为：$\boldsymbol{A}=\{a_{ij}\}(i=1,\cdots,m;j=1,\cdots,n)$。

定义 2.4 张量(tensor)本身是根据物理学解释的一个量，可在不同的参考系下按照某种特定的法则进行变换(Zee，2013)，其目的是为几何性质和物理规律的表达寻求一种在坐标变换下保持不变的形式(陈维桓，2002)。在数学方面，张量本质体现为不同的数值可以表示同一个物理量的线性变换。在机器学习的实践中，将标量表示为 0 维张量，而矢量为 1 维张量，矩阵为 2 维张量，具有 3 个维度的数据类型为 3 维张量，以此类推，N 维数据类型表示 N 维张量。所以张量代表了不同维度的数组之间的线性变换关系，如点积、叉积及线性映射等。因此可将张量定义为数据的容器或其相关的线性变换。一般采用大写字母的黑体来表示张量，如三维的张量 $\boldsymbol{A}$ 在 i, j, k 位置的元素可以表示为 $A_{i,j,k}$。

2.2 基本运算

定义 2.5 矢量与标量相乘即标量乘以矢量中的每个元素，作为新的矢量输出。

定义 2.6 （矢量内积(inner product)，也称(dot product)）两个长度一样的矢量内积是指两个矢量内相同位置的数相乘，然后相加得到的和。令 $\boldsymbol{a}$ 及 $\boldsymbol{b}$ 为两个矢量，则其内积可表示为：

$$\boldsymbol{a} \cdot \boldsymbol{b} = \sum_{i=1}^{n} a_i b_i = |\boldsymbol{a}||\boldsymbol{b}| \cos < \boldsymbol{a}, \boldsymbol{b} > \tag{2.2}$$

其中，$|\boldsymbol{a}| = \sqrt{\boldsymbol{a} \cdot \boldsymbol{a}}$；$< \boldsymbol{a}, \boldsymbol{b} >$ 表示 $\boldsymbol{a}$ 及 $\boldsymbol{b}$ 形成的夹角。

向量的内积的几何意义是表征两向量间夹角，以及 $\boldsymbol{a}$ 向量在 $\boldsymbol{b}$ 向量的投影（式(2.2)）。而由式(2.2)可得到两个向量之间的夹角：

$$\theta = \arccos\left(\frac{\boldsymbol{a} \cdot \boldsymbol{b}}{|\boldsymbol{a}||\boldsymbol{b}|}\right) \tag{2.3}$$

定理 2.1 向量 $\boldsymbol{a}$ 与 $\boldsymbol{b}$ 垂直的充分必要条件是 $\boldsymbol{a} \cdot \boldsymbol{b} = \boldsymbol{0}$。

定理 2.2 向量内积的性质。

(1) 对称性：$\boldsymbol{a} \cdot \boldsymbol{b} = \boldsymbol{b} \cdot \boldsymbol{a}$。

(2) 加法的线性性质：$(\boldsymbol{a} + \boldsymbol{b}) \cdot \boldsymbol{c} = \boldsymbol{a} \cdot \boldsymbol{c} + \boldsymbol{b} \cdot \boldsymbol{c}$。

(3) 标量乘法的线性性质：$(k\boldsymbol{a}) \cdot \boldsymbol{b} = k(\boldsymbol{a} \cdot \boldsymbol{b})$。

(4) 正定性：$\boldsymbol{a} \cdot \boldsymbol{b} \geqslant 0$，当且仅当向量 $\boldsymbol{a}$ 与 $\boldsymbol{b}$ 之间的夹角 θ 满足 $0° \leqslant \theta \leqslant 90°$。

定义 2.7 （矢量叉乘(cross product)，也称矢量叉积），两个矢量之间的叉乘是指同时垂直于两个向量的向量，令 $\boldsymbol{c}$ 为向量 $\boldsymbol{a}$ 与 $\boldsymbol{b}$ 的叉乘，那么 $\boldsymbol{c}$ 既垂直于 $\boldsymbol{a}$，又垂直于 $\boldsymbol{b}$。计算规则如下。

(1) 长度：

$$|\boldsymbol{a} \times \boldsymbol{b}| = |\boldsymbol{a}||\boldsymbol{b}| \sin < \boldsymbol{a}, \boldsymbol{b} > \tag{2.4}$$

(2) 方向：与矢量 $\boldsymbol{a}$、$\boldsymbol{b}$ 垂直，且使 $(\boldsymbol{a}, \boldsymbol{b}, \boldsymbol{a} \times \boldsymbol{b})$ 构成右手系。

矢量叉积的几何意义为以向量 $\boldsymbol{a}$ 及 $\boldsymbol{b}$ 构成的平行四边形的面积（图 2.1）。在三维图像学中，可通过两向量叉乘，生成第三个垂直于 $\boldsymbol{a}$ 及 $\boldsymbol{b}$ 的法向量，从而构建三维的 X、Y、Z 坐标系。可以采用行列式来计算叉积（同济大学数学系，2014）。

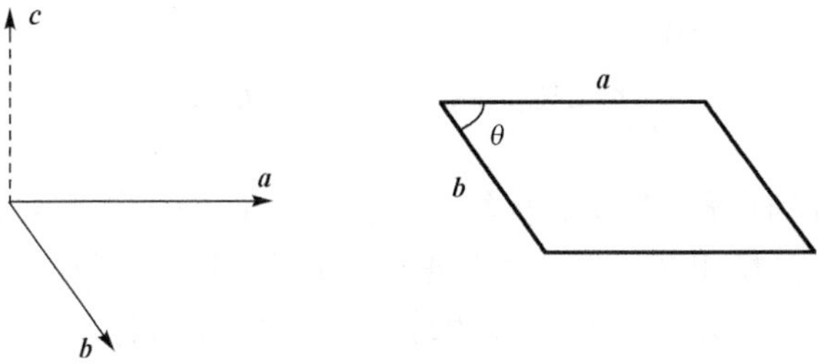

图 2.1 矢量的叉积

矩阵的基本运算。

(1)转置:

$$(\boldsymbol{AB})^{\mathrm{T}}=\boldsymbol{B}^{\mathrm{T}}\boldsymbol{A}^{\mathrm{T}} \tag{2.5}$$

其中，$\boldsymbol{A}^{\mathrm{T}}$ 为 $\boldsymbol{A}$ 的转置；$\boldsymbol{B}^{\mathrm{T}}$ 为 $\boldsymbol{B}$ 的转置。

(2)矩阵的逆:

$$\boldsymbol{A}\boldsymbol{A}^{-1}=\boldsymbol{A}^{-1}\boldsymbol{A}=\boldsymbol{I} \tag{2.6}$$

其中，$\boldsymbol{A}^{-1}$ 为 $\boldsymbol{A}$ 的逆矩阵；$\boldsymbol{I}$ 为单位矩阵。

(3)逆运算:

$$\boldsymbol{ABB}^{-1}\boldsymbol{A}^{-1}=\boldsymbol{I}\Rightarrow(\boldsymbol{AB})^{-1}=\boldsymbol{B}^{-1}\boldsymbol{A}^{-1} \tag{2.7}$$

$$(\boldsymbol{A}^{\mathrm{T}})^{-1}=(\boldsymbol{A}^{-1})^{\mathrm{T}} \tag{2.8}$$

矩阵的求逆有多种方法，包括初等变换法、伴随矩阵法及恒等变形法等，一般矩阵求逆的算法复杂度都较高，可以对目标公式做适当变换，降低矩阵求逆需要的时间复杂度。

例 2.1 一些矩阵连乘或求逆运算的过程可做适当变换来简化时间复杂度。如以下公式(Bishop，2006)的计算:

$$(\boldsymbol{P}^{-1}+\boldsymbol{B}^{\mathrm{T}}\boldsymbol{R}^{-1}\boldsymbol{B})^{-1}\boldsymbol{B}^{\mathrm{T}}\boldsymbol{R}^{-1}=\boldsymbol{PB}^{\mathrm{T}}(\boldsymbol{BPB}^{\mathrm{T}}+\boldsymbol{R})^{-1} \tag{2.9}$$

其中，$\boldsymbol{P}$ 大小为 $N\times N$，而 $\boldsymbol{R}$ 的大小为 $M\times M$，当 $M\ll N$ 时，计算 $\boldsymbol{PB}^{\mathrm{T}}(\boldsymbol{BPB}^{\mathrm{T}}+\boldsymbol{R})^{-1}$ 时间复杂度将大为降低。式(2.9)的推导过程采用两边分别左乘 $(\boldsymbol{P}^{-1}+\boldsymbol{B}^{\mathrm{T}}\boldsymbol{R}^{-1}\boldsymbol{B})$ 及右乘 $(\boldsymbol{BPB}^{\mathrm{T}}+\boldsymbol{R})$ 的方式，即可得到恒等式：$\boldsymbol{B}^{\mathrm{T}}\boldsymbol{R}^{-1}(\boldsymbol{BPB}^{\mathrm{T}}+\boldsymbol{R})=(\boldsymbol{P}^{-1}+\boldsymbol{B}^{\mathrm{T}}\boldsymbol{R}^{-1}\boldsymbol{B})\boldsymbol{PB}^{\mathrm{T}}$。

例 2.2 多个较大的矩阵相乘也非常耗时，可采用动态规划法寻求最优的组合以降低时间复杂度。

设 N 个矩阵相乘，即 $\boldsymbol{A}^1_{n_0\times n_1},\boldsymbol{A}^2_{n_1\times n_2},\cdots,\boldsymbol{A}^N_{n_N\times n_{N+1}}$ 相乘，令从 $\boldsymbol{A}^i_{n_{i-1}\times n_i}$ 到 $\boldsymbol{A}^j_{n_{j-1}\times n_j}$ 的最优组合的时间复杂度为 $C_{ij}(i\leqslant j)$，则可得到以下的递推公式:

$$C_{ij}=\begin{cases}0, & i=j\\ \underset{k\in[i,j)}{\arg\min}\{C_{ik}+C_{k+1j}+n_{i-1}n_kn_j\}, & i<j\end{cases} \tag{2.10}$$

当$i=1$及$j=N$时得到全局最优解。由此，后面的计算需要将前面的计算结果作为基础，以避免重复计算。先计算长度较短的子问题，再计算较长的子问题，最后得到最优解。所以可以设置$i\Rightarrow j$，即$l=j-i$，从小到大逐步迭代，最后得到全局最优解。算法将会涉及 3 层循环，最外层为$l=2,\cdots,N$，里面的循环则为$i=1,\cdots,N-l+1$，而对每个i，需要计算$i\Rightarrow i+l-1$的最优值，所以最里面是一层$k=i,\cdots,i+l-2$的循环。算法的时间复杂度为$O(N^3)$，空间复杂度为$O(N^2)$。在实际应用中，可以采用回溯法找到与最优复杂度对应的节点，高效地完成多个矩阵相乘。

定义 2.8 (逆序数)一个排列中如果一对数的前后位置与大小顺序相反，即前面的数大于后面的数，那么称为一个逆序，而一个排列中这种逆序的总数称为此排列的逆序数。逆序数为奇数的称为奇排列，为偶数的称为偶排列。

定义 2.9 (矩阵的迹(trace)) $n\times n$的方阵$\boldsymbol{A}$的主对角线(从左上方到右下方的对角线)上各个元素的总和称为矩阵$\boldsymbol{A}$的迹，记为$\mathrm{Tr}(\boldsymbol{A})$。对角阵在特征值分解及奇异值分解中有重要应用，所以采用矩阵的迹来反映相应的特征。

定义 2.10 (行列式(determinant))行列式是一个函数，输入一个方阵，输出为一个标量，表示为$\det(\boldsymbol{A})$。在n维欧几里得空间中，行列式描述的是一个线性变换对“体积”所造成的影响，即行列式就是线性变换的放大率(周胜林和刘西民，2015)。n阶行列式等于所有取自不同行不同列的n个元素的乘积之和：

$$\begin{vmatrix}a_{11} & a_{12} & \cdots & a_{1n}\\ a_{21} & a_{22} & \cdots & a_{2n}\\ \vdots & \vdots & & \vdots\\ a_{n1} & a_{n2} & \cdots & a_{nn}\end{vmatrix}=\sum_{j_1j_2\cdots j_n}(-1)^{\tau(j_1j_2\cdots j_n)}a_{1j_1}a_{2j_2}\cdots a_{nj_n} \tag{2.11}$$

其中，$j_1j_2\cdots j_n$是$1,2,\cdots,n$的一个排列，而每一项乘积前面的符号根据$j_1j_2\cdots j_n$的逆序数的奇偶性(τ)确定。可以看出，行列式总共由$n!$项构成。

定义 2.11 (秩(rank))线性代数中的列秩指矩阵的最大线性无关的列的数目，而行秩则指最大线性无关的行的数目。对同一矩阵$\boldsymbol{A}$而言，其列秩或行秩是相同的，记为$\mathrm{rank}(\boldsymbol{A})$。可以采用初等变换获得对角矩阵，判定矩阵的秩。

2.3 求导运算

矢量及矩阵求导运算涉及最优解的求解，是机器学习及深度学习中的重要操作。此处将介绍矢量、矩阵及张量(3 维及以上的运算)求导运算的基本原理。

一般的求导是针对标量进行的，如 $y=f(x)=x^2+1$，对标量 x 求导，得到 $\frac{\mathrm{d}y}{\mathrm{d}x}=2x$。而对于矢量或矩阵，也是以单个的标量求导作为基础的，从微观到宏观，在标量的基础上简化算式，再结合矢量/矩阵的线性变换简化计算，提高运算的效率。

设长度为 n 的向量 $\boldsymbol{y}$，用 $\boldsymbol{W}_{n\times d}$ 乘以另外一个 d 维的矢量 $\boldsymbol{x}$，有：

$$\boldsymbol{y}=\boldsymbol{W}\boldsymbol{x} \tag{2.12}$$

向量 $\boldsymbol{y}$ 由 n 个数据组成，而 $\boldsymbol{x}$ 由 d 个数据组成，则会得到一个 $n\times d$ 矩阵，有 $y_i=\sum_{i=1}^{d}w_{ik}x_k$。此处，如果对 $\boldsymbol{y}$ 求 $\boldsymbol{x}$ 的导数，则有：

$$\frac{\partial y_i}{\partial x_j}=\frac{\partial\sum_{i=1}^{d}w_{ik}x_k}{\partial x_j}=w_{ij} \tag{2.13}$$

从而：

$$\begin{bmatrix} \frac{\partial y_1}{\partial x_1} & \frac{\partial y_1}{\partial x_2} & \cdots & \frac{\partial y_1}{\partial x_d} \\ \frac{\partial y_2}{\partial x_1} & \frac{\partial y_2}{\partial x_2} & \cdots & \frac{\partial y_2}{\partial x_d} \\ \vdots & \vdots & & \vdots \\ \frac{\partial y_n}{\partial x_1} & \frac{\partial y_n}{\partial x_2} & \cdots & \frac{\partial y_d}{\partial x_d} \end{bmatrix}=\begin{bmatrix} w_{11} & w_{12} & \cdots & w_{1d} \\ w_{21} & w_{22} & \cdots & w_{2d} \\ \vdots & \vdots & & \vdots \\ w_{n1} & w_{n2} & \cdots & w_{nd} \end{bmatrix} \tag{2.14}$$

微观上矢量求导过程是依照元素索引对应进行的，从宏观层面上可以定义 $\frac{\partial\boldsymbol{y}}{\partial\boldsymbol{x}}=\boldsymbol{W}$。

类似地，可以定义对某一列或行的微分：$\left(\frac{\partial\boldsymbol{y}}{\partial\boldsymbol{x}}\right)_i=\frac{\partial y_i}{\partial\boldsymbol{x}}$ 或 $\left(\frac{\partial\boldsymbol{x}}{\partial\boldsymbol{y}}\right)_i=\frac{\partial\boldsymbol{x}}{\partial y_i}$。

不失一般性，对两个矢量的求导，定义为：

$$\left(\frac{\partial\boldsymbol{y}}{\partial\boldsymbol{x}}\right)_{ij}=\left\{\frac{\partial y_i}{\partial x_j}\right\} \tag{2.15}$$

其结果是由 $\boldsymbol{x}$ 与 $\boldsymbol{y}$ 的大小构成的二维矩阵 $n_y\times n_x$。

通过建立元素索引的方法求导，可得：

$$\frac{\partial}{\partial\boldsymbol{x}}(\boldsymbol{x}^{\mathrm{T}}\boldsymbol{w})=\boldsymbol{w} \tag{2.16}$$

其中，$\boldsymbol{x}$ 与 $\boldsymbol{w}$ 均为 d 维矢量。

设矩阵 $\boldsymbol{A}_{m\times n}$、$\boldsymbol{B}_{n\times d}$，则分部积分公式同样适用：

$$\frac{\partial}{\partial \boldsymbol{x}}(\boldsymbol{AB}) = \frac{\partial \boldsymbol{A}}{\partial \boldsymbol{x}}\boldsymbol{B} + \boldsymbol{A}\frac{\partial \boldsymbol{B}}{\partial \boldsymbol{x}} \tag{2.17}$$

若矩阵 $\boldsymbol{A}$ 满足 $|\boldsymbol{A}| \neq 0$，则以下逆运算公式成立：

$$\frac{\partial}{\partial \boldsymbol{x}}(\boldsymbol{A}^{-1}) = \boldsymbol{A}^{-1}\frac{\partial \boldsymbol{A}}{\partial \boldsymbol{x}}\boldsymbol{A}^{-1} \tag{2.18}$$

$$\frac{\partial}{\partial \boldsymbol{x}}\ln|\boldsymbol{A}| = \mathrm{Tr}\left(\boldsymbol{A}^{-1}\frac{\partial \boldsymbol{A}}{\partial \boldsymbol{x}}\right) \tag{2.19}$$

$$\frac{\partial}{\partial \boldsymbol{A}}\ln|\boldsymbol{A}| = (\boldsymbol{A}^{-1})^{\mathrm{T}} \tag{2.20}$$

也可以对高维矩阵进行求导计算，如式(2.12)中对 $\boldsymbol{W}$ 求导。因为 $\boldsymbol{y}$ 是沿一个方向变化，$\boldsymbol{W}$ 是沿两个方向变化，且很多导数项结果都是 0，所以可以将 3 维梯度矩阵下降为 2 维。

$$\frac{\partial y_i}{\partial w_{j,k}} = \frac{\partial}{\partial w_{j,k}}\left(\sum_{t=1}^{d} w_{i,t}x_t\right) = \begin{cases} 0, & i \neq j \\ x_k, & i = j \end{cases} \tag{2.21}$$

假定 $F_{i,j,k}$ 是 y_i 对 $w_{j,k}$ 的导数，则有：$F_{i,j,k} = F_{i,i,k} = x_k$，其余元素均为 0，由此可以使用二维矩阵表示三维导数的结果。

若 $\boldsymbol{X}$, $\boldsymbol{Y}$ 和 $\boldsymbol{W}$ 是矩阵，则 $\boldsymbol{Y}$ 对 $\boldsymbol{X}$ 求导将会是一个 4 维数组，根据大多数元素值为 0 的特性可以将导数简化成 2 维数组。令 $\boldsymbol{X}$ 包含 N 个数据样本，每个样本有 D 维；$\boldsymbol{Y}$ 有 N 个数据样本，每个样本有 O 维；参数矩阵 $\boldsymbol{W}$ 的维数为 $D \times O$，则有：

$$\boldsymbol{Y} = \boldsymbol{XW} \tag{2.22}$$

对单个元素，有：

$$Y_{i,j} = \sum_{k=1}^{D} X_{i,k}W_{k,j} \tag{2.23}$$

微观上依照元素索引求导，得到：$\dfrac{\partial Y_{i,j}}{\partial X_{k,h}}$。根据式(2.23)，当 $i \neq k$ 时，导数显然为 0；而当 $i = k$ 时，导数为权重系数 $W_{k,j}$：

$$\frac{\partial Y_{i,j}}{\partial X_{k,h}} = \begin{cases} 0, & i \neq k \\ W_{k,j}, & i = k \end{cases} \tag{2.24}$$

从而得到简化的导数矩阵 $\dfrac{\partial Y_{i,:}}{\partial X_{i,:}} = \boldsymbol{W}$。

标量求导的链式法则(chain rule)在矩阵运算中同样适用。多个矩阵在一起求导，可以采用链式法则简化计算，这对于含有多个隐藏层的深度神经网络模型尤其有用。

链式法则是求复合函数的导数(偏导数)的法则(《数学辞海》总编辑委员会，

2002)。例如， I_x, I_y 是定义在直线上的开区间，函数 $f(x)$ 定义在开区间 I_x 上，且在 $a \in I_x$ 处可微，而函数 $g(y)$ 定义在开区间 I_y 上且在 $f(a)$ 可微，则复合函数 $(g \circ f)(x) = g(f(x))$ 在 a 处也可微。

$$\forall x \in I_x, y \in I_y, \quad (g \circ f)'(x) = g'(f(x))f'(x) \tag{2.25}$$

而由单一变量的链式法则也可推得多元函数的链式法则。

多元函数 $u = g(y_1, y_2, \cdots, y_m)$ 在点 $\boldsymbol{b} = (b_1, b_2, \cdots, b_m)$ 处可微， $b_i = f_i(a_1, a_2, \cdots, a_n)$ $(i = 1, 2, \cdots, m)$，每个 $f_i(a_1, a_2, \cdots, a_n)$ 在点 $(a_1, a_2, \cdots, a_n)$ 处可微，则复合函数 $u = g(f_1(x_1, x_2, \cdots, x_n), \cdots, f_m(x_1, x_2, \cdots, x_n))$ 也在点 $(a_1, a_2, \cdots, a_n)$ 处可微，且：

$$\frac{\partial u}{\partial x_i} = \sum\nolimits_{k=1}^{m} \frac{\partial g}{\partial y_k} \cdot \frac{\partial f_k}{\partial x_i} \quad (i = 1, 2, \cdots, n) \tag{2.26}$$

式(2.26)只是列出了一个 u 变量的链式法则，对于 q 个复合函数函数 $u_1, u_2, \cdots, u_q$，由 $u_j = g_j(f_1(x_1, x_2, \cdots, x_n), \cdots, f_m(x_1, x_2, \cdots, x_n))(j = 1, \cdots, q)$，可写出偏导数的矩阵(雅可比矩阵)，形成高维的矩阵相乘。

$$\begin{bmatrix} \frac{\partial u_1}{\partial x_1} & \frac{\partial u_1}{\partial x_2} & \cdots & \frac{\partial u_1}{\partial x_n} \\ \frac{\partial u_2}{\partial x_1} & \frac{\partial u_2}{\partial x_2} & \cdots & \frac{\partial u_2}{\partial x_n} \\ \vdots & \vdots & & \vdots \\ \frac{\partial u_q}{\partial x_1} & \frac{\partial u_q}{\partial x_2} & \cdots & \frac{\partial u_q}{\partial x_n} \end{bmatrix} = \begin{bmatrix} \frac{\partial g_1}{\partial y_1} & \frac{\partial g_1}{\partial y_2} & \cdots & \frac{\partial g_1}{\partial y_m} \\ \frac{\partial g_2}{\partial y_1} & \frac{\partial g_2}{\partial y_2} & \cdots & \frac{\partial g_2}{\partial y_m} \\ \vdots & \vdots & & \vdots \\ \frac{\partial g_q}{\partial y_1} & \frac{\partial g_q}{\partial y_2} & \cdots & \frac{\partial g_q}{\partial y_m} \end{bmatrix} \begin{bmatrix} \frac{\partial f_1}{\partial x_1} & \frac{\partial f_1}{\partial x_2} & \cdots & \frac{\partial f_1}{\partial x_n} \\ \frac{\partial f_2}{\partial x_1} & \frac{\partial f_2}{\partial x_2} & \cdots & \frac{\partial f_2}{\partial x_n} \\ \vdots & \vdots & & \vdots \\ \frac{\partial f_m}{\partial x_1} & \frac{\partial f_m}{\partial x_2} & \cdots & \frac{\partial f_m}{\partial x_n} \end{bmatrix} \tag{2.27}$$

对上式，令 $\boldsymbol{g} = (g_1, g_2, \cdots, g_q)$，$\boldsymbol{f} = (f_1, f_2, \cdots, f_m)$，$g_i \in \mathbb{R}^m (i = 1, 2, \cdots, q)$，$f_j \in \mathbb{R}^n$ $(j = 1, 2, \cdots, m)$，则有：

$$(\boldsymbol{g} \cdot \boldsymbol{f})'(\boldsymbol{x}) = \boldsymbol{g}'(\boldsymbol{f}(\boldsymbol{x}))\boldsymbol{f}'(\boldsymbol{x}) \tag{2.28}$$

由此可以看出复合函数的链式运算法则在形式上与单变量式(2.25)是一致的。

2.4 特征值提取及主成分分析

方阵特征值的物理意义为原有特征的投影变换，特征值的提取是得到独立且特征明显的变换(Franklin，1968)。令 $\boldsymbol{A}$ 是一个大小为 $M \times M$ 的方阵，矢量 $\boldsymbol{u}$ 及特征值 λ 满足下面的公式：

$$\boldsymbol{A}\boldsymbol{u} = \lambda \boldsymbol{u} \tag{2.29}$$

其中，λ 是标量。方程(2.29)的解相当于求解以下齐次方程组(常数项为 0)：

$$|\boldsymbol{A}-\lambda \boldsymbol{I}|=\det(\boldsymbol{A}-\lambda \boldsymbol{I})=0 \tag{2.30}$$

其中，$\boldsymbol{I}$ 为单位矩阵。

在式(2.30)中，λ 多项式的阶达到了 M，所以该特征方程有 M 个解：

$$(\lambda-\lambda_1)^{m_1}(\lambda-\lambda_2)^{m_2}\cdots(\lambda-\lambda_k)^{m_k}=0 \tag{2.31}$$

其中，$\sum_{i=1}^{k} m_i=M$。$\boldsymbol{A}$ 的秩等于非 0 特征值 $\lambda_i(i=1,2,\cdots,M)$ 的个数。

针对每个特征值，均有：

$$(\boldsymbol{A}-\lambda_i \boldsymbol{I})\boldsymbol{v}=0 \tag{2.32}$$

特征方程(2.30)，一般有 $k(1\leqslant k\leqslant M)$ 个线性无关解，每个值都对应了一个特征向量。

若 $\boldsymbol{A}$ 是一个 $M\times M$ 的方阵，有 M 个线性无关的特征向量 $\boldsymbol{u}_i$ 与特征值 λ_i，则：

$$\boldsymbol{A}=\boldsymbol{U}\boldsymbol{\Lambda}\boldsymbol{U}^{-1} \tag{2.33}$$

其中，$\boldsymbol{U}$ 是 $M\times M$ 的方阵，列向量为 $\boldsymbol{A}$ 的特征向量；$\boldsymbol{\Lambda}$ 是对角阵，对角线上的元素为特征值，$\Lambda_{ii}=\lambda_i$。一般要对特征向量正交单位化。

得到特征值后可以较容易求得矩阵的逆：

$$\boldsymbol{A}^{-1}=\boldsymbol{U}\boldsymbol{\Lambda}^{-1}\boldsymbol{U}^{-1} \tag{2.34}$$

其中，$\boldsymbol{\Lambda}$ 的逆矩阵很容易计算，其为对角阵，从而 $[\boldsymbol{\Lambda}^{-1}]_{ii}=\dfrac{1}{\lambda_i}$。

定义 2.12 （对称矩阵的特征值分解）若 $M\times M$ 的实对称矩阵 $\boldsymbol{A}$ 有 M 个线性无关的特征向量，且这些特征向量经正交化、单位化可以得到 M 个两两正交的基向量 $\boldsymbol{u}_i(i=1,2,\cdots,M)$，则对称矩阵 $\boldsymbol{A}$ 可被分解为：

$$\boldsymbol{A}=\boldsymbol{U}\boldsymbol{\Lambda}\boldsymbol{U}^{\mathrm{T}} \tag{2.35}$$

其中，$\boldsymbol{U}$ 为正交矩阵，而 $\boldsymbol{\Lambda}$ 为实对角矩阵。

根据式(2.34)和式(2.35)，可以通过正交基向量恢复矩阵 $\boldsymbol{A}$ 及 $\boldsymbol{A}^{-1}$：

$$\boldsymbol{A}=\sum_{i=1}^{M}\lambda_i \boldsymbol{u}_i\boldsymbol{u}_i^{\mathrm{T}} \tag{2.36}$$

$$\boldsymbol{A}^{-1}=\sum_{i=1}^{M}\frac{1}{\lambda_i}\boldsymbol{u}_i\boldsymbol{u}_i^{\mathrm{T}} \tag{2.37}$$

得到特征值及其矢量后，可得

$$|\boldsymbol{A}|=\prod_{i=1}^{M}\lambda_i,\quad \mathrm{Tr}(\boldsymbol{A})=\sum_{i=1}^{M}\lambda_i$$

对称矩阵的特征值分解，相当于对原有的数据进行了一次保持其长度及夹角不变的线性转换，特征值可以理解为该线性变换下的比例。令

$$\tilde{\boldsymbol{x}} = \boldsymbol{U}\boldsymbol{x} \tag{2.38}$$

有：

$$|\boldsymbol{x}| = |\tilde{\boldsymbol{x}}| = \tilde{\boldsymbol{x}}^{\mathrm{T}}\tilde{\boldsymbol{x}} = \boldsymbol{x}^{\mathrm{T}}\boldsymbol{U}^{\mathrm{T}}\boldsymbol{U}\boldsymbol{x} = \boldsymbol{x}^{\mathrm{T}}\boldsymbol{x} \tag{2.39}$$

$$\tilde{\boldsymbol{x}}^{\mathrm{T}}\tilde{\boldsymbol{y}} = \boldsymbol{x}^{\mathrm{T}}\boldsymbol{U}^{\mathrm{T}}\boldsymbol{U}\boldsymbol{y} = \boldsymbol{x}^{\mathrm{T}}\boldsymbol{y} \tag{2.40}$$

特征变换可能会旋转，而特征值代表了每个特征所蕴含的信息(能量)，其值越大，解释力越大。

例 2.3　机器学习中涉及的特征值/特征变量的求解，一般都需要先对数据进行标准化(均值为 0，方差为 1)，然后再建立协方差矩阵求解。

需要注意的是，变量在按列标准化后，方差及协方差的计算可大为简化。令 $\boldsymbol{X}$ 为 $n \times d$ 的矩阵，计算其每个列特征的方差：

$$\forall j \in [1, \cdots, n], \quad \mathrm{Var}(x_{:,j}) = \sum\nolimits_{i=1}^{n} (x_{i,j} - \overline{x}_{:,j})^2 / N = \sum\nolimits_{i=1}^{n} x_{i,j}^2 / N \tag{2.41}$$

其中，$x_{:,j}$ 表示第 j 列所有行元素，$\overline{x}_{:,j}$ 表示第 j 列所有行元素的均值。协方差也可以简化为：

$$\begin{aligned} \mathrm{Cov}(X_{:,i}, Y_{:,j}) &= \sum\nolimits_{k=1}^{n} (x_{k,i} - \overline{x}_{:,i})(x_{k,j} - \overline{x}_{:,j}) / n \\ &= \sum\nolimits_{k=1}^{n} x_{k,i} x_{k,i} / n \end{aligned} \tag{2.42}$$

定义 2.13　(主成分分析(principal component analysis，PCA))基于特征值分解方法，以找到其特征值最大为目标，得到其特征向量进行数据转换，而原来的数据经过线性变换后能更好地展示其最大方差，从而实现投影及数据降维等功能。

现有数据矩阵 $\boldsymbol{X}_{n \times d}$，假定转换后的输出矩阵 $\boldsymbol{Y}$ 为相同维度，令 $\boldsymbol{P}$ 是线性变换矩阵，可以对原有的数据进行旋转及伸缩变换，则有：

$$\boldsymbol{P}^{\mathrm{T}}\boldsymbol{X}^{\mathrm{T}} = \boldsymbol{Y}^{\mathrm{T}} \tag{2.43}$$

其中，$\boldsymbol{P}$ 的大小为 $d \times d$，是由特征值对应的特征矢量按照特征值由大到小的顺序排列组成的，每一列对应一个标准化特征矢量，即一个主成分。从左到右，解释力逐渐降低。特征矢量间是独立的，构成标准正交基。通过这些正交基，可重构原来的输入。通过提取解释力最大的主成分，实现数据压缩功能。

PCA 主要算法步骤如下。

(1) 数据标准化：计算 d 个特征值的均值及方差，中心化(均值为 0)，或标准化数据(标准差为 1)。

(2) 利用式(2.42)求矩阵的协方差矩阵。

(3) 求协方差标准化的且正交的特征值及特征向量，并按照特征值由大到小排序。

(4)将线性转换矩阵用到数据中，查看数据的分布模式。

(5)可选步骤，选择排序中最主要的前几个成分及其对应的特征矢量，构成线性转换矩阵，重构数据，从而实现数据压缩。

图 2.2 展示了采用 PCA 方法对二维高斯随机数变换，生成的二维随机数具有多元正态(multivariate normal，MVN)分布($\boldsymbol{\mu}=\begin{pmatrix}1\\1\end{pmatrix},\boldsymbol{\Sigma}=\begin{pmatrix}2&1\\1&1\end{pmatrix}$)，该方法提取了两个矢量，图 2.2(a)展示样本散点分布及其主成分变换趋势(沿协方差最大方向变换)；而图 2.2(b)则展示变换后样本点在新坐标体系中(以特征矢量为坐标)，两个独立正交基产生的变换最小化了二维数据之间的相关性。图 2.3 则展示了采用 PCA 压缩蒙娜丽莎的图片，开始第一主成分只是抓住了主要的轮廓，而随着主成分的增加，图片的细节变得清晰。

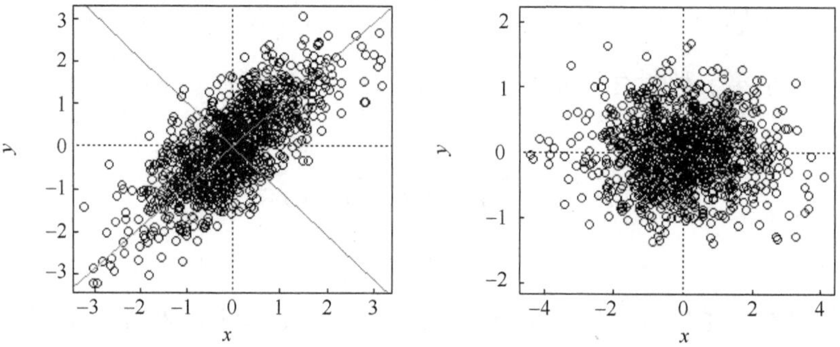

(a) 原始数据　　　　(b) 变换后数据

图 2.2　二维高斯随机数的 PCA 变换

(a)原始数据散点图及主成分矢量(从左下角到右上角的长轴为第一主成分；从左上角到右下角的短轴为第二主成分)；(b)主成分线性变换后的样本点分布，投影数据中两数据间几乎没有相关性

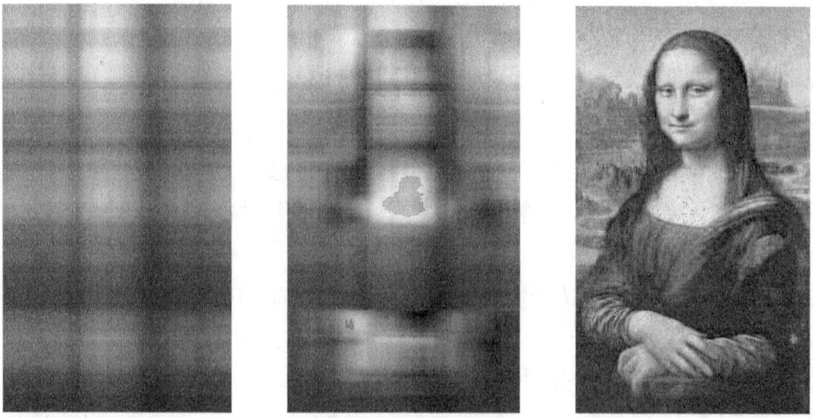

(a)第 1 主成分　　　　(b)前 3 个主成分　　　　(c)前 185 个主成分

图 2.3　采用 PCA 对蒙娜丽莎图片保留不同主成分的压缩结果(见彩图)

2.5 奇异值分解

令 $\boldsymbol{M}$ 是 $n\times m$ 矩阵，$\boldsymbol{A}$ 中元素属于实数(或复数)，如果式(2.44)成立，则此分解称为 $\boldsymbol{M}$ 的奇异值分解(SVD)。

$$\boldsymbol{M}=\boldsymbol{U}\boldsymbol{\Sigma}\boldsymbol{V}^{\mathrm{T}} \tag{2.44}$$

其中，$\boldsymbol{U}$ 是 $n\times n$ 的酉矩阵(即与其共轭转置矩阵的乘积为单位阵的矩阵)；$\boldsymbol{\Sigma}$ 为 $n\times m$ 的非负实数对角阵；而 $\boldsymbol{V}^{\mathrm{T}}$ 是 $\boldsymbol{V}$ 的共轭转置，是 $m\times m$ 的酉矩阵。$\boldsymbol{\Sigma}$ 对角线上的元素 Σ_{ii} 称为 $\boldsymbol{U}$ 的奇异值。一般将奇异值按照大小排序。

奇异值分解的几何意义可以理解为，矩阵 $\boldsymbol{V}$ 的列组成一套对 $\boldsymbol{M}$ 的正交“输入”的基向量，这些向量是 $\boldsymbol{M}^{\mathrm{T}}\boldsymbol{M}$ 的特征向量，相当于一个旋转的线性变换；矩阵 $\boldsymbol{U}$ 的列则组成一套对 $\boldsymbol{M}$ 的正交“输出”的基向量，这些向量是 $\boldsymbol{M}\boldsymbol{M}^{\mathrm{T}}$ 的特征向量，相当于另外一个旋转的线性变换；而 $\boldsymbol{\Sigma}$ 称为 $\boldsymbol{M}$ 的奇异值，可看作输入基向量与输出基向量之间的尺度变换比例，相当于 $\boldsymbol{M}\boldsymbol{M}^{\mathrm{T}}$ 或 $\boldsymbol{M}^{\mathrm{T}}\boldsymbol{M}$ 的特征值的非负特征值的平方根，并将 $\boldsymbol{U}$ 与 $\boldsymbol{V}$ 的行向量相关联。图 2.4 展示了线性变换矩阵通过奇异值分解在对矩阵 $\boldsymbol{X}$ 各步变换的几何意义。

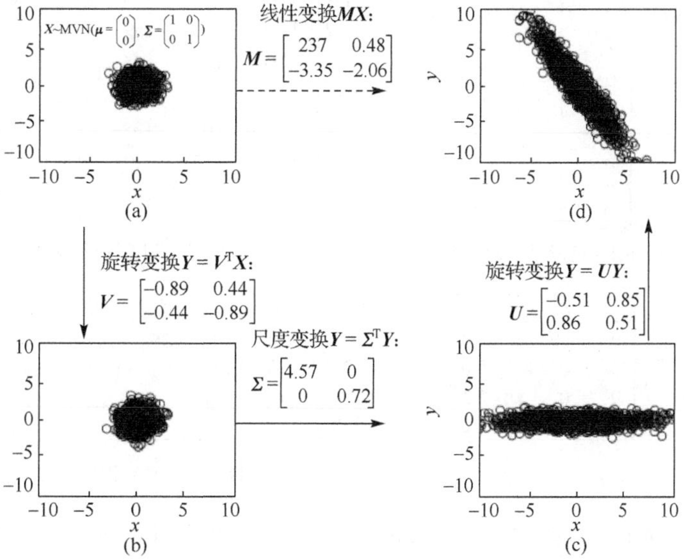

图 2.4 奇异值分解矩阵在线性转换中的作用

此处给出奇异值的一种解法。令 $\boldsymbol{M}^{\mathrm{T}}\boldsymbol{M}$ 得到的特征值为 $\lambda_i(i=1,2,\cdots,m)$，则：

$$(\boldsymbol{M}^{\mathrm{T}}\boldsymbol{M})\boldsymbol{v}_i=\lambda_i\boldsymbol{v}_i \quad (i=1,2,\cdots,m) \tag{2.45}$$

其中得到的 $\boldsymbol{v}_i$ 构成了式(2.44)中的右奇异矩阵 $\boldsymbol{V}$ 的列向量，而：

$$\sigma_i = \sqrt{\lambda_i} \tag{2.46}$$

则构成了 $\boldsymbol{\Sigma}$ 的奇异值，同时：

$$\boldsymbol{u}_i = \frac{1}{\sigma_i} \boldsymbol{M} \boldsymbol{v}_i \tag{2.47}$$

则构成了左奇异矩阵 $\boldsymbol{U}$ 的列向量。

一般而言，前 1%～10%的奇异值可能解释 90%以上的方差，所以一般只需要采用较小的 r 个奇异值即可解释数据 $\boldsymbol{M}$：$\boldsymbol{M}_{n\times m} \approx \boldsymbol{U}_{m\times r} \boldsymbol{\Sigma}_{r\times r} \boldsymbol{V}_{r\times n}^{\mathrm{T}}$。

在实际应用中，奇异值分解得到的奇异值一般用来描述数据中隐藏的某种模式，这种模式共有 r 种状态，每种状态均与相应的独立的基函数相对应，描述了数据中的某种属性。下面以电影评分的矩阵来说明奇异值的应用。

例 2.4　奇异值分解也经常用于推荐系统中效用矩阵的影响因素的提取，如用户(user)-电影(movie)效用评分矩阵(图 2.5(a))，通过奇异值分解得到矩阵 $\boldsymbol{U}$、$\boldsymbol{\Sigma}$、$\boldsymbol{V}$(分别对应图 2.5(b)、(c)与(d))(Leskovec et al.，2014)。

$$\begin{array}{c} \\ \text{用户1} \\ \text{用户2} \\ \\ \vdots \\ \\ \\ \text{用户7} \end{array}
\begin{array}{c} \text{电影1}\ \ \text{电影2}\ \ \cdots\ \ \text{电影5} \\ \begin{bmatrix} 3 & -1 & 1 & 1 & 1 \\ -2 & 1 & -1 & 2 & 0 \\ 0 & -1 & 2 & 2 & 0 \\ 1 & -1 & 0 & 3 & 1 \\ 0 & -1 & -1 & 3 & 1 \\ 0 & 0 & 0 & 1 & -3 \\ -2 & -2 & 1 & -2 & 2 \end{bmatrix} \end{array}
=
\begin{array}{c} \\ \text{用户1} \\ \text{用户2} \\ \\ \vdots \\ \\ \\ \text{用户7} \end{array}
\begin{array}{c} \text{因素的解译：视具体的数据进行归类解译} \\ \text{因素1评分}\ \ \text{因素2评分}\ \ \text{因素3评分}\ \ \text{因素4评分}\ \ \text{因素5评分} \\ \begin{bmatrix} -0.37 & 0.43 & 0.49 & -0.12 & 0.05 \\ -0.17 & -0.37 & -0.59 & -0.09 & 0.38 \\ -0.34 & 0.17 & -0.05 & 0.7 & 0.5 \\ -0.56 & 0.17 & -0.12 & -0.06 & -0.1 \\ -0.5 & 0.05 & -0.38 & -0.19 & -0.48 \\ -0.13 & -0.5 & 0.21 & 0.58 & -0.52 \\ 0.36 & 0.6 & -0.46 & 0.34 & -0.31 \end{bmatrix} \end{array}$$

(a) 用户-电影评分矩阵 $\boldsymbol{M}$　　(b) 用户的因素评分矩阵 $\boldsymbol{U}$

$$\bullet \begin{bmatrix} 5.9 & 0 & 0 & 0 & 0 \\ 0 & 4.69 & 0 & 0 & 0 \\ 0 & 0 & 4.07 & 0 & 0 \\ 0 & 0 & 0 & 2.78 & 0 \\ 0 & 0 & 0 & 0 & 1.4 \end{bmatrix}
\bullet
\begin{array}{c} \begin{bmatrix} -0.35 & 0.15 & 0 & -0.92 & -0.06 \\ 0.21 & -0.51 & 0.36 & -0.21 & 0.72 \\ 0.85 & 0.09 & 0.22 & -0.28 & -0.38 \\ -0.33 & -0.4 & 0.68 & 0.09 & -0.5 \\ -0.07 & 0.74 & 0.59 & 0.13 & 0.28 \end{bmatrix} \\ \text{因素1评分}\ \ \text{因素2评分}\ \ \text{因素3评分}\ \ \text{因素4评分}\ \ \text{因素5评分} \end{array}
\begin{array}{c} \text{电影1} \\ \text{电影2} \\ \vdots \\ \\ \text{电影5} \\ \\ \end{array}$$

(c) 奇异值矩阵Σ(反映因素影响大小)　　(d) 电影的因素评分矩阵 $\boldsymbol{V}$ 的转置

图 2.5　采用奇异值分解提取用户-电影评分矩阵

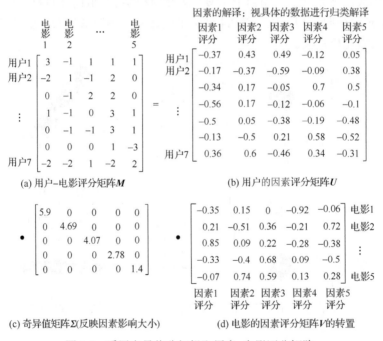

此处效用评分矩阵 $\boldsymbol{M}$ 已经去中心化，评分从−3～3 分成 6 级，负数代表差评，而正数代表好评。其中，特征值可被解译为影响因素，影响因素可以是电影的类别、风格及演员等。例如，以电影类别划分，5 个特征值就分别代表了不同的电影类型，

如分别代表科幻片、战争片、动作片、爱情片及伦理片。$\boldsymbol{U}$可解译为用户对每种类型的评分(图2.5(b))，也可理解为偏爱，如用户1对5种类型(不是电影本身)的记分为(−0.37, 0.43, 0.49, −0.12, 0.05)，可以看出，用户对战争及动作片偏爱，记分相对较高，而用户对科幻片评分较低。相应的$\boldsymbol{V}$可被解译为电影的归类，如电影3的评分为(0.85, 0.09, 0.22, −0.28, −0.38)，其中因素1得分最高，说明该片偏向于科幻片类型。科幻片的奇异值最大，说明有更多的数据支持。图2.6则展示了用户及电影在第1及第2影响因素空间上分布，可根据距离远近进行聚类。

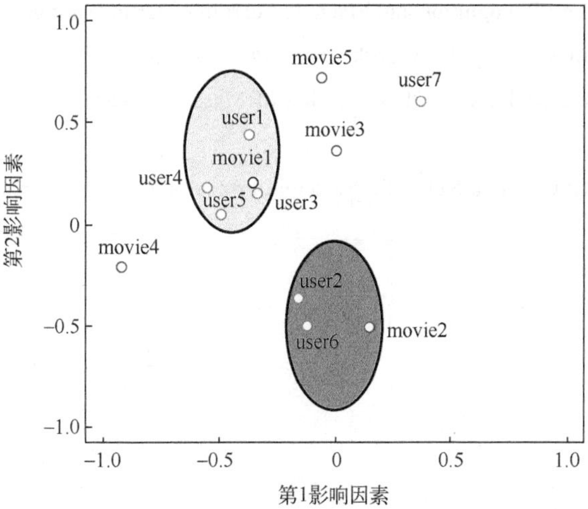

图2.6 用户及电影在第一及第二影响因素在空间上的分布聚类(见彩图)

对于新用户的查询，在给出较少数据的情况下，可以通过SVD的分解矩阵得到其对每个电影的记分。例如，新用户仅给了第1部电影3分，可以设置该用户缺省的评分为$\boldsymbol{q}=(3,0,0,0,0)$，通过右乘矩阵 $\boldsymbol{V}$ 得到其综合评分，即$\boldsymbol{qV}=(-1.05,0.63,2.55,-0.99,-0.21)$，得分表明该用户比较喜欢动作片，再将该评分右乘$\boldsymbol{V}^{\mathrm{T}}$更新其对每部电影的评分偏好：$(3.0,-0.009,-0.009,0.003,-0.02)$。

2.6 小 结

本章介绍了线性代数的基本概念、运算、链式推导、特征值分解及奇异值分解。线性代数中导数的链式推导法则，是最优化算法的基础，特别对于深度学习的多层网络的学习，需把握其基本原理。而特征值分解也是线性代数基本概念，需把握其本质及物理意义，而主成分分析及奇异值分解基于特征值提取，在机器学习及深度学习领域具有广泛的应用。

参考文献

陈维桓. 2002. 微分流形初步. 北京: 高等教育出版社

《数学辞海》总编辑委员会. 2002. 数学辞海. 南京: 东南大学出版社

同济大学数学系. 2014. 高等数学. 北京: 高等教育出版社

周胜林, 刘西民. 2015. 线性代数与解析几何. 北京: 高等教育出版社

Bishop M C. 2006. Pattern Recognition and Machine Learning. Berlin: Springer

Franklin N J. 1968. Matrix Theory. New York: Dover Publications

Leskovec J, Rajaraman A, Ullman J. 2014. Mining of Massive Datasets. http://infolab.stanford.edu/~ullman/mmds/book.pdf

Zee A. 2013. Einstein Gravity in a Nutshell. Princeton: Princeton University Press

第 3 章　MCMC 随机模拟

随机模拟是指采用计算机程序模拟一个给定的概率分布模型，或者给定一定的概率后采用计算机抽样。随机模拟的优点是对于很复杂的概率函数，也可以采用随机模拟的方法，结合一定的迭代，取得精度较好的模拟结果，解决一些采用确定性方法(deterministic)很难解决的问题。随机模拟在机器学习及深度学习中得到了广泛应用。本章主要介绍马尔可夫链蒙特卡罗(MCMC)方法，其是最重要的随机模拟方法之一。

3.1　问题的提出

蒙特卡罗(Monte Carlo)方法主要用于解决复杂的难以采用确定性方法解决的求积分及优化问题。此类问题广泛存在于机器学习、经济统计、经济学等领域中。以下是一些在机器学习领域中存在典型的问题(Andrieu et al.，2003)。

(1)积分问题。复杂函数式的积分很难求解。

$$\int_a^b f(x)\mathrm{d}x$$

(2)贝叶斯推导及学习问题。令未知变量 $x \in \boldsymbol{\chi}$、数据为 $y \in \boldsymbol{\gamma}$。

①正则化。根据先验概率 $p(x)$ 及似然函数 $p(y|x)$ 求取后验概率 $p(x|y)$，其中贝叶斯理论中正则化因子：

$$p(x \mid y)=\frac{p(y \mid x) p(x)}{\int_{\tilde{x}} p(y \mid \tilde{x}) \mathrm{d} \tilde{x}}$$

②边缘后验概率计算。联合随机变量 $(x,z) \in \boldsymbol{\chi} \times \boldsymbol{\omega}$，求其后验概率：

$$p(x \mid y)=\int_{\omega} p(x, z \mid y) \mathrm{d} z$$

③期望值求解：

$$E_{p(x|y)} f(x)=\int_x f(x) p(x \mid y) \mathrm{d} x$$

(3)模拟退火优化。正则化参数：

$$z=\sum_s \exp \left(-\frac{E(s)}{kT}\right)$$

其中，k 为玻尔兹曼(Boltzmann)常量，T 为系统温度。

(4)最优化问题。

3.2　蒙特卡罗方法

3.2.1　方法基础

从高维空间 χ 抽取得到的独立同分布的样本 $\{x^{(i)}\}_{i=1}^{N}$，蒙特卡罗方法针对此样本拟合目标变量的积分或和值。

$$I_N = \frac{1}{N}\sum_{i=1}^{N} f(x^{(i)}) \tag{3.1}$$

蒙特卡罗方法是基于大数定律(law of large numbers)和中心极限定理(central limit theorem)的。大数定律是关于当试验次数很大时的定律。该定律表明大量重复相同条件的实验，其最后实验结果(如均值)可能收敛到一个稳定的值，该收敛值表明事件在某一方面的基本性质。例如，掷骰子实验，大数定律确保一定的实验次数后，骰子点数的均值收敛于一个固定值，蒙特卡罗抽样方法得到的均值即代表稳定的总体均值。而中心极限定理则描述了大量随机变量累积分布函数逐点收敛到正态分布的累积分布函数的条件，该定理确保蒙特卡罗方法经过大量实验后，目标积分或求和变量将收敛到标准正态分布，并具有较小的方差。

定理 3.1　(大数定律)令 $X_1,\cdots,X_n$ 为独立同分布的随机变量序列，期望值为 μ，则有：

$$\lim_{n\to\infty}\frac{1}{n}\sum_{i=1}^{n} X_i = \mu \tag{3.2}$$

大数定律又分为“弱大数定律”与“强大数定律”，前者是指样本均值依概率收敛于期望；而后者则指样本均值几乎处处收敛于期望。蒙特卡罗方法一般是基于强大数定律(李贤平，2010；盛骤 等，2008)。

定理 3.2　(中心极限定理)令 $X_1,\cdots,X_n$ 为独立同分布的随机变量，具有有限的数学期望及方差($E(X_i)=\mu$，$\mathrm{Var}(X_i)=\sigma^2\ (i=1,2,\cdots)$)，则对任意 X，分布函数：

$$\lim_{n\to\infty} F_n(x) = \lim_{n\to\infty}\left\{\frac{\sum_{i=1}^{n} X_i - n\mu}{\sqrt{n}\sigma} \leqslant x\right\} = \frac{1}{2\pi}\int_{-\infty}^{x} \mathrm{e}^{-\frac{t^2}{2}}\mathrm{d}t \tag{3.3}$$

该定理表明当 $n\to\infty$，随机变量 $\tilde{Y}_n = \dfrac{\sum_{i=1}^{n} X_i - n\mu}{\sqrt{n}\sigma}$ 近似地服从标准正态分布 $N(0,$

1)，即 $Y_n=\frac{\sum_{i=1}^{n}X_i}{n}$ 近似服从非标准正态分布 $N(\mu, \sigma^2/n)$（李贤平，2010；盛骤 等，2008）。

问题 3.1　令 $X_i(i=1,2,\cdots,n)$ 独立同分布（均值为 μ，方差为 σ^2），证明 $Y_n=\frac{\sum_{i=1}^{n}X_i}{n}\sim N\left(\mu,\frac{\sigma^2}{n}\right)$。

对于普通的求积分问题，可以转化成求概率积分问题：

$$\int_a^b f(x)\mathrm{d}x=\int_a^b p(x)\frac{f(x)}{p(x)}\mathrm{d}x$$

其中，$p(x)$ 为概率密度函数，而 $f'(x)=\frac{f(x)}{p(x)}$ 为新的函数。

蒙特卡罗方法的原理是根据概率密度函数 $p(x)$，计算 $f'(x)$ 的期望，不停地从 $p(x)$ 对应的分布函数中抽取 $x(i)$，然后根据求取这些简单随机样本的均值近似 $f(x)$ 的期望（式(3.1)）（图 3.1）。

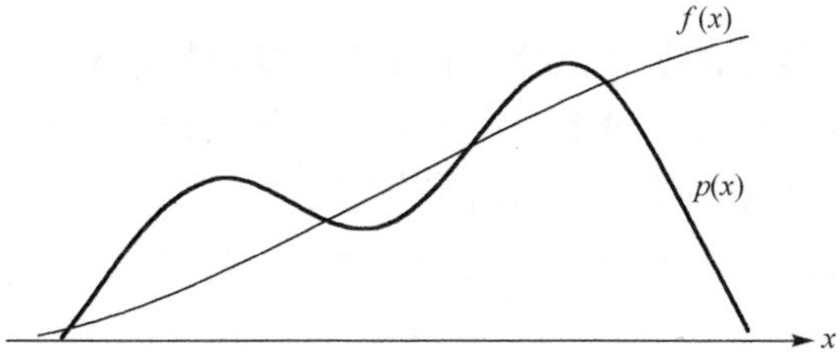

图 3.1　蒙特卡罗抽样模拟

对于普通的概率密度函数，根据具体的解析式计算概率进行抽样即可。但实际应用中对于比较复杂的计算，直接根据概率密度函数进行计算不可取，而一般采用简化的抽样技术实现近似抽样。

3.2.2　拒绝性抽样

在抽样密度函数 $p(x)$ 过于复杂、很难计算的情况下采用拒绝性抽样(acceptance-rejection sampling)方法。该方法找一个可以直接抽样的分布，称为建议分布(proposal distribution)，假设建议分布的概率密度函数为 $q(x)$，用它来拟合 $p(x)$，使得 $p(x)<kq(x),k<\infty$，将均匀抽样参数 u 是否小于 $p(x)/(kq(x))$ 作为是否接受抽样结果的标准，从而获得接近 $p(x)$ 分布的样本集（图 3.2）。算法 3.1 展示了拒绝性抽样算法的简要流程。

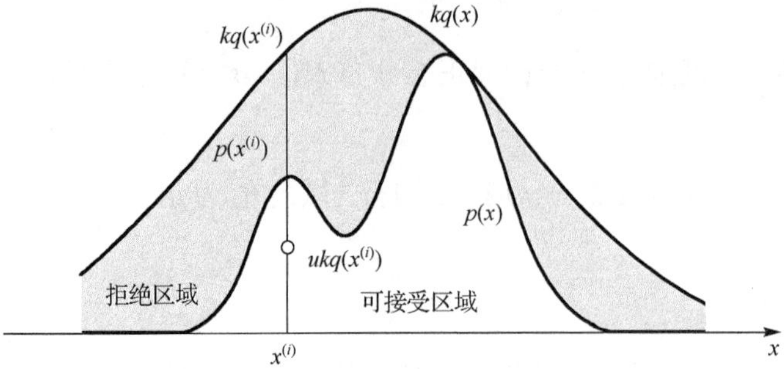

图 3.2　拒绝性抽样

算法 3.1　拒绝性抽样算法

设定 i=1。
迭代直到 i=N。
(1) 抽样 $x(i)\sim q(x)$ 及 $u\sim U(0, 1)$。
(2) 如果 $u<\dfrac{p(x^{(i)})}{kq(x^{(i)})}$，则接受该样本，否则拒绝该样本。
(3) i=i+1。

拒绝性抽样的主要缺陷是建议分布的概率密度函数 $q(x)$ 不容易设置，而实际应用中常量 k 常常不能保证抽样概率不超出 $p(x)$。如果设置过大，则会导致抽样概率过小，不容易抽中，不适用于复杂的高维空间。

3.2.3　重要性抽样

重要性抽样(importance sampling)仍然借用了拒绝性抽样中使用建议分布的概率密度函数 $q(x)$ 的方法解决此问题(Geweke，1989；Rubinstein，1981)。在该方法中，要估计的目标积分值可以变换成如下形式。

$$I(f)=\int f(x)\frac{p(x)}{q(x)}q(x)\mathrm{d}x=\int f(x)w(x)q(x)\mathrm{d}x \tag{3.4}$$

其中，$w(x)\triangleq\dfrac{p(x)}{q(x)}$ 是重要性权重。拟合的结果将会是：

$$\widehat{I}(f)=\sum_{i=1}^{n}f(x^{(i)})w(x^{(i)})$$

根据大数定律，该估计值是无偏的(unbiased)。如何构建建议分布的概率密度函数 $q(x)$，一个选择的标准是使其估计方差最小。

$$V_{q(x)}(f(x)w(x))=E_{q(x)}(f^2(x)w^2(x))-I^2(f) \tag{3.5}$$

移除同 q 无关项(最后一项)，根据 Jensen 不等式得到：

$$E_{q(x)}(f^2(x)w^2(x)) \geqslant (E_{q(x)}(|f(x)|w(x)))^2 = (\int |f(x)|p(x)\mathrm{d}x)^2$$

根据抽样的重要性限制可获取结果的下界，从而提高了重要性抽样效率。

$$q^* = \frac{|f(x)|p(x)}{\int |f(x)|p(x)\mathrm{d}x} \tag{3.6}$$

实际应用中很难根据 q^*进行抽样，不过重要性抽样给出了提高抽样效率，获得无偏的估计结果的方法。

问题 3.2　在重要性抽样中，为什么将估计方差最小作为选择建议分布的概率密度函数 $q(x)$ 的标准？

3.3　MCMC 方法

马尔可夫链蒙特卡罗(MCMC)方法将马尔可夫链引入抽样设计之中，利用马尔可夫转换矩阵的稳定性简化了抽样难度，在实际中取得了很大的应用(Bolstad，2010；Hastings，1970；Robert and Casella，2004)。而马尔可夫链是满足马尔可夫性质的随机过程。令有多个时间序列：$X_1, X_2, X_3,\cdots$，每个序列表示一种目标状态，而每个状态的取值取决于前面有限个状态的取值。若 X_{i+1} 对于过去状态的条件分布仅是 X_i 的一个函数，则：

$$P(X_{i+1}=x \mid X_1=x_1, X_2=x_2,\cdots,X_i=x_i)=P(X_{i+1}=x \mid X_i=x_i) \tag{3.7}$$

通俗地讲，就是当前状态只与前一个状态有关，而与前一状态之前的状态无关。该状态转换方程体现了状态之间的转换关系。如类似网页链接的跳转，可以采用马尔可夫链进行拟合。图 3.3 展示了 4 个网页之间的跳转，其状态转换方程如下：

$$\begin{bmatrix} 0.2 & 0.8 & 0 & 0 \\ 0 & 0 & 1 & 0 \\ 0.6 & 0 & 0 & 0.4 \\ 0.9 & 0.1 & 0 & 0 \end{bmatrix}$$

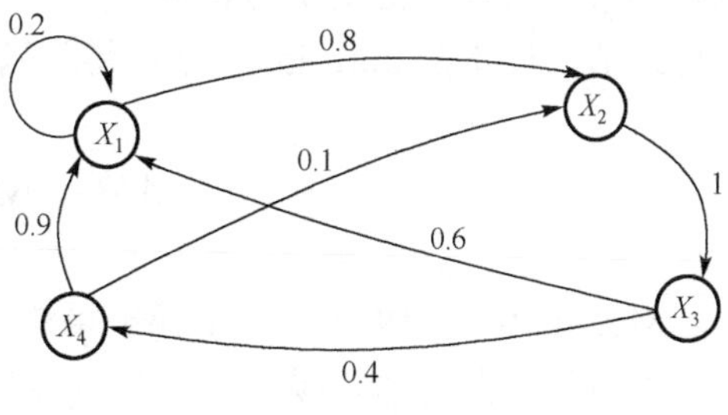

图 3.3　状态转移示意图

令初始状态为 X_1=0.3，X_2=0.2，X_3=0.4, X_4=0.1，即(0.3, 0.2, 0.4, 0.1)，经过多次迭代后，结果保留两位小数位数，则收敛到(0.33, 0.28, 0.28, 0.11)。

问题 3.3　设置不同的初始参数，验证一下上面实例中最后的结果是否稳定？

马尔可夫链可以达到平衡状态的几个条件：①可能的状态数有限；②转移概率固定不变；③连通性(irreducibility)，即从任意状态能直接或间接变到其他状态；

④非周期性(aperiodicity)，即非简单回路的循环。

定理 3.3　(马氏链定理)如果马氏链是非周期的，且具有转移概率矩阵 $\boldsymbol{P}$，其任意两个状态之间是连通的，那么 $\lim\limits_{n\to\infty} P_{ij}^n$ 存在且与 i 无关，记 $\lim\limits_{n\to\infty} P_{ij}^n = \pi(j)$，则有：

(1)有 $\lim\limits_{n\to\infty} \boldsymbol{P}^n = \begin{bmatrix} \pi(1) & \pi(2) & \cdots & \pi(n) \\ \pi(1) & \pi(2) & \cdots & \pi(n) \\ \vdots & \vdots & & \vdots \\ \pi(1) & \pi(2) & \cdots & \pi(n) \end{bmatrix}$；

(2) $\pi(j) = \sum_{i=0}^{\infty} \pi(i) P_{ij}$；

(3) $\boldsymbol{\pi}$ 是方程 $\boldsymbol{\pi P}=\boldsymbol{\pi}$ 的唯一解。

其中：

$$\boldsymbol{\pi} = [\pi(1), \pi(2), \cdots, \pi(j), \cdots]，\quad \sum_{i=0}^{\infty} \pi(i) = 1$$

称 π 为马氏链的平稳分布。

将以上定理中的 π 转为矢量，$\boldsymbol{P}^{\mathrm{T}}\boldsymbol{\pi} = \boldsymbol{\pi}$，则可以通过求矩阵特征值与特征矢量的方式获得。求解特征方程 $(\boldsymbol{A} - \lambda \boldsymbol{I})\boldsymbol{x} = 0$，获得特征矢量及特征值，用特征矢量组合来表示初始向量求得的相应的系数，最后组合可求得当 $n\to\infty$时的解。

问题 3.4　采用特征值及特征矢量的方法求上面实例中的稳定解。

以上马氏链定理对于蒙特卡罗抽样的改进很关键，是 MCMC 算法的基础。对于给定的概率分布 $p(x)$，既然马尔可夫链能收敛到平稳分布，那么能否构造一个状态转移矩阵为 $\boldsymbol{P}$ 的马尔可夫链，使得该链的平稳分布恰好是 $p(x)$？这样意味着从任意初始条件出发，得到状态转移序列，如果马尔可夫链在第 n 步已收敛(在 MCMC 中称之前的样本是 burn-in)，则可得到满足要求的样本($X_n, X_{n+1}, X_{n+2}, \cdots$)。

3.4　M-H 采样

Metropolis 在 1953 年基于粒子系统的平稳性，首次提出了基于马尔可夫链的蒙特卡罗方法，其是随机模拟技术最重要的技术(Hastings，1970；Metropolis et al.，1953)。本节介绍其常用的 Metropolis-Hastings 方法(M-H 方法)。为此提出了细致平稳条件(detailed balance condition)定理。

定理 3.4　(细致平稳条件定理)如果非周期的马尔可夫链的转移矩阵 $\boldsymbol{P}$ 与分布函数 $\pi(x)$ 满足：

$$\pi(i) P_{ij} = \pi(j) P_{ji}，\text{对所有的 } i \text{ 及 } j \tag{3.8}$$

则称 $\pi(x)$ 是马氏链的平稳分布，上式被称为细致平稳条件。

细致平稳条件的物理意义在于从状态 i 到 j 转移出去的概率质量，恰好被从 j 转移到 i 的概率质量补充回来，所以状态 i 的概率质量结果经无限次转换后是稳定的，从而说明了 $\pi(x)$ 是马氏链的平稳分布。进一步，根据以上的细致平稳条件：

$$\sum_{i=1}^{\infty}\pi(i)P_{ij}=\sum_{i=1}^{\infty}\pi(j)P_{ji}=\pi(j)\sum_{i=1}^{\infty}P_{ij}=\pi(j)\Rightarrow \pi\boldsymbol{P}=\pi$$

问题 3.5　推导证明上式成立。

以细致平稳条件为基础，M-H 方法引入了参数 $\alpha(i,j)$，令 $q(i,j)$ 为假定的状态转移矩阵元素，即从状态 i 转移到状态 j 的概率，可表示为 $q(j|i)$，$p(i)$ 即表示为状态 i 的概率。将 $\alpha(i,j)$ 与 $\alpha(j,i)$ 分别加入下式两边：

$$p(i)q(i,j)\neq p(j)(j,i)$$

使得：

$$p(i)q(i,j)\alpha(i,j)=p(j)(j,i)\alpha(j,i) \tag{3.9}$$

取：

$$\alpha(i,j)=p(j)q(j,i) \text{ 及 } \alpha(j,i)=p(i)q(i,j)$$

则式 (3.9) 成立。从而：

$$p(i)\underbrace{q(i,j)\alpha(i,j)}_{Q'(i,j)}=p(j)\underbrace{q(j,i)\alpha(j,i)}_{Q'(j,i)} \tag{3.10}$$

上式将一般的状态转移矩阵 $\boldsymbol{Q}$ 转变成满足细致平稳条件的转移矩阵 $\boldsymbol{Q}'$，从而实现了抽样的简化。在抽样之中引入的变量 $\alpha(i,j)$ 称为接受率，物理意义可以理解为在原来的马尔可夫链基础上，将状态 i 以 $q(i,j)$ 概率转移到状态 j 时，通过以 $\alpha(i,j)$ 的概率接受这个转移，从而得到新的马尔可夫链的转移概率为 $q(i,j)\alpha(i,j)$，满足了细致平稳条件，从而使得抽取的样本满足预先提出的 $p(x)$ 的平稳分布。据此产生了 MCMC 算法（算法 3.2）。

算法 3.2　MCMC 算法

(1) 设定马尔可夫链初始状态 $X_0=x_0$。

(2) 对 $t=0,1,2,\cdots$ 通过以下迭代进行采样。

①第 t 时刻，马尔可夫链状态为 $X_t=x_t$，采样 $z\sim q(x\,|\,x_t)$。

②从均匀分布采样 $u\sim \text{Uniform}[0,1]$。

③如果 $u<\alpha(x_t,z)=p(z)q(x_t\,|\,z)$ 则接受转移 $x_t\to z$，$X_{t+1}=z$。

④否则不接受转移，$X_{t+1}=x_t$。

(3) 返回 burn-in 之后的样本值。

问题 3.6 对于连续数据而言，在确定平稳分布恰好是 $p(x)$，没有先验知识的情况下如何设定状态转移概率？解释一下 $\alpha(x_t, z)$ 引入的物理意义。

以上方法通过引入 $\alpha(i, j)$ 使得原来的马氏转移矩阵符合细致平稳条件，但是有时候其计算结果比较小，这样抽样比较费时，收敛速度太慢，效率不高。为此可以将 $\alpha(i, j)$ 调整，将 $\alpha(i, j)$ 及 $\alpha(j, i)$ 按比例放大，使得两个数中最大的一个放大到 1，提高采样的跳转概率。由此可取：

$$\alpha(i, j) = \min\left\{\frac{p(j)q(j,i)}{p(i)q(i,j)}, 1\right\} \tag{3.11}$$

为新的接受率。

问题 3.7 证明式(3.11)满足细致平稳条件，从而抽取的样本最终符合目标概率分布 $p(x)$。

M-H 算法(算法 3.3)的核心就是构造转移矩阵 $\boldsymbol{Q}'$，使其满足细致平稳条件：

$$p(x)\boldsymbol{Q}'(x \to z) = p(z)\boldsymbol{Q}'(y \to x)$$

从而保证采样符合目标分布函数。该原则对于高维空间仍是适用的。

算法 3.3 M-H 采样算法

(1) 设定马尔可夫链初始状态 $X_0 = x_0$。

(2) 对 $t = 0,1,2,\cdots$ 通过以下迭代进行采样。

①第 t 时刻，马尔可夫链状态为 $X_t = x_t$，采样 $z \sim q(x \mid x_t)$。

②从均匀分布采样 $u \sim \text{Uniform}[0,1]$。

③如果 $u < \alpha(x_t, z) = \min\left\{\frac{p(z)q(x_t \mid y)}{p(x_t)p(z \mid x_t)}, 1\right\}$，则接受转移 $x_t = z$，$X_{t+1} = z$。

④否则不接受转移，$X_{t+1} = x_t$。

(3) 返回 burn-in 之后的样本值。

3.5 Gibbs 采样

对于高维空间的目标概率分布函数，仍然采用 M-H 算法，通过设定接受率 $\alpha(i, j)$ 进行采样，α 可能小于 1，会导致抽样效率低。由此 Geman 兄弟于 1984 年(Geman and Geman，1984)提出 Gibbs 采样方法。那么，该方法能否寻找到使得 $\alpha = 1$ 的状态转移矩阵呢？令二维空间上的两点 $A(x_1, y_1)$ 及 $B(x_1, y_2)$，有：

$$p(x_1, y_1)p(y_2 \mid x_1) = p(x_1)p(y_1 \mid x_1)p(y_2 \mid x_1)$$

$$p(x_1, y_2)p(y_1 \mid x_1) = p(x_1)p(y_2 \mid x_1)p(y_1 \mid x_1)$$

从而：

$$p(x_1,y_1)p(y_2\mid x_1)=p(x_1,y_2)p(y_1\mid x_1) \tag{3.12}$$

即

$$p(A)p(y_2\mid x_1)=p(B)p(y_1\mid x_1)$$

可以看出，在平行线 $x=x_1$ 上，采用条件分布 $p(y\mid x_1)$ 作为两点之间的转移概率，其在任意两点之间转移满足细致平稳条件。同理，在 $y=y_1$ 直线上任取两点 $A(x_1,y_1)$ 及 $C(x_2,y_1)$ 也满足细致平稳条件：

$$p(A)p(x_2\mid y_1)=p(C)p(x_1\mid y_1)$$

从而可以构造平面上任意两点之间的转移概率矩阵 $\boldsymbol{Q}$：

$$\begin{cases}\boldsymbol{Q}(A\to B)=p(y_B\mid x_1), & x_A=x_B=x_1\\ \boldsymbol{Q}(A\to C)=p(x_C\mid y_1), & y_A=x_C=y_1\\ \boldsymbol{Q}(A\to B)=0, & \text{其他}\end{cases}$$

由以上假定，可以验证，下式满足细致平稳条件。

$$p(X)\boldsymbol{Q}(X\to Y)=p(Y)\boldsymbol{Q}(Y\to X)$$

二维空间的马尔可夫链转移矩阵的建立如图 3.4 所示。

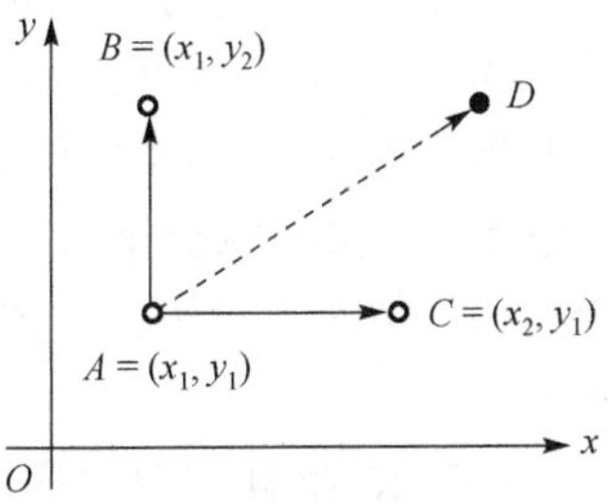

图 3.4　二维空间的马尔可夫链转移矩阵建立

对于高维的情形，设定以下条件概率分布：

$$Q(x^{(*)}\mid x^{(0)})=\begin{cases}p(x_j^{(*)}\mid x_{-j}^{(i)}), & x_{-j}^{(i)}=x_{-j}^{(*)}\\ 0, & \text{其他}\end{cases}$$

其接受概率为 1，公式如下：

$$\begin{aligned}\alpha(x^{(i)},x^{(*)})&=\min\left\{\frac{p(x^{(*)})q(x^{(i)}\mid x^{(*)})}{p(x^{(i)})q(x^{(*)}\mid x^{(i)})},1\right\}\\ &=\min\left\{\frac{p(x^{(*)})p(x_j^{(i)}\mid x_{-j}^{(i)})}{p(x^{(i)})p(x_j^{(*)}\mid x_{-j}^{(i)})},1\right\}\\ &=\min\left\{1,\frac{p(x_{-j}^{(*)})}{p(x_{-j}^{(x)})}\right\}=1\end{aligned}$$

问题 3.8　证明上式的概率为 1。

对高维情形，采用 Gibbs 采样可以依维度分别抽样，最后得到的结果符合目标分布函数(算法 3.4)。

算法 3.4　Gibbs 采样算法

(1) 随机初始化 $\{X_i : i=1,\cdots,n\}$。

(2) 对 $t = 0,1,2,\cdots$ 进行迭代采样。

① $x_1^{(t+1)} \sim p(x_1 \mid x_2^{(t)}, x_3^{(t)}, \cdots, x_n^{(t)})$

② $x_2^{(t+1)} \sim p(x_2 \mid x_1^{(t+1)}, x_3^{(t)}, \cdots, x_n^{(t)})$

③…

④ $x_j^{(t+1)} \sim p(x_j \mid x_1^{(t+1)}, \cdots, x_{j-1}^{(t+1)}, x_{j+1}^{(t)}, \cdots, x_n^{(t)})$

⑤…

⑥ $x_n^{(t+1)} \sim p(x_n \mid x_1^{(t)}, x_2^{(t)}, \cdots, x_{n-1}^{(t)})$

(3) 返回 burn-in 之后的样本值。

问题 3.9　如何抽样 $x_1^{(t+1)} \sim p(x_1 \mid x_2^{(t)}, x_3^{(t)}, \cdots, x_n^{(t)})$？

关于 MCMC 方法中收敛条件的判断，最直接的方法是判断联合概率分布函数是否改变，但该方法费时费力。一般可采用并行化运行程序，通过 burn-in 的方法获得稳定的解。采用图形方法进行判断，包括：①迹图(trace plot)，将所产生的样本对迭代次数作图，生成马尔可夫链样本路径，当 t 足够大时，路径展示出稳定性，没有明显的周期和趋势，表明结果收敛；②自相关图(autocorrelation plot)，自相关随迭代步长的增加而减小，如没有表现出这种现象，表明马尔可夫链的收敛性有问题；③遍历均值图(ergodic mean plot)，MCMC 的理论基础是马尔可夫链的遍历定理，因此可以用累积均值对迭代步骤作图，观察遍历均值是否收敛(Berg，2004；Robert and Casella，2004)。

MCMC 抽样获取的样本是高度相关的，样本之间并不独立，但在一般应用中，如要获得近似独立的样本，需要按照一定的顺序从抽样的样本中再采样。

3.6 应用实例

3.6.1 模拟 Beta 分布的概率分布

已知 Beta 分布的密度函数为：

$$p(x;\alpha,\beta) = \frac{\Gamma(\alpha+\beta)}{\Gamma(\alpha)+\Gamma(\beta)} x^{\alpha-1}(1-x)^{\beta-1}$$

其中，$\Gamma(\alpha)$ 为 Gamma 函数。如何采用 MCMC 随机模拟的方式实现 Beta 的概率分布？其步骤如算法 3.5 所示。

算法 3.5　采用 MCMC 模拟 Beta 分布

(1) 从均匀分布随机抽样得到初始化 x_0。

(2) 对 $t = 0,1,\cdots,n$ 迭代。

①抽样 $z \sim \mathrm{Uniform}[0,1]$。

②计算接受率 $\alpha = \min\{p(z;\alpha,\beta) / p(x_t;\alpha,\beta),1\}$ 。

③均匀采样分布 $u \sim \text{Uniform}[0,1]$ 。

④如果 $u < \alpha$ ，则接受跳转，即 $x_{t+1} = z$ 。

⑤否则 $x_{t+1} = x_t$ 。

(3) 返回自 Burn-in 后的样本值。

此处基于均匀分布来假定初始的状态转移矩阵，故转移概率是相同的。

3.6.2　采用 Gibbs 抽样模拟二维正态分布

Gibbs 抽样每次只在一个维度上移动，需要其条件概率计算正确。令 $X \sim N(\mu_x, s_x^2)$ 及 $Y \sim N(\mu_y, s_y^2)$ ，其中 X 与 Y 的相关系数为 ρ，可推导其条件分布函数为

$$(Y \mid X = x) \sim N\left(\mu_y + \rho\frac{s_y}{s_x}(X - \mu_x), s_y^2(1-\rho^2)\right)$$

条件概率 $P(Y|X=x)$ 及 $P(X|Y=y)$ 是采用 Gibbs 抽样的关键。

3.6.3　模拟退火求极值问题

模拟退火(simulated annealing)是一种随机寻优算法，基于物理学固体物质退火过程，寻求一般组合优化。依据固体退火原理，对固体进行加热再让其徐徐冷却，加热导致固体内部粒子变为无序状，内能增大，而徐徐冷却时粒子渐趋有序，最后在常温时达到基态，内能减为最小。采用 MCMC 模拟退火求极值方法如算法 3.6 所示。

算法 3.6　采用 MCMC 模拟退火求极值方法

(1) 初始化随机变量 x, y。

(2) 设定迭代次数 n、初始的高温值 $t_{\max}$ 和温度的步长 N_t。

(3) 针对 $i=0,1,\cdots,n$，执行以下迭代。

①$j=0,\cdots,N_t$，执行以下迭代。

(a) 取 x 及 y 附近的随机值 x_1, y_1。

(b) 根据 Gibbs 分布计算接受率 $\alpha = \exp(-\Delta E / t)$ (ΔE 为目标函数的差值)。

(c)抽样 $u \sim \text{Uniform}(0,1)$ 。

(d)如果满足 $u < \alpha$ 或 $\Delta E < 0$ ，则接受跳转，更新 x_1', y_1'；否则以接受率 α 接受 x_1, y_1 作为新的当前解。

②存储相关结果。

③减小温度参数。

(4) 输出结果。

基于 Metropolis 准则，粒子在温度 T 时趋于平衡的概率，采用 Gibbs 分布进行模拟：

$$p(\Delta E)=\frac{1}{Z}\exp\left(-\frac{f(\Delta E)}{kT}\right) \tag{3.13}$$

其中，E 为温度 T 时的内能，ΔE 为改变量，Z 为概率分布的标准化因子，k 为 Boltzmann 常数。依据退火模拟组合优化原理，将内能 E 模拟为目标函数值 f，温度 T 演化成控制参数 t，即得到解组合优化问题的模拟退火算法：由初始解 i 和控制参数初值 t 开始，对当前解重复“产生新解→计算目标函数差→接受或舍弃”的迭代，并逐步衰减 t 值，算法结束时的解即为近似最优解。从另外角度，当 T 很大时，$p(\Delta E)$ 接近均匀分布，而当 T 很小时，$p(\Delta E)$ 很大，$-f(\Delta E)$ 被无限放大。但如果 T 过小，则分布过于陡峭，其接受率会比较小。一般 T 设置比较大，逐步缩小，找到最优值。

问题 3.10　令 A, B, C 代表 3 枚硬币，投掷这些硬币，正面出现的概率分别是 π, p 和 q。反复进行以下操作：掷 A，根据其结果选出硬币 B 或 C，正面选 B，反面选 C；然后投掷选中硬币，正面记作 1，反面记作 0。独立地重复 n 次（n=10），结果为 1111110000。只能观察投掷硬币的结果，而不知其过程，估计这三个参数 π, p 和 q（Vapnik，1998）。尝试一下如何采用 Gibbs 抽样获得估计结果。

问题 3.11　参考破解恺撒密码的论文，体会 MCMC 的应用（Diaconis，2008）。

3.7 小　　结

本章阐述了 MCMC 的基本原理及主要方法。内容包括：

（1）蒙特卡罗目标，通过抽样方法解决没有解析解的复杂的积分及最优化问题；

（2）马尔可夫链，通过马氏链的每种状态只与前一状态相关联的原理，设定稳定的期望概率函数，通过设定代理概率函数的方式实现了较为高效的 MCMC 采样；

（3）M-H 采样，基于细致平稳条件定理，通过设置合适的接受率函数实现高效简化的 M-H 采样；

（4）Gibbs 抽样，基于细致平稳条件，解决高维空间 MCMC 计算费时问题，逐步实现不同维度上的逐步抽样的方法；

（5）3.6 节给出几个应用实例，以便更深度地理解 MCMC 及其用法。

参 考 文 献

李贤平. 2010. 概率论基础. 3 版. 北京：高等教育出版社

盛骤，谢式千，潘承毅. 2008. 概率论与数理统计. 4 版. 北京：高等教育出版社

Andrieu C, Defreits N, Doucet A, et al. 2003. An introduction to MCMC for machine learning. Machine Learning, 50(5): 5-43

Berg A B. 2004. Markov Chain Monte Carlo Simulations and Their Statistical Analysis. Singapore: World Scientific

Bolstad M W. 2010. Understanding Computational Bayesian Statistics. New York: John Wiley & Sons

Diaconis P. 2008. The Markov chain Monte Carlo revolution. Bulletin of the American Mathematical Society, 46: 179-202

Geman S, Geman D. 1984. Stochastic relaxation, Gibbs distributions, and the Bayesian restoration of images. IEEE Transactions on Pattern Analysis and Machine Intelligence, 6(6): 721-741

Geweke J. 1989. Bayesian inference in econometric models using Monte Carlo integration. Econometrica, 24: 1317-1399

Hastings W K. 1970. Monte Carlo sampling methods using Markov chains and their applications. Biometrika, 57(1): 97-109

Metropolis N, Rosenbluth A W, Rosenbluth M N, et al. 1953. Equations of state calculations by fast computing machines. Journal of Chemical Physics, 21(6): 1087-1092

Robert C P, Casella G. 2004. Monte Carlo Statistical Methods. 2nd ed. Berlin: Springer-Verlag

Rubinstein R Y. 1981. Simulation and the Monte Carlo Method. New York: John Wiley & Sons

Vapnik N V. 1998. Statistical Learning Theory. Hoboken: Wiley

第 4 章　变分优化法

在机器学习中求极值问题，包括了确定性及随机方法。相关的概率密度函数很复杂的时候一般采用 MCMC 类似的随机性方法求得近似解，也可依据变分法，采用变分近似推导的方法求解。本节主要介绍变分法的基本原理及典型案例。

4.1　问题的提出

变分法是处理函数最优化的一门数学分支，它以泛函的极大及极小值作为终极目标。该法源于具体物理学问题，而最终采用数学方法解决。比较典型的例子如最速降线等，寻求在所有两点之间的最短时间的路线等问题(老大中，2007；钱伟长，1980)。

1. 最速降线问题

令空间上两点 A 及 B 不在同一铅垂线上，一球从 A 开始沿着某条线滑到 B(图 4.1)，假设球体的下滑只受重力作用，忽略摩擦阻力，那么下滑最快的路线是哪一条？如图 4.1 所示，假定物体以速度 v 运动，其重量为 m，重力加速度为 g，根据势能与动能的能量守恒原理，有：

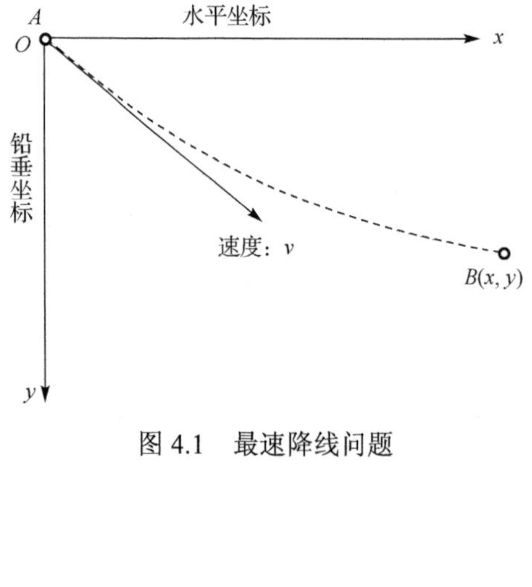

图 4.1　最速降线问题

$$mgy = \frac{1}{2}mv^2 \quad \to \quad v = \sqrt{2gy}$$

令 s 表示曲线从 A 点开始计算的弧长，有：

$$\frac{\mathrm{d}s}{\mathrm{d}t} = \sqrt{2gy}$$

弧长：

$$\mathrm{d}s = \sqrt{\mathrm{d}x^2 + \mathrm{d}y^2} = \sqrt{1 + \left(\frac{\mathrm{d}y}{\mathrm{d}x}\right)^2}\,\mathrm{d}x$$

单位时间：

$$\mathrm{d}t = \frac{\mathrm{d}s}{(\mathrm{d}s / \mathrm{d}t)} = \frac{\mathrm{d}s}{v} = \sqrt{\frac{1 + \left(\frac{\mathrm{d}y}{\mathrm{d}x}\right)^2}{2gy}}\,\mathrm{d}x$$

则总时间的计算：

$$T=\int_0^T \mathrm{d}t=\int_0^x \sqrt{\frac{1+\left(\frac{\mathrm{d}y}{\mathrm{d}x}\right)^2}{2gy}}\mathrm{d}x \tag{4.1}$$

从式(4.1)可以看出，T 是 x, y 及 y' 的函数，而 $y(x)$ 则是关于 x 的函数。T 是函数($y(x)$)的函数，属于广义的函数，称作泛函。该问题是典型的泛函极值问题，即在满足 $y(0)=0$ 及 $y(x)=y$ 的一切函数中选择一个函数，使得总的运行时间最短：$\arg\min_{y(x)} T$。

2. 最小旋转面问题

令有一正值函数 $y=y(x)>0$，其曲线经过两个端点，当这条曲线绕 x 轴旋转时，求其旋转面面积最小的那个函数 $y=y(x)$。令起止点分别为 (x_1, y_1) 及 (x_2, y_2)，问题转化为以下的求泛函极值问题：

$$S=\int_{x_1}^{x_2} 2\pi y\left[1+\left(\frac{\mathrm{d}y}{\mathrm{d}x}\right)^2\right]^{\frac{1}{2}}\mathrm{d}x \tag{4.2}$$

3. 悬索形状问题

求长度已知的均匀悬索的悬线形状。设悬线各点的铅垂坐标为 $y(x)$，并通过 $A(0, y_0)$ 及 $B(x_1, y_1)$ 两点(图 4.2)，则悬索的长度为：

$$L=\int_0^{x_1}\sqrt{1+\left(\frac{\mathrm{d}y}{\mathrm{d}x}\right)^2}\mathrm{d}x$$

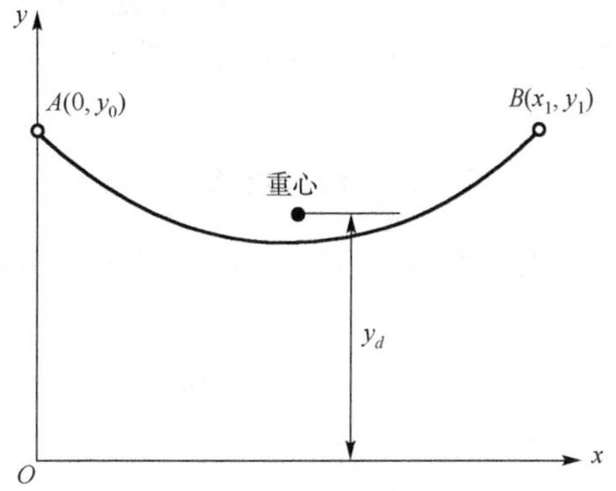

图 4.2　悬索的形状与坐标

其重心高度为：

$$y_d=\frac{1}{L}\int_0^L y\mathrm{d}s=\frac{1}{L}\int_0^{x_1} y\sqrt{1+\left(\frac{\mathrm{d}y}{\mathrm{d}x}\right)^2}\mathrm{d}x \tag{4.3}$$

该变分极值问题是求目标高度 y_d 最小的函数 $y(x)$，同时要求长度 L 固定，且通过 A 及 B 点。

4.2 泛　　函

函数量化自变量 x 同因变量 y 之间的关系，而泛函是关于函数的函数。对于某

一类函数 $y(x)$，$F(y)$ 与之对应，具有一定的变化关系，则可称 $F(y)$ 为 $y(x)$ 的泛函。所以函数是因变量同自变量的关系，而泛函是变量同函数的关系，泛函属于一种广义的函数。例如，式(4.1)～式(4.3)都是典型的泛函。

4.3　变　分　法

变分法用于求泛函的优化解，即在一定的限制性条件下(如通过起止点、总长度固定等)，求使得目标函数极大或极小的函数。求解的过程类似于求函数极值的过程。Δx 代表函数 $y(x)$ 的自变量 x 的增量，即某两值之差，$\Delta x = x - x_1$，而 x 的微分则采用 $\mathrm{d}x$ 表示，也代表了 x 的增量，当该增量很小时，$\Delta x = \mathrm{d}x$。

1. 微分与变分

类似地，泛函的函数变量 $y(x)$ 的增量很小时称为变分，采用 $\delta y(x)$ 或 δy 来表示，即：$\delta y(x) = y(x) - y_1(x)$ (注意，这里只是指 y 的变化，x 是相同的)，$\delta y(x)$ 也是 x 的函数。假定 $y(x)$ 是在某一类函数中任意改变的。要注意，在一切的 x 值上，y 的差值 $\delta y(x)$ 都较小。根据接近的程度(以多阶导数衡量)，可以称作 k 阶接近度(k=1, 2,…)。

2. 函数的连续与泛函的连续

对于变量 x 的微小改变，对应了 $y(x)$ 的微小改变，即 $y(x)$ 是连续的。其数学定义为：

$$\forall \varepsilon, \exists \delta, \quad |x - x_1| < \delta \to |y - y_1| < \varepsilon$$

表明在 x=x_1 处连续。

对于泛函数，有类似定义：

$$\forall \varepsilon, \exists \delta, \quad \left|y^{(i)}(x) - y_1^{(i)}(x)\right| < \delta \ (i = 0, 1, \cdots, k) \to |F(y) - F(y_1)| < \varepsilon \tag{4.4}$$

表明泛函 $F(y(x))$ 在 $y(x)$=$y_1(x)$ 处 k 阶连续。

3. 函数的微分和泛函的变分

函数的微分有两个定义，其一是函数的增量，即 $\Delta y = y(x + \Delta x) - y(x)$，可按照泰勒级数(Taylor series)展开为线性项及非线性项：

$$\Delta y = A\Delta x + \phi(x, \Delta x)\Delta x$$

其中，$A(x)$ 与 Δx 无关，$\phi(x, \Delta x)$ 与 Δx 有关，但 $\phi(x, \Delta x)$ 是 Δx 的高阶无穷小，即 $\Delta x \to 0 \Rightarrow \phi(x, \Delta x) \to 0$，则称 $y(x)$ 是可微的，线性部分即为函数的微分(线性部分为增量的主部)。

函数微分的第二个定义是令ε为一小参数，将 $y(x+\varepsilon\Delta x)$ 对ε求导数：

$$\frac{\partial}{\partial\varepsilon}y(x+\varepsilon\Delta x)=y'(x+\varepsilon\Delta x)\Delta x$$

而

$$\frac{\partial}{\partial\varepsilon}y(x+\varepsilon\Delta x)\big|_{\varepsilon\to 0}=y'(x)\Delta x=\mathrm{d}y(x)$$

说明 $y(x+\varepsilon\Delta x)$ 在 $\varepsilon=0$ 对ε的导数等于 $y(x)$ 在 x 处的微分。

泛函的变分也有类似的两个定义，第一个是泛函的增量法，即 $y(x)$ 的变分 $\delta y(x)$ 所引起的泛函的增量：

$$\Delta F=F(y(x)+\delta y(x))-F(y(x))$$

亦可展开为线性泛函项与非线性泛函项：

$$\Delta F=L(y(x),\delta y(x))+\varPhi(y(x),\delta y(x))\max\left|\delta y(x)\right| \tag{4.5}$$

其中，$L(y(x),\delta y(x))$ 为线性泛函项；$\varPhi(y(x),\delta y(x))\max\left|\delta y(x)\right|$ 为非线性泛函项，且对于 $\delta y(x)\to 0$ 高阶无穷小。$L(y(x),\delta y(x))$ 称为泛函的变分，是泛函增量的主部(钱伟长，1980)。

第二个是拉格朗日的泛函变分定义，泛函变分是 $F(y(x)+\varepsilon\delta y(x))$ 对导数在 $\varepsilon=0$ 时的值，即：

$$\begin{aligned}F(y(x)+\varepsilon\delta y(x))&=F(y(x))+L(y(x)+\varepsilon\delta y(x))\\&\quad+\varPhi(y(x),\varepsilon\delta(x))\varepsilon\max\left|\delta y(x)\right|\end{aligned}$$

其中，$L(y(x),\varepsilon\delta y(x))=\varepsilon L(y(x),\delta y(x))$。

根据类似的机制，当 $\varepsilon\to 0$ 时，得到拉格朗日变分项定义。

$$\frac{\partial}{\partial\varepsilon}F(y(x)+\varepsilon\delta y(x))\big|_{\varepsilon\to 0}=L(y(x),\delta y(x))$$

4. 变分求极大/极小值问题

如果泛函 $F(y(x))$在任何一条与 $y=y_0(x)$接近的曲线上不大于(或不小于) $F(y_0(x))$，即 $\delta F=F(y(x))-F(y_0(x))\leqslant 0$ (或$\geqslant 0$)，则称泛函 $F(y(x))$ 在曲线 $y=y_0(x)$ 上达到极大(或极小值)，且在 $y=y_0(x)$ 上有：$\delta F=0$，令此时泛函取值 $\tilde{F}=F(\tilde{y},\tilde{y}';x)$。令 I 为 $y(x)$ 所对应的泛函的积分 $\tilde{I}$ 的极值，则可以用ε表示 $\tilde{I}$：

$$\tilde{I}=\int_{x_1}^{x_2}F(\tilde{y},\tilde{y}';x)\mathrm{d}x=\int_{x_1}^{x_2}F(y+\varepsilon y,y'+\varepsilon y';x)\mathrm{d}x \tag{4.6}$$

求 $\tilde{I}$ 极值时，类似于求函数极值时一阶导数为 0，此处令一阶变分为 0：

$$\delta I=\left(\int_{x_1}^{x_2}\frac{\mathrm{d}\tilde{F}}{\mathrm{d}\varepsilon}\bigg|_{\varepsilon=0}\mathrm{d}x\right)\varepsilon=0 \tag{4.7}$$

$$\frac{\mathrm{d}\tilde{F}}{\mathrm{d}\varepsilon}\bigg|_{\varepsilon=0}\varepsilon=\left(\frac{\partial\tilde{F}}{\partial\tilde{y}}\cdot\frac{\mathrm{d}\tilde{y}}{\mathrm{d}\varepsilon}+\frac{\partial\tilde{F}}{\partial\tilde{y}'}\cdot\frac{\mathrm{d}\tilde{y}'}{\mathrm{d}\varepsilon}\right)\bigg|_{\varepsilon=0}\cdot\varepsilon \tag{4.8}$$

由于 $\tilde{y}=y(x)+\varepsilon y(x)$， $\tilde{y}'=y'(x)+\varepsilon y'(x)$，则有：

$$\frac{\mathrm{d}\tilde{y}}{\mathrm{d}\varepsilon}=y,\quad \frac{\mathrm{d}\tilde{y}'}{\mathrm{d}\varepsilon}=y',\quad \delta y=\varepsilon y,\quad \delta y'=\varepsilon y'$$

当 $\varepsilon\to 0$， $\tilde{F}\to F$， $\tilde{y}\to y$， $\tilde{y}'=y'$，代入式(4.7)，则有：

$$\delta I=\int_{x_1}^{x_2}\left(\frac{\partial F}{\partial y}\delta y+\frac{\partial F}{\partial y}\delta y'\right)\mathrm{d}x \tag{4.9}$$

根据莱布尼茨(Leibniz)公式可知下式成立：

$$\frac{\mathrm{d}}{\mathrm{d}x}\left(\frac{\partial F}{\partial y'}\delta y\right)=\frac{\mathrm{d}}{\mathrm{d}x}\left(\frac{\partial F}{\partial y'}\right)\delta y+\frac{\partial F}{\partial y'}\delta y'$$

推出：

$$\frac{\partial F}{\partial y'}\delta y'=\frac{\mathrm{d}}{\mathrm{d}x}\left(\frac{\partial F}{\partial y'}\delta y\right)-\frac{\mathrm{d}}{\mathrm{d}x}\left(\frac{\partial F}{\partial y'}\right)\delta y$$

将式(4.9)根据分部积分法展开后代入上式，可得：

$$\delta I=\frac{\partial F}{\partial y'}\partial y\bigg|_{x_1}^{x_2}+\int_{x_1}^{x_2}\left(\frac{\partial F}{\partial y}-\frac{\mathrm{d}}{\mathrm{d}x}\left(\frac{\partial F}{\partial y'}\right)\right)\delta y\mathrm{d}x \tag{4.10}$$

式(4.10)中取极值的条件是变分为 0，即 $\delta I=0$。在 δI 中，根据边界条件（$\delta y=0$），第一项为 0。而第二项中，由于 δy 是任意的，可采用反证法证明。要使：

$$\int_{x_1}^{x_2}\left(\frac{\partial F}{\partial y}-\frac{\mathrm{d}}{\mathrm{d}x}\left(\frac{\partial F}{\partial y'}\right)\right)\delta y\mathrm{d}x=0$$

必须使得(证明方法参见钱伟长(1980))：

$$\frac{\partial F}{\partial y}-\frac{\mathrm{d}}{\mathrm{d}x}\left(\frac{\partial F}{\partial y'}\right)=0 \tag{4.11}$$

式(4.11)即著名的欧拉方程(Euler equation)。

5. 边界条件

式(4.11)满足边界条件 $\frac{\partial F}{\partial y'}\partial y\Big|_{x_1}^{x_2}=0$，该式是由两项相乘得到，即 $\frac{\partial F}{\partial y'}$ 与 ∂y，若

要保证这两项的乘积为零，则必须 $\frac{\partial F}{\partial y'}=0$ 或 $\partial y=0$ 。如果在边界 x_1 或 x_2 处 $\frac{\partial F}{\partial y'}$ =0，则称在 x_1 或 x_2 该处满足自然边界条件(natural boundary condition)。而如果在边界 x_1 或 x_2 处 ∂y =0，则称在 x_1 或 x_2 满足本质边界条件(essential boundary condition)。$\partial y=0$ 表明 y 在这点的值是确定不变的。

6. 极值问题

求极值问题时可将具体的目标方程，代入欧拉方程(4.11)，结合边界条件得到相应的解。例如，求解两点 $A(x_1, y_1)$ 与 $B(x_2, y_2)$ 之间直线最短，设定 $F=\sqrt{1+y'^2}$ ，代入欧拉方程，得到：

$$\frac{\partial F}{\partial y}=0\ ,\quad \frac{\partial F}{\partial y'}=\frac{y'}{\sqrt{1+y'^2}}$$

结合边界条件，得到：

$$\frac{\partial F}{\partial y'}=\frac{y'}{\sqrt{1+y'^2}}=0$$

推出：

$$y'^2=\frac{C^2}{(1-C^2)}$$

即 y' 为常数。结合边界条件，即可证明 A 及 B 之间为直线。

问题 4.1　根据推导的欧拉方程，采用变分法求目标函数方程(式(4.1)、式(4.2)和式(4.3))的最优解。

4.4 EM 算法

最大期望(expectation maximum，EM)是一个求最大似然估计解的通用算法(Dempster et al.，1977；McLachlan and Krishnan，1977)，它使用启发算法，使用变分法寻求最优解。此处主要简要描述其基本原理(Bishop，2006)。令 X 为模型的观察变量，Z 为隐变量，X 与 Z 由一系列的参数 θ 所决定，二者的联合概率为 $p(X,Z\mid\theta)$ ，目标函数：

$$p(X\mid\theta)=\sum\nolimits_Z p(X,Z\mid\theta) \tag{4.12}$$

直接估计概率和是困难的。

可以采用 EM 算法进行估计，具体步骤如下。

(1) 随机函数初始化参数 θ^{old} 。

(2) E 步骤，计算 $p(Z \mid X, \theta^{\text{old}})$（相当于 $Z=z$ 的后验分布）。

(3) M 步骤，计算 θ^{new}：

$$\theta^{\text{new}} = \arg\max_{\theta} Q(\theta, \theta^{\text{old}})$$

其中，$Q(\theta, \theta^{\text{old}}) = \sum_Z p(Z \mid X, \theta^{\text{old}}) \ln p(X, Z \mid \theta)$。

(4) 检查参数是否收敛，若收敛，则返回 θ^{old} 作为最终的估计结果；否则返回步骤(2)继续循环。

下面论述一下 EM 算法为什么收敛(Neal and Hinton，1999)。对目标函数(式 (4.12))进行分解：

$$\ln p(X \mid \theta) = L(q, \theta) + \mathrm{KL}(q \| p) \tag{4.13}$$

其中：

$$L(q, \theta) = \sum_Z q(Z) \ln \left\{ \frac{p(X, Z \mid \theta)}{q(Z)} \right\} \tag{4.14}$$

$$\mathrm{KL}(q \| p) = -\sum_Z q(Z) \ln \left\{ \frac{p(Z \mid X, \theta)}{q(Z)} \right\} \tag{4.15}$$

其中，$L(q, \theta)$ 是关于概率函数 $q(Z)$ 及参数 θ 的泛函，以上的转换可以采用 $\ln p(X, Z \mid \theta) = \ln p(Z \mid X, \theta) + \ln p(X \mid \theta)$ 得到；而 $\mathrm{KL}(q \| p)$ 称为在 $q(Z)$ 同后验概率 $p(Z \mid X, \theta)$ 之间的 K-L 散度。根据 Jensen 不等式，有：

$$\mathrm{KL}(q \| p) \geqslant 0 \tag{4.16}$$

根据式(4.13)及式(4.16)，可知 $L(q, \theta) < \ln p(X \mid \theta)$，所以 $L(q, \theta)$ 可以作为 $\ln p(X \mid \theta)$ 的下界。式(4.13)表明，目标函数的对数似然估计被划分成两部分，即 K-L 散度 $\mathrm{KL}(q \| p)$ 及似然项 $L(q, \theta)$。

EM 步骤是两阶段方法(图 4.3)。

第一阶段，E 步骤，此时 θ^{old} 固定不变，求 $q(Z)$ 最大化下界 $L(q, \theta)$。而 $p(X \mid \theta^{\text{old}})$ 并不依赖 $q(Z)$，如果 $\mathrm{KL}(q \| p)=0$，则 $L(q, \theta)$ 有最大值，此时下界等于对数似然估计，$q(Z)$ 被后验概率更新($q(Z) = q(Z \mid X, \theta^{\text{old}})$)。

第二阶段，M 步骤，$q(Z)$ 固定不变，求 θ 最大化似然函数 $L(q, \theta)$，即 $\theta^{\text{new}} = \operatorname{argmax}_{\theta} L(q, \theta)$，毫无疑问，这将促使 $L(q, \theta)$ 增加；同时 θ 的更新，导致 $\mathrm{KL}(q \| p)$ 散度发生变化，不再是 0，将进一步增大总体的估计。

问题 4.2 采用 Jensen 不等式(Chandler，1987；Jensen，1906)证明 K-L 散度≥0。

问题 4.3 EM 算法也用于处理连续数据的缺值插补。令 k 维数据集 D 包括了一些缺失值，其可靠的观察值为 Y，缺失值为 X。令数据集 $D \sim N(\mu, \Sigma)$，试设计 EM 算法插补缺失值，证明其类似图 4.3 所示的收敛性。

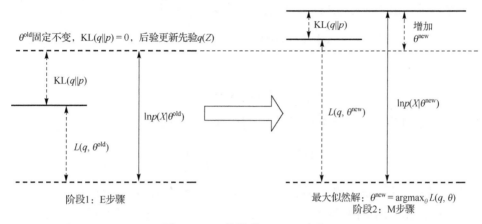

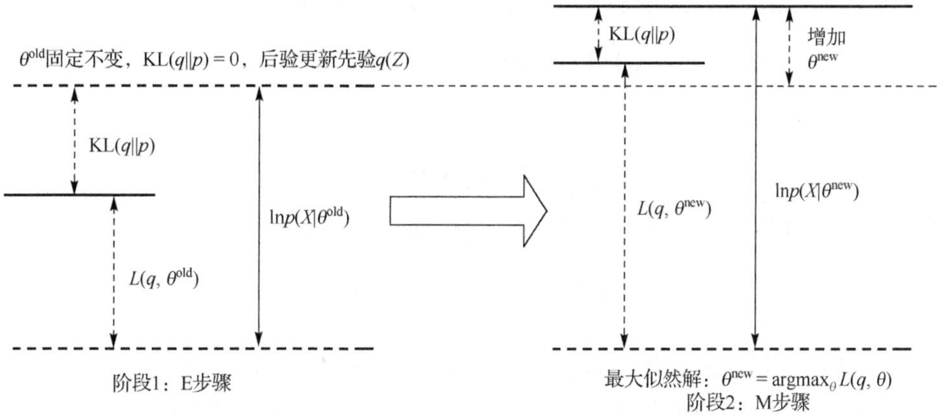

图 4.3　EM 算法的 E 及 M 步骤

4.5　最大熵变分方法

变分法是重要的求最优函数解的方法，它应用在机器及深度学习的相关领域，取得优化的解。此处主要阐述采用变分法求解最大熵的推导过程（Dowson and Wragg，1973；Grechuk et al.，2009；Harremös，2001）。

最大熵是在缺乏先验知识的情况下，对随机变量分布的统计特性做出的最符合客观情况的准则，这样可以避免风险，以求得平均情况下的统计特性。一般以熵最大为准则，从而实现在无先验知识情况下最客观的选择。对连续随机变量而言，不同的先验知识，采用最大熵原理，可以推断不同的随机变量的分布。

根据信息学熵的定义，求解最大熵的目标函数：

$$E = \int_{-\infty}^{+\infty} f(x) \ln f(x) \mathrm{d}x \tag{4.17}$$

其中，$f(x)$ 为概率密度函数；$\ln f(x)$为概率密度函数的自然对数。该分布使得信息熵达到极值，故有：

$$\partial E = 0 \tag{4.18}$$

不同的先验知识，有不同的约束条件，对应不同的最大熵函数。

1) 先验知识是已知分布区间，其他情况未知→最大熵分布为均匀分布

此时约束条件是：

$$\int_a^b f(x)\mathrm{d}x = 1 \tag{4.19}$$

根据变分法原理(式(4.18))，并引入不定乘子λ，得到：

$$\partial\int_a^b [f(x)\ln(x) - \lambda f(x)]\mathrm{d}x = 0$$

推出：

$$f(x) + 1 - \lambda = 0 \Rightarrow f(x) = C$$

其中，$C = \lambda - 1$为常数项。再根据约束条件(式(4.19))，可得：

$$f(x) = \frac{1}{b-a}，\quad \lambda = \frac{1}{b-a} + 1$$

2)先验知识是已知均值，其他情况未知→最大熵分布为指数分布

该先验知识除了约束条件(式(4.19))(a 及 b 变成了正负无穷)外，还有均值的约束条件：

$$\int_{-\infty}^{+\infty} xf(x)\mathrm{d}x = \mu \tag{4.20}$$

最后得到指数模型：

$$f(x) = \begin{cases} \lambda \mathrm{e}^{-\lambda x}, & x > 0 \\ 0, & x \leqslant 0 \end{cases}$$

其中，$\lambda = \dfrac{1}{\mu}$。

问题 4.4　推导先验知识只知道均值情况下，最大熵分布是否服从指数分布。

3)先验知识是已知均值与标准差，其他情况未知→最大熵分布为正态分布

此时除了以上两个约束条件(式(4.19)和式(4.20))外，还有以下约束条件：

$$\int_{-\infty}^{\infty} (x-\mu)^2 f(x)\mathrm{d}x = \sigma^2 \tag{4.21}$$

优化方程组，根据欧拉公式，得到：

$$\ln f(x) - \alpha x - \beta(x-\mu)^2 - (\lambda - 1) = 0$$

由此

$$f(x) = \mathrm{e}^{\lambda-1}\mathrm{e}^{\alpha x + \beta(x-\mu)^2} = C\mathrm{e}^{\beta\left(x-\left(\mu-\frac{\alpha}{2\beta}\right)\right)^2}$$

其中，C 为不含 x 的常量。利用指数函数的积分及偶函数性质的知识，可推导出：

$$\alpha = 0，\quad \beta = -\frac{1}{2\sigma^2}，\quad C = \frac{1}{\sqrt{2\pi\sigma^2}}$$

最终得到满足最大熵的$f(x)$的概率密度函数：

$$f(x)=\frac{1}{\sqrt{2\pi}\sigma}\mathrm{e}^{-\frac{(x-\mu)^2}{2\sigma^2}}$$

4.6　求后验分布的变分推断

变分推断主要针对机器学习中复杂的模型(含有未知参数及潜在变量的模型)，采用变分优化的方法来求得近似解(Jordan et al.，1999；Smídl and Quinn，2005；Wikipedia，2017)。假设一组观测数据 D，通常是通过数据求其潜变量 Z 的后验分布：$P(Z|D)$。如何采用一个简单的公式来模拟接近 Z 呢？为此定义了一个易于度量的替代品：$Q(Z)$。

对于$Q(Z)$的建立，有以下两方面的考虑。

(1) 让$Q(Z)$与$P(Z|D)$尽量接近，衡量的标准采用相对熵，即 K-L(Kullback-Leibler)散度。

(2) 让$Q(Z)$尽量简单，采用奥卡姆剃刀(Occam's razor)，考虑较少的参数，以降低其复杂度作为原则。为此，可以根据物理学的原理作为指导思想：系统中个体的局部相互作用可以产生宏观层面较为稳定的行为。

首选相对熵，即 K-L 散度来衡量$Q(Z)$与$P(Z|D)$之间的关系，定义为：

$$D_{\mathrm{KL}}(Q(Z)|P(Z|D))=-\sum\nolimits_{Z}Q(Z)\ln\frac{P(Z)}{Q(Z)} \tag{4.22}$$

如前所述，K-L 散度具有如下性质。

(1) 非对称性：$D_{\mathrm{KL}}(Q(Z)|P(Z|D))\neq D_{\mathrm{KL}}(P(Z)|Q(Z|D))$。

(2) 非负性：$D_{\mathrm{KL}}(Q(Z)|P(Z|D))\geqslant 0$，当且仅当$Q(Z)$与$P(Z|D)$完全相同时为 0。

(3) 不满足三角不等式。

采用数据 D 来对 K-L 散度做如下分解：

$$D_{\mathrm{KL}}(Q|P)=\sum_{Z}Q(Z)\ln\frac{Q(Z)}{P(Z|D)}=\sum_{Z}Q(Z)\ln\frac{Q(Z)}{P(Z,D)}+\ln P(D) \tag{4.23}$$

进一步：

$$\ln P(D)=D_{\mathrm{KL}}(Q|P)-\sum_{Z}Q(Z)\ln\frac{Q(Z)}{P(Z,D)}=D_{\mathrm{KL}}(Q|P)+L(Q) \tag{4.24}$$

由式(4.24)可以看出，$\ln P(D)$并不依赖于参数 Z。为极小化散度$D_{\mathrm{KL}}(Q|P)$(缩

小 Q 与 P 之间的距离），只需要求 $L(Q)$ 最大，继而求得后验概率 $P(Z\mid D)$ 的近似解及证据下界(evidence lower bound，ELBO)(指数据或可观测变量的概率密度函数)。

$$L(Q)=\sum_{Z}Q(Z)\ln P(Z,D)-\sum_{Z}Q(Z)\ln Q(Z)=E_{Q}[\ln P(Z,D)]+H(Q) \tag{4.25}$$

另一方面，根据统计物理学原理，即便模型没有捕捉局部之间的相互作用，“局部”仍然可以作用于“整体”，而个体间局部作用对“全局”的总体效果可忽略。故此处采用平均场(mean field)理论来构建 Z。假设复杂的多变量 Z 可拆分为一系列相互独立的多变量 $Z_i(i=1,\cdots,M)$，根据平均场理论，变分分布 $Q(Z)$通过参数以及潜在变量进行分解：

$$Q(Z)=\prod_{i=1}^{M}q(Z_i,D) \tag{4.26}$$

采用变分法最终可以求得：

$$Q_i(Z_i)=\frac{1}{C}\exp(\ln P(Z_i,Z_{-i},D))_{Q_{-i}(Z_{-i})} \tag{4.27}$$

算法的思想是，对于某个划分 Z_i，可以先保持其他划分 Z_{-i} 不变，利用以上关系更新 Z_i，使用相同步骤更新其他部分(类似于 EM 算法)，使得每个划分之间充分作用，最终收敛到稳定值。算法的步骤如下。

(1)随机初始化 $Q^{(0)}(Z_i)$。

(2)反复执行如下 k=1,2,3,…步骤，直至 $Q^{(k)}(Z_i)$ 及 $Q^{(k)}(Z_{-i})$ 收敛稳定。

①计算 Z_{-i} 的边缘密度：

$$Q^{(k)}(Z_{-i}\mid D)\propto \exp\int_{Z_i^*}Q^{(k-1)}(Z_i\mid D)\ln P(Z_i,Z_{-i},D)\mathrm{d}Z_i$$

②计算 Z_i 的边缘密度函数：

$$Q^{(k)}(Z_i\mid D)\propto \exp\int_{Z_i^*}Q^{(k-1)}(Z_{-i}\mid D)\ln P(Z_i,Z_{-i},D)\mathrm{d}Z_{-i}$$

(3)最后得到 $Q(Z)=Q(Z_i\mid D)Q(Z_{-i}\mid D)$。

可以采用变分方法来进行推理证明。令目标函数为

$$J(y)=\int_{x_1}^{x_2}F(x,y;y')\mathrm{d}x \tag{4.28}$$

加上以下的约束条件：

$$J_0(y)=\int_{x_1}^{x_2}G(x,y;y')\mathrm{d}x=C \tag{4.29}$$

引入 Lagrange 乘子λ，则得到新的优化目标方程：

$$\tilde{J}(y) = J(y) - \lambda J_0(y) \tag{4.30}$$

由欧拉方程(式(4.11))，得到$\left(\frac{\partial}{\partial y} - \frac{\mathrm{d}}{\mathrm{d}x}\frac{\partial}{\partial y}\right)(F - \lambda G) = 0$。

对于求后验分布公式中的 $L(Q)$(式(4.25))，根据平均场理论(式(4.26))，可以得到：

$$L(Q(Z)) = \int \prod_i Q_i(Z_i) \ln P(Z, D)\mathrm{d}Z - \int \prod_k Q_k(Z_k) \ln Q_i(Z_i)\mathrm{d}Z$$

其中，$Q(Z) = \prod_i Q_i(Z_i)$，且 $\forall i, \int Q_i(Z_i)\mathrm{d}Z_i = 1$。

将 Z 划分成不同部分 $Z = \{Z_i, Z_{-i}\}$，其中 $Z_{-i} = Z \setminus Z_i$。式(4.25)中的第一项：

$$\begin{aligned} E_{Q(Z)}(\ln P(Z,D)) &= \int \prod_i Q_i(Z_i) \ln P(Z,D)\mathrm{d}Z \\ &= \int Q_i(Z_i)\mathrm{d}Z_i \int Q_{-i}(Z_{-i}) \ln P(Z,D)\mathrm{d}Z_{-i} \\ &= \int Q_i(Z_i) \ln Q_i^*(Z_i)\mathrm{d}Z_i + \ln C \end{aligned}$$

其中，$Q_i^*(Z_i) = \frac{1}{C}\exp(\ln P(Z,D))_{Q_{-i}(Z_{-i})}$，$C$ 则为 $Q_i^*(Z_i)$ 的归一化常数。

而式(4.25)中的第二项熵：

$$\begin{aligned} H(Q(Z)) &= \sum_i \int \prod_k Q_k(Z_k) \ln Q_i(Z_i)\mathrm{d}Z \\ &= \sum_i \int\int Q_i(Z_i) Q_{-i}(Z_{-i}) \ln Q_i(Z_i)\mathrm{d}Z_i \mathrm{d}Z_{-i} \\ &= \sum_i \left(\int Q_i(Z_i) \ln Q_i(Z_i)\mathrm{d}Z_i\right)_{Q_{-i}(Z_{-i})} \\ &= \sum_i \int Q_i(Z_i) \ln Q_i(Z_i)\mathrm{d}Z_i \end{aligned}$$

问题 4.5　解释一下为什么

$$\sum_i \left(\int Q_i(Z_i) \ln Q_i(Z_i)\mathrm{d}Z_i\right)_{Q_{-i}(Z_{-i})} = \sum_i \int Q_i(Z_i) \ln Q_i(Z_i)\mathrm{d}Z_i$$

从而有：

$$\begin{aligned} L(Q(Z)) &= \int Q_i(Z_i) \ln Q_i^*(Z_i)\mathrm{d}Z_i - \sum_i \int Q_i(Z_i) \ln Q_i(Z_i)\mathrm{d}Z_i + \ln C \\ &= -D_{\mathrm{KL}}(Q_i(Z_i) \| Q_i^*(Z_i)) + H(Q_{-i}(Z_{-i})) + \ln C \end{aligned}$$

以上只是给出了一个划分的方程式，如有多个方程式，则需要更复杂的算法。根据泛函及约束条件：

$$\forall i, \quad \int Q_i(Z_i)\mathrm{d}Z_i = 1$$

可得：

$$\forall i, \quad \frac{\partial}{\partial Q_i(Z_i)}(-D_{\mathrm{KL}}(Q_i(Z_i)\,\|\,Q_i^*(Z_i))) - \lambda_i\left(\int Q_i(Z_i)\mathrm{d}Z_i - 1\right) = 0$$

直接求解，可得到形如 Gibbs 分布的函数：

$$\pi(\varpi) = \frac{1}{2}\exp\left(-\frac{U(\varpi)}{T}\right)$$

其式较为复杂。直接令 KL 散度为 0，求得散度。最后得到式(4.27)。

4.7 小　结

本章系统地总结了变分法的基本原理，该方法在机器学习中有重要的应用。本章具体内容如下。

(1)通过一些典型的问题引入变分，将微分同变分类比，描述了变分的基本原理；通过同微分比较，推导求极值的变分方法，导出了著名的欧拉方程(4.11)。然后通过一系列的边界，引入拉格朗日乘子，求得最优解。最后采用变分法对 EM 算法进行论证。

(2)针对三种情况推断熵最大的三种分布函数。最大熵的优化问题是变分法解析解的典型应用。

(3)介绍平均场的变分方法如何求解最大后验概率，以及平均场的变分法在贝叶斯机器学习里的重要应用。

变分法同第 3 章的 MCMC 模拟方法是积分拟合的较为高效的方法。图 4.4 展示了各种拟合方法在拟合精度及计算时间复杂度之间的关系，可以看出，MCMC 抽样算法拟合精度较高，但时间复杂度也很高；而变分法中的平均场方法一般可以取得局部最优解，精度可能低一点，但

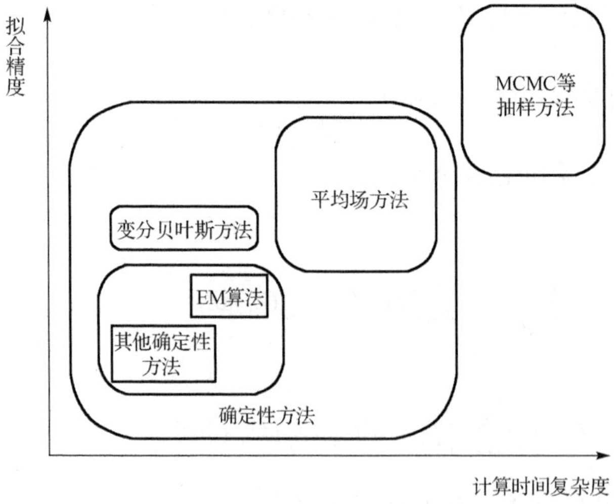

图 4.4　积分拟合的各种方法的拟合精度及计算时间复杂度的比较

时间复杂度较好；其他的如 EM 算法、变分贝叶斯方法等时间复杂度很好，但是精度较低。所以具体应用时要根据实际的情况选择合适的方法。

参 考 文 献

老大中. 2007. 变分法基础. 北京：国防工业出版社

钱伟长. 1980. 变分法及有限元. 北京：科学出版社

Bishop M C. 2006. Pattern Recognition and Machine Learning. Berlin: Springer

Chandler D. 1987. Introduction to Modern Statistical Mechanics. New York: Oxford University Press

Dempster A P, Laird N M, Rubin D B. 1977. Maximum likelihood from incomplete data via the EM algorithm. Journal of the Royal Statistical Society B, 39(1): 1-38

Dowson D, Wragg A. 1973. Maximum-entropy distributions having prescribed first and second moments. IEEE Transactions on Information Theory, 19(5): 689-693

Grechuk B, Molyboha A, Zabarankin M. 2009. Maximum entropy principle with general deviation measures. Mathematics of Operations Research, 34(2): 445-467

Harremös P. 2001. Binomial and Poisson distributions as maximum entropy distributions. IEEE Transactions on Information Theory, 47(5): 2039-2041

Jensen J L W V. 1906. Sur les fonctions convexes et les inégalités entre les valeurs moyennes. Acta Mathematica, 30(1): 175-193

Jordan M I, Ghahramani Z, Jaakkola T S, et al. 1999. An introduction to variational methods for graphical models. Machine Learning, 37(2): 183-233

McLachlan G J, Krishnan T. 1977. The EM Algorithm and Its Extensions. Hoboken: Wiley

Neal R M, Hinton G E. 1999. A new view of the EM algorithm that justifies incremental and other variant//Jordan M. Learning in Graphical Models. Cambridge: MIT Press: 355-368

Smídl V, Quinn A. 2005. The Variational Bayes Method in Signal Processing (Signals and Communication Technology). Berlin: Springer-Verlag

Wikipedia. 2017. Variational Bayesian methods. https://en.wikipedia.org/wiki/Variational_Bayesian_methods.

第 5 章　机器学习基础

机器学习的主要任务是从以往的数据中归纳出规律，通过一定的模型及其相关的参数量化这些规律及模式，通过历史数据训练这些模型，提高其泛化(generalization)能力，使得模型对新的实例具有较强的预测能力。因此，典型的机器学习任务将涉及 3 方面的内容，学习的目标(target)，可分回归、分类或聚类等；学习的材料，相当于历史经验(experience)，具体而言就是训练的样本，根据目标的不同，采用的训练材料也不同；评价标准(performance metric)，即如何评价模型的性能，不同的任务采用的评价标准也不一样(Mitchell，1997)。本章系统总结了机器学习的基本方面，即目标、经验及评价标准；归纳了当前比较主要的机器学习方法，概括机器学习的流程，总结了从浅层学习器发展过渡到深层学习器的重要意义。

5.1　学 习 目 标

机器学习的本质是通过对历史样本数据的训练，提高构建模型的泛化能力，使得在不同种类的运用中都能展示出较好的预测力。机器学习运用在不同的领域，具有不同的任务或目标。

定义 5.1　(分类)分类是机器学习中最普遍的学习目标。典型的例子有：从照片中识别物体类别，从卫星遥感数据中识别地物即土地利用类型等。分类的主要任务就是给定 n 维的特征矢量 $\boldsymbol{x}$，识别其类别变量 y，即 $f:\mathbb{R}^n \to \{1,2,\cdots,k\}$，学习的映射函数(mapping function)f 输出了在 k 个类别的概率分布函数，按照概率最大的原则分配预测类别。分类算法在实际运用中，经常会遇到某个变量值缺失的情况，一种简单的方法是针对不同的缺失组合，建立不同的模型，预测时提取正好缺失相关变量值的模型，预测目标类别，但这样建立的模型将很多，以 n 维的特征矢量 $\boldsymbol{x}$ 为例，需要建立 2^n-1 种模型来处理不同变量缺失情况，计算复杂度会很高。一种更好的方法是采用建立联合概率密度的方式(Goodfellow et al.，2016)，当某个值或者某几个值缺失时，采用求边际概率的方式很容易求得在相应变量缺失情况下的预测的概率分布函数，进而根据概率最大化原则分配相应类别。

定义 5.2　(回归)同分类不同，回归则是预测输出一个连续数值，即从 n 维到 1 维的映射：$f:\mathbb{R}^n \to \mathbb{R}$，映射函数 f 直接输出目标的预测值。回归的目标应用也是极为广泛的，比如根据房屋的位置、建筑年代、大小及开发商等预测房屋的价格；根据卫星遥感气溶胶数据、土地利用数据、交通流量、居住密度等变量预测细颗粒物(particulate matter 2.5，$PM_{2.5}$)的浓度等。同样地，在回归的实际应用中也经常出现变量缺值(如受大气云层影响气溶胶数据经常有缺失值)的情况，也可建立联合分布函数，当变量缺失时，采用求取概率边界密度的方式获得最终解。

定义 5.3 (结构化输出)是指不是以单一的类别(分类)或数字(回归)输出的，而是以一定的结构输出的，其表现形式多样，运用也较为广泛。可以采用以下简化的形式来表示这种转换：

$$F:\mathbb{R}^n \Rightarrow S(y_1, y_2, \cdots, y_k)$$

其中，F 代表复杂的映射函数，如从文本到文本、一种语言到另外一种语言和图像到文本，F 本身包含若干子映射函数。典型的运用有：从一些图片中提取需要识别的数字及文本(是一种典型的转录应用)；机器翻译(将一种语言通过“编码→解码”的方式翻译成另外一种语言)；自然语言处理中根据句子构建语法树；像素级的图像分割；动态图像的句子描述等。同传统的机器学习方法相比，深度学习具有较深的网络结构层，较好的概括能力，被很好地运用于处理这些问题。本书在应用篇中，也会介绍几个较为复杂的实例来进行说明。

定义 5.4 (异常点检测)一般根据数据的分布判断一个新样本点是否符合已有数据的分布，是否为异常点。总体上，异常点检测有三种方法(Chandola et al., 2009)，即：①非监督方法，建立样本数据的正态分布，查看新数据是否符合正态分布，可以采用统计学里的假设检验方法。②监督方法，将异常点检测看作监督学习方法，与常规分类方法不同的地方是异常点训练样本较少，导致正例与反例比不平衡，严重影响训练模型的判断力；可以从贝叶斯的角度来处理此类样本不平衡(unbalanced samples)的问题(Bishop，2006)，可以先把数据采用抽样方法划分成较为平衡的两类数据集，然后将计算得到的后验概率乘以总体中两类之间的样本比例(相当于先验知识)，最后通过正则化得到矫正后的分类概率。③半监督学习方法，先计算样本的联合分布，然后计算实例在此分布函数中的可能性(似然性)，可能性低的即为异常点。异常点检测应用范围也较为广泛，如机器设备健康状况的筛查、癌症的诊断、信用卡异常检测等。

定义 5.5 抽样与合成(sampling and synthesis)是指机器学习算法根据样本数据拟合其分布参数，然后根据这些参数生成与样本的分布一致的随机样本。抽样与合成最典型的应用是生成式对抗网络模型，通过生成模型与判别模型的博弈，获得最接近样本分布，生成模型参数。抽样与合成在传媒领域有广泛的应用，例如，根据一定的参数，生成一定的合成图像，而这些合成图像比较逼真，与原始的数据分布较为接近；再比如根据一个句子或一篇文章合成声波进行发音。

定义 5.6 缺值插补及去噪是重要的数据处理方法，在实际的数据领域有许多类型的应用。例如，卫星遥感数据在大片缺失云层情况下的插补，可以结合其他因素采用自解码方法进行插补；而多变量数据的插补可以采用 EM 算法进行。去噪也是重要的数据处理方法，也可采用自解码的方法去除多余的噪声，得到高质量的数据，进行下一步的分类应用。

除了以上在计算机视觉、图像处理、自然语言处理、环境检测等领域的典型应用之外，机器学习还有其他运用领域，此处不一一列举。

5.2 评 价 标 准

设定机器学习任务之后，需要设定合适的评价标准函数 P，再通过优化算法求解，得到最优解。从 5.1 节可以看到，不同的学习任务，决定了评价标准也不一样，如分类/回归与结构化输出预测的评价标准就不同。本节主要是针对一般的分类/回归等问题，说明基本的评价标准。评价标准的表达方式也不同，从概率观点看相当于求最大概率(似然)法；而从损失函数(loss function)的观点看，相当于求损失最小的方法；从信息论的观点看，相当于求 K-L 散度系数最小。虽然这些表现形式不同，但彼此之间相互关联。本节通过这些概念的介绍，说明了评价标准的本质，把握机器学习的基本原理。

5.2.1 基于概率的评价标准

基于概率的评价标准可以从两方面来说明，即基于发生错误概率最小与预测目标值概率最大。

1) 预测目标值概率最大(评价标准 1)。

$$L(\theta \mid X) = \Pr(y \mid X;\theta) = \prod_{i=1}^{N} \Pr(y_i \mid x_i;\theta) \tag{5.1}$$

其中，X 表示训练样本集，x_i 表示第 i 个训练样本；y 表示预测目标变量；θ 表示参数集；N 为训练样本总数。此处假定每个样本之间的关系是独立的。为方便求解，可对式(5.1)求对数，得到：

$$l(\theta \mid X) = \log L(\theta \mid X) = \log(\Pr(y \mid X;\theta)) = \sum_{i=1}^{N} \Pr(y_i \mid x_i;\theta) \tag{5.2}$$

以下分别以线性回归及逻辑斯谛回归(logistical regression)为例进行说明。

以线性回归为例，假定样本符合正态分布，即

$$\Pr(y_i \mid x_i,\theta) = \frac{1}{\sqrt{2\pi\sigma^2}} \exp\left(-\frac{1}{2\sigma^2}(y_i - x_i\beta)^2\right)$$

其中，参数集 θ 由 β 及 σ 构成，将上式代入式(5.2)，则可得到对数似然形式：

$$
\begin{aligned}
l(\theta \mid X) &= \log L(\theta \mid X) = \sum_{i=1}^{N} \log \Pr(y_i \mid x_i, \theta) \\
&= -\frac{N}{2}\ln(2\pi) - \frac{N}{2}\ln(\sigma^2) - \frac{1}{2\sigma^2}\sum_{i=1}^{N}(y_i - x_i\beta)^2
\end{aligned} \tag{5.3}
$$

其中，采用一阶导数为 0 的求导法则可求得式(5.3)的最优解。

以二分类问题的逻辑斯谛回归为例，引入了逻辑斯谛回归的概率函数：

$$
\sigma(g(\boldsymbol{x})) = \frac{1}{1+\exp(-g(\boldsymbol{x}))} \tag{5.4}
$$

其中，$g(\boldsymbol{x})$表示矢量$\boldsymbol{x}$的映射函数，最简单的就是加权求和：$g(\boldsymbol{x}) = \boldsymbol{w}^{\mathrm{T}}\boldsymbol{x}$，$\boldsymbol{w}$为权重。逻辑斯谛函数具有较好的解析属性，其一阶导数有$\sigma(g)' = \sigma(g)(1-\sigma(g))$。

对逻辑斯谛回归而言，预测目标y为二分问题，假定各个样本之间是独立的，则样本服从伯努利分布(参见第 1.2.1 节)。从而得到其单个样本的分布函数：

$$
\Pr(y_i \mid x_i, \boldsymbol{\theta}) = p(\sigma(\boldsymbol{\theta}^{\mathrm{T}} x_i))^{y_i}(1 - p(\sigma(\boldsymbol{\theta}^{\mathrm{T}} x_i)))^{1-y_i} \tag{5.5}
$$

其中，σ代表逻辑斯谛函数；$\boldsymbol{\theta}$表示权重矢量；y_i表示取 0 或 1 的观察值，$y_i \in \{0,1\}$。将式(5.5)代入式(5.2)(采用 ln 代替 log)，则得到对数似然函数：

$$
\begin{aligned}
l(\boldsymbol{\theta} \mid X) &= \ln L(\boldsymbol{\theta} \mid X) = \sum_{i=1}^{N} \ln \Pr(y_i \mid x_i, \boldsymbol{\theta}) \\
&= \sum_{i=1}^{N}[y_i \ln p(\sigma(\boldsymbol{\theta}^{\mathrm{T}} x_i)) + (1-y_i)\ln(1 - p(\sigma(\boldsymbol{\theta}^{\mathrm{T}} x_i)))]
\end{aligned} \tag{5.6}
$$

再采用梯度下降法求式(5.6)中参数$\boldsymbol{\theta}$最优解。

2)错误类别分配的概率最小(评价标准 2)。

该分类问题判断标准的函数为(Bishop，2006)：

$$
\begin{aligned}
p(\text{mistake}) &= p(\boldsymbol{x} \in \Re_1, C_2) + p(\boldsymbol{x} \in \Re_2, C_1) \\
&= \int_{\Re_1} p(\boldsymbol{x}, C_2)\mathrm{d}x + \int_{\Re_2} p(\boldsymbol{x}, C_1)\mathrm{d}x
\end{aligned} \tag{5.7}
$$

其中，C_i表示预测结果为第i类的集合，而$\Re_i$表示观察值位于第i类。

误分类问题可以转化为损失函数，加上人为控制因素(如对不同种类的错误赋予不同的权重)，能控制模型的预测结果的偏向。

5.2.2　基于损失函数的评价标准

损失函数衡量预测值$f(\boldsymbol{x})$与真实值y的不一致程度，属于非负实数，损失函数越小表明预测值与真实值越接近，泛化(generalization)越强。损失函数的求解要加入正则化项或惩罚项。目标函数为使得损失函数最小的模型参数θ^*。

$$\theta^* = \underset{\theta}{\operatorname{argmin}} \frac{1}{N}\sum_{i=1}^{N} L(y_i, f(\boldsymbol{x}_i;\theta)) + \lambda\Phi(\theta) \tag{5.8}$$

其中，$L(y_i, f(\boldsymbol{x}_i;\theta))$ 表示损失函数，θ 为模型参数，$\boldsymbol{x}_i$ 为特征矢量，$f(\boldsymbol{x}_i;\theta)$ 为预测值，y_i 为观察值；$\Phi(\theta)$ 为 θ 的正则化项。5.2.1 小节提到的对数似然函数，加符号后也可转换成损失函数。常用的损失函数有如下几种。

定义 5.7　(0-1 损失函数) 该损失函数值在预测值与目标值相等时为 0(或者差值小于一定阈值)，否则为 1。

$$L(y_i, f(\boldsymbol{x}_i)) = \begin{cases} 1, & y_i \neq f(\boldsymbol{x}_i) \\ 0, & y_i = f(\boldsymbol{x}_i) \end{cases} \tag{5.9}$$

其中，条件可以放宽为当预测值与观察值之差值小于某个阈值为 0，否则为 1。

定义 5.8　(对数损失函数) 对数损失其实是从基于概率的评价标准转换而来。在极大对数似然性基础上加负号，保证损失函数是正的，就构成了对数损失函数。

$$L(Y, P(Y \mid X)) = -\sum_{i=1}^{N} \log P(y_i \mid \boldsymbol{x}_i) \tag{5.10}$$

很容易验证，5.2.1 小节中的线性回归及逻辑斯谛回归都可以通过加负号的方式转换成对数似然函数。而求解过程一般也是导数求极值。

多分类问题是逻辑斯谛回归函数的推广，采用 Softmax 作为激活函数获得其最终分类结果。其损失函数可以表示为：

$$L(y_i, \boldsymbol{x}_i) = -\sum_{k=1}^{K} y_k \log p(f_k(\boldsymbol{x}_i)) = -\log\left(\frac{\mathrm{e}^{y_i}}{\sum_{k=1}^{K} \mathrm{e}^{f_k(\boldsymbol{x}_i)}}\right) \tag{5.11}$$

其中，Softmax 是多分类问题的求类别概率的方法：

$$\sigma(f_j(\boldsymbol{x})) = \frac{\mathrm{e}^{f_j(\boldsymbol{x})}}{\sum_{k=1}^{K} \mathrm{e}^{f_k(\boldsymbol{x})}}, \quad j = 1, \cdots, K \tag{5.12}$$

求解方法同逻辑斯谛方法类似，采用梯度下降法求解。

定义 5.9　(平方损失函数) 该损失函数最简单的形式是用线性回归的最小二乘方法之和表示：

$$L(y, f(x)) = \sum_{i=1}^{N} (y_i - f(\boldsymbol{x}_i))^2 \tag{5.13}$$

对线性回归而言，也可采用均方误差(mean square error，MSE) 作为衡量指标，公式如下：

$$\mathrm{MSE} = \frac{1}{N}\sum_{i=1}^{N} (y_i - f(\boldsymbol{x}_i))^2 \tag{5.14}$$

定义 5.10 （指数损失(exponential loss)函数）该损失函数是自适应增强(Adaptive Boosting，AdaBoost)机器学习算法设计的损失函数。AdaBoost 是基于弱学习器获取最优解，即通过多次迭代，将结果加权求和得到最优解。其目标损失函数为：

$$L(Y,f(X))=\frac{1}{N}\sum_{i=1}^{N}\exp[-y_i f(\boldsymbol{x}_i)] \tag{5.15}$$

定义 5.11 （Hinge 损失函数）源自支持向量机，在支持向量机中，最优化问题等价于：

$$\min_{\boldsymbol{w},b}\sum_{i=1}^{N}(1-y_i(\boldsymbol{w}^{\mathrm{T}}\boldsymbol{x}_i+b))+\lambda\|\boldsymbol{w}\|^2 \tag{5.16}$$

其中，N 为样本点数，$\boldsymbol{w}$ 为权重系数，$\boldsymbol{x}_i$ 为输入特征矢量，b 为偏差。该式可转换为：

$$\frac{1}{N}\sum_{i=1}^{N}l(\boldsymbol{w}^{\mathrm{T}}\boldsymbol{x}_i+b)+\|\boldsymbol{w}\|^2 \tag{5.17}$$

其中，后面一项为正则化项。

Hinge 损失函数的一般形式为：

$$L(y)=\max(0,1-ty) \tag{5.18}$$

其中，$t\in\{1,-1\}$ 为目标值，$y\in[-1,1]$ 为预测值。此处 $|y|>1$ 表示没有奖励，即不鼓励分类器过度拟合。样本距离分割线超过 1 没有奖励，使分类器关注整体的分类误差。

5.2.3 基于信息论的评价标准

一些基于概率的评价标准或者基于损失的评价标准可以转化为基于信息论的评价标准，可以从信息熵、叉熵、K-L 散度(具体定义见 1.3 节)的角度来评价机器学习模型的性能。

在 5.2.2 小节中提到的损失函数其实也可转化为熵来表达，对数损失函数(式 (5.11))其实就是一个相对熵，在真实分布函数固定的情况下，其求解最优解同减小 K-L 散度是一致的。

$$L=H(t,y)=-\frac{1}{N}\sum_{n=1}^{N}\sum_{c=1}^{C}t_{nc}\log(y_{nc}) \tag{5.19}$$

其中，$t_{nc}\in\{0,1\}$ 表示第 n 个实例的第 c 类实际值；y_{nc} 表示相应实例的第 c 类的拟合值(是一个概率值，由 Softmax 求解，见式(5.12))。

在混合模型(Bishop，2006；Yu，2012)中，对数据的后验概率，也可以采用熵来拟合，尤其是 K-L 散度系数，可以充分利用其不小于零的特性进行 EM 迭代计算。

$$\begin{aligned}\ln p\left(X\mid\theta\right)&=L(q,\theta)+\mathrm{KL}(q\parallel p)\\&=\sum_{Z}q(Z)\ln\left[\frac{p(X,Z\mid\theta)}{q(Z)}\right]+\sum_{Z}q(Z)\ln\left[\frac{q(Z)}{p(Z\mid X,\theta)}\right]\end{aligned}\tag{5.20}$$

其中，Z表示隐组件。K-L 散度系数体现了后验概率同先验概率之间的联系(分子为先验概率而分母为后验概率)。

5.3 监督学习方法

监督学习是指由标记数据的样本训练模型，包括分类或回归，将训练样本X及y 变量建立从自变量到因变量的映射函数：$f:X\in\mathbb{R}^d\to y\in\mathbb{R}$ 或 $y\in\{1,2,\cdots,C\}$。非监督学习则没有标记数据，不过监督学习同非监督学习在一定条件下可相互转换。监督学习方法按照是否采用核函数分为核方法与非核方法，核方法包括高斯过程回归、支持向量机、相关向量机等，非核方法包括多项式回归、Fischer 判别函数、决策树等；而按照是否是集成学习，又可分为单学习器与集成学习器。集成学习器又分为好几种。本节简要介绍几种典型的监督学习器。

5.3.1 单学习器

单学习器指使用一套数据训练一个单一的学习器，可分为非核方法与核方法。非核方法包括决策树、线性回归、Fisher 判别函数及神经网络等；而核方法包括高斯过程回归、支持向量机及相关向量机等。

1. 高斯过程回归

高斯过程回归是一种基于样本点核函数的回归方法，计算量较大。基本原理是基于联合高斯及条件高斯分布。假定特征输入$\boldsymbol{x}_n$、观察值t_n和预测因子$y_n=y(\boldsymbol{x}_n)$，令ε_n为随机噪声，有：

$$t_n=y_n+\varepsilon_n\tag{5.21}$$

考虑噪声过程，t_n服从高斯分布：

$$p(t_n\mid y_n)=N(t_n\mid y_n,\beta^{-1})\tag{5.22}$$

其中，β代表精度的超参数。考虑到数据样本之间的独立性，可得多维的高斯分布函数：

$$p(\boldsymbol{t}\mid\boldsymbol{y})=N(\boldsymbol{t}\mid\boldsymbol{y},\boldsymbol{\beta}^{-1}\boldsymbol{I}_N)\tag{5.23}$$

其中，预测值$\boldsymbol{y}=(y_1,y_2,\cdots,y_N)^{\mathrm{T}}$，$\boldsymbol{t}=(t_1,t_2,\cdots,t_N)$，式(5.23)代表其条件概率，$\boldsymbol{I}_N$为$N\times N$的单位矩阵。而预测值$\boldsymbol{y}$服从以下分布：

$$p(\boldsymbol{y}) = N(\boldsymbol{y} \mid 0, \boldsymbol{K}) \tag{5.24}$$

其中，$\boldsymbol{K}$ 为核函数矩阵，$\boldsymbol{K}(\boldsymbol{x}_n, \boldsymbol{x}_m)$ 代表了两个样本点 $\boldsymbol{x}_n$ 与 $\boldsymbol{x}_m$ 之间的相似性，即 $\boldsymbol{x}_n$ 与 $\boldsymbol{x}_m$ 间越相似，y_n 与 y_m 就越相似($\boldsymbol{K}$ 代表了方差矩阵)。对于 $\boldsymbol{t}$ 可使用边缘分布的方法得到其概率值：

$$p(\boldsymbol{t}) = \int p(\boldsymbol{t} \mid \boldsymbol{y}) p(\boldsymbol{y}) \mathrm{d}\boldsymbol{y} = N(\boldsymbol{t} \mid 0, \boldsymbol{C}) \tag{5.25}$$

其中，$\boldsymbol{C}$ 为协方差阵：

$$\boldsymbol{C}(\boldsymbol{x}_n, \boldsymbol{x}_m) = \boldsymbol{k}(\boldsymbol{x}_n, \boldsymbol{x}_m) + \boldsymbol{\beta}^{-1} \boldsymbol{\delta}_{nm} \tag{5.26}$$

其中，核函数 $\boldsymbol{k}$ 可以采用多基核函数构建：

$$\boldsymbol{k}(\boldsymbol{x}_n, \boldsymbol{x}_m) = \theta_0 \exp\left(-\frac{\theta_1}{2} \|\boldsymbol{x}_n - \boldsymbol{x}_m\|^2 \right) + \theta_2 + \theta_3 \boldsymbol{x}_n^{\mathrm{T}} \boldsymbol{x}_m \tag{5.27}$$

其中，$\theta_0, \theta_1, \theta_2, \theta_3$ 为 4 个参数。

已知 N 个样本点，求第 N+1 个样本点，可采用条件概率的方式求得 $p(\boldsymbol{t}_{N+1} \mid \boldsymbol{t}_N)$，此处通过联合高斯分布同条件高斯分布之间的转换得到：

$$p(\boldsymbol{t}_{N+1}) = N(\boldsymbol{t}_{N+1} \mid 0, \boldsymbol{C}_{N+1}) \tag{5.28}$$

其中，$\boldsymbol{C}_{N+1}$ 是 N+1 维的协方差阵，采用矩阵分解的方法，有：

$$\boldsymbol{C}_{N+1} = \begin{pmatrix} \boldsymbol{C}_N & \boldsymbol{k} \\ \boldsymbol{k}^{\mathrm{T}} & \boldsymbol{c} \end{pmatrix} \tag{5.29}$$

其中，$\boldsymbol{C}_N$ 可以根据式(5.26)构建，$\boldsymbol{k}$ 和 $\boldsymbol{c}$ 则由以下元素组成：$\boldsymbol{k}(\boldsymbol{x}_n, \boldsymbol{x}_{n+1})$ (n=1, 2, ⋯, n)，$\boldsymbol{c} = \boldsymbol{k}(\boldsymbol{x}_{N+1}, \boldsymbol{x}_{N+1}) + \boldsymbol{\beta}^{-1}$。由条件高斯分布函数得到第 N+1 个样本点的均值及方差：

$$\mu(\boldsymbol{x}_{N+1}) = \boldsymbol{k}^{\mathrm{T}} \boldsymbol{C}_N^{-1} \boldsymbol{t} \tag{5.30}$$

$$\sigma^2(\boldsymbol{x}_{N+1}) = \boldsymbol{c} - \boldsymbol{k}^{\mathrm{T}} \boldsymbol{C}_N^{-1} \boldsymbol{k} \tag{5.31}$$

高斯过程回归中的协方差阵需保持正定。

对式(5.30)进一步简化，得到：

$$\mu(\boldsymbol{x}_{N+1}) = \sum_{n=1}^{N} a_n \boldsymbol{k}(\boldsymbol{x}_n, \boldsymbol{x}_{N+1}) \tag{5.32}$$

其中，a_n 是 $\boldsymbol{C}_N^{-1}\boldsymbol{t}$ 的第 n 个组件。

高斯过程回归中诸如 $\boldsymbol{\theta}$ 等参数利用 $p(\boldsymbol{t} \mid \boldsymbol{\theta})$ 进行求解。

建立对数似然函数，采用梯度下降最优化方法估计参数 $\boldsymbol{\theta}$:

$$\ln p(\boldsymbol{t} \mid \boldsymbol{\theta}) = -\frac{1}{2} \ln |\boldsymbol{C}_N| - \frac{1}{2} \boldsymbol{t}^{\mathrm{T}} \boldsymbol{C}_N^{-1} \boldsymbol{t} - \frac{N}{2} \ln(2\pi) \tag{5.33}$$

此外，还可引入参数$\boldsymbol{\theta}$的先验分布，从贝叶斯的观点采用近似解法得到解。

高斯过程回归最大的优点是使用协方差核函数来模拟样本之间的相似性，而采用若干基函数的方法却不能很好地建立这些核函数之间的非线性关系。主要缺点是每次计算都需要所有的样本点参与，计算量较大，涉及大量的矩阵求逆运算，时间复杂度较高。

2. 支持向量机

支持向量机也是一种基于核函数的监督学习方法，但其基于稀疏核，因此训练完成的模型进行预测时不需要所有样本点参与，提高了时间效率。采用核技巧(kernel trick)及基于核技巧的线性可分方法，可以完成复杂的非线性二分问题。支持向量机通过限制性优化的二次规划求取将两个类分开的最大间隔超平面，因此也称为间隔分类器，或最佳稳定分类器。

输入变量 $\boldsymbol{x}=(x_1,x_2)^{\mathrm{T}}$ 的线性判别函数的可分边界也由下式确定：

$$y(\boldsymbol{x})=\boldsymbol{w}^{\mathrm{T}}\boldsymbol{x}+b \tag{5.34}$$

其中，$y(\boldsymbol{x})=0$称为决策边界(也称为决策超平面)，若$y(\boldsymbol{x})>0$，则分为 C_1 类，落入 R_1 区；若$y(\boldsymbol{x})<0$，则分为 C_2 类，落入 R_2 区(图 5.1(a))。根据三角函数计算，可得原点到决策平面的距离为：

$$\frac{\boldsymbol{w}^{\mathrm{T}}\boldsymbol{x}}{\|\boldsymbol{w}\|}=\frac{b}{\|\boldsymbol{w}\|} \tag{5.35}$$

证明关键在于两点：①$\boldsymbol{w}$ 是一个垂直于决策平面的矢量(从式(5.34)可得)；②矢量内积的物理意义。

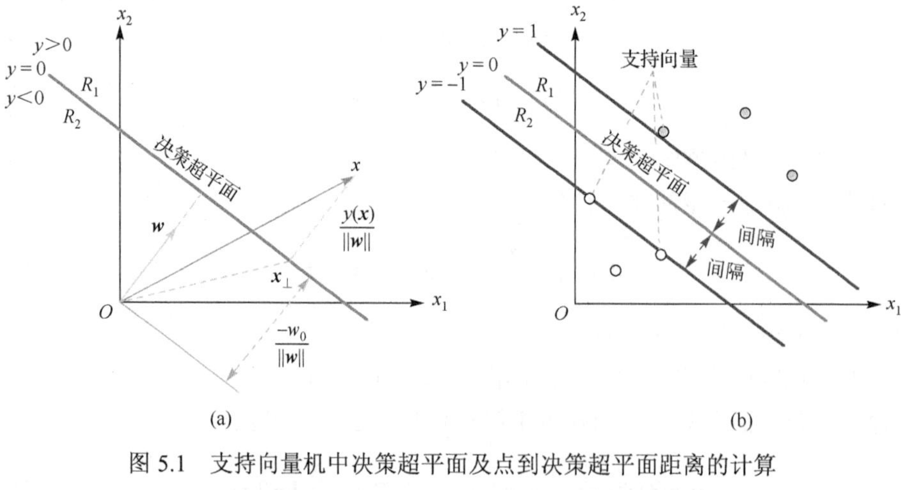

图 5.1　支持向量机中决策超平面及点到决策超平面距离的计算

进一步地，可以得到从空间任意一点 $\boldsymbol{x}$ 到决策边界线上的距离：

$$d = \frac{y}{\|\boldsymbol{w}\|} = \frac{\boldsymbol{w}^{\mathrm{T}}\boldsymbol{x}+b}{\|\boldsymbol{w}\|} \tag{5.36}$$

下面介绍支持向量机几个关键的概念(图 5.1(b))。

定义 5.12　线性可分(linearly separable)指在核技巧基础上构建的核组件之间是线性关系，通过构建线性超平面可以将其划分为不同的类别，同时由于核组件是线性可分的凸函数关系，其解为全局最优解。

定义 5.13　间隔(margin)指决策边界与样本点之间的最小距离。

定义 5.14　间隔最大决策边界也称为最优超平面，一般指间隔最大的决策边界，通过拉格朗日的限制性优化算法得到。

定义 5.15　支持向量指最靠近超平面的样本点，用于决策最大间隔分离超平面。这也决定了用于建模的支持向量机是基于支持向量的稀疏向量。

对于一个二分问题，令 t_n 为实际观察值，y_n 为预测值，如果所有的分类正确，则对于所有的样本点，有 $t_n y(x_n) > 0$ 。而该点到决策超平面的垂直距离为：

$$\frac{t_n y(x_n)}{\|\boldsymbol{w}\|} = \frac{t_n(\boldsymbol{w}^{\mathrm{T}}\phi(x_n)+b)}{\|\boldsymbol{w}\|} \tag{5.37}$$

其中，$\phi(x_n)$ 表示将样本点 x_n 映射后的坐标。而支持向量机可映射为以下的最小最大问题：

$$\underset{w,b}{\arg\max}\left\{\frac{1}{\|\boldsymbol{w}\|}\min_n\left[t_n(\boldsymbol{w}^{\mathrm{T}}\phi(\boldsymbol{x}_n)+b)\right]\right\} \tag{5.38}$$

对上式进一步简化，对 $\boldsymbol{w}$ 及 b 的模的尺度进行限定，规定最接近决策超平面的样本点满足：

$$t_n(\boldsymbol{w}^{\mathrm{T}}\phi(x_n)+b) = 1 \tag{5.39}$$

对其他样本点则有 $t_n(\boldsymbol{w}^{\mathrm{T}}\phi(x_n)+b) > 1$ ，从而得到下面的限制：

$$t_n(\boldsymbol{w}^{\mathrm{T}}\phi(\boldsymbol{x}_n)+b) \geqslant 1, \quad n = 1,2,\cdots,N \tag{5.40}$$

优化问题可进一步简化为：

$$\underset{w,b}{\arg\min}\frac{1}{2}\|\boldsymbol{w}\|^2 \tag{5.41}$$

可采用二次规划问题(quadratic programming)求解式(5.41)。引入拉格朗日乘子：

$$L(\boldsymbol{w},b,\boldsymbol{a}) = \frac{1}{2}\|\boldsymbol{w}\|^2 - \sum\nolimits_{n=1}^{N} a_n\{t_n((\boldsymbol{w}^{\mathrm{T}}\phi(x_n)+b)-1)\} \tag{5.42}$$

其中，$\boldsymbol{a} = (a_1, a_2, \cdots, a_N)$ 为拉格朗日乘子。可将此问题转化为对偶表征(duel representation)的核函数问题：

$$\tilde{L}(\boldsymbol{a}) = \sum\nolimits_{n=1}^{N} a_n - \frac{1}{2}\sum\nolimits_{n=1}^{N}\sum\nolimits_{m=1}^{N} a_n a_m t_n t_m k(x_n, x_m) \tag{5.43}$$

限制性条件：

$$a_n \geqslant 0, \quad n = 1, 2, \cdots, N \tag{5.44}$$

$$\sum_{n=1}^{N} a_n t_n = 0 \tag{5.45}$$

其中，$k(\boldsymbol{x}, \boldsymbol{x}') = \phi(\boldsymbol{x})^{\mathrm{T}} \phi(\boldsymbol{x}')$。问题的解决仍然采用二次规划进行求解(Bishop，2006)。

使用模型进行预测时，利用下式：

$$y(\boldsymbol{x}) = \sum_{n=1}^{N} a_n t_n k(\boldsymbol{x}, x_n) + b \tag{5.46}$$

由限制性条件(式(5.44)和式(5.45))可得以下限制：

$$a_n \geqslant 0 \tag{5.47}$$

$$t_n y(x_n) - 1 \geqslant 0 \tag{5.48}$$

$$a_n (t_n y(x_n) - 1) = 0 \tag{5.49}$$

由此可知，存在大量的 $a_n = 0$，所以只有靠近决策边界的支持向量($t_n y(x_n) - 1 = 0$)被保留，对分类做出最终决策。支持向量机由于其稀释的支持向量提高了学习效果，而在核技巧支持下的线性可分方法可取得全局最优解，因此是泛化能力较强的学习算法。

3. 其他学习器

除了以上典型的核单学习器外，还有许多其他的单监督学习器。对回归而言，包括线性回归、多项式回归、非参数的累加模型、决策回归树、专门处理地理/地质数据的克里金(Kriging)法、混合效果模型等；分类包括了决策分类树(ID5 或 CART)、朴素贝叶斯、贝叶斯网络、神经网络等。在实际运用中，如果涉及处理比较专业的问题，则可以利用核技巧方法来建立变量之间的时空相关性，比如时空混合效率模型(Li et al.，2017)，将地理空间上的时空相关性融入了模型之中，最后在结果中也采用了约束优化模拟参数对未来前景进行预测。

5.3.2 集成学习器

在机器学习实际运用中，所获取的数据可能不能完全代表总体，是有偏样本。而通常采用单学习器得到的模型可能是有偏的(bias)，或者在预测中具有较大的变动(variance)。可能近似正确性(probably approximately correct learning)(Natarajan，

1991)学习框架理论提出了可以采用一系列的弱学习器去拟合一个强学习器,由此机器学习领域提出了集成学习的方法。

当前机器学习集成领域有两大类不同的集成学习策略，即 Bagging 和 Boosting(图 5.2)。Bagging 全称为 Bootstrap aggregating(自采样聚集)(图 5.2(a))，其方法是每个学习器随机从样本做有放回抽样，同时有的也在特征变量上进行有放回抽样，这样由于抽样的训练样本及其特征变量的不同，产生不同的分类器，每个分类器针对样本或特征变量的部分加强训练,可通过简单平均或加权(可将学习器的性能指标作为权重)求和的方式得到最终解。Bagging 方法的典型模型是随机森林(random forest)，也可采用自己设计的学习器作为基模型(Li et al.，2017)。Boosting 方法(图 5.2(b))则是从头开始训练一系列的模型，而每个模型都与上次训练的模型有关，这种关系体现或者增强前一阶段的预测错误样本的权重，或者后续模型是针

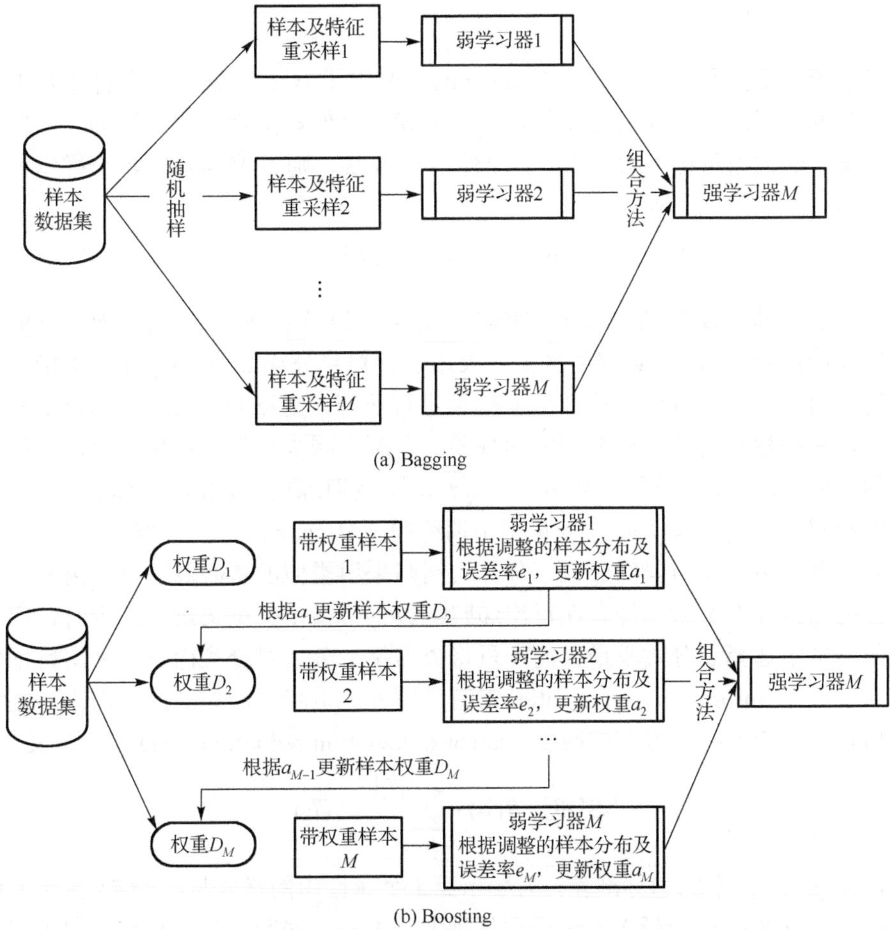

图 5.2　两种不同的集成学习框架

对前面模型的残差进行训练，最后的结果为多次模型的累加和。Boosting 方法的代表性模型有 AdaBoost、梯度提升决策树（gradient boosting decision tree，GBDT）和 XGBoost（extreme gradient boosting）等。

机器学习的泛化误差（generalization error）可分为偏差（bias）及方差（variance）。偏差是算法的期望值与观察/真实值之间的差异，反映了模型本身的拟合能力；而方差则度量训练数据集本身的变动导致的预测性能的变化，反映了模型预测结果的稳定性。从原理上讲，对 Bagging 集成算法而言，并行训练多个分类器主要是为了降低方差，所以当采用多个独立的分类器后其平均值自然趋于稳定（$E(h-E(h)) \to 0$）；而对 Boosting 而言，模型在上次的基础上更加拟合数据，所以保证其偏差更小，多次迭代后，其结果趋于拟合真实值，降低偏差。不过 Boosting 可能对极值样本比较敏感。

1. 随机森林

随机森林是一种典型的改进型 Bagging，其采用 Bootstrap 应用于样本数据集及特征变量的抽样之中，从而使得每次训练的模型之间相关性减弱，达到增强模型的预测效果。令数据总样本数为 N，重复性抽样 N 次，则当 $N \to \infty$，每个样本被抽中的概率为：

$$\lim_{N\to+\infty}(1-1/N)^N = 0.63 \tag{5.50}$$

所以连续抽样 N 次，最终大约 63%的数据将被选作样本训练数据，而另外的 37%将被用作测试样本数据，最终的预测结果用于计算包外（out-of-bagging，OOB）误差。

若采用重采样的方法对特征变量集 X 进行选择，则将变量的随机选择引入到了建模中，使得建立的单个模型相关性减弱，有利于减少模型的泛化误差。一般对分类问题，从全部的 f 个特征中随机采集 $\sqrt{f}$ 个变量训练模型（Hastie et al.，2008）；而对于回归问题，则采集 $f/3$ 个变量用于训练模型（Hastie et al.，2008）。

对单个决策树学习器的建立，分类与回归采用类似的贪心算法进行树的二分，但划分的评价标准不太一样。在每次递归将数据集或子数据集进行二分时，都是从所有的变量中选择划分贡献最大的变量将数据集二分。对分类而言，采用目标变量的信息增益率（information gain ratio）来衡量划分的贡献；而对于回归而言，则计算划分后目标变量的标准方差的减少（standard deviation reduction，SDR），定义为：

$$\text{SDR} = S(T) - \sum_i \frac{|T_i|}{T} \times S(T_i)$$

其中，$S(T)$表示样本的总标准差，T_i 表示第 i 个属性中的样本量，$S(T_i)$ 表示 T_i 样本的标准差。SDR 减少得越多，说明贡献越大。不断地递归运算，直到树的子节点对应的子集合二分不会导致评价标准的变化，或者变化在一定的限度以内。

随机森林学习器还可以用于评估变量的重要性(Breiman，2001)。计算分两步进行：第一，针对建立的多棵随机树，计算样本的 OOB 误差；第二，将样本的每个特征变量值进行随机排序(加入噪声干扰)，计算 OOB 误差，计算两次的 OOB 误差的差值作为每个属性的重要性。一般而言，该值越大，说明其越重要。

2. AdaBoost

AdaBoost 是增强学习器的一种，在问题较为复杂的情况下，它可以通过将一些弱学习器组合起来，达到提高学习的效果(减少偏差)(Freund and Schapire，1997)。该算法的基本原理是，前一个基学习器预测错误样本的权值会较大，预测正确样本的权值会较小，根据这些权值来训练下一个学习器。每次迭代加入一个新的弱学习器，直到达到一定的误差率或最大的迭代次数，最终的预测值为每个弱学习器输出的加权和。

总体上，AdaBoost 算法分为以下 3 个步骤。

(1) 初始化训练样本数据的权值分布 $D_1=(d_{11},d_{12},\cdots,d_{1N})$，每个样本的初始权值可以根据样本大小 N 赋予 $1/N$；

(2) 训练弱学习器 $G_m(m=1,2,\cdots,M)$。训练过程为：将每个样本的权重作为抽样概率，采用抽样的方式改变训练样本的分布(此处需要确保学习的错误率 $e_m<0.5$，否则舍弃该学习器进入下一轮学习)，用这个更新的样本数据训练模型，训练出来的模型如果被准确预测了，则相应样本的权重将减少；如果被错误预测，则权值将被加大。将权值更新过的样本用于训练下一个学习器，一直迭代到条件结束。

(3) 最后的预测结果是各弱学习器的加权求和。对于那些分类误差小的学习器，将获得更大的权重，在最终预测中做出更大的贡献，即 $G(\boldsymbol{x})=\sum_{m=1}^{M}\alpha_m G_m(\boldsymbol{x})$，其中，$\alpha_m$ 为第 m 个分类器的权重系数。

下面分别介绍 AdaBoost 的二次分类及回归的流程。

1) 二次分类

(1) 初始化样本权重 $D_1=\{d_{11},d_{12},\cdots,d_{1n}\},d_{1n}=1/N,n=1,2,\cdots,N$。

(2) 对于 m=1,2,⋯,M 进行以下迭代。

①用权重 D_m 的样本来进行抽样(错误率高的，抽样概率高)，得到不同分布的训练数据集。

②用错误率抽样的数据训练第 m 个模型 $G_m(\boldsymbol{x})$。

③计算 $G_m(\boldsymbol{x})$ 的分类误差率：

$$e_m=P(G_m(x_n)\neq y_n)=\sum_{i=1}^{N}w_{mi}I(G_m(x_n)\neq y_n)=\sum_{G_m(x_n)\neq y_n}w_{mi};\quad n=1,2,\cdots,N \tag{5.51}$$

其中，y_n 为真实值或观察值；w_{mi} 为第 m 轮中第 i 个实例的权值。

④若 $e_m \geqslant 0.5$，转到步骤(2)中①，训练下一个模型。

⑤计算弱分类器系数：

$$\alpha_m = \frac{1}{2}\log\frac{1-e_m}{e_m} \tag{5.52}$$

⑥更新样本的权重 D_{m+1}：

$$d_{(m+1),n} = \frac{d_{mn}}{Z_m}\exp(-\alpha_m y_n G_m(x_n)) \tag{5.53}$$

其中，Z_m 是正则化因子：

$$Z_m = \sum_{n=1}^{N} d_{m,n}\exp(-\alpha_m y_n G_m(x_n)), \quad i = 1,2,\cdots,N \tag{5.54}$$

(3)建立的最终分类器为：

$$f(\boldsymbol{x}) = \operatorname{sgn}\left(\sum_{m=1}^{M}\alpha_m G_m(\boldsymbol{x})\right) \tag{5.55}$$

对于多分类问题，主要体现在弱分类器的系数：

$$\alpha_m = \frac{1}{2}\log\frac{1-e_m}{e_m} + \log(R-1) \tag{5.56}$$

其中，R 表示类别数量。

而最后结果的表示为：

$$f(\boldsymbol{x}) = \arg\max_{c}\sum_{m=1}^{M}\alpha_m P(G_m(\boldsymbol{x}) = c) \tag{5.57}$$

其中，c 为分类标记。

2) 回归

(1)初始化样本权重 $D_1 = \{d_{11}, d_{12}, \cdots, d_{1n}\}, d_{1n} = 1/N, n = 1,2,\cdots,N$。

(2)对于 m=1,2,⋯,M 进行以下迭代。

①用权重 D_m 的样本来进行抽样(错误率高的，抽样概率高)，得到不同分布的训练数据集。

②用错误率抽样的数据训练第 m 个模型 $G_m(\boldsymbol{x})$。

③计算训练集上的最大误差：

$$E_m = \max\left|y_n - G_m(x_n)\right|, \quad n = 1,2,\cdots,N \tag{5.58}$$

④计算每个样本的相对误差。

若为线性误差，则有：

$$e_{mn}=\frac{\left|y_n-G_m(x_n)\right|}{E_m} \tag{5.59}$$

若为平方误差，则有：

$$e_{mn}=\frac{(y_n-G_m(x_n))^2}{E_m} \tag{5.60}$$

若为指数误差，则有：

$$e_{mn}=1-\exp\left(-\frac{y_n-G_m(x_n)}{E_m}\right) \tag{5.61}$$

⑤计算回归误差率：

$$e_m=\sum_{n=1}^{N}d_{mn}e_{mn} \tag{5.62}$$

⑥若 $e_m \geqslant 0.5$，转到步骤(2)中①训练下一个模型。

⑦计算弱分类器系数：

$$\alpha_m=\log\frac{e_m}{1-e_m} \tag{5.63}$$

⑧更新样本的权重分布 D_{m+1}：

$$d_{m+1,n}=\frac{d_{mn}}{Z_m}\alpha_m^{1-e_{mn}} \tag{5.64}$$

其中，Z_m 是正则化因子：

$$Z_m=\sum_{n=1}^{N}d_{mn}\alpha_m^{1-e_{mn}} \tag{5.65}$$

(3)建立的最终强学习器为：

$$f(\boldsymbol{x})=\sum_{m=1}^{M}\left(\ln\left(\frac{1}{\alpha_m}\right)\right)G_m(\boldsymbol{x}) \tag{5.66}$$

一般任何学习器均可以应用于 AdaBoost，不过应用较多的是决策树及神经网络。采用自适应增强学习器的主要优点包括：分类精度较高；元学习器选择多，框架灵活，可以考虑将不同的学习器组合起来，充分发挥各自的优势；不容易发生过拟合现象。而该学习器的主要缺点是对异常样本较为敏感，一般要将数据中过于异常的点先删除掉。

3. GBDT

GBDT 是一种累加的迭代决策树算法，该算法由多棵决策树组成，每次迭代都是在前次残差的基础上构建决策树，然后将所有的树累加得到最终结果。GBDT 开始时用于回归，修改后可用于分类。GBDT 也可用于进行特征的自动提取，提高逻辑斯谛模型中的精度。

GBDT 是在提升树基础上的改进版本。提升树是迭代多棵决策树来完成最后的预测的。提升树每次迭代都是在实际值/观察值同前次预测值的残差进行拟合的，残差=真实值–预测值，后续的树均是对残差进行拟合，最后的结果为多棵树的加权求和。

而 GBDT 在提升树的基础上，利用最速下降的近似方法，即不是简单地使用残差作为当前模型的值，而是利用损失函数的负梯度在当前模型的值作为回归问题提升树算法中的残差的近似值，拟合一个决策树；这样可以让损失函数沿着梯度的方向快速下降，较快获得最优解，这是梯度提升树与直接采用残差回归的提升树的主要差别。梯度提升决策树基于泰勒公式，描述了函数在某点附近的取值公式：

$$f(x)=\sum_{n=0}^{\infty}\frac{f^{(n)}(x_0)}{n!}(x-x_0)^n \tag{5.67}$$

其中，$f^{(n)}(x_0)$ 表示对 f 函数在 x_0 求 n 阶导数。

一阶泰勒展开式：

$$f(x)=f(x_0)+f'(x_0)(x-x_0) \tag{5.68}$$

二阶泰勒展开式：

$$f(x)=f(x_0)+f'(x_0)(x-x_0)+f''(x_0)\frac{(x-x_0)^2}{2} \tag{5.69}$$

令 $x^t=x^{t-1}+\Delta x$，则可将 $f(x^t)$ 在 x^{t-1} 展开，得到：

$$\begin{aligned}f(x^t)&=f(x^{t-1}+\Delta x)\\&\approx f(x^{t-1})+f'(x^{t-1})\Delta x+f''(x^{t-1})\frac{\Delta x^2}{2}\end{aligned} \tag{5.70}$$

GBDT 算法采用预测结果的泛函 $f(x)$ 替代式(5.67)～式(5.69)中的标量 x，当采用损失函数 $L(f(x))$ 代替函数 $f(x)$ 时，泰勒级数仍然成立。令迭代公式：$f_t(x)=f_{t-1}(x)+\Delta f_t(x)$，则其一阶泰勒展开式为

$$\begin{aligned}L(f_t(x))&=L(f_{t-1}(x)+\Delta f_t(x))\\&\approx L(f_{t-1}(x))+L'(f_{t-1}(x))\Delta f_t(x)\end{aligned} \tag{5.71}$$

要使得 $L(f_t(x))<L(f_{t-1}(x))$，可取 $\Delta f_t(x)=-\alpha L'(f_{t-1}(x))$，$\alpha$为大于 0 的常数，有

$$f_t(x)=f_{t-1}(x)-\alpha L'(f_{t-1}(x))$$

基于以上原理，可得 GBDT 的主要步骤如下所示。

(1) 初始化，$f_0(x)=\arg\min\limits_{\gamma}\sum_{i=1}^{N}L(y_i,\gamma)$，$\gamma$ 为决策树参数。

(2) 迭代训练多个决策树 $m=1,2,\cdots,M$ 。

①对每个样本点 $n=1,2,\cdots,N$ ，计算负梯度，作为残差的估计：

$$r_{nm}=-\left[\frac{\partial L(y_n,f(x_n))}{\partial f(x_n)}\right]_{f=f_{m-1}} \tag{5.72}$$

②对目标值 r_{nm} ，拟合回归树，计算其叶节点区域 $R_{jm}(j=1,2,\cdots,J_m)$ 。

③对 $j=1,2,\cdots,J_m$ ，搜索叶节点区域，使得损失函数最小化：

$$\gamma_{jm}=\arg\min_{\gamma}\sum_{x_i\in R_{jm}}L(y_i,f_{m-1}(x_i)+\gamma) \tag{5.73}$$

④更新决策树：

$$f_m(x)=f_{m-1}(x)+\sum_{j=1}^{J_m}\gamma_{jm}I\quad(x\in R_{jm}) \tag{5.74}$$

(3) 输出模型：

$$\hat{f}_m(x)=f_M(x)$$

当采用 GBDT 处理多分类问题时，需要将多分类问题转变成多个二分类问题，便于残差的计算。令有 C 类的分类问题，需要对每一类建立一个决策树，总共有 C 个决策回归树，对每个回归树分别计算其残差(每个二分类的预测概率与真实概率之间的差值)。最后采用 Softmax 函数产生分类概率，选择最大概率对应的类别作为分类的标记。

GBDT 是同支持向量机一样泛化能力较强的算法，建模时可对相关的参数(如树的棵数)进行调整，以取得较优的回归或分类决策效果。

4. XGBoost

XGBoost 是在 GBDT 基础上的改进，采用牛顿法(Newton's method)增加了二阶梯度的计算，加入了正则化因子防止过拟合，提高了算法的并行性，是当前较为高效的决策树机器学习方法。

XGBoost 基于二阶泰勒级数展开式(式(5.69))采用牛顿法进行求解。要使 $f(x^t)$ 极小，则可使 $f'(x^{t-1})\Delta x+f''(x^{t-1})\dfrac{\Delta x^2}{2}$ 极小，可以对其求导数：

$$\frac{\partial\left(g\Delta x+h\dfrac{\Delta x^2}{2}\right)}{\partial\Delta x}=0 \tag{5.75}$$

其中，$g = f'(x^{t-1})$，$h = f''(x^{t-1})$。由此推得：$\Delta x = -\dfrac{g}{h}$，从而：

$$x^t = x^{t-1} + \Delta x = x^{t-1} - \frac{g}{h} \tag{5.76}$$

在 XGBoost 中，同 GBDT 一样，此处采用预测结果的泛函 $f(x)$ 替代式(5.76)中的标量 x，而采用损失函数 $L(f(x))$ 代替函数 $f(x)$。考虑到模型架构，$f_t(x)$ 代表第 t 次迭代的真实值同预测值的残差，所以损失函数下降最快的残差可取：

$$f_t = -\frac{g_t(x)}{h_t(x)} \tag{5.77}$$

其中，$g_t(x)$ 及 $h_t(x)$ 分别代表损失函数 $L(y, f_t(x))$ 对 $f_t(x)$ 的一阶及二阶导数。而损失函数根据学习的目标不同，采用不同的形式(参见 5.2.2 节)。

最后的预测值由所有树的预测结果累加而成：

$$F(x) = \sum_{t=0}^{T} f_t(x) \tag{5.78}$$

在 XGBoost 模型中也加入了正则化项，减少模型的过拟合问题，其目标函数为：

$$\text{Obj}(\Theta) = L(\Theta) + \Omega(\Theta) \tag{5.79}$$

其中，$L(\Theta)$ 代表损失函数，可以是回归的平方损失，也可以是二分类的对数损失函数(多分类转化为二分类问题，考虑残差的物理意义)；$\Omega(\Theta)$ 为正则化项，可以采用 L1(LASSO(least absolute shrinkage and selection operator)回归)，也可以是 L2(Ridge 回归)。更进一步：

$$L(\Theta) = \sum_n l(y_n, f(x_n)) + \sum_m \Omega(f_m) \tag{5.80}$$

其中，对每棵树都进行了惩罚。

如何衡量树的复杂度？可以采用树的深度、内部节点个数、叶子节点个数等来衡量。而在 XGBoost 实现中，用树的叶子节点个数(T)及叶子节点分数($\boldsymbol{w}$)表示：

$$\Omega(f) = \gamma T + \frac{1}{2}\lambda \|\boldsymbol{w}\|^2 \tag{5.81}$$

其中，γ、λ 表示各项的惩罚力度。

下面以第 t 次迭代简要描述 XGBoost 算法的主要步骤。

(1)第 t 次迭代，可以得到模型的预估值：

$$\hat{y}_n^{(t)} = \hat{y}_n^{(t-1)} + f_t(x_n) \tag{5.82}$$

(2) 本次迭代的目标函数：

$$L^{(t)}=\sum_{n=1}^{N} l(y_n,\hat{y}_n^{(t-1)}+f_t(x_n))+\Omega(f_t) \tag{5.83}$$

其中，观察值 y_n 及预估值 $\hat{y}_n^{(t-1)}$ 已知，只需要学习第 t 棵树 f_t。

(3) 将以上的误差函数 $L^{(t)}$ 在 $\hat{y}_n^{(t-1)}$ 处展开（为什么不是 f_t？理解泰勒级数展开的物理意义，即 $f_t(x_n)$ 代表了 $\hat{y}_n^{(t-1)}$ 与观察值之间的残差，正好对应泰勒级数中的Δx）：

$$L^{(t)}\simeq\sum_{n=1}^{N}\left[l(y_n,\hat{y}_n^{(t-1)})+g_n f_t(x_n)+\frac{1}{2}h_n f_t^2(x_n)\right]+\Omega(f_t) \tag{5.84}$$

其中，$g_n=\partial_{\hat{y}_n^{(t-1)}} l(y_n,\hat{y}_n^{(t-1)})$，$h_n=\partial^2_{\hat{y}_n^{(t-1)}} l(y_n,\hat{y}_n^{(t-1)})$。

(4) 去掉常数项，得：

$$\tilde{L}^{(t)}=\sum_{n=1}^{N}\left[g_n f_t(x_n)+\frac{1}{2}h_n f_t^2(x_n)\right]+\Omega(f_t) \tag{5.85}$$

(5) 将树结构参数加入模型中：

$$\tilde{L}^{(t)}=\sum_{n=1}^{N}\left[g_n w_{q(x_n)}+\frac{1}{2}h_n w_{q(x_n)}^2\right]+\gamma T+\lambda\frac{1}{2}\sum_{j=1}^{T}w_j^2 \tag{5.86}$$

其中，模型的预测值可写成树结构的形式，$f_t(x)=w_{q(x)}$，$\Omega(f_t)=\gamma T+\frac{1}{2}\lambda\|\boldsymbol{w}\|^2$。

(6) 将预测值写成树结构的形式，将属于叶子节点的所有样本划入到该叶子节点的样本集合中，得到目标函数为：

$$\begin{aligned}\tilde{L}^{(t)}&=\sum_{j=1}^{T}\left[\left(\sum_{i\in I_j}g_i\right)w_j+\frac{1}{2}\left(\sum_{i\in I_j}h_i+\lambda\right)w_j^2\right]+\gamma T\\&=\sum_{j=1}^{T}\left[G_j w_j+\frac{1}{2}(H_j+\lambda)w_j^2\right]+\gamma T\end{aligned} \tag{5.87}$$

其中，$G_j=\sum_{i\in I_j}g_i$，$H_j=\sum_{i\in I_j}h_i$。

(7) 按照使梯度最小化原理，对式(5.87)求导，并使其为 0，得到每个叶子节点最优预测得分：

$$w_j^*=-\frac{G_j}{H_j+\lambda} \tag{5.88}$$

(8) 代入目标函数，得到最小损失为：

$$\tilde{L}^{*}=-\frac{1}{2}\sum_{j=1}^{T}\frac{G_j^2}{H_j+\lambda}+\gamma T \tag{5.89}$$

以上第 t 迭代已经确定，根据树的结构是可以推导其最优的叶子节点分数(集体预估值)及对应的最小损失，那如何确定树的结构？一种是采用暴力的方法枚举所有可能的树，选择损失最小的，这是典型的 NP 难题；另一种是采用贪心法，每次分裂一个叶子节点，计算分裂前后的增益，选择增益最大的，不断递归迭代直到找到最优解。

树分裂采用以下的增益进行衡量：

$$\text{Gain}=\frac{G_L^2}{H_L+\lambda}+\frac{G_R^2}{H_R+\lambda}-\frac{(G_L+G_R)^2}{H_L+H_R\lambda}-\gamma \tag{5.90}$$

其中，L 及 R 表示样本集按照一定的阈值划分为左右两个集，计算相应集合里面的参数 G 及 H。取 Gain 最大时的分割点作为最优分割点。

树的分裂算法还可以提前预算分位点(加权分位数)，以此减少计算复杂度，该算法采用近似解法提高计算效率。在 XGBoost 算法中采用二阶导数加权得到分位数，提高计算效果。

XGBoost 还可以针对缺失值，学习出默认的节点分裂方向。具备学习适应性，缩减(shrinkage)学习速率，增加迭代次数，具有更好的正则化效果。并可自定义损失函数(需满足可导条件)。

XGBoost 也采用了一系列的算法提高并行计算的性能，包括特征预排序，将其保存为 Block 结构，便于后续迭代计算的重复使用；根据训练损失自动“学习”最佳缺失值，自然地允许输入稀疏特征，提高处理数据的效率。在选择最优特征变量时，也采用并行计算的方式提高运算速度。

以下描述了 XGBoost 软件(XGBoost，2017)常用参数的意义及设置。

(1)通用参数。

①booster：设定所需要的构建树的类型(决策回归树/线性模型)({“gbtree”，“gblinear”})。

②silent：0 表示运行时打印输出信息(缺省)，1 表示不打印输出信息。

③nthread：运行时的线程数，缺省时表示可获得的最大线程。

④num_pbuffer：预测缓冲区的大小，通常设置为训练实例的个数，缓冲区用来保存上次提升步骤的预测结果(无须用户设置)。

⑤num_feature：boosting 中用到的特征维数，自动设置。

(2)树模型提升参数。

①etc：模型更新过程中的搜索步长，值域为[0, 1]，缺省值为 0.3，减少模型提升。

②gamma：节点分裂所需的最小损失函数下降值。这个参数的值越大，算法越保守，值域[0, ∞]，缺省值为 0。

③max_depth：树最大深度，缺省值为 6，值越大，树拟合程度越高，值域为[1，∞]。

④min_child_weight：孩子节点中最小的样本权重，是树是否进一步拆分的条件，可以看作每个模型需要的最小样本数，值越大，算法越保守，可用于控制过拟合，值域为[0，∞]，缺省值为 1。

⑤max_delta_step：对权重估计的限制，大部分自动设置，在样本类别不平衡时设置它较为有用，值域为[0，∞]，缺省值为 0。

⑥subsample：训练模型的子样本占总体样本的比例，设置较小，将其设置为 0.5 时防止过拟合。值域为[0, 1]，缺省值为 1。

⑦colsample_bytree：构建每个树的子抽样比例，值域为(0, 1]，缺省值为 1。

⑧scale_pos_weight：值大于 0 时，对于正反例极度不平衡的训练样本可加速收敛，值域为[0，∞]，缺省值为 0。

(3)线性模型提升参数。

①lambda：L2 正则化参数，缺省值为 0，可降低过拟合。

②alpha：L1 正则化参数，缺省值为 0，数据维度高时可使算法加快。

③lambda_bias：在偏值上 L2 正则化，缺省值为 0。

(4)学习任务参数。

①objective 定义学习的任务及相应的学习目标，常用的有以下几种：{“reg: linear”: 线性回归;“reg: logistic”: 逻辑回归;“binary: logistic”: 二分逻辑回归;“count: poisson”：泊松回归；“multi: Softmax”：多分类问题}。

②base_score：最初每个样例的预测分数，默认为 0.5。

③eval_metric：模型评价标准(损失函数)，可以自定义损失函数，常用类型{“rmse”：最小平方误差；“logloss”：负对数似然函数；“error”：二分的误差率，即错误预测占据所有实例的比例；“merror”：多类的误差率；“mlogloss”：多类的负对数似然函数；“auc”：操作者特征曲线面积，用于排序评估}。

④seed：随机数种子，缺省值为 0。可用于产生可重复结果。

5.4　非监督学习方法

非监督学习方法是只有自变量而没有目标变量的学习方法，非监督学习一般是从数据中提取某种模式/类别等信息，或对数据进行投影转换，使得数据中的模式更为清晰。监督学习同非监督学习之间没有严格的限制，有时可以相互转换。非监督学习包括主成分分析、奇异值分解、k 均值(k-means)及高斯混合模型等方法，此处选择较为典型的主成分分析及高斯混合模型，描述其主要算法。

5.4.1 主成分分析

主成分分析基于特征值及特征矢量的求解，将原有的数据通过线性变换转换成相互独立的表示，可用于提取数据的主要特征分量，常用于高维数据的降维。它可以对数据进行压缩，提高数据的表征(representation)，是一种重要的非监督学习方法。本书的2.4节从矩阵运算的角度介绍了主成分分析(PCA)方法。

设定输入数据的矩阵 $\boldsymbol{X}$ 大小为 $n\times m$，其主成分分析的主要步骤如下。

(1)数据去中心化预处理，可以通过每一列(代表一个变量)减去该列的均值而得到去中心化的矩阵 $\tilde{\boldsymbol{X}}$。

$$\tilde{\boldsymbol{x}}_i=\boldsymbol{x}_i-E(\boldsymbol{x}_i) \tag{5.91}$$

(2)计算去中心化矩阵的协方差矩阵：

$$\mathrm{Cov}(\tilde{\boldsymbol{X}})=\frac{1}{n-1}\tilde{\boldsymbol{X}}^{\mathrm{T}}\tilde{\boldsymbol{X}} \tag{5.92}$$

(3)计算 $\tilde{\boldsymbol{X}}^{\mathrm{T}}\tilde{\boldsymbol{X}}$ 的特征值及特征向量：

$$\tilde{\boldsymbol{X}}^{\mathrm{T}}\tilde{\boldsymbol{X}}=\boldsymbol{W}\boldsymbol{\Lambda}\boldsymbol{W}^{\mathrm{T}} \tag{5.93}$$

其中，$\boldsymbol{\Lambda}$ 为对角阵，其对角线上的元素为 $\tilde{\boldsymbol{X}}^{\mathrm{T}}\tilde{\boldsymbol{X}}$ 的特征向量 $\boldsymbol{W}$ 对应的特征值。通过该方式获得 $\tilde{\boldsymbol{X}}$ 的线性转换矩阵 $\boldsymbol{W}$。

主成分分析还可以通过奇异值分解获得。对 $\tilde{\boldsymbol{X}}$ 奇异值分解，得到：

$$\tilde{\boldsymbol{X}}=\boldsymbol{U}\boldsymbol{\Sigma}\boldsymbol{W}^{\mathrm{T}} \tag{5.94}$$

其中，$\boldsymbol{U}$ 是 $n\times n$ 的酉矩阵(即与其共轭转置矩阵的乘积为单位阵的矩阵)；$\boldsymbol{\Sigma}$ 为 $n\times m$ 的非负实数对角阵；而 $\boldsymbol{W}^{\mathrm{T}}$ 是 $\boldsymbol{W}$ 的共轭转置，是 $m\times m$ 的酉矩阵。

可见 $\boldsymbol{W}$ 是奇异值分解之中的右奇异矩阵。令新的转换为 $\boldsymbol{z}=\boldsymbol{x}^{\mathrm{T}}\boldsymbol{W}$，则有：

$$\begin{aligned}\mathrm{Cov}(\boldsymbol{Z})&=\frac{1}{n-1}\boldsymbol{Z}^{\mathrm{T}}\boldsymbol{Z}=\frac{1}{n-1}\boldsymbol{W}^{\mathrm{T}}\boldsymbol{X}\boldsymbol{X}^{\mathrm{T}}\boldsymbol{W}\\&=\frac{1}{n-1}\boldsymbol{W}^{\mathrm{T}}\boldsymbol{W}\boldsymbol{\Sigma}^2\boldsymbol{W}^{\mathrm{T}}\boldsymbol{W}=\frac{1}{n-1}\boldsymbol{\Sigma}^2\end{aligned} \tag{5.95}$$

其中，$\boldsymbol{W}^{\mathrm{T}}\boldsymbol{W}=\boldsymbol{I}$，来自奇异值分解的正交分解的定义(Halldor and Venegas，1997)。从式(5.59)可知主成分分解后得到的投影转换可将转换后的数据变成彼此之间不相关的变量。

主成分分析是一种有效的数据预处理技术，经常用于高维数据的降维，高度凝聚数据的方差，提高后续训练模型的解释力。

5.4.2 高斯混合模型

高斯混合模型是采用多个高斯混合模型来拟合一个数据分布的模型。根据中心极限定理(参见本书 3.2 节)，当样本数足够大时，任何分布都可以采用高斯分布来进行拟合。因此，对于复杂的分布模型，可以采用若干个高斯混合模型来进行拟合。

单高斯模型定义：

$$N(\boldsymbol{x};\mu,\boldsymbol{\Sigma})=\frac{1}{(2\pi)^{D/2}\left|\boldsymbol{\Sigma}\right|^{1/2}}\exp\left(-\frac{1}{2}(\boldsymbol{x}-\mu)^{\mathrm{T}}\boldsymbol{\Sigma}^{-1}(\boldsymbol{x}-\mu)\right) \tag{5.96}$$

其中，$\boldsymbol{x}$ 是输入的多维矢量；μ 及 $\boldsymbol{\Sigma}$ 分别是正态分布的均值及协方差矢量；D 为输入数据的维度。

在高斯混合模型中，样本可由 K 个隐藏的高斯组件 $\boldsymbol{Z}$ 生成(图 5.3)。

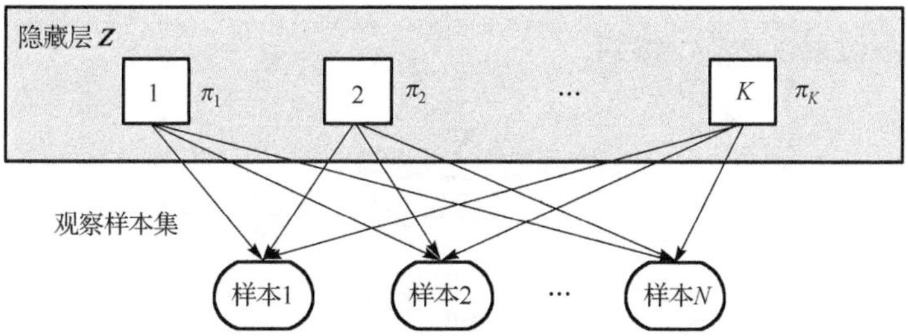

图 5.3　隐藏层与观察样本层之间的关系

高斯混合模型如下：

$$p(\boldsymbol{x})=\sum_{k=1}^{K}p(k)p(\boldsymbol{x}\mid\boldsymbol{\theta}_k)=\sum_{k=1}^{K}\pi_k N(\boldsymbol{x}\mid\mu_k,\boldsymbol{\Sigma}_k) \tag{5.97}$$

其中，$k=1,2,\cdots,K$ 表示总共有 K 个高斯组件；μ_k 及 $\boldsymbol{\Sigma}_k$ 分别代表了每个组件对应的均值及协方差矩阵；π_k 为第 k 个组件的先验概率。

有 $n=1,2,\cdots,N$ 个数据样本，如何从这些数据样本中确定式(5.97)中的参数集，可采用最大似然估计法来估计这些参数。对 N 个独立的样本点的数据集取对数，得到似然函数：

$$\ln p(\boldsymbol{x}\mid\boldsymbol{\pi},\boldsymbol{\mu},\boldsymbol{\Sigma})=\sum_{n=1}^{N}\ln\left(\sum_{k=1}^{K}\pi_k N(\boldsymbol{x}_n\mid\mu_k,\boldsymbol{\Sigma}_k)\right) \tag{5.98}$$

对式(5.98)第 k 个组件的均值 μ_k 取导数，并使其为 0，可得：

$$-\sum_{n=1}^{N}\frac{\pi_k N(\boldsymbol{x}_n\mid\mu_k,\boldsymbol{\Sigma}_k)}{\sum_{j=1}^{K}\pi_j N(\boldsymbol{x}_n\mid\mu_j,\boldsymbol{\Sigma}_j)}\boldsymbol{\Sigma}_k(\boldsymbol{x}_n-\mu_k)=0 \tag{5.99}$$

其中，令

$$\gamma_{nk}=\frac{\pi_k N(\boldsymbol{x}_n \mid \mu_k,\boldsymbol{\Sigma}_k)}{\sum_{j=1}^{K}\pi_j N(\boldsymbol{x}_n \mid \mu_j,\boldsymbol{\Sigma}_j)} \tag{5.100}$$

为先验概率 π_k 对样本点 n 的后验概率(也叫 responsibility)。根据贝叶斯规则，可推出：

$$p(\pi_k \mid \boldsymbol{x})=\frac{p(\pi_k,\boldsymbol{x})}{\sum_{j=1}^{K}p(\pi_j)p(\boldsymbol{x} \mid \pi_j)}=\frac{\pi_k N(\boldsymbol{x} \mid \mu_k,\boldsymbol{\Sigma}_k)}{\sum_{j=1}^{K}\pi_j N(\boldsymbol{x} \mid \mu_j,\boldsymbol{\Sigma}_j)} \tag{5.101}$$

对式(5.100)两边乘以 $\boldsymbol{\Sigma}_k^{-1}$，得到：

$$\mu_k=\frac{1}{N_k}\sum_{n=1}^{N}\gamma_{nk}\boldsymbol{x}_n \tag{5.102}$$

其中：

$$N_k=\sum_{n=1}^{N}\gamma_{nk} \tag{5.103}$$

对式(5.101)中的 $\boldsymbol{\Sigma}_k$ 求导，可得：

$$\boldsymbol{\Sigma}_k=\frac{1}{N_k}\sum_{n=1}^{N}\gamma_{nk}(\boldsymbol{x}_n-\mu_k)(\boldsymbol{x}_n-\mu_k)^{\mathrm{T}} \tag{5.104}$$

再对 $\ln p(\boldsymbol{x} \mid \boldsymbol{\pi},\boldsymbol{\mu},\boldsymbol{\Sigma})$ 的 π_k 求导，得到：

$$\pi_k=\frac{N_k}{N} \tag{5.105}$$

由于在对数似然函数中包括了求和符号，不能单独求任意一个最优值，需要用迭代的方式。理论上可以根据 K-L 散度的属性，对 $\ln p(\boldsymbol{x} \mid \boldsymbol{\pi},\boldsymbol{\mu},\boldsymbol{\Sigma})$ 分解，采用 EM 算法(参见本书 4.4 节)。

高斯混合模型的 EM 算法流程如下。

(1)初始化参数：μ_k、$\boldsymbol{\Sigma}_k$、π_k，计算对数似然函数。

(2)E 步骤：采用式(5.100)计算每个数据点的每个隐组件的后验概率 γ_{nk}。

(3)M 步骤：利用 E 步骤计算得到的后验概率计算新的参数：μ_k(式(5.102))、$\boldsymbol{\Sigma}_k$(式(5.104))和 π_k(式(5.105))。

(4)使用新的值重新计算对数似然函数(式(5.98))，检查其是否达到了收敛要求，如果没有达到收敛要求，则转到步骤(2)。

5.5　偏差与方差：提高模型泛化能力

在机器学习的任务中，尤其在监督学习中，减少学习模型的偏差与方差对提高模型的泛化能力是很重要的。本节重点介绍偏差与方差的基本概念，提出了减少二者以提高模型泛化的基本方法。

5.5.1　偏差与方差

偏差与方差是机器学习中经常会涉及的概念，其本身可以从模型对数据 $\boldsymbol{x}$ 的预测值与真实值/观察值之差得到。令点估计的真实值为 y，估计值为 $f(\boldsymbol{x})$，估计值的均值为 $\bar{f}(\boldsymbol{x})$，假定估计的目标是数值预测的回归问题，可以采用均方误差(MSE)来拟合误差。可得真值与估计值之间的误差的期望：

$$
\begin{aligned}
E[(y-f(\boldsymbol{x}))^2] &= E[(y-\bar{f}(\boldsymbol{x})+\bar{f}(\boldsymbol{x})-f(\boldsymbol{x}))^2] \\
&= E[(y-\bar{f}(\boldsymbol{x}))^2]+E[(\bar{f}(\boldsymbol{x})-f(\boldsymbol{x}))^2] \\
&= \mathrm{Bias}[f(\boldsymbol{x})]^2+\mathrm{Var}[f(\boldsymbol{x})]
\end{aligned} \tag{5.106}
$$

由此可得偏差与方差的定义。

定义 5.16　(偏差)样本或预测值的期望值同真实值之间的差，定义如下：

$$
\mathrm{Bias}[f(x)] = E(f(x)) - y \tag{5.107}
$$

若 $\mathrm{Bias}[f(x)]=0$，则称估计值 $f(x)$ 为无偏估计。

问题 5.1　令正态分布 $N(\mu,\sigma^2)$ 的样本 $\{x_1,x_2,\cdots,x_N\}$，证明其均值 $\hat{\mu}_N=\dfrac{1}{N}\sum_{n=1}^{N}x_i$ 是高斯均值参数 μ 的无偏估计，而样本的方差 $\hat{\sigma}_N^2=\dfrac{1}{N}\sum_{n=1}^{N}(x_i-\hat{\mu}_N)^2$ 是高斯方差参数 σ^2 的有偏估计。

直接对样本的均值按照式(5.107)展开，得到 $\mathrm{Bias}(\hat{\mu}_N)=E\left(\dfrac{1}{N}\sum_{n=1}^{N}x_n\right)-\mu=\dfrac{N}{N}\mu-\mu=0$，从而证明其样本均值为高斯均值参数的无偏估计，而样本的方差需要考虑下面的定理：

$$
\mathrm{Var}\left(\frac{1}{N}\sum_{n=1}^{N}x_n\right)=\frac{1}{N}\sigma^2 \tag{5.108}
$$

即样本的均值的方差是总体方差的 $\dfrac{1}{N}$ (N 为样本数)。由此有：

$$\mathrm{Bias}(\hat{\sigma}_N^2)=E\left[\frac{1}{N}\sum_{n=1}^{N}(x_n-\hat{\mu}_N)^2\right]-\sigma^2=\frac{1}{N}(NE(x_n^2)-NE(\hat{\mu}_N^2))-\sigma^2$$
$$=E(x_n^2)-E(\hat{\mu}_N^2)-\sigma^2$$
$$=(\mathrm{Var}(x_n)+E(x_n)^2)-(\mathrm{Var}(\hat{\mu}_N)+E(\hat{\mu}_N)^2)-\sigma^2$$
$$=(\sigma^2+\mu^2)-\left(\frac{1}{N}\sigma^2+\mu^2\right)-\sigma^2=-\frac{1}{N}\sigma^2 \tag{5.109}$$

由此可见偏差被低估了。而偏差的无偏估计应该是：

$$\tilde{\sigma}_N^2=\frac{1}{N-1}\sum_{n=1}^{N}(x_i-\hat{\mu}_N)^2 \tag{5.110}$$

定义 5.17 （方差）样本或预测值同其样本期望值之间的方差，定义如下：

$$\mathrm{Var}(f(\boldsymbol{x}))=E[(f(\boldsymbol{x})-\bar{f}(\boldsymbol{x}))^2] \tag{5.111}$$

当有一套类似于训练样本但独立于训练样本的测试数据集时，方差主要是用于预测结果的变化情况。由式(5.106)可以看到，方差也是模型误差的主要来源之一。模型在生成样本的过程中产生两套数据集，一套用于训练样本，一套用于测试，而测试的精度反映模型在预测时的稳定性，在预测类似的样本时差异是否较大。一个模型可能会有很低的偏差，但有较高的方差，这是因为模型存在过拟合现象，影响总体误差。

方差还受到样本数的影响，以高斯分布为例，样本数直接影响到样本的方差，当样本数增加时，有利于减小方差。同样地，当在机器学习中增加训练样本时，由于方差的减小，有助于减小样本的误差。

由式(5.106)可见，误差函数 MSE 由偏差与方差共同组成，总的误差称为泛化误差(图 5.4)。当模型存在较大的偏差时，称为模型欠拟合(underfitting)，误差较高。提高模型的复杂度，如增加参数的个数，增加更多的非线性变换，偏差持续降低，但降到一定程度时，模型在测试数据上表现不佳，方差增加，称为过拟合(overfitting)，过拟合的存在也影响了总体误差。所以一般总体误差呈现一种 U 型曲线。而 U 型曲线的底部最低点，则是最优复杂度的模型。根据偏差及方差之间的平衡关系来决定最优模型是一种很好的实践，是比较有用的方法。

5.5.2 正则化

当模型过于复杂时，需要加入正则化因子，以惩罚模型的复杂度，达到抑制过拟合的目标。定义损失函数，加入正则化因子，采用梯度下降法求解：

$$J=J_0+\lambda\sum_{k=1}^{K}f(w_k) \tag{5.112}$$

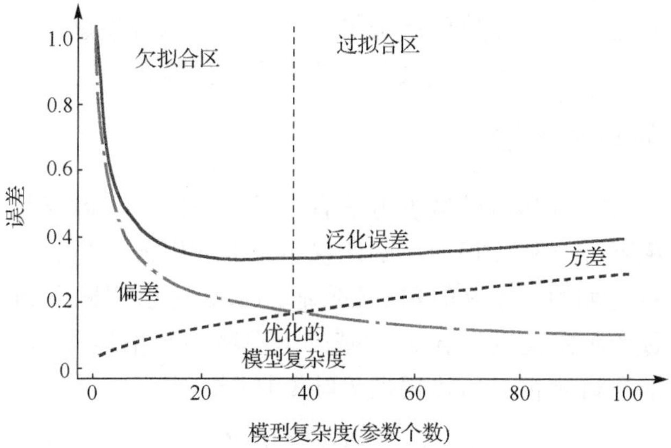

图 5.4　模型的偏差与方差之间的关系：最优的模型复杂度

其中，J_0 为损失函数；$\lambda\sum_{k=1}^{K} f(w_k)$ 是正则化项。

本节主要介绍几种正则化方法。

(1) L1 正则化。

L1 正则化(Lasso)是对模型参数取绝对值的累加和：

$$J = J_0 + \lambda\sum_{k=1}^{K}\left|w_k\right| \tag{5.113}$$

L1 正则化优化时，极可能优化至极小值点处，容易产生稀疏解。所以这种正则化方法可用于求得稀疏模型的解。在模型的应用中采用 L1 正则化的主要优点是得到稀疏解，特别是对于高维变量的输入，稀疏解有助于特征选择(只选择稀疏非 0 的特征变量)，模型的可解释性也进一步提高。另外 L1 正则化对极值可能较为敏感，收敛速度较快。

(2) L2 正则化。

L2 正则化(Ridge，也叫 weight decay)是对模型参数取平方的累加和：

$$J = J_0 + \lambda\sum_{k=1}^{K} w_k^2 \tag{5.114}$$

L2 正则化趋向让权值尽可能的小，所得模型为参数值都比较小的模型。模型参数小的话，可以让模型适用于处理不同的数据集，防止某些变量影响模型的预测功能，所以 L2 正则化能有效地防止过拟合，提高模型总的泛化能力。此外 L2 范数对参数进行了光滑，能有效避免矩阵不能求逆的情况。但计算速度同 L1 正则化相比较慢，一般求得局部最优解。在实际的应用中采用 L2 正则化更为普遍。

无论 L1 或 L2 正则化方法，其中的参数 λ 控制了正则化对模型的影响，λ 值越小，正则化的影响越小，复杂度的增加可能会导致过拟合现象；而 λ 增大，加强了正则化作用，影响增大到一定程度又会导致模型的欠拟合。

5.5.3 贝叶斯统计学方法

贝叶斯统计学方法同传统的频度方法有本质的不同，贝叶斯统计学将某个事件或变量(θ)的概率看作一种知识的不确定状态，因此引入了先验概率及后验概率的概念。先验概率是先期的关于 θ 的知识(不确定性)，可以用概率 $p(\theta)$ 来表达，而后验概率 $p(\theta \mid X)$ 则是在先验概率 $p(\theta)$ 的基础上观察到数据样本 X 之后所获取的知识，改变了对 θ 的不确定性，所以根据贝叶斯规则，有：

$$p(\theta \mid X) = \frac{p(X \mid \theta) p(\theta)}{p(X)} \tag{5.115}$$

当人们没有关于参数 θ 很具体的先验知识时，可以采用均匀分布，设定一定的限制；或者采用最大熵原理(本书 4.5 节)假定其分布，往往可以取得很好的效果。

同贝叶斯统计学方法不同，最大似然估计法一般依据概率最大的原理进行点估计，得到一个参数的估计值。同最大似然估计法相比，贝叶斯统计学方法一般不采用单一的点估计作为预测值，而是采用 θ 的分布函数求得一个综合值(积分或求和取平均)，如在已知数据样本 X 的情况下预测新样本的值，可采用以下的公式计算预测值的概率分布：

$$p(x^{\text{new}} \mid X) = \int_{\theta} p(x^{\text{new}} \mid \theta) p(\theta \mid X) \mathrm{d}\theta \tag{5.116}$$

然后根据概率分布函数计算均值及方差，获得最终估计值。

从式(5.116)也可看出，贝叶斯统计学中引入了先验知识，代表了关于 θ 知识对结果的影响，影响到最终计算。实践表明，贝叶斯在数据样本较少的情况下，引入先验知识能很好地求得问题的解。例如，将参数的先验知识引入正态分布中，其效果类似于 L2 的权重衰减的正则化方法，可以有效地防止过拟合。不过当数据过多时，如果对参数不加以限制，计算复杂度会较高。

5.5.4 MAP 点估计

采用参数 θ 的概率分布，根据贝叶斯统计学的方法计算均值，虽然看起来合理，但在实际应用中，求参数 θ 的所有可能值的概率分布常常是很困难的，所以该方法有时候并不适用。所以就提出了最大后验概率(maximum a posterior，MAP)的方法，最大后验概率点估计是通过后验概率最大化获得类似最大似然估计法的点估计，不同之处是引入了先验概率的观点，可有效地防止过拟合：

$$\theta_{\text{MAP}} = \arg\max_{\theta} p(\theta \mid X) = \arg\max_{\theta} p(X \mid \theta) + \log p(\theta) \tag{5.117}$$

其中，X 代表训练样本数据，$p(\theta)$ 代表了先验概率。

最大后验概率估计值也能有效地防止过拟合，其加入的参数项 $\log p(\theta)$ 类似于一种正则化方法，能有效地防止过拟合。

5.6　机器学习流程

本节简述机器学习的一般流程。

(1) 问题的定义。

确定要处理的问题、问题相关的背景和问题的解决方法。这一步需要全面了解问题相关的背景，分解问题，了解每一步的处理方法，分析问题，还要明确输入输出数据的类型(连续变量：回归；类别变量：分类；序列输出：时间序列等)。如果要解决像素级的图像分类问题，则要明确分类的总数，分类的训练样本有哪些。

(2) 数据采集及预处理。

在问题分析的基础上，归纳数据采集的基本信息，进行相关的数据样本的采集。不同的学习任务，需要不同的采集源，数据差异也很大，要明确数据采集的类型与采集方式。若没有合适的数据来源，则要考虑可否有更容易获取的替代变量。还需要确定采集样本的大小，当数据较少时要考虑数据的增强策略。

数据预处理也是机器学习中重要的一步，常规的预处理包括消除数据中的白噪声及异常点，异常点有时候对结果影响很大；缺失数据的插补，是否可采用迭代性的奇异值分解补充完整数据；数据变换或合适的核函数的建立；统一数据的尺度，包括数据的正则化及复原。对于高维数据，考虑是否采用主成分变换或者奇异值分解降低维度。数据预处理不好，会严重影响后续的训练及学习。

(3) 价值函数或者损失函数的定义。

在问题定义清晰，学习任务明确的基础上，可以定义训练学习的价值函数或损失函数，负对数似然函数是最常用的价值函数，还需要在似然函数中加入正则化项。对普通的分类或回归任务，可以采用以下的价值函数：

$$J(w) = -E_{X,y\sim p_{\text{data}}} \log p(y \mid X, w) + \lambda\Omega(w) \tag{5.118}$$

其中，w 表示模型的参数；X 与 y 代表训练样本集的预测因子与输出；p_{data} 代表了数据的样本分布；$\lambda\Omega(w)$ 则是正则化因子，可以采用 L1 或 L2 正则化。就普通的模型而言，回归任务一般采用正态分布的概率函数(也可以采用非概率类型，如均方根误差(root mean square error，RMSE)；而对于分类任务，一般采用叉熵作为价值函数。不同的选择可以参见 5.2 节。

此外，针对特殊的数据，比如健康与癌症数据样本，当癌症病例很少时，即样本极度不平衡，需要对样本进行特殊处理。根据每次预测失败效用的不同，对每类错误加入不同的价值函数，会对结果产生影响。而对时间序列的预测，也需要考虑到总体的评价标准。

(4)学习的模型。

根据学习的任务、数据类型以及价值函数，选择适合的学习模型。建议根据学习目标、任务及数据特点，选择几个不同的模型进行比较验证。对普通的学习任务(不涉及专门的图像或自然语言处理)，使用比较普遍的监督学习模型(如随机森林、GBDT、XGBoost、支持向量机、神经网络等)，这些模型的实践检验结果都具有较好的泛化性能，则能对数据较好地预测；而比较普遍的非监督学习模型(如 K-means、高斯混合模型等)，对于全面探索可能的最优解，建议使用多种模型方法进行比较。最后考虑多个模型的融合，以达到减少模型的偏差及方差的目标。

当然有的任务采用传统的回归或分类方法是不足够的，还需要考虑样本的时间相关性。对于环境相关问题，也需要考虑空间的相关性。此时，可以考虑如何将这些时间相关性或空间相关性融入模型中，减少建模的偏差，提高模型的泛化能力。

(5)优化算法。

在明确了价值函数及备选的模型后，需要考虑优化算法。优先考虑精确解或全局最优解，然后考虑局部最优解。在采用梯度下降法时，考虑如何调整下降速度，如何获得最优解。必要时还要考虑网格搜索(grid search)方法，从多种可能的解中找到最优解。

(6)模型的训练、验证与提高。

本步骤进行模型的训练与验证。一般将数据集平均划分成 3 份，两份用于训练模型，1 份用于模型的独立性测试。这两份用于训练模型的数据将进一步划分为多等份，采用交叉验证的方式验证模型。最终衡量模型性能的指标包括交叉验证精度及独立性测试精度(分类：召回率、精度等；回归：RMSE)。其中，交叉验证精度作为模型的训练精度，而独立性测试精度作为模型的真实精度。

在训练过程中如果输入特征变量过少，则考虑通过转换增加特征变量的数目，同时制作偏差-方差图，寻找最优的模型复杂度。在数据点过少的情况下，考虑是否能通过数据增强技术增加训练样本，改善模型的泛化功能。

(7)模型的保存及更新。

在训练完成后保存模型，同时可以将该模型作为下次学习的预训练模型，使用更多的数据时需对模型进行加强与提高。

5.7　向深度学习器的演化

就学习器而言，本章主要内容是常用的机器学习方法。这些方法总体上是基于浅层学习器的，缺乏深度归纳抽象的功能，当问题涉及相关性等时其泛化能力有限。

因此，发展了深度学习方法，这些方法具有较强的参数扩展空间、分层次的学习归纳、转置不变及参数共享等特点，大大提高了模型的泛化能力，在图像识别、自然语言处理等领域取得巨大的成功，下一篇将介绍深度学习的主要内容。

5.8　小　结

本章系统总结了机器学习的基本内容，包括学习目标、评价标准、监督学习及非监督学习。

(1) 机器学习的本质是通过对历史样本的学习，获得具有泛化能力的模型，从而实现对新实例的预测。常见的机器学习任务包括分类、回归、异常点检测及数据预处理等，其他还包括了结构化输出，采用“编码→解码”的模式建模等，应用范围包括翻译、文本摘要提取等，而抽样与合成则是根据参数生成数据/样本，具有独特的应用。

(2) 机器学习总体需要优化目标函数，而不论是预测概率最大还是类别分配最小，都可以统一成损失函数来进行评价。目标函数有单一函数，还有复合损失函数，统一为几种目标函数的合集。而基于信息熵的 K-L 散度，具有重要的非负属性，是 EM 迭代算法的基础。

(3) 监督学习方法根据目标变量的不同又可分为回归及分类，比较典型的模型包括了高斯过程回归、支持向量机等，而在实际中一些基于集成学习的方法往往可取得较好的效果，本章重点介绍了随机森林、AdaBoost、GBDT 及 XGBoost 等集成化的学习方法；非监督学习方法介绍了较为典型的主成分分析及高斯混合模型。

(4) 偏差与方差是机器学习目标的两个方面，如何在二者之间达到较好的平衡至关重要。此外训练样本的预处理及分布也对训练学习的效果有重要影响，尤其对于极不平衡的学习样本，如预测癌症模型的训练，正样本往往极少，可以使用重采样结合样本先验分布来处理此类问题。

常规机器学习基于浅层学习器，泛化功能有限，而深度学习的发展促进了机器学习功能的提高及应用。

参考文献

Bishop M C. 2006. Pattern Recognition and Machine Learning. Berlin: Springer

Breiman L. 2001. Random forests. Machine Learning, 45(1): 5-32

Chandola V, Banerjee A, Kumar V. 2009. Anomaly detection: A survey. ACM Computing Surveys, 41(3): 1-58

Freund Y, Schapire R. 1997. A decision-theoretic generalization of on-line learning algorithms and an application to boosting. Journal of Popular Culture, 55(1): 119-139

Goodfellow I, Yoshua B, Courville A. 2016. Deep Learning. Cambridge: The MIT Press

Halldor B, Venegas A. 1997. A manual for EOF and SVD analyses of climate data. Montréal: McGill University: 52

Hastie T, Tibshirani R, Friedman J. 2008. The Elements of Statistical Learning. Berlin: Springer

Li L, Lurmann F, Habre R. et al. 2017. Constrained mixed-effect models with ensemble learning for prediction of nitrogen oxides concentrations at high spatiotemporal resolution. Environment Science and Technology, 51(17): 9920-9929

Mitchell T M. 1997. Machine Learning. New York: McGraw-Hill

Natarajan K B. 1991. Machine Learning, A Theoretical Approach. San Francisco: Morgan Kaufmann Publishers

XGBoost. 2017. Introduction to Boosted Trees. http://xgboost.readthedocs.io/en/latest/model.html

Yu G. 2012. Solving inverse problems with piecewise linear estimators: From Gaussian mixture models to structured sparsity. IEEE Transactions on Image Processing, 21(5): 2481-2499

方 法 篇

在前面5章内容的基础上，本篇对深度学习中的主要方法进行系统地介绍，侧重介绍这些方法的基本原理，以让读者对这些方法的本质有深入理解。方法篇的第一部分即第6章介绍了前馈神经网络(feedforward neural network，FNN)的基本知识，重点介绍了现代深度学习中自微分方法，及其作为反向传播算法的基本原理；而第7章系统介绍了深度学习中关键的模型训练及优化技术，包括正则化、限制性优化、数据增强、迁移学习(transferring learning)、多任务及参数学习、集成学习、Dropout、批梯度下降法、参数初始化及优化算法等；第8章则介绍了卷积神经网络(convolutional neural network，CNN)的基础，包括感受野、卷积运算及其基本结构等；第9章则介绍了循环神经网络(recurrent neural network，RNN)，包括基本的网络结构、基本类型及应用等；第10章则介绍其他的深度学习方法，包括反卷积、自动编码器(Autoencoder)、t-SNE(t-distributed stochastic neighbor embedding)、变分自动编码器(variational auto-encoders，VAE)、生成对抗网络(generative adversarial networks，GAN)、深度信任网络(deep belief network，DBN)、注意力机制(attention mechanism)、图网络及自然语言建模网络等。

第 6 章　前馈神经网络

前馈神经网络(FNN)，又称多层感知器(multilayer perceptron，MLP)，定义为求取从输入→输出的最优映射函数，即 $f^*(\theta): x \to y$ ，θ代表了最优映射函数的相关参数。该种类型的神经网络没有定义后向连接，所以称为前馈神经网络，是机器/深度学习的基础工具。

令机器学习中对输入变量X的非线性变换为$\phi(X)$，可以采用3种方法实现$\phi(X)$：①采用核密度函数进行转换(如 RBF(radial basis function，径向基函数)核函数)，主要优点是可以在任意维度上建立非线性关系，但测试效果较差；②手工操作，涉及相关的领域知识，不同的应用领域需要不同的领域知识来设计相应的转换函数，以此来取得较好的效果；③深度学习方法，通过学习获得相关参数的优化值，从而实现相应的映射函数，$y = f(X; \theta, W) = \phi(X; \theta)$。第③种方法获得的解可能是局部最优解，不过实践表明基本上可满足一般的应用；其中的函数ϕ可以基于领域知识设计合适的形式，通过学习算法获得优化的解，从而提取丰富的特征表征。

本章系统介绍深度学习中最基本的网络结构，即前馈神经网络，包括基本组成、深层系统架构及近似拟合理论、反向传播算法、自动微分(automatic differentiation，AD)。

6.1　主要构成要素

前馈神经网络由输入层、隐藏(中间)层以及输出层构成，每一层还包含了正则化及激活函数等处理步骤。对于前馈神经网络，整个网络设置一个损失函数，而整个优化围绕着损失函数最小化进行；不同的激活函数，具有不同的物理解释，如采用 Sigmoid 函数，可以建立 XOR(exclusive-OR gate，异或门)或概率函数；而 ReLU(rectified linear unit，线性整流单元)函数可置于中间层，拟合非线性关系。

6.1.1　目标函数

神经网络的建立需要设定目标损失函数，使该目标损失函数最小，从而求得相应的解。常用的损失函数为负对数似然函数，其通用形式为：

$$J(\theta) = -E_{X, y \sim \hat{p}_{\text{data}}} \log p_{\text{model}}(y \mid X) \tag{6.1}$$

其中，X代表输入变量，y代表输出变量，$\hat{p}_{\text{data}}$代表数据分布，p_{model}代表模型建立的分布。

之所以采用负对数似然函数，主要原因是概率分布函数采用指数函数形式，采用对数形式可以消除指数函数的影响，从而使得价值函数可导并可预测(Bishop，2006；Haykin，2004)。

神经网络建模的主要目标是选择优化的参数值，使得损失函数 $J(\theta)$ 最小，等价于使得概率最大的最大似然估计法。

$$\theta^* = \underset{\theta}{\operatorname{argmin}}\, J(\theta) \tag{6.2}$$

对于深度学习而言，主要有以下两种具体的类型。

(1)对于预测连续变量的输出类型，采用均方误差(MSE)最小的方法。

假定以 X 为条件的 y 的概率分布属于正态分布，即 $p_{\text{model}}(y\,|\,X) \sim N(y; f(X;\theta))$，其相应的价值函数可采用最小二乘法拟合，其损失函数是均方误差，即

$$J(\theta) = \frac{1}{2} E_{X,y\sim \hat{p}_{\text{data}}} \left\| y - f(X;\theta) \right\|^2 + \text{const} \tag{6.3}$$

其中，const 表示常量。

(2)对于预测分类的输出类型，采用叉熵的方法。

叉熵定义为衡量模型预测的结果分布同原有数据分布的距离：

$$H(p,q) = E_p(-\log q) = H(p) + D_{\text{KL}}(p \,\|\, q) \tag{6.4}$$

其中，$H(p)$ 是分布 p 的熵，$D_{\text{KL}}(p \,\|\, q)$ 是分布 q 对 p 的 K-L 散度。

对于离散(分类)问题，叉熵定义为

$$H(p,q) = -\sum_{y} p(y) \log q(y) \tag{6.5}$$

而二分问题的二叉熵，则是离散叉熵定义的特殊情况：

$$\text{BE} = -(y \log(p(X)) + (1-y)\log(1-p(X))) \tag{6.6}$$

对于分类问题，同均方误差(MSE)相比，叉熵函数具有较好的解析属性，特别适合 Sigmoid 及 Softmax 激活函数，采用叉熵函数做损失函数使得误差能够有效地传递；而采用均方误差，线性关系将使得误差的梯度传播受到 Sigmoid 函数的影响，Sigmoid 函数趋于饱和(导数变化小)，其损失函数也趋于饱和。对于分类任务而言，叉熵是一种比较适合采用梯度下降法求解的损失函数：当且仅当模型预测的结果比较正确时梯度趋于饱和，而在预测不正确的情况下误差导致的梯度能够有较大幅度的变化，从而促使信息在网络中有效地传播。

6.1.2　输入及隐藏层

输入层即指由输入变量组成的矢量。根据建模任务的不同，具有不同类型的输入，如常规回归分析的输入层每个节点代表一个随机变量，而对于图像处理而言，

每个像素均可作为一个输入变量，而对于时间序列模型而言，每次可以一定的时间序列作为输入。输入层可以扩展成多维变量。

隐藏层也叫中间层，一个模型可以有多个隐藏层，形成所谓的深层网络模型，每层可以有不同数目的节点，而隐藏层的每个节点由前层所有节点乘以权重参数($\boldsymbol{W}$)，加上偏差($\boldsymbol{b}$)，通过激活函数后得到。

输入层及隐藏层在前层的基础上加权求和后加入激活函数层，从而实现非线性映射。令 $\boldsymbol{X}^{(k)}$ 代表第 k 层的输入，$\boldsymbol{z}^{(k)}$ 代表第 k 层的加权和，$\boldsymbol{H}^{(k)}$ 代表第 k 层的输出，$f^{(k)}$ 为第 k 层的激活函数，则可得关系式：

$$\boldsymbol{H}^{(k)} = f^{(k)}(\boldsymbol{z}^{(k)}) = f^{(k)}(\boldsymbol{W}_k^{\mathrm{T}}\boldsymbol{X}^{(k)} + \boldsymbol{b}_k) \tag{6.7}$$

激活函数定义了一个节点在给定输入下的输出，激活函数模拟大脑神经元的感知行为，限定了输出的取值范围，例如，在芯片电路模拟中，可设置输出范围为{0, 1}以此确定电路的开(1)关(0)状态。常用的激活函数有以下几种类型。

1) 线性激活函数(恒等激活函数)

加权求和的直接输出，即：

$$f(z) = z$$

线性激活函数是最简单的激活函数形式，其导数恒等于 1。

2) 西格玛(Sigmoid)函数

又称为 Logistic 激活函数，其定义将任意大小的实数压缩进 0-1 区间，将负数转换成 0，而将较大的正数转换为 1。

$$f(z) = \frac{1}{1+\mathrm{e}^{-z}} \tag{6.8}$$

其导数为：

$$f'(z) = f(z)(1 - f(z))$$

图 6.1 展示了 Sigmoid 激活函数及其导数的一维图像。从图中可以看到，其导数在靠近 0 值附近变化较大，而在远离 0 值的附近，变化越来越小，离得越远，变化越小。将 Sigmoid 函数作为输入层或中间层的激活函数，其梯度随离 0 值越远变化越小的现象称为梯度消失问题。随着网络层数的增加，梯度消失将越发严重，导致学习的过程缓慢，甚至无法得到较优解。另一方面，Sigmoid 函数的输出为[0, 1]区间的一个值，而不是以 0 为中心取−1～1 之间的值，在实际应用中，其效果不如值在[−1, 1]区间的双曲正切函数好。此外，Sigmoid 函数采用指数函数进行转换，导致计算过程较为缓慢。

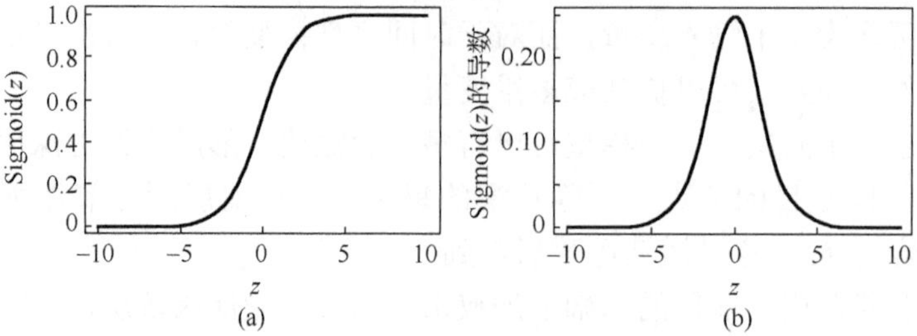

图 6.1　sigmoid 激活函数及其导数值

3) 双曲正切 (tanh) 函数

公式定义如下：

$$f(z) = \tanh(z) = \frac{e^z - e^{-z}}{e^z + e^{-z}} \tag{6.9}$$

其导数为：

$$f'(z) = 1 - f(z)^2$$

图 6.2 展示了双曲正切函数及其导数图像。从图中可以看出，同 Sigmoid 函数相比较，双曲正切函数围绕着 0 值，取–1～1 之间的值，这种对称特性使得其同 Sigmoid 函数相比有更优的收敛特性(LeCun et al.，1998)。不过类似 Sigmoid 函数，z 取值离中心点越远，梯度变化越小。作为输入层及隐藏层的激活函数，随着神经网络层数的增加其梯度变化越来越小，同样存在梯度消失问题。

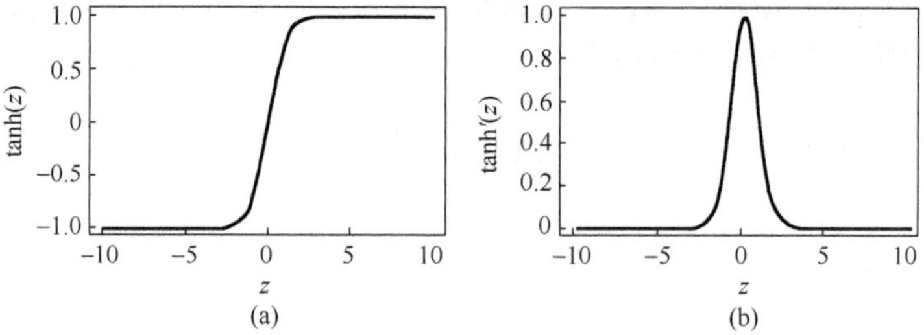

图 6.2　tanh(z) 函数及其导数图像

4) ReLU 激活函数

不失一般性，ReLU 激活函数 (Jarrett et al.，2009；Nair and Hinton，2010) 定义为：

$$f(z) = \max(0, z) \tag{6.10}$$

其导数为：

$$f'(z) = \begin{cases} 1, & z > 0 \\ 0, & z \leqslant 0 \end{cases}$$

图 6.3 展示了 ReLU 激活函数及其导数图像。

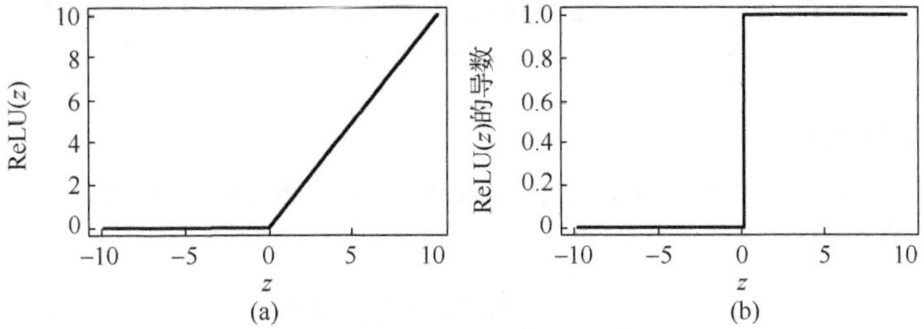

图 6.3　ReLU 激活函数及其导数图像

ReLU 激活函数的一阶导数对于正值其值为 1，对于负值其值为 0；而二阶导数在任意取值处均为 0。这些线性属性保证了误差信息能高效传递。按照图灵机理论(Sipser，2006)，很多复杂的问题都可以采用简单的方法解决(如分解为 0 及 1 传递信息)，而 ReLU 激活函数正是采用类似的原则实现了对复杂问题的模拟。

ReLU 激活函数的优点，体现在 3 个方面。

(1) 其正值导数为 1、负值导数为 0 的特性解决了梯度在深层网络传输中消失的问题。

(2) 其线性特性使其收敛速度比其他非线性激活函数(如 Sigmoid/tanh)均要快很多，也能较快地找到最优解。

(3) 一部分神经元输出为 0，导致网络的稀疏性，可以减少参数的相互依存，有效缓解过拟合。

ReLU 激活函数的缺点是其对于负值无法进行梯度的有效传递，负值神经元保持非激活状态，在反向传播过程中易导致梯度没有变化，权重无法更新，学习效果不佳等问题。

ReLU 函数通用版本的定义，如式(6.1)所示，通用版本对输入值为负值的情况提供了更多选项，缓解负值时神经元处于非激活状态的问题(Jarrett et al.，2009)：

$$f(z)=\max(0,z)+\alpha\min(0,z) \tag{6.11}$$

其中，参数α设置为不同值，得到 ReLU 的不同版本：当设定为一个较小值如 0.01 时，激活函数称为 LeakyReLU；而如果将α作为一个可学习的参数时，则激活函数称为参数化的 ReLU(PReLU)。

5) Maxout 激活函数

Maxout 是对 ReLU 的扩展(Goodfellow et al.，2013)，该激活函数将输入 z 划分成 k 个不同区间，在不同区间内取该区间的最大值：

$$f(z)=\max_{i\in G_k} z_i \tag{6.12}$$

其中，G_k 表示第 k 个区间内的值。分组 k 越大，划分越细，对非线性拟合越好。不过在数据较少的情况下可能存在过拟合现象，此时可以通过加大训练样本量来提高训练效果。

6) 指数线性函数

指数线性函数是对 ReLU 的扩展(Clevert et al.，2015)，对负值部分加入非线性指数函数，定义如下：

$$f(\alpha,z)=\begin{cases}\alpha(\mathrm{e}^{z}-1), & z\leqslant 0\\ z, & z>0\end{cases} \tag{6.13}$$

其导数为：

$$f'(\alpha,z)=\begin{cases}f(\alpha,z)+\alpha & z>0\\ 1, & z\geqslant 0\end{cases}$$

图 6.4 展示了指数线性函数及其导数图像。

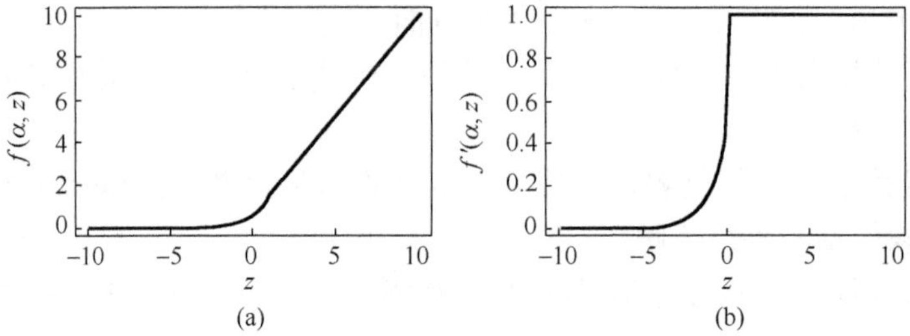

图 6.4　指数线性函数及其导数值图像

指数线性函数对负值输入部分采用对数形式实现梯度计算，弥补了 ReLU 激活函数的缺点，不过其计算时间由于指数函数的引入而有所加长。

7) Softmax 函数

它的表达式为：

$$f(z_j)=\frac{\mathrm{e}^{z_j}}{\sum_{k=1}^{K}\mathrm{e}^{z_k}} \tag{6.14}$$

Softmax 函数输出值在[0,1]之间。式中引入了指数形式，这样做的目的是当输入有很小的变化时也能在输出中区分开来，即能够拉开输出数值之间的距离。但指数运算也带来了新的问题，当 z_j 很大时，可能会导致数值溢出。

6.1.3　输出层

根据要解决的问题的类型，输出层也具有不同的类型，如针对输出变量的个数，可分为单变量输出与多变量输出；根据学习任务的不同，可分为类别型输出与数值型输出；而根据网络层数不同的输出可分为单层输出及多层输出等。下面从不同的角度，介绍几种典型的输出类型。

1) 高斯分布连续变量输出

连续变量的高斯分布的均值可作为输出类型，采用 6.1.2 节介绍的恒等激活函数。该激活函数所得到的最大似然估计解等价于常规的最小二乘法求得的解。

2) 伯努利分布的二分输出

对于符合伯努利分布的二分问题的输出，可以采用 6.1.2 节介绍的 Sigmoid 激活函数，模拟二分问题中的概率分布。令 y 是输出，z 是输出层的输出。采用西格玛激活函数的输出为：

$$y=\sigma(z)=\frac{1}{1+\exp(-z)} \tag{6.15}$$

采用西格玛激活函数模拟伯努利二分概率的主要原因是西格玛函数使得损失函数具有良好的数值属性。分析过程可采用以下 Softplus 激活函数来拟合推导。

Softplus（Glorot et al.，2011）定义：

$$\varsigma(z)=\log(1+\exp(z)) \tag{6.16}$$

其导数公式即为西格玛函数：$\varsigma'(z)=\sigma(z)=\dfrac{1}{1+\exp(-z)}$。图 6.5 是 Softplus 激活函数及其导数图像。

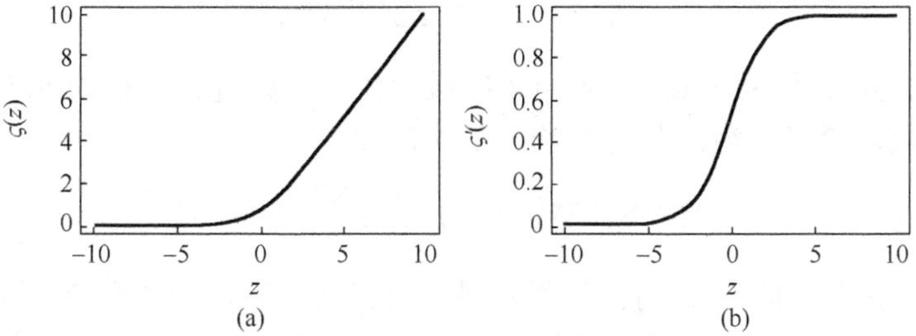

图 6.5　Softplus 激活函数及其导数图像

令二分问题观察值 y 的概率似然函数的对数同 y 与 z 的乘积为线性关系，简化表达为：

$$\log\tilde{P}(y)=yz \tag{6.17}$$

则可从式(6.17)得到：$\tilde{P}(y)=\exp(yz)$。对此似然结果进行正则化，得到概率的估计值：

$$\hat{P}(y)=\frac{\exp(yz)}{\sum_{y'=0}^{1}\exp(y'z)}$$

从而有：

$$P(y) = \sigma((2y-1)z) \tag{6.18}$$

将概率模拟值代入负自然对数公式中，得到：

$$J(\theta) = -\log P(y \mid z) = -\log \sigma((2y-1)z) \tag{6.19}$$

式(6.19)其实可以将 Softplus 改写为：$J(\theta) = \varsigma((1-2y)z)$，根据图 6.5 展示的属性，当 y 同 z 变化较一致时(y=1 而 z 为较大的正值；y=0 而 z 为较大的负值)，梯度趋于饱和(图 6.5 中 z 为负值时，值越小，梯度变化越小)；而二者不一致时(y=1 而 z 为较小的负值；y=0 而 z 为较大的正值)，梯度将高效地反馈给模型进行梯度更新(图 6.5 中 z 为正值时，值越大，梯度变化越大)。所以此时采用西格玛模拟概率使得网络具有较好的优化搜索特性。相比较而言，采用均方误差(MSE)则没有此优势，函数优化将产生问题。

西格玛函数的主要缺点是当输入的正值特别大或输入的负值特别小时，梯度趋于饱和，很难更新参数。此时需要在价值函数中引入一些补偿项，避免极大或极小值所导致的优化困难问题。

3)伯努利分布的多类输出

伯努利分布的多类输出，可以采用 Softmax 函数来进行拟合，识别多分类问题。定义如下：

$$\text{Softmax}(z_i) = \frac{\exp(z_i)}{\sum_{z_j} \exp(z_j)} \tag{6.20}$$

类别的分配按照 Softmax 计算出来的最大概率原则进行。根据 Softmax 计算的概率，其对数消除了指数函数的影响，从而得到：

$$\log \text{Softmax}(z_i) = z_i - \log \sum_{z_j} \exp(z_j) \tag{6.21}$$

式(6.21)表明了输入 z_i 对损失函数具有直接的贡献，而式(6.21)等号右边第二项中较大的 z_j 值，会因为指数函数的放大效应，而更为突出，即 $-\log \sum_{z_j} \exp(z_j) \approx \max_j z_j$。如果观察值等于最大的概率的取值，则式(6.21)等号右边的第一项与第二项相互取消，$\log \text{Softmax}(z_i) \to 0$，梯度变化较小；而如果观察值不等于最大值，则 $\log \text{Softmax}(z_i)$ 代表二者之间较大的差值，误差能更有效地传递到前端，实现参数的优化。

同西格玛函数类似，Softmax 函数对于类别差异极大的输入，也会导致梯度的饱和，优化很难进行下去。此时可以设计数值稳定的 Softmax：

$$\text{Softmax}(z) = \text{Softmax}(z - \max_i z_i) \tag{6.22}$$

也可以采用对价值函数加入一些补偿项的方法，消除输入差异大而导致的优化问题。

4) 概率分布参数的输出

前馈神经网络也可以用于预测概率参数的输出，如条件高斯分布 $p(y|x)$ 中的方差参数输出。一个典型的模型是混合密度网络，将多模态的混合模型同神经网络相结合，从而实现对复杂输出的模拟。

高斯混合密度模型(Bishop，1994；Jacobs et al.，1991)是概率分布符合高斯分布的混合密度模型。采用 K 个高斯分布组件拟合输出，可以得到 y 对于 $\boldsymbol{x}$ 的条件密度函数：

$$p(y|\boldsymbol{x})=\sum_{k=1}^{K}p(c=k|\boldsymbol{x})N(y;\mu_k(\boldsymbol{x}),\Sigma_k(\boldsymbol{x})) \tag{6.23}$$

其中，k 代表第 k 个高斯分布组件，$\mu_k(\boldsymbol{x})$ 及 $\Sigma_k(\boldsymbol{x})$ 分别代表第 k 个高斯组件的概率参数(均值及方差)。可以采用 K 个节点的隐藏层和输出为 $3K$ 个单元(分别代表第 k 个组件的分配概率、高斯分布的均值及方差)的网络结构拟合这些参数。这些参数有以下条件限制。

(1) 混合组件的分配概率 $p(c=k|\boldsymbol{x})$，需要满足和为 1 的条件，即 $\sum_{k=1}^{K}p(c=k|\boldsymbol{x})=1$ 且 $p(c=k|\boldsymbol{x})\geqslant 0$，可以采用 Softmax 函数来规范输出。

(2) 均值 $\mu_k(\boldsymbol{x})$ 代表第 k 个高斯分布的中心点，没有特殊要求的话，一般情况下没有限制。如果有要求，如必须是正值，则可以采用指数函数进行变换。

(3) 协变量 $\Sigma_k(\boldsymbol{x})$，简化的协变量要求 $\boldsymbol{x}$ 各维之间不相关，因此，只需要求解一个单一的方差函数即可。但对于协变量之间有相关性(如空间上的点之间可能存在一定的相关性)的协方差则复杂一些。对协变量一般也要求是非负值，可采用指数函数进行转换。

图 6.6 是采用前馈神经网络预测复杂路径的结果。原有数据采用以下公式模拟生成：

$$y=2.3\cos(1.2x_1)+0.8x_1+x_2+\log(0.5x_3)$$

其中，$x_1\sim U(-10.5,10.5)$，$x_2\sim N(0,1)$ 及 $x_3\sim U(0,1)$。将 x 与 y 变量互换，形成了较为复杂的 y 与 x 之间的关系，图 6.6 展示了复杂的曲线图，对同一个值(如 x=−5)，y 有多个值与之对应(图 6.6(a))。采用常规的网络模型并不能得到理想的结果(图 6.6(b))；而采用高斯混合模型则可以得到很理想的效果(图 6.6(c))，抽样模拟值与原始数据吻合得很好；而抽样的热图也表明模型较好捕捉了函数之间的复杂非线性关系(图 6.6(d))。

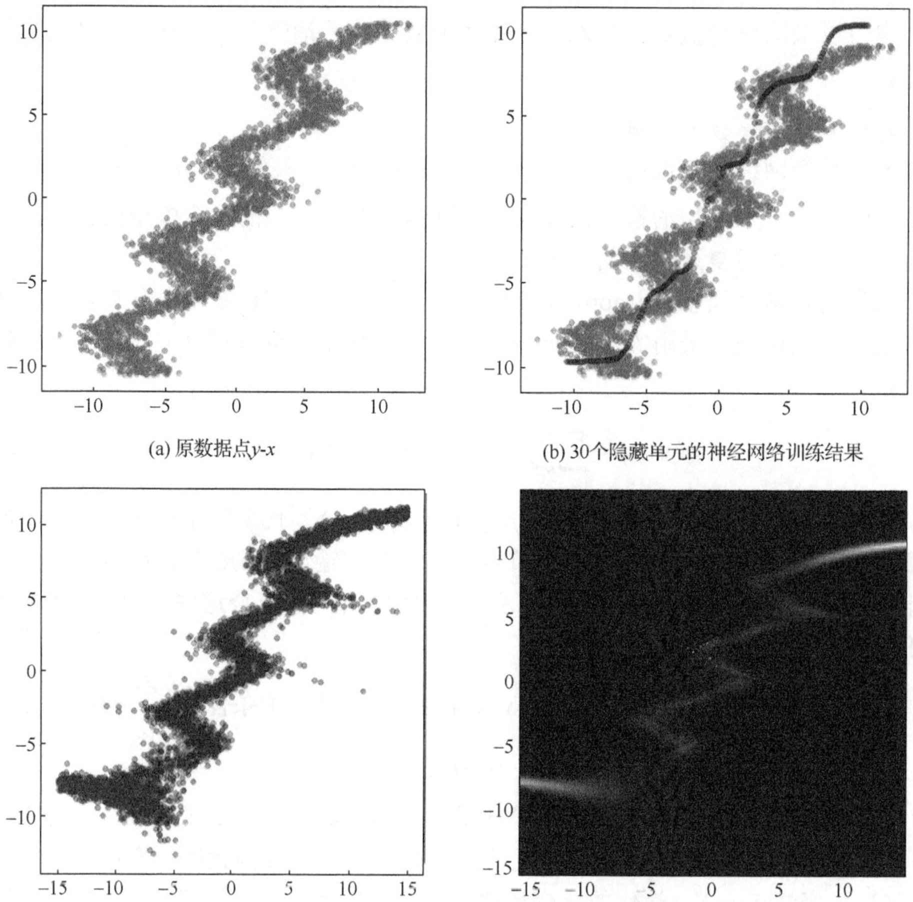

(a) 原数据点y-x

(b) 30个隐藏单元的神经网络训练结果

(c) 高斯混合网络训练结果抽样模拟

(d) 高斯混合模型训练结果的热图

图 6.6　采用高斯混合网络训练模拟复杂路径图(见彩图)

高斯混合密度网络的损失函数可以由直接对其条件密度函数(式(6.23))取负对数的均值得到：

$$J(y\mid \boldsymbol{x})=-E_{\boldsymbol{x},y\in p_{\text{data}}}\left[\log\left(\sum_{k=1}^{K}p(c=k\mid \boldsymbol{x})N(y;\mu_k(\boldsymbol{x}),\Sigma_k(\boldsymbol{x}))\right)\right] \tag{6.24}$$

对于高斯混合密度网络权重参数的训练，在推导过程中可获得不同输入 $\boldsymbol{x}$ 的分配概率及高斯分布参数。在推导应用阶段，可以采用抽样的方法得到 y 的分布，从而获得相应的信息。高斯混合网络的输出及推导应用不同于一般的直接输出预测值的网络，一般需要采用抽样的方法随机选择一个分布，然后按照该分布生成数据。

高斯混合网络具有重要应用，如复杂曲线的拟合(Graves，2013)(天文学的星体测距(Bonnett，2016)、篮球轨迹预测(Shah and Romijnders，2016)等)、手写数字生成以及语音生成模型(Schuster，1999)等。

6.2　深层系统架构

前馈神经网络通常通过多层架构来实现对问题的求解。令 $\boldsymbol{X}$ 为输入变量矩阵，K 为总的隐藏层数，$\boldsymbol{h}^{(k)}$ 为第 k 个隐藏层输出，$\boldsymbol{W}^{(k)}$ 及 $b^{(k)}$ 为第 k 个隐藏层的权重矩阵及偏差，$\boldsymbol{o}$ 代表输出层，$f^{(k)}$ 代表了第 k 层的激活函数。可得到第 1、第 2、第 k 层及输出层的前馈公式：

$$\boldsymbol{h}^{(1)} = f^{(1)}(\boldsymbol{W}^{(1)\mathrm{T}}\boldsymbol{X} + b^{(1)}) \tag{6.25}$$

$$\boldsymbol{h}^{(2)} = f^{(2)}(\boldsymbol{W}^{(2)\mathrm{T}}\boldsymbol{h}^{(1)} + b^{(2)}) \tag{6.26}$$

$$\boldsymbol{h}^{(k)} = f^{(k)}(\boldsymbol{W}^{(k)\mathrm{T}}\boldsymbol{h}^{(k-1)} + b^{(k)}) \tag{6.27}$$

$$\boldsymbol{o} = f^{(o)}(\boldsymbol{W}^{(o)\mathrm{T}}\boldsymbol{h}^{(K)} + b^{(o)}) \tag{6.28}$$

定理 6.1　(通用逼近理论(universal approximation theorem))该理论(Cybenko，1989；Hornik et al.，1989)表明，具有线性输出层和至少一层具有任何一种限定值域激活函数(如西格玛函数)的隐藏层的前馈神经网络，在足够数量的隐藏单元下，可以以任意的精度来近似任何从一个有限维空间到另一个有限维空间的博雷尔(Borel)可测函数。令 $G(\boldsymbol{X})$是西格玛函数σ的线性组合，则有：

$$G(\boldsymbol{X}) = \sum_{i=1}^{N} \alpha_i \sigma(\boldsymbol{W}^{\mathrm{T}}\boldsymbol{X} + \boldsymbol{b}) \tag{6.29}$$

通用逼近理论表明，对于任意的函数 $f(\boldsymbol{X})$，存在着 $G(\boldsymbol{X})$，使得对任意$\varepsilon > 0$，下式成立：

$$\left| f(\boldsymbol{X}) - G(\boldsymbol{X}) \right| < \varepsilon \tag{6.30}$$

通用逼近理论表明了对于任意线性及非线性函数，均可采用至少有一个隐藏层的前馈神经网络进行逼近。不过由于训练优化算法可能找不到优化的参数值或者训练算法过拟合等问题,通用逼近理论不能保证学习一定能得到目标函数的映射拟合。

影响前馈神经网络性能的因素包括网络的层数(深度)、每层具有的随机变量节点数、激活函数、损失函数等。尽管通用逼近理论表明了即使只有一个隐藏层的前馈网络也可拟合复杂的映射关系，但实践经验表明，浅层网络的效果同深层网络相比，泛化性能较差(图 6.7)，主要可能是以下几个方面的原因。

(1) 浅层网络需要更多的神经元节点才可达到较深层网络能够达到的精度。

(2) 浅层网络缺乏深层网络逐层归纳表征的能力，通过多个隐藏层的连接，一层的特征输入变量能更好地被归纳提取到下一层进行更合适的特征表征，抽象程度不断提高，从而具有更好降低误差即提高精度的泛化性能(Goodfellow et al., 2016)。

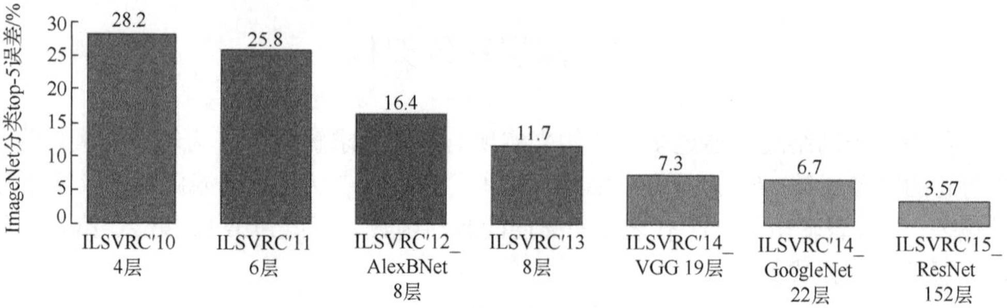

图 6.7　前馈神经网络在图像分类中随着深度的变化性能也在变化(见彩图)

(3)浅层网络学习算法的局限。当前基于梯度下降优化的学习算法不能很好地处理浅层网络的优化问题，导致得不到理想的解。

针对深度学习应用的不同领域，需要设计不同的系统架构。例如，对于图像识别，需要采用卷积神经网络(CNN)；对于图像分割，则需要采用基于卷积神经网络的对称 U-Net，从而减少运算，提高计算效率；对于序列数据的预测，则需要建立专门的网络进行处理，即循环神经网络。关于此部分的内容将在第 8 及第 9 章进行介绍。

另一方面，可以在传统的神经网络基础上引入一些跳转连接(skip connection)，跳转连接使得误差信息的梯度更容易从输出层传到输入层，从而更有效地更新权重参数(He et al., 2015; He et al., 2016; Zagoruyko, 2016)。跳转连接的应用使得更深层次的网络建模得到探索，模型的泛化功能也进一步提升。

6.3　反向传播算法原理

本节介绍反向传播算法的基本原理，主要是基本数学原理(全微分、复合函数求导)。

6.3.1　全微分

本节介绍二元全微分的基本定理，对于多元全微分的定理可以类推。

定义 6.1　(二元函数全微分)令函数 $z=f(x,y)$ 在点 (x_0,y_0) 邻域内，则函数 z 在点 (x_0,y_0) 的全增量为：

$$\begin{aligned}\Delta z &= f(x_0+\Delta x, y_0+\Delta y)-f(x_0,y_0)\\ &= A\Delta x+B\Delta y+o(\rho)\end{aligned}\tag{6.31}$$

其中，A、B 不依赖于 Δx、Δy，仅与 x_0、y_0 有关；$\rho=\sqrt{\Delta x^2+\Delta y^2}$，则称函数在点 (x_0,y_0) 处可微分。$A\Delta x+B\Delta y$ 称为函数 $z=f(x,y)$ 在点 (x_0,y_0) 的全微分，记为 $\mathrm{d}z=A\Delta x+B\Delta y$。若在某区域 R 内函数均可微，则称此函数在该区域内可微。

定理 6.2　(可微必要条件) 若函数 $z=f(x,y)$ 在点 (x_0,y_0) 处可微分，该函数在点 (x_0,y_0) 处的偏导数分别为 $\dfrac{\partial z}{\partial x}$ 和 $\dfrac{\partial z}{\partial y}$，则 $z=f(x,y)$ 在点 (x_0,y_0) 处的全微分为：$\mathrm{d}z=\dfrac{\partial z}{\partial x}\Delta x+\dfrac{\partial z}{\partial y}\Delta y$。

证明　全微分确定了当函数 $z=f(x,y)$ 在点 (x_0,y_0) 可微分时，对于点 (x_0,y_0) 某个邻域内的点 $(x_0+\Delta x,y_0+\Delta y)$，有 $\Delta z=A\Delta x+B\Delta y+o(\rho)$，这对于 $\Delta x=0$ 也成立，而 $\rho=\|\Delta x\|$，有：

$$f(x_0+\Delta x,y_0)-f(x,y)=A\Delta x+o(|\Delta x|) \tag{6.32}$$

式(6.32)两边同时除以 Δx，取极限，可得：

$$\lim_{\Delta x\to 0}\frac{f(x+\Delta x,y)-f(x,y)}{\Delta x}=A \tag{6.33}$$

上式表明偏导数 $\dfrac{\partial z}{\partial x}$ 存在，且为 A；同理可得 $\dfrac{\partial z}{\partial x}=B$，所以其全微分公式成立，证毕。

定理 6.3　(可微充分条件) 若函数 $z=f(x,y)$ 在点 (x,y) 的偏导数 $\dfrac{\partial z}{\partial x}$ 和 $\dfrac{\partial z}{\partial y}$ 在点 (x,y) 连续，则函数在点 (x,y) 可微。

证明　偏导数在点 (x,y) 连续表明偏导数在该点邻域内存在。令该点在 x 及 y 方向的增量分别为 Δx 及 Δy，对函数的全增量，有：

$$\begin{aligned}\Delta z&=f(x+\Delta x,y+\Delta y)-f(x,y)\\&=[f(x+\Delta x,y+\Delta y)-f(x,y+\Delta y)]+[f(x,y+\Delta y)-f(x,y)]\end{aligned} \tag{6.34}$$

其中，等号右边第 1 项 $[f(x+\Delta x,y+\Delta y)-f(x,y+\Delta y)]$ 可作为函数 $f(x,y+\Delta y)$ 的增量，根据连续性及拉格朗日中值定理，有：

$$f(x+\Delta x,y+\Delta y)-f(x,y+\Delta y)=\Delta x f'_x(x+\lambda\Delta x,y+\Delta y)\quad(0<\lambda<1) \tag{6.35}$$

而偏导数 $f'_x(x+\Delta x,y+\Delta y)$ 在点 (x,y) 连续，有：

$$f(x+\Delta x,y+\Delta y)-f(x,y+\Delta y)=f'_x(x,y)\Delta x+\varepsilon_1\Delta x \tag{6.36}$$

其中，ε_1 为 Δx 和 Δy 的函数，且 $\Delta x\to 0$ 及 $\Delta y\to 0$，有 $\varepsilon_1\to 0$。

同理，式(6.34)中等号右边第 2 项 $[f(x,y+\Delta y)-f(x,y)]$ 可表示为：

$$f(x,y+\Delta y)-f(x,y)=f'_y(x,y)\Delta y+\varepsilon_2\Delta y \tag{6.37}$$

其中，ε_2 为 Δy 的函数，且 $\Delta y \to 0$，有 $\varepsilon_2 \to 0$。

由式(6.34)、式(6.36)和式(6.37)可知，在偏导数连续的情况下，全增量 Δz 有：

$$\Delta z = f'_x(x,y)\Delta x + f'_y(x,y)\Delta y + \varepsilon_1 \Delta x + \varepsilon_2 \Delta y \tag{6.38}$$

其中，$\frac{\varepsilon_1 \Delta x + \varepsilon_2 \Delta x}{\rho} \leqslant |\varepsilon_1| + |\varepsilon_2|$，且当 $\Delta x \to 0$ 及 $\Delta y \to 0$，即 $\rho \to 0$ 也趋于 0。由此证明了函数 z 在点 (x,y) 可微，证毕。

6.3.2 复合函数求导

反向传播算法中核心的链式求导法则是基于复合函数求导法则的，此处介绍复合函数求导法则的基本原理。

1) 一元函数的复合函数求导

令函数 $u=\phi(x)$ 及 $v=\psi(x)$ 都在点 x 可导，函数 $z=f(u,v)$ 在对应点 (u,v) 具有连续偏导数，则复合函数 $z=f(\phi(x),\psi(x))$ 在点 x 可导，导数可由下式计算：

$$\frac{\mathrm{d}z}{\mathrm{d}x} = \frac{\mathrm{d}z}{\mathrm{d}u}\frac{\mathrm{d}u}{\mathrm{d}x} + \frac{\mathrm{d}z}{\mathrm{d}v}\frac{\mathrm{d}v}{\mathrm{d}x} \tag{6.39}$$

由可导性可知，x 的增量导致 u 及 v 获得增量，从而 z 获得相应的增量，根据 $z=f(u,v)$ 的连续偏导性，结合式(6.38)，可得：

$$\Delta z = \frac{\partial z}{\partial u}\Delta u + \frac{\partial z}{\partial v}\Delta v + \varepsilon_1 \Delta u + \varepsilon_2 \Delta v \tag{6.40}$$

其中，当 $\Delta u \to 0$ 及 $\Delta v \to 0$ 时，$\varepsilon_1 \to 0$ 及 $\varepsilon_2 \to 0$。

上式两边同时除以 Δx，有：

$$\frac{\Delta z}{\Delta x} = \frac{\partial z}{\partial u}\frac{\Delta u}{\Delta x} + \frac{\partial z}{\partial v}\frac{\Delta v}{\Delta x} + \varepsilon_1 \frac{\Delta u}{\Delta x} + \varepsilon_2 \frac{\Delta v}{\Delta x} \tag{6.41}$$

而当 $\Delta x \to 0$ 时，有 $\Delta u \to 0$，$\Delta v \to 0$，$\frac{\Delta u}{\Delta x} \to \frac{\mathrm{d}u}{\mathrm{d}x}$，$\frac{\Delta v}{\Delta x} \to \frac{\mathrm{d}v}{\mathrm{d}x}$，进一步：

$$\lim_{\Delta x \to 0}\frac{\Delta z}{\Delta x} = \frac{\partial z}{\partial u}\frac{\mathrm{d}u}{\mathrm{d}x} + \frac{\partial z}{\partial v}\frac{\mathrm{d}v}{\mathrm{d}x} \tag{6.42}$$

式(6.42)表明了复合函数 $z=f(\phi(x),\psi(x))$ 在 x 点可导，而导数可由式(6.42)表示。采用类似的推导方法，很容易得出中间变量多于两个的求导情况。

2) 多元函数的复合函数求导

对于多元自变量的多元函数的复合函数求导法则，可将一元函数的复合函数求导法则进行推广。

令函数 $u=\phi(x,y)$ 及 $v=\psi(x,y)$ 都具有对 x 及 y 的偏导数，函数 $z=f(u,v)$ 在对应点 (u,v) 具有连续偏导数，则复合函数 $z=f(\phi(x),\psi(x))$ 在点 (x,y) 的偏导数存在，偏导数可由下式计算：

$$\frac{\partial z}{\partial x}=\frac{\partial z}{\partial u}\frac{\partial u}{\partial x}+\frac{\partial z}{\partial v}\frac{\partial v}{\partial x} \tag{6.43}$$

$$\frac{\partial z}{\partial y}=\frac{\partial z}{\partial u}\frac{\partial u}{\partial y}+\frac{\partial z}{\partial v}\frac{\partial v}{\partial y} \tag{6.44}$$

该求导原理基于一元复合函数的求导原理，很容易理解，求取 $\frac{\partial z}{\partial x}$ 时，可将 y 看作常量，而 u 及 v 可看作一元变量，采用一元复合函数求导原理得到式(6.43)；同理，求取 $\frac{\partial z}{\partial y}$ 时，可将 x 看作常数，推导得式(6.44)。对于中间变量多于两个的情况，可以采用类似的原理推导得到。

定理 6.4 （全微分形式不变性）不管采用哪种中间函数，对最终变量的全微分形式是一样的。

6.3.3 反向传播算法

定义 6.2 雅可比矩阵(Jacobian matrix)是函数的一阶偏导数以一定方式排列的矩阵，其行列式称为雅可比行列式。令某函数映射 $\mathbb{R}^n \to \mathbb{R}^m$，其雅可比矩阵代表了从 $\mathbb{R}^n$ 到 $\mathbb{R}^m$ 的线性映射，其意义在于表示了一个多变量函数的最佳线性逼近，雅可比矩阵中的每个元素类似于单变量函数的导数。两个映射矢量的偏导数组成了一个 m 行 n 列的矩阵(m 为目标变量的维度，n 为源变量的维度)，令映射函数形式为 $f_i(x_1,\cdots,x_n)(i=1,\cdots,m)$，令偏导数存在，$(x_1,\cdots,x_n)$ 代表了 $\mathbb{R}^n$ 上的点 $\boldsymbol{p}$，则雅可比矩阵：

$$\boldsymbol{J}_f(x_1,\cdots,x_n)=\left[\frac{\partial f}{\partial x_1},\cdots,\frac{\partial f}{\partial x_n}\right]=\begin{bmatrix}\frac{\partial f_1}{\partial x_1} & \cdots & \frac{\partial f_1}{\partial x_n}\\ \vdots & \ddots & \vdots \\ \frac{\partial f_m}{\partial x_1} & \cdots & \frac{\partial f_m}{\partial x_n}\end{bmatrix} \tag{6.45}$$

$\boldsymbol{J}_f(\boldsymbol{p})$ 称为 f 在点 $\boldsymbol{p}$ 的最优线性逼近：$f(\boldsymbol{x})\approx f(\boldsymbol{p})+\boldsymbol{J}_f(\boldsymbol{p})\cdot(\boldsymbol{x}-\boldsymbol{p})$。

以下为几种具体的雅可比矩阵形式。

(1) 多个函数映射 $F:\mathbb{R}\to\mathbb{R}^{m\times n}$，则 $\frac{\partial F}{\partial \boldsymbol{x}}$ 为 $m\times n$ 的矩阵，且有：

$$\left(\frac{\partial F}{\partial \boldsymbol{x}}\right)_{ij}=\frac{\partial f_{ij}}{\partial \boldsymbol{x}} \tag{6.46}$$

简记为$\nabla_{\boldsymbol{x}}F$或$F'_{\boldsymbol{x}}$。

(2)多个自变量映射到一个函数标量$f:\mathbb{R}^{m\times n}\to\mathbb{R}$，则$\dfrac{\partial F}{\partial \boldsymbol{x}}$为$m\times n$的矩阵，且有：

$$\left(\frac{\partial F}{\partial \boldsymbol{x}}\right)_{ij}=\frac{\partial f}{\partial x_{ij}} \tag{6.47}$$

简记为$\nabla_{\boldsymbol{x}}f$或$f'_{\boldsymbol{x}}$。

下面介绍两种法则。

(1)变量多次出现求导法则。对于一个变量出现多次的函数表达式，可单独计算子变量每次出现的导数(此步假定该变量出现一次单独为一个整体，不同的出现位置代表不同的子变量)，最后把结果相加。变量多次求导法则依据复合函数求导法则(设定不同的复合函数为自变量本身)，为简化求导数的过程奠定了理论基础。根据变量多次出现法则，可以构建计算图或拓扑图后按顺序进行逐步求导。

(2)向量求导的链式法则。雅可比矩阵的链式矩阵求导的传递性，令$\boldsymbol{u}, \boldsymbol{v}, \boldsymbol{w}$为雅可比矢量，且$\boldsymbol{u}$依赖于$\boldsymbol{v}$，$\boldsymbol{v}$依赖于$\boldsymbol{w}$，即$\boldsymbol{u}\to\boldsymbol{v}\to\boldsymbol{w}$，则有下式成立：

$$\frac{\partial \boldsymbol{u}}{\partial \boldsymbol{w}}=\frac{\partial \boldsymbol{u}}{\partial \boldsymbol{v}}\frac{\partial \boldsymbol{v}}{\partial \boldsymbol{w}} \tag{6.48}$$

由依赖性，即$\boldsymbol{u}$依赖于$\boldsymbol{v}$，$\boldsymbol{v}$依赖于$\boldsymbol{w}$，可以将向量求导拆解为逐元素求导，即：

$$\frac{\partial u_i}{\partial w_j}=\sum\nolimits_{k=1}^{n_v}\frac{\partial u_i}{\partial v_k}\frac{\partial v_k}{\partial w_j} \tag{6.49}$$

其中，$\dfrac{\partial u_i}{\partial w_j}$代表了$\boldsymbol{u}$中第$i$个元素，$\boldsymbol{w}$中的第$j$个元素的偏导数；$n_v$代表了矢量$\boldsymbol{v}$的维度。而式(6.49)可以根据第6.3.2节的复合函数求导法则得到。对式(6.49)中的矩阵解译是$\dfrac{\partial \boldsymbol{u}}{\partial \boldsymbol{w}}$的第$i$行第$j$列的元素等于$\dfrac{\partial \boldsymbol{u}}{\partial \boldsymbol{v}}$的第$i$行矢量乘以$\dfrac{\partial \boldsymbol{v}}{\partial \boldsymbol{w}}$的第$j$列矢量。所以式(6.48)成立。

采用数学归纳法很容易将求导的链式法则推广到多个矢量的情况。令n为矢量个数，当n=3时，由以上的复合函数求导法则及矩阵解译可证明传导性成立。令$n=k$ $(k\geqslant 3)$时，链式法则成立，则需要证明当$n=k+1$时，链式法则也成立。采用$\boldsymbol{u}^{(i)}$表示第i个矢量，根据假定前k个链式法则成立，有：

$$\frac{\partial \boldsymbol{u}^{(1)}}{\partial \boldsymbol{u}^{(k)}}=\frac{\partial \boldsymbol{u}^{(1)}}{\partial \boldsymbol{u}^{(2)}}\cdots\frac{\partial \boldsymbol{u}^{(k-1)}}{\partial \boldsymbol{u}^{(k)}} \tag{6.50}$$

此外，将$\boldsymbol{u}^{(k)}$看作中间变量，由于n=3时已证明公式成立，有：

$$\frac{\partial \boldsymbol{u}^{(1)}}{\partial \boldsymbol{u}^{(k+1)}}=\frac{\partial \boldsymbol{u}^{(1)}}{\partial \boldsymbol{u}^{(k)}}\frac{\partial \boldsymbol{u}^{(k)}}{\partial \boldsymbol{u}^{(k+1)}} \tag{6.51}$$

将式(6.50)代入式(6.51)，可得 $n=k+1$ 链式法则也成立：

$$\frac{\partial \boldsymbol{u}^{(1)}}{\partial \boldsymbol{u}^{(k+1)}}=\frac{\partial \boldsymbol{u}^{(1)}}{\partial \boldsymbol{u}^{(2)}}\cdots\frac{\partial \boldsymbol{u}^{(k-1)}}{\partial \boldsymbol{u}^{(k)}}\frac{\partial \boldsymbol{u}^{(k)}}{\partial \boldsymbol{u}^{(k+1)}}=\frac{\partial \boldsymbol{u}^{(1)}}{\partial \boldsymbol{u}^{(2)}}\cdots\frac{\partial \boldsymbol{u}^{(k)}}{\partial \boldsymbol{u}^{(k+1)}} \tag{6.52}$$

对于深度学习和机器学习，一般需要确定一个标量的损失函数，然后对此标量进行链式求导。因此有个简化版本的链式求导法则，该法则是通用法则的特例。如果对标量的首次求导的雅可比矩阵采用行向量进行求解，令变量依赖关系为 $f\to\boldsymbol{u}\to\boldsymbol{v}\to\boldsymbol{x}$ (如 f 代表损失函数，结果为标量)，可得：

$$\frac{\partial f}{\partial \boldsymbol{x}}=\frac{\partial f}{\partial \boldsymbol{u}^{\mathrm{T}}}\frac{\partial \boldsymbol{u}}{\partial \boldsymbol{v}}\frac{\partial \boldsymbol{v}}{\partial \boldsymbol{x}} \tag{6.53}$$

注意，同一般的矢量求导不一样，首次对标量 f 求导要对第一个中间变量 $\boldsymbol{u}$ 进行转置。在神经网络之中，中间变量 $\boldsymbol{u}$ 或 $\boldsymbol{v}$，代表了上一层的加权和，或者激活函数的输出等形式。

矩阵运算对简化深度学习中的反向传播过程是比较有效的，以下列出了几个常用的矩阵运算规则。

(1) 常用雅可比矩阵求导。

① $\nabla\boldsymbol{Ax}=\boldsymbol{A}$。

② $\nabla\boldsymbol{x}=\boldsymbol{I}$。

③ $\nabla\boldsymbol{a}^{\mathrm{T}}\boldsymbol{x}=\boldsymbol{a}$。

④ $\nabla\|\boldsymbol{x}\|^2=\nabla(\boldsymbol{x}^{\mathrm{T}}\boldsymbol{x})=2\boldsymbol{x}$。

⑤ $\nabla(\boldsymbol{x}^{\mathrm{T}}\boldsymbol{Ax})=(\boldsymbol{A}+\boldsymbol{A}^{\mathrm{T}})\boldsymbol{x}$。

⑥ $\nabla(\boldsymbol{u}^{\mathrm{T}}\boldsymbol{v})=(\nabla_x\boldsymbol{u})^{\mathrm{T}}\boldsymbol{v}+(\nabla_x\boldsymbol{v})^{\mathrm{T}}\boldsymbol{u}$。

(2) 矩阵的迹基本性质。

①线性：$\mathrm{tr}\left(\sum_i c_i\boldsymbol{A}_i\right)=\sum_i c_i\mathrm{tr}(\boldsymbol{A}_i)$。

②转置不变性：$\mathrm{tr}(\boldsymbol{A})=\mathrm{tr}(\boldsymbol{A}^{\mathrm{T}})$。

③轮换不变性：$\mathrm{tr}(\boldsymbol{A}_1\boldsymbol{A}_2\cdots\boldsymbol{A}_n)=\mathrm{tr}(\boldsymbol{A}_2\cdots\boldsymbol{A}_n\boldsymbol{A}_1)=\cdots=\mathrm{tr}(\boldsymbol{A}_n\cdots\boldsymbol{A}_{n-2}\boldsymbol{A}_{n-1})$。

④迹的导数：$\nabla\mathrm{tr}(\boldsymbol{A}^{\mathrm{T}}\boldsymbol{X})=\nabla\mathrm{tr}(\boldsymbol{AX}^{\mathrm{T}})=\boldsymbol{A}$。

⑤迹的导数：$\nabla\mathrm{tr}(\boldsymbol{AX})=\nabla\mathrm{tr}(\boldsymbol{XA})=\boldsymbol{A}^{\mathrm{T}}$。

⑥迹的导数：$\nabla(\boldsymbol{XAX}^{\mathrm{T}}\boldsymbol{B})=\boldsymbol{B}^{\mathrm{T}}\boldsymbol{XA}^{\mathrm{T}}+\boldsymbol{BXA}$。

⑦行列式求导：$\nabla_{\boldsymbol{X}}|\boldsymbol{X}|=|\boldsymbol{X}|(\boldsymbol{X}^{-1})^{\mathrm{T}}$。

6.4　自动微分

自动微分是现代机器学习和深度学习通过计算图，将复杂的微分计算分解成易于操作及容易实现微分求解的方法，是计算技术包括动态规划等用于求解微分的高级技术。同传统的手动微分求解法、数值微分法、符号微分法相比较，具有其他方法不可比拟的优势。

6.4.1　不同的微分方法

(1) 手动微分方法。

在机器学习中，手动微分法首先对损失函数等进行公式化求解，得到具体的梯度计算公式；然后通过计算的方式得到微分结果。这种方法是最基本的计算方法，每次修改算法(比如修改损失函数或加入一些新参数)，都需要重新进行公式分解及推导，效率较低，容易出错。

(2) 数值微分法。

数值微分法根据导数的原始定义求解：

$$f'(x)=\lim_{\Delta x\to 0}\frac{f(x+\Delta x)-f(x-\Delta x)}{2\Delta x} \tag{6.54}$$

其中，对 Δx 取很小的数值，从而求解导数的值。

用户只需要给出目标函数及求解的梯度向量，程序自动计算相应梯度。不过深度学习网络涉及网络的数量庞大，直接采用数值计算方法，计算极为缓慢，满足不了要求。此外，在深度学习网络中，预处理后的数据取值尺度变小，数值微分方法容易导致舍入或截断误差，结果后向传播放大后，误差不可忽视，不能很好地满足要求。

(3) 符号微分法。

符号微分法是代替手动求解的过程，进行代数的推理，从而实现微分的计算。不过符号微分法需要用户提供闭形式的完整的数学表达式，即不允许公式中有循环及条件结构。这种方法一定程度上实现了自动微分的功能，但是其采用的流程没有进行优化，在求解过程中会涉及重复计算，会导致问题符号微分求解的表达式急速“膨胀”，严重影响求解过程。

(4) 自动微分。

自动微分介于符号微分与数值微分之间，其不同于一开始就代入数值进行计算的数值微分方法，首先进行代数求解；然后代入算子进行计算，其基本的微分算子包括：常数、幂指数、指数函数、对数函数、三角函数等，采用动态规划等方法对代数算子进行算法优化；最后在执行阶段代入数值进行计算，一些中间结果保留，避免重复计算，通过计算图的方式大大提高了梯度下降的效率，在若干现代深度学习的软件如 MXNet、Tensorflow、PyTorch 等中得到了广泛应用。

自动微分采用有向无环图(directed acyclic graph，DAG)建立计算图，根据计算图的拓扑关系，实现微分的自动化。计算过程中采用了动态规划即记忆化方法保存中间结果，优化计算效率。

6.4.2　后向梯度计算模式

依据自动微分计算的不同方向，可将自动微分计算分成前向与后向(也称反向)模式。前向模式对于每个输入变量，从输入开始逐步计算每个合成变量对目标输入变量的导数，最后得到该输入变量的导数结果；而后向模式则从函数的计算结果开始，逐步求取合成变量的导数值，最后综合得到目标输出变量的导数值。后向模式其实就是后向传播算法，误差的信息通过合成函数逐步向后传播，最后得到目标变量的导数值。注意，在后向传播的过程中，可能会有多个合成输入变量，需要重点考虑到。总体而言，神经网络涉及多个输入变量(包括中间变量)，采用后向传播模式效率更高。

下面以一个实例说明前向传播和后向传播的差别及效率。令函数：

$$f(x_1,x_2)=\cos(x_1)+\ln(x_2)+3x_1x_2 \tag{6.55}$$

对式(6.55)逐步分解，得到如下的计算步骤(图 6.9(a))及实例(x_1=1 和 x_2=3 情况)，分解得到的有向无环图如图 6.8 所示。根据变量多次出现的求导方法与复合函数求导法则，可以得出前向导数的计算公式，图 6.9(b)列出了对输入变量 x_1 求导数的步骤及实例值，图 6.9(c)则列出了对输入变量 x_2 求导数的步骤及实例值。在该导数的前向推导中，v_i' 代表了对目标输入 x_i 的求导，一直到最后得到整个计算式 $f(x_1,x_2)$ 对目标变量 x_i 的导数值。

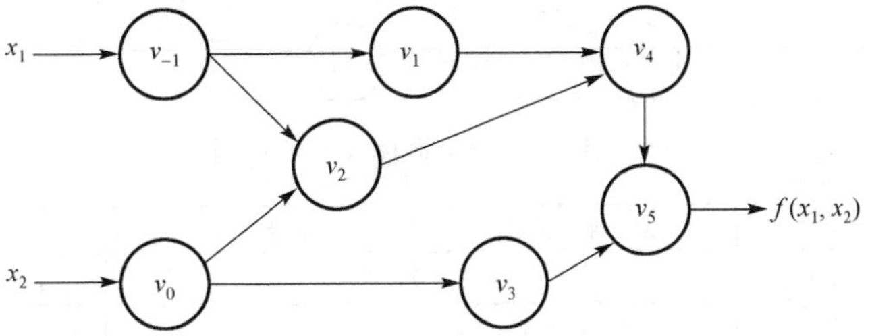

图 6.8　导数的前向传播有向无环图

类型	计算流程	实例
输入	$v_{-1}=x_1$	1
	$v_0=x_2$	3
复合运算	$v_1=\cos v_{-1}$	0.54
	$v_2=v_{-1}v_0$	3
	$v_3=\ln v_0$	ln 3
	$v_4=v_1+v_2$	3.54
	$v_5=v_4+v_3$	4.64
输出	$y=v_5$	4.64

(a) 计算式分解运算

类型	复合求导流程	实例
输入	$v'_{-1}=1$	1
	$v'_0=0$	0
求导运算	$v'_1=-v'_{-1}\sin v_{-1}$	−0.84
	$v'_2=-v'_{-1}v_0+v'_0 v_{-1}$	3
	$v'_3=v'_0/v_0$	0
	$v'_4=v'_1+v'_2$	2.16
	$v'_5=v'_4+v'_3$	2.16
输出	$y'=v'_5$	2.16

(b) 对x_1导数分解运算

类型	复合求导流程	实例
输入	$v'_{-1}=0$	0
	$v'_0=1$	1
求导运算	$v'_1=-v'_{-1}\sin v_{-1}$	0
	$v'_2=-v'_{-1}v_0+v'_0 v_{-1}$	1
	$v'_3=v'_0/v_0$	0.33
	$v'_4=v'_1+v'_2$	1
	$v'_5=v'_4+v'_3$	1.33
输出	$y'=v'_5$	1.33

(c) 对x_2导数分解运算

图 6.9　式(6.55)的分解运算及对 x_1 及 x_2 的导数分解运算

前向导数计算原理较容易理解，流程清晰，但是对于有多个输入的情况，计算比较费时，会有许多重复计算，而采用后向传播算法则高效许多。

后向传播从最后的计算式出发，采用复合函数的求导法则逐步向后运算，直到计算得到各输出变量的导数值。图 6.10 展示了后向传播的流程。后向传播的基础是多元复合函数求导法则(6.3.2 节)。图 6.11 展示了式(6.55)的导数的后向计算流程。

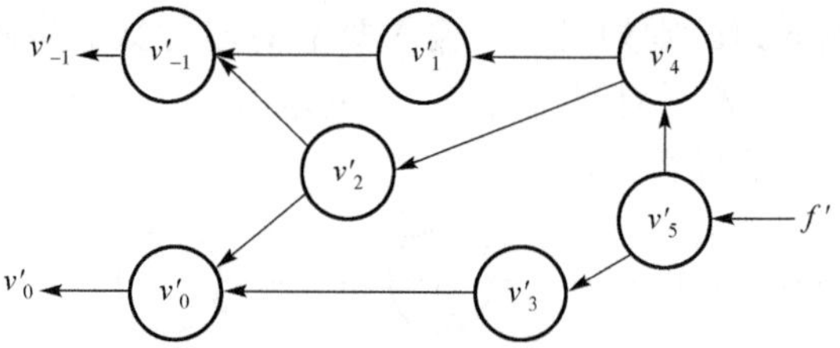

图 6.10　后向传播模式的计算图

类型	复合求导流程	求导公式	实例
输出结果	$v'_1=v'_{-1}$		2.16
	$v'_2=v'_0$		1.33
反向行使函数求导	$v'_{-1}=v'_{-1}+v'_1(\partial v_1/\partial v_{-1})$	$v'_{-1}=v'_{-1}+v'_1(-\sin v_{-1})$	2.16
	$v'_0=v'_0+v'_2(\partial v_2/\partial v_0)$	$v'_0=v'_0+v'_2 v_{-1}$	1.33
	$v'_{-1}=v'_2(\partial v_2/\partial v_{-1})$	$v'_2 v_0$	3
	$v'_0=v'_3(\partial v_3/\partial v_0)$	v'_3/v_0	0.33
	$v'_2=v'_4(\partial v_4/\partial v_2)$	v'_4	1
	$v'_1=v'_4(\partial v_4/\partial v_1)$	v'_4	1
	$v'_3=v'_5(\partial v_5/\partial v_3)$	v'_5	1
	$v'_4=v'_5(\partial v_5/\partial v_4)$	v'_5	1
反向求导	$v'_5=y'\|v_5$	1	1

图 6.11　计算式(6.55)的导数后向计算流程

这里比较关键的一点是对于中间变量 v'_{-1} 或 v'_0 的最终求导，需要把计算图中所有出现过 v'_{-1} 或 v'_0 的复合函数分别求导相加(参见变量多次出现求导法则)。

后向传播算法计算效率高，便于实现，是深度学习采用的计算导数的主要模型。

6.4.3　前向及后向传播过程

神经网络模型包括前向传播及后向传播(注意同前节介绍的梯度的前向及后向模式不同)，二者是相辅相成的，前向传播是输入结果运算后输出映射函数的过程，是神经网络运行的第一步，主要用于模型的训练、推理及预测；而后向传播是模型拟合的主要步骤，通过误差信息的后向逐步传递，达到优化网络参数，逐步得到最优解的目标。

首先将数据输入网络，经过前向传播得到输出结果。算法 6.1 描述了前向传播在各层之间的计算过程。前馈网络计算完成后，再根据目标值同估计值之间的差值(可加入对参数的正则化项)，即损失函数，从输出层逐层向后传播，算法 6.2 展示了误差向后传播的流程。误差信息向后传递，首先是对非线性激活前的加权求和项 $a^{(i)}$ 计算梯度；接着在此梯度的基础上，根据复合函数求导法则计算得到各分项的梯度(第 i 层的各权重系数及偏差)，然后一直循环到第一隐藏层，得到各个参数。注意，此处只列出了一个输入矢量 $\boldsymbol{x}$ 的情况，实际求解过程中是将小批量数据进行计算，最后得到结果平均(由损失函数平均所决定)。

算法 6.1　前向传播算法

令损失函数 $J = L(\hat{\boldsymbol{y}}, \boldsymbol{y}) + \lambda\Omega(\boldsymbol{\theta})$ 依赖目标 $\boldsymbol{y}$ 及输出 $\hat{\boldsymbol{y}}$；
参数正则化选项 $\Omega(\boldsymbol{\theta})$，其中 $\boldsymbol{\theta}$ 代表了权重 $\boldsymbol{W}$ 及偏置参数 b
参数说明：
　l：网络深度；
　$\boldsymbol{W}^{(i)}(i=1,2,\cdots,l)$：第 i 层的权重参数；
　$b^{(i)}(i=1,2,\cdots,l)$：第 i 层的偏差参数；
　$\boldsymbol{x}$：真实值；
　$\boldsymbol{y}$：预测值。
$\boldsymbol{h}^{(0)} = \boldsymbol{x}$
for　$i=1,2,\cdots,l$　do
　$\boldsymbol{a}^{(i)} = b^{(i)} + \boldsymbol{W}^{(i)}\boldsymbol{h}^{(i)}$
　$\boldsymbol{h}^{(i)} = f(\boldsymbol{a}^{(i)})$
End for
$\hat{\boldsymbol{y}} = \boldsymbol{h}^{(l)}$
$J=L(\hat{\boldsymbol{y}}, \boldsymbol{y}) + \lambda\Omega(\boldsymbol{\theta})$

算法 6.2 梯度的后向传播算法

令损失函数 $J = L(\hat{\boldsymbol{y}}, \boldsymbol{y}) + \lambda\Omega(\boldsymbol{\theta})$ 依赖目标 $\boldsymbol{y}$ 及输出 $\hat{\boldsymbol{y}}$；
参数正则化选项 $\Omega(\boldsymbol{\theta})$，其中 $\boldsymbol{\theta}$ 代表了权重 $\boldsymbol{W}$ 及偏值参数 b。
输出计算的梯度
参数说明：
　l：网络深度；
　$\boldsymbol{W}^{(i)}(i=1,2,\cdots,l)$：第 i 层的权重参数；
　$b^{(i)}(i=1,2,\cdots,l)$：第 i 层的偏置参数；
先前馈计算，计算输出层梯度：
$\boldsymbol{g} \leftarrow \nabla_{\hat{\boldsymbol{y}}} J = \nabla_{\hat{\boldsymbol{y}}} L(\hat{\boldsymbol{y}}, \boldsymbol{y})$
for　$i = l, l-1, \cdots, 1$　do
　　将层输出梯度转换成非线性激活前函数的梯度（$\odot$ 代表矩阵元素对应相乘）：
　　$\boldsymbol{g} \leftarrow \nabla_{\boldsymbol{a}^{(i)}} J = \boldsymbol{g} \odot f'(\boldsymbol{a}^{(i)})$
　　计算权重及偏置参数的梯度（包括正则化项）
　　$\nabla_{\boldsymbol{b}^{(i)}} J = \boldsymbol{g} + \lambda \nabla_{\boldsymbol{b}^{(i)}} \Omega(\boldsymbol{\theta})$
　　$\nabla_{\boldsymbol{W}^{(i)}} J = \boldsymbol{g}(\boldsymbol{h}^{(i-1)})^{\mathrm{T}} + \lambda \nabla_{\boldsymbol{W}^{(i)}} \Omega(\boldsymbol{\theta})$
　　传播梯度到下一层隐藏层
　　$\boldsymbol{g} \leftarrow \nabla_{\boldsymbol{h}^{(i-1)}} J = \boldsymbol{W}^{(i)\mathrm{T}} \boldsymbol{g}$
End for

在常规的后向传播过程中，经常会遇到重复计算的问题，如图 6.12 所示的几个变量 w, a, b 及 z 之间的传递关系，$f_\tau(\tau = a, b$ 或 $z)$ 表示彼此之间的函数关系。此时对 z 求 w 的偏导数，可得：

$$\begin{aligned}\frac{\partial z}{\partial w} &= \frac{\partial z}{\partial b}\frac{\partial b}{\partial a}\frac{\partial a}{\partial w} \\ &= f_z'(b) f_b'(a) f_a'(w) \\ &= f_z'(f_b(f_a(w))) f_b'(f_a(w)) f_a{}'(w)\end{aligned} \tag{6.56}$$

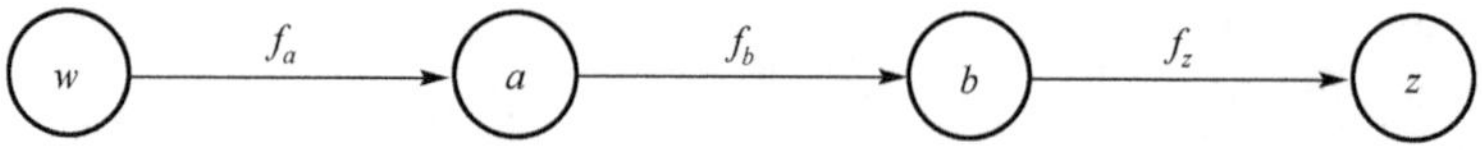

图 6.12　一个梯度的链式计算图

由式(6.56)可以看出，在最后导数计算公式中，可以看到 $f_a(w)$ 出现了多次（在实际后向传播算法应用中会有大量的重复计算），这时可以采用记忆化(memoization)搜索的动态规划方法，将前期的结果保存起来，后期需要时直接调用，这样可以节省大量的重复计算时间，极大提高后向传播算法的效率。由此需要采用计算图的专门的记忆化功能实现高效的链式传播算法。

6.4.4　高效的计算图及其实现算法

后向传播算法采用记忆化搜索的动态规划法优化计算效率，可以建立相应的依赖性计算图，融入必要的操作算子，从而实现高效的后向传播算法。

计算图包括两种基本元素，即节点及节点间的连接。节点代表网络中变量(常数、变量及带操作的合成变量)，而节点间的连接代表节点间通过操作函数实现合成关系。图 6.13 展示了 4 个基本的计算图，从简单的标量四则运算(图 6.13(a))到复杂的损失函数运算(图 6.13(d))，都可以逐步细化为计算图表示，根据计算图反向求导。图 6.14 展示了计算图中节点同操作算子的接口定义，其中，节点成员函数 Operation 返回合成此节点的操作算子，操作算子的基类接口定义了一系列的基本接口。其中，Compute 定义该操作的基本运算(如矩阵相乘、矩阵相加、指数运算)，而 Gradient 则定义了该算子的导数计算。

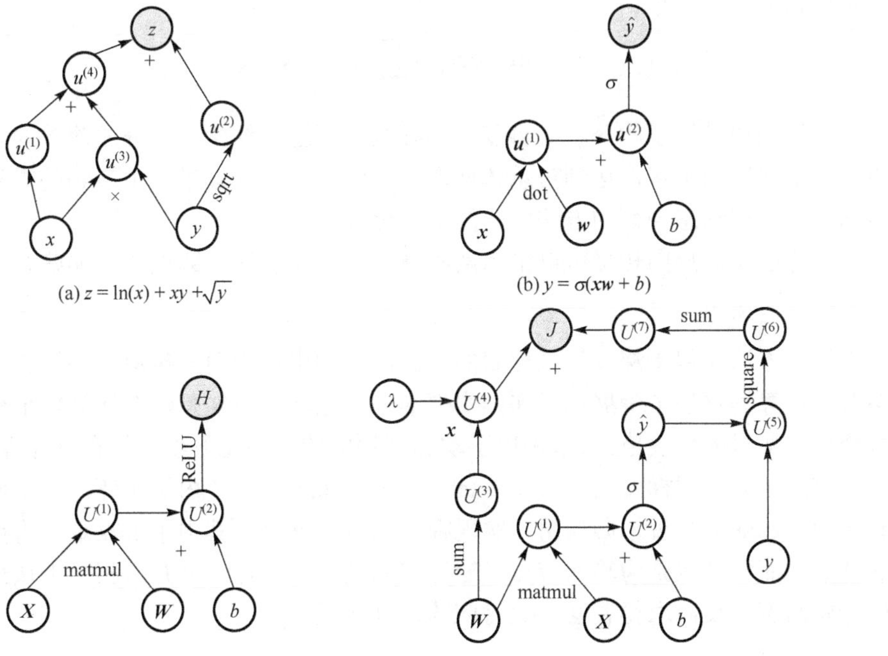

(a) $z=\ln(x)+xy+\sqrt{y}$

(b) $y=\sigma(\boldsymbol{xw}+b)$

(c) $y=\mathrm{ReLU}(\boldsymbol{XW}+b)$

(d) $J=\Sigma(\sigma(\boldsymbol{X}^{\mathrm{T}}\boldsymbol{W}+b)-y)^2+\lambda\|\boldsymbol{W}\|^2$

图 6.13　计算图实例

dot 表示矩阵乘法运算，matmul 表示数组乘法运算

令涉及目标输入 x 的第 i 个子操作算子的导数的计算公式如下：

$$\mathrm{op}_i.\mathrm{Gradient}=\nabla_x f_i(\boldsymbol{X})G_i \tag{6.57}$$

其中，$\boldsymbol{X}$ 表示该子操作算子的所有输入，而 x 表示需要求目标输出对应的一个或多个输入变量；$f(\boldsymbol{X})$代表该操作算子的运算，同图 6.14 中的 Op 算子的 Compute 对应；G_i代表输出本身传入的导数；$\nabla_x f(\boldsymbol{X})_i$ 代表了该函数输出对目标输入的偏导数。

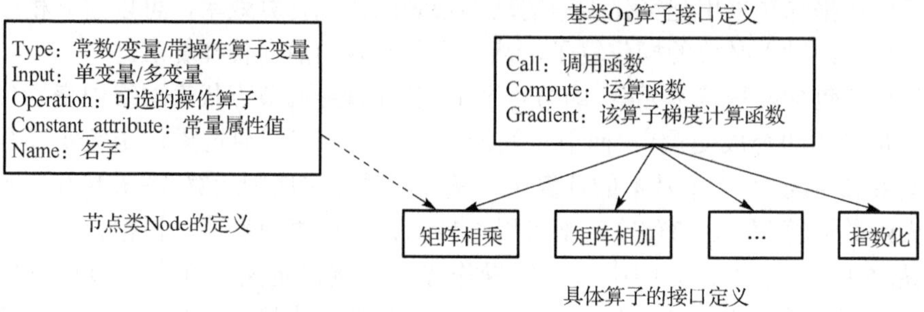

图 6.14　计算图中节点及算子的定义及关系

根据导数的链式求导法则，输出的目标输入变量 x 的导数即为所有涉及了输入 x 的操作算子的导数和：

$$\text{Gradient}_x = \sum_i (\nabla_x f_i(\boldsymbol{X})) G_i \tag{6.58}$$

计算图通过算子的分解，将复杂的导数运算逐步细化，划分成简单的子问题，通过对子问题的求解，达到对总体问题的求解。而在计算过程中遇到的重复性的子问题，可采用动态规划的方法优化算法，提高计算的效率。

计算图及其反向传播可以采用两种基本的方式实现，即迭代与递归。

1) 递归实现

递归方法类似于深度优先搜索的方式，由输出逐步向后传递，递归完成各步骤参数的计算。算法 6.3 展示了递归实现的外层循环，主要是逐个计算输出变量对于每个目标变量的梯度值。其中采用了动态规划中的记忆化方法来保存已计算的结果，减少重复运算，即梯度表 gradient_table。算法 6.4 展示了内层循环，其中通过函数 compute_grad 来实现递归调用，实现梯度的自动计算。其中子节点定义为更深层次的节点，而父节点则为输入节点。通过递归调用子节点，展开后相当于从最终输出层开始回溯，反向求得各层参数对应的梯度向量。

算法 6.3　计算图的递归版本：梯度后向传播的外层循环

输入参数：

　　T：目标变量集，将计算其梯度；

　　G：计算图；

　　z：目标变量（损失函数）

初始化梯度表：gradient_table

对目标变量 z 的梯度赋初值 1（对自身梯度为 1）

gradient_table[z]=1
对 T 中每一个节点 N
调用递归函数 compute_grad(N, G, gradient_table) 计算 N 的梯度
结束循环
返回计算的梯度

算法 6.4　计算图的递归版本：内层循环的梯度计算函数 compute_grad

输入参数：
T：目标变量集，将计算其梯度；
G：计算图；
gradient_table：梯度计算存储表
如果 gradient_table 已有变量 N 的梯度值，则立即返回(退出条件)；
循环变量 i=1
对 N 中每一个子节点 C
得到 C 的操作运算符
调用自身(compute_grad)，更新子节点 C 梯度内存的图：
D= compute_grad(C, G, gradient_table)
调用节点操作的 Gradient 函数，得到 C 对 N 的梯度：
$G^{(i)} = C$.op.Gradient(C.inputs, N, D)
结束循环
获取 N 的梯度计算结果：
$G_N=\sum_i G^{(i)}$
保存结果到存储表：
gradient_table[N]=G_N
将 G_N 加入到梯度计算图 G
返回计算的梯度

2) 迭代实现

迭代实现即根据梯度后向传播模式，从后向前计算梯度，求得各梯度计算结果，节省计算时间，在应用中可采用拓扑排序算法实现节点的先后顺序计算，使用哈希表存储中间计算结果，从而达到加快计算速度的目的。迭代实现最重要的两个步骤是梯度计算图生成与计算引擎的实现。其中梯度计算图主要是根据计算图中各节点的依赖关系(算法 6.5)，实现梯度计算符号图，而根据实际值计算时则采用计算图引擎实现(图 6.15)。在梯度计算图生成方面，通过反向拓扑排序实现从输出开始的后向梯度计算，GradientsGraph 函数只是根据依赖关系及符号逻辑实现计算图，并不进行实际运算。

算法 6.5　梯度计算迭代版：梯度计算图的生成 GradientsGraph

输入参数：
　　O：输出变量节点；
　　node_list：输出变量的梯度计算的目标变量列表；
定义哈希表，存储当前节点通过边所连接的节点列表对应的关于输出节点的导数：
　　node2output_gradList={O:1}（当前输出对于它自身导数为 1）
定义哈希表，存储输出节点对应当前节点的导数：
　　node2output_grad={}
根据输出节点的输入项，建立反向拓扑排序关系：
　　reversed_topology = reversed(topologybysort[output])
对于已经排好序的反向拓扑关系，对其中每个节点迭代
　　链式求导，计算当前节点输出边对应节点的导数，相加为最终导数：
　　　　grad_N=sum(node2output_gradList[N])
　　存储到输出哈希表中：node2output_grad[N]= grad_N
　　计算输出关于当前节点的输入的梯度：
　　　　grads= N.op.Gradient(N, grad_N)
　　对 N 中每个节点 N_{in}
　　　　提取输入节点的梯度列表(无则为空列表)：
　　　　　　grads_list= node2output_gradList[N_{in}]
　　　　添加前面计算的对输入梯度的结果到 grads_list：
　　　　　　grads_list.add(grads[N_{in}])
　　　　重新赋值给 node2output_gradList：
　　　　　　node2output_gradList[N_{in}]= grads_list
结束迭代
从 node2output_gradList 选取同 node_list 对应的输出列表：
　　Result=node2output_gradList[node_list]
返回梯度计算列表

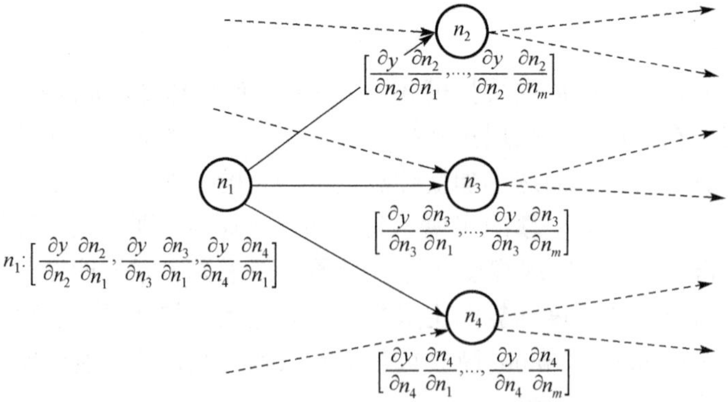

图 6.15　所有卷入了 n_1 节点的子节点的偏导数

以图 6.15 为例，计算节点 n_1 的梯度时，需要将所有卷入了 n_1 的子节点找到，通过链式函数的求导原则(所有涉及的子节点相加)得到损失函数 J 对 n_1 的导数：

$$\frac{\partial J}{\partial n_1}=\frac{\partial y}{\partial n_2}\frac{\partial n_2}{\partial n_1}+\frac{\partial y}{\partial n_3}\frac{\partial n_3}{\partial n_1}+\frac{\partial y}{\partial n_4}\frac{\partial n_4}{\partial n_1} \tag{6.59}$$

其中，n_2、n_3 及 n_4 均是 n_1 的子节点。

梯度计算图建立后，可采用计算图引擎 Compute_Engine(算法 6.6)将真实值代入进行计算，其中需要建立关键的节点-值映射关系，从而逐步完成计算。计算图引擎在计算开始前也需要确定正确的计算顺序，采用拓扑排序的方式建立。在该算法的实际应用中，先调用 GradientsGraph 建立梯度计算图，然后按照先后顺序拓扑排序，从输入的输出值开始，后向传播将梯度值逐一求出。注意，GradientsGraph 函数通过符号计算的程序语言，通过节点及其操作算子，实现了梯度计算图，为后来的值直接代入运算奠定基础。

算法 6.6　梯度计算迭代版：计算图引擎 Compute_Engine

```
输入参数：
    eval_nodes：需要运算的节点；
    vals_dict：输入节点值哈希表。
定义需要输出值的节点哈希表：
    node2valDict=dict(vals_dict)
对运算节点的拓扑排序：
    topology_nodes= topologybysort(eval_nodes)
对 topology_nodes 中每个节点 N_t，迭代
    从变量-值哈希表提取节点对应输入值：
        vals=[node2valDict[n] for n in N_t]
    根据输入值，计算每个节点的值：
        compute_val= N_t.op.compute(node, vals)
    将得到的值存储入值哈希表：
        node2valDict[N_t] = compute_val
结束迭代
node2vals=[node2valDict[n] for n in eval_nodes]
return node2vals
```

问题 6.1　在梯度迭代计算中，节点拓扑排序方法可由深度优先搜索(depth first search，DFS)及宽度优先搜索算法(breadth first search，BFS)实现，两种方法分别如何实现？

使用由一个隐藏层构成的三层网络进行二分类，采用叉熵建立损失函数，并由此建立包括后向传递的计算图模型(图 6.16)，可以采用最大似然估计法求解。在运

行实际数据时，将数据输入网络，通过计算图计算各层级参数的梯度，从而实现梯度下降。

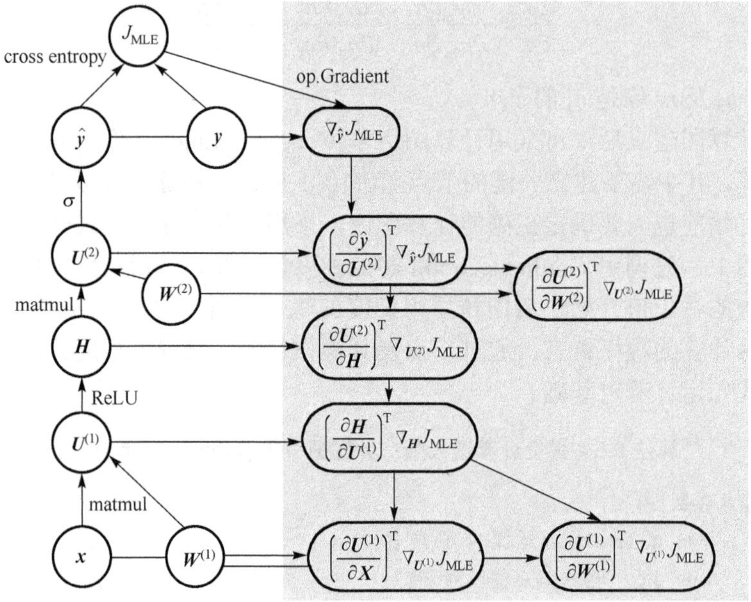

(a) 网络前馈依赖关系　　(b) 梯度反向传递

图 6.16　由 1 个中间层构成的后向传播计算图实例

根据梯度的传递公式，由节点 $\boldsymbol{u}^{(n)}$ 计算对 $\boldsymbol{u}^{(j)}$ 的梯度，由如下公式：

$$\frac{\partial \boldsymbol{u}^{(n)}}{\partial \boldsymbol{u}^{(j)}} = \sum_{i_j} \sum_{i_{j+1}} \cdots \sum_{i_n} \prod_{k=j+1}^{n} \frac{\partial \boldsymbol{u}^{(k)}}{\partial \boldsymbol{u}^{(k-1)}} \tag{6.60}$$

其中，梯度的传递涉及大量的计算，计算量较为巨大，采用动态规划的记忆化搜索可去除重复计算的时间，大幅提高计算效率。此外，如果深度网络层数太多，则会导致梯度下降缓慢，网络可能无法进行收敛。

在实际的梯度后向传播计算过程中，可以将损失函数加入梯度后向传播中。为了便于导数的传递计算，损失函数需要可微。所以用户在定义损失函数时要特别注意损失函数可处理的数据类型，损失函数的可微性，目标函数是否可通过梯度下降法进行算法的优化等问题。

计算图有两种不同的执行方式，即“符号-数字”(symbol-to-number)差分与“符号-符号”(symbol-symbol)差分。前者将计算图及数据同时输入，返回变量的梯度变化值，典型的软件工具包括 PyTorch 以及 Caffe。而符号-符号差分方法则先定义图，将梯度变化的节点也加入到图中，最后再代入数据进行计算，得到需要的结果。典型的软件工具包括 Tensorflow、MXNet 及 Theano 等。

6.5 小　结

前馈神经网络是深度学习的基础网络，本章主要内容包括激活函数及损失函数设计、系统架构以及自动微分方法等关键概念及方法，总结如下。

(1)神经网络的目标函数一般采用负对数似然函数，原因在于采用对数形式可以消除指数函数的影响，便于价值函数的求导，而取负数主要是将求解最优解过程转换为求损失函数最小化的参数值。针对不同的训练目标，定义不同的损失函数，回归任务采用均方根误差(RMSE)，而分类任务采用叉熵函数可以取得较好的目标函数优化特性。而对一些参数如概率参数的预测，采用概率的负对数似然函数可得到优化的解析特性，便于通过求解目标函数的导数得到参数的最优解。

(2)激活函数的选择对于神经网络的成功应用也是重要的，常用的激活函数包括了恒等激活函数、西格玛、双曲正切、线性整流 ReLU、线性指数等，这些函数在网络的不同位置具有不同的效果；一般在网络的中间层采用线性整流 ReLU、线性指数或恒等式等，而对于分类的输出层，采用西格玛比较容易模拟概率函数，同分类的二叉熵的损失函数紧密结合，使得网络的收敛性加强，数值更为稳定。

(3)通用逼近理论表明了神经网络可以采用较深的网络来求解任意复杂的问题，虽然不一定能拟合得到优化的解。针对不同的应用领域，可以设计不同的网络系统架构，以取得特定的效果。例如，在图像处理领域，采用卷积神经网络可取得精度较高的结果；在时间序列预测领域，采用回归神经网络可取得较好的序列预测精度；在多模态混合模型方面，采用高斯混合网络可取得理想的拟合效果。

(4)反向传播算法基于全微分及复合函数求导法则，是神经网络的主要拟合优化算法。本章详细描述了这些原理。而在反向求导方面，自动微分方法实现了误差信息的反向传递，结合计算图及动态规划的原理，可以对算法进行优化，从而实现微分的自动求解。

参 考 文 献

Bishop C M. 1994. Mixture density networks. https://www.microsoft.com/en-us/research/wp-content/uploads/2016/02/bishop-ncrg-94-004.pdf[2021-05-25]

Bishop M C. 2006. Pattern Recognition and Machine Learning. Berlin:Springer

Bonnett C. 2016. Mixture density networks for Galaxy distance determination in TensorFlow. Adventures in Machine Learning. http://cbonnett.github.io/MDN.html[2021-05-01]

Clevert D, Unterthiner T, Hochreiter S. 2015. Fast and accurate deep network learning by exponential linear units（ELUs）. arXiv preprint arXiv: 1511.07289

Cybenko G. 1989. Approximation by superpositions of a sigmoidal function. Mathematics of Control, Signals, and Systems, 2:303-314

Glorot X, Bordes A, Bengio Y. 2011. Deep sparse rectifier neural networks. Proceedings of the 14th International Conference on Artificial Intelligence and Statistics, Lauderdale: 315-323

Goodfellow I, Yoshua B, Courville A. 2016. Deep Learning. Cambridge:The MIT Press

Goodfellow I J, Warde-Farley D, Mirza M, et al. 2013. Maxout networks. Proceedings of the 30th International Conference on Machine Learning. Atlanta:1319-1327

Graves A. 2013. Generating sequences with recurrent neural networks. arXiv e-prints arXiv:1308.0850

Haykin S. 2004. Neural Networks, A Comprehensive Foundation（Second Edition）. Upper Saddle River: Prentice-Hall Inc.

He K, Zhang X, Ren S, et al. 2015. Deep residual learning for image recognition. arXiv e-prints arXiv:1512.03385

He K M, Zhang X Y, Ren S Q, et al. 2016. Identity mappings in deep residual networks. Proceedings of the European Conference on Computer Vision, Amsterdam:630-645

Hornik K, Stinchcombe M, White H. 1989. Multilayer feedforward networks are universal approximators. Neural Networks, 2:359-366

Jacobs R A, Jordan M I, Nowlan S J, et al. 1991. Adaptive mixtures of local experts. Neural Computation, 3:79-87

Jarrett K, Kavukcuoglu K, Ranzato M, et al. 2009. What is the best multi-stage architecture for object recognition? Proceedings of the IEEE 12th International Conference on Computer Vision, Kyoto: 2146-2153

LeCun Y, Bottou L, Orr B G, et al. 1998. Efficient backprop//Neural Networks : Tricks of the Trade. Berlin: Springer: 9-50

Nair V, Hinton G. 2010. Rectified linear units improve restricted Boltzmann machines. Proceedings of the 27th International Conference on International Conference on Machine Learning, Haifa: 807-814

Schuster M. 1999. On supervised learning from sequential data with applications for speech recognition. Nara: Nara Institute of Science & Technology. https://library.naist.jp/dllimedio/showpdf2.cgi/DLPDFR000843_P1[2020-05-01]

Shah R, Romijnders R. 2016. Applying deep learning to basketball trajectories. arXiv preprint arXiv:1608.03793

Sipser M. 2006. Introduction to the Theory of Computation. 2nd ed. Stanford: Course Technology

Zagoruyko S. 2016. Wide residual networks. arXiv preprints arXiv:1605.07146

第 7 章　模型训练及优化

如何防止过拟合以及如何优化模型是模型训练的主要任务。本章主要介绍模型训练中采取的一系列防止过拟合及优化模型的方法。对模型施以一定的限制条件从而有效地防止过拟合是模型正则化的主要目标，传统的正则化方法包括 L1 及 L2 方法、限制性优化、数据增强；此外，多元输出、参数共享、稀疏化以及 Dropout 等也可对模型加以限制，提高拟合效果的作用。在网络训练优化方面，主要介绍模型训练中的超参数设计、建模方法及其应用，优化方法则介绍基本梯度下降法、适应性学习方法以及高阶优化等。

7.1　参数正则化

机器学习最为关键的步骤就是模型的训练，训练的目标是降低误差，该目标包括两方面：一方面是降低训练样本数据集(即用来训练模型的数据样本)的误差；另一方面是降低预测样本的误差，即泛化误差。一般模型训练后的结果可以达到四种组合，即：

(1) 训练样本误差大，泛化误差也大；

(2) 训练样本误差小，而泛化误差大；

(3) 训练样本误差小，泛化误差也小；

(4) 训练样本误差大，而泛化误差小。

其中情况(1)～(3)是模型训练后一般会达到的状态，而情况(4)很少见(有可能是样本随机性的影响)。情况(1)称为欠拟合，即拟合无论对训练还是测试样本都达不到需要的精度要求；而情况(2)称为过拟合，即虽然训练样本结果很好，但是使用到预测样本之中精度很低；情况(3)是训练需要达到的理想状况，是机器学习的主要目标。

对于欠拟合，可采用增加模型参数(复杂度)的方法，便于模型处理各种复杂的情况；也可采用增加训练样本的数目、增加训练次数等方法，减少其训练误差。而处理过拟合可采用减少模型的参数个数(复杂度)、增加限制条件或加入正则化因子、加入批正则化(batch normalization，BN)或 Dropout 等方法，提高模型的泛化功能。而正则化则是在模型训练结果好但是泛化误差较大时加入的对参数进行限制的方法，可以起到比较好的效果。

一般在模型进行训练时，把样本数据划分成 3 部分，即训练样本(training

sample)、验证样本(validation sample)及测试样本(test sample)，其中训练样本是直接用来训练模型的，而验证样本可用来避免过拟合，它用于在模型的训练过程中设定训练的超参数，如根据验证数据集上的精度确定模型早停止(Early Stopping)的周期数(epoch)数、确定模型的学习率等。测试数据是独立于训练及验证样本的，能更客观地测试模型的实际泛化性能。

常规的参数正则化 L1 及 L2 方法，即在监督学习的损失函数之后加上一个所求参数正则化项：

$$\hat{J}(\boldsymbol{\theta}) = J(\boldsymbol{y}, f(\boldsymbol{X}, \boldsymbol{\theta})) + \lambda \Omega(\boldsymbol{w}) \tag{7.1}$$

其中，$\hat{J}(\boldsymbol{\theta})$ 为带正则化项的目标损失函数；$\boldsymbol{J(y, f(X, \theta))}$为常规的目标损失函数；$\boldsymbol{\theta}$ 代表所求参数，即深度学习网络中各层的权重参数向量 $\boldsymbol{w}$ 及偏差(bias)；$\Omega(\boldsymbol{w})$ 为参数 $\boldsymbol{w}$ 的正则化项。机器学习就是求取使得加了正则化项之后的目标函数最小的参数：

$$\boldsymbol{\theta}^* = \underset{\boldsymbol{\theta}}{\operatorname{argmin}}\, \hat{J}(\boldsymbol{\theta}) = \underset{\boldsymbol{\theta}}{\operatorname{argmin}}\, J(\boldsymbol{y}, f(\boldsymbol{X}, \boldsymbol{\theta})) + \lambda \Omega(\boldsymbol{\theta}) \tag{7.2}$$

其中，$\boldsymbol{\theta}^*$是求得的优化的参数，λ为用户设定的控制正则化程度的参数。

根据正则化项$\Omega(\boldsymbol{\theta})$的不同形式，可以定义多种不同的正则表达式。一般有以下 3 种正则化(也称为范数)。

1) L0 范数

L0 范数指参数向量元素中非 0 元素的个数，即希望参数向量 $\boldsymbol{w}$ 中的大部分元素是 0，不过直接求 L0 较为困难，一般转化成 L1 范数求解。

2) L1 范数

L1 范数指参数向量元素中各个元素的绝对值之和，也称为 LASSO 正则化，因 L1 范数可使得大部分参数为 0，所以也称为稀疏规则算子。

L1 正则化可由以下简化(参数矩阵简化为矢量，矩阵可采用类似方法求解)的优化问题推得。

目标函数：

$$\underset{\boldsymbol{w}}{\arg\min}\, J(\boldsymbol{y}, f(\boldsymbol{X}, \boldsymbol{\theta})) \tag{7.3}$$

限制性条件：

$$\sum_{i \neq i_{\text{bias}}} |w_i| \leqslant s, \quad w_k (k = 0, 1, \cdots, m) \in \boldsymbol{\theta} \tag{7.4}$$

其中，s 表示限制范围，i_{bias} 是网络模型参数偏差(bias)的索引，参数 w_i 排除了网络模型偏差的正则化。

问题 7.1　为什么在深度学习中进行参数正则化时，偏差(bias)不参与正则化？偏差参与正则化会有什么样后果？

式(7.3)与式(7.4)的优化问题可以采用拉格朗日乘子(Lagrange multiplier)求解。将参数集$\boldsymbol{\theta}$采用$\boldsymbol{w}$统一代替，即

$$\arg\min_{\boldsymbol{w}} J(\boldsymbol{y}, f(\boldsymbol{X}, \boldsymbol{w}))+\lambda\left(\sum_{i\neq i_{\text{bias}}}|w_i|-s\right) \tag{7.5}$$

其中，λ及s均为常量，不影响函数的优化，所以式(7.5)可简化为

$$\arg\min_{\boldsymbol{w}} J(\boldsymbol{y}, f(\boldsymbol{X}, \boldsymbol{w}))+\sum_{i\neq i_{\text{bias}}}|w_i| \tag{7.6}$$

此为 L1 正则化的最终形式。

对式(7.6)取导数，得到：

$$\frac{\partial \hat{J}}{\partial w_i}=\frac{\partial J}{\partial w_i}+\lambda\,\text{sgn}(w_i) \tag{7.7}$$

其中，$\text{sgn}(w_i)$代表w_i的符号，由此可得权重稀疏的更新规则：

$$w_i^{(k+1)}=w_i^{(k)}-\eta\lambda\,\text{sgn}(\boldsymbol{w})-\eta\frac{\partial J}{w_i} \tag{7.8}$$

其中，$w_i^{(k)}$代表了第i个参数的第k次更新结果。可以看到，与原有的未加正则化的项相比，更新规则(式(7.8))多出了一项$-\eta\lambda\,\text{sgn}(\boldsymbol{w})$，其效果是当$w_i$为正时，更新后的$w_i$变小，而当$w_i$为负时，更新后的$w_i$变大。结果就是使得大多数的$w_i$为 0，即网络中的权重尽可能为 0。

L1 正则化也可以采用泰勒级数展开式分析其属性，得到其权重更新结果尽量靠近 0，达到稀疏化的目标。

定义 7.1　(泰勒级数)用无限项和的级数来表示一个函数，而这些累加项由函数在某点的多阶导数得到，称此无限连加项为泰勒级数(Taylor series)，由英国数学家泰勒(Taylor)命名。

$$\text{TS}(f(x))=\sum_{n=0}^{\infty}\frac{f^{(n)}(\alpha)}{n!}(x-\alpha)^n \tag{7.9}$$

其中，$f(x)$代表函数；$f^{(n)}(\alpha)$代表α处的n阶导数，当$\alpha=0$时得到的级数和又称为麦克劳林级数，而一个函数的有限项的泰勒级数叫作泰勒多项式。而在开区间$(\alpha-r, \alpha+r)$内，与自身泰勒级数累加和相等的函数$f(x)$称为解析函数：

$$\text{TS}(f(x))=f(x) \tag{7.10}$$

泰勒级数对于数值优化计算的重要性体现在 3 个方面：一是可以逐项对幂级数

计算微分与积分，易于计算求和函数；二是可以采用泰勒级数估算某点上的值；三是对于机器学习优化求解，可以用于分析相关的优化值。令 $\boldsymbol{w}^*$为优化的解，则可以采用二阶泰勒级数对式(7.6)在优化点 $\boldsymbol{w}^*$展开：

$$J(\boldsymbol{\theta})=J(\boldsymbol{w}^*)+\sum_i\left[\frac{1}{2}(\boldsymbol{w}-\boldsymbol{w}^*)^{\mathrm{T}}\boldsymbol{H}(\boldsymbol{w}-\boldsymbol{w}^*)\right] \tag{7.11}$$

其中，$\boldsymbol{H}$ 为二阶导数的黑塞(Hessian)矩阵。由于该泰勒展开式假定 $\boldsymbol{w}^*$为优化值，所以根据导数的性质，$J(\boldsymbol{w}^*)$一阶导数为 0。从而可得其梯度形式：

$$\nabla_{\boldsymbol{w}}J(\boldsymbol{\theta})=\boldsymbol{H}(\boldsymbol{w}-\boldsymbol{w}^*) \tag{7.12}$$

代入带正则化项的损失函数 $\hat{J}$ 中，可得梯度的计算公式：

$$\nabla_{\boldsymbol{w}}\hat{J}(\boldsymbol{\theta})=\boldsymbol{H}(\boldsymbol{w}-\boldsymbol{w}^*)+\alpha\,\mathrm{sgn}(\boldsymbol{w}) \tag{7.13}$$

又假定输入变量 $\boldsymbol{X}$ 经过了主成分分析，各主成分独立，可以得到 Hessian 矩阵的非对角元素为 0，从而可以简化式(7.13)。依据一阶导数为 0(注意与泰勒级数展开式中一阶导数为 0 的区别)的原则最优化该正则化风险函数，得到 $\boldsymbol{w}$ 的解：

$$\nabla_{\boldsymbol{w}}\hat{J}(\boldsymbol{\theta})=\sum_i[H_{ii}(w_i-w_i^*)+\alpha\,\mathrm{sgn}(w_i)] \tag{7.14}$$

其中，H_{ii} 表示 Hessian 矩阵对角线上的第 i 个元素。

从式(7.14)可以看到，在 w_i=0 点函数$|w_i|$是不可导的(左右导数不等)。根据优化理论(optimization theory)，一个函数的最优值要么是一阶导数为 0 的点，要么是不规则(不可导)点，因此，对函数$|w_i|$而言，0 值可能是其最优点。由权重大于等于 0，可得：

$$w_i=\max\left\{w_i^*-\frac{\alpha}{H_{ii}},0\right\} \tag{7.15}$$

当 $w_i^*\leqslant\frac{\alpha}{H_{ii}}$ 时，w_i=0；当 $w_i^*>\frac{\alpha}{H_{ii}}$ 时，$w_i=w_i^*-\frac{\alpha}{H_{ii}}$。此时 $\frac{\alpha}{H_{ii}}$ 相当于一个界限，小于此界限全部衰减为 0，而高于此值的部分则为新的权重值。超参数α相当于控制了最后权重结果的稀疏程度，其值越大越稀疏。

对于二维情形，可以将 L1 正则化的优化问题采用二维图形象直观地表示其稀疏特性(图 7.1)。由图中可见，加入了正则化项 L1 后，其最优解不再是没加正则化的解 $\boldsymbol{w}$，而为其与正则化函数空间相交的顶点 $\hat{\boldsymbol{w}}$，此处有 w_1=0，而 w_2>0 即为稀疏化的解。

问题 7.2　根据式(7.15)是否可以得到以下结论，正则化 L1 所得的解均为正值或 0，没有负值？

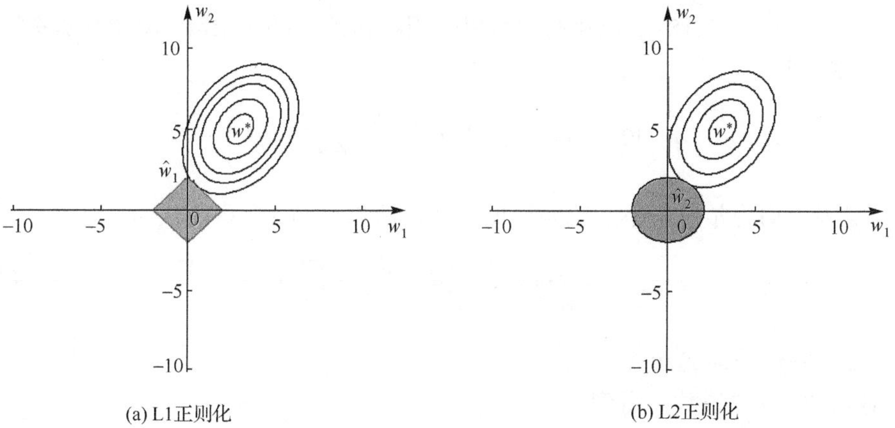

图 7.1　两种典型的正则化

L1 范数的优点是：通过特征稀疏化选择变量，可以起到变量筛选器的作用。此外，对于权重系数不为 0 的预测因子，加强了结果的可解译程度。

3) L2 范数

L2 范数指参数向量元素中各个元素平方之和，称为回归(Ridge regularization)，或权值衰减(weight decay)，类似于向目标函数添加一个正则项使得其更接近原点。

在线性回归方程 $\boldsymbol{wX}=\boldsymbol{y}$ 中，有时候(如样本数比维度数目小)输入矩阵 $\boldsymbol{X}$ 的方阵 $\boldsymbol{A}=\boldsymbol{X}^{\mathrm{T}}\boldsymbol{X}$ 是奇异的，其逆 $\boldsymbol{A}^{-1}$ 没有解。此时加入正则化 L2 范数有助于处理矩阵奇异的问题：

$$\boldsymbol{w}^* = (\boldsymbol{X}^{\mathrm{T}}\boldsymbol{X} + \lambda \boldsymbol{I})^{-1}\boldsymbol{X}^{\mathrm{T}}\boldsymbol{y} \tag{7.16}$$

当采用迭代型的优化算法时，奇异值问题可能也会导致迭代速度变慢，而加入正则化项，可以将目标函数变成λ-strongly convex(强凸)的，从而改善收敛速度，使得优化问题更易于求解。

L2 正则化可由以下简化(参数矩阵简化为矢量，矩阵可采用类似方法求解)的优化问题推得。

目标函数：

$$\arg\min_{\boldsymbol{w}} J(\boldsymbol{y}, f(\boldsymbol{X}, \boldsymbol{\theta})) \tag{7.17}$$

限制性条件：

$$\sum_{i \neq i_{\text{bias}}} \frac{1}{2} w_i^2 \leqslant s, \quad w_k (k = 0,1,\cdots,m) \in \boldsymbol{\theta} \tag{7.18}$$

其中，i_{bias} 是网络模型参数偏差(bias)的索引，参数 w_i 排除了网络模型偏差的正则化。

式(7.17)与式(7.18)的优化问题可以采用拉格朗日乘子求解。将参数集$\boldsymbol{\theta}$采用$\boldsymbol{w}$统一代替，即

$$\arg\min_{\boldsymbol{w}} J(\boldsymbol{y}, f(\boldsymbol{X},\boldsymbol{w}))+\frac{\lambda}{2}\left(\sum_{i\neq i_{\text{bias}}} w_i^2 - s\right) \tag{7.19}$$

其中，λ及s均为常量，不影响函数的优化，所以式(7.17)可简化为

$$\arg\min_{\boldsymbol{w}} J(\boldsymbol{y}, f(\boldsymbol{X},\boldsymbol{w}))+\frac{\lambda}{2}\sum_{i\neq i_{\text{bias}}} w_i^2 \tag{7.20}$$

此为 L2 正则化的最终形式。

对式(7.20)取导数，得到：

$$\frac{\partial \hat{J}}{\partial w_i}=\frac{\partial J}{\partial w_i}+\lambda w_i \tag{7.21}$$

由此可得权重更新规则：

$$w_i^{(k+1)}=w_i^{(k)}-\eta\lambda w_i^{(k)}-\eta\frac{\partial J}{w_i}=(1-\eta\lambda)w_i^{(k)}-\eta\frac{\partial J}{w_i} \tag{7.22}$$

其中，$w_i^{(k)}$代表了第i个参数的第k次更新结果。可以看到，与原有的未加正则化的项相比，更新规则(式(7.22))多出一项$-\eta\lambda w_i^{(k)}$。由于λ及η均为正值且较小，所以其效果是更新后的w_i均变小(但大多数不会为 0)。

类似地，可以采用 2 阶泰勒级数展开式分析 L2 范数属性(参考采用 2 阶泰勒级数展开式分析 L1 范数属性，即式(7.11))，由此得到目标函数$\hat{J}$的对$\boldsymbol{w}$的梯度：

$$\nabla_{\boldsymbol{w}}\hat{J}(\boldsymbol{\theta})=\boldsymbol{H}(\boldsymbol{w}-\boldsymbol{w}^*)+\alpha\boldsymbol{w} \tag{7.23}$$

令$\tilde{\boldsymbol{w}}$为最优梯度，则在最优梯度处梯度为 0，从而有：

$$\alpha\tilde{\boldsymbol{w}}+\boldsymbol{H}(\tilde{\boldsymbol{w}}-\boldsymbol{w}^*)=0 \tag{7.24}$$

其中，$\boldsymbol{w}^*$为原来的最优解。转化式(7.24)得到：

$$\tilde{\boldsymbol{w}}=(\boldsymbol{H}+\alpha\boldsymbol{I})^{-1}\boldsymbol{H}\boldsymbol{w}^* \tag{7.25}$$

其中，$\boldsymbol{H}$是目标函数在$\boldsymbol{w}^*$处的 Hessian 矩阵，为实对称矩阵，可以分解为$\boldsymbol{H}=\boldsymbol{Q}\boldsymbol{\Lambda}\boldsymbol{Q}^{\mathrm{T}}$，$\boldsymbol{Q}$为标准正交基，从而有$\boldsymbol{Q}^{\mathrm{T}}=\boldsymbol{Q}^{-1}$且$|\boldsymbol{Q}|=1$。代入式(7.25)，有：

$$\begin{aligned}\tilde{\boldsymbol{w}}&=(\boldsymbol{Q}\boldsymbol{\Lambda}\boldsymbol{Q}^{\mathrm{T}}+\alpha\boldsymbol{I})^{-1}\boldsymbol{Q}\boldsymbol{\Lambda}\boldsymbol{Q}^{\mathrm{T}}\boldsymbol{w}^*\\&=[\boldsymbol{Q}(\boldsymbol{\Lambda}+\alpha\boldsymbol{I})\boldsymbol{Q}^{\mathrm{T}}]^{-1}\boldsymbol{Q}\boldsymbol{\Lambda}\boldsymbol{Q}^{\mathrm{T}}\boldsymbol{w}^*\\&=\boldsymbol{Q}(\boldsymbol{\Lambda}+\alpha\boldsymbol{I})^{-1}\boldsymbol{\Lambda}\boldsymbol{Q}^{\mathrm{T}}\boldsymbol{w}^*\end{aligned} \tag{7.26}$$

其中，$\boldsymbol{\Lambda}$是特征值组成的对角阵{diag(λ_i)}，同单位矩阵$\boldsymbol{I}$计算得到：

$$\boldsymbol{\Lambda}+\alpha\boldsymbol{I}=[\mathrm{diag}(\lambda_i+\alpha)] \tag{7.27}$$

而特征值λ_i对应的特征向量为 $\boldsymbol{q}_i$，根据标准正交基的特性即 $\boldsymbol{q}_i\boldsymbol{q}_j=\boldsymbol{0}\,(i\neq j)$，有：

$$\boldsymbol{w}_i=\boldsymbol{q}_i(\lambda_i+\alpha)^{-1}\lambda_i\boldsymbol{q}_i^{\mathrm{T}}\boldsymbol{w}^*=\frac{\lambda_i}{\lambda_i+\alpha}\boldsymbol{q}_i\boldsymbol{q}_i^{-1}\boldsymbol{w}^*=\frac{\lambda_i}{\lambda_i+\alpha}\boldsymbol{w}^* \tag{7.28}$$

由此可见，权重按照 $\boldsymbol{H}$ 特征向量的方向，按 $\dfrac{\lambda_i}{\lambda_i+\alpha}$ 的比例衰减。而特征分解的特征值λ_i 越大，说明该特征对模型影响越明显，同时 $\dfrac{\lambda_i}{\lambda_i+\alpha}$ 也越接近 1，权重完整性得以保持；如果λ_i 越小，同时 $\dfrac{\lambda_i}{\lambda_i+\alpha}$ 越接近 0，则说明权重衰减越多，影响越小。所以 L2 正则化的作用是减少目标风险函数的权重，尽量保留权重的完整性，减少模型的敏感性及过拟合，提高预测的鲁棒性。

问题 7.3　以上关于 L1 及 L2 的推导是针对线性回归的，对于多层深度学习网络，是否有类似的推论？说明二者之间有联系？

正则化的思想符合奥卡姆剃刀(Occam's razor)原理，即在取得类似性能的所有可选模型中，选择能够很好解释已知数据且尽量简单的模型。也可以从贝叶斯理论的角度来看正则化，L1 或 L2 正则化相当于对参数引入先验分布，即 L1 正则化可以将参数假定符合拉普拉斯分布(也叫双指数分布)的先验知识，有利于参数学习的稀疏化；而 L2 正则化可将参数假定符合高斯分布的先验知识，有利于防止过拟合。

以 L2 正则化为例，假定参数 $\boldsymbol{w}$ 符合高斯正态分布，即

$$p(\boldsymbol{w}\mid\alpha)\sim N(\boldsymbol{w}\mid 0,\alpha^{-1}\boldsymbol{I})=\left(\frac{\alpha}{2\pi}\right)^{(M+1)/2}\exp\left(-\frac{\alpha}{2}\boldsymbol{w}^{\mathrm{T}}\boldsymbol{w}\right) \tag{7.29}$$

其中，M 为 $\boldsymbol{w}$ 中的参数个数。根据最大后验概率原理，有：

$$p(\boldsymbol{w}\mid\boldsymbol{x},\boldsymbol{y},\alpha,\beta)\propto p(\boldsymbol{y}\mid\boldsymbol{x},\boldsymbol{w},\beta)p(\boldsymbol{w}\mid\alpha) \tag{7.30}$$

按照最大似然估计法原理及正态分布的属性，可以得到类似的目标函数：

$$J(\boldsymbol{w},\boldsymbol{x},\boldsymbol{y},\alpha,\beta)=\frac{\beta}{2}\sum_{i=1}^{n}\{f(x_i,\boldsymbol{w})-y_i\}^2+\frac{\alpha}{2}\boldsymbol{w}^{\mathrm{T}}\boldsymbol{w} \tag{7.31}$$

由式(7.31)可见，通过假定 $\boldsymbol{w}$ 符合均值为 0、为差为常数α的正态分布，采用最大似然估计法，可以推出类似于 L2 正则化的目标损失函数，从而达到稳定解，提高模型泛化能力。

问题 7.4　无论 L1 还是 L2，应用时需要设定一个超参数α，即正则化项所占的比例，如何确定α的值？可否采用网格搜索法来设定，以便优化该超参数α的值？

统计学习理论的核心问题就是泛化模型。令期望风险(可以看作测试集上的错误率)为 $\Re_{\text{ept}}$、经验风险为 $\Re_{\text{emp}}$ (可以看作训练集上的错误率)、泛化复杂度为 $g(m, F)$ (由样本数 m 及模型 F 确定)，则有：

$$\Re_{\text{ept}} \leqslant \Re_{\text{emp}} + g(m,F) \tag{7.32}$$

一般情况下 $\Re_{\text{emp}} \leqslant \Re_{\text{ept}} \leqslant \Re_{\text{emp}} + g(m,F)$，即训练集上的损失小于测试集上的损失。如果此时泛化复杂度为 0，则学习模型具有相同的训练及测试损失，泛化能力很强。可以采用广泛意义下的线性模型(前馈神经网络)，具体化泛化复杂度：

$$\Re_{\text{ept}} = \Re_{\text{emp}} + (RL)^{K-1} \ln^{\frac{3}{2}(K-1)}(m)\sqrt{\frac{R^2N^2}{m}} + \sqrt{\frac{\ln(\delta^{-1})}{m}} \tag{7.33}$$

其中，$R=|\boldsymbol{w}|$；L 为神经网络激活函数的利普希茨(Lipschitz)系数；N 为样本容量；m 为训练集样本数；K 为神经网络层数；$\delta \in (0,1)$ 为区间上的随机数，用于衡量泛化复杂度。减少式(7.33)等号右边第二项有助于减少泛化误差，而最小化 R(L1 正则化)可起到类似的作用。

4) 弹性网 (elastic net) 正则化

弹性网是以上的 L1 及 L2 正则化的组合(图 7.2)。单独采用 LASSO 即 L1 正则化时，可以让模型权重稀疏，从而达到特征选择的目的。但是采用 LASSO 的主要缺点是：当数据维度大于样本数时，LASSO 最多选择样本数个变量，而对于高相关性的变量，LASSO 倾向于只从这些变量中选择一个变量而忽视了其他变量。为克服 LASSO 正则化的缺点，在 L1 正则化的基础上又引入了 L2 即 Ridge 正则项，二者所占份额的多少通过超参数控制。从而形成了相应的权重函数：

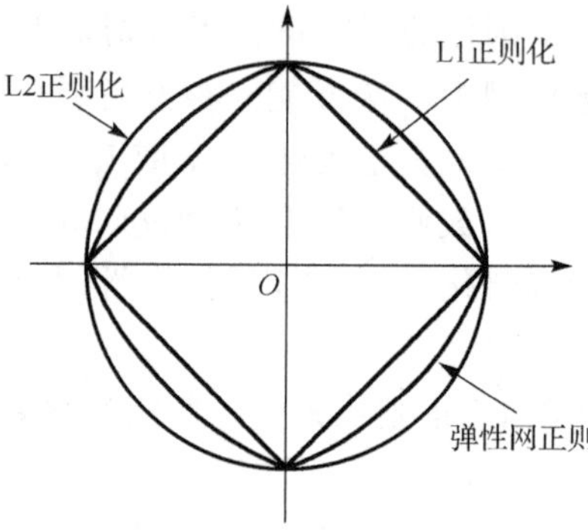

图 7.2 弹性网正则化

$$\boldsymbol{w}^* = \arg\min_{\boldsymbol{w}}\left(J(\boldsymbol{w},\boldsymbol{X},\boldsymbol{y}) + \lambda_1 \sum_i |w_i| + \lambda_2 \sum_i w_i^2\right) \tag{7.34}$$

而弹性网正则化的提出，可以解决特征之间的高相关性问题，其既具有 L1 的稀疏特性，也具有求出解的稳定性。

7.2 限制性优化

从 7.1 节可以看出(式(7.3)、式(7.4)、式(7.17)和式(7.18))，L1 与 L2 均可以通过限制性优化得到。式(7.1)列出了限制性优化的普通形式。对于限制性优化问题，可以采用拉格朗日乘子最优化方法求解：

$$\tilde{J}(\boldsymbol{w},\alpha;\boldsymbol{X},\boldsymbol{y})=\tilde{J}(\boldsymbol{w};\boldsymbol{X},\boldsymbol{y})+\lambda(\Omega(\boldsymbol{w})-k) \tag{7.35}$$

对式(7.35)求最优解相当于一个最小最大问题：

$$\boldsymbol{w}^{*}=\arg\min_{\boldsymbol{w}}\ \max_{\lambda,\lambda\geqslant 0}J(\boldsymbol{w},\lambda) \tag{7.36}$$

式(7.36)在确保损失函数最小的前提下让λ足够大，以便提高模型针对数个实例的泛化性能。

限制性优化是机器学习优化算法的基础之一，本章主要介绍限制性优化的主要方法即拉格朗日乘子方法。为便于介绍，从无约束优化到多种条件的优化问题进行系统地介绍。

1) 无约束优化问题

无约束优化问题即对目标函数没有任何限制条件，定义如下：

$$\arg\min_{\boldsymbol{w}}J(\boldsymbol{X},\boldsymbol{y},\boldsymbol{w}) \tag{7.37}$$

其中，$\boldsymbol{X}$ 及 $\boldsymbol{y}$ 分别应训练及测试样本。以二维空间(w_1, w_2)为例，选取局部极值点$\boldsymbol{w}^{*}$，此处梯度必然为 0，偏导数(即梯度)为 0 是局部极值点的必要条件。图 7.3(a)展示了二维空间局部极值点分布及周围的价值函数等高线。

2) 带等式约束条件的优化问题

目标函数有带等式的约束条件，定义如下：

$$\arg\min_{\boldsymbol{w}}J(\boldsymbol{X},\boldsymbol{y},\boldsymbol{w})$$

$$h(\boldsymbol{w})=0 \tag{7.38}$$

同无约束优化相比，此时函数的极值要求满足条件$h(\boldsymbol{w})=0$，即要求值应该在$h(\boldsymbol{w})=0$上。可将$\{\boldsymbol{w}\,|\,h(\boldsymbol{w})=0\}$称为可行域，解只可在此域内取值。因为要求目标函数$J$在约束条件下取极值，所以目标函数应该同约束条件对应的曲线$h(\boldsymbol{w})=0$相切，否则沿着不相切的反方向，可以取得更好的值。对于二维向量而言，在某点相切意味着二者的梯度平行。可以引入一个未知的标量λ，使得：

$$\nabla[J(\boldsymbol{w})-\lambda h(\boldsymbol{w})]=0 \tag{7.39}$$

解之，得到λ的值，代入式(7.37)，可以得到在该值对应的极值点：

$$\tilde{J}(\boldsymbol{w},\lambda)=J(\boldsymbol{w})+\lambda h(\boldsymbol{w}) \tag{7.40}$$

用拉格朗日乘子解决等式约束条件的公式证明如下。

令函数$J(w_1, w_2)$在A点处有极值V，且在A点的邻域内连续。则在A点处有：

$$J(w_1, w_2)=V \tag{7.41}$$

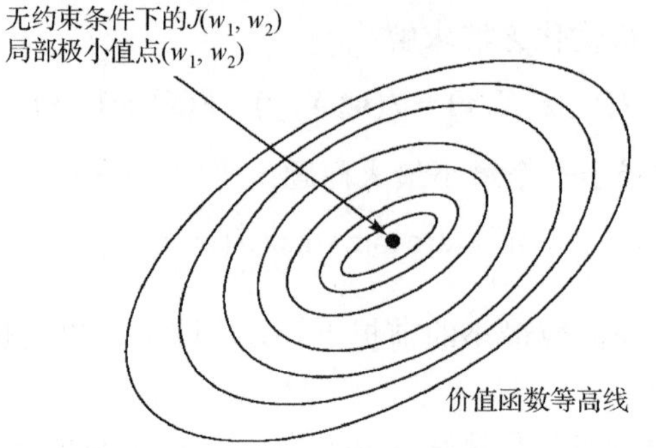

(a) 无约束条件下二维变量极值

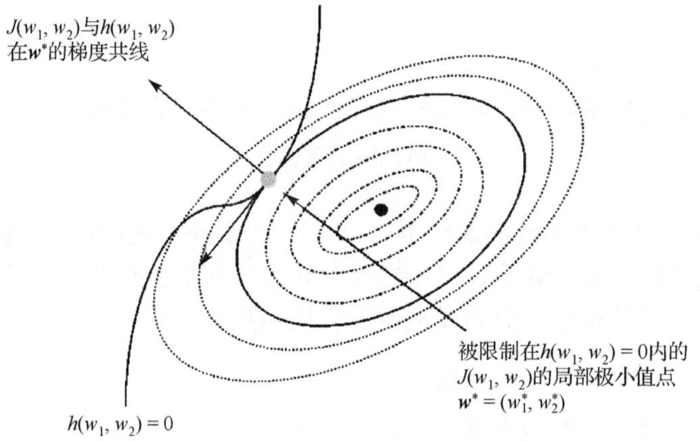

(b) 在$h(w_1, w_2) = 0$约束条件下的二维变量极值

图 7.3　无约束及有约束条件下的二维变量极值可视化展示

另外，常数项 $h(w_1, w_2)=0$。按照全微分原理，分别得到二者的全微分：

$$\mathrm{d}J = \frac{\partial J}{\partial w_1}\mathrm{d}w_1 + \frac{\partial J}{\partial w_2}\mathrm{d}w_2 = 0 \tag{7.42}$$

$$\mathrm{d}h = \frac{\partial h}{\partial w_1}\mathrm{d}w_1 + \frac{\partial h}{\partial w_2}\mathrm{d}w_2 = 0 \tag{7.43}$$

又由于 $\mathrm{d}w_1$ 及 $\mathrm{d}w_2$ 取无穷小量，所以该线性方程组系数成比例：

$$\frac{\dfrac{\partial J}{\partial w_1}}{\dfrac{\partial h}{\partial w_1}} = \frac{\dfrac{\partial J}{\partial w_2}}{\dfrac{\partial h}{\partial w_2}} = -\lambda \tag{7.44}$$

即

$$\frac{\partial J}{\partial w_1}+\lambda\frac{\partial h}{\partial w_1}=0 \tag{7.45}$$

$$\frac{\partial J}{\partial w_2}+\lambda\frac{\partial h}{\partial w_2}=0 \tag{7.46}$$

将式(7.45)及式(7.46)两边分别乘以 dw_1 及 dw_2，相加并积分，可得：

$$\tilde{J}(w_1,w_2,\lambda)=J(w_1,w_2)+\lambda h(w_1,w_2) \tag{7.47}$$

即为拉格朗日乘子的优化公式。

由此，将约束性条件转化为无约束的拉格朗日乘子方程，方便求解。由以上证明可见，等式约束的限制性优化问题可以转化为拉格朗日乘子求解，这其中关键的理论依据是极值点同等式约束线是相切的(图 7.3(b)中的灰点)。

3) 带一个不等式约束条件的优化问题

假定只有一个不等式约束条件，定义如下：

$$\underset{\boldsymbol{w}}{\arg\min}\, J(\boldsymbol{X},\boldsymbol{y},\boldsymbol{w})$$

$$h(\boldsymbol{w})\leqslant 0 \tag{7.48}$$

事实上，只带一个不等式约束条件的求解方法类似于带等式约束条件的优化问题。在此条件下，取极值的可行域变成了 $\{\boldsymbol{w}\mid h(\boldsymbol{w})\leqslant 0\}$，对应了图 7.4 中的阴影部分，从图中可见，此时极值仍然满足相切的条件，极值没有变化，相当于将不等号作为等号求解，所以可以采用类似的拉格朗日乘子方法求解。

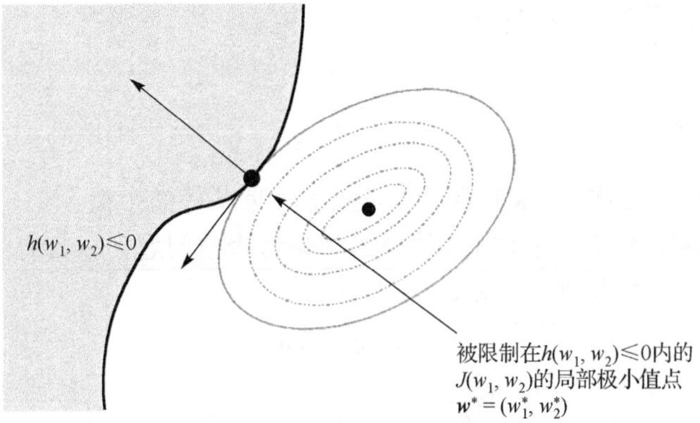

图 7.4　在 $h(w_1, w_2)\leqslant 0$ 约束条件下的二维变量极值可视化展示

4) 带多个不等式约束条件的优化问题

假设带两个不等式条件约束，定义如下：

$$\underset{\boldsymbol{w}}{\arg\min}\, J(\boldsymbol{w}) \tag{7.49}$$

$$h_1(\boldsymbol{w}) \leqslant 0 \tag{7.50}$$

$$h_2(\boldsymbol{w}) \leqslant 0 \tag{7.51}$$

此时优化的取值可能都不会同各条曲线相切，具体的例子参见图 7.5。优化的取值点(图中灰点)既不同 $h_1(\boldsymbol{w})=0$ 相切，也不同 $h_2(\boldsymbol{w})=0$ 相切。此时，需要满足卡罗需-库恩-塔克条件(Karush-Kuhn-Tucker conditions，KKT 条件)，KKT 条件是对拉格朗日乘子的泛化与推广。

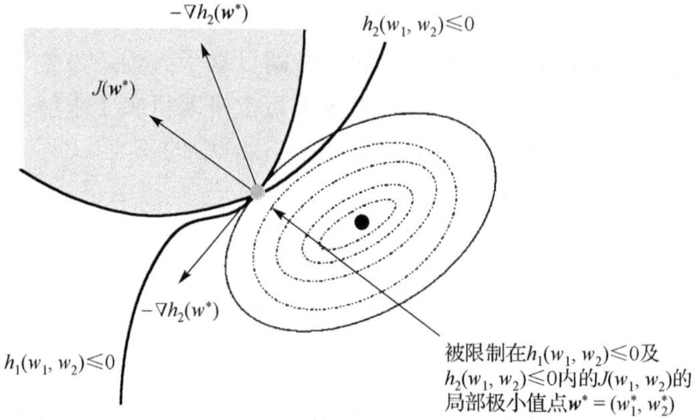

图 7.5　在 $h_1(w_1, w_2)\leqslant 0$ 及 $h_2(w_1, w_2)\leqslant 0$ 约束条件下的二维变量极值可视化展示

拉格朗日乘子的解满足 KKT 条件：

(1) $w_i \geqslant 0 \ (i=1,2,\cdots,K)$ (K 为约束条件个数)；

(2) $\nabla J(\boldsymbol{w}^*)+\sum_{i=1}^{K}\lambda_i \nabla h_i(\boldsymbol{w}^*)=0$；

(3) $\sum_{i=1}^{K}\lambda_i h(\boldsymbol{w}^*)=0$。

其中，$\lambda_i(i=1,2,\cdots,K)$ 称为 KKT 乘子，对应于约束条件的个数。

对于既有等式约束也有不等式约束的求条件极值问题，以带有一个等式约束和一个不等式条件约束为例，定义如下：

$$\underset{\boldsymbol{w}}{\arg\min}\, J(\boldsymbol{w}) \tag{7.52}$$

$$h_i(\boldsymbol{w})=0,\ i=1,2,\cdots,p \tag{7.53}$$

$$g_j(\boldsymbol{w})\leqslant 0,\ j=1,2,\cdots,q \tag{7.54}$$

可以派生出拉格朗日函数：

$$L(\boldsymbol{w},\boldsymbol{\lambda},\boldsymbol{\mu})=J(\boldsymbol{w})+\sum_{i=1}^{p}\lambda_i h_i(\boldsymbol{w})+\sum_{j=1}^{q}\mu_j g_j(\boldsymbol{w}) \tag{7.55}$$

求解该优化问题，需要满足全面的 KKT 条件：

① $\nabla_{w*}L(\boldsymbol{w},\boldsymbol{\lambda},\boldsymbol{\mu})=0$；

② $\lambda_i \neq 0$；

③ $\mu_j \geqslant 0$；

④ $\mu_j g_j(\boldsymbol{w}^*)=0$；

⑤ $h_i(\boldsymbol{w})=0$；

⑥ $g_j(\boldsymbol{w})\leqslant 0$。

问题 7.5　说明满足 KKT 条件后可得到在约束条件下的极值点。

7.3 数据增强

数据增强技术也是提高模型泛化能力的主要技术，尤其在数据样本较少的情况下。对深度学习而言，数据中的差异可能会导致训练模型的变化，进而较好地求得最优解。随着模型深度的加深，参数呈海量增加，此时需要更多的样本数据来训练模型，求得优化的解。在样本极为有限的情况下，通过样本的变换，或者加入随机噪声，可以提高模型的泛化能力。数据增强技术广泛应用在图像处理的深度学习任务中，也应用在连续变量的回归任务中，通过图像增强技术，提高模型的鲁棒性。

图像处理中的数据增强技术，主要考虑深度学习方法中卷积神经网络对图像的平移、缩放及旋转等一系列转换的不变特性，通过数据增强技术提高模型的应对能力，更好地预测新的不同情况的样本。在图像处理中，数据增强技术包括：改变图像尺寸大小、尺度化图像、加入噪声、反转、旋转、平移、缩放、剪切、对比度转换以及主成分变换等。

一般而言，数据增强技术可分为线上及线下两种。对于数据量较小的情况，可以采用线下方法，将样本结果做一系列的数据增强处理，并将其作为新生成样本，同原有的数据一起去训练模型；而对于数据量巨大的情况，存储数据增强后的样本费时费力，可以采用线上方法，在线随机抽样构成训练样本，训练模型得到结果。

加入随机噪声是机器学习中一种标准化的提高泛化能力的数据增强技术，它可以起到一种类似于正则化的效果，提高模型预测的稳定性，即起到增强其泛化能力的作用。随机噪声可以在训练过程的不同阶段加入，分以下 3 种情况。

(1) 在输入数据中加入噪声。可以对输入数据加入高斯白噪声(即符合均值为 0、方差较小的正态分布的数据)。在输入数据中加入噪声可以提高深度学习模型的鲁棒性，帮助提高模型在实际应用中降低预测误差的能力。比较典型的应用是用于数据降噪的自动编码器非监督学习模型，将噪声注入输入训练模型，可以起到过滤数据中的杂质的作用。同时，在输入数据中加入噪声可以起到正则化的作用，比 7.1 节提到的采用常规的 L1 或 L2 正则化更能提高模型的鲁棒性。一些常规的操作方法，比如在图像分类中训练样本的随机剪切或选取，也类似一种输入数据的噪声增强技术。前面提到的多种图像处理的增强技术，也是在输入数据中加入噪声的例子。注意，在某些图像处理的数据增强技术中，当输入变量加入随机因素发生改变时，输出也要做相应的改变，如图像旋转，对于图像分割而言也需要对输出变量做类似的旋转变换。

(2) 在模型训练的中间层(如隐藏层)加入噪声。在模型的训练参数中加入噪声也可以起到提高模型稳定性的作用。贝叶斯认为，模型的参数也是一种随机变量，呈现出一定的不确定性。将随机因素加入到中间参数的学习，起到类似的正则化效果。加入噪声并经过大量的训练，可以提高模型参数对微小变化的不敏感性，增强其鲁棒性。参数的加噪技术比较典型的应用就是 Dropout 的正则化方法，该方法通过将随机噪声引入到中间层(对训练的权重参数进行选择)的学习中，提高了模型的泛化能力。

(3) 在输出层加入噪声。该方法的主要出发点是样本数据的目标变量 $\boldsymbol{y}$ 本身就不是很精确，会有少量的错误样本混入训练样本。或者从贝叶斯的观点出发，目标变量本身是一个随机变量，允许一定程度上的随机变动，具有不确定性。此时可以通过加入一些随机噪声到输出变量中，提高模型的鲁棒性。比较典型的应用，如对于回归任务，在样本数很少的情况下，可以将微小变动的随机因素加入到输出变量中，增加样本数提高学习的效果；对于分类任务，可以采用引入很小的常量因子 ε 的方法，将一个 k 类分类问题转化成概率表达，目标类概率为 $1-\varepsilon$，其他类概率为 $\frac{\varepsilon}{k-1}$，再采用常规的叉熵损失函数建立分类目标函数，训练模型进行求解(Szegedy et al., 2014)。这种方法的主要优点是可以让训练的模型预测更灵活的结果，而不是仅与 0-1 接近的“硬”概率值。

7.4　迁 移 学 习

迁移学习(transferring learning)是指利用源任务(source task)学到的知识来帮助另一个学习目标任务(target task)，从而取得较好的学习效果。迁移学习的原理类似于贝叶斯学习理论，即将一些已有的先验知识用到新任务的学习之中，以达到提高模型鲁棒性，其作用类似于正则化作用。例如，将已经预训练好的图像分类模型应用到另一个图像识别相关的任务，或者将模拟环境之中训练好的模型迁移到真实环境之中。

深度学习中的迁移学习应用是比较广泛的，尤其在图像处理领域。许多已有的预训练模型是在海量数据基础上完成的，而且是经过了高性能服务器训练的优质模型，如众所周知的 VGG 及残差神经网络(ResNet)，采用这些预训练模型，可以提取较好的特征用于新的学习任务，达到较好的学习效果。如果直接训练，则对普通建模者而言是不现实的。一般迁移学习可用在两方面：①特征提取，源网络参数在训练过程中不被修改，只是生成特征，在此基础上建立新的网络模型进行目标相关的训练，从而得到相应的结果；②微调参数，允许对源网络模型进行参数微调，即提取特征后训练新目标任务时允许误差信息回传，校正全网络参数，一般参数调整要加以限制，如固定较低层的参数，只是微调抽样层的参数，从而避免过拟合现象的发生。

迁移学习应用在以下几种情况。

(1)用于目标任务的训练样本是小数据集，且目标任务类似源目标任务。此时可以采用源模型提取特征，在此基础上进行训练。目标任务的数据集太小，用于调整源网络可能会导致过拟合。

(2)目标任务的训练样本较小但其与源任务不同，此时建议仅使用源网络模型中的底层进行特征抽取，以使后验网络模型训练有更大的灵活性，当然也可对源网络模型保留的底层参数进行微调。

(3)目标任务的训练样本数据集较大，且任务类型类似于源任务。此时可以采用源任务的网络模型的底层特征抽取，用于模型的初始化，可以取得比较好的学习效果。

(4)目标任务的训练样本数据集很大且与源任务有较大差异，同样可以采用源模型中的底层参数值初始化，提高整个网络模型的效果。

7.5　多任务学习及参数共享

多任务学习(multi-task learning，MTL)即同时学习多个相关目标，相当于一种归纳迁移，主要目的是充分利用隐含在多个相关任务的训练信号中的不同方面的特定信息来提高模型的泛化能力。通过参数共享机制，实现任务之间的表征，从而可以更好地完成源任务。当源任务的训练无法提取有效的特征表征，而附加的另一个任务可以使这些特征易于提取时，可通过参数共享的方式，提高学习网络的泛化性能。事实上，现实世界是复杂的，很多问题不能分解为单一的独立子问题，一个子问题可能同另一个问题通过共享因素或者共享表征(share representation)联系在一起，而多任务学习有利于提取这些表征，所以相关联的多任务学习比单任务学习具有更好的泛化功能。

多任务学习涉及参数共享，有两种参数共享模式：隐层参数的硬共享与软共享。

(1)参数的硬共享，是深度学习网络的多任务学习的常见方式。具体是通过在所有任务之间共享隐藏层，同时保留几个特定任务的输出层来实现。图 7.6 展示了同时学习两个任务，采用交替学习或共同学习方法架构网络，是一个典型的参数硬共享方法。研究结果表明，硬共享机制有效降低了过拟合的风险。一般来说，如果有足够的训练样本，采用越多任务的学习，模型可以捕捉到越多任务的同一个表征，可以很好地防止过拟合。

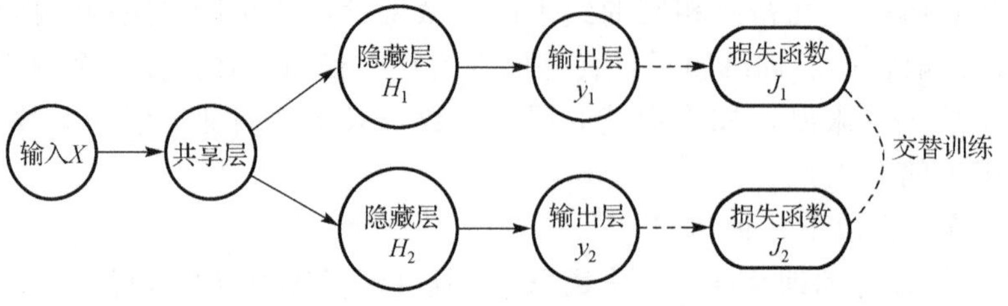

(a) 任务J_1及J_2交替训练

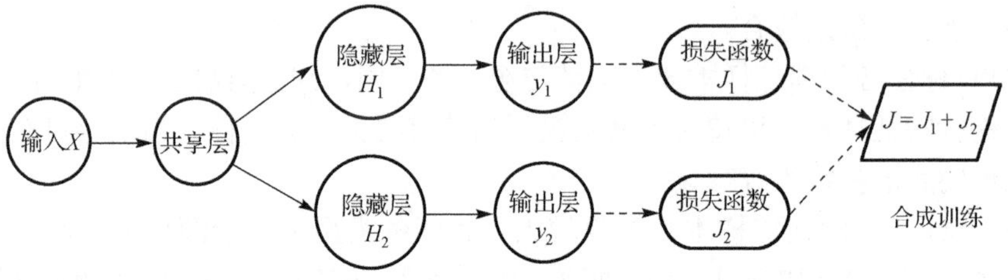

(b) 任务J_1及J_2合成训练

图 7.6　多(2 个)任务的网络架构及不同的训练方法

(2) 参数的软共享机制，是基于约束的共享。每个任务都有自己的模型及参数，而模型之间的距离是正则化的，以此鼓励参数相似化。

从更深层次上讲，多任务学习对于不相关任务的学习相当于加入了噪声，类似于正则化效果，可以提高学习泛化的效果。单任务学习中，梯度的反向传播倾向于将训练带入局部极小值，而多任务学习不同任务中的局部极小值处于不同的位置，通过相互作用帮助隐藏层逃离局部极小值；而新的任务可以更好地改变权值，更新动态，使网络更适合多任务学习。其实卷积神经网络模型就是一个多目标任务的参数共享的典型例子，每个任务相当于对每个像素的分类/分割，而其中的每个卷积层，通过卷积核实现了参数共享，而共享参数机制便于将图像中的共性特征提取出来。

以人脸识别为例，Sun 等(2014)采用多任务学习给出多个监督信息(标签)，利用两个任务(人脸分类损失及人脸确认损失)之间的相关性，提出了联合的多任务人脸识别网络 DeepID2，两个损失函数结合的效果更好。单纯的分类在于区分不同的类别，其出发点在于扩大类间距离；而脸部验证则从另一方面提取特征，相当于缩小类内距离，扩大类间距离。但脸部验证不能用于分类，只能同分类互补，从而增强其分类效果。图 7.7 展示了双任务的人脸识别网络 DeepID2 的训练效果，其中超参数λ表示脸部验证采用的比例。当λ=0 表示只用了分类任务，$\lambda\to+\infty$表示只用了验证任务。当λ=0.05 时精度最高(即验证任务的比例达到 5%)。图中可见，当λ=0 时类间距离最大，而类内距离也很大；当$\lambda\to+\infty$时，类间距离及类内距离都很小。

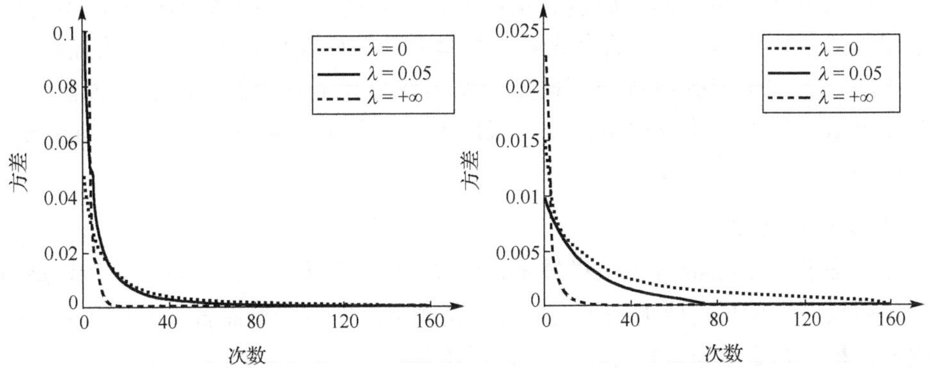

(a) 个人间的方差　　　　　　　　　　　　(b) 个体内的方差

图 7.7　双任务的人脸识别网络 DeepID2 训练效果(Sun et al.，2014)

又比如脸部特征点检测，Zhang 等(2016)采用 TCDCN(tasks-constrained deep convolutional network)学习方法，将脸部特征点检测任务同一些不同但细微相关的任务结合起来，如头部姿势估计及脸部属性(表情、眼镜、性别等)推断等，从而达到优化检测的效果，取得了突破性的模型泛化性能(图 7.8)。该方法还采用一种尽快停止辅助任务的方法，避免这些任务过拟合，以至于影响任务的学习，即受到了相关任务的约束，从而避免模型陷入局部最优。

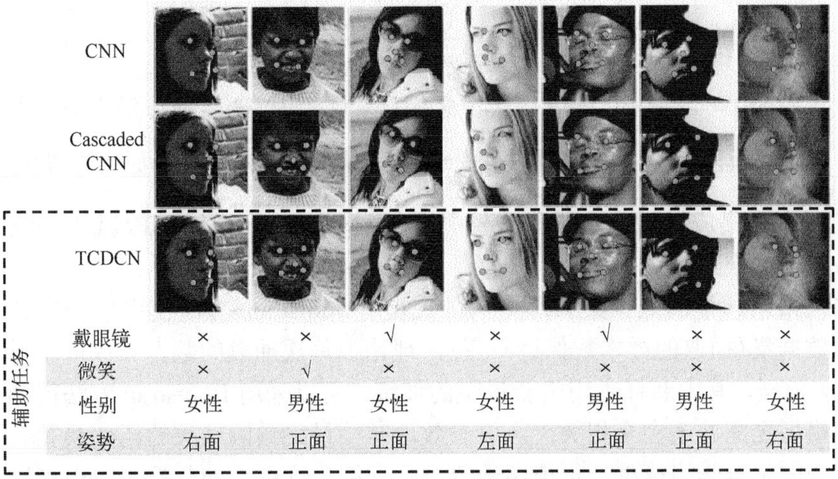

图 7.8　TCDCN 多任务学习法识别脸部特征点(Zhang et al.，2016)

7.6　集成学习方法

集成学习方法是将几个泛化能力差的模型相结合，组成泛化能力强的模型，最终的结果取多个模型的合成值。集成方法主要考虑使用不同的模型，学习同一套数据集的不同方面，最后的合成解一般具有较低的泛化误差及稳定的预测性能，相当于通过多次学习提取特征，模型的输出在统计上有更稳定的解，类似于一种正则化方法。根据训练及模型合成方式的不同，集成学习方法又分为 Bagging 及 Boost 两种。

1) Bagging 方法

该方法采用 Bootstrap 重采样技术，抽取不同的样本，训练不同的模型，最后模型的预测采用简单平均或加权平均的方式得到最终解。一般而言，模型之间的相关性越弱，越有利于减少最终输出的泛化误差。

以回归模型为例。令有一个数据集 D，采用 Bootstrap 重采样得到 m 个样本，用于训练 m 个回归模型。令第 i 个模型对每个样本的误差为ε_i，每个模型的误差均服从均值为 0 且方差为 $E(\varepsilon_i^2)=v$、协方差为 $E(\varepsilon_i\varepsilon_j)=c$ 的多元正态分布。则所有集成模型的预测值的平均值的误差将会是 $\frac{1}{m}\sum_i \varepsilon_i$ ，从而得到其集成预测值的误差平方的期望值：

$$E\left[\left(\frac{1}{m}\sum_i \varepsilon_i\right)^2\right]=\frac{1}{m^2}E\left[\sum_i\left(\varepsilon_i^2+\sum_{j\neq i}\varepsilon_i\varepsilon_j\right)\right]$$

$$=\frac{1}{m}v+\frac{m-1}{m}c \tag{7.56}$$

从式(7.56)可以看出，若各个模型之间强相关，即 $c=\varepsilon$，则有平均的均方误差仍然为 v；而当模型完全不相关时，有 $c=0$，可得误差平方减少为原有方差的 $\frac{1}{m}$，即误差的减少同集成模型的个数呈线性关系(而均方根误差(RMSE)减少同集成模型的个数的平方根呈线性关系)。

如何采用同样的数据集训练不同的模型？Bootstrap 方法使用重采样技术抽取原来的数据集(抽取的样本数保持不变)，理论上每次抽取的数据集保留了原数据集约 2/3 的数据，其中新样本用于新模型的训练，所以采用 Bootstrap 方法得到的样本训练的模型之间并不完全相关，可以有效地减少最终预测结果的泛化误差。当然，采用不同的机器学习模型、价值函数等进行训练采样得到的数据集，也可以增加单个模型之间的不相关性，有助于减少集成预测结果的误差。

神经网络模型的训练除受到不同抽样数据集的影响，也会受模型不同的初始化参数、mini batch、Early Stopping 等超参数的影响，这也有助于减少模型的泛化误差。

2) Boost 方法

Boost 方法是将多个弱分类器结合起来(相加的加法模型)，生成一个强分类器。令有 m 个模型，Boost 由以下的模型组成：

$$f(\boldsymbol{x}) = \sum_{i=1}^{m} \beta_i b(\boldsymbol{x};\gamma_m) \tag{7.57}$$

其中，$b(\boldsymbol{x};\gamma_m)$ 是基函数，而β_i 为基函数的系数，目标是使损失函数期望最小，即

$$\underset{\beta_i,\gamma_i}{\arg\min} \sum_{i=1}^{n} L\left(y_i, \sum_{j=1}^{m} \beta_i b(\boldsymbol{x};\gamma_j) \right) \tag{7.58}$$

其中，n 为样本个数，m 为模型个数，y_i 为梯度下降的步长。

Boost 采用的方法是分别对每次预测的残差进行建模，同时对误差较大的选项增大其在下个训练阶段的权重，从而使得新的模型更侧重于误差较大的样本的训练。依据采用方法的不同，Boost 有三种典型的方法：

(1) AdaBoost 方法，该方法直接对残差进行多次建模；

(2) GBDT 方法，该方法使得新加入的项正好等于损失函数的负梯度，从而实现损失函数的快速下降；

(3) XGBoost，该方法不仅考虑一阶导数的效应，还考虑了二阶导数的影响，采用牛顿方法，每次都使得梯度沿着最快的路径下降，以取得较好的建模效果。

关于这 3 种方法的原理的具体介绍，参见第 5 章的 5.3.2 节的内容。

7.7 Dropout 方法

Dropout 是一种用于网络学习的正则化方法，它源于集成学习的思想，通过大量子网络的训练以减小模型偏差，提高其泛化能力。同时，其通过权重尺度化方法，保持了所选择节点的输入期望值不变，从而有效地集成了多个子网络的学习结果，以较少的时空复杂度完成集成预测。

Dropout 基于这样的事实：“一个神经网络中，屏蔽部分神经元，可以构建出不同的神经网络模型”。如此，如果将每个神经元屏蔽与否看作 0 与 1 的两种状态，那么就有两种可能，n 个神经元就有 2^n 种可能。由此可以构造基于神经元数目的指数级别的子网络。类似于集成学习方法中的 Bagging，可以生成很多子模型，但与此不同的是，Bagging 的每个模型是独立训练的，模型之间不存在参数共享。而

Dropout 母网络保持不变，每个子网络之间保存很多共享单元，可以很好地实现算法的正则化功能。在训练阶段，Dropout 的实现采用了伯努利分布函数判断目标节点是否需要屏蔽。通过设定屏蔽概率 p(一般隐藏层 p=0.5，而输入层 p=0.8)，采用抽样函数确定屏蔽状态。对于需要屏蔽的单元，在此次训练中将不会参与前向传播，也不参与后向传播更新其参数，而对于其他没有屏蔽的单元，将参与训练并后向传播更新其参数值(图 7.9)。所以在使用 Dropout 方法训练时会考虑不同网络结构下参数的设置，训练出来的参数在相应的网络下会有一定效果。而通过参数共享，一些参数在不同的网络结构下得以保持，并取得不错的效果，这将会起到防止网络过拟合的作用。

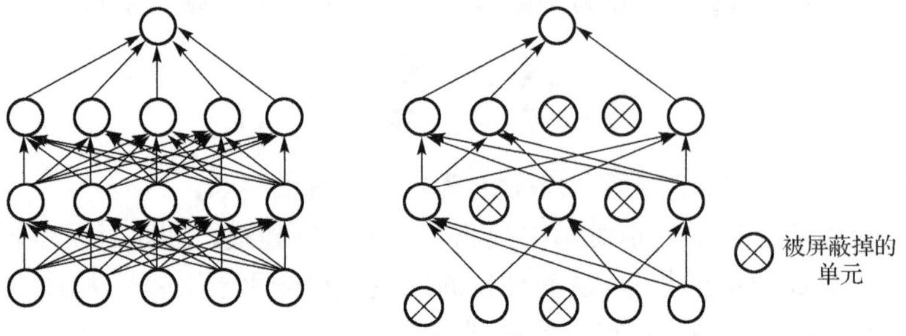

(a) 普通的全连接网络　　(b) 加入Dropout训练网络活动单元

图 7.9　常规网络与 Dropout 网络的比较

下面的步骤描述了 Dropout 的训练流程。

(1) 首先临时屏蔽网络中一定比例(抽样概率可以设为 0～1 之间的数，一般中间层设为 0.5)的隐藏神经元，输入输出保持不变。

(2) 输入 X 在修改的网络中前向传播(注意被屏蔽掉的单元不参与运算)，然后把得到的损失结果经修改后的子网络反向传播；若采用 mini batch 方法，每个小批量运算后更新网络中非屏蔽单元的权重。

(3) 重复进行：恢复被屏蔽的网络单元(保持参数不变)为可参与更新的状态，而未被屏蔽的网络单元保持已更新状态，类似于步骤(1)和步骤(2)。将目标层中的神经元按设定的概率 p，进行临时屏蔽，同样使用小批量训练样本训练网络，对未被屏蔽的单元进行参数更新。此过程为该网络的一次训练过程。

训练完成之后，在推理应用阶段，需要对神经网络中参与屏蔽运算的单元进行尺度调整，具体为需要对这些单元的权重因子乘以抽样概率 p(也可以在训练阶段将相应的向量尺度化，即乘以 $1/(1-p)$)。该步骤是 Dropout 方法的关键一步，其主要目标是保持该单元的输入在训练及推理应用时期望值不变(Hinton et al.，2012a)。

问题 7.6　对于线性的浅层模型，可以采用几何平均值的方式说明权重尺度化有效地恢复了输入数据的期望值。对于深层网络模型情况如何？

Dropout 作为正则化的一种方法，主要通过以下两种方式解决过拟合。

(1) 取平均值的合成运算。如上所述，Dropout 通过随机抽样产生多个子网络，类似于集成学习法，多个模型的预测结果取平均可以有效地平缓掉某些模型的差值预测，从整体上减少模型的过拟合现象。

(2) 减少神经元间共适应关系及鲁棒特征的共享。Dropout 通过引入随机因素，使得两个神经元不一定每次都在一个子网络中共同出现，阻止了某些特征仅在其他特定特征下才有效的情况，这会倒逼网络去学习更加鲁棒的特征，这些特征在神经元的其他子集中也存在。这些鲁棒的特征以一定的概率在各子网络之间共享，共同学习一些明显模式，从而提高网络模型的鲁棒性。

7.8　Early Stopping 方法

早停止(Early Stopping)方法是一种防止模型训练过拟合的有效方法。模型训练过程中，一般将样本数据划分为三份：训练样本数据、验证样本数据及测试样本数据。训练样本数据(一般为样本数据的 60%)用于训练模型；验证样本数据(一般为样本数据的 20%)用于验证模型的误差或精度变化，当验证精度/误差函数变化超过一定的阈值，将调整学习的超参数，比如学习率(learning rate)、冲量(momentum)等，或者验证误差增大(精度降低)，学习将停止；测试样本数据(一般可采样本数据的 20%)用于独立测试模型的最终性能。一般在训练的过程中，随着训练次数的增加，训练误差越来越小(精度越来越高)，同训练开始类似，验证损失误差(精度也会逐步提高)，但到一定的程度后，训练误差反而增加(精度降低)，验证曲线呈现出一种 U 型趋势，这说明模型训练呈现出过拟合的现象。图 7.10 展示了典型训练及验证误差随训练过程的变化趋势。

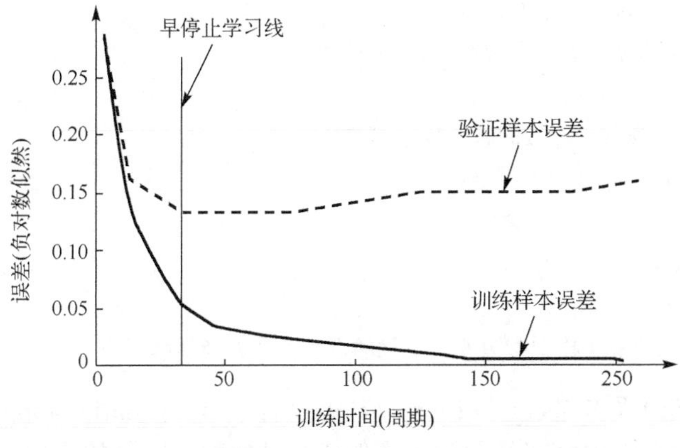

图 7.10　模型训练过程中训练样本及验证样本不同的误差随训练过程典型变化趋势

当训练模型的验证误差不降反升，且不可逆地增加时，就达到了学习停止的条件。采用 Early Stopping 方法来获取模型训练的超参数是一种高效的训练方法(Goodfellow et al.，2016)，即不会导致验证误差持续增加，并获得最优的迭代次数以及优化的参数集(具体过程见算法 7.1)。在采用 Early Stopping 方法获得相关参数后，如果要充分利用未直接参与模型训练的验证数据，则可以以此参数为准，重新利用原有的训练样本及验证样本一起对模型进行训练，得到更可靠的模型。根据使用的超参数，采用不同的处理方法：若采用 Early Stopping 获取了不会出现过拟合的最大训练次数，则将新模型的最大训练次数设定为该值；若采用 Early Stopping 方法获取了可靠的不会导致过拟合的最低的训练误差值，则以此值为控制阈值，新模型训练时若训练数据的误差值不超过此值，则将继续训练，直至得到相应的优化的模型。

算法 7.1　Early Stopping 算法：获得最优的训练次数及优化的误差值

输入参数：

　　t：评估之前的训练次数；

　　n：容许模型验证误差连续没有降低的最大的训练次数。

初始化参数 $\boldsymbol{\theta}_0$

　　模型参数：$\boldsymbol{\theta} \leftarrow \boldsymbol{\theta}_0$；

　　训练计数器：$i \leftarrow 0$；

　　损失值连续没有降低的计数器：$j \leftarrow 0$；

　　验证损失值：$v \leftarrow \infty$；

　　优化的参数：$\boldsymbol{\theta}^* \leftarrow \boldsymbol{\theta}$；

　　优化的训练次数：$i^* \leftarrow i$；

　　训练损失值：$\varepsilon \leftarrow \infty$

当 $j<n$ 时，进行以下迭代：

　　模型训练 t 次，更新参数 $\boldsymbol{\theta}$ 及损失值 ε；

　　$i \leftarrow i+t$

　　$v' \leftarrow$ 参数 $\boldsymbol{\theta}$ 对应的验证数据误差值

　　If $v' < v$:

　　　　$j \leftarrow 0; \boldsymbol{\theta}^* \leftarrow \boldsymbol{\theta}; i^* \leftarrow i; v \leftarrow v^*$

　　Else:

　　　　$j \leftarrow j+1$

返回训练的最优模型参数 $\boldsymbol{\theta}$，最优的训练次数 i^* 及训练损失 ε

Bishop (1995)及 Sjöberg 和 Ljung (1995)曾经证明了 Early Stopping 方法将优化的解限制到一个有限的区间，起到了类似 L2 对参数正则化的作用。Goodfellow 等(2016)采用简单的线性模型，说明了 Early Stopping 同 L2 正则化的关系。

令 $\boldsymbol{w}^*$是优化值的取值点，同样采用泰勒级数展开式（Goodfellow et al., 2016），有：

$$\tilde{J}(\boldsymbol{\theta})=J(\boldsymbol{w}^*)+\frac{1}{2}(\boldsymbol{w}-\boldsymbol{w}^*)^{\mathrm{T}}\boldsymbol{H}(\boldsymbol{w}-\boldsymbol{w}^*) \tag{7.59}$$

其中，$\boldsymbol{H}$ 是损失函数 $J(\boldsymbol{w})$ 在优化值点 $\boldsymbol{w}^*$的 Hessian 矩阵。由于 $\boldsymbol{w}^*$为最优值，从而 J 的一阶导数为 0。对 $\boldsymbol{w}$ 的梯度有：

$$\nabla_{\boldsymbol{w}}\tilde{J}(\boldsymbol{w})=\boldsymbol{H}(\boldsymbol{w}-\boldsymbol{w}^*) \tag{7.60}$$

则第 t 次的梯度更新公式为：

$$\begin{aligned}\boldsymbol{w}^{(t)}&=\boldsymbol{w}^{(t-1)}-\varepsilon\nabla_{\boldsymbol{w}}J(\boldsymbol{w}^{(t-1)})\\&=\boldsymbol{w}^{(t-1)}-\varepsilon\boldsymbol{H}(\boldsymbol{w}^{(t-1)}-\boldsymbol{w}^*)\end{aligned} \tag{7.61}$$

$$\boldsymbol{w}^{(t)}-\boldsymbol{w}^*=(\boldsymbol{I}-\varepsilon\boldsymbol{H})(\boldsymbol{w}^{(t-1)}-\boldsymbol{w}^*) \tag{7.62}$$

由于 Hessian 矩阵为对称矩阵，可以利用其特征值分解：$\boldsymbol{H}=\boldsymbol{Q}\boldsymbol{\Lambda}\boldsymbol{Q}^{\mathrm{T}}$，其中$\boldsymbol{\Lambda}$是对角阵而 $\boldsymbol{Q}$ 为特征矢量的正定基，从而有：

$$\boldsymbol{w}^{(t)}-\boldsymbol{w}^*=(\boldsymbol{I}-\varepsilon\boldsymbol{Q}\boldsymbol{\Lambda}\boldsymbol{Q}^{\mathrm{T}})(\boldsymbol{w}^{(t-1)}-\boldsymbol{w}^*) \tag{7.63}$$

$$\boldsymbol{Q}^{\mathrm{T}}(\boldsymbol{w}^{(t)}-\boldsymbol{w}^*)=(\boldsymbol{I}-\varepsilon\boldsymbol{\Lambda})\boldsymbol{Q}^{\mathrm{T}}(\boldsymbol{w}^{(t-1)}-\boldsymbol{w}^*) \tag{7.64}$$

令 $\boldsymbol{w}^{(0)}=\boldsymbol{0}$，保证$\varepsilon$足够小，采用数学归纳法，可得：

$$\boldsymbol{Q}^{\mathrm{T}}\boldsymbol{w}^{(t)}=[\boldsymbol{I}-(\boldsymbol{I}-\varepsilon\boldsymbol{\Lambda})^{(t)}]\boldsymbol{Q}^{\mathrm{T}}\boldsymbol{w}^* \tag{7.65}$$

比较 L2 正则化（式（7.26））可得到一个类似的式子：

$$\boldsymbol{Q}^{\mathrm{T}}\tilde{\boldsymbol{w}}=[\boldsymbol{I}-(\boldsymbol{\Lambda}+\alpha\boldsymbol{I})^{-1}\alpha]\boldsymbol{Q}^{\mathrm{T}}\boldsymbol{w}^* \tag{7.66}$$

比较以上两式，可知非常相似。让超参数对式（7.67）成立：

$$(\boldsymbol{I}-\varepsilon\boldsymbol{\Lambda})^{(t)}=(\boldsymbol{\Lambda}+\alpha\boldsymbol{I})^{-1}\alpha \tag{7.67}$$

对上式两边取对数，同时对等式右边采用泰勒级数展开，在 L2 中控制参数较小的情况下，有：

$$t=\frac{1}{\varepsilon\alpha}\quad\text{或}\quad\alpha=\frac{1}{t\varepsilon} \tag{7.68}$$

在此情况下，Early Stopping 类似于权重衰减的 L2 正则化。

7.9　mini batch 梯度下降法

梯度下降是在深度学习中典型的优化方法，用于帮助模型找到优化的学习参数

(权重及偏差等)。其主要原理是让网络模型通过对训练样本的学习，使得参数沿着梯度或坡向下降最快的方向变化，即向着损失目标函数最低的地方调整参数，直至得到局部损失函数最小的参数的最优值。梯度下降执行相对容易，是深度学习中常用的训练优化方法。依据如何使用数据计算代价函数的导数，梯度下降可分为以下几种。

(1)批量梯度下降(batch gradient descent)法。

批量梯度下降即对训练集合上的每个数据计算误差，直至所有的训练数据计算完成后更新梯度。对训练数据集上的一次训练称为一个训练周期(epoch)，所以批量梯度下降法是对每个 epoch 完成后更新。

批量梯度下降法的主要优点是它具有更高的计算效率上可得到稳定的误差梯度与更稳定的收敛点。

该方法的缺点体现在三个方面：其一，更稳定的误差梯度可能导致模型过早收敛于一个不是最优解的参数集；其二，一次 epoch 的计算完成后才更新模型的参数，计算的时空复杂度较高；其三，该方法将所有的训练数据放置于内存中，数据量较大时计算较慢，甚至无法进行计算。

(2)随机梯度下降(stochastic gradient descent，SGD)法。

该方法是指对每一个训练数据都计算误差并更新模型。对每个数据都进行模型参数的更新表明该方法将频繁地更新数据参数，因此该方法也称为在线机器学习法。

SGD 法的主要优点是使用每个数据及时更新模型参数，可以让模型快速反馈结果，当每个训练数据偏差较少时，训练较为迅速，可以进行快速学习，单个实例本身可能带有较大噪声，使得该方法具有较强的正则化效果，可以避免局部最优。

该方法的主要缺点是计算时间较长、计算消耗大，尤其是当数据量较大时计算较为耗时，频繁更新模型参数可能会导致模型来回跳动、方差较大，进而优化会比较耗时，可能会让算法难于稳定，难收敛到一点。

(3)小批量梯度下降(mini batch gradient descent)法。

小批量梯度下降法将训练数据集划分成多批，每一个小批量(mini batch)样本用于更新模型，可以对每个小批量的梯度取平均值，减少梯度的方差。由统计学原理可知，n 个样本的均值的标准差是样本真实标准差 σ 的 $1/\sqrt{n}$，所以更大的训练样本集有助于获得更稳定的梯度，也有助于独立比较。不过样本均值标准差减少的程度不是样本增加的线性关系(取平方根的原因)。mini batch 相当于学习过程中的滑块，小批量样本由于单个样本本身的误差，会导致学习过程不稳定，类似于噪声，有时候相当于正则化的作用。但是如果用小批量样本(如 n=1)训练模型，则可能需要将学习速率设得比较低，以便训练更容易搜索到优化的解，避免由过多噪声的影响而导致不能得到需要的优化解的情况。

同批量梯度下降法及 SGD 法相比，小批量梯度下降法具有如下优点：相比 SGD

法，下降速度更快，下降过程更稳定，可以取得鲁棒性更优的解；与批量梯度下降法相比，计算更灵活，不受内存的限制，梯度下降不会过于快速，更容易取得优化解。

小批量梯度下降法主要缺点是需要设置模型训练的超参数，即 mini batch 的大小，需要采用验证方法确定最优的 mini batch 大小。

图 7.11 展示了一个采用 SGD 法及小批量梯度下降法的比较。此处假定自变量同因变量之间的关系为：

$$y = 45x + 60 + \varepsilon$$

其中，ε 是随机噪声，$\varepsilon \sim N(0,1)$。需要求解的参数为线性关系式的截距及斜率，误差函数定义为观察值同预测值之间差的平方和的均值的 1/2。图 7.11(a)及(b)分别展示了参数空间的损失值曲面及相应优化的点(图(a)为 SGD 优化过程中的点痕迹，图(b)为小批量梯度下降法优化过程中的点痕迹)。图 7.11(c)及(d)展示了损失风险等值线及其梯度变化的曲线(图(c)为 SGD 结果，图(d)为 mini batch 结果)。图 7.11(e)及(f)展示了优化过程中损失函数的变化(图(e)为 SGD 优化结果，图(f)为 mini batch 优化结果)。由图可见，小批量梯度下降法有更快的收敛性，迭代不到 200 次就得到了最优值，在几次大的波动后就越来越趋于稳定。而 SGD 方法则开始波动较大，经过更多的迭代次数(500 次)后才得到最优解。结果表明，SGD 方法波动变化比较大，受到更多噪声的影响，计算时间比较长；而小批量梯度下降法较快收敛，能更快地得到最优解。

由于各个批的样本之间也会存在训练结果相互抵消的问题，通常也需要经过多轮训练才能够收敛，没有必要再使用全部的数据而耗费更多的计算时间。采用小批量梯度下降法的好处是，每次迭代所使用的训练样本数量都是固定的，这样可以大大加快训练速度。

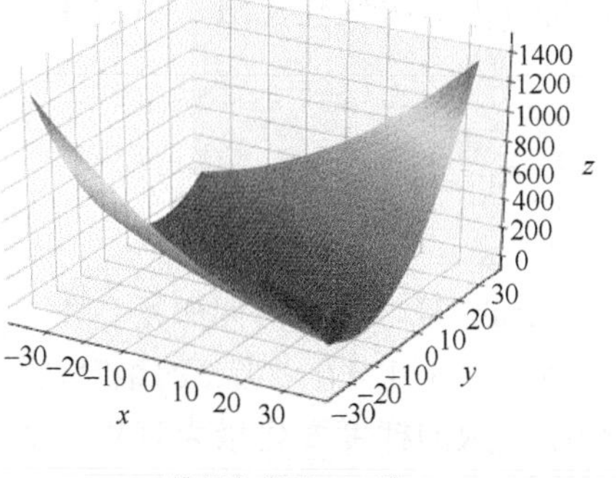

(a)三维损失曲面(SGD法)

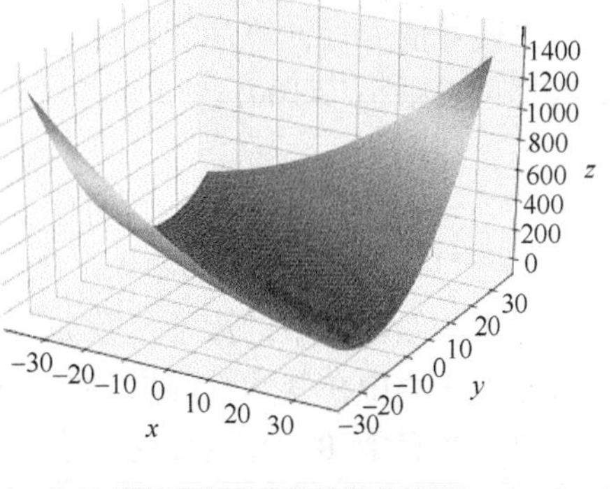

(b)三维损失曲面(小批量梯度下降法)

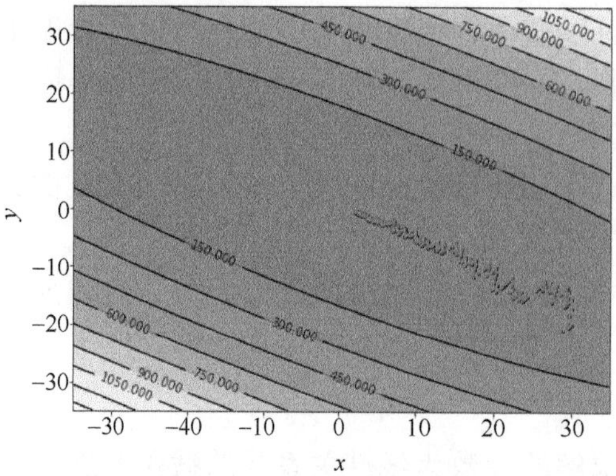

(c) 损失等值线及收敛性(SGD法)

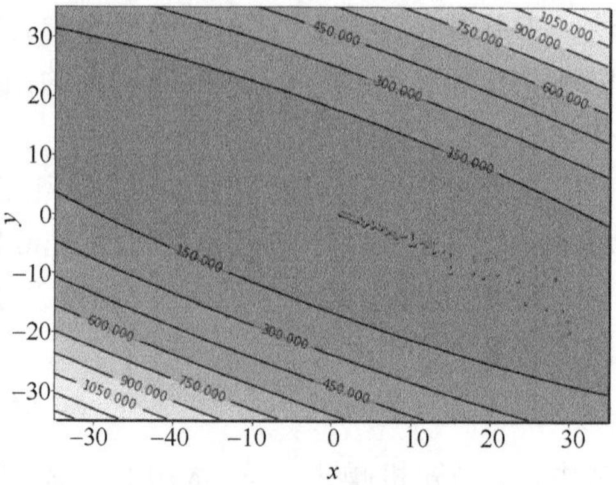

(d) 损失等值线及收敛性(小批量梯度下降法)

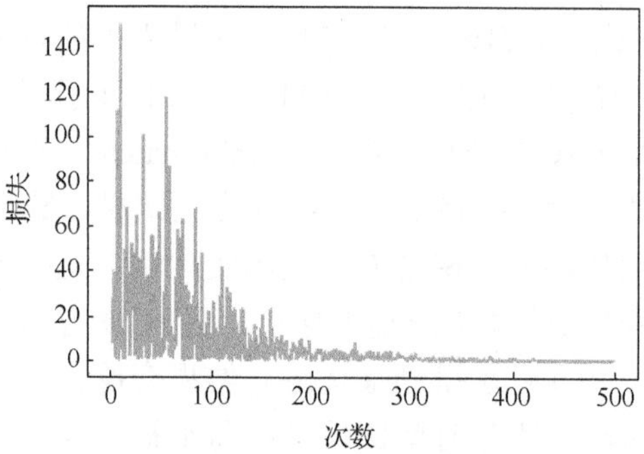

(e) 学习训练损失曲线收敛性(SGD法)

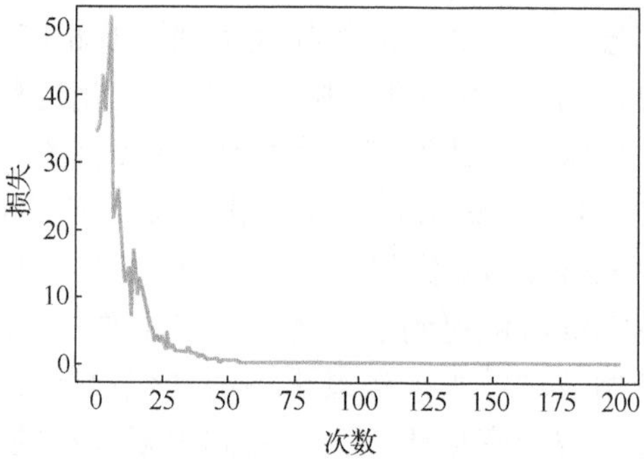

(f) 学习训练损失曲线收敛性(小批量梯度下降法)

图 7.11　SDG 法(图(a)、(c)及(e))与小批量梯度下降法(mini batch size = 7)(图(b)、(d)及(g))求解一元回归函数最优解对比(见彩图)

此外，采用太小的批量数据训练模型不能充分利用已有多核计算体系提供的并行计算资源，限制了计算效率的提高。在并行计算架构特别是 GPU 体系上采用小批量样本训练数据时，一般将批量数据的大小设为 2 的指数倍(如 32～256)，便于充分利用硬件的并行计算功能。对于基于一阶梯度的一般优化算法，小批量训练样本的数据可以很小(≤100)。

7.10　批 正 则 化

对于神经网络中的激活函数如 Sigmoid、tanh 等，主要的问题是当输入数据 x 的分布不是集中在其线性区域(如对 tanh，大致为：[−1, 1])，当 x 的绝对值较大时，其一阶导数趋于 0，梯度变化很小，导致模型参数的梯度变化极为有限，学习缓慢甚至无法收敛。研究发现，当输入变量的值通过线性变换(标准化或白化(whitened))变成均值为 0、方差为 1 的分布时，网络收敛速度变快，将加速模型的学习过程

(LeCun et al., 1998)。所以，输入变量 x 的取值范围对激活函数的活跃程度有重要影响，标准化的取值将得到更好的网络反馈，梯度的有效且明显的变化可以加快学习的进程(图 7.12)。

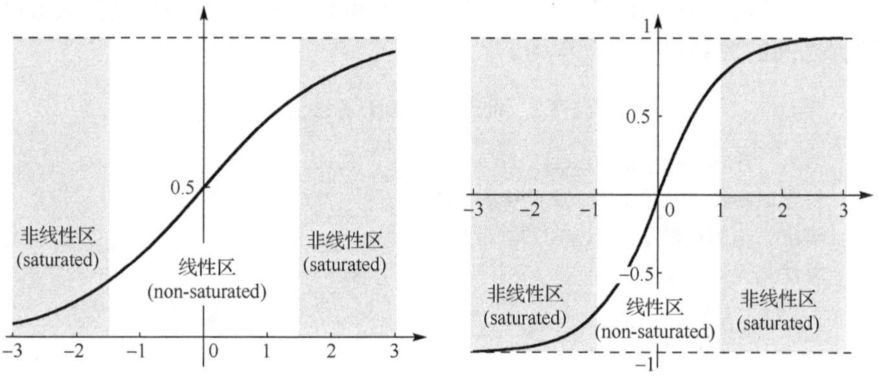

(a) Sigmoid激活函数　　(b) tanh激活函数

图 7.12　非线性激活函数导致输入变量 x 的函数值分布的不均一

除了输入，在神经网络内部的各个隐藏层，Sigmoid 或 tanh 非线性激活函数的使用同样存在类似的问题。而在深度神经网络中，上层的输出作为输入传到下层，多层的递归计算(尤其建模时间序列的回归神经网络)，将导致隐藏层的输入分布发生变化，不再是均值为 0、方差为 1 的标准化分布，对于像 Sigmoid 的激活函数则意味着梯度的饱和(saturated)，在后向传播算法中将无法有效更新参数值，导致计算的迟滞。神经网络的这种由多层参数传递导致的内部隐藏层输入参数分布的变化称为内部变量转变(internal covariate shift, ICS) (Ioffe and Szegedy, 2015; Shimodaira, 2000)。这种内部输入的分布变化将导致隐藏层对应参数的损失梯度饱和，以至于减缓学习进程，特别不利于深层网络的学习。为此，Ioffe 和 Szegedy (2015)提出了批正则化方法，可有效防止内部非线性激活函数的输入层分布大幅变化的情况，加速了学习的进程。

解决 ICS 问题的主要思路是采用标准化或白化，即对每一层采用 PCA 或 ZCA (zero-phase component analysis)方法。但是传统的白化计算成本太高，比如协方差的计算，且白化修改了每层的分布，会减弱网络隐藏层中数据本身的表达力，这将影响梯度学习优化的效果。

批正则化(BN)的提出，对白化过程进行了简化。该方法假定内部各层各节点之间是独立的，分别对各个节点单独进行标准化，标准化方法就是减去均值并除以标准差，最后关键的一点是引入了可学习的尺度参数γ及平移参数β，反标准化操作主要恢复数据的表达力，维持优化学习的效能。批正则化总体上分成训练阶段与测试阶段，训练阶段对分批进入的数据分别通过线性变换进行正则化计算，然后通过反向传播算法学习到设置的参数γ及β，尺度参数γ及平移参数β除了负责进行反正则化转换外，还将各批次的数据联系起来，模型按照梯度最优的方向优化两个参数，这也是批正则化的关键点。训练学习的算法流程参见算法 7.2（Zhang et al.，2016），其中待学习参数γ及β的缺省值可分别设置为 1 和 0，由优化程序根据损失最小及训练批数据之间的关系进行自动学习。

算法 7.2　批正则化（BN）算法流程

输入：样本 $x=\{x_1, x_2,\cdots, x_m\}$，$m$ 为样本数；

待学习参数：尺度参数γ及平移参数β；

输出：正则化结果 $y=\{y_i=\mathrm{BN}_{\gamma,\beta}(x_i)\}$。

算法流程：

$$\mu_x=\frac{1}{m}\sum_{i=1}^{m}x_i\ ;$$

$$\sigma_x^2=\frac{1}{m}\sum_{i=1}^{m}(x_i-\mu_x)^2\ ;$$

$$\hat{x}_i=\frac{x_i-\mu_x}{\sqrt{\sigma_x^2+\varepsilon}}\ ;$$

$$y_i=\gamma\hat{x}_i+\beta=\mathrm{BN}_{\gamma,\beta}(x_i)\ \text{（反正则化）。}$$

返回 y

令损失函数为 J，在后向传播过程中根据自动微分方法求解各参数的一阶导数，从而完成误差信息的反馈及参数的学习。算法 7.3（Ioffe and Szegedy，2015）给出了反向传播的主要计算公式。注意，在算法 7.3 中批量样本的各个实例均参与一阶导数的计算，因此反向传播是利用该批数据及批正则化层的参数γ及β并通过损失函数后向传播计算的风险函数。对于参与计算的正则化后输入的分量 $\hat{x}_i$、批变量方差 σ_x^2 及均值 μ_x 和未正则化输入的 x_i、γ及β，通过其中 $\partial J/\partial x_i$ 根据导数链式法则更新产生该隐藏层输入 x_i 的上层的各参数。

算法 7.3　批正则化的反向传播梯度计算公式

$$\frac{\partial J}{\partial\hat{x}_i}=\frac{\partial J}{\partial y_i}\gamma\ ;$$

$$\frac{\partial J}{\partial\sigma_x^2}=\sum_{i=1}^{m}\frac{\partial J}{\partial\hat{x}_i}(x_i-\mu_x)\cdot\frac{-1}{2}(\sigma_x^2+\varepsilon)^{-\frac{3}{2}}\ ;$$

$$\frac{\partial J}{\partial\mu_x}=\left(\sum_{i=1}^{m}\frac{\partial J}{\partial\hat{x}_i}\cdot\frac{-1}{\sqrt{\sigma_x^2+\varepsilon}}\right)+\frac{\partial J}{\partial\sigma_x^2}\frac{\sum_{i=1}^{m}-2(x_i-\mu_x)}{m}\ ;$$

$$\frac{\partial J}{\partial x_i}=\frac{\partial J}{\partial x_i}\cdot\frac{1}{\sqrt{\sigma_x^2+\varepsilon}}+\frac{\partial J}{\partial\sigma_x^2}\cdot\frac{2(x_i-\mu_x)}{m}+\frac{\partial J}{\partial\mu_x}\cdot\frac{1}{m}\ ;$$

$$\frac{\partial J}{\partial \gamma}=\sum_{i=1}^{m}\frac{\partial J}{\partial y_i}\cdot \hat{x}_i\ ;$$

$$\frac{\partial J}{\partial \beta}=\sum_{i=1}^{m}\frac{\partial J}{\partial y_i}$$

问题 7.7　结合第 6 章介绍的自微分方法，如何实现算法 7.3 所显示的误差反向传播更新参数梯度？

在测试阶段，由于每个批次的均值μ及方差σ^2是基于相应的批训练样本，此时μ及σ^2存在着抽样偏差，直接用于预测是有问题的。批正则化方法保留每组利用小批量梯度下降法训练时每层每个节点的μ_x及σ_x^2，此时可以使用整个样本的统计量进行归一化，即采用均值及方差的无偏估计：

$$\mu_t = E(\mu_x) \tag{7.69}$$

$$\sigma_t^2 = \frac{m}{m-1}E(\sigma_x^2) \tag{7.70}$$

得到均值及方差的无偏估计，就可以对预测数据采用同样的方法进行正则化：

$$\mathrm{BN}(X_t) = \gamma \cdot \frac{X_t - \mu_t}{\sqrt{\sigma_t^2 + \varepsilon}} + \beta \tag{7.71}$$

采用批正则化的优点是使得每层输入数据的分布相对稳定，可以加速模型的学习；减少网络模型参数的敏感性，简化训练；允许使用饱和性激活函数，缓解梯度消失问题；具有一定的正则化效果，即使不用 Dropout 也可以取得不错的效果。

7.11　优化算法主要挑战

随着神经网络层数的加深，优化算法也面临着复杂的情况，特别是对于高维空间的深度网络。这些情况包括局部极小值、鞍点及梯度的极端变化等。这些问题可能会导致无法得到最优解或者梯度消失等情况。

1) 梯度下降的病态问题

梯度下降法沿着梯度的反方向逐步推进，以降低损失函数为目标。不过这种方法在某些情况下并不适用。采用在一参数点$\boldsymbol{w}^{(0)}$的二阶近似泰勒级数展开进行分析：

$$J(\boldsymbol{w}) = J(\boldsymbol{w}^{(0)}) + (\boldsymbol{w}-\boldsymbol{w}^{(0)})^{\mathrm{T}}\boldsymbol{g} + \frac{1}{2}(\boldsymbol{w}-\boldsymbol{w}^{(0)})^{\mathrm{T}}\boldsymbol{H}(\boldsymbol{w}-\boldsymbol{w}^{(0)}) \tag{7.72}$$

其中，$\boldsymbol{H}$是损失函数$J(\boldsymbol{w})$对参数$\boldsymbol{w}$的二阶导数的 Hessian 矩阵，$\boldsymbol{H}=\{\partial^2 J(\boldsymbol{w})/\partial w_i \partial w_j\}$；$\boldsymbol{w}^{(0)}$代表了参数出发点；$\boldsymbol{g}$是梯度。令学习率为$\varepsilon$，则参数的更新公式为：

$$\boldsymbol{w}^{(\text{new})} = \boldsymbol{w}^{(0)} - \varepsilon \boldsymbol{g} \tag{7.73}$$

将式(7.73)代入式(7.72)中，得到：

$$J(\boldsymbol{w}^{(0)} - \varepsilon \boldsymbol{g}) \approx J(\boldsymbol{w}^{(0)}) - \varepsilon \boldsymbol{g}^{\mathrm{T}} \boldsymbol{g} + \frac{1}{2}\varepsilon^2 \boldsymbol{g}^{\mathrm{T}} \boldsymbol{H} \boldsymbol{g} \tag{7.74}$$

公式中包含了三项：损失函数在 $\boldsymbol{w}^{(0)}$ 的原始值、损失函数斜率导致的预期改善 $\varepsilon \boldsymbol{g}^{\mathrm{T}} \boldsymbol{g}$、损失函数曲率导致的校正 $\varepsilon^2 \boldsymbol{g}^{\mathrm{T}} \boldsymbol{H} \boldsymbol{g}$。当损失函数曲率太大时，即 $0.5 \cdot \varepsilon^2 \boldsymbol{g}^{\mathrm{T}} \boldsymbol{H} \boldsymbol{g} \geqslant \varepsilon \boldsymbol{g}^{\mathrm{T}} \boldsymbol{g}$，损失函数其实是增加的，达不到预期的效果，此时梯度的病态决定了梯度下降法是有问题的，学习的过程会非常缓慢。

而当 $\boldsymbol{g}^{\mathrm{T}} \boldsymbol{H} \boldsymbol{g}$ 为 0 或负值时，增加 ε 会使损失函数持续下降，且在学习率 ε 较大时泰勒级数准确性更高。如果 $\boldsymbol{g}^{\mathrm{T}} \boldsymbol{H} \boldsymbol{g} > 0$，则可得到损失函数的泰勒级数近似值下降最多的最优步长为：

$$\varepsilon^* = \frac{\boldsymbol{g}^{\mathrm{T}} \boldsymbol{g}}{\boldsymbol{g}^{\mathrm{T}} \boldsymbol{H} \boldsymbol{g}} \tag{7.75}$$

在最差的情况下，$\boldsymbol{g}$ 与 $\boldsymbol{H}$ 最大特征值对应的特征向量对齐，其最优步长为 $1/\lambda_{\max}$。由此可见，Hessian 的特征值可以决定学习率的量级。

Hessian 也可用于判断一个临界点是否是局部极大值点、局部极小值点或鞍点。

当 $J'(\boldsymbol{w}) = 0$ 时，若 $J''(\boldsymbol{w}) > 0$，则意味着该点是局部极小值点（$J'(\boldsymbol{w})$ 移向左边值减少，而移向右边值增加），即 $J'(\boldsymbol{w} - \varepsilon) < 0$ 及 $J'(\boldsymbol{w} - \varepsilon) > 0$ 对足够小的 ε 成立；类似的推理，如果 $J''(\boldsymbol{w}) < 0$ 则表明该点是一个局部极大值点。而当 Hessian 同时具有正负特征值时，表明该点可能是鞍点，而不是局部极小值点。

2）局部极小值

机器学习模型的优化问题可分为凸优化(convex optimization)或非凸优化，凸优化问题一般只有一个全局最优解，解决了局部最优问题，也就是得到了全局最优解。而非凸优化情况更为复杂，它可能有多个局部最优解，有接近全局最优的解但没有全局最优解(如二分问题采用叉熵损失函数)。

神经网络是一个典型的非凸优化问题，是典型的含隐变量的模型，因此神经网络是不可辨识的模型，这表明神经网络和任意具有多个等效参数的模型会有多个局部极小值。

对于高维空间的特征变量，局部极小值可能会相对少，但是代表了假极小值的鞍点比较多。实践经验表明鞍点对于神经网络的大多数应用不是一个很大的阻碍。

3）鞍点及平坦区域

梯度为 0 的点代表两类点：即鞍点与局部极小值点。对于高维特征的数据而言，局部极小值点远少于鞍点。可以采用 Hessian 矩阵来判断一点是否为鞍点。在鞍点，Hessian 矩阵同时具有正负特征，位于正特征对应的特征向量点比鞍点有更大的代价，而位于负特征对应的特征向量点有较小的代价。而对于较为平坦的区域，搜索也会变慢，严重影响到最优解的获得。

对于高维空间而言，经验表明小批量梯度下降法往往能取得不错的效果，常常可以有效地避开鞍点而获得一个较优的局部解。而牛顿方法求解深度网络并不是很有优势，所以主流的方法还是使用小批量梯度下降法。

4) 悬崖及梯度爆炸

深度网络(如用于时间序列的回归神经网络)由于累积的循环运算，可能在其损失曲面上存在像悬崖一样的较陡的区域，称之为 Cliff(如由几个较大的权重相乘导致)。传统的梯度下降法更新很大一步时，可以采用启发式的梯度截断法以减小步长，使其不太可能走出梯度近似为最陡下降方向的悬崖区域。

7.12　参数初始化

参数初始化是深度学习中网络设计的主要步骤。参数设置不正确(如均为 0)将严重影响到学习的效果(泛化误差)，甚至导致训练无法收敛。而关于参数初始化对神经网络的影响，至今还没有足够充分的认识，目前的初始化基于打破均衡的原理，在相关联的而又不同的参数初始值之间形成差异，促使优化算法具有一定的变化模式，有利于优化算法的进化与收敛。总的来说，一般将数据和参数初始化为均值为 0，输入和输出数据的方差一致的分布，从而使得参数之间形成差异，加速优化的进行。在实际应用中，采用高斯分布或者均匀分布来进行初始化。参数初始化的主要目标是加速收敛，减少泛化误差。参数初始化方法有以下几种。

1) 随机数初始化

将参数初始化成较少的随机数，如从标准正态分布 $N(0, 1)$ 或均匀分布 $U(-1, 1)$ 中抽取随机数进行初始化。不过该种方法的主要缺点是神经元输出的方差会随着输入神经元数量的增多而变大。对于有 n 个输入单元的神经元来说，用 χ^2 分布，每个输入单元的方差是 $1/n$ 时，总的方差是 1。

2) 标准初始化

神经网络涉及多层之间的运算，层与层之间最常见的是前一层各单元的线性相加，输入到激活函数后，经过激活函数输出。这些运算均涉及几个随机变量相加及其相关的均值及方差问题。激活函数如西格玛及正切等涉及输入的取值问题，处理不当将会导致梯度过饱和，优化缓慢。因此初始化参数要考虑这些方面的影响。

两个随机变量 X 与 Y 的方差：

$$\mathrm{Var}(aX+bY)=a^2\mathrm{Var}(X)+b^2\mathrm{Var}(Y)+2ab\mathrm{Cov}(X,Y) \tag{7.76}$$

如果两个随机变量之间是独立的，则 $\mathrm{Cov}(X, Y)=0$，进一步简化，有：

$$\mathrm{Var}(aX+bY)=a^2\mathrm{Var}(X)+b^2\mathrm{Var}(Y) \tag{7.77}$$

同理，推广到 K 个独立同分布的随机变量，则有：

$$\mathrm{Var}\left(\sum_{i=1}^{K}a_iX_i\right)=\sum_{i=1}^{K}a_i^2\mathrm{Var}(X_i)=\sigma^2\sum_{i=1}^{K}a_i^2 \tag{7.78}$$

假定一个隐藏层的输入为 K 个神经元，假设输入神经元的个数为 1（a_i=1），根据独立同分布的原理，求和后的方差将发生变化。

如果初始化参数符合 (−1,1) 区间的均匀分布（均值为 0，方差为 1/3），那么经过 K 个神经元求和后的变量将变成均值为 0，方差为 K/3 的分布，方差增大将导致下一层的输入数据分布更为宽泛，有更大的概率偏离激活函数的线性区域，将会导致梯度饱和问题。因此在权重初始化时要考虑神经元数目的影响。初始化时考虑求和影响，令输入神经元为 K 个，则可将每个神经元的均匀分布的范围限制到 $(-1/\sqrt{K}, 1/\sqrt{K})$，这样做的好处是让求和神经元的分布服从 (−1,1) 区间的均匀分布（$\mu=0$，$\sigma^2=1/3$），保证输出在 Sigmoid 或 tanh 等激活函数的线性活跃区域，保证梯度变化得到明显的优化，提高算法的收敛。

同理，如果初始化参数设定为高斯分布 $N(0,\sigma^2)$，则需要考虑输入单元数对求和的影响。假定 K 个输入，则输出单元的方差将可能为 $K\sigma^2$，方差变大，使得输出分布有很大概率偏离线性活跃区域 (−1, 1)。因此需要考虑神经元个数的影响，将输入参数的高斯分布的方差转化成 σ^2/K，这样将使得输出单元的方差仍然有很大的概率在活跃区间。

3) Xavier 初始化

该初始化方法（Glorot and Bengio，2010）认为好的初始方法是使每一层输出的方差尽量相等。其初始化要求神经元权重方差满足：

$$\mathrm{Var}(w)=\frac{2}{n_{\mathrm{in}}+n_{\mathrm{out}}} \tag{7.79}$$

其中，n_{in} 及 n_{out} 分别代表输入及输出单元的个数。对于正态分布，参数符合：

$$w \sim N\left(0,\sqrt{\frac{2}{n_{\mathrm{in}}+n_{\mathrm{out}}}}\right) \tag{7.80}$$

对于均匀分布，参数符合：

$$w \sim U\left(-\sqrt{\frac{6}{n_{\text{in}}+n_{\text{out}}}}, \sqrt{\frac{6}{n_{\text{in}}+n_{\text{out}}}}\right) \tag{7.81}$$

该方法的局限在于只适用于关于 0 对称、呈线性的激活函数如 Sigmoid、tanh 和 Softsign 等，不适用于 ReLU 激活函数。

4) He 初始化

根据分布函数的不同，有两种不同的定义。正态分布函数定义为：

$$w \sim N\left(0, \sqrt{\frac{2}{n_{\text{in}}}}\right) \tag{7.82}$$

其中，n_{in} 为输入神经元的个数。

对于均匀分布，定义为：

$$w \sim U\left(-\sqrt{\frac{6}{n_{\text{in}}}}, \sqrt{\frac{6}{n_{\text{in}}}}\right) \tag{7.83}$$

He 初始化可适用于 ReLU 以及 Sigmoid 等。

5) 预训练或转移学习方法

即采用一些非监督模型如自动编码器(Autoencoder)训练网络，或者对已有的训练好的模型适当修改后，获取一些初始化的参数参与构建新模型。如果除了输出部分之外，新模型内部的其他部分与 Autoencoder 或预训练模型保持一致，则借用已经非监督或半监督训练好的模型参数，加速模型的训练。

以上介绍了 5 种初始化方法，主要是针对权重系数的；而对于偏差的初始化，可以初始化为 0 或者一个较小的值。

7.13　基本梯度学习方法

深度学习训练最主要的超参数之一是学习率，即允许梯度变化的尺度化值，太大的值可能会导致优化器错过最小值，而太小的值会让学习过程很缓慢。由于梯度在学习的过程中不断变化，所以也有必要不断调整学习率参数。根据调整的策略，称在学习的过程中学习率按某种规则固定变化的方法为基本的学习方法，而学习率随训练适应性变化的方法为适用性学习方法。本节主要介绍梯度学习中的基本方法，包括梯度学习方法、小批量/随机梯度学习法及动量(Momentum)学习法等。

1) 梯度学习方法

该种方法同批量梯度下降法相互匹配，在每一步迭代中均使用整个训练集所有样本参与训练、更新参数，此种方法由于使用了所有的数据集，变化比较均匀，不需要减小学习率。

主要的梯度更新公式：

$$\hat{\boldsymbol{g}} = \frac{1}{m}\nabla_{\theta}\sum_{i=1}^{m} L(f(\boldsymbol{x}_i;\boldsymbol{\theta}), y_i) \tag{7.84}$$

$$\boldsymbol{\theta} = \boldsymbol{\theta} - \varepsilon\hat{\boldsymbol{g}} \tag{7.85}$$

其中，$\boldsymbol{x}_i$为单个输入矢量，而$\boldsymbol{\theta}$为参数集，θ为单个参数，ε为学习率。

该种方法的主要缺点是每次迭代的空间复杂度较高，并不适用于现代深度学习系统大数据训练的要求。

2) 小批量/随机梯度学习法

与全部数据整体训练的方法相比较，小批量/随机梯度学习法采用小样本集训练模型，及时更新梯度，对学习率超参数的要求更高。一般随着学习的进行，参数取值越来越接近最优值，梯度变化也越来越小，相应地需要学习率能逐步减小。为此，小批量/随机梯度学习法，可以让学习率随着迭代的进行逐步减小，最后到一定的程度固定为最小值。

$$\varepsilon_i = (1-\alpha)\varepsilon_0 + \alpha\varepsilon_\tau \tag{7.86}$$

其中，ε_0 为初始的学习率；τ代表迭代次数；ε_τ为最后一次迭代的学习率，可设置ε_τ 为ε_0的 1%；$\alpha = k/\tau$；经过τ次迭代学习之后，学习率可以设置为常数。算法 7.4 简要描述了该过程。

算法 7.4　小批量/随机梯度学习法

输入：初始学习率ε_0，最后固定学习率ε_t（缺省：$0.01\varepsilon_0$）
初始化参数$\boldsymbol{\theta}$;
$\tau = 100$;
$k = 0$;
循环直到精度达到要求或最大的循环次数：
　　从训练样本集中抽取 m 个样本，$\{(\boldsymbol{x}_i, y_i)\}(i = 1,\cdots,m)$；
　　计算参数梯度：$\hat{\boldsymbol{g}} = \frac{1}{m}\nabla_{\theta}\sum_{i} L(f(\boldsymbol{x}_i;\boldsymbol{\theta}), y_i)$
　　如果 $k<\tau$:
　　　　更新参数$\alpha = k/\tau$;
　　　　更新学习率 $\varepsilon = (1-\alpha)\varepsilon_0 + \alpha\varepsilon_\tau$；
　　更新参数：$\boldsymbol{\theta} = \boldsymbol{\theta} - \varepsilon\hat{\boldsymbol{g}}$

$k=k+1$

超参数ε_0需要一定的初始训练，一般采用试错法，找到一定的范围，可以将其设置得比范围内的均值偏大一些。

小批量/随机梯度学习法的优点包括：不用每次将训练样本输入训练模型，降低空间复杂度；优化的解不需要将所有的数据都进行训练就能得到；对足够大的数据集而言，有限次的训练即可使模型的泛化误差限制在一定的范围内。

3) 动量学习法

小批量/随机梯度学习法每次通过抽样计算损失风险，后向传递误差更新参数。随机抽样的过程自然而然引入了噪声，会导致学习的过程随机波动较多，学习过程可能减缓。因此，借用物理学中动量的概念，提出了动量梯度学习法(Polyak，1964)，在一定程度上保持前几次学习的梯度的方向。在该方法中，通过引入新变量$\boldsymbol{v}$(velocity)，$\boldsymbol{v}$是之前的梯度的累加，但是每次都有一定的衰减(算法 7.5)。更新公式如下：

$$\boldsymbol{v}=\alpha\boldsymbol{v}-\varepsilon\hat{\boldsymbol{g}} \tag{7.87}$$

$$\boldsymbol{\theta}=\boldsymbol{\theta}+\boldsymbol{v} \tag{7.88}$$

其中，$\hat{\boldsymbol{g}}$表示参数$\boldsymbol{\theta}$的梯度，α表示每次速度$\boldsymbol{v}$的衰减程度(可取 0.5、0.9 或 0.99 等)。在时间序列的深度学习网络中，如回归神经网络，如果每次衰减得到的梯度均是$\hat{\boldsymbol{g}}$，那么最后稳定的$\boldsymbol{v}$的大小为：

$$v\to\frac{\varepsilon\|\hat{\boldsymbol{g}}\|}{1-\alpha} \tag{7.89}$$

这表明动量学习法最好的情况下可以将学习速率加速 $1/(1-\alpha)$倍。

算法 7.5　动量学习法

输入：学习率ε，衰减系数α(缺省：0.5)
初始化参数$\boldsymbol{\theta}$;
动量$\boldsymbol{v}=\boldsymbol{0}$;
循环直到精度达到要求或最大的循环次数：
　　从训练样本集中抽取m个样本，$\{(\boldsymbol{x}_i,y_i)\}(i=1,\cdots,m)$；
　　计算参数梯度：$\hat{\boldsymbol{g}}=\frac{1}{m}\nabla_{\theta}\sum_i L(f(\boldsymbol{x}_i;\boldsymbol{\theta}),y_i)$；
　　更新动量：$\boldsymbol{v}=\alpha\boldsymbol{v}-\varepsilon\hat{\boldsymbol{g}}$；
　　更新参数：$\boldsymbol{\theta}=\boldsymbol{\theta}+\boldsymbol{v}$

同普通的梯度下降法相比较，动量学习法增加了前几步梯度下降相关的步长$\alpha\boldsymbol{v}$，表明下一步的步长将由当前梯度方向及前几步累积的方向共同确定(梯度下降参数α<1 表明步数越远影响越小)。这样将使得参数中那些梯度方向变化不大的维度可加速更新，同时减少梯度方向变化较大的维度更新幅度，这样学习的过程更为平缓，减少震荡。图 7.13 展示了普通的梯度下降法同动量学习法用于解决病态 Hessian 二阶导数矩阵(如某个二阶导数为 0，无法确定下降的方向)的对比，可以看到，动量学习法中梯度下降过程校正了普通方法的方向，下降过程较快且稳定，而普通梯度下降法将导致参数来回震荡，将减缓学习得到优化解的过程。

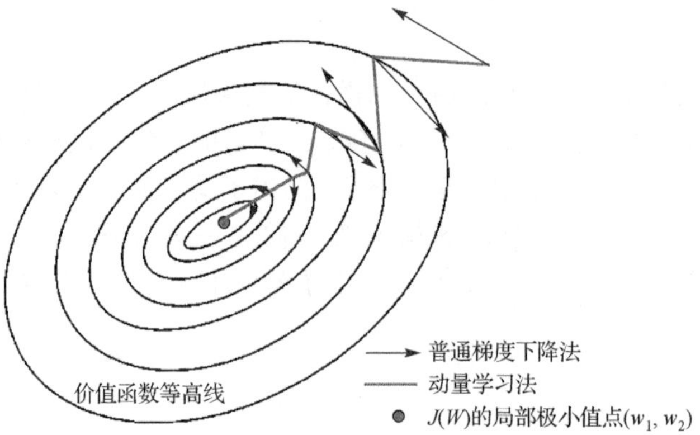

图 7.13　动量梯度学习法学习曲线(见彩图)

4) NAG

NAG (Nesterov accelerated gradient) 方法 (Sutskever et al.，2013) 是对动量学习法的改进。动量学习法是根据当前的梯度方向及前期累积的动量方向共同决定参数的更新，而 NAG 方法先找到在仅计算动量时下一时刻$\boldsymbol{\theta}$的近似位置，并据此位置计算梯度，余下的步骤同动量学习法类似。该方法同动量学习法差别主要在于梯度计算的不同，其预先采用梯度可能的下降方向作为当前梯度方向：

$$\hat{\boldsymbol{g}}^{(t)} = \frac{1}{m}\nabla_{\theta}\sum_{i} L(f(\boldsymbol{x}_i;\boldsymbol{\theta}+\alpha\boldsymbol{v}^{(t-1)}), y_i) \tag{7.90}$$

$$\boldsymbol{v} = \alpha\boldsymbol{v} - \varepsilon\hat{\boldsymbol{g}}^{(t)} \tag{7.91}$$

$$\boldsymbol{\theta} = \boldsymbol{\theta} + \boldsymbol{v} \tag{7.92}$$

其中，t 代表时间，$\hat{\boldsymbol{g}}$ 代表梯度，a 及 $\boldsymbol{v}$ 定义同动量梯度学习法。

7.14　适应性梯度学习方法

7.13 节介绍的优化算法在设置学习率方面一般按照固定的规则进行变化，而适应性梯度学习方法将使学习率随着学习的过程动态变化，实现实时调整系数，达到较好的学习效果。适应性优化学习方法又分成以下几种。

1) AdaGrad

该种学习算法(Duchi et al.，2011)可对更新频率较低参数进行较大的更新，而对高频参数进行较小的更新。该种学习法对于稀疏数据表现很好，提高了普通 SDG 的鲁棒性。其梯度更新规则如下：

$$\hat{\boldsymbol{g}}_t = \frac{1}{m}\nabla_\theta \sum_i L(f(\boldsymbol{x}^{(i)};\boldsymbol{\theta}), y^{(i)}) \tag{7.93}$$

$$\boldsymbol{r}_t = \boldsymbol{r}_t + \hat{\boldsymbol{g}}_t^2 \tag{7.94}$$

$$\Delta\boldsymbol{\theta}_{t,i} = -\frac{\varepsilon}{\sqrt{r_{t,ii} + \delta}}\hat{\boldsymbol{g}}_{t,i} \tag{7.95}$$

$$\boldsymbol{\theta} = \boldsymbol{\theta} + \Delta\boldsymbol{\theta} \tag{7.96}$$

其中，δ是防止分母为 0 的调整因子；ε为全局学习率，可以设置为 0.01；i为参数的索引。其他变量定义同前。算法 7.6 给出了相应的算法步骤。

算法 7.6　AdaGrad 算法

输入：全局学习率ε(缺省：0.01)，防 0 因子δ(缺省：1×10^{-8})

　初始化参数$\boldsymbol{\theta}$;

　$\boldsymbol{r} = \boldsymbol{0}$;

　循环直到精度达到要求或最大的循环次数：

　　从训练样本集中抽取 m 个样本，$\{(\boldsymbol{x}_i, y_i)\}(i=1,\cdots,m)$；

　　计算参数梯度：$\hat{\boldsymbol{g}} = \frac{1}{m}\nabla_\theta \sum_i L(f(\boldsymbol{x}_i;\boldsymbol{\theta}), y_i)$ for i =1 to p (p 为参数个数)；

　　$\boldsymbol{r} = \boldsymbol{r} + \hat{\boldsymbol{g}}^2$；

　　$\Delta\theta_{t+1,i} = -\frac{\varepsilon}{\sqrt{r_{t,ii} + \delta}}\hat{g}_{t,i}$；

　　更新参数：$\boldsymbol{\theta} = \boldsymbol{\theta} + \Delta\boldsymbol{\theta}$。

从式(7.95)可知，当训练前期$\hat{\boldsymbol{g}}_t$较小时，正则化项$\varepsilon/\sqrt{r_{t,ii} + \delta}$较大，可以起到放大梯度的作用；而在训练后期$\hat{\boldsymbol{g}}_t$较大时，正则化项$\varepsilon/\sqrt{r_{t,ii} + \delta}$较小，可以起到约束梯度，防止梯度变化太大的作用，这样有效地调整了学习率。算法也比较适合处理稀疏梯度。

该方法的主要缺点体现在以下几方面。

(1) 需要设置一个全局的学习率ε。如果ε设置过大，则会加强该正则化项约束作用，以致对梯度调节太大而影响优化效果。一般除了设置为 0.01 的缺省值外，可以采用先期预训练的方式进行试错，得到一个优化的值。

(2) 在训练的中后期，由于累积效应，分母上的梯度平方和越来越大，将使得梯度$\hat{\boldsymbol{g}}_t \to 0$，而导致训练过早结束。

2) AdaDelta

AdaDelta (Zeiler，2012) 是对 AdaGrad 的改进，依据的思想依然是学习率在学习过程中根据一系列的约束条件（正则化项）进行自适应性地调整，不过其在计算方法上进行了简化。该方法只是累加相应的梯度值，然后计算其平均值。该方法在正则化项中采用过去梯度平方的衰减平均值替换过去的梯度平方和：

$$\Delta\boldsymbol{\theta}_t = -\frac{\varepsilon}{\sqrt{E(\hat{\boldsymbol{g}}^2)_t + \delta}}\hat{\boldsymbol{g}} \tag{7.97}$$

其中，分母相当于梯度的均方根（root mean squared，RMS），可以采用求均值的方式：

$$E(\hat{\boldsymbol{g}}^2)_t = \gamma E(\hat{\boldsymbol{g}}^2)_{t-1} + (1-\gamma)\hat{\boldsymbol{g}}^2 \tag{7.98}$$

其中，参数γ为前期梯度影响的比例，缺省值可设置为 0.9。

梯度更新规则依然为 $\boldsymbol{\theta}_{t+1} = \boldsymbol{\theta}_t + \Delta\boldsymbol{\theta}_t$ 。在式 (7.97) 中，可以看到还需要设置全局学习率参数ε，不过可以将全局学习率采用梯度变化的平方和的均方根替代：

$$E(\Delta\boldsymbol{\theta}^2)_t = \gamma E(\Delta\boldsymbol{\theta}^2)_{t-1} + (1-\gamma)\Delta\boldsymbol{\theta}_t^2 \tag{7.99}$$

从而得到其均方根误差：

$$\mathrm{RMS}(\Delta\boldsymbol{\theta})_t = \sqrt{E(\Delta\boldsymbol{\theta}^2)_t + \varepsilon} \tag{7.100}$$

从而得到更新公式：

$$\Delta\boldsymbol{\theta}_t = -\frac{\mathrm{RMS}(\Delta\boldsymbol{\theta})_{t-1}}{\mathrm{RMS}(\hat{\boldsymbol{g}}_t)}\hat{\boldsymbol{g}}_t \tag{7.101}$$

此时 AdaDelta 不再依赖全局学习率。此外，该方法在训练的初中期，加速效果不错，但在训练后期，会在局部最小值附近抖动。

3) RMSEProp

RMSEProp (Hinton et al.，2012b) 类似 AdaDelta，为解决 AdaGrad 的学习率不断下降的问题而提出。

$$\boldsymbol{r}_t = \rho\boldsymbol{r}_{t-1} + (1-\rho)\cdot\hat{\boldsymbol{g}}_t^2 \tag{7.102}$$

$$\Delta\boldsymbol{\theta}_t = -\frac{\varepsilon}{\sqrt{(\boldsymbol{r}_t + \delta)}}\cdot\hat{\boldsymbol{g}}_t \tag{7.103}$$

根据式 (7.103) 可见，对于梯度变换较大的方向能够抑制变化，而对于变化较小的方向则可以加速变化，消除震荡，加速学习的收敛。算法 7.7 展示了 RMSEProp 的具体流程。

算法 7.7　RMSEProp 算法

输入：全局学习率ε(缺省：0.001)，衰退因子 ρ (缺省：0.9)，防 0 因子δ(缺省：1×10^{-5})

初始化参数$\boldsymbol{\theta}$;

$\boldsymbol{r}=\boldsymbol{0}$;

循环直到精度达到要求或最大的循环次数：

从训练样本集中抽取 m 个样本，$\{(\boldsymbol{x}_i, y_i)\}(i=1,\cdots,m)$；

计算参数梯度：$\hat{\boldsymbol{g}}=\frac{1}{m}\nabla_{\theta}\sum_i L(f(\boldsymbol{x}_i;\boldsymbol{\theta}), y_i)$；

$\boldsymbol{r}=\rho\boldsymbol{r}+(1-\rho)\hat{\boldsymbol{g}}^2$；

$\Delta\boldsymbol{\theta}=-\frac{\varepsilon}{\sqrt{r+\delta}}\hat{\boldsymbol{g}}$；

更新参数：$\boldsymbol{\theta}=\boldsymbol{\theta}+\Delta\boldsymbol{\theta}$ 。

RMSEProp 方法也可同动量方法相结合，发挥各自的长处。算法 7.8 描述了该方法。

算法 7.8　RMSEProp 同 NAG 算法结合的流程

输入：动量系数α，全局学习率ε(缺省：0.001)，衰退速率 ρ (缺省：0.9)，防 0 因子δ(缺省：1×10^{-5})

初始化参数$\boldsymbol{\theta}$及 $\boldsymbol{v}$;

$\boldsymbol{r}=\boldsymbol{0}$;

循环直到精度达到要求或最大的循环次数：

从训练样本集中抽取 m 个样本，$\{(\boldsymbol{x}_i, y_i)\}(i=1,\cdots,m)$；

计算可能的备选参数值：$\tilde{\boldsymbol{\theta}}=\boldsymbol{\theta}+\alpha\boldsymbol{v}$

计算参数梯度：$\hat{\boldsymbol{g}}=\frac{1}{m}\nabla_{\tilde{\theta}}\sum_i L(f(\boldsymbol{x}_i;\tilde{\boldsymbol{\theta}}), y_i)$；

计算累积梯度：$\boldsymbol{r}=\rho\boldsymbol{r}+(1-\rho)\hat{\boldsymbol{g}}^2$；

$\boldsymbol{v}=\alpha\boldsymbol{v}-\frac{\varepsilon}{\sqrt{r}}\cdot\hat{\boldsymbol{g}}$；

更新参数：$\boldsymbol{\theta}=\boldsymbol{\theta}+\Delta\boldsymbol{\theta}$ 。

4) Adam

Adam(Kingma and Ba，2014)全称为“Adaptive Moment Estimation”(即自适应矩估计)。它其实可看作带有动量项的 RMSEProp。该算法利用了梯度的一阶矩及二阶矩估计动态调整每个参数的学习率。另外，在算法中会进行偏差校正(全称 bias correction，即修正训练初期随着时间步 t 变大偏差效果减弱的问题)，经过校正后的范围使得参数变化比较平稳。

Adam 的主要计算公式如下。

一阶动能(momentum)，等价于梯度：

$$\boldsymbol{s}_t = \alpha \boldsymbol{s}_{t-1} + (1-\alpha) \cdot \hat{\boldsymbol{g}}_{t-1} \tag{7.104}$$

二阶动能(momentum)，等价于梯度平方：

$$\boldsymbol{v}_t = \beta \boldsymbol{v}_{t-1} + (1-\beta) \cdot \hat{\boldsymbol{g}}_{t-1}^2 \tag{7.105}$$

其中，$\boldsymbol{s}_t$ 及 $\boldsymbol{v}_t$ 的初始值均初始化为零($\boldsymbol{s}_0=\mathbf{0}$, $\boldsymbol{v}_0=\mathbf{0}$)，使得二者在开始几次迭代中更大一些。

然后对一阶及二阶动能进行校正：

$$\hat{\boldsymbol{s}}_t = \frac{\boldsymbol{s}_t}{1-\alpha^t} \tag{7.106}$$

$$\hat{\boldsymbol{v}}_t = \frac{\boldsymbol{v}_t}{1-\beta^t} \tag{7.107}$$

最后的梯度更新差项：

$$\Delta \boldsymbol{\theta} = -\varepsilon \frac{\hat{\boldsymbol{s}}_t}{\sqrt{\hat{v}_t + \delta}} \tag{7.108}$$

算法 7.9 展示了 Adam 算法的主要流程。本算法结合了 AdaGrad 善于处理稀疏梯度以及 RMSEProp 善于处理平稳的优点，且对内存需求较少，可为不同参数设置不同的自适应学习率。经验证明 Adam 适用于大多的非凸优化问题，对样本训练较大、模型较为复杂及维度较高的问题比较适用。目前 Adam 算法基本上是最好的优化算法之一。此外 SDG+Nesterov 动量也有较好的效果。当前这两种算法是深度学习首推的优化算法。

算法 7.9　Adam 算法流程

输入：步长的大小ε(缺省：0.001)，针对一及二阶动能的衰退因子α(缺省：0.9)及β(缺省：0.999)，防 0 因子δ(缺省：1×10^{-7})

初始化参数$\boldsymbol{\theta}$及 $\boldsymbol{v}$;

$m=0$；$t=0$；

循环直到精度达到要求或最大的循环次数：

　从训练样本集中抽取 m 个样本，$\{(\boldsymbol{x}_i, y_i)\}(i=1,\cdots,m)$；

　计算参数梯度：$\hat{\boldsymbol{g}} = \frac{1}{m}\nabla_{\boldsymbol{\theta}} \sum_i L(f(\boldsymbol{x}_i;\boldsymbol{\theta}), y_i)$；

　$t=t+1$;

　估算有偏的一阶动能：$\boldsymbol{s} = \alpha \cdot \boldsymbol{s} + (1-\alpha) \cdot \hat{\boldsymbol{g}}$；

　估算有偏的二阶动能：$\boldsymbol{v} = \beta \boldsymbol{v} + (1-\beta) \cdot \hat{\boldsymbol{g}}^2$；

　校正一阶动能：$\hat{\boldsymbol{s}} = \frac{\boldsymbol{s}}{1-\rho_1^t}$；

　校正二阶动能：$\hat{\boldsymbol{v}} = \frac{\boldsymbol{v}}{1-\rho_2^t}$

$$\Delta\boldsymbol{\theta} = -\varepsilon\frac{\hat{\boldsymbol{s}}}{\sqrt{\hat{v}+\delta}};$$

更新参数：$\boldsymbol{\theta} = \boldsymbol{\theta} + \Delta\boldsymbol{\theta}$。

7.15 高阶优化

根据损失风险函数的泰勒级数高阶展开式，可以对高于一阶的形式求其最优解。比较典型的是针对二阶泰勒级数展开式进行二阶模型的优化。

令损失函数 J 在点 $\boldsymbol{\theta}_0$ 用泰勒级数展开，有：

$$J(\boldsymbol{\theta}) \approx J(\boldsymbol{\theta}_0) + (\boldsymbol{\theta} - \boldsymbol{\theta}_0)\nabla_{\boldsymbol{\theta}}J(\boldsymbol{\theta}_0) + \frac{1}{2}(\boldsymbol{\theta} - \boldsymbol{\theta}_0)^{\mathrm{T}}\boldsymbol{H}(\boldsymbol{\theta} - \boldsymbol{\theta}_0) \tag{7.109}$$

其中，$\boldsymbol{H}$ 为损失函数 J 在 $\boldsymbol{\theta}_0$ 评估对 $\boldsymbol{\theta}$ 的 Hessian 矩阵，根据最优点处一阶导数为 0 的导数法则，根据式(7.109)，求当 J 对 $\boldsymbol{\theta}$ 的一阶导数，并令其值为 0，可以得到新的 $\boldsymbol{\theta}$ 值：

$$\boldsymbol{\theta}^* = \boldsymbol{\theta}_0 - \boldsymbol{H}^{-1}\nabla_{\boldsymbol{\theta}}J(\boldsymbol{\theta}_0) \tag{7.110}$$

式(7.110)基本能保证直接求得的最优值，速度加快。此种优化方法称为牛顿(Newton)迭代梯度法。也可以通过迭代的方式求得最优解。算法 7.10 给出方法流程。

算法 7.10　Newton 迭代优化算法

输入：训练样本

初始化参数 $\boldsymbol{\theta}$;

循环直到精度达到要求或最大的循环次数：

从训练样本集中抽取 m 个样本，$\{(\boldsymbol{x}_i, y_i)\}(i = 1,\cdots,m)$；

计算参数梯度：$\hat{\boldsymbol{g}} = \frac{1}{m}\nabla_{\tilde{\boldsymbol{\theta}}}\sum_i L(f(\boldsymbol{x}_i;\tilde{\boldsymbol{\theta}}), y_i)$；

计算 Hessian 矩阵：$\boldsymbol{H} = \frac{1}{m}\nabla_{\tilde{\boldsymbol{\theta}}}^2\sum_i L(f(\boldsymbol{x}_i;\tilde{\boldsymbol{\theta}}), y_i)$；

计算 Hessian 的逆矩阵：$\boldsymbol{H}^{-1}$;

更新梯度：$\Delta\boldsymbol{\theta} = -\boldsymbol{H}^{-1}\boldsymbol{g}$；

更新参数：$\boldsymbol{\theta} = \boldsymbol{\theta} + \Delta\boldsymbol{\theta}$。

同 7.14 节介绍的方法相比，Newton 方法几乎不需要确定超参数，梯度移动也较快。但是对于神经网络特别是深度学习网络而言，层数太深，参数量庞大，要求解 Hessian 矩阵及其逆矩阵几乎是不可能完成的事情，会涉及很高的时空计算复杂度。此外，对于高维的深度学习而言，问题常常是非凸优化的，会有许多鞍点，这样可能会导致 Newton 方法寻找到错误的方向，无法得到最优解。这两大问题也是导致 Newton 方法无法在深度学习的优化中推广应用的原因。而采用 7.14 节介绍的梯度下降法，对算法复杂度要求低，可以有效地避开鞍点，是深度学习的首选方法。为避免 Newton 方法中的求 Hessian 逆矩阵的问题，提出了共轭梯度(conjugate gradient)及 BFGS(Broyden-Fletcher-Goldfarb-Shanno)算法，这两种方法另辟蹊径，从二阶导数出发来求优化解。

7.16 算法优化策略

除了前面介绍的参数正则化、数据增强、小批量梯度下降以及适应性方法等，提高机器学习算法的泛化性能，还可以从优化路径、平均化、预训练、网络结构以及学习的过程等方面来考虑。这些策略基于由简到繁以及“由下到上，逐步细化”的基本原则，在梯度下降算法不能进一步优化情况下，通过训练过程及网络结构的巧妙调整，可以起到显著提高训练效果的目标，值得在此介绍。本节主要简要叙述这些算法优化的策略，以起到抛砖引玉的作用。

1) 坐标梯度法

英文称为 coordinate descent(Wright，2015)，其基本思想同蒙特卡罗模拟中的 Gibbs 抽样类似，Gibbs 抽样先简单的边缘抽样到复杂总体，即对高维空间非凸问题难以优化求解时，可以先固定其他维度，从易于优化的单维或选择的一组维度来进行优化；然后沿着不同的维度(坐标)逐步优化；最后得到全局最优解。

令 d 维的变量因子为 $\boldsymbol{\theta}^0=(\theta_1^0,\theta_2^0,\cdots,\theta_d^0)$，先固定其他参数值，优化单个的变量，其第 k+1 次迭代求解以下的单维优化问题：

$$\theta_i^{k+1}=\arg\min_{y\in\mathbb{R}} J(\theta_1^{k+1},\cdots,\theta_{i-1}^{k+1},y,\theta_{i+1}^k,\cdots,\theta_d^k) \tag{7.111}$$

其中，y 代表了对第 i 个参数求优的随机变量。

该方法先从 $\boldsymbol{\theta}^0$ 开始，查找其局部最优解，得到各维优化的参数序列 $\boldsymbol{\theta}^0$, $\boldsymbol{\theta}^1,\cdots$。每次迭代求优保证下式成立：

$$J(\boldsymbol{\theta}^0)\geqslant J(\boldsymbol{\theta}^1)\geqslant J(\boldsymbol{\theta}^2)\geqslant\cdots \tag{7.112}$$

对许多各维度相对独立的问题，按照以上方法得到的解会收敛到一个优化值。不过对于两个变量有较强的关联性或相互影响，则有可能无法得到最优解。另外由于算法的交替进行，并行化也比较困难。

2) Polyak 平均

Polyak 平均(Polyak and Juditsky，1992)的主要思想是在优化过程中取访问轨迹中的几个点的参数的平均值作为参数的估计值，令参数 $\boldsymbol{\theta}$ 在 t 次梯度下降迭代中得到点序列 $(\boldsymbol{\theta}^{(1)},\boldsymbol{\theta}^{(2)},\cdots,\boldsymbol{\theta}^{(t)})$，那么该算法平均值是：

$$\hat{\boldsymbol{\theta}}^{(t)} = \frac{1}{t}\sum_{i}\boldsymbol{\theta}^{(i)} \tag{7.113}$$

对于深度学习网络中典型的非凸问题，可以采用指数衰减平均值：

$$\hat{\boldsymbol{\theta}}^{(t)} = \alpha\hat{\boldsymbol{\theta}}^{(t-1)} + (1-\alpha)\boldsymbol{\theta}^{(t)} \tag{7.114}$$

其中，α 为衰减系数，用来控制历史取值的影响。在 t 时刻参数滑动平均大致相当于过去 $1/(\alpha-1)$ 个时刻变量的平均值，在起始阶段，可以对参数进行校正：

$$\hat{\boldsymbol{\theta}}^{(t)} = \frac{\alpha\hat{\boldsymbol{\theta}}^{(t-1)} + (1-\alpha)\boldsymbol{\theta}^{(t)}}{1-\alpha^t} \tag{7.115}$$

当 α 越大，滑动平均得到的值与历史值更相关，如 α=0.99，则大致相当于过去 100 个值的平均。实践表明，参数的滑动平均值在测试及预测中使得模型表现更健壮(robust)，这种方法特别适合小批量/随机梯度下降法，可以显著提高模型的泛化性能。

3) 监督预训练

监督预训练指采用一些更为容易训练的模型，对训练数据进行预训练，然后把预训练模型得到的参数代入最终模型进行调优训练。实践经验表明，这种方法可加速模型训练的过程，得到高质量的最优解。可以采用启发性的贪心算法进行预监督训练，即采用部分网络结构，先进行训练，然后保持参数不变，加深网络，最终调优的网络比直接深度网络训练更有效(Simonyan and Zisserman，2015)。而预监督训练之所以取得较好的效果，是因为预训练模型为后期参数的优化提供了有效的优化的参数空间或路径，使得后期的优化能朝向更好的方向探索，从而提高了训练的质量及结果。

由 Romero 等(2015)提出的 FitsNets 方法也是典型的监督预训练模型。在该方法中，教师网络由较浅较宽的网络构成，比较易于学习，而学生网络则由较深较窄的网络组成。学生网络主要是为了提高模型的测试即泛化功能。学生评估的目标不仅包括最终分类目标，还包括了教师网络中间输出层的结果。此外，教师层的中间隐藏层，通过卷积回归的方式连接到学生网络的中间层，预训练使得学生网络中间层的输出尽量接近教师网络中间层的输出映射值。之后再训练学生网络，使得其最终输出层同实际标记数据及教师的输出尽量接近。训练过程中，先训练指导层，以实施教师层对学生层的影响；然后再训练学生网络，得到参数最优值。这种利用教师层的中间层及输出层引导更深层次的学生网络的方法，有效地为深且窄的深度网络梯度下降提供了更好的方向，提高了网络的泛化能力。

4) 网络结构的设计

网络结构的设计对深度学习的成功也是极为重要的。不同的结构适合处理不同领域的问题。例如，卷积神经网络善于处理图像或涉及具有一定规律的连续变化的问题，通过卷积所建模的空间关系可以提高对此类问题的泛化功能。而长短期记忆(long short-term memory，LSTM)网络作为回归神经网络的一种，可以很有效地建模时间序列的预测问题。最近，Li 等(2018)提出的基于自编码的残差神经网络，对提高连续变量的回归精度具有重要意义。

在深度网络结构设计中的线性跳转连接(skip connection)是一种重要的网络结构设计技术，通过跳转连接缩短浅层单元同输出单元的路径，可有效缓解梯度消失(vanishing gradients)的问题(Srivastava et al.，2015)。这种方法有效地提高了卷积神经网络(He et al.，2015；He et al.，2016；Ronneberger et al.，2015)以及基于自编码结构(Li et al.，2018)的回归神经网络的深层网络泛化的精度。

5)课程学习

课程学习(curriculum learning)(Bengio et al.，2009)的基本思想是模拟人的认知机理，先学习简单的、普适的知识，然后逐渐增加难度，过渡到学习更复杂及更专门的知识，以此完成对复杂对象的认知。即让机器从易到难逐步开展学习，从而完成复杂的学习与推理任务。这种学习方法吸取人类学习的优点，协助优化算法避免局部最优值，获得更好的训练优化性能。该方法基于同伦法(Homotopy method 或 Continuation method)的思想，即对于一个优化问题 C_λ(λ代表了问题难易程度)，先优化较为容易的平滑的目标 C_0，根据这个反映总体情况，然后逐步优化 C_λ(λ=1, 2,⋯)，最后得到最优解。对于机器学习而言，也就是先挑选容易训练的样本(可以通过初步训练或者一些统计方法获得)训练得到一个基本的模型(baseline model)，然后逐次加入难区分的样本进行训练，随着难度的提升，训练次数也逐步增加，直到训练的误差达到要求为止。

7.17 小　　结

本章系统地描述及总结了优化深度网络模型以提高训练模型的泛化功能的方法，涵盖了网络的参数、输入的训练样本、网络结构、最优化算法及训练/学习五个方面，这些方面对一个典型的深度学习问题都需要全面的考虑，以此来提升模型的泛化性能。图 7.14 系统展示了这些方法的框图。

(1)对网络参数拟合而言，防止过拟合的常用方法是在损失函数中加入正则化选项，包括 L1、L2 或二者的结合即弹性网络，也可以加入对参数的其他限制，解决限制性优化问题。从贝叶斯的观点来看，L1 及 L2 类似于一种对参数分布的先验知识，对参数起到了限制即正则化的作用。此外，迁移学习或预训练参数相当于另一种形式的先验知识。而参数的初始化也是网络训练的重要步骤，要确保输入/输出参数分布的一致，从而使得梯度变化能更高效地进行，加速模型训练的收敛过程。在最后模型的测试/预测应用阶段，可以采用 Polyak 平均化方法取平均值，使得训练的网络有更强的鲁棒性。

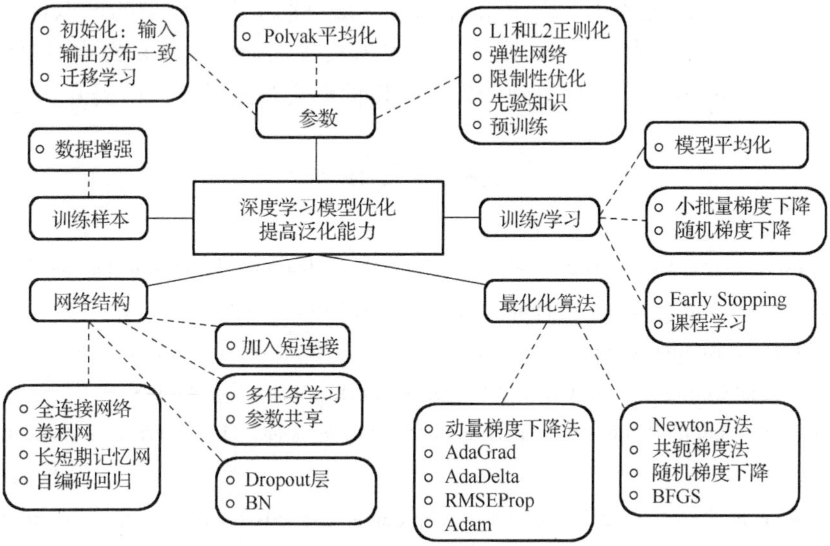

图 7.14　深度学习模型优化方法总结

(2) 对训练样本而言，当数据量较少时可以采用数据增强技术增加样本量，对于图像处理而言该技术包括了各个典型的图像变换，可有效地提升训练模型的泛化能力。

(3) 根据数据及目标选择不同结构的网络模型，比如对于计算机视觉任务，采用卷积神经网络；对于语言模型，采用长短期记忆网络模型；对于连续变量，采用基于自编码的深度回归模型等。在网络中加入短连接也是提升模型性能的一种有效措施，使得最终输出的误差能够及时传递到浅层节点，能更有效地进行梯度更新。而多任务学习及参数共享，可通过一些相关的辅助变量对目标变量的网络训练施加影响，使得网络关于目标的学习更正确，有助于提升模型的泛化功能。而在网络模型设计时，可以加入 Dropout，便于集成多个模型提高泛化能力，同时加入批正则化 (BN) 输入函数，减少梯度下降的可能性，提高训练的收敛效果。

(4) 对于深度学习模型的优化，分为一阶梯度下降法及高阶优化方法。由于深度网络参数空间呈现的是一个非凸集合，对于高维度数据而言，有许多鞍点存在，这也是直接导致高阶方法不适用的原因。一般一阶优化算法就可以取得较好的结果，而一阶算法中的 Adam 适应性梯度下降法结合动量优化方法可取得不错的优化效果。当优化算法无法取得更好的泛化性能时，对模型结构的调整，比如加入短连接，或者采用课程学习法有时可取得更为优化的建模效果。

(5)深度网络模型的学习包括三种，即批量梯度下降、随机梯度及小批量梯度下降法，目前应用最多、较好的方法是小批量梯度法，该方法寻优过程比较平稳，得到解的路径更短，效果更好。而采用多模型训练的平均化技术也可以取得更为鲁棒的输出结果。在训练过程中，Early Stopping 方法有助于减少模型的过拟合，功效类似于正则化方法。课程学习方法则根据损失函数等选择样本由易到难的(优点类似 AdaBoost 的思路)方式，最后得到的模型泛化性能会得到进一步的提升。

参考文献

Bengio Y, Louradour J, Collobert R, et al. 2009. Curriculum learning. Proceedings of the 26th Annual International Conference on Machine Learning, New York: 41-48

Bishop C M. 1995. Regularization and complexity control in feed-forward networks. Proceedings of the International Conference on Artificial Neural Networks, Lausanne: 141-148

Dawkins B. 1991. Siobha' s problem: The coupon collector revisited. The American Statistician, 45(1): 76-82

Duchi J, Hazan E, Singer Y. 2011. Adaptive subgradient methods for online learning and stochastic optimization. Journal of Machine Learning Research, 12: 2121-2159

Glorot X, Bengio Y. 2010. Understanding the difficulty of training deep feedforward neural networks. Journal of Machine Learning Research, 9: 249-256

Goodfellow I, Yoshua B, Courville A. 2016. Deep Learning. Cambridge: The MIT Press

He K, Zhang X, Ren S, et al. 2015. Deep residual learning for image recognition. arXiv e-prints arXiv: 1512.03385

He K M, Zhang X Y, Ren S Q, et al. 2016. Identity mappings in deep residual networks. Proceedings of the European Conference on Computer Vision, Amsterdam: 630-645

Hinton G, Srivastava N, Krizhevsky A, et al. 2012a. Improving neural networks by preventing co-adaptation of feature detectors. Computer Science, 3(4): 212-223

Hinton G, Srivastava N, Swersky K. 2012b. Neural networks for machine learning. https://sci-hub.3800808.com/10.1017/9781139051699.031

Ioffe S, Szegedy C. 2015. Batch normalization: Accelerating deep network training by reducing internal covariate shift. Proceedings of the 32nd International Conference on International Conference on Machine Learning, Lille: 448-456

Kingma D, Ba J. 2014. Adam: A method for stochastic optimization. arXiv preprint arXiv: 1412.6980. 308

LeCun Y, Bottou L, Orr G, et al. 1998. Efficient backprop// Orr G, Muller K. Neural Networks: Tricks of the Trade. Berlin: Springer.

Li L, Fang Y, Wu J, et al. 2018. Autoencoder based residual deep networks for robust regression prediction and spatiotemporal estimation. arXiv e-prints arXiv: 1812.11262

Polyak B, Juditsky A. 1992. Acceleration of stochastic approximation by averaging. SIAM Journal on Control and Optimization, 30(4): 838-855

Polyak B T. 1964. Some methods of speeding up the convergence of iteration methods. USSR Computational Mathematics and Mathematical Physics, 4(5): 296

Romero A, Ballas N, Ebrahimi K S, et al. 2015. FitNets: Hints for thin deep nets. arXiv e-prints arXiv: 1412.6550

Ronneberger O, Fischer P, Brox T. 2015. U-Net: Convolutional networks for biomedical image segmentation. Proceedings of the International Conference on Medical Image Computing and Computer-Assisted Intervention, Munich: 234-241

Shimodaira H. 2000. Improving predictive inference under covariate shift by weighting the log-likelihood function. Journal of Statistical Planning and Inference, 90(2):227-244

Simonyan K, Zisserman A. 2015. Very deep convolutional networks for large-scale image recognition. arXiv e-prints arXiv: 1409.1556

Sjöberg J, Ljung L. 1995. Overtraining, regularization and searching for a minimum,with application to neural networks. International Journal of Control, 62(6): 1391-1407

Srivastava R K, Greff K, Schmidhuber J. 2015. Highway networks. arXiv preprint arXiv: 1505.00387. 326

Sun Y, Chen Y H, Wang X G, et al. 2014. Deep learning face representation by joint identification-verification. Proceedings of the 27th International Conference on Neural Information Processing Systems, Cambridge: 1988-1996

Sutskever I, Martens J, Dahl G, et al. 2013. On the importance of initialization and momentum in deep learning. Proceedings of the 30th International Conference on International Conference on Machine Learning, Atlanta:1139-1147

Szegedy C, Zaremba W, Sutskever I, et al. 2014. Intriguing properties of neural networks. Proceedings of the International Conference on Learning Representations, Banff: 268-271

Wright S J. 2015. Coordinate descent algorithms. Mathematical Programming, 15(1): 3-34

Zeiler D M. 2012. ADADELTA: An adaptive learning rate method. arXiv preprint arXiv:1212.5701

Zhang F, Hu C, Yin Q, et al. 2017. Multi-aspect-aware bidirectional LSTM networks for synthetic aperture radar target recognition. IEEE Access, 5: 26880-26891

Zhang Z P, Luo P, Loy C C, et al. 2016. Learning deep representation for face alignment with auxiliary attributes. IEEE Transactions on Pattern Analysis and Machine Intelligence, 38(5): 918-930

第 8 章　卷积神经网络

20 世纪 80 年代兴起的卷积神经网络(convolutional neural networks，CNN)(Lawrence et al.，1997；Nebauer，1998)，依靠其局部连接、参数共享、池化操作等特性，发展成为深度学习中最具代表性的网络结构之一。卷积神经网络逐层提取特征，全局训练参数少，泛化能力强，在计算机视觉、自然语言处理等领域具有不可或缺的地位。

本章 8.1 节和 8.2 节简要地介绍了卷积神经网络的神经生物学基础以及感受野的基本概念，以便理解 CNN 的结构渊源。8.3 节通过一个单位冲击信号的例子理解离散卷积，并以此引出卷积神经网络的核心运算方法——卷积运算。在 8.4 节详细地描述了卷积神经网络最基本的结构，重点介绍卷积层、池化层、全连接层的设计与作用。8.5 节以 LeNet-5 为例深入理解卷积神经网络的结构设计与参数训练的过程，并简要分析了 AlexNet、VGGNet、GoogleLeNet、ResNet 等经典卷积神经网络的结构及其优缺点。8.6 节简单地介绍了几种卷积神经网络在遥感地学方面的应用研究，以便更好地掌握 CNN 在遥感图像处理方面的优势。

8.1　神经生物学基础

卷积神经网络是在神经生物学的启发下发展起来的。1962 年，生物学家 Hubel 和 Wiesel 对猫脑的视觉皮层进行研究，建立了高级动物视觉系统的认知机理模型。他们将高级动物的视觉认知细胞概括为两种类型：简单细胞和复杂细胞。简单细胞负责感应视网膜特定位置、特定方向的刺激；复杂细胞将简单细胞获取的信息进行聚类，对刺激变化的位置不敏感。卷积神经网络中重要的过程——卷积和池化，就分别对应于生物视觉系统中的简单细胞和复杂细胞。卷积神经网络中各层结构分工合作，逐层提取输入对象的特征信息，准确识别具有位置变化的输入对象(Fukushima，1980)。

Fukushima(1980)由高级动物视觉系统的认知机理模型构建了神经认知机，它是卷积网络的雏形。神经认知机由 S 层(Simple-Layer)和 C 层(Complex-Layer)交替组成。S 层对应高级动物视觉认知系统中的简单细胞，负责提取输入图像的局部特征，如边缘等；C 层对应高级动物视觉认识系统中的复杂细胞，对确切位置的刺激具有局部不敏感性，使得神经认知机具有抗变形、畸变容错等特性。神经认知机可以认为是 CNN 的第一个工程实现网络(周飞燕 等，2017)。

8.2 感　受　野

感受野(receptive field)一词最早也是用以描述生物学中神经元细胞感受刺激的区域(Hubel and Wiesel，1962)，在卷积神经网络中，感受野指的是输出特征图上的像素点在输入图像上映射的区域大小，也就是特征图上的一个点对应输入图像上的区域(图 8.1)。

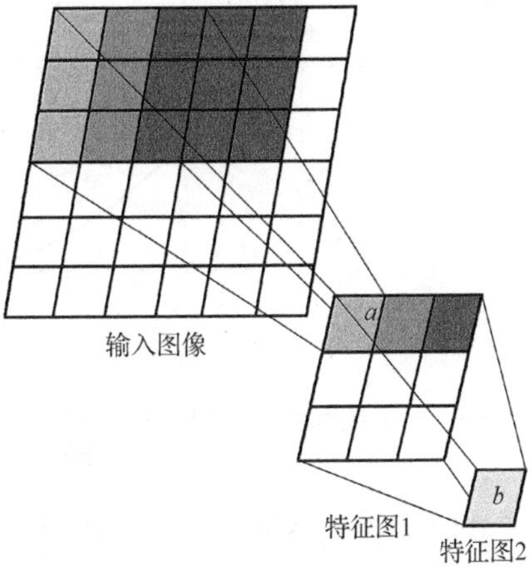

图 8.1　感受野

将第 k 层每个像素点的感受野大小记为 l_k，则感受野的计算公式如下：

$$l_k = l_{k-1} + (f_k - 1) \times \prod_{i=1}^{k-1} s_i \tag{8.1}$$

其中，f_k 表示 k 层卷积核或池化核的大小，s_i 为第 i 层卷积核或池化核的移动步幅。图 8.1 中，特征图 1 中像素点 a 的感受野为 3×3，特征图 2 中像素点 b 的感受野为 5×5，感受野的大小受控于卷积核/池化核的大小和移动步幅。

8.3　卷 积 运 算

8.3.1　离散卷积

卷积是分析数学中的一种运算，简单定义如下：

$$\int_{-\infty}^{+\infty} f(\tau) g(x-\tau) \mathrm{d}\tau \tag{8.2}$$

其中，$f(x), g(x)$ 是两个实变函数，记作 $h(x) = (f * g)(x)$。卷积运算在许多学科中都有广泛的应用(Boyer and Mok，1985；Oldham，1986；魏健 等，2016)，以下面这个理想的信号系统为例，从离散卷积的角度深入地理解卷积的概念。

假设一个系统在无外界干扰的情况下处于零状态，若系统受到单位冲击信号的刺激，则系统内的信号强度会随时间衰减，随时间衰减的过程 $g(t)$ 如图 8.2 所示，初始时信号强度为 1，经过 4s 后信号强度衰减为 0。若同时有多个单位冲击信号作用，系统内的信号强度则为多个冲击信号叠加后的效果。假定在该系统的 0 时刻、

1s 时刻、2s 时刻和 3s 时刻分别给出 1 个、4 个、2 个和 1 个单位的冲击信号，该过程记为 $f(t)$。思考一下，3.5s 时刻该系统内的信号强度的值 $h(3.5)$。

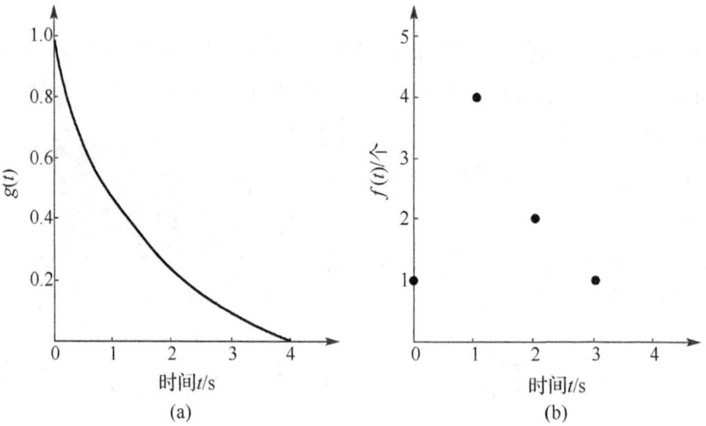

图 8.2　一个单位冲击信号在无外界干扰的系统中随时间衰减的过程 $g(t)$ 和给定系统冲击信号的过程 $f(t)$

0 时刻进入系统的 1 个单位冲击信号在 3.5s 时刻的信号强度为 $f(0)\times g(3.5)$，1s 时刻进入系统的 4 个单位冲击信号在 3.5s 时刻的信号强度为 $f(1)\times g(3.5-1)$，以此类推，3.5s 时刻该系统内的信号强度的值 $h(3.5)=f(0)\times g(3.5-0)+f(1)\times g(3.5-1)+f(2)\times g(3.5-2)+f(3)\times g(3.5-3)$，即 $h(3.5)=\sum_{t=0}^{3}f(t)g(3.5-t)$，这种运算就叫作离散卷积。

8.3.2　卷积神经网络中的卷积运算

卷积神经网络充分利用卷积运算的思想设计网络。在卷积网络中，卷积运算的第一个参数(式(8.2)中的函数 f)称为输入，第二个参数(函数 g)称为核函数(kernel function)，输出被叫作特征图(feature map)。

卷积网络中的卷积运算如图 8.3 所示。将二维输入记为 $\boldsymbol{I}$，二维卷积核记为 $\boldsymbol{K}$，则卷积运算可表示为：

$$(\boldsymbol{I}*\boldsymbol{K})(u,v)=\sum_{i}\sum_{j}I(i,j)k(u-i,v-j) \tag{8.3}$$

卷积的过程可以描述为：首先将核函数翻转(上下、左右翻转)，然后以一定的步幅(图 8.3 中步幅为 1)移动核函数，每移动一次就将核函数与输入中对应位置的值相乘再求和，得到的二维输出即为特征图。卷积运算的过程如图 8.3 所示。

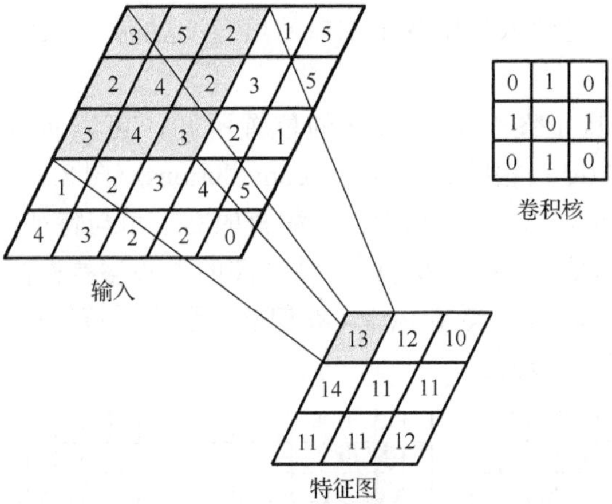

图 8.3　卷积网络中的卷积运算

8.3.3　填充

为了控制特征图的维度，保证特征提取的信息量，可以在使用卷积核进行操作之前，在原始输入的周围做适当的填充，如图 8.4 所示。

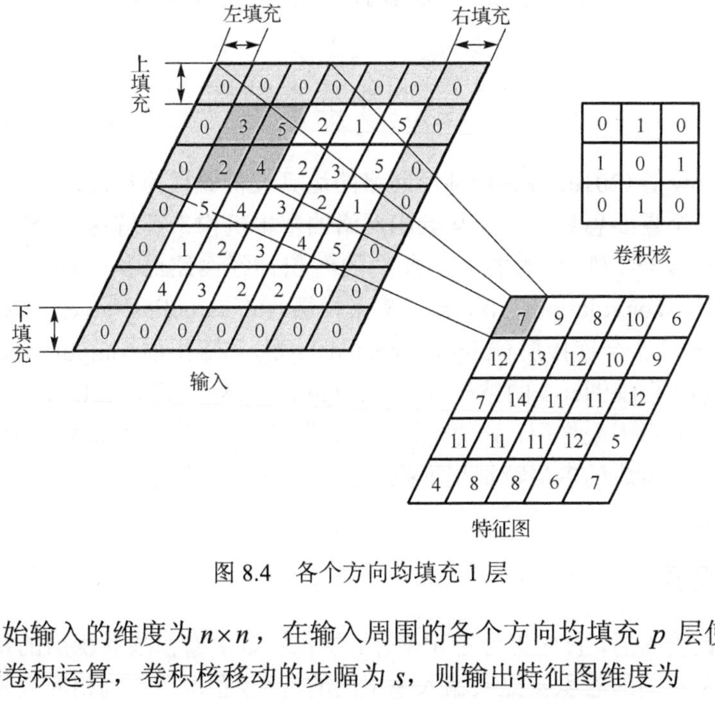

图 8.4　各个方向均填充 1 层

假设原始输入的维度为 $n \times n$，在输入周围的各个方向均填充 p 层使用 $f \times f$ 的卷积核进行卷积运算，卷积核移动的步幅为 s，则输出特征图维度为

$$\left\lfloor \frac{n+2p-f}{s}+1 \right\rfloor \times \left\lfloor \frac{n+2p-f}{s}+1 \right\rfloor \tag{8.4}$$

需要注意的是，若输入周围各个方向的填充不对称，那么输出特征图的各个维度也要分别计算。

根据卷积核在特征图上开始移动的位置不同，可以将卷积分为全卷积(full convolutions)(图 8.5(a))、相同卷积(same convolutions)(图 8.5(b))和有效卷积(valid convolutions)(图 8.5(c))。全卷积中，卷积核的右下角与特征图的左上角对应，充分保留特征图的边缘信息。相同卷积中，特征图的中心与卷积核的中心对应(此时卷积核的维度必须为奇数)。有效卷积中，卷积核完全位于特征图中，有效卷积对特征图边缘信息的利用程度最低。

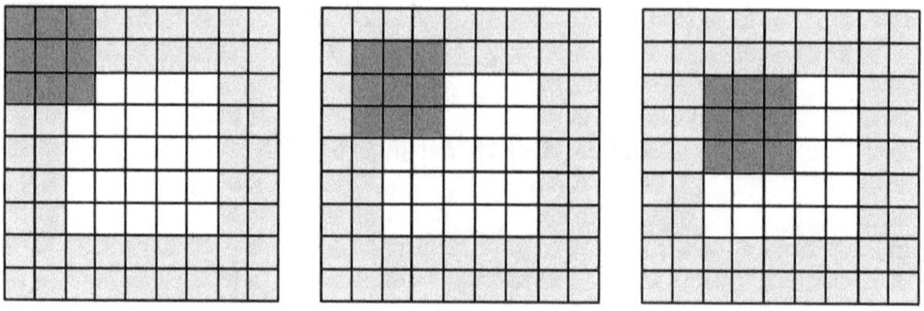

(a) 全卷积　(b) 相同卷积　(c) 有效卷积

图 8.5　全卷积、相同卷积和有效卷积
图中白色区域为特征图，在原始特征图的上、下、左、右均填充两层数据

8.4　CNN 基本结构

Goodfellow 等(2016)将卷积神经网络的运算过程概括为局部连接、参数共享和等变表示这三个重要思想，下面从卷积网络的基本机构来理解这三个特性。卷积神经网络具有分层学习特征的能力，典型的卷积神经网络结构一般由输入层(input layer)、卷积层(convolutional layer)、下采样层(sub-sampling layer)(也叫作池化层(pooling layers))、全连接层(fully-connected layer)和输出层(output layer)五部分组成。图 8.6 展示了 LetNet-5 的结构(LeCun et al.，1998)，其中 C_i(i=1, 3, 5)表示卷积层，S_i(i=2, 4)表示下采样层，F_6表示全连接层。卷积网络以原始数据为输入，经过卷积与池化交替组成的多层特征提取操作后，通过全连接层实现提取特征与输出目标之间的映射。

8.4.1　卷积层

原始数据输入后，首先进行卷积操作，卷积层是由卷积核卷积后的特征图组成。通常使用多个不同的卷积核提取输入中不同的特征，卷积后得到相应数量的特征图。用不同的卷积核进行卷积的过程称为多通道卷积(卷积核数也称为通道数)。如

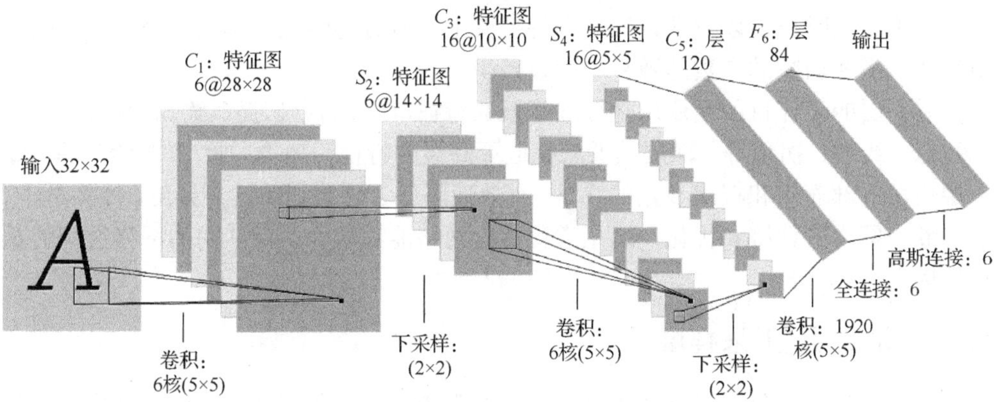

图 8.6　LetNet-5 结构(LeCun et al.，1998)

图 8.6 中的 LetNet-5 结构，它在第一次卷积时使用了 6 个卷积核，卷积运算后生成了对应的 6 个特征图。卷积运算的详细过程就是前面的式(8.3)。

由此可以看出，卷积过程中，特征图与卷积核的权值参数通过稀疏交互实现特征提取，同一个特征图上的所有神经元共享同一个卷积核的权值参数。与全连接神经网络(full connection neural network，FCNN)相比，局部连接需要训练的参数数量少、计算量小，减轻了神经网络过拟合的问题，降低了训练的难度，如图 8.7 所示。

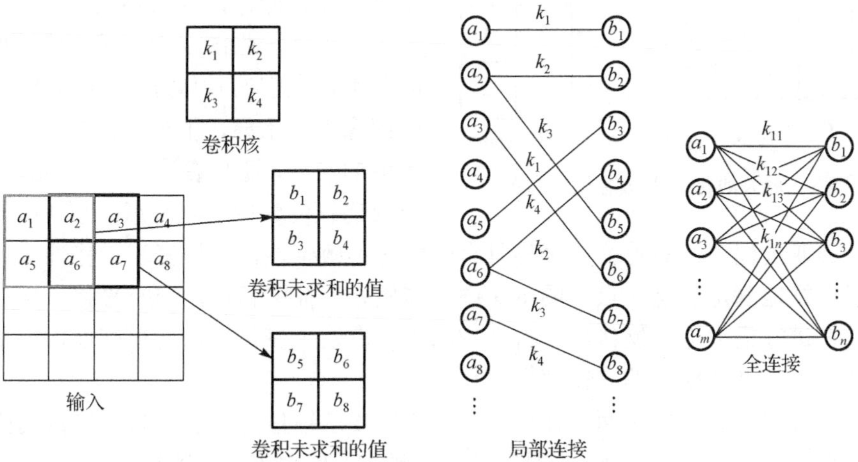

图 8.7　局部连接与全连接对比图

图 8.7 中输入 4×4 的原始数据，卷积核 2×2，步幅为 1。把卷积的过程拆解，图中仅展示卷积中输入与卷积核中对应权重相乘的过程。为了更直接地与全连接网络中神经元的连接情况做比较，把卷积层平铺为多层神经网络的形式。由此可以清楚地看到，卷积层中通过局部连接，使得本层神经元与下一层神经元之间的连接个数

明显减少。同时也可以发现，同一个特征图上的所有神经元共享同一个卷积核的权值参数，需要训练的参数的数目也明显减少。

卷积层的设计目的是逐层地提取输入的特征，浅层的卷积提取输入的低级特征，如边缘、线条、拐角等，深层的卷积提取更高级的特征，如“人脸”“车辆”等。卷积层借助局部连接和权值参数的共享，有效地降低了网络训练的复杂度，计算量小，易于卷积网络的训练和优化，这是卷积神经网络能够成为广泛应用的网络结构的重要原因之一。

8.4.2 池化层(下采样层)

池化层也称为欠采样层或下采样层，通常紧跟在卷积层之后。池化操作使用某位置相邻输出的总体统计特征作为该位置的输出(Goodfellow et al.，2016)。池化层仅需要指定池化操作窗口的大小、窗口移动的步幅以及池化的类型，不需要设置训练参数。池化操作可以进一步压缩数据，实现特征降维。常用的池化操作有最大池化和平均池化两种，最大池化以局域内的最大值作为该局域的输出，以期获得局域内的最大响应；平均池化以局域内的均值作为该局域的输出，以期获得局域内的平均响应。图 8.8 中使用 2×2 的窗口对特征图进行池化操作，窗口移动的步幅为 2。

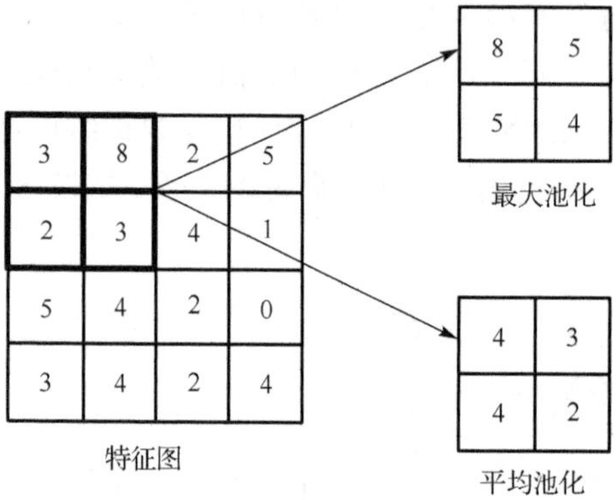

图 8.8　最大池化、平均池化示意图

在识别一张图像中的某个物体时，有时并不在意它的具体位置。比如要识别一张图像中的水杯，并不关心这个水杯是在图像的左边，还是右边，上边，还是下边，只要确认图像中有水杯就可以。这就需要在特征提取过程中，对特征的平移具有一定的不敏感性，即等变表示特性，而池化操作就很好地满足了这一点。图 8.9 中，与原始特征图相比，向左平移一层后的特征图，在进行最大池化操作后，特征图的值没有发生变化，以此很好地保证了图像的不变性，提高了模型的容错率。

池化过程主要实现了两个作用：一是进一步压缩信息，实现特征向量的降维，减少训练参数，防止过拟合；二是对位置不敏感，使池化后的特征具有平移不变性，这一特性是卷积网络对输入偏移和失真的鲁棒性的基础。

池化过程对图像的特征提取有十分重要的意义，随后研究者又陆续提出了其他的池化模型，如混合池化(Yu et al.，2014)，随机池化(Zeiler and Fergus，2013)，空间金字塔池化(He et al.，2015)等。不同的池化模型对网络的训练速度、特征提取的准确度、优化性能等有重要的影响(刘万军　等，2016)。

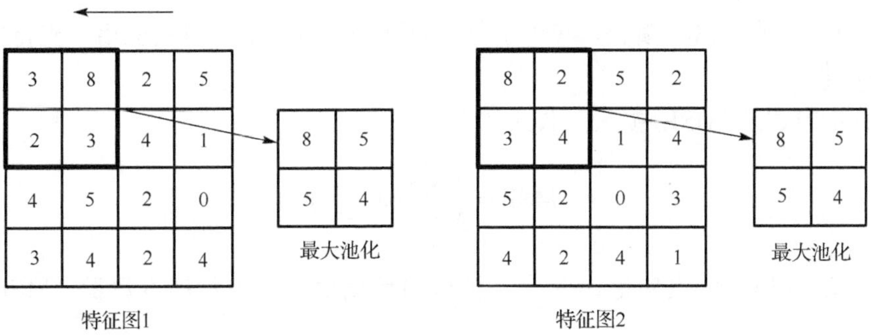

图 8.9　池化操作的平移不变性

8.4.3　全连接层

经过前面若干次卷积和池化操作后，还需要借助全连接层来完成特征向量与输出目标之间的映射。全连接层与传统神经网络中神经元的连接方式一样，每一个神经元与上一层所有的神经元都有连接。对于分类任务，通常使用 Softmax(Krizhevsky et al.，2012；He et al.，2015)作为激活函数。

8.4.4　激活函数

激活函数作用的过程可以描述为：上一层的特征向量加权求和后加上一个偏差，然后经过一个激活函数，就可以得到上层输入的响应。这模拟了生物神经元在接收信号并产生输出时，通过一个阈值来控制神经元的兴奋或抑制状态的特性。假设用 $M_{i,j}$ 表示第 i 层的第 j 个特征图($M_{0,j}=I$，I 表示原始输入)，$K_{i,j}$ 表示第 i 次卷积的第 j 个卷积核，则激活函数的作用过程可以表示为

$$M_{i,j}=f(M_{i-1,j}*K_{i,j}+b_{i,j}) \tag{8.5}$$

其中，$f(\cdot)$ 表示激活函数，$b_{i,j}$ 表示第 i 次卷积的第 j 个卷积核对应的偏差(或称作阈值)，$*$表示卷积运算。在卷积神经网络中引入激活函数可以有效地检测原始输入的非线性特征，使网络具有非线性建模的能力。

当网络的参数优化方法是基于梯度下降法时，激活函数必须是可微的。常用的激活函数有 Sigmoid、tanh(LeCun et al.，2012)、ReLU(Nair and Hinton，2010)、Softmax，以及 Maxout(Goodfellow et al.，2013)等。这几种常用激活函数的适用条件及优缺点见 6.1.2 节。

8.4.5　损失函数与优化方法

损失函数(loss function)用来评价模型的预测值与真实值的接近程度(Gu et al.，2018)，卷积神经网络优化的目标是最小化网络的损失函数，比如经常应用在回归问

题上的均方误差(MSE)损失，应用于分类问题的叉熵损失，以及应用于支持向量机的 Hinge 损失。

(1)均方误差(MSE)损失，公式如下：

$$\mathrm{MSE}=\frac{1}{N}\sum_{i=1}^{N}(y_i-\hat{y}_i)^2 \tag{8.6}$$

其中，y_i表示模型的真实值，$\hat{y}_i$表示模型的预测值，N表示样本数量，MSE 越小越好。

(2)叉熵损失，公式如下：

$$C=\frac{1}{N}\sum_{i=1}^{N}[y_i\ln\hat{y}_i-(1-y_i)\ln(1-\hat{y}_i)] \tag{8.7}$$

其中，y_i表示模型的真实值，$\hat{y}_i$表示模型的预测值，N表示样本数量。叉熵用来衡量真实概率分布与预测概率分布之间的差异，叉熵的值越小表示模型的预测效果越好。

(3)Hinge 损失，表达式为

$$H=\max(0,1-y\cdot\hat{y}) \tag{8.8}$$

其中，y表示模型的真实值，$\hat{y}$表示模型的预测值。Hinge 损失表示如果分类正确，则损失为 0；如果分类错误，则损失为$1-y\cdot\hat{y}$。

卷积神经网络中常用的优化损失的方法是梯度下降法(鲁娟娟和陈红，2006)，以此来迭代更新权重与偏差参数。为了加快训练速度，常使用权值初始化(Krizhevsky et al.，2012)、批正则化(BN)(Ioffe and Szegedy，2015)等技巧(常亮等，2016)。

8.5　卷积神经网络发展历史

卷积神经网络的工作原理可以概括为网络模型定义、网络训练和网络预测三部分(李彦东 等，2016)。其中，定义的网络模型的好坏直接影响着最后网络的预测效率与效果。多年来，研究者通过不断地改进模型的深度、宽度，卷积的步幅，激励函数等，改进卷积神经网络模型的定义。早期的卷积神经网络结构相对简单，如经典的 LeNet-5(LeCun et al.，1998)模型，它在手写数字识别领域的成功应用引起了学术界的关注。

2012 年，Krizhevsky 等提出的 AlexNet 在大型图像数据库 ImageNet 的图像分类竞赛中夺得了冠军，使得卷积神经网络成为图像研究领域的焦点。AlexNet 之后，研究者不断对卷积神经网络的结构进行优化，比如使用多个小卷积代替一个大卷积的 VGGNet(Simonyan and Zisserman，2014)，使用多个 Inception 模块级联的 GoogLeNet(Szegedy et al.，2015)，以及使用残差块来解决梯度消失问题的 ResNet(He et al.，2016)等。这些网络刷新了 AlexNet 在 ImageNet 上创造的纪录，快速扩展了卷积神经网络的应用领域(李彦冬 等，2016)。

8.5.1 LeNet-5 模型

1998 年 LeCun 等人提出的 LeNet-5，是经典的卷积神经网络，其基本网络结构齐全，是学习 CNN 的基础。接下来以 LeNet-5 结构(图 8.6)为例，详细介绍卷积神经网络各层的结构与连接关系，讨论各层需要的训练参数以及神经元的个数等，深入理解卷积神经网络的基本架构。

LeNet-5 输入层输入图像的尺寸为 32×32(填充后大小，原图像大小为 28×28)，神经元数目为 1024。第一层卷积使用 6 个 5×5 大小、步幅为 1 的卷积核进行卷积操作，每个卷积核提取不同类型的特征信息。卷积后得到的值加上偏差，经过非线性函数激活后，得到 C_1 特征图。根据式(8.4)，得到对应的 6 个特征图的大小为 (32−5+1)×(32−5+1)，即 28×28。此卷积操作中，同一张特征图的权值参数共享，偏差参数也共享，故第一次卷积操作中可训练参数的个数为 6×(5×5+1)=156，神经元之间的连接数为 6×28×28×(5×5+1)=122304，此时神经元总数变为 6×28×28=4704。由此可以看出，卷积神经网络很好地利用参数共享这一特性，使可训练参数的个数远远少于连接数。

接下来是 S_2 下采样层。该层使用 6 个 2×2 的平均池化核对 6 个特征图进行池化操作，步幅为 2，经过 Sigmoid 激活函数响应后，得到对应的 6 个 14×14 大小的特征图。每个池化核对应一个参数，故可训练参数有 6×(1+1)=12 个，神经元之间的连接数为 6×14×14×(2×2+1)=5880，此时神经元的个数减少为 6×14×14=1176。

C_3 的特征图由 S_2 特征图中的不同组合映射而成，C_3 特征图与 S_2 特征图组合对应关系如表 8.1 所示。例如，要想得到 C_3 中的第 1 张特征图，就得使用 3 个不同的、大小为 5×5 的卷积核分别对 S_2 中的前 3 张特征图进行卷积，将卷积得到的 3 张特征图求和，经过激活函数后得到 1 张 10×10 的特征图；要想得到 C_3 中的第 7 张特征图，就得使用 4 个不同的、大小为 5×5 的卷积核分别对 S_2 中的前 4 张特征图进行卷积，将卷积得到的 4 张特征图求和，经过激活函数后得到 1 张 10×10 的特征图。类似地，将 S_2 中的 6 张特征图按照不同的卷积组合映射为 16 张特征图。多个特征图融合的过程可以使得提取的特征信息更丰富。本次卷积操作中可训练参数有 6×(5×5×3+1)+9×(5×5×4+1)+1×(5×5×6+1)=1516，神经元之间的连接数为 1516×10×10=151600，神经元有 1600 个。

表 8.1　C_3 特征图与 S_2 特征图组合的对应关系表

	1	2	3	4	5	6	7	8	9	10	11	12	13	14	15	16
1	×				×	×	×			×	×	×	×		×	×
2	×	×				×	×	×			×	×	×	×		×
3	×	×	×				×	×	×			×		×	×	×
4		×	×	×			×	×	×	×			×		×	×
5			×	×	×			×	×	×	×		×	×		×
6				×	×	×			×	×	×	×		×	×	×

注：列序号 1～6 表示 S_2 特征图序号；行序号 1～16 表示 C_3 特征图序号；×表示对应行序号的 C_3 特征图包含了相应列序号 S_2 特征图的信息。

对 C_3 层的 16 张特征图进行池化核大小为 2×2，步幅为 2 的最大池化，得到 16 张 5×5 的特征图。可训练参数有 16×(1+1)=32 个，神经元之间的连接数是 16×5×5×(2×2+1)=2000，此时神经元个数减少为 16×5×5=400。

C_5 层是一个包含 120 个特征平面的卷积层。S_4 层特征图的大小为 5×5，卷积核的大小也为 5×5，故卷积后得到的特征图的大小为 1×1。C_5 中的 120 个特征平面，每个都与上一层的 16 个特征图连接，这相当于 S_4 和 C_5 之间的完全连接。C_5 被标记为一个卷积层，而不是一个完全连接的层，因为如果 LeNet-5 输入更大，而其他所有内容保持不变，则特征图的维数将大于 1×1。C_5 层有 120×(16×5×5+1)=48120 个可训练参数，即 48120 个连接。

F_6 为全连接层，有 84(对应一个 7×12 的比特图)个神经元。该层由 C_5 层向量与权值参数相乘再加上偏差，经 Sigmoid 函数激活后获得。可训练参数有 84×(120+1)=10164 个。输出层也是全连接层，采用的是径向基函数(RBF)的网络连接方式，其输出为 1 个 10 维的列向量，分别对应 10 个类别——数字 0～9 的概率(各个类别的值加起来和为 1)，共需要 10×84=840 个训练参数。

LeNet-5 结构虽简单，但在当时极大突破了手写数字识别任务的精度，这为 CNN 以后的发展奠定了基础。但该模型深度较浅，结构较单一，并不适用于复杂的分类任务。

8.5.2　AlexNet 模型

2012 年，Krizhevsky 等人提出了 AlexNet 模型。该模型将 120 万张高分辨率图像分类为 1000 个不同的类别，Top-5 测试错误率由 26.2%(2011 年)降到了 15.3%，Krizhevsky 等人因此获得了 2012 年 ImageNet 大规模视觉识别挑战赛的冠军。AlexNet 的结构如图 8.10 所示。

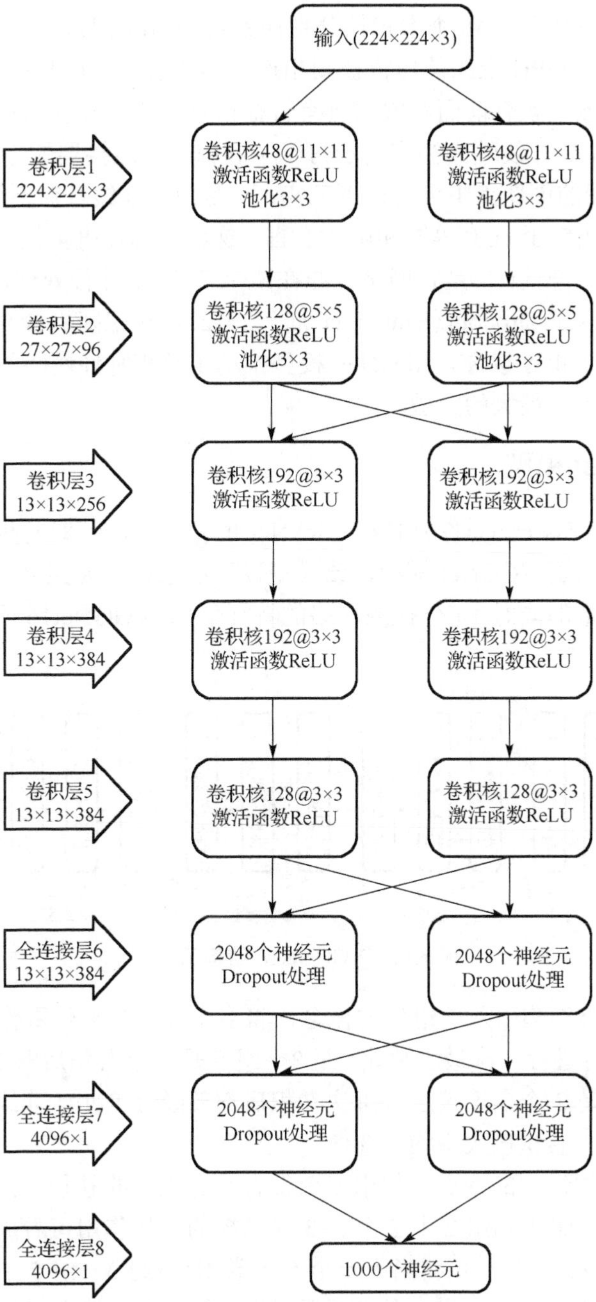

图 8.10　AlexNet 模型示意图

AlexNet 结构除了输入层和输出层之外，还有 8 个需要训练权值参数的层，包括 5 个卷积层和 3 个全连接层(池化层未单独算作一层)。C_1 层由 96 个卷积核对输入图像进行卷积操作，每 48 个卷积核分别在各自的 GPU 上训练，第 2、4 和 5 层卷积层的核仅与同一 GPU 上的前层特征图相连，第 3 层卷积层与前层两个 GPU 上的特征图有交叉连接，融合前面获取的所有特征信息。全连接层与前层特征图所有神经元相连接。ReLU 非线性变换应用于每一个卷积和全连接层的输出。

AlexNet 模型的创新点主要有以下三点：一是使用非线性激活函数 ReLU，该函数是非饱和的，相较于 tanh 等饱和函数而言，梯度下降速度更快，因而训练参数所需的迭代次数大大降低；二是将网络分布在两个 GPU 上并行处理，提高了模型训练的效率；三是引入了 Dropout(Hinton et al., 2012) 操作来随机舍弃部分神经元，该措施可以有效地防止过拟合。AlexNet 模型推动了卷积神经网络的发展，使得卷积神经网络的应用有了很大的突破。

8.5.3 VGGNet 模型

Simonyan 和 Zisserman(2014) 在 AlexNet 的基础上，针对卷积神经网络的深度进行了研究，提出了 VGGNet 模型，该模型以“小卷积、大深度”的网络结构，在尽量减少训练参数的同时，充分挖掘网络的特征信息。VGGNet16 网络结构如图 8.11 所示。

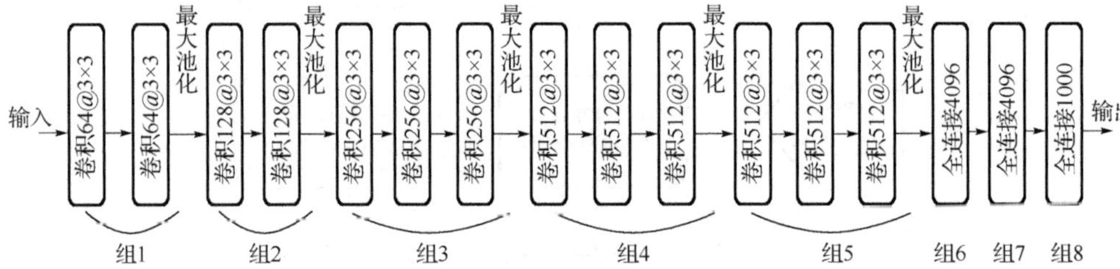

图 8.11　VGGNet16 结构示意图

VGGNet 网络结构引入“组”的概念，将多个卷积与池化看作一组。组 1 和组 2 是两个卷积后再进行一次最大池化，组 3～组 5 是 3 个卷积后跟 1 个最大池化，最后的组 6～组 8 是 3 个全连接层。每次卷积后都要经过 ReLU 非线性函数激活，池化均为最大池化，卷积核大小均为 3×3。

VGGNet 结构最大的特点是使用多个带有小卷积核的卷积层，代替一个带有大卷积核的卷积层。组 1 和组 2 中 2 个 3×3 卷积核的叠加作用可看成一个大小为 5 的感受野(即 2 个 3×3 连续卷积相当于一个 5×5 卷积)；组 3～组 5 中 3 个 3×3 卷积核的叠加作用可看成一个大小为 7 的感受野(即 3 个 3×3 连续卷积相当于一个 7×7 卷积)。这样一方面可以减少训练参数(2 个堆叠的 3×3 结构只有 5×5 结构参数数量的 (2×3×3)/(5×5)=72%，3 个堆叠的 3×3 结构只有 7×7 结构参数数量的 (3×3×3)/(7×7)=55%)，另一方面是使网络拥有了更多的非线性变换，增强了 CNN 的表达能力。

8.5.4　GoogleLeNet 模型

2014 年由 Google 公司提出的 GoogleLeNet 网络在 ImageNet LSVRC-2014 上有突出的表现(Szegedy et al., 2015)。受 Lin 等提出的网中网(network in network, NIN)模型的启发，Szegedy 等(2015)提出了一种名为 Inception 的模块(图 8.12)，并将其应用到 GoogleLeNet 中。Inception 模块包含 4 个分支，第一个分支对前层的特征图进行 1×1 的卷积；第二个分支对前层特征图做完 1×1 的卷积后，又进行了一个 3×3 的卷积；第三个分支是在做完 1×1 的卷积后，又进行了一个 5×5 的卷积；第四个分支是先对前层特征图进行一个 3×3 的最大池化，然后再进行一次 1×1 的卷积。

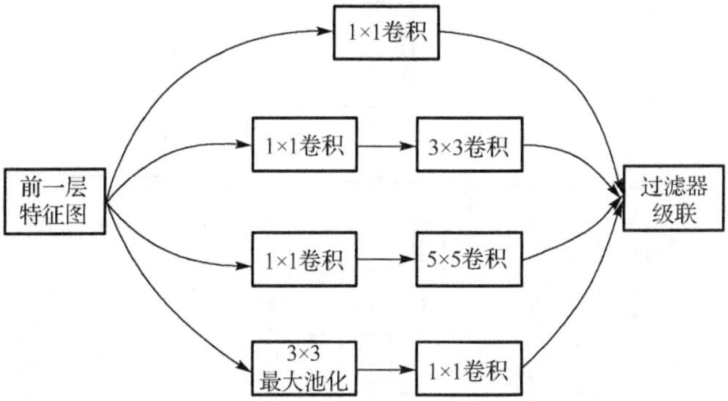

图 8.12　Inception 模块

Inception 模块使用不同尺度的卷积核提取不同尺度的信息，然后融合这些特征信息并传递给下一层，GoogleLeNet 模型就是多个 Inception 模块级联而成。使用 Inception 模块后，整个网络的宽度和深度都有所增加(图 8.13)，其深度达到了 22 层。同时该网络的深度是可控的，因为在中间层就可以输出分类结果。GoogleLeNet 网络剔除了全连接层，充分利用小卷积来减少训练参数，在保证模型性能的前提下，降低网络结构的复杂度。

8.5.5　ResNet 模型

残差神经网络(ResNet)是 2015 年由微软研究院的 He 等人(2016)提出的。深度网络中梯度容易在误差反向传播的过程中消失，ResNet 在网络结构中使用残差单元(图 8.14)来解决这一问题。

假设原始输入为 $\boldsymbol{X}$，经过权值层后得到的输出记为 $H(\boldsymbol{X})$，前述的网络如 AlexNet、VGGNet 等都是直接训练 $H(\boldsymbol{X})$ 的参数得到训练模型。而残差学习则是将训练 $H(\boldsymbol{X})$，变为训练残差 $F(\boldsymbol{X})$，其中 $F(\boldsymbol{X})=H(\boldsymbol{X})+\boldsymbol{X}$。随着网络深度增加，深层网络仍含有 $\boldsymbol{X}$ 恒等映射(identity mapping)，以此来保证网络在加深的过程不会因为堆叠而产生退化。

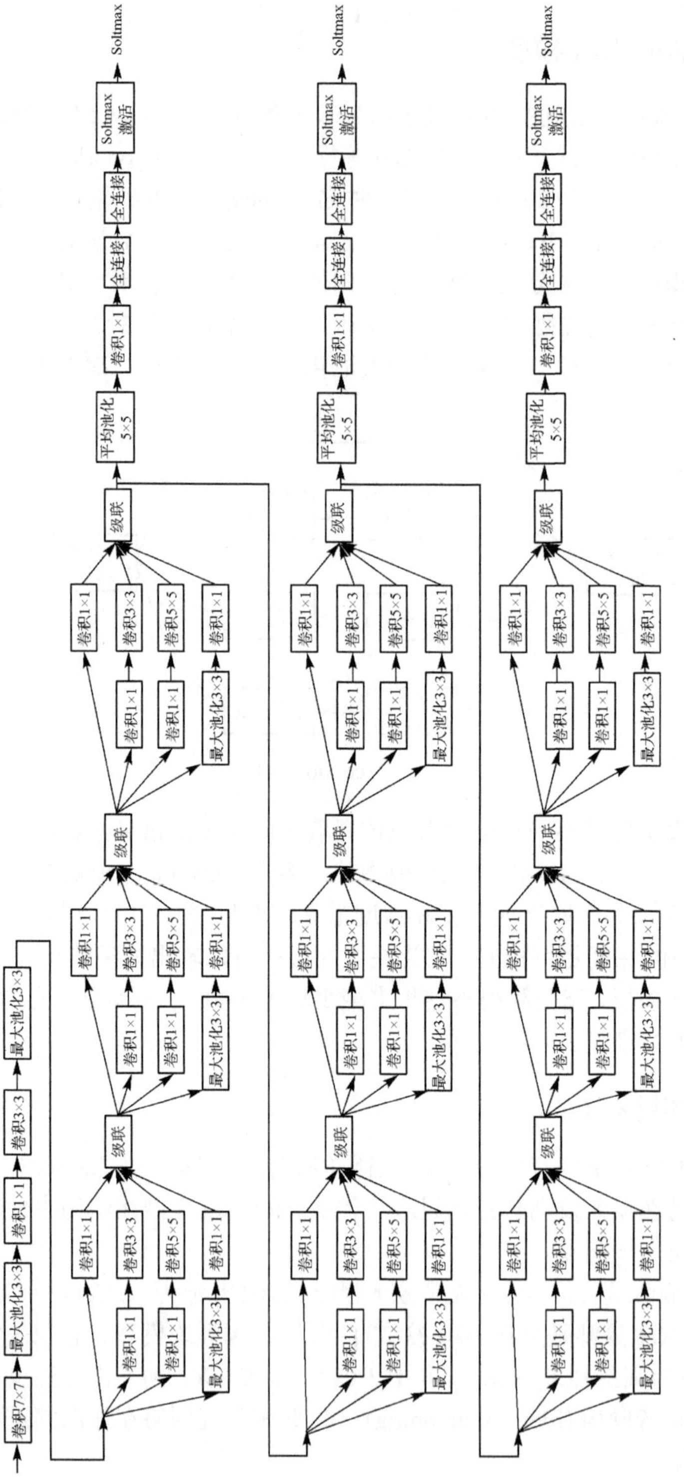

图 8.13　GoogleLeNet 结构示意图

随着研究的不断深入，除了上述典型的 LeNet-5、AlexNet、VGGNet 和 GoogleLeNet 等模型外，卷积神经网络的结构不断优化，其应用领域也不断延伸。许多其他的网络结构在目标分类、目标识别等应用上也有很大的突破。Girshick 等(2014)提出的 RCNN 方法借助选择性搜索算法(Uijlings et al.，2013)将图像分割为独立的候选区域，然后在每个区域上使用 AlexNet 提取固定长度的特征向量，最后利用 SVM 进行目标分类，不仅提高了检测的精度，还提高了检测的效率。SPP-Net(He et al.，2015)在最后一个卷积层后加入一个空间金字塔池化(spatial pyramid

图 8.14 残差单元

pooling，SPP)层，无论卷积后特征图的尺寸有多大，经过 SPP 层后都可以得到固定长度的输出，由此设计的卷积神经网络不再受限于输入图像的大小。后续基于 R-CNN 和 SPP-Net 进一步改进的 Fast R-CNN(Girshick，2015)和 Faster R-CNN (Ren et al.，2017)使得基于区域的目标识别方法越来越精简。此外，还有 YOLO (Redmon et al.，2016；Redmon and Farhadi，2017)、SSD(Liu et al.，2016)等网络训练方法。

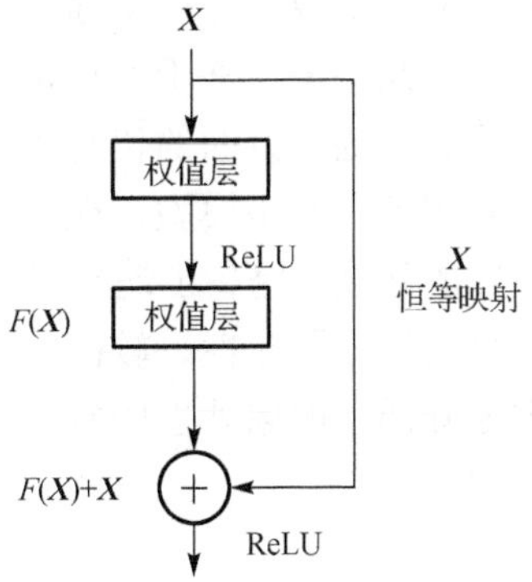

8.6 卷积神经网络在遥感地学方面的应用

卷积神经网络是计算机视觉领域研究的热点，其应用方向主要有图像分类/定位、目标检测、人脸识别、目标跟踪等(周飞燕 等，2017)。卷积神经网络局部连接、权值共享等特性，降低了模型的复杂度，提高了训练效率，这些优点在网络的输入是图像时表现得尤为突出。图像可以直接作为网络的输入，无须事先提取特征、重构数据等，有很大的应用价值。卷积神经网络在自然图像领域的研究极大地促进了其在遥感地学方面的应用。

卷积神经网络在遥感地学方面的应用主要是针对高空间分辨率、高时间分辨率、高光谱分辨率的遥感影像(邰建豪，2017)，而绝大多数卷积神经网络方法都是针对一般的图像提出的，为此遥感地学相关的研究者们需要根据实际的需求调整和优化网络结构，完成遥感影像的特征提取、特征学习，最终实现影像的场景分类(Yu et al.，2006；Li，2019)、地物识别(殷文斌，2017；Wang and Li，2020)、图像分割(Kang et al.，2017；Nieto et al.，2018)等目标。

例如，邰建豪(2017)使用卷积网络及其衍生网络实现遥感影像典型目标的高精度检测和遥感影像地表覆盖的高精度分类；殷文斌(2017)借助卷积神经网络强大的视觉特征表示能力和自主学习特征优点，实现高空间分辨率遥感影像的目标识别；Li(2019)设计多尺度残差自动编码器实现遥感图像的土地利用分类；以及基于卷积神经网络实现高分辨率遥感影像云检测的研究(徐启恒 等，2019)。

近几年来，基于卷积神经网络的遥感图像处理方法层出不穷，卷积神经网络在遥感图像处理方面的优势也逐渐显现。研究表明，结合了地物空间信息、光谱特征的卷积神经网络模型，能够实时、灵活地解决遥感图像的地物分类、目标检测等关键性的问题，提高了遥感影像的利用率(刘冰 等，2019)。不失一般性，这些方法都具有良好的鲁棒性、较高的精度和效率。基于卷积神经网络的遥感图像处理方法极大地降低了图像处理的复杂度，为遥感地学相关的研究打开了新的大门。

8.7 小　　结

本章介绍了卷积神经网络的神经生物学基础、感受野、卷积运算、CNN 基本结构、CNN 发展历史以及 CNN 在遥感地学方面的应用研究。深入理解卷积运算，是理解 CNN 局部连接、参数共享、池化操作等特性的基础，掌握 CNN 的基本结构与经典模型，是自主设计、优化卷积神经网络的前提。

参 考 文 献

曹林林，李海涛，韩颜顺，等. 2016. 卷积神经网络在高分遥感影像分类中的应用. 测绘科学, 41(9): 170-175

常亮，邓小明，周明全，等. 2016. 图像理解中的卷积神经网络. 自动化学报, 42(9): 1300-1312

陈超，齐峰. 2019. 卷积神经网络的发展及其在计算机视觉领域中的应用综述. 计算机科学, 46(3): 63-73

李彦冬，郝宗波，雷航. 2016. 卷积神经网络研究综述. 计算机应用, 36(9): 2508-2515, 2565

刘冰，余旭初，张鹏强，等. 2019. 联合空-谱信息的高光谱影像深度三维卷积网络分类. 测绘学报, 48(1): 53-63

刘万军，梁雪剑，曲海成. 2016. 不同池化模型的卷积神经网络学习性能研究. 中国图象图形学报, 21(9): 1178-1190

鲁娟娟，陈红. 2006. BP 神经网络的研究进展. 控制工程, (5): 449-451, 456

郜建豪. 2017. 深度学习在遥感影像目标检测和地表覆盖分类中的应用研究. 武汉：武汉大学

魏健，屈路，鲁海亮，等. 2016. 基于卷积原理的便携式冲击接地电阻测试仪研制. 仪表技术与传感器, (2): 21-23, 26

徐启恒，黄滢冰，陈洋. 2019. 结合超像素和卷积神经网络的国产高分辨率遥感影像云检测方法. 测绘通报, (1): 50-55

杨晔，龚志辉，刘相云，等. 2021. 应用型高光谱影像卷积神经网络分类方法. 测绘科学技术学报, 38(2): 160-165

杨真真，匡楠，范露，等. 2018. 基于卷积神经网络的图像分类算法综述. 信号处理，34(12): 1474-1489

殷文斌. 2017. 卷积神经网络在遥感目标识别中的应用研究. 北京：中国科学院空天信息创新研究院

周飞燕，金林鹏，董军. 2017. 卷积神经网络研究综述. 计算机学报，40(6): 1229-1251

Boyer A, Mok E. 1985. A photon dose distribution model employing convolution calculations. Medical Physics, 12(2):169-177

Fukushima K. 1980. Neocognitron: A self-organizing neural network model for a mechanism of pattern recognition unaffected by shift in position. Biological Cybernetics, 36(4):193-202

Girshick R. 2015. Fast R-CNN. Proceedings of the 2015 IEEE International Conference on Computer Vision, Santiago: 1440-1448

Girshick R, Donahue J, Darrell T, et al. 2014. Rich feature hierarchies for accurate object detection and semantic segmentation. Proceedings of the IEEE Conference on Computer Vision and Pattern Recognition, Columbus:580-587

Goodfellow I J, Warde-Farley D, Mirza M, et al. 2013. Maxout networks. Proceedings of the 30th International Conference on International Conference on Machine Learning, Atlanta:1319-1327

Goodfellow I, Bengio Y, Courville A. 2016. Deep Learning. Cambridge:MIT Press

Gu J, Wang Z, Kuen J, et al. 2018. Recent advances in convolutional neural networks. Pattern Recognition, 77:354-377

He K, Zhang X, Ren S, et al. 2015. Spatial pyramid pooling in deep convolutional networks for visual recognition. IEEE Transactions on Pattern Analysis and Machine Intelligence, 37(9):1904-1916

He K, Zhang X, Ren S, et al. 2016. Deep residual learning for image recognition. Proceedings of the IEEE Conference on Computer Vision and Pattern Recognition, Las Vegas:770-778

Hinton G, Srivastava N, Krizhevsky A, et al. 2012. Improving neural networks by preventing co-adaptation of feature detectors. https://arxiv.org/pdf/1207.0580.pdf

Hubel D H, Wiesel T N. 1962. Receptive fields, binocular interaction and functional architecture in the cat's visual cortex. The Journal of Physiology, 160(1):106-154

Ioffe S, Szegedy C. 2015. Batch normalization: Accelerating deep network training by reducing internal covariate shift. Proceedings of the 32nd International Conference on Machine Learning, Lille: 448-456

Kang M, Leng X, Lin Z, et al. 2017. A modified faster R-CNN based on CFAR algorithm for SAR ship detection. Proceedings of the International Workshop on Remote Sensing with Intelligent Processing, Shanghai: 1-4.

Krizhevsky A, Sutskever I, Hinton G E. 2012. ImageNet classification with deep convolutional neural networks. Proceedings of Advances in Neural Information Processing Systems, Lake Tahoe:

1097-1105

Lawrence S, Giles C L, Tsoi A C, et al. 1997. Face recognition: A convolutional neural-network approach. IEEE Transactions on Neural Networks, 8(1): 98-113

LeCun Y A, Bottou L, Bengio Y, et al. 1998. Gradient-based learning applied to document recognition. Proceedings of the IEEE, 86(11): 2278-2324

LeCun Y A, Bottou L, Orr G B, et al. 2012. Efficient backprop// Montavon G, Orr G B, Müller K R. Neural Networks: Tricks of the Trade. 2nd. Berlin: Springer : 9-48

Li L. 2019. Deep residual autoencoder with multiscaling for semantic segmentation of land-use images. Remote Sensing, 11(18):2142

Liu W, Anguelov D, Erhan D, et al. 2016. SSD: Single shot multibox detector. Proceedings of the European Conference on Computer Vision, Amsterdam:21-37

Nair V, Hinton G. 2010. Rectified linear units improve restricted Boltzmann machines. Proceedings of the International Conference on Machine Learning, Haifa: 807-814

Nebauer C. 1998. Evaluation of convolutional neural networks for visual recognition. IEEE Transactions on Neural Networks, 9(4):685-696

Nieto M, Gallego A J, Gil P, et al. 2018. Two-stage convolutional neural network for ship and spill detection using SLAR images. IEEE Transactions on Geoscience and Remote Sensing, 56: 5217-5230

Oldham K B. 1986. Convolution of voltammograms as a method of chemical analysis. Journal of the Chemical Society, Faraday Transactions 1: Physical Chemistry in Condensed Phases, 82(4): 1099-1104

Redmon J, Divvala S, Girshick R, et al. 2016. You only look once: Unified, real-time object detection. Proceedings of the IEEE Conference on Computer Vision and Pattern Recognition, Las Vegas: 779-788

Redmon J, Farhadi A. 2017. YOLO9000: Better, faster, stronger. Proceedings of the IEEE Conference on Computer Vision and Pattern Recognition, Honolulu: 6517-6525

Ren S, He K, Girshick R, et al. 2017. Faster R-CNN: Towards real-time object detection with region proposal networks. IEEE Transactions on Pattern Analysis and Machine Intelligence, 39(6): 1137-1149.

Simonyan K, Zisserman A. 2014. Very deep convolutional networks for large-scale image recognition. arxiv.org: 1409.1556

Szegedy C, Liu W, Jia Y Q, et al. 2015. Going deeper with convolutions. Proceedings of the IEEE Conference on Computer Vision and Pattern Recognition, Boston: 1-9

Uijlings J R R, Sande K E A, Gevers T, et al. 2013. Selective search for object recognition. International Journal of Computer Vision, 104(2):154-171

Wang C, Li L. 2020. Multi-scale residual deep network for semantic segmentation of buildings with regularizer of shape representation. Remote Sensing, 12(18): 2932-2952

Yu D, Wang H, Chen P, et al. 2014. Mixed pooling for convolutional neural networks//Rough Sets and Knowledge Technology. Cham: Springer International Publishing: 364-375

Yu Q, Gong P, Clinton N, et al. 2006. Object-based detailed vegetation classification with airborne high spatial resolution remote sensing imagery. Photogrammetric Engineering and Remote Sensing, 72: 799-811

Zeiler M D, Fergus R. 2013. Stochastic pooling for regularization of deep convolutional neural networks. arXiv e-prints arXiv:1301.3557

第 9 章　循环神经网络

现实中许多任务都需要处理序列数据，如语音识别、机器翻译、文本分类、自动摘要等，传统的全连接神经网络(FCNN)和卷积神经网络(CNN)同一层的神经元是无连接的，无法实现序列信息的传递，循环神经网络(RNN)应运而生。RNN 是一类具有记忆性的网络结构，它可以处理时间上前后关联的序列数据，如文本、音频、视频等，RNN 已经成功地应用于多种任务，尤其在自然语言处理(natural language processing，NLP)等领域有着广泛的应用。

本章首先介绍循环神经网络的基本结构，包括单向循环神经网络和双向循环神经网络(bidirectional recurrent neural networks，BRNN)，描述了用于更新循环网络权重参数的时序反向传播(back propagation through time，BPTT)算法；其次介绍了长短期记忆(LSTM)网络，它改善了 RNN 存在的长期依赖性问题，具有长时间记忆功能，还介绍了 LSTM 的变体——门控循环单元(gated recurrent unit，GRU)，以及其他几种 RNN 变体；然后介绍了 RNN 与 CNN 的几种混合神经网络模型；最后介绍了 RNN 在自然语言处理、地球科学、计算机视觉等领域的广泛应用。

9.1　循环神经网络的网络结构及原理

RNN 与 CNN 提出的假设不同。CNN 提出的假设是，动物视觉总会主动关注图像特征明显的区域，它通过卷积操作逐层提取图像的特征信息，同一层的神经元之间是相互独立的，在图像数据的处理中十分具有优势。RNN 则假设事物是随时间序列发展的，即前一刻事物发生的结果对下一刻事物的发展产生影响，比如在 NLP 领域，常见的是预测句子中的下一个词语，因为句子中的词语并不是独立的，所以想要获得精确的预测结果，必须充分利用前面词语的信息。基于这一假设构建的网络，通过同层神经元之间的自连接，将某时刻神经元的输出作为输入再次进入网络，挖掘数据的时序信息和语义信息。正是基于这一特点，使 RNN 成为深度学习中一类不可或缺的网络模型。

早在 1986 年，Jordan(1986)提出了 Jordan Network，该网络将输出层的输出经过时间延迟后反馈给网络的输入层，以此实现序列信息的提取。1990 年，Elman(1990)在 Jordan Network 的基础上提出了简单循环网络(simple recurrent networks，SRN)，又称 Elman Network。SRN 设计更加灵活，各隐藏层之间相互独立，网络结构易于扩展，是目前广泛流行的 RNN 的基础版本。接下来要介绍的单向循环神经网络就是 RNN 经典的网络结构。

9.1.1　单向循环神经网络

循环神经网络除了借助层与层之间的连接来传递信息，还在隐藏层增加了环状结构，如图 9.1 所示。通过这种环状结构将网络的前一个输入与后一个输入联系起来，实现网络的记忆功能。单向循环神经网络是指信息只随着时间序列向后传递，没有反向传递的过程。

循环神经网络由输入层、隐藏层和输出层三部分组成，隐藏层具有循环结构。其中，$\boldsymbol{x}$、$\boldsymbol{s}$ 和 $\boldsymbol{y}$ 分别表示输入值、隐藏单元学习到的值和输出值；$\boldsymbol{U}$、$\boldsymbol{V}$ 和 $\boldsymbol{W}$ 分别是输入层到隐藏层，隐藏层不同时刻，隐藏层到输出层的连接权重，这部分参数是共享的，极大地减少了网络训练的参数的数量。

将图 9.1 中的循环神经网络按时间顺序展开得到图 9.2。

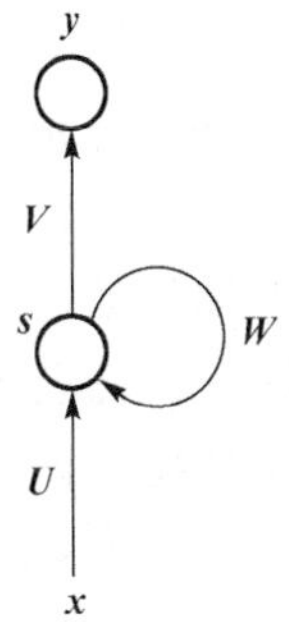

图 9.1　单向循环神经网络结构

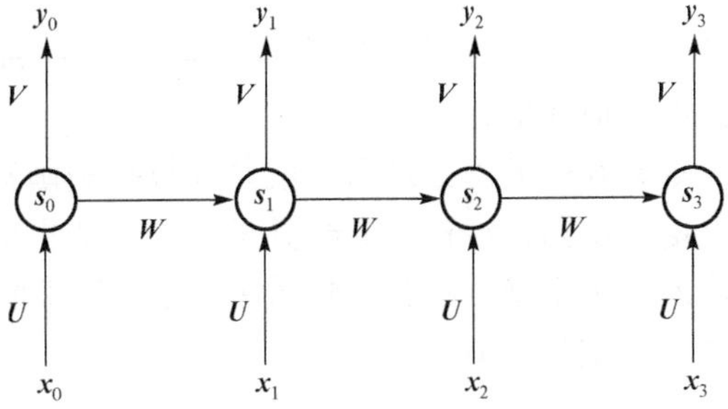

图 9.2　循环神经网络展开结构

由图 9.2 可知，在时刻 t，隐藏单元 $\boldsymbol{s}$ 接收两个信息，一个是 t 时刻的输入 $\boldsymbol{x}_t$，另一个是上一时刻隐藏单元学习到的值 $\boldsymbol{s}_{t-1}$，隐藏单元融合这两个信息得到 $\boldsymbol{s}_t$。$\boldsymbol{s}_t$ 会作为输入影响下一时刻 $\boldsymbol{s}_{t+1}$ 的值，RNN 就是通过这样的循环结构传递前面信息。单向循环神经网络中神经元信息的前向传播过程如式(9.1)和式(9.2)所示。

$$\boldsymbol{s}_t = \sigma(\boldsymbol{U}\boldsymbol{x}_t + \boldsymbol{W}\boldsymbol{s}_{t-1} + \boldsymbol{b}_s) \tag{9.1}$$

$$\boldsymbol{y}_t = \varphi(\boldsymbol{V}\boldsymbol{s}_t + \boldsymbol{b}_y) \tag{9.2}$$

式(9.1)和式(9.2)分别为 t 时刻神经元的值 $\boldsymbol{s}_t$ 和输出值 $\boldsymbol{y}_t$ 的计算公式，其中 σ,φ 是激活函数，$\boldsymbol{b}_s,\boldsymbol{b}_y$ 分别为偏差向量。需要注意的是，图 9.2 中每一时刻都有输出，但每一时刻的输出并不是必需的，比如要预测一段话的情感是正面的还是负面的，只需要知道最后一个时刻的输出就可以，这是因为循环神经网络已经利用隐藏层捕获了序列中的其他信息。

将多个 RNN 堆叠起来形成堆叠循环神经网络(Stack RNN)，每层 RNN 的输出作为下一层 RNN 的输入。Stack RNN 扩展了循环神经网络的深度，增强了网络捕获序列信息的能力，这种结构在机器翻译任务中有良好的表现。

9.1.2 时序反向传播算法

循环神经网络一般通过时序反向传播(BPTT)算法来更新权重参数。BPTT 算法与 BP 算法相似，二者都是以梯度下降法为核心，首先定义损失函数，然后计算损失函数对网络连接权重的梯度，以此作为更新网络权重的依据，直至收敛。BPTT 算法与 BP 算法的不同之处是 BPTT 算法增加了时序演化，总损失对连接权重的梯度是各时刻梯度值的加和值。

假设使用 RNN 来解决分类问题，那么各时刻的损失函数 L_t 用叉熵函数来定义，网络的总损失 L 为各时刻损失之和。

$$L_t(\boldsymbol{y}_t, \hat{\boldsymbol{y}}_t) = -\boldsymbol{y}_t \log \hat{\boldsymbol{y}}_t \tag{9.3}$$

$$L(\boldsymbol{y}, \hat{\boldsymbol{y}}) = \sum_t L_t(\boldsymbol{y}_t, \hat{\boldsymbol{y}}_t) = -\sum_t \boldsymbol{y}_t \log \hat{\boldsymbol{y}}_t \tag{9.4}$$

其中，$\boldsymbol{y}_t$ 和 $\hat{\boldsymbol{y}}_t$ 分别为 t 时刻网络输出的真实值和估计值，$\boldsymbol{y}$ 和 $\hat{\boldsymbol{y}}$ 分别为网络输出的真实值和估计值。

定义好损失函数之后，就是计算损失函数对权重参数的偏导数，将计算得到的梯度信息反向传给模型参数并进行相应的更新。如图 9.3 所示，需要更新的参数包括输入层到隐藏层的权重参数 $\boldsymbol{U}$、隐藏层不同时刻间的权重参数 $\boldsymbol{V}$ 以及隐藏层到输出层的权重参数 $\boldsymbol{W}$。

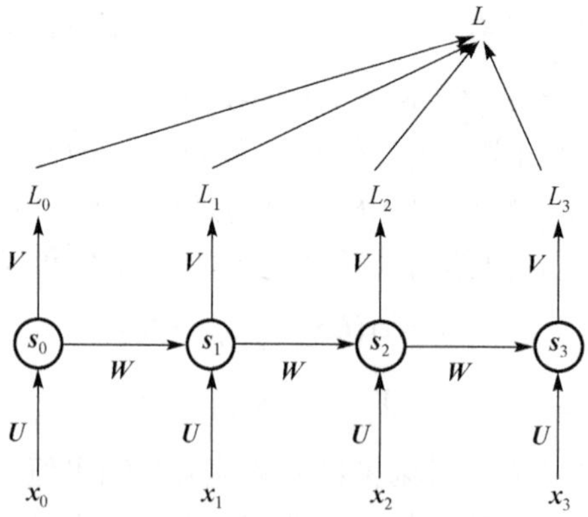

图 9.3　BPTT 算法示例

总损失 L 对 $\boldsymbol{U},\boldsymbol{V},\boldsymbol{W}$ 的梯度 $\frac{\partial L}{\partial \boldsymbol{U}}$、$\frac{\partial L}{\partial \boldsymbol{V}}$ 和 $\frac{\partial L}{\partial \boldsymbol{W}}$，是各时刻损失 L_0、L_1、L_2 和 L_3 对 $\boldsymbol{U}$、$\boldsymbol{V}$ 和 $\boldsymbol{W}$ 梯度结果之和。

$$\frac{\partial L}{\partial \boldsymbol{U}} = \sum_{k=0}^{3} \frac{\partial L_k}{\partial \boldsymbol{U}} \tag{9.5}$$

$$\frac{\partial L}{\partial \boldsymbol{V}}=\sum_{k=0}^{3}\frac{\partial L_k}{\partial \boldsymbol{V}} \tag{9.6}$$

$$\frac{\partial L}{\partial \boldsymbol{W}}=\sum_{k=0}^{3}\frac{\partial L_k}{\partial \boldsymbol{W}} \tag{9.7}$$

(1) 总损失 L 对 $\boldsymbol{U}$ 的梯度 $\frac{\partial L}{\partial \boldsymbol{U}}$。

L_3 对 $\boldsymbol{U}$ 求梯度的计算公式如下：

$$\frac{\partial L_3}{\partial \boldsymbol{U}}=\frac{\partial L_3}{\partial \hat{\boldsymbol{y}}_3}\frac{\partial \hat{\boldsymbol{y}}_3}{\partial \boldsymbol{s}_3}\frac{\partial \boldsymbol{s}_3}{\partial \boldsymbol{U}} \tag{9.8}$$

由式 (9.1) 得，$\boldsymbol{s}_3=\sigma(\boldsymbol{U}\boldsymbol{x}_3+\boldsymbol{W}\boldsymbol{s}_2+\boldsymbol{b}_s)$，由图 9.3 可知，$\boldsymbol{s}_2$ 与 $\boldsymbol{U}$ 有关，则 $\frac{\partial L_3}{\partial \boldsymbol{U}}$ 进一步计算为：

$$\frac{\partial L_3}{\partial \boldsymbol{U}}=\sum_{k=0}^{3}\frac{\partial L_3}{\partial \hat{\boldsymbol{y}}_3}\frac{\partial \hat{\boldsymbol{y}}_3}{\partial \boldsymbol{s}_3}\frac{\partial \boldsymbol{s}_3}{\partial \boldsymbol{s}_k}\frac{\partial \boldsymbol{s}_k}{\partial \boldsymbol{U}} \tag{9.9}$$

即

$$\frac{\partial L_3}{\partial \boldsymbol{U}}=\sum_{k=0}^{3}\frac{\partial L_3}{\partial \hat{\boldsymbol{y}}_3}\frac{\partial \hat{\boldsymbol{y}}_3}{\partial \boldsymbol{s}_3}\left(\prod_{j=k+1}^{3}\frac{\partial \boldsymbol{s}_j}{\partial \boldsymbol{s}_{j-1}}\right)\frac{\partial \boldsymbol{s}_k}{\partial \boldsymbol{U}} \tag{9.10}$$

同理，依次计算出其他时刻的损失函数对 $\boldsymbol{U}$ 的偏导数 $\frac{\partial L_2}{\partial \boldsymbol{U}}$、$\frac{\partial L_1}{\partial \boldsymbol{U}}$ 和 $\frac{\partial L_0}{\partial \boldsymbol{U}}$，求和即可得到 $\frac{\partial L}{\partial \boldsymbol{U}}$。

(2) 总损失 L 对 $\boldsymbol{V}$ 的梯度 $\frac{\partial L}{\partial \boldsymbol{V}}$。

L_3 对 $\boldsymbol{V}$ 求梯度的计算公式如下：

$$\frac{\partial L_3}{\partial \boldsymbol{V}}=\frac{\partial L_3}{\partial \hat{\boldsymbol{y}}_3}\frac{\partial \hat{\boldsymbol{y}}_3}{\partial \boldsymbol{z}_3}\frac{\partial \boldsymbol{z}_3}{\partial \boldsymbol{V}} \tag{9.11}$$

其中，$\boldsymbol{z}_3=\boldsymbol{V}\boldsymbol{s}_3$，由图 9.3 可知，$\boldsymbol{s}_3$ 与 $\boldsymbol{V}$ 无关，则 $\frac{\partial L_3}{\partial \boldsymbol{V}}$ 进一步计算为：

$$\frac{\partial L_3}{\partial \boldsymbol{V}}=\frac{\partial L_3}{\partial \hat{\boldsymbol{y}}_3}\frac{\partial \hat{\boldsymbol{y}}_3}{\partial \boldsymbol{z}_3}\boldsymbol{s}_3 \tag{9.12}$$

同理，依次计算出其他时刻的损失函数对 $\boldsymbol{V}$ 的偏导数 $\frac{\partial L_2}{\partial \boldsymbol{V}}$、$\frac{\partial L_1}{\partial \boldsymbol{V}}$ 和 $\frac{\partial L_0}{\partial \boldsymbol{V}}$，求和即可得到 $\frac{\partial L}{\partial \boldsymbol{V}}$。

(3) 总损失 L 对 $\boldsymbol{W}$ 的梯度 $\frac{\partial L}{\partial \boldsymbol{W}}$。

L_3 对 $\boldsymbol{W}$ 求梯度的计算公式如下：

$$\frac{\partial L_3}{\partial \boldsymbol{W}}=\frac{\partial L_3}{\partial \hat{\boldsymbol{y}}_3}\frac{\partial \hat{\boldsymbol{y}}_3}{\partial \boldsymbol{s}_3}\frac{\partial \boldsymbol{s}_3}{\partial \boldsymbol{W}} \tag{9.13}$$

由式(9.1)得，$\boldsymbol{s}_3=\sigma(\boldsymbol{U}\boldsymbol{x}_3+\boldsymbol{W}\boldsymbol{s}_2+\boldsymbol{b}_s)$，由图 9.3 可知，$\boldsymbol{s}_2$ 与 $\boldsymbol{W}$ 有关，则 $\frac{\partial L_3}{\partial \boldsymbol{W}}$ 进一步计算为：

$$\frac{\partial L_3}{\partial \boldsymbol{W}}=\sum_{k=0}^{3}\frac{\partial L_3}{\partial \hat{\boldsymbol{y}}_3}\frac{\partial \hat{\boldsymbol{y}}_3}{\partial \boldsymbol{s}_3}\frac{\partial \boldsymbol{s}_3}{\partial \boldsymbol{s}_k}\frac{\partial \boldsymbol{s}_k}{\partial \boldsymbol{W}} \tag{9.14}$$

即

$$\frac{\partial L_3}{\partial \boldsymbol{W}}=\sum_{k=0}^{3}\frac{\partial L_3}{\partial \hat{\boldsymbol{y}}_3}\frac{\partial \hat{\boldsymbol{y}}_3}{\partial \boldsymbol{s}_3}\left(\prod_{j=k+1}^{3}\frac{\partial \boldsymbol{s}_j}{\partial \boldsymbol{s}_{j-1}}\right)\frac{\partial \boldsymbol{s}_k}{\partial \boldsymbol{W}} \tag{9.15}$$

同理，依次计算出其他时刻的损失函数对 $\boldsymbol{W}$ 的偏导数 $\frac{\partial L_2}{\partial \boldsymbol{W}}$、$\frac{\partial L_1}{\partial \boldsymbol{W}}$ 和 $\frac{\partial L_0}{\partial \boldsymbol{W}}$，求和即可得到 $\frac{\partial L}{\partial \boldsymbol{W}}$。

9.1.3 双向循环神经网络

在某些情境下，要推断某一时刻的输出，不仅需要考虑该时刻与前一时刻输出的关系，还要考虑该时刻与后一时刻输出的关系。比如“小明__吃冰激凌，这是因为他肠胃不好。”这段话，在推断横线处应该填写的词语时，若只是考虑前文信息，则横线处可以填“喜欢”，也可以填“不喜欢”，若同时考虑前后文信息，则可以准确地判断出横线处只能填“不喜欢”。由此可见，基于上下文信息的综合判断，往往能够得出更准确的判断结果。

针对上述这种情况，Schuster 和 Paliwal(1997) 构建了双向循环神经网络(BRNN)。BRNN 在单向 RNN 的基础上，增加了反向传播层，则序列中当前的输出不仅和当前的输入有关，还与之前以及之后的输入有关。这种网络结构可以同时结合上下文信息，更准确地获得某时刻的输出。典型的 BRNN 的结构如图 9.4 所示。

由图 9.4 可知，典型的 BRNN 有两个隐藏层，隐藏层 $\boldsymbol{A}$ 参与正向计算，隐藏层 $\boldsymbol{A}'$ 参与反向计算，最终的输出值 $\boldsymbol{y}$ 由 $\boldsymbol{A}$ 和 $\boldsymbol{A}'$ 共同决定。BRNN 的输出计算公式为：

$$\boldsymbol{y}_i=f(\boldsymbol{V}\boldsymbol{A}_i+\boldsymbol{V}'\boldsymbol{A}_i') \quad (i=0,1,2,\cdots) \tag{9.16}$$

其中，$\boldsymbol{V}$ 和 $\boldsymbol{V}'$ 分别是输出层与隐藏层 $\boldsymbol{A}$ 和 $\boldsymbol{A}'$ 之间的连接权重。

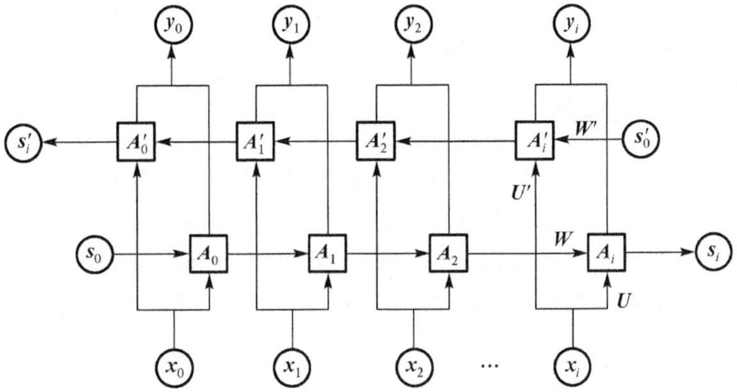

图 9.4　双向循环神经网络结构

隐藏层 $\boldsymbol{A}$, $\boldsymbol{A}'$ 的计算公式分别如下：

$$\boldsymbol{A}_i = g(\boldsymbol{W}\boldsymbol{A}_{i-1} + \boldsymbol{U}\boldsymbol{x}_i) \tag{9.17}$$

$$\boldsymbol{A}_i' = g(\boldsymbol{W}'\boldsymbol{A}_{i-1}' + \boldsymbol{U}'\boldsymbol{x}_i) \tag{9.18}$$

其中，$\boldsymbol{U}$ 和 $\boldsymbol{U}'$ 分别是输入层与隐藏层 $\boldsymbol{A}$ 和 $\boldsymbol{A}'$ 之间的连接权重，$\boldsymbol{W}$ 是隐藏层 $\boldsymbol{A}$ 内部的连接权重，$\boldsymbol{W}'$ 是隐藏层 $\boldsymbol{A}'$ 内部的连接权重。

在计算机硬件条件允许的情况下，RNN/BRNN 理论上可以处理长时间序列之间的依赖关系，但在实际应用过程中，RNN/BRNN 存在梯度消失或梯度爆炸的问题(Bengio et al., 1994)，并不能很好地解决远距离序列信息之间的传递问题。

9.2　长短期记忆网络及其变体

卷积神经网络可以处理高度和宽度很大的图像，理论上循环神经网络也可以处理时间序列很长的数据，但事实并非如此。RNN 基于 BPTT 算法更新权重参数，而 BPTT 算法的核心是以损失函数对各权重参数的梯度值作为更新参数的依据。当局部梯度小于 1 时，随着序列数据时间步长的延伸，最终可能出现梯度消失现象，此时权重参数将很难得到有效的更新。同样，若局部梯度值均大于 1，则最终梯度值会出现爆炸的现象，网络将出现不稳定的状态(Bianchi et al.，2018)。梯度消失和梯度爆炸现象都导致标准的 RNN 很难实现长时间的信息存储，这非常不利于 RNN 在实践中的应用。

1997 年，Hochreiter 和 Schmidhuber 提出了长短期记忆(LSTM)网络来解决这个问题。LSTM 网络能够有效地克服 RNN 梯度消失的问题，具有长时间记忆的能力，是目前实际应用中使用最广泛的循环网络结构。随后，Cho 等(2014)基于 LSTM 构建了门控循环单元(GRU)，GRU 将 LSTM 的三个控制门简化为两个，简化了模型的训练过程。到目前为止，各国学者不断研究加速循环网络训练的方法，在 RNN 的基础上提出了许多其他的变体结构。

9.2.1 长短期记忆网络

长短期记忆(LSTM)网络是 RNN 的一种变体，它将 RNN 中的隐藏单元换成了记忆体。每个记忆体一般由一个或多个记忆细胞(memory cell，MC)、一个输入门(input gate)、一个遗忘门(forget gate)和一个输出门(output gate)组成，LSTM 模型就是在整个时间序列上不断重复这个记忆体。图 9.5 为 LSTM 网络记忆体示意图。

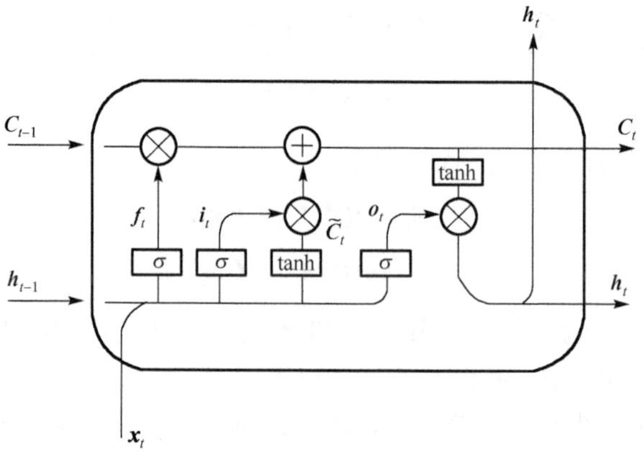

图 9.5　LSTM 网络记忆体示意图

图 9.5 中 $\boldsymbol{x}_t$ 和 $\boldsymbol{h}_t$ 分别为 t 时刻隐藏层的输入向量和输出向量；$\boldsymbol{C}_t$ 为记忆细胞；$\boldsymbol{i}_t$、$\boldsymbol{f}_t$ 和 $\boldsymbol{o}_t$ 分别是输入门、遗忘门、输出门的输出值，三个控制门输出后都要与其控制的信息进行点乘运算。记忆细胞能够记住任意时间间隔上的值，三个控制门能够控制进出细胞的信息流动，选择性地过滤传递的信息。

控制门的激活函数一般是 Sigmoid 函数，它可以将控制门的输出控制在 0～1 之间，以此来决定哪些信息需要保留，哪些信息需要舍弃，值为 1 表示完整保留该信息，值为 0 则表示完全舍弃。遗忘门是 LSTM 网络中关键的组成部分，它决定上一时刻记忆细胞的值在多大程度上影响当前的记忆细胞；输入门则控制当前输入 $\boldsymbol{x}_t$ 对记忆细胞的影响；输出门控制当前记忆细胞 $\boldsymbol{C}_t$ 对输出向量 $\boldsymbol{h}_t$ 的影响。

遗忘门 $\boldsymbol{f}_t$、输入门 $\boldsymbol{i}_t$ 和输出门 $\boldsymbol{o}_t$ 的计算公式分别为：

$$\boldsymbol{f}_t = \sigma(\boldsymbol{U}_f \boldsymbol{x}_t + \boldsymbol{W}_f \boldsymbol{h}_{t-1} + \boldsymbol{b}_f) \tag{9.19}$$

$$\boldsymbol{i}_t = \sigma(\boldsymbol{U}_i \boldsymbol{x}_t + \boldsymbol{W}_i \boldsymbol{h}_{t-1} + \boldsymbol{b}_i) \tag{9.20}$$

$$\boldsymbol{o}_t = \sigma(\boldsymbol{U}_o \boldsymbol{x}_t + \boldsymbol{W}_o \boldsymbol{h}_{t-1} + \boldsymbol{b}_o) \tag{9.21}$$

其中，$\boldsymbol{U}_f$、$\boldsymbol{U}_i$ 和 $\boldsymbol{U}_o$ 分别是输入层与遗忘门、输入门、输出门之间的连接权重；$\boldsymbol{W}_f$、

$\boldsymbol{W}_i$ 和 $\boldsymbol{W}_o$ 分别是上一刻输出与遗忘门、输入门、输出门之间的连接权重；$\boldsymbol{b}_f$、$\boldsymbol{b}_i$ 和 $\boldsymbol{b}_o$ 分别是遗忘门、输入门、输出门的偏差。

t 时刻记忆体的输出向量 $\boldsymbol{h}_t$ 以及记忆细胞的值 $\boldsymbol{C}_t$ 的计算公式分别为：

$$\tilde{\boldsymbol{C}}_t = \tanh(\boldsymbol{U}_c\boldsymbol{x}_t + \boldsymbol{W}_c\boldsymbol{h}_{t-1} + \boldsymbol{b}_c) \tag{9.22}$$

$$\boldsymbol{h}_t = \boldsymbol{o}_t \cdot \tanh(\boldsymbol{C}_t) \tag{9.23}$$

$$\boldsymbol{C}_t = \boldsymbol{f}_t \cdot \boldsymbol{C}_{t-1} + \boldsymbol{i}_t \cdot \tilde{\boldsymbol{C}}_t \tag{9.24}$$

其中，$\tilde{\boldsymbol{C}}_t$ 为记忆体的一个中间记忆细胞；$\boldsymbol{b}_c$ 为记忆细胞的偏置参数。

LSTM 网络借助门控单元，选择性地控制信息的传递，实现了上下文信息的有效存储和更新，克服了 RNN 中梯度消失的问题。LSTM 网络的长期记忆功能，使其在大量的序列数据相关的任务中得到了很好的应用。但不可否认的是，LSTM 网络相较于 RNN，大大增加了训练参数的数量，为了减少训练参数，Cho 等(2014)提出了 LSTM 模型的变体——门控循环单元(GRU)。

9.2.2　门控循环单元

Cho 等(2014)在 LSTM 的基础上，提出了门控循环单元(GRU)。相比于 LSTM 的三个控制门，GRU 将其简化为两个：更新门(update gate)和重置门(reset gate)。这两个控制门与 LSTM 的三个控制门在本质上一致的，它们都是由激活函数组成的非线性求和单元，都能够选择性地过滤和传递序列信息。GRU 结构如图 9.6 所示。

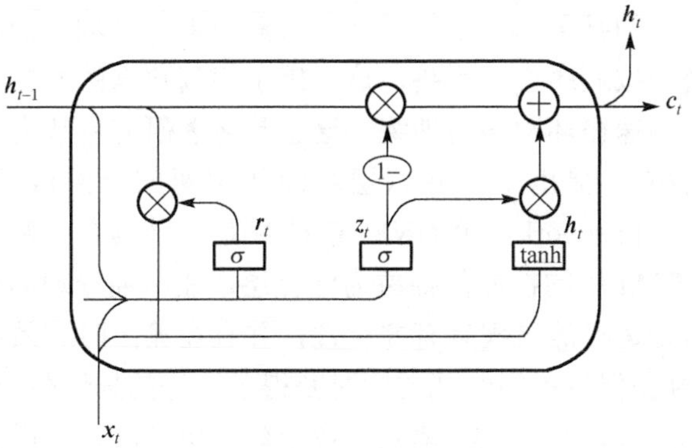

图 9.6　GRU 结构示意图

图 9.6 中 $\boldsymbol{x}_t$ 和 $\boldsymbol{h}_t$ 分别为 t 时刻隐藏层的输入向量和输出向量，$\boldsymbol{r}_t$ 和 $\boldsymbol{z}_t$ 分别是重置门和更新门的输出值，这两个控制门输出后同样要与其控制的信息进行点乘运算。更新门的作用是控制前一时刻的单元状态有多少信息能被代入到当前状态中，更新门的值越大表明前一时刻的状态信息代入得多；重置门的作用是控制前一状态能被写入当前状态的信息量。

重置门 $\boldsymbol{r}_t$，更新门 $\boldsymbol{z}_t$ 的计算公式分别为：

$$\boldsymbol{r}_t = \sigma(\boldsymbol{U}_r\boldsymbol{x}_t + \boldsymbol{W}_r\boldsymbol{h}_{t-1} + \boldsymbol{b}_r) \tag{9.25}$$

$$\boldsymbol{z}_t = \sigma(\boldsymbol{U}_z\boldsymbol{x}_t + \boldsymbol{W}_z\boldsymbol{h}_{t-1} + \boldsymbol{b}_z) \tag{9.26}$$

其中，$\boldsymbol{U}_r$ 和 $\boldsymbol{U}_z$ 分别是输入层与重置门、更新门之间的连接权重；$\boldsymbol{W}_r$ 和 $\boldsymbol{W}_z$ 分别是上一刻输出与重置门、更新门之间的连接权重；$\boldsymbol{b}_r$ 和 $\boldsymbol{b}_z$ 分别是重置门、更新门的偏差。

t 时刻 GRU 单元的输出值 $\boldsymbol{h}_t$ 的计算公式分别为：

$$\tilde{\boldsymbol{h}}_t = \tanh(\boldsymbol{U}_h\boldsymbol{x}_t + \boldsymbol{W}_h(\boldsymbol{r}_t \cdot \boldsymbol{h}_{t-1}) + \boldsymbol{b}_h) \tag{9.27}$$

$$\boldsymbol{h}_t = (1 - z_t) \cdot \boldsymbol{h}_{t-1} + z_t \cdot \tilde{\boldsymbol{h}}_t \tag{9.28}$$

其中，$\boldsymbol{U}_h$ 是输入值与输出值之间的连接权重，$\boldsymbol{W}_h$ 是重置门与前一时刻输出值综合信息的权重，$\boldsymbol{b}_h$ 是输出向量的偏差。

GRU 在简化 LSTM 结构的同时保持着与 LSTM 相同的效果(夏瑜潞，2019)，仍然具有长期记忆功能。而且 GRU 少了一个控制门，整体上的训练速度加快。Chung 等(2014)证明 GRU 在复调音乐建模的表现上优于 LSTM 模型，但 GRU 不能用于计算或解决上下文无关的语言(Kolen and Kremer，2001)，也不能用于翻译(Bianchi et al.，2018)，所以在实际中可以根据任务需要合理地选择 GRU 或 LSTM。

9.2.3 RNN 其他变体

具有循环结构的神经网络，其当前时刻的输出依赖于上一时刻的输出，比如 LSTM、GRU 等，有的甚至同时依赖于上一时刻与下一时刻的输出，比如 BRNN，这使得序列数据必须按顺序进入网络，这阻碍了序列数据的并行处理，降低了网络训练的速度。如何加速循环网络的训练，这也是诸多研究者致力于解决的问题。

Bradbury 等(2017)提出了由卷积层和池化层两部分组成的准循环神经网络(quasi-recurrent neural network，QRNN)。QRNN 是一种具有交替卷积层的神经序列建模方法，它将 LSTM 中的控制门抽象为池化层，在序列处理的每一时刻，池化函数都需要运算，但是运算的过程具有并行性，并且在输出时有效地利用了输入序列的顺序信息。QRNN 在保持不错性能的同时获得了很好的加速效果(杨丽 等,2018)。

Zhou 等(2016)从减少 LSTM 单元参数个数的角度出发，提出了最小门控单元(minimal gated unit，MGU)模型，它只有 1 个门——遗忘门。MGU 显然比 LSTM 和 GRU 的结构更简单，LSTM 有 4 组参数需要确定，GRU 有 3 组参数需要确定，而 MGU 只有 2 组参数需要确定。MGU 相比于 GRU 具有结构更简单、参数更少、训练时间更少等优点。同时，使用参数较少的 MGU 模型，可以减少选择参数的工作量，提高模型的泛化能力(徐菲菲和芦霄鹏，2020)。MGU 模型没有充分学习序列数据之间在时间上的相互关系，适用于时间依赖性很强的任务。Heck 和

Salem(2017)进一步简化 MGU，提出了 3 种模型变量 MGU 1、MGU 2 和 MGU 3，实验证明这些变量的性能与 GRU 相当。

Lei 等(2017)也提出了仅保留了一个遗忘门的简单循环单元(simple recurrent unit，SRU)，提高了循环网络模型的训练速度。SRU 去除了 LSTM 中复杂的时间依赖关系，将大部分没有时间依赖关系的运算进行并行处理，仅有小部分时间依赖的运算串联处理，极大地缩短了运行时间，提高了序列数据的处理效率。除此之外，还存在许多其他类型的循环网络加速方法，例如，Graves(2016)提出自适应运算时间(adaptive computation time，ACT)算法，该算法允许循环网络自主学习输入到输出之间需要使用的计算步骤，以期合理地减少网络训练的运算量。

循环网络的其他变体主要还是针对 LSTM 进行的。例如，Kalchbrenner 等(2015)对 LSTM 进行改进，提出了 Grid LSTM 模型，该模型可以对网络的各个维度扩展深度；Bouaziz 等(2017)针对多流或多媒体的文档处理问题，提出了可以同步输入多个序列的并行 LSTM(parallel LSTM，PLSTM)结构，可以用于并行序列的分类；Rahman 等(2016)在 LSTM 单元中加入 1 个受生物启发的变体，提出了生物学变体 LSTM，与传统的 LSTM 相比，新的 LSTM 具有更好的性能和更高的稳定性；Pulver 和 Lyu(2016)引入了具有工作记忆的 LSTM，用功能层代替遗忘门，功能层输入由之前的存储单元值决定。这些长短期记忆网络变体尽管引入了类似 LSTM 的神经单元，但是它们只能用于 1 个或某些特定的数据集。Ghosh 等(2016)提出的语境 LSTM(contextual LSTM，CLSTM)网络，在模型中整合了语境特征，该模型在接续语句预测、接续词语预测、语句话题预测等任务中获得了不错的表现。目前，没有任何一种单元变体能整体胜过 LSTM 单元，可以说 LSTM 仍是深度学习的重点(王羽嫣 等，2021)。

9.3 混合神经网络

在大多数的实际任务中，循环网络模型通常使用双向结构或者深层网络来提高模型的表现能力。例如，商俊蓓(2015)基于双向长短时记忆(bidirectional long short term memory)循环神经网络模型设计了联机手写数学公式符号识别系统；陈奔(2018)研究了基于双向循环神经网络(BRNN)的轨迹数据修复方法，充分利用了轨迹数据的时空序列特性及 BRNN 模型在处理时序数据方面的巨大优势；余传明(2018)构建了一种面向跨领域情感分析的深度循环神经网络(deep recurrent neural network，DRNN)模型，并通过实验证明了模型的有效性。

循环神经网络可以很好地利用数据时间轴上的前后关联，但缺少对高维数据进行特征表达，还有很多学者尝试将循环神经网络与特征能力表达较强的卷积神经网络结合起来使用，以取得更好的效果。例如，张展等(2020)针对在入侵检测中单一应用 CNN 和 RNN 无法同时学习时序和空间特征的问题，提出了一种基于 CNN 和 RNN 的混合模型，将 CNN 和 RNN 模块的输出线性连接，形成中间混合层。由 NSL-KDD 数据集上的实验结果可知，该模型有效提高了入侵检测识别的精度和分类准确性。黄婕等(2019)采取 Stacking 集成策略对 GRU 和 CNN 进行融合，使用集成后的模型进行 $PM_{2.5}$ 浓度预测，证明该模型不仅能够充分利用时间轴上的前后关联信息去预测未来的浓度，而且能在不同的层次上自动提取高维时序数据通用特征，用于预测，保证了预测结果的稳定性。Tsironi 等(2017)提出卷积长短期记忆循环神经网络(convolutional long short-term memory recurrent neural network，CNNLSTM)，将 CNN 和 LSTM 结合，用于手势识别，并且通过对比实验证明了 CNNLSTM 的表现比单独只使用 CNN 或者 LSTM 的效果更好。Donahue 等(2017)将 CNNLSTM 用于计算机视觉中的识别和描述。

在自然语言处理领域，主要的研究是将LSTM与CNN结合。例如，Zhou等(2015)提出 CLSTM(convolutional-LSTM)用于分类任务，CNN 能够提取局部特征，LSTM 能够获取整个句子的表示，能够捕获特征序列的顺序；Li 等(2017)将 CNN 和 BLSTM 结合，用于电影推荐中的情感分析；徐菲菲和芦霄鹏(2020)结合卷积神经网络 CNN 和最小门控单元 MGU 各自的优势，融合注意力机制，提出了注意力 CNNMGU 神经网络模型，结果表明该模型能够强化对文本的句义理解，可进一步学习序列相关特征，有效地提高情感分类的准确率。

9.4 循环神经网络的应用

9.4.1 自然语言处理

自然语言数据是一种典型的序列数据，如文本数据，音频、视频数据等。RNN 因具存储特性，可以处理前后输入有关系的序列数据，在时空序列数据中的预测表现优于传统的全连接神经网络和卷积神经网络，因此 RNN 是解决各种自然语言处理(NPL)问题的重要算法，包括文本分类、语音识别、机器翻译等(刘礼文和俞弦，2019)。

文本分类是对文本集(或其他实体或物件)按照一定的分类体系或标准进行自动分类标记。文本分类按照任务类型的不同可划分为问题分类、主题分类以及情感分析等(汪岿和刘柏嵩，2019)，其中基于深度学习的情感分析方法有很大的应用价值。情感分析是自动判定文本中观点持有者对某一话题所表现出的态度或情绪倾向性的过程、技术和方法。例如，对文本或句子的褒贬性做出判断，对影视作品的评论是好评还是差评做出判断等。利用 RNN 来进行情感分析，一方面能提高精度；另一方面评价更客观，人为因素干扰更小。刘金硕和张智(2016)将预训练好的词向量作为下层循环神经网络的输入，然后将循环神经网络输出的句子向量以时序逻辑作为上层循环神经网络的输入，有效地联合两种网络，能解决 SVM 分类器正确率较低的问题。Hu 等(2017)在 LSTM 模型的基础上建立了一个关键词词库，能帮助挖掘文本中的潜在语言，可以进一步提高文本情绪性判断的正确性。Ma 等(2018)提出在 LSTM 中添加一个由目标级和句子级的注意模型组成的叠加注意机制，称为感知 LSTM，特别关注在深度神经序列模型中常识知识。

语音识别就是“让机器明白你在说什么”，其难点在于输入的语音序列的位置是未知的(刘礼文和俞弦，2019)。RNN 与连接主义时间分类(connectionist temporal classification，CTC)的结合是语音识别技术里最具影响力的深度学习技术之一(Graves，2016)。基于此，Graves 和 Jaitly(2014)设计了一种基于深度双向 LSTM 循环神经网络结构和 CTC 目标函数相结合的语音识别系统，该系统不需要中间的语音表示，直接用文本来转录音频数据。此外，唐美丽等(2019)利用小波变换获取的语音信号的时频信息作为 RNN 语音识别模型的输入，提高了语音识别的准确率和稳定性。

机器翻译是利用计算机将一种自然语言(源语言)转换为另一种自然语言(目标语言)的过程。机器翻译无须人工设计定义在隐结构上的特征来描述翻译规律，而是直接从训练语料中学习特征，规避了由自然语言的高度复杂性带来的大量的特征设计工作。Bahdanau 等(2015)将卷积 *n* 元模型与循环神经网络相结合进行机器翻译，通过允许模型自动(软)搜索与预测目标词相关的源语句部分来提高结构的性能。Zhang 等(2019)在训练中不仅从真值序列中抽取上下文词，而且从模型的预测序列中抽取上下文词进行预测，并以句子级最优为目标选择预测序列，从而在一定程度上消除了机器翻译中存在的因上下文差异导致的错误累积和过度矫正问题带来的影响。

9.4.2 地球科学

当前，RNN 已广泛应用于水文学、气象学、生态学等地学领域的时间序列数据的建模，在地理要素的预测评价中取得了令人满意的结果。不少学者在预测中将 CNN、RNN 网络集成，以起到取长补短的作用，显示出 RNN 在地学领域中广泛的应用前景。

Fang 等(2017)首次将 LSTM 应用于水文学，建立了一种以大气营力、模型模拟湿度和静态自然地理属性为输入的土壤水分主动/被动(soil moisture active passive，SMAP)三级土壤水分数据预测系统，该系统通过模型模拟消除了大部分偏差，同时改善了湿度气候的预测精度。

温度、降水等气象数据都具有时空特性。倪铮和文韬(2018)综合 CNN 的空间特征提取能力与 RNN 的时序关联能力，使用基于 CNN 和 LSTM 的神经网络建立了北京市未来 6 小时雷暴预报模型。刘新等(2020)使用 LSTM 网络预测青藏高原的月降水量，其结果在预测精度上较传统方法有了一定的提高，为气象预测提供了新的思路。武双新(2021)针对时间序列模型预测精度不高的问题，提出了一种 LSTM 气温预测模型，对昆明市每天的最高温度进行预测，研究结果表明该方法具有较好的实用性。

空气质量是影响生态环境的关键因素，空气质量状况预测是保障及时妥善应对空气污染的重要手段。由于空气质量数据具有时空相关性，因此使用 RNN 来预测空气质量是可行的。Athira 等(2018)分别使用 RNN、LSTM 和 GRU 三种循环网络模型预测可吸收颗粒物(particulate matter 10，PM_{10})，结果表明三种模型都取得了不错的表现。白盛楠和申晓留(2019)以气象、大气污染物为因素作为 $PM_{2.5}$ 预测指标，构建多变量的 LSTM 预测模型，实现北京市 $PM_{2.5}$ 日浓度的准确预测。

此外，Kordmahalleh 等(2016)建立了一种具有灵活拓扑的稀疏 RNN，用于大西洋飓风的轨迹预测，实验证明该方法用于预测飓风轨迹非常有效。张昊等(2019)采用 CNN 和 LSTM 混合神经网络模型模拟地震速度，模型将地震速度谱图像作为输入，将“时间-速度”序列作为输出，测试结果表明，该方法提取的地震速度具有更高的精度。

9.4.3 其他

RNN 在生物学、计算机科学、数学等其他领域也有不俗的表现。在生物学中，Lee 等(2015)利用深度循环神经网络(DRNN)来模拟 DNA 序列并检测其剪接位点；Park 等(2016)提出了一种新的基于循环神经网络的 miRNA 前体预测算法。在计算机科学中，Pan 等(2015)使用 CNN 从包含字符的图像中提取特征，然后将这些特征输入到 LSTM 中进行识别；Donahue 等(2017)描述了一类端到端可训练且适合大规模视觉理解任务的循环卷积结构，证明了这些模型在行为识别、图像字幕和视频描述方面的价值。在数学领域，张永胜和肖林(2019)利用一类循环神经网络模型来求解二次最小化问题。

RNN 以序列数据作为输入，具有记忆功能、参数共享等特点。目前关于 RNN 的研究已经非常深入，其应用领域也愈加广泛，而且不断有新的模型被提出，是深度学习中十分有应用前景的网络结构之一。

9.5 小　　结

本章介绍了循环神经网络与双向循环神经网络的基本结构及其权重参数更新算法——BPTT 算法；简要介绍了 RNN 的几种变体，包括 LSTM、GRU 等；还介绍了 RNN 与 CNN 的几种混合神经网络及其在自然语言处理、地球科学等方面的应用。

单向 RNN 是理解循环神经网络如何传递时序信息的典型结构；LSTM 与 GRU 改善了 RNN 存在的长期依赖性问题，是目前应用较多的网络结构；比较了 CNN 与 RNN 的结构，理解两种神经网络各自的优点与局限。

参考文献

白盛楠, 申晓留. 2019. 基于 LSTM 循环神经网络的 $PM_{2.5}$ 预测. 计算机应用与软件, 36(1): 67-70, 104

陈奔. 2018. 基于双向递归神经网络的轨迹数据修复. 济南: 山东大学

高明虎, 于志强. 2019. 神经机器翻译综述. 云南民族大学学报(自然科学版), 28(1): 72-76

洪巍, 李敏. 2019. 文本情感分析方法研究综述. 计算机工程与科学, 41(4): 750-757

黄婕, 张丰, 杜震洪, 等. 2019. 基于 RNN-CNN 集成深度学习模型的 $PM_{2.5}$ 小时浓度预测. 浙江大学学报(理学版), 46(3): 370-379

刘金硕, 张智. 2016. 一种基于联合深度神经网络的食品安全信息情感分类模型. 计算机科学, 43(12): 277-280

刘礼文, 俞弦. 2019. 循环神经网络(RNN)及应用研究. 科技视界, (32): 54-55

刘新, 赵宁, 郭金运, 等. 2020. 基于 LSTM 神经网络的青藏高原月降水量预测. 地球信息科学学报, 22(8): 1617-1629

倪铮, 文韬. 2018. 一种基于 CNN 和 RNN 深度神经网络的天气预测模型——以北京地区雷暴的 6 小时临近预报为例. 数值计算与计算机应用, 39(4): 299-309

商俊蓓. 2015. 基于双向长短时记忆递归神经网络的联机手写数字公式字符识别. 广州: 华南理工大学

唐美丽, 胡琼, 马廷淮. 2019. 基于循环神经网络的语音识别研究. 现代电子技术, 42(14): 152-156

汪岿, 刘柏嵩. 2019. 文本分类研究综述. 数据通信, (3): 37-47

王雨嫣, 廖柏林, 彭晨, 等. 2021. 递归神经网络研究综述. 吉首大学学报(自然科学版), 42(1): 41-48

武双新. 2021. 基于 LSTM 的气温数据建模研究. 数据通信, (2): 47-51

夏瑜潞. 2019. 循环神经网络的发展综述. 电脑知识与技术, 15(21): 182-184

徐菲菲, 芦霄鹏. 2020. 结合卷积神经网络和最小门控单元注意力的文本情感分析. 计算机应用与软件, 37(9): 75-80,125

杨丽, 吴雨茜, 王俊丽, 等. 2018. 循环神经网络研究综述. 计算机应用, 38(S2): 1-6, 26

余传明. 2018. 基于深度循环神经网络的跨领域文本情感分析. 图书情报工作, 62(11): 23-34

张昊, 朱培民, 顾元, 等. 2019. 基于深度学习的地震速度谱自动拾取方法. 石油物探, 58(5): 724-733

张永胜, 肖林. 2019. 二次最小化问题的有限时间递归神经网络求解. 吉首大学学报(自然科学版),

40 (2) : 21-26

张展，赵英，陈骏君. 等. 2020. 基于 CNN 和 RNN 混合模型的入侵检测. 北京:中国计算机用户协会网络应用分会 2020 年第二十四届网络新技术与应用年会

Athira V, Geetha P, Vinayakumar R, et al. 2018. DeepAirNet: Applying recurrent networks for air quality prediction. Procedia Computer Science, 132: 1394-1403

Bahdanau D, Cho K, Bengio Y. 2015. Neural machine translation by jointly learning to align and translate. Proceedings of the 3rd International Conference on Learning Representations, San Diego

Bengio Y, Simard P, Frasconi P. 1994. Learning long-term dependencies with gradient descent is difficult. IEEE Transactions on Neural Networks, 5 (2) : 157-166

Bianchi F M, Livi L, Alippi C. 2018. Investigating echo-state networks dynamics by means of recurrence analysis. IEEE Transactions on Neural Networks and Learning Systems, 29 (2) :427-439

Bouaziz M, Morchid M, Dufour R, et al. 2017. Parallel long short-term memory for multi-stream classification. Proceedings of the IEEE Spoken Language Technology Workshop, San Diego:218-223

Bradbury J, Merity S, Xiong C, et al. 2017. Quasi-recurrent neural networks. Proceedings of the 5rd International Conference on Learning Representations, Toulon

Cho K, van Merrienboer B, Gulcehre C, et al. 2014. Learning phrase representations using RNN encoder-decoder for statistical machine translation. arXiv e-prints arXiv:1406.1078

Chung J, Gulcehre C, Cho K, et al. 2014. Empirical evaluation of gated recurrent neural networks on sequence modeling. arXiv e-prints arXiv:1412.3555

Donahue J, Hendricks L A, Rohrbach M, et al. 2017. Long-term recurrent convolutional networks for visual recognition and description. IEEE Transactions on Pattern Analysis and Machine Intelligence, 39 (4) :677-691

Elman J L. 1990. Finding structure in time. Cognitive Science, 14 (2) : 179-211

Fang K, Shen C, Kifer D, et al. 2017. Prolongation of SMAP to spatiotemporally seamless coverage of continental U.S. using a deep learning neural network. Geophysical Research Letters, 44 (21) : 30-39

Ghosh S, Vinyals O, Strope B, et al. 2016. Contextual LSTM（CLSTM）models for large scale NLP tasks. arXiv e-prints arXiv:1602.06291

Graves A, Fernández S, Gomez F J, et al. 2006. Connectionist temporal classification: Labelling unsegmented sequence data with recurrent neural networks. Proceedings of the 23rd International Conference on Machine Learning, Pittsburgh

Graves A. 2016. Adaptive computation time for recurrent neural networks. arXiv e-prints arXiv:1603.08983

Graves A, Jaitly N. 2014. Towards end-to-end speech recognition with recurrent neural networks. Proceedings of the 31st International Conference on International Conference on Machine Learning, Beijing: 1764-1772

Heck J, Salem F M. 2017. Simplified minimal gated unit variations for recurrent neural networks. Proceedings of the IEEE 60th International Midwest Symposium on Circuits and Systems, Medford:1593-1596

Hochreiter S, Schmidhuber J. 1997. Long short-term memory. Neural Computation, 9 (8) :1735-1780

Hu F, Li L, Zhang Z L, et al. 2017. Emphasizing essential words for sentiment classification based on recurrent neural networks. Journal of Computer Science and Technology, 32 (4) : 785-795

Jordan M. 1986. Serial order: A parallel distributed processing approach. San Diego: Institute of Cognitive Neuroscience

Kalchbrenner N, Danihelka I, Graves A. 2015. Grid long short-term memory. arXiv e-prints arXiv:1507.01526

Kolen J F, Kremer S C. 2001. Gradient flow in recurrent nets: The difficulty of learning longterm dependencies//A Field Guide to Dynamical Recurrent Networks. Hoboken : Wiley-IEEE Press: 237-243

Kordmahalleh M M, Sefidmazgi M G, Homaifar A. 2016. A sparse recurrent neural network for trajectory prediction of Atlantic hurricanes. Proceedings of the Genetic and Evolutionary Computation Conference, Denver: 957-964

Lee B, Lee T, Na B, et al. 2015. DNA-level splice junction prediction using deep recurrent neural networks. arXiv e-prints arXiv:1512.05135

Lei T, Zhang Y, Wang S I, et al. 2017. Simple recurrent units for highly parallelizable recurrence. arXiv preprint arXiv:1709.02755

Li S, Yan Z, Wu X, et al. 2017. A method of emotional analysis of movie based on convolution neural network and bi-directional LSTM RNN. Proceedings of the IEEE 2nd International Conference on Data Science in Cyberspace, Shenzhen:156-161

Ma Y, Peng H, Khan T, et al. 2018. Sentic LSTM: A hybrid network for targeted aspect-based sentiment analysis. Cognitive Computation, 10 (4) : 1-12

Pan H, Huang W, Yu Q, et al. 2015. Reading Scene Text in Deep Convolutional Sequences. Phoenix:AAAI Press:3501-3508

Park S, Min S, Choi H, et al. 2016. deepMiRGene: Deep neural network based precursor microRNA prediction. arXiv e-prints arXiv:1605.00017

Pulver A, Lyu S. 2017. LSTM with working memory. Proceedings of the International Joint Conference on Neural Networks, Anchorage: 845-851

Rahman L, Mohammed N, Azad A. 2016. A new LSTM model by introducing biological cell state. Proceedings of the 3rd International Conference on Electrical Engineering and Information Communication Technology, Dhaka

Schuster M, Paliwal K K. 1997. Bidirectional recurrent neural networks. IEEE Transactions on Signal Processing, 45(11):2673-2681

Tao L, Yu Z. 2017. Training RNNs as fast as CNNs. arXiv e-prints arXiv:1709.02755

Tsironi E, Barros P, Weber C, et al. 2017. An analysis of convolutional long short-term memory recurrent neural networks for gesture recognition. Neurocomputing, 268(11):76-86

Zhang W, Feng Y, Meng F, et al. 2019. Bridging the gap between training and inference for neural machine translation. arXiv e-prints arXiv:1906.02448

Zhou C, Sun C, Liu Z, et al. 2015. A C-LSTM neural network for text classification. Computer Science, 1(4):39-44

Zhou G, Wu J, Zhang C, et al. 2016. Minimal gated unit for recurrent neural networks. International Journal of Automation and Computing, 13(3):226-234

第 10 章　其他网络建模方法

针对不同的领域及应用目标，需要构建灵活的网络结构，来实现相应的功能。除了第 6 章、第 8 章和第 9 章所介绍的前馈神经网络、卷积网络及循环神经网络，还有诸多不同的网络结构，包括反卷积网络、自动编码器(Autoencoder)、t-SNE、变分自动编码器(VAE)、生成对抗网络(generative adversarial networks，GAN)、深度信任网络(deep belief network，DBN)、注意力机制、图网络等。这些网络代表了不同的应用及目标，是除卷积及循环网络之外的典型的网络，在各自的应用中具有重要的价值。本章主要对这些网络进行简要介绍，最后也介绍自然语言处理的典型方法。

10.1　反卷积神经网络

卷积操作通过一系列的运算，从输入数据之中提取特征值，通过特征的逐层抽象及概括，得到易于识别的表征，从而实现高精度的目标识别或预测(Zeiler and Fergus，2014)。而如果预测的目标是较低层次的识别任务(如图像分割或预测)，就需要将特征图的分辨率还原到原始图片的分辨率，从而完成相应的任务，如用 GAN(Radford et al.，2015)及 U-Net(Ronneberger et al.，2015)。这些恢复的过程称为上采样(upsample)，可以采用双线性(bilinear)插值、反池化(unpooling)或反卷积的方式。由此可见，反卷积是卷积的逆向过程，是恢复原始输入大小的一种上采样方法(图 10.1)。

令输入 $\boldsymbol{X}$ 为 $n\times m$ 的二维矩阵(如输入为 RGB 的图像)，而卷积核为 $k\times k$，令步长 stride=s 而填充 padding=p，则根据卷积运算的公式，经过一个卷积运算，得到的输出层大小为：

$$\text{size}_{\text{output}}=\left(\frac{n+2p-k}{s}+1\right)\times\left(\frac{m+2p-k}{s}+1\right) \tag{10.1}$$

用矩阵乘法表示，可以将输入 $\boldsymbol{X}$ 展开成一列矢量，则可以采用大的矩阵来表示一个卷积核的卷积运算。如令 n=m=3，而 k=2, p=0 及 s=1，则得到卷积运算的矩阵 $\boldsymbol{C}$ 为：

$$\boldsymbol{C}=\begin{bmatrix} w_{0,0} & w_{0,1} & 0 & w_{1,0} & w_{1,1} & 0 & 0 & 0 & 0 \\ 0 & w_{0,0} & w_{0,1} & 0 & w_{1,0} & w_{1,1} & 0 & 0 & 0 \\ 0 & 0 & 0 & w_{0,0} & w_{0,1} & 0 & w_{1,0} & w_{1,1} & 0 \\ 0 & 0 & 0 & 0 & w_{0,0} & w_{0,1} & 0 & w_{1,0} & w_{1,1} \end{bmatrix} \tag{10.2}$$

令输出为 $\boldsymbol{Y}$，则卷积运算可以采用以下矩阵运算进行：

$$\boldsymbol{Y}=\boldsymbol{C}\boldsymbol{X} \tag{10.3}$$

相应的反卷积运算可以通过以下公式得到：

$$\boldsymbol{X}'=\boldsymbol{C}^{\mathrm{T}}\boldsymbol{Y} \tag{10.4}$$

其中，矩阵 $\boldsymbol{X}'$ 只是代表同输入矩阵 $\boldsymbol{X}$ 大小一样，而不是恢复 $\boldsymbol{X}$，即 $\boldsymbol{X}'\neq\boldsymbol{X}$。如果要恢复 $\boldsymbol{X}$，根据式(10.3)，需要得到 $\boldsymbol{C}$ 的逆矩阵，即 $\boldsymbol{X}'=\boldsymbol{C}^{-1}\boldsymbol{Y}$，但是由于 $\boldsymbol{C}$ 非方阵，无法求逆，可以考虑采用广义逆矩阵来代替。根据以上计算，反卷积可以恢复数据大小，但是不能恢复数据本身，只能恢复数据的部分特征。

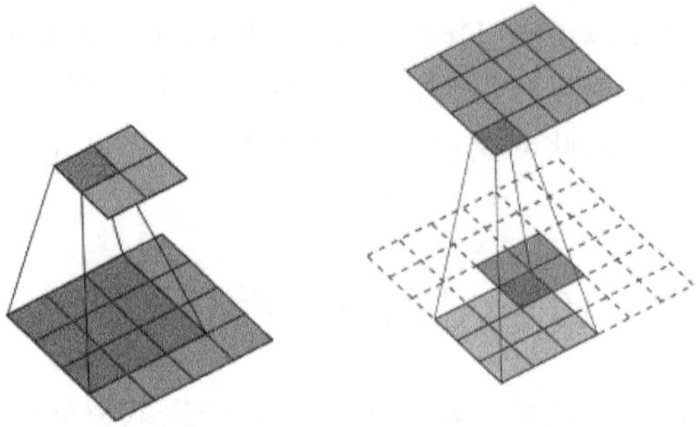

(a) 卷积过程　　(b) 反卷积过程

图 10.1　卷积及反卷积过程(见彩图)

10.2　自动编码器

自动编码器本质上是一种数据压缩算法，其主要的特点是输出的数据是原始数据通过中间层的数据表征后的重构数据，训练时输入数据同输出数据是一样的，它是一种数据驱动的有损的非监督学习方法，而通过维度减少的中间层特征的提取，达到数据压缩的目标(Kingma and Welling，2013；Larsen and Sønderby，2015)。图 10.2 展示了自动编码器的基本结构。

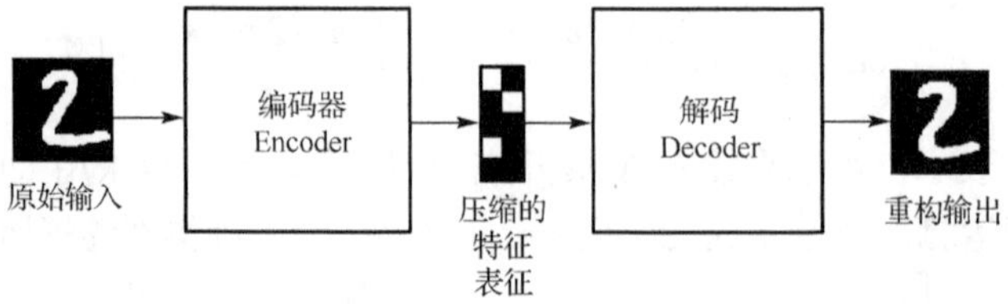

图 10.2　自动编码器结构

自动编码器的主要特点是数据是相关的(data specific 或 data dependent)，这就意味着只能压缩与训练数据类似的数据，如采用数字特征训练完成的自动编码器不能用于人脸的识别。此外，自动编码器是一种非监督学习模型，不需要任何标注样本。自动编码器的主要用途是数据去噪及可视化降维。通过合适的维度及稀疏约束，自动编码器可学到比主成分分析(PCA)等技术更有意义的数据投影。当前高维数据的二维可视化解译方法，即 t-SNE，一般先采用自动编码器降维，之后再采用 t-SNE 进行投影，可取得更好的效果。

根据应用目标及效果，自动编码器又可分成以下几种类型。

(1)简单自动编码器，该类型的编码器只有三个网络层，即只有一个隐藏层，其输入输出是一样的。

(2)多层自动编码器，该类型的编码器有不止一个隐藏层，而中间层维数较低，可用作特征表征层。

(3)卷积自动编码器，通过卷积操作结合上采样或反卷积实现数据的重构，类似 U-Net 的网络结构。

(4)正则自动编码器，该类型的编码器在常规自动编码器的基础上加入了约束条件，以进行编码器的重构。正则自动编码器可以形成多层次的网络结构，同时，通过在目标函数中加入约束限制条件，使得模型学习到一些独特的特性，这些特性包括但不限于：稀疏表征、小导数表征，以及对噪声或输入缺失的鲁棒性。常用的两种正则自动编码器是稀疏及降噪自动编码器。

①稀疏自动编码器，一般用来学习数据独特的统计特征，去除一些次要的无太大价值的特征，而这些特征在一定的背景下更有用。

②降噪自动编码器，该类型的编码器通过改变损失函数的重构误差项来学习一些有用的信息，如在输入数据中加入噪声，自动编码器通过学习学会去除这些噪声，获得没有被噪声污染的数据，增强模型对噪声的鲁棒性及耐受能力。

10.3　t-SNE 方法

t-SNE 是一种较有用的数据可视化技术(Van der Maaten and Hinton，2008)，可将高维数据降到 2～3 维，通过可视化便于观察数据的分布模式，获得有用的信息，它类似于 PCA，但是比 PCA 更加高效。其基本原理是将原始的高维度数据 $\boldsymbol{X}$ 转化为维度较低的数据 $\boldsymbol{Z}$，从而进行可视化。

该方法首先将距离转换为条件概率来表达点之间的相似度，其中距离通过欧氏距离计算，而对距离进行某种形式方面的转换，使得距离越近值越大，距离越远值越小：

$$S(\boldsymbol{x}_i,\boldsymbol{x}_j)=\exp\left(\frac{-\|\boldsymbol{x}_i-\boldsymbol{x}_j\|^2}{2\sigma_i^2}\right) \tag{10.5}$$

其中，$\boldsymbol{x}_i$表示高维空间的特征矢量，σ_i为参数值。$S(\boldsymbol{x}_i,\boldsymbol{x}_j)$为$\boldsymbol{x}_i$与$\boldsymbol{x}_j$间的距离转换函数。

由此得到原始高维数据$\boldsymbol{X}$的条件概率函数来表达二者之间的距离：

$$P(\boldsymbol{x}_j \mid \boldsymbol{x}_i)=\frac{S(\boldsymbol{x}_i,\boldsymbol{x}_j)}{\sum_{k\neq i} S(\boldsymbol{x}_i,\boldsymbol{x}_k)} \tag{10.6}$$

类似地，低维度空间$\boldsymbol{Z}$的条件概率公式计算如下：

$$Q(z_j \mid z_i)=\frac{S'(z_i,z_j)}{\sum_{k\neq i} S'(z_i,z_k)} \tag{10.7}$$

其中，z_i表示点i对应的低维度空间点。

计算完高维度及低维度空间的相似性函数之后，建立损失函数L，以确保二者之间的散度尽可能的少：

$$L=\sum_i \mathrm{KL}(P(*\mid \boldsymbol{x}_i)\,\|\,Q(*\mid z_i))=\sum_i\sum_j P(\boldsymbol{x}_j \mid \boldsymbol{x}_i)\log\left(\frac{P(\boldsymbol{x}_j \mid \boldsymbol{x}_i)}{Q(z_j \mid z_i)}\right) \tag{10.8}$$

式(10.8)即通过 K-L(Kullback-Leibler)散度使得原始高维数据同低维数据的分布相近，采用梯度下降法求解。而在算法执行方面，可以采用 sklearn.manifold.TSNE( )实现 t-SNE 算法。

t-SNE 算法具有以下特点。

(1)具有扩展密集簇及缩小稀疏簇的特点。

(2)不保留群集间距离。

(3)一种不确定性或随机算法，每次运行结果都会略有变化。

(4)可通过调整超参数保留每类间距离。

(5)算法复杂度高，需大量时间和空间。

(6)使用困惑度(perplexity)参数控制数据点是否适合算法，推荐范围是 5～50。

(7)困惑度应始终小于数据点的数量。

(8)低困惑度→关心本地结构，并关注最接近的数据点。

(9)高度困惑→关心全局结构。

(10)可很好地处理异常值。

(11)与 PCA 和其他线性降维方法相比，由于算法定义数据局部和全局结构之间的软边界，t-SNE 能提供更好结果。

10.4　变分自动编码器

变分自动编码器(VAE)是一种生成自动编码器，其训练经过正则化以避免过拟合，通过输入数据$\boldsymbol{x}$的模型训练获得隐空间Z优化的概率分布参数，而依据这些概率分布参数进行抽样(重构)，可实现生成数据的目的(Kingma and Welling，2013)。

示意图 10.3(a)展示了输入变量 $\boldsymbol{x}$ 及隐变量 $\boldsymbol{z}$ 之间的条件依赖关系及其与编码器/解码器之间的关系，而示意图 10.3(b)则展示了输入、输出及模型的总体结构。而本方法的变分源自统计中的正则化及变分推导方法。常规的自动编码器可能会导致严重的过拟合，无法展示数据自然的随机变化，而变分编码器通过正则化避免了过拟合，从而确保隐空间能够在数据生成过程中保持良好的属性。

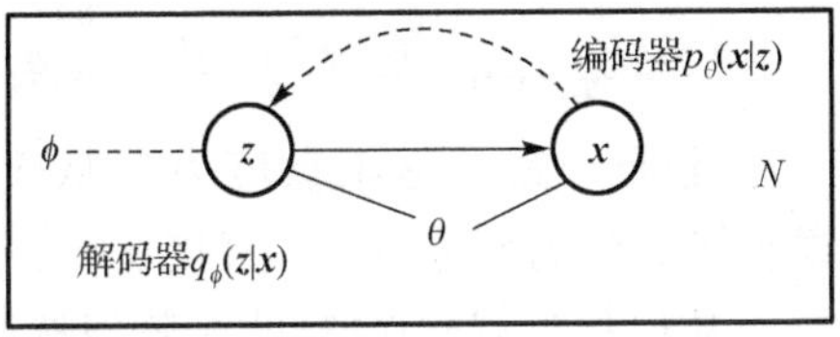

(a) VAE中的条件依赖同编码器及解码器关系

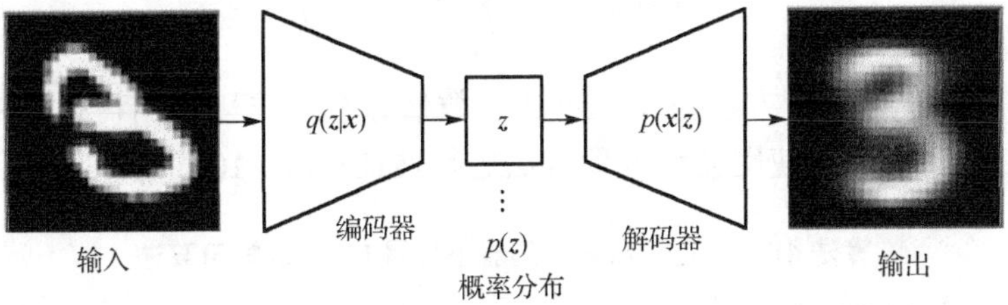

(b) VAE中输入及输出关系

图 10.3　变分自动编码器框架结构

假定所有数据是独立同分布的，两个观测不会相互影响，需要对生成模型 $p_\theta(\boldsymbol{x}\,|\,\boldsymbol{z})$ 进行参数估计，采用对数最大似然法，最大化下面的对数似然函数：

$$\log p_\theta(\boldsymbol{x}^{(1)},\boldsymbol{x}^{(2)},\cdots,\boldsymbol{x}^{(N)})=\sum_{i=1}^{N}\log p_\theta(\boldsymbol{x}^{(i)}) \tag{10.9}$$

其中，$\boldsymbol{x}^{(i)}$ 为观察点数据。

而变法自动编码器采用识别模型 $q_\phi(\boldsymbol{z}\,|\,\boldsymbol{x}^{(i)})$ 去逼近真实的后验概率 $p_\theta(\boldsymbol{z}\,|\,\boldsymbol{x}^{(i)})$，可以采用 K-L 散度衡量二者分布的相似性：

$$\begin{aligned}\mathrm{KL}(q_\phi(\boldsymbol{z}\,|\,\boldsymbol{x}^{(i)})\|p_\theta(\boldsymbol{z}\,|\,\boldsymbol{x}^{(i)}))&=E_{q_\phi(\boldsymbol{z}|\boldsymbol{x}^{(i)})}\log\frac{q_\phi(\boldsymbol{z}\,|\,\boldsymbol{x}^{(i)})}{p_\theta(\boldsymbol{z}\,|\,\boldsymbol{x}^{(i)})}\\&=E_{q_\phi(\boldsymbol{z}|\boldsymbol{x}^{(i)})}\log\frac{q_\phi(\boldsymbol{z}\,|\,\boldsymbol{x}^{(i)})p_\theta(\boldsymbol{x}^{(i)})}{p_\theta(\boldsymbol{z}\,|\,\boldsymbol{x}^{(i)})p_\theta(\boldsymbol{x}^{(i)})}\\&=E_{q_\phi(\boldsymbol{z}|\boldsymbol{x}^{(i)})}\log\frac{q_\phi(\boldsymbol{z}\,|\,\boldsymbol{x}^{(i)})}{p_\theta(\boldsymbol{z}\,|\,\boldsymbol{x}^{(i)})}+E_{q_\phi(\boldsymbol{z}|\boldsymbol{x}^{(i)})}\log p_\theta(\boldsymbol{x}^{(i)})\\&=E_{q_\phi(\boldsymbol{z}|\boldsymbol{x}^{(i)})}\log\frac{q_\phi(\boldsymbol{z}\,|\,\boldsymbol{x}^{(i)})}{p_\theta(\boldsymbol{z}\,|\,\boldsymbol{x}^{(i)})}+\log p_\theta(\boldsymbol{x}^{(i)})\end{aligned} \tag{10.10}$$

从而得到：

$$\log p_\theta(\boldsymbol{x}^{(i)}) = \mathrm{KL}(q_\phi(\boldsymbol{z} \mid \boldsymbol{x}^{(i)}) \| p_\theta(\boldsymbol{z} \mid \boldsymbol{x}^{(i)})) + \ell(\boldsymbol{\theta}, \boldsymbol{\phi}; \boldsymbol{x}^{(i)}) \tag{10.11}$$

其中

$$\begin{aligned} \ell(\boldsymbol{\theta}, \boldsymbol{\phi}; \boldsymbol{x}^{(i)}) &= -E_{q_\phi(\boldsymbol{z}|\boldsymbol{x}^{(i)})} \log \frac{q_\phi(\boldsymbol{z} \mid \boldsymbol{x}^{(i)})}{p_\theta(\boldsymbol{z}, \boldsymbol{x}^{(i)})} \\ &= E_{q_\phi(\boldsymbol{z}|\boldsymbol{x}^{(i)})} p_\theta(\boldsymbol{z}, \boldsymbol{x}^{(i)}) - E_{q_\phi(\boldsymbol{z}|\boldsymbol{x}^{(i)})} q_\phi(\boldsymbol{z} \mid \boldsymbol{x}^{(i)}) \end{aligned} \tag{10.12}$$

其中，K-L 散度非负，当二者分布一致时，K-L 散度为 0。从而 $\log p_\theta(\boldsymbol{x}^{(i)}) \geqslant \ell(\boldsymbol{\theta}, \boldsymbol{\phi}; \boldsymbol{x}^{(i)})$，此时，$\ell(\boldsymbol{\theta}, \boldsymbol{\phi}; \boldsymbol{x}^{(i)})$ 为对数似然函数的变分下界。直接优化 $\log p_\theta(\boldsymbol{x}^{(i)})$ 不可行，可以优化其下界，即 $\ell(\boldsymbol{\theta}, \boldsymbol{\phi}; \boldsymbol{x}^{(i)})$，从而优化式(10.13)的对数似然函数：

$$\ell(\boldsymbol{\theta}, \boldsymbol{\phi}; \boldsymbol{X}) = \sum_{i=1}^{N} \ell(\boldsymbol{\theta}, \boldsymbol{\phi}; \boldsymbol{x}^{(i)}) \tag{10.13}$$

而 $\ell(\boldsymbol{\theta}, \boldsymbol{\phi}; \boldsymbol{x}^{(i)})$ 对 $\boldsymbol{\phi}$ 的梯度方差很大，不适合数值计算，可以采用可微函数间接通过重参数化的方式求解，使用蒙特卡罗方法进行估计(算法 10.1)。

算法 10.1 变分自动编码器小批量 MCMC 学习算法

$\boldsymbol{\theta}, \boldsymbol{\phi} \leftarrow$初始化参数
迭代直至收敛
$\boldsymbol{X}^M \leftarrow$从 M 个数据点中随机抽取 mini batch 的数据；
$\varepsilon \leftarrow$噪声分布随机抽样；
$\boldsymbol{g} \leftarrow$梯度 $\nabla_{\theta,\phi} \tilde{\ell}^M(\boldsymbol{\theta}, \boldsymbol{\phi}, \boldsymbol{X}^M; \varepsilon)$ 估算；
$\boldsymbol{\theta}, \boldsymbol{\phi} \leftarrow$梯度下降法更新梯度
判断 $\boldsymbol{\theta}, \boldsymbol{\phi}$ 是否收敛，若没有收敛，则继续迭代；
返回参数 $\boldsymbol{\theta}, \boldsymbol{\phi}$ 的估计值。

在变分自动编码器中，涉及多个隐变量及其分布参数的求解。如图 10.4 所示的单参数的变分自动编码器是不存在的，实际上的变分自动编码器都是多参数的框架结构，如图 10.5 所示。如何对输入数据 $\boldsymbol{X}$ 拟合出对应的分布参数？按照神经网络的思想，可以采用神经网络来进行拟合，对于正态分布，只需要拟合样本点处的均值及方差即可，根据均值及方差就可以进行抽样生成数据了。在参数拟合方面，设计网络框架时，一般需要满足标准正态分布，这样数据标准方差为 1，采样数据具有一定的可变性。而为了实现二者的接近，可以采用 K-L 散度来定义相应的损失函数 $\mathrm{KL}(N(\mu, \sigma^2) | N(0,1))$，并将其加入到总的损失函数之中：

$$L_{\mu,\sigma^2} = \frac{1}{2} \sum_{i=1}^{d} (\mu_{(i)}^2 + \sigma_{(i)}^2 - \log \sigma_{(i)}^2 - 1) \tag{10.14}$$

其中，μ、σ^2 分别为样本均值和样本方差，d 为样本量。

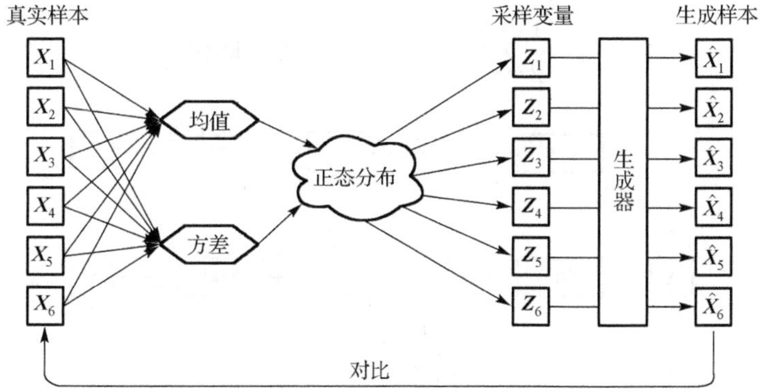

图 10.4　单个参数的变分自动编码器框架

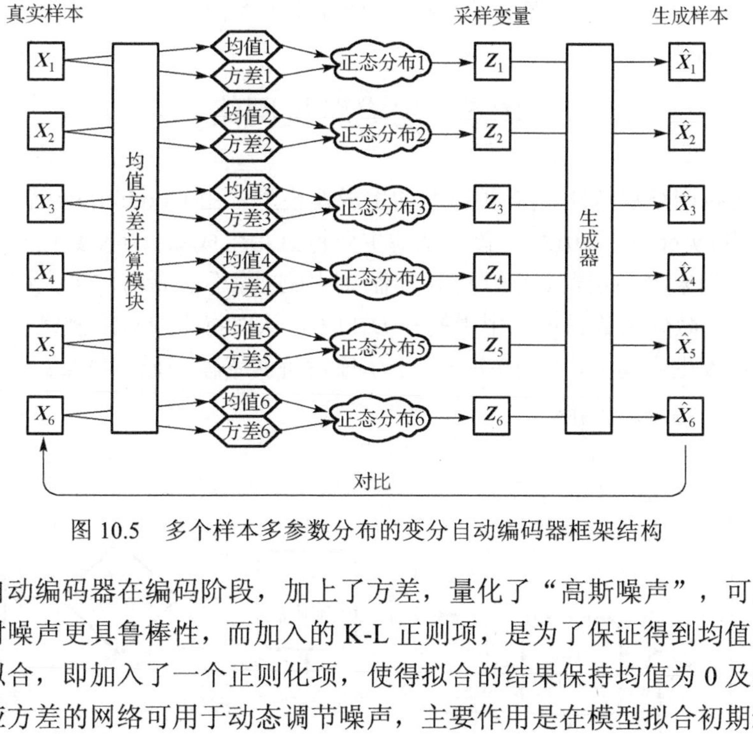

图 10.5　多个样本多参数分布的变分自动编码器框架结构

变分自动编码器在编码阶段，加上了方差，量化了“高斯噪声”，可以使得模型的训练对噪声更具鲁棒性，而加入的 K-L 正则项，是为了保证得到均值为 0 而方差为 1 的拟合，即加入了一个正则化项，使得拟合的结果保持均值为 0 及必要的变化。而对应方差的网络可用于动态调节噪声，主要作用是在模型拟合初期适时降低噪声，而在模型拟合后期则适当增加噪声，增加拟合难度，通过噪声加强模型的生成能力。图 10.6 展示了变分自动编码器本质结构。

条件变分自动编码器(conditional VAE，cVAE)，即将标签数据考虑进去，作为一个辅助条件，从而让网络生成与标签对应的样本。有多种方式将标签数据嵌入到网络之中。一种比较简单的方式是加入一个专属的标签均值 μ^Y (单位方差维持不变)，通过修改 K-L 损失函数实现：

$$L_{\mu,\sigma^2} = \frac{1}{2}\sum_{i=1}^{d}((\mu_{(i)}^2 - \mu_{(i)}^Y)^2 + \sigma_{(i)}^2 - \log\sigma_{(i)}^2 - 1) \tag{10.15}$$

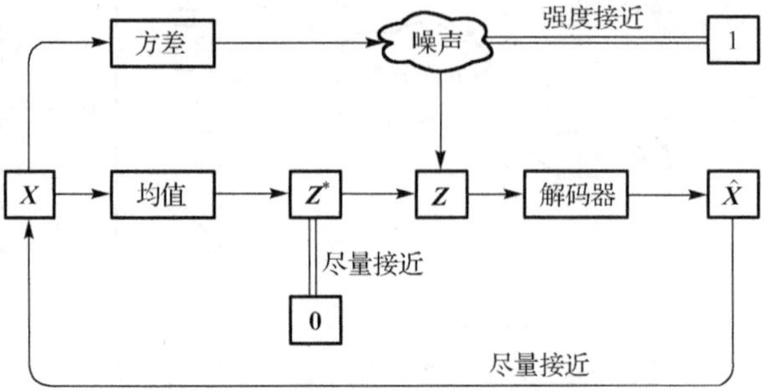

图 10.6　变分自动编码器本质结构

10.5　生成对抗网络

生成对抗网络(GAN)是一种新型的生成器模型，由 Goodfellow 等于 2014 年提出(Goodfellow et al.，2014)，该方法的主要特点是生成器(*G*)参数更新不是来自数据样本，而是来自判别器(*D*)的反向传播，训练过程不需要马尔可夫链。在应用方面，只要是可微分函数都可以用于构建 *D* 和 *G*，从而将生成对抗网络与深度网络相融合得到深度生成模型。图 10.7 展示了生成对抗网络模型原型框架。

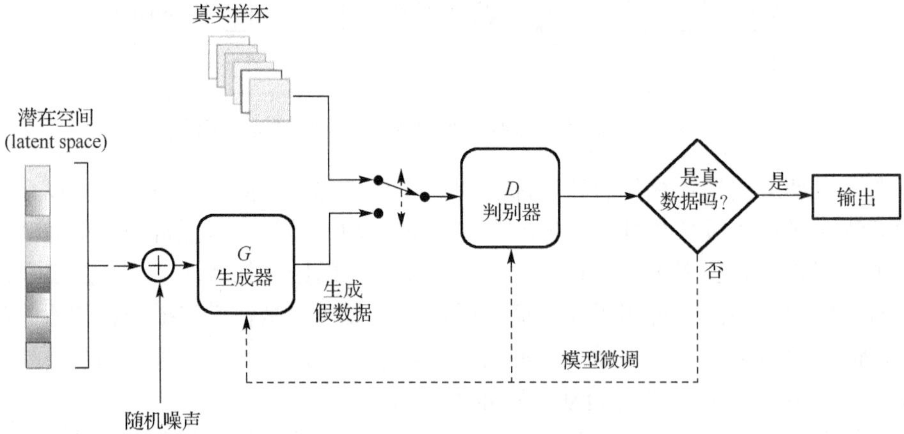

图 10.7　生成对抗网络模型原型框架

问题 10.1　假定可以生成[0,1]间的均匀随机数，如何由它来生成服从正态分布的伪随机数？即怎么将均匀分布 $U[0,1]$映射成标准正态分布 $N(0,1)$？

解决该问题的标准做法是，建立均匀分布的随机变量 x 同符合标准正态分布的

随机变量 y 之间的转换函数 $y=f(x)$，即通过均匀分布得到标准正态分布。可以从 $[x, x+\mathrm{d}x]$ 同 $[y, y+\mathrm{d}y]$ 逐步推导，得到转换公式。

从实用的角度，问题 10.1 是将均匀分布映射到指定的分布(即正态分布)。简单而言，该问题同 GAN 要解决的问题是类似的。本质上 GAN 就是通过神经网络模型将数据的当前生成分布转换成新的生成分布。GAN 模型由生成器 G 同判别器 D 构成，其优化的目标函数为：

$$L(\theta_G,\theta_D)=\min_{G}\max_{D}V(D,G) \tag{10.16}$$

$$V(D,G)=E_{x\sim p_{\text{data}}(x)}[\log D(x)]+E_{z\sim p_z(z)}[\log(1-D(G(z)))] \tag{10.17}$$

其中，x 代表原始数据点输入，z 代表隐状态的噪声输入。

优化时判别器 D 以增加 V 的值为目标，而生成器 G 则想办法减少 V 的值，这就是 GAN 损失函数的最小最大问题。生成对抗网络模型有以下步骤。

(1) 先固定 G 训练判别器 D，训练 D 的目标是希望 V 越大越好，即真实数据尽可能被划分为 1，而合成的假数据尽可能被划分为 0。损失函数的物理意义为：如果真实数据被错分为 0，则将导致 $\log D(x)$ 趋于负无穷大，损失函数会更小；而如果生成数据被划分为 1，则也会导致 $\log(1-D(G(z)))$ 趋于负无穷大。学习的目标是以 V 最大为最好。

(2) 固定 D 而训练生成器 G，生成器的目标是希望生成的数据尽可能接近真实数据，所以是 V 越小越好。

通过反复的训练，当模型不断收敛，最后达到纳什平衡时得到最佳的解。训练 GAN 需要达到纳什均衡，有时候可用梯度下降法得到，但有时候得不到最优解。相比变分自动编码器(VAE)，训练 GAN 是不稳定的，但实践中它比训练玻尔兹曼机稳定(算法 10.2)。

算法 10.2　GAN 学习优化算法

设置训练总的迭代次数 N
　　设置判别函数训练迭代次数 k (G 固定，D 不固定)
　　　　生成器噪声生成 mini batch 的样本数据；
　　　　真实数据抽样生成 mini batch 的样本数据；
　　　　通过损失函数 V 更新判别器的参数；
　　生成器进行迭代(G 不固定，D 固定)
　　　　抽样 mini batch 的噪声数据生成数据样本；
　　　　通过损失函数(式(10.17))的第二项更新生成器；
训练结束。训练采用梯度下降法进行计算。

考虑到 GAN 训练的不稳定性，Arjovsky 等(2017)提出了 Wasserstein GAN，该

方法提高了 GAN 训练的稳定性，在原始的 GAN 基础上做了四点提高，即判别器最后一层去掉西格玛激活函数；生成器和判别器的损失函数不再取对数；每次更新判别器的参数之后把它们的绝对值截断到不超过一个固定常数 c；不要用基于动量的优化算法(包括 momentum 和 Adam)，推荐 RMSProp，SGD 也行。这些改动减少了模型训练过程的梯度消失问题，极大提高了训练的稳定性及效果。

10.6　深度信任网络

深度信任网络(DBN)是一个概率生成模型，其构成包括了多层受限玻尔兹曼机(restricted Boltzmann machine，RBM)及一层反向传递(back propagation，BP)神经网络，是一种特殊构造的概率神经网络，如图 10.8 所示，其中，$h_1,\cdots,h_5$ 表示隐藏层，$v_1,\cdots,v_4$ 表示可视化层，y_1 表示标签数据。与传统的判别模型的神经网络相比，生成模型建立观察数据和标签间的联合分布，对 P(Observation|Label) 和 P(Label| Observation) 都做了评估，而判别模型仅仅评估了后者，也就是 P(Label|Observation)。DBF 由多层 RBM 组合而成，低层 RBM 输出，作为上一层 RBM 的输入，将最后一层 RBM 网络的输出信息作为 BP 神经网络的输入数据。不同于深度玻尔兹曼机(deep Boltzmann machine)，深度信任网络的中间层与相邻层是单向连接的(Hinton et al.，2006)。

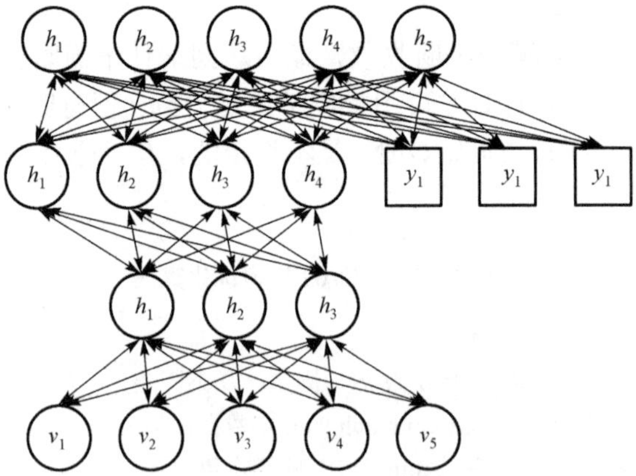

图 10.8　基于 RBM 的深度信任网络

RBM 是一个双层结构，包括可视化层及隐藏层，可视化层与隐藏层间连接，层内无连接。当给定可视化层神经元的状态时，各隐藏层神经元的激活条件独立；反之，当给定隐藏层神经元的状态时，可视化层神经元的激活也条件独立(图 10.9)。

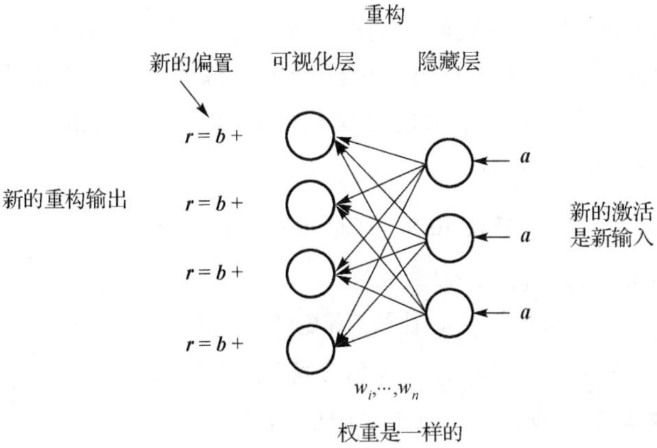

图 10.9　RBM

RBM 神经网络为了最大限度地保留概率分布，由此定义能量函数：

$$E(\boldsymbol{v},\boldsymbol{h})=-\sum_i a_i v_i-\sum_j b_j h_j-\sum_i\sum_j v_i w_{ij} h_j \tag{10.18}$$

其中，$\boldsymbol{a}$ 与 $\boldsymbol{b}$ 分别表示可视化层及隐藏层的偏差(bias)，其用矩阵表达为：

$$E\left(\boldsymbol{v},\boldsymbol{h}\right)=-\boldsymbol{a}^{\mathrm{T}}\boldsymbol{v}-\boldsymbol{b}^{\mathrm{T}}\boldsymbol{h}-\boldsymbol{v}^{\mathrm{T}}\boldsymbol{W}\boldsymbol{h} \tag{10.19}$$

从而得到 $\boldsymbol{v}$ 及 $\boldsymbol{h}$ 的联合概率分布：

$$P(\boldsymbol{v},\boldsymbol{h})=\frac{1}{Z}\mathrm{e}^{-E(\boldsymbol{v},\boldsymbol{h})} \tag{10.20}$$

其中，Z 代表所有的$(\boldsymbol{v},\boldsymbol{h})$对应能量之和，而 $\boldsymbol{v}$ 的边缘分布如下：

$$P(\boldsymbol{v})=\frac{1}{Z}\sum_h \mathrm{e}^{-E(\boldsymbol{v},\boldsymbol{h})} \tag{10.21}$$

$$P(\boldsymbol{h})=\frac{1}{Z}\sum_v \mathrm{e}^{-E(\boldsymbol{v},\boldsymbol{h})} \tag{10.22}$$

由于 RBM 的独立性特点，各隐藏层之间的神经元条件独立：

$$P(\boldsymbol{h}|\boldsymbol{v})=\prod_{j=1}^{n}P(h_j|\boldsymbol{v}) \tag{10.23}$$

同理对 $\boldsymbol{v}$ 有：

$$P(\boldsymbol{v}|\boldsymbol{h})=\prod_{i=1}^{m}P(v_i|\boldsymbol{h}) \tag{10.24}$$

网络的权重参数 $\boldsymbol{W}$ 通过学习得到。对新样本 $\boldsymbol{x}=(x_1,x_2,\cdots,x_n)$，其隐藏元的取值为：

$$P(h_i=1)=\frac{1}{1+\mathrm{e}^{-\boldsymbol{W}\boldsymbol{x}}} \tag{10.25}$$

其中，该概率值代表隐藏元处于开启状态的概率，具体到运算，可以通过与[0,1]区间均匀分布中抽取的随机值进行比较。而给定隐藏层，计算可视化层的方法是一样的。

RBM 的训练过程，其实是求出一个能产生训练样本的概率分布的过程，该分布满足训练样本概率最大，训练结果使得权重值 $\boldsymbol{W}$ 最优。Hinton 等(2006)提出了对比散度算法求最优值(算法 10.3)。

算法 10.3　RBM 的对比散度算法

对于训练集中每个 $\boldsymbol{x}$，执行：

将其附给可视化层 $\boldsymbol{v}^{(0)}$，计算其使隐藏层神经元开启的概率：$P(h_j^{(0)}=1|\boldsymbol{v}^{(0)})=\sigma(\boldsymbol{W}_j\boldsymbol{v}^{(0)})$；其中，上标区分不同向量，下标区分同一向量中不同维。

从概率分布中抽取一个样本：$\boldsymbol{h}^{(0)}\sim P(\boldsymbol{h}^{(0)}|\boldsymbol{v}^{(0)})$。

用抽取得到的 $\boldsymbol{h}^{(0)}$ 重构可视化层：$P(v_j^{(0)}=1|\boldsymbol{h}^{(0)})=\sigma(\boldsymbol{W}_i^{\mathrm{T}}\boldsymbol{h}^{(0)})$。

同理，抽取可视化层样本：$\boldsymbol{v}^{(0)}\sim P(\boldsymbol{v}^{(0)}|\boldsymbol{h}^{(0)})$

再次用可视化层样本(重构后)计算隐藏层神经元被开启的概率：$P(h_j^{(1)}=1|\boldsymbol{v}^{(1)})=\sigma(\boldsymbol{W}_j\boldsymbol{v}^{(1)})$

更新权重：$\boldsymbol{W}\leftarrow\boldsymbol{W}+\lambda(P(\boldsymbol{h}^{(0)}=1|\boldsymbol{v}^{(0)})\boldsymbol{v}^{(0)\mathrm{T}}-P(\boldsymbol{h}^{(1)}=1|\boldsymbol{v}^{(1)})\boldsymbol{v}^{(1)\mathrm{T}})$

将多个 RBM 串联起来就构成了深度信任网络，上一个 RBM 的隐层为下一个 RBM 的显层，上一个 RBM 的输出即为下一个 RBM 的输入。训练时需要充分训练上一层的 RBM，然后才能训练当前层的 RBM，直到最后一层。

将 DBN 变为监督学习，有很多方法，如每个 RBM 中加上表示类别的神经元，在最后一层加上 Softmax 分类器。也可将 DBN 训出的 $\boldsymbol{W}$ 看作 NN 的初值，即在此基础上通过 BP 算法进行微调。前向算法即为原始的 DBN 算法，后项的更新算法为 BP 算法，这里，BP 算法可是原始 BP 算法，也可是设计的 BP 算法。

DBN 调优的过程是一个生成模型的过程。

(1)除顶层 RBM，其他层 RBM 权重被分成向上认知权重和向下生成权重。

(2)Wake 阶段：认知过程，通过外界特征和向上的权重(认知权重)产生每层抽象表示(节点状态)，并且使用梯度下降修改层间下行权重(生成权重)。

(3)Sleep 阶段：生成过程，通过顶层表示和向下权重，生成底层的状态，同时修改层间向上权重。

(4)用随机隐性神经元状态值，在顶层 RBM 中进行足够多的 Gibbs 抽样；向下传播，得到每层的状态。

Gibbs 采样需要知道样本中某一属性在其他所有属性下的条件概率，然后利用此条件概率来产生各个属性的样本值。

深度信任网络结合监督与非监督学习，同其他的方法相比较有其独特的优势，在应用中可以提高分类效果，例如，可应用于高光谱遥感影像分类，也可用于数据的生成。

10.7　注意力机制

注意力机制(Vaswani et al.，2017)是机器学习的一种数据处理方法，该方法本质上与人类接受及处理外部信息的观察机制类似，即先关注事物一些重要的局部信息，再将不同区域的信息组合，形成一个对被观察事物的整体表征。注意力机制使得机器学习的过程更有重点，对特定的目标针对性更强，从而提高其识别与分类精度。该方法被广泛引用到机器学习的多个领域中，包括自然语言处理、图像识别及遥感信息处理等。使用注意力的主要优势在于对输入的不同的特征变量自适应学习不同的权重，加强提取更为关键及主要的信息，提高模型的判断效率，同时注意力机制不会给计算及存储带来太大的开销。

以传统的编码-解码为例，传统的结构(图 10.10(a))将输入信息压缩成固定长度的信息，无法对输入序列的不同位置的信息进行区分，这样会导致重要信息的丢失，无法准确对输入及输出序列信息进行建模。因此，针对该模型的编码器输出即 $\{\boldsymbol{h}_1,\boldsymbol{h}_2,\cdots,\boldsymbol{h}_T\}$ 加入注意力模块，通过编码器输出进行加权，从而实现上下文信息的提取，提高建模效果(图 10.10(b))。

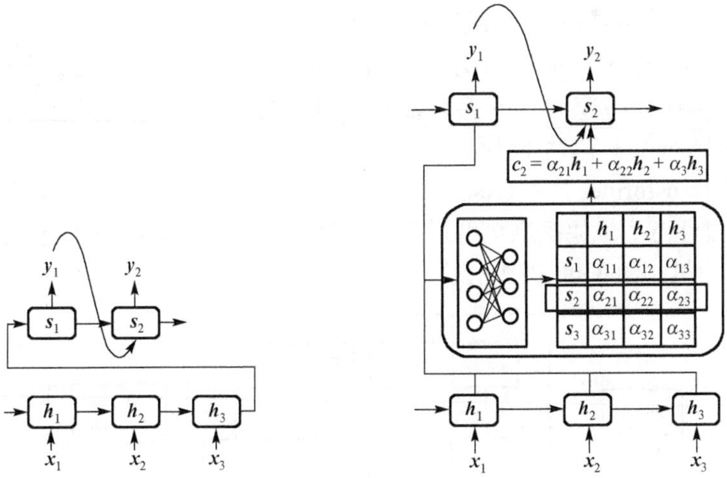

(a) 传统结构　　(b) 加入了注意力机制的结构

图 10.10　基于编码-解码的注意力机制

该模块的注意力权重的学习，通过在原始网络结构中增加前馈网络来进行实现。令该前馈网络的注意力权重的值 α_{ij} 是编码器隐藏状态值 $\boldsymbol{h}_j$ 及解码器内部隐藏状态值 $\boldsymbol{s}_{i-1}$ 的函数，权重可通过以下的表达式计算：

$$e_{ij} = \boldsymbol{v}_a^{\mathrm{T}} \tanh(\boldsymbol{W}_a \boldsymbol{s}_{i-1} + \boldsymbol{U}_a \boldsymbol{h}_j) \tag{10.26}$$

$$\alpha_{ij} = \frac{\exp(e_{ij})}{\sum_k \exp(e_{ik})} \tag{10.27}$$

其中，$\boldsymbol{v}_a$、$\boldsymbol{W}_a$ 和 $\boldsymbol{U}_a$ 是注意力的权重值。

注意力机制本质上是利用特征图学习权重分布的，将学习到的权重施加在原特征图上进行加权求和，突出重要特征的影响。可以根据注意力使用方式，将注意力机制分为以下 4 类。

(1) 可以对所有分量加权（软注意力），也可以使用某种采样策略选取部分分量加权（硬注意力）。

(2) 加权作用在空间上，给不同空间区域加权。

(3) 加权作用在通道（Channel）尺度上，给不同通道特征进行加权。

(4) 加权作用在不同时刻特征上，结合循环结构添加权重，如机器翻译，或者视频相关的工作。

在计算机视觉中，注意力机制分为以下三大注意力域。

(1) 空间域，将图片空间域信息做空间变换，将关键信息提取出来。对空间进行掩码生成，赋予不同权重；

(2) 通道域，给每个通道上的信号增加权重，代表该通道与关键信息的相关度。权重越大，表示相关度越高，重要性越强。

(3) 混合域，空间域的注意力忽略通道域中信息，将每个通道中的图片特征同等处理，这样会将空间域变换方法局限在原始图片特征提取阶段，应用在神经网络其他层的可解释性不强。

最近的 Transformer 技术（Han et al.，2021；Parmar et al.，2018）也是基于注意力机制的，通过注意力大幅提高模型运行的效果。基于 Transformer 技术，提出了更系统化的注意力机制的思想（图 10.11）。

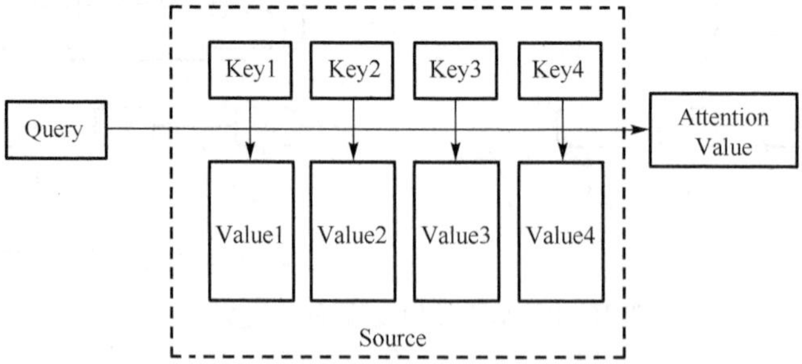

图 10.11　基于 Query-Key-Value 的注意力机制

在该注意力机制中，基于源（Source）中元素可以设计成一系列的<Key,Value>数据对，如果给出 Target 中的某元素查询 Query，计算 Query 和各 Key 的相似性或相关性 Similarity(Query,Key)，得到每个 Key 对应 Value 的权重系数，之后对 Value 加权求和，即可得到 Attention 数值。本质上，注意力机制是对 Source 中元素的 Value 值加权求和，而 Query 和 Key 则用来计算对应 Value 的权重系数：

$$\text{Attention}(\text{Query},\text{Source}) = \sum_{i=1}^{L_x} \text{Similarity}(\text{Query},\text{Key}_i)\text{Value}_i \tag{10.28}$$

其中，L_x 代表 Source 的长度。在计算 Attention 时，Source 中 Key 与 Value 求和。

概念方面，注意力机制本质上是从大量信息中筛选出重要信息，并聚焦到该信息上。其过程体现权重系数的计算上，权值越大，越聚焦于其对应的 Value 值上，权重代表信息的重要性，而 Value 是其对应的信息。

具体计算过程，可概括为两步：第一步根据 Query 和 Key 计算权重系数，第二步根据权重系数对 Value 进行加权求和。第一步又分两阶段：阶段 1 根据 Query 和 Key 计算二者相似性 $F(Q,K)$；阶段 2 对阶段 1 的原始分值进行归一化处理。可将注意力的计算过程抽象为如图 10.12 展示的三阶段。

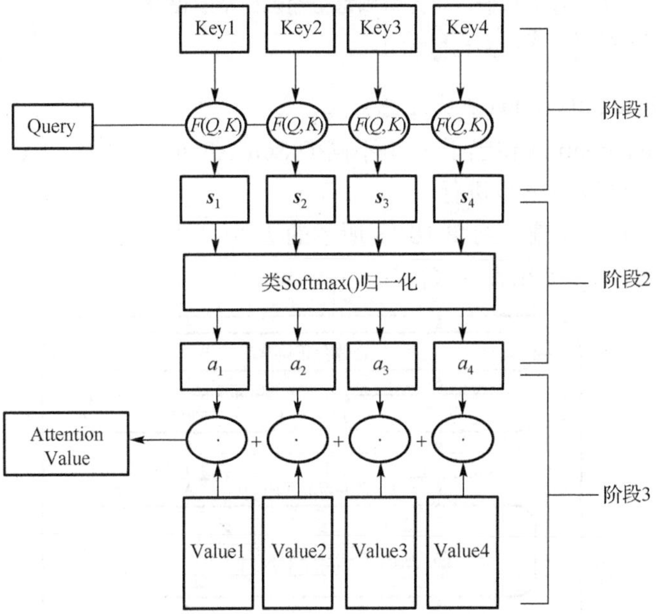

图 10.12　Query-Key-Value 的注意力计算流程

在阶段 1 相似性计算中，可以采用不同的相似性度量，包括点积、Cosine 相似性及正向基函数网络。在阶段 2 引入了类似 Softmax 的计算方式对第一阶段的分数进行数值转换，经归一化转化成概率分布(确保所有正值权重之和为 1)，同时对于较大的值通过 Softmax 突出重要元素的权重：

$$a_i = \text{Softmax}\{\text{Sim}_i\} = \frac{e^{\text{Sim}_i}}{\sum_{j=1}^{L_x} \text{Sim}_j} \tag{10.29}$$

1) Self-Attention(自注意力)

同普通的注意力机制类似，可将相关单词的“理解”转换成正在处理的单词的一种思路(算法 10.4)。

算法 10.4　Self-Attention 算法

根据初始或已有的映射将输入单词转换成嵌入向量;
根据嵌入向量得到 $\boldsymbol{q}$、$\boldsymbol{k}$、$\boldsymbol{v}$ 三个向量;
每个向量计算得分：$\text{score} = \boldsymbol{q} \cdot \boldsymbol{k}$
提高梯度的稳定性，对得分归一化，即除以 $\sqrt{d_k}$
对 score 采用 Softmax 激活;
得到的概率得分点乘嵌入值，得到每个输入向量的评分 $\boldsymbol{v}$;
相加得到最终结果：$\boldsymbol{z} = \sum \boldsymbol{v}$

2) Multi-Head Attention(多头注意力)

Multi-Head Attention 相当于 K 个不同的 Self-Attention 的集成(ensemble)。多头注意力层的输出分以下三步进行。

(1)将数据 $\boldsymbol{X}$ 分别输入到图 10.13 所示的 K 个自注意力层中，可得到以 K 个加权后的特征向量：$\boldsymbol{z}_i, i \in \{1,2,\cdots,K\}$。

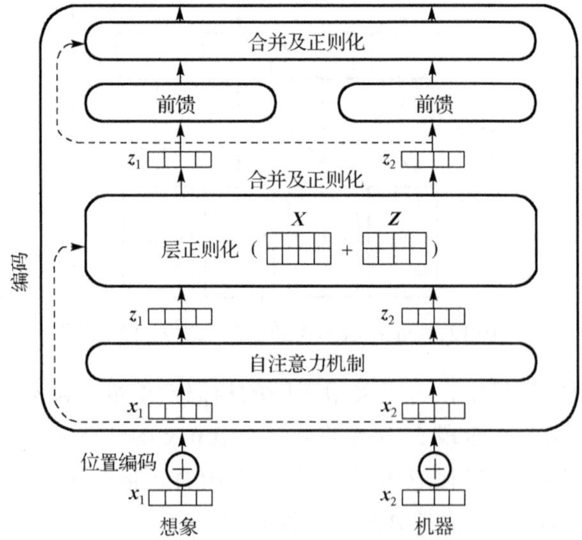

图 10.13　Multi-Head Attention 的注意力计算流程

(2)将 K 个 z_i 按照列排列成特征矩阵 z。

(3)特征矩阵经过一层全连接后得到输出 $\boldsymbol{Z}$。

在多头注意力层中(图 10.13)，加入了层正则化，主要是提高模型的梯度敏感性即模型的学习效率，减少梯度消失的问题。

3) Positional Encoding(位置编码)

针对 Transformer 模型中缺少解释输入序列中单词顺序的问题，Transformer 给 encoder 层和 decoder 层的输入引入位置编码，其维度和 embedding 的维度一样，该向量可让模型学习到输入词序列的顺序，用这个向量可以确定当前词位置，或者句子中不同词间距离。由于模型不包括 Recurrence/ Convolution，所以模型无法捕捉序列或顺序信息，如将 $\boldsymbol{K}$、$\boldsymbol{V}$ 按照行进行打乱，每个 Attention 后的结果不变。但序列信息很重要，表达了全局结构，必须将序列分词相对或者绝对位置信息进行提取并利用。

近年来注意力机制在自然语言处理及计算机视觉处理领域均取得了较高的测试精度，代表了深度学习的一个重要方向，可以引入到遥感地学分析的应用中，提高建模的效率。

10.8　图　网　络

相比卷积网络等深度网络，图网络可以处理非连续的非欧氏数据，更好地对复杂异质物体之间的关系进行建模(Zhou et al.，2020)。例如，新浪微博中网络节点同用户之间的关系、互联网上页面之间的关系和国家城市间交通网络关系。通常，图网络定义如下：给定一个图 $G=(V,E)$，其中 V 为顶点(Vertices)集合，E 为边界(Edges)集。例如，边 $e=(u, v)$包含两个端点(Endpoints) u 与 v，将 u 称为 v 的邻居(Neighbor)。所有边为有向边时，称为有向图(directed)，否则称为无向图(undirected)。而 $d(v)$ 表示同顶点 v 连接的边的数量，称为度(degree)。对于一个图 $G=(V,E)$，其邻接矩阵(adjacency matrix)定义为：

$$\boldsymbol{A}_{ij}=\begin{cases}1, & \{v_i,v_j\}\in E\text{且}i\neq j\\ 0, & \text{其他}\end{cases} \tag{10.30}$$

作为一个典型的非欧氏数据，图数据分析主要集中在节点分类、图预测、链接预测及聚类分析等。对于图数据而言，有图嵌入(network embedding)、图神经网络(graph neural network，GNN)、图循环网络和图注意网络四个研究领域。

1. 图嵌入

如同自然语言处理一样，直接对单词或句子进行概率语言建模是比较困难，为

此采用了类似 word2vec 的方式(Cai et al., 2018)。图由节点与边连接而成，而将图嵌入向量空间后使得图的处理具有更加灵活与丰富的计算方式。此外，图嵌入可以极大地压缩海量的图数据，一般采用邻接矩阵来表示点与点之间的连接，则邻接矩阵的维度为$|\boldsymbol{V}|\times|\boldsymbol{V}|$，而$|\boldsymbol{V}|$表示图中节点的个数，图中每列每行代表一个节点。而矩阵中非零值表示两个节点之间是连接关系。但是，采用邻接矩阵方式表示大型图的特征空间几乎不可能，因为巨大的矩阵运算对现代计算机系统是极为困难的。通过图嵌入技术，可以提取图网络的特征信息，便于下一步的计算。图嵌入方法需要保证嵌入能很好地描述图的属性，即图的拓扑关系、节点连接及邻域关系等。图嵌入方法借鉴了 word2vec 的方法，word2vec 借鉴了一种 skip-gram 方法，类似的方法可以用到图嵌入之中。

图的节点嵌入方法更为普遍，此处介绍常用的 3 种图的节点嵌入方法(Hamilton et al., 2017b)。

(1) DeepWalk，该方法通过随机游走(truncated random walk)学习得到网络的表示，该方法在网络标注顶点很少的情况下也能得到很好的效果。随机游走选定起始的节点，然后从节点以一定的概率移到随机的邻居，按照一定的步骤执行：首先进行采样，通过一定的概率及抽样方式对图上节点进行抽样，得到节点的随机游走序列，一般游走执行 32～64 步即可；然后训练 skip-gram 模型，与 word2vec 类似，将随机游走得到的节点序列作为 skip-gram 的输入，类似 word2vec 中的句子，通过节点与节点的共现关系来学习节点的向量表示；最后计算嵌入得到嵌入向量。DeepWalk 通过随机游走可获得图中的局部上下文信息。

(2) Node2vec，该方法是对 DeepWalk 进行改进，定义了 bias random walk 的策略生成器，仍然基于 skip-gram 进行训练，该算法引入了 P 及 Q 参数，其中参数 Q 定义了随机游走发现图中未发现部分的概率，即控制游走是向外或是向内；而参数 P 定义了随机游走返回前一节点的概率。参数 P 控制节点的局部关系的发现，而参数 Q 控制较大的邻域的发现。

(3) SDNE，该方法利用自动编码器同时优化与二阶相似度的图嵌入方法，学习得到的结果可以保留局部及全局结构信息(图 10.14)。

2. 图神经网络

图神经网络(graph neural network, GNN)是用于处理图数据的神经网络。

该网络定义了应用所有节点更新的局部转换函数(local transition function)f，同时定义用于生成节点的输出 g，称为局部输出函数(local output function)。

$$\boldsymbol{h}_v = f(\boldsymbol{x}_v, \boldsymbol{x}_{\mathrm{co}[v]}, \boldsymbol{h}_{\mathrm{ne}[v]}, \boldsymbol{x}_{\mathrm{ne}[v]}) \tag{10.31}$$

其中，$\boldsymbol{x}$ 表示输入特征，$\boldsymbol{h}$ 表示隐藏特征。co[v]为连接到节点 v 的边集，而 ne[v]为节点 v 的邻居。令 $\boldsymbol{H},\boldsymbol{O},\boldsymbol{X}$ 及 $\boldsymbol{X}_N$ 分别表示状态、输出、特征与所有节点特征的向量，则有：

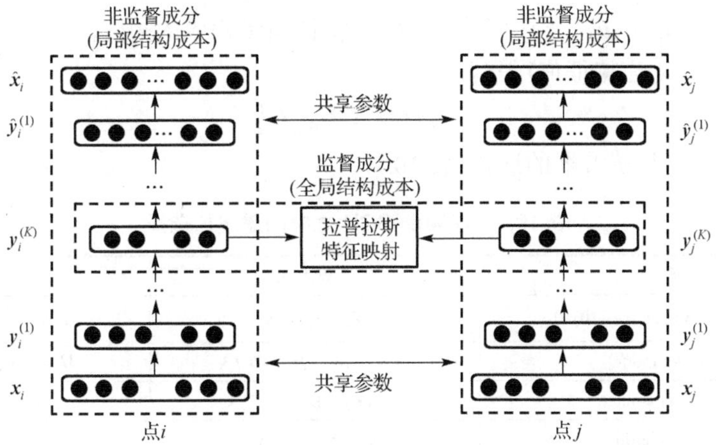

图 10.14　SDNE 的图嵌入学习方法

$$\begin{aligned}\boldsymbol{H}&=F(\boldsymbol{H},\boldsymbol{X})\\ \boldsymbol{O}&=G(\boldsymbol{H},\boldsymbol{X}_N)\end{aligned}\tag{10.32}$$

其中，F 为全局函数；G 为全局输出函数，是 f 及 g 函数的合并版本。GNN 采用传统的迭代方式计算状态：

$$\boldsymbol{H}^{t+1}=F(\boldsymbol{H}^t,\boldsymbol{X})\tag{10.33}$$

其中，$\boldsymbol{H}^t$ 表示第 t 轮循环 $\boldsymbol{H}$ 的值。如何学习得到局部转换及输出函数，可以在包含目标信息(t_i 表示节点 i 的目标信息)的监督学习情况下，采用以下损失函数：

$$\text{loss}=\sum_{i=1}^{N}(t_i-o_i)\tag{10.34}$$

其中，N 为监督学习的节点数量；o_i 为节点 i 的输出。

图卷积网络(graph convolutional network，GCN)。GCN 将用于数据处理的卷积操作应用到图数据上，主要目标是学习一个转换函数 f，通过聚合节点 v_i 自身特征及邻域特征 $\boldsymbol{X}_j$ 获得节点的表示，其中 $j\in N(v^i)$ 表示节点 v_i 的邻居。GCN 又可分为频谱的方法及空间的方法。

(1)基于频谱的方法。

基于频谱的方法将图作为无向图处理，可以采用拉普拉斯矩阵进行建模：

$$\boldsymbol{L}=\boldsymbol{I}_n-\boldsymbol{D}^{-\frac{1}{2}}\boldsymbol{A}\boldsymbol{D}^{-\frac{1}{2}}\tag{10.35}$$

其中，$\boldsymbol{A}$ 为图的邻接矩阵；$\boldsymbol{D}$ 为节点的度数矩阵，$D_{ii}=\sum_j A_{ij}$ 。标准化的拉普拉斯矩阵具有实对称半正定的性质，可进一步分解为：

$$\boldsymbol{L}=\boldsymbol{U}\boldsymbol{\Lambda}\boldsymbol{U}^{\mathrm{T}}\tag{10.36}$$

其中，$\boldsymbol{U}=[\boldsymbol{u}_0,\boldsymbol{u}_1,\cdots,\boldsymbol{u}_{n-1}]\in\mathbb{R}^{N\times N}$ 是由 $\boldsymbol{L}$ 的特征向量构成的矩阵，$\boldsymbol{\Lambda}$ 为特征值的对角阵，由 $\Lambda_{ii}=\lambda_i$（λ_i 为特征值）得到：

$$\boldsymbol{x}*\boldsymbol{G}\boldsymbol{g}_\theta=\boldsymbol{U}\boldsymbol{g}_\theta\boldsymbol{U}_{\boldsymbol{x}}^{\mathrm{T}} \tag{10.37}$$

而最关键的是滤波器的选择(表 10.1)。

表 10.1　在频谱 GCN 之中的滤波器选择

模型	聚集方式	更新
ChebNet(Tang et al.，2019)	$\boldsymbol{N}_k=\boldsymbol{T}_k(\tilde{\boldsymbol{L}})\boldsymbol{x}$	$\boldsymbol{H}=\sum_{k=1}^{K}\boldsymbol{N}_k\boldsymbol{\Theta}_k$
1st order model	$\boldsymbol{N}_0=\boldsymbol{X}$；$\boldsymbol{N}_1=\boldsymbol{D}^{-\frac{1}{2}}\boldsymbol{A}\boldsymbol{D}^{-\frac{1}{2}}\boldsymbol{X}$	$\boldsymbol{H}=\boldsymbol{N}_0\boldsymbol{\Theta}_0+\boldsymbol{N}_1\boldsymbol{\Theta}_1$
Single parameter	$\boldsymbol{N}=(\boldsymbol{I}_N+\boldsymbol{D}^{-\frac{1}{2}}\boldsymbol{A}\boldsymbol{D}^{-\frac{1}{2}})\boldsymbol{X}$	$\boldsymbol{H}=\boldsymbol{N}\boldsymbol{\Theta}$
GCN (Kipf and Welling，2016)	$\boldsymbol{N}=\tilde{\boldsymbol{D}}^{-\frac{1}{2}}\tilde{\boldsymbol{A}}\tilde{\boldsymbol{D}}^{-\frac{1}{2}}\boldsymbol{X}$	$\boldsymbol{H}=\boldsymbol{N}\boldsymbol{\Theta}$

注：$\boldsymbol{\Theta}$ 为可学习的模型参数集。

(2)基于空间的方法。

基于空间的图卷积方法通过节点空间关系定义图卷积操作。例如，可以将图像和图关联起来，将图像视为一种特殊形式的图，每个像素点或几个点表示一个节点。为使节点可感知更深和更广范围，可将多图卷积层堆叠。根据堆叠方式的不同，该方法可进一步分两类：基于循环(recurrent-based)和基于组合(composition-based)的。前者使用相同的图卷积层来更新隐藏特征，而后者使用不同的图卷积层更新隐藏特征，两者差异如图 10.15 所示。

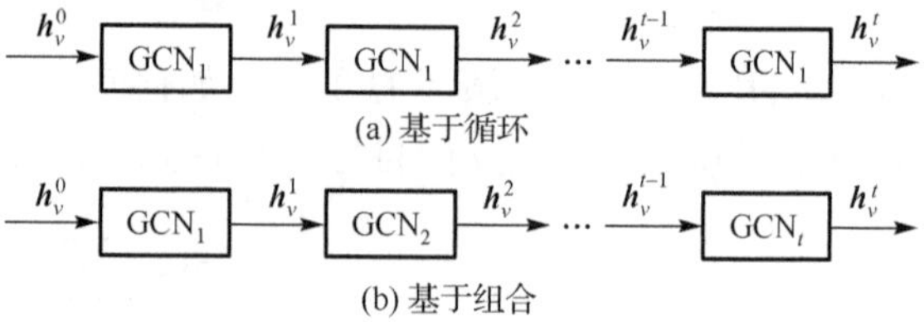

图 10.15　基于空间域图卷积的两种卷积堆叠方式

在空间 GCN 之中的滤波器选择如表 10.2 所示。

表 10.2　在空间 GCN 之中的滤波器选择

模型	聚集方式	更新
Neural FPs(Duvenaud et al.，2015)	$\boldsymbol{h}_{N_v}^t=\boldsymbol{h}_v^{t-1}+\sum_{k=1}^{N_v}\boldsymbol{h}_k^{t-1}$	$\boldsymbol{h}_v^t=\sigma(\boldsymbol{h}_{N_v}^t\boldsymbol{W}_L^{N_v})$
DCNN(Atwood and Towsley，2016)	节点：$\boldsymbol{N}=\boldsymbol{P}*\boldsymbol{X}$ 图：$\boldsymbol{N}=1_N^{\boldsymbol{T}}\boldsymbol{P}*\boldsymbol{X}/N$	$\boldsymbol{H}=f(\boldsymbol{W}^c\odot\boldsymbol{N})$
GraphSAGE(Hamilton et al.，2017a)	$\boldsymbol{h}_{N_v}^t=\mathrm{AGGREGATE}_t(\{\boldsymbol{h}_u^{t-1},\forall u\in N_v\})$	$\boldsymbol{h}_v^t=\sigma(\boldsymbol{W}^t\cdot[\boldsymbol{h}_v^{t-1}\parallel\boldsymbol{h}_{N_v}^t])$

注：DCNN(deep convolutional neural network)为深度卷积神经网络。

3. 图循环网络

图循环网络(graph recurrent network，GRN)(Li et al.，2015)，将门控机制(即 GRU 或 LSTM)用于减少 GNN 模型在传播过程中的限制，实现图结构中信息的长距离传播。以 GGNN 为例，它使用 GRU 在固定的 T 时间步中展开 RNN，并使用 BPTT(时序反向传播)算法计算梯度。传播模型的基础循环方式为：

$$\begin{aligned}
&\boldsymbol{a}_v^t = \boldsymbol{A}_v^{\mathrm{T}}[\boldsymbol{h}_1^{t-1},\cdots,\boldsymbol{h}_N^{t-1}]^{\mathrm{T}} + \boldsymbol{b} \\
&\boldsymbol{z}_v^t = \sigma(\boldsymbol{W}^z\boldsymbol{a}_v^t + \boldsymbol{U}^z\boldsymbol{h}_v^{t-1}) \\
&\boldsymbol{r}_v^t = \sigma(\boldsymbol{W}^r\boldsymbol{a}_v^t + \boldsymbol{U}^r\boldsymbol{h}_v^{t-1}) \\
&\tilde{\boldsymbol{h}}_v^t = \tanh(\boldsymbol{W}\boldsymbol{a}_v^t + \boldsymbol{U}(\boldsymbol{r}_v^t \odot \boldsymbol{h}_v^{t-1})) \\
&\boldsymbol{h}_v^t = (1-\boldsymbol{z}_v^t)\odot \boldsymbol{h}_v^{t-1} + \boldsymbol{z}_v^t \odot \tilde{\boldsymbol{h}}_v^t
\end{aligned} \tag{10.38}$$

4. 图注意力网络

图注意力网络(graph attention network，GAT)与 GCN 相比，注意力机制可以为每个邻居节点分配不同的注意力评分，从而识别更重要的邻居(Veličković et al., 2017)。

GAT 将注意力机制引入传播过程，遵循自注意力机制，通过对每个节点邻居的不同关注更新隐含状态。GAT 定义了一个图注意力层(graph attentional layer)，通过堆叠构建图注意力网络。对节点(i,j)，注意力机制的计算方式如下：

$$\alpha_{ij} = \frac{\exp(\mathrm{LeakyReLU}(\boldsymbol{a}^{\mathrm{T}}[\boldsymbol{W}\boldsymbol{h}_i \| \boldsymbol{W}\boldsymbol{h}_j]))}{\sum_{k\in N_i}\exp(\mathrm{LeakyReLU}(\boldsymbol{a}^{\mathrm{T}}[\boldsymbol{W}\boldsymbol{h}_i \| \boldsymbol{W}\boldsymbol{h}_k]))} \tag{10.39}$$

其中，α_{ij} 表示节点 j 对节点 i 的注意力系数，N_i 表示节点 i 的邻居。令 $\boldsymbol{h}=\{\boldsymbol{h}_1, \boldsymbol{h}_2,\cdots,\boldsymbol{h}_N\}, \boldsymbol{h}_i\in\mathbb{R}^F$ 表示输入节点特征，其中 N 为节点的数量，F 为特征维度，则节点的输出特征为 $\boldsymbol{h}'=\{\boldsymbol{h}_1',\boldsymbol{h}_2',\cdots,\boldsymbol{h}_N'\}, \boldsymbol{h}_i'\in\mathbb{R}^F$ 。$\boldsymbol{W}\in\mathbb{R}^{F\times F'}$ 为所有节点共享的线性变换的权重矩阵，$\alpha:\mathbb{R}^{F'}\times\mathbb{R}^{F'}\to\mathbb{R}$ 用于计算注意力系数，最后的输出特征计算方程如下：

$$\boldsymbol{h}_i' = \sigma\left(\sum_{j\in N_i}\alpha_{ij}\boldsymbol{W}\boldsymbol{h}_j\right) \tag{10.40}$$

注意力层采用多头注意力机制来稳定学习过程，应用 K 个独立的注意力机制计算隐含状态，最终通过拼接(式(10.41))或平均(式(10.42))得到输出：

$$\boldsymbol{h}_i' = \Big\|_{k=1}^{K} \sigma\left(\sum_{j\in N_i}\alpha_{ij}^k\boldsymbol{W}^k\boldsymbol{h}_j\right) \tag{10.41}$$

$$\boldsymbol{h}_i' = \sigma\left(\frac{1}{K}\sum_{k=1}^{K}\sum_{j\in N_i}\alpha_{ij}^k\boldsymbol{W}^k\boldsymbol{h}_j\right) \tag{10.42}$$

其中，$\|$表示拼接操作，α_{ij}^k 表示第 k 个注意力机制计算得到的标准化注意力系数，模型的结构如图 10.16 所示。

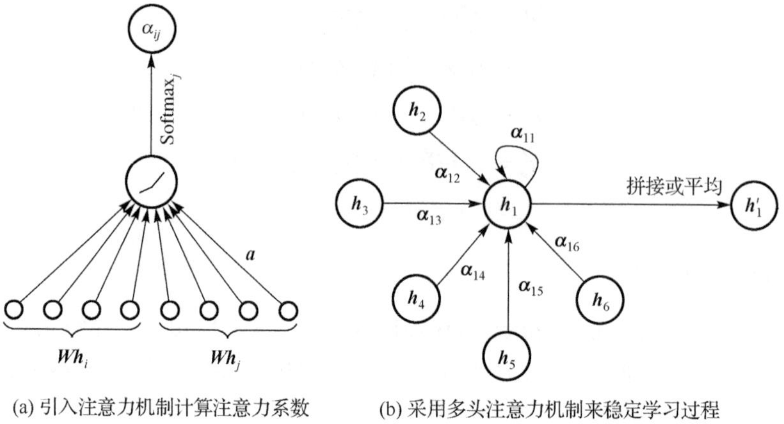

图 10.16　GAT 注意力机制

GAT 中注意力框架的特点：①节点计算是并行计算，计算过程高效；②可处理不同度的节点并对邻居分配对应权重，可很容易地应用到归纳学习问题中去。

图神经网络已被引用在监督、半监督、无监督及强化学习等诸多领域中，取得了不错的效果(Zhou et al.，2020)。

10.9　自然语言处理的网络模型

自然语言处理具有一些很有创意的深度学习建模方法，类似方法可以借鉴到遥感地学分析应用中。例如，借鉴 word2vec 技术，建立针对地理背景或上下文信息的量化模型，形成针对地理背景或上下文的特征矢量，可以量化比较不同地理要素影响的背景及上下文，并以此为基础开展相关的建模应用。本节对相关方法进行系统梳理与总结。

10.9.1　基本语言模型

1. 词袋模型

词袋模型(bag-of-words model)是自然语言处理及信息检索简化的建模方法，也称为矢量空间模型(vector space model)(Harris，1954；Sivic，2009)，其基本原理是将文本采用一个词袋(bag of words)量化模型来展示，而不考虑语法、单词词性及顺序，主要应用于文本分类。随着统计量的不同，有不同的类型。

例 10.1　下面有两个句子：句子 1-“小张喜欢看电影”；句子 2-“小王也喜欢

看电影”。从这两个句子文档中可总结出词典：{“小张”，“喜欢”，“看”，“电影”，“也”，“小王”}。

(1)用 0-1 的二进制表示某个单词是否出现在某个文档中，构成一个矢量矩阵。如例 10.1 的两个句子的矢量分别表示为：(1,1,1,1,0,0)及(0,1,1,1,1,1)。

(2)统计每个单词在文档中出现的频率，例子 10.1 的两个句子则可表示为：(1,1,1,1,0,0)及(0,1,1,1,1,1)。

(3)一些单词如“的”比较常用，对文档特征表征没有多大意义，因此对词频采用文档频度倒数系数进行加权更为常用(参见 12.3 节)。如以上的例子则得到其 tf-idf 分别为：(0.44,0.27,0.27,0.27,0,0)及(0,0.22,0.22,0.22,0.36,0.36)。

2. *n* 元语法

n 元语法(n-gram)是一种处理语言上下文的概率模型，它基于马尔可夫链，通过 *n* 个上下文词语出现概率推断语句的结构(Broder et al.，1997)。当 n=1 时，称为一元法(unigram)；n=2，称为二元法(bigram)；n=3，称为三元法(trigram)。除了自然语言处理领域之外，也应用于通信、计算生物学及数据压缩等领域。

n 元模型的构建基于时间序列的数据集，根据马尔可夫性质，第 i 个序列 x_i 只与之前 $n-1$ 个序列值有关，与其他序列无关。

$$p(x_i) = p(x_i \mid x_{i-(n-1)}, \cdots, x_{i-1}) \tag{10.43}$$

其中，x_i 表示第 i 个序列的测量值。

该 *n* 元马尔可夫模型作为对真实语言的接近，极大简化了语言文字建模的复杂度，也比较适用于处理语言中未知词语。大量实践经验说明，对于自然语言的处理，一般 *n* 取 2～4 可取得较好的效果，而 *n* 取得过大(大于 5)建模效果反而下降。一般用得比较多的是 n=3。

平滑技术使得 *n* 元模型能更好地处理极限情况下的概率拟合问题。

10.9.2　tf-idf 重要性提取

tf-idf 是一种衡量文档中单词或词组重要性的标准，其基于这样的思想：字词重要性随着其在文件中出现的次数成正比增加，但同时会随着在语料库中出现的频率成反比下降(Salton and Buckley，1988；Salton et al., 1983)。该衡量标准由词频(term frequency，tf)及逆向文件频率(inverse document frequency，idf)组成。

定义 10.1　词频是指某个给定词语在该文件中出现的频率。该值需要进行归一化处理，变成 0-1 之间的数值，标识其重要程度，越接近 1 表明越重要；反之，越接近 0 表明越不重要。归一化处理的目的是防止文件长短不一导致度量标准的不一致。

$$\mathrm{tf}_{i,j}=\frac{n_{i,j}}{\sum_k n_{k,j}} \tag{10.44}$$

其中，$n_{i,j}$ 表示单词 i 在文档 d_j 出现的次数；而分母为归一化因子，为文档 d_j 中的单词之和。

定义 10.2　逆向文件频率(idf)是一个衡量单词在语料库中的重要程度的度量，其值由某一特定的词语的总文档数除以其出现的文档数目再取对数得到。其值越小表明出现得越稀少，更为具体，所以 idf 就大；相反，其值越大表明出现得越平常，其 idf 就小。一般在实际应用中，对太小的词语可以预先过滤掉，再计算余下单词的 idf。

$$\mathrm{idf}_i=\lg\frac{|D|}{|\{j:t_i\in d_j\}|} \tag{10.45}$$

其中，$|D|$ 表示语料库的文档总数，$|\{j:t_i\in d_j\}|$ 表示包含词语 t_i 的文档数目（$n_{i,j}>0$ 的文件数目）。

由此可以得到 tf-idf 的定义：

$$\text{tf-idf}_{i,j}=\mathrm{tf}_{i,j}\times\mathrm{idf}_i \tag{10.46}$$

其中，$\mathrm{tf}_{i,j}$ 代表词语 i 在文档 j 中的频率(式 10.44 定义)，而 idf_i 为逆向文档频率(式 (10.45) 定义)。

基于 tf-idf 的思想(文档中频率越小，单词越重要；而频率越大的词，单词越不重要)，计算的公式不一定拘泥于式(10.46)，可以有不同的形式。其基本的思想过于简单，在实际应用中有一定的局限性，主要体现为提取的精度不是很高。

10.9.3　word2vec 方法

word2vec 是一种高效的文本处理工具，可以将组成文本的词语以嵌入式矢量的形式进行量化，具有简单、高效的特点，其融合了哈夫曼编码(Huffman coding)及统计语言模型等基本原理。本节对其基本原理进行讲解。

1. 哈夫曼编码

哈夫曼编码是对文本压缩的一种无损编码方法，其基于二叉树、采用贪心算法进行构建，通过其编码，使得文本中出现频度高的词编码最短，而频度低的词编码最长，从而达到最大限度地压缩文本文件内容的目标。在 word2vec 中采用哈夫曼方法实现语义的编码，提高了计算效率，实现了语言的嵌入式模型。

在哈夫曼编码中，开始节点是以森林的形式出现的，在计算机科学中这些互不相交的树构成的集合称为森林。而对于树而言，树的路径指从一个节点到孩子/孙子之间的通路，而路径中所通过的各分支的长度称为路径长度。从第一层根节点开始，

到第 L 层节点的路径长度为 $L-1$。而节点的带权路径长度为该节点路径长度与该节点的权重的乘积。将一棵树的所有叶子的带权路径长度之和称为树的带权路径长度。将 n 个权值作为子节点，构建二叉树(每个节点最多只有两个左右子树的树)，若该二叉树的带权路径长度在所有基于这些节点构造的二叉树中最小，则称这样的二叉树为最优二叉树，也称为哈夫曼(Huffman)树。

哈夫曼树是基于启发式的贪心算法(算法 10.5)建立的，算法比较简单。实际构造过程中可采用最小堆方法来减少时间复杂度。

算法 10.5　哈夫曼树的启发式算法

(1)将 n 个节点看成是有 n 棵树的森林(只有一个节点的树)；

(2)在森林中选出两个根节点的带权路径长度最小的树，并将其合并，作为一棵新树的左右子树，新树根节点权值为左右子树的节点权值之和(可将词频大的节点放左子树，而词频小的放右子树)；

(3)森林中删除步骤(2)选取的两棵树，并将新树加入森林；

(4)重复步骤(2)～(3)，直到森林中只剩一棵树为止。

有了哈夫曼树之后，可以根据该树进行不等长的前缀编码。前缀编码要求一个字符的编码不是另一个字符编码的前缀。哈夫曼树基于二叉树，而叶子节点表征单词，使其满足了前缀编码的要求，从而能够进行高效的编码。例如，将左子树的路径编码为 1，右子树的路径编码为 0，可以实现高效的不等长编码。如图 10.17 中，句子“我爱北京天安门”的哈夫曼编码可表示为：111011000。因此，采用哈夫曼编码可以最大限度地压缩文本语言的空间。

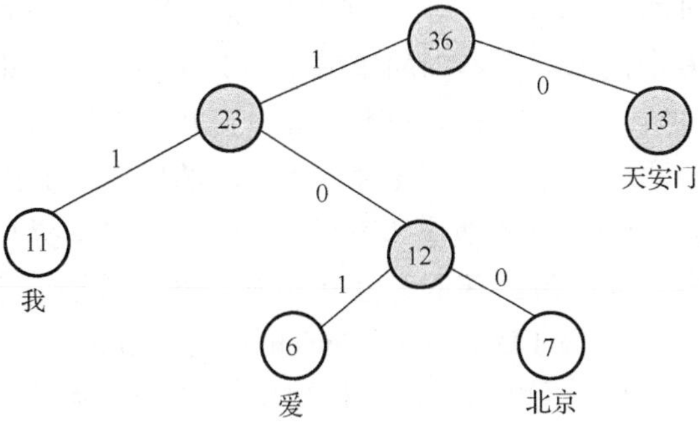

图 10.17　句子“我爱北京天安门”的哈夫曼树

2. 统计语言模型

统计语言模型采用统计学的方法来研究自然语言处理，是自然语言处理的基础。其基本的原理是计算一个句子的概率的模型，通常采用一个语料库来构建。令 $\boldsymbol{W}=(w_1,w_2,\cdots,w_T)$ 由 T 个词按顺序构成一个句子，则该句子的联合概率为：

$$p(\boldsymbol{W}) = p(w_1, w_2, \cdots, w_T) \tag{10.47}$$

按照贝叶斯公式，可以将式(10.47)链式分解为：

$$p(\boldsymbol{W}) = p(w_1)\cdot p(w_1 \mid w_2)\cdot p(w_3 \mid w_1, w_2)\cdots p(w_T \mid w_1, w_2, \cdots, w_{T-1}) \tag{10.48}$$

其中，条件概率 $p(w_1)$, $p(w_1 \mid w_2)$, $p(w_3 \mid w_1, w_2)$, ⋯, $p(w_T \mid w_1, w_2, \cdots, w_{T-1})$ 就是要求的语言模型参数。在实际应用中，一般句子语料库对应词典 D 的词汇量 N 太大，导致要计算的参数很多，需要对概率语言模型进行简化，提高计算的效率及精度。前面提到的 n 元方法(n-gram)就是固定前面 n 个词的简化方法。

定义 10.3 语料是指用来训练语言模型的所有的文本内容，包括重复的单词。

定义 10.4 词典是指从语料中抽取出来的不重复的词，一般采用集合或者哈希函数存储。

令 C 表示语料集，而 D 表示词典，则对统计语言模型而言，通常采用最大对数似然法求解以下的目标函数：

$$\underset{\theta}{\arg\max} \sum_{w\in C} \log(p(w \mid \text{Context}(w), \theta)) \tag{10.49}$$

其中，Context(w)表示单词 w 的上下文，即单词 w 周边词的集合。如果 Context$(w)=$ NULL，则 $p(w \mid \text{Context}(w)) = p(w)$，因此，参数 θ 的求解较为关键。

10.9.4 神经概率语言模型

本节介绍 word2vec 的基础即神经概率语言模型(Yoshua et al.，2003)，该方法将单词采用词向量的方式来表征，通过神经网络建模获取每个单词的词向量的值。

定义 10.5 词向量即词典 D 中的任意词 w，采用一个固定长度的实值向量 $\boldsymbol{v}(w)\in\mathbb{R}^m$ 来描述，表示该单词在不同的维度上的分布值，该向量称为单词 w 的词向量。词向量的优势包括可以通过向量的不同分量反映词在不同方向的特征，便于比较词与词之间的相似性。同时，在建模时采用光滑的概率函数进行建模，将会使词向量中的一个小变化对句子/文本概率本身的影响不会太大，提高语言预测的鲁棒性(预测中较少的方差)。词向量的获取方法包括神经网络算法、潜在语义分析(latent semantic analysis，LSA)以及 LDA(latent Dirichlet allocation)等。

图 10.18 展示了基于神经网络的语言模型结构图。该模型一般包括 4 层结构，即输入层(input layer)、投影层(projection layer)、隐藏层(hidden layer)以及输出层(output layer)，其中 $\boldsymbol{W}$ 及 $\boldsymbol{U}$ 分别为投影层同隐藏层之间及隐藏层同输出层之间的权值矩阵，而 $\boldsymbol{p}$ 及 $\boldsymbol{q}$ 分别为隐藏层与输出层的偏差向量。

用来训练模型的样本将由语料库 C 提供，对其中的任一词，将其前面的 n–1 个词作为上下文，每个词对应一个 m 维的词向量，这样词的上下文(前面 n–1 个词)及其词语本身就构成了一个训练样本 $(\text{Context}(w), w)$，通过对这些词的首尾拼接

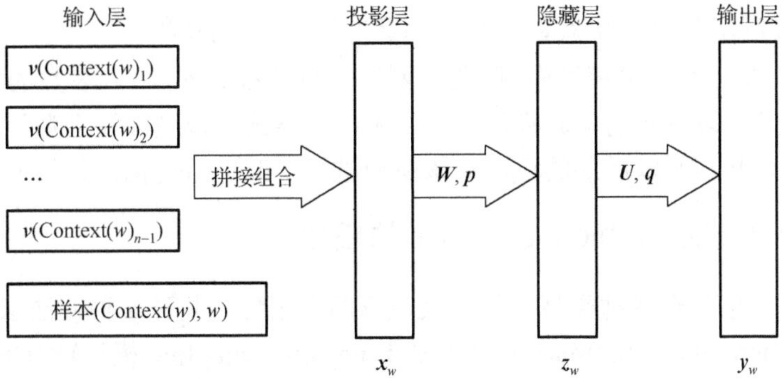

图 10.18　基于神经网络的语言模型结构图

(concatenate)(即投影操作)，形成投影层的输入变量，所以投影层的输入变量为$(n-1)m$，其中 $n-1$ 为单词 w 之前的词汇(n-gram)，而输出层为对应从语料 C 中提取的词汇的向量，大小为词汇的大小 $N=|D|$。层间的运算涉及两步，即投影层到隐藏层及隐藏层到输出层之间的运算。

(1) 投影层到隐藏层之间的运算。

包括加权求和及激活函数的运算：

$$\boldsymbol{z}_w = \tanh(\boldsymbol{W}\boldsymbol{x}_w + \boldsymbol{p}) \tag{10.50}$$

其中，$\boldsymbol{W}$ 为投影层到隐藏层的权重矩阵，大小为 $(n-1)\cdot m\cdot|\boldsymbol{z}_w|$ ($|\boldsymbol{z}_w|$为隐藏层大小)；$\boldsymbol{x}_w$ 为投影层输入；$\boldsymbol{p}$ 为隐藏层的偏差；tanh 为双曲正切函数，$\tanh(x)=\dfrac{e^x-e^{-x}}{e^x+e^{-x}}\in(-1,1)$，作为隐藏层激活函数。

(2) 隐藏层到输出层之间的运算。

包括加权求和及采用 Softmax 求词概率两步。加权求和如下：

$$\boldsymbol{y}_w = \boldsymbol{U}\boldsymbol{z}_w + \boldsymbol{q} \tag{10.51}$$

其中，$\boldsymbol{z}_w$ 为隐藏层的输出，$\boldsymbol{U}$ 为隐藏层到输出层权值参数矩阵，$\boldsymbol{q}$ 为偏差。最终的结构将映射成概率，根据概率最大化原理取得其在词典中的索引。此处采用了 Softmax 进行归一化处理：

$$i_w = \arg\max_i \{p(w\,|\,\text{Context}(w))\} = \arg\max_i \left\{ \frac{e_i^{y_{w,i}}}{\sum_{i=1}^{N} e_i^{y_{w,i}}} \right\} \tag{10.52}$$

其中，$y_{w,i}$ 为来自隐藏输出的加权求和(式(10.52))矢量的第 i 个组成部分，即 $\boldsymbol{y}_w=(y_{w,1},y_{w,2},\cdots,y_{w,N})$；$i_w$ 为预测的 w 在词典中索引。

神经概率语言模型至此基本得到,其模型中需要求解的参数 θ 包括以下两部分。

(1) 词向量：$\boldsymbol{v}(w)\in\mathbb{R}^m(w\in D)$ 表示记忆填充向量；

(2)神经网络参数：$\boldsymbol{W}\in\mathbb{R}^{n_h\cdot(n-1)m},\boldsymbol{p}\in\mathbb{R}^{n_h};\boldsymbol{U}\in\mathbb{R}^{N\cdot n_h},\boldsymbol{q}\in R^N$。

注意，在此神经网络模型中，除处理网络本身的参数外，输入参数的矢量($\boldsymbol{v}(w)$)也是需要通过学习得到的。此模型表明了神经网络语言模型涉及大量计算，具有较高的时空复杂度，所以后期的算法对该模型进行了改进与优化，包括 word2vec。

10.9.5　基于 Hierarchical Softmax 的模型

word2vec 总共有两种类型，每种类型有两个策略，共计 4 种方法求 word2vec，即：(基于 Hierarchical Softmax 模型、基于 negative sampling 模型)×(CBOW 模型、skip-gram 模型)。本节主要介绍 word2vec 的 Hierarchical Softmax 方法。CBOM 模型的英文全称为 continuous bag-of-words model，而 skip-gram 模型英文全称为 continuous skip-gram model。CBOW 模型结构见图 10.19(Mikolov et al.，2013a)，Skip-gram 模型的结构见图 10.20。两个模型均包含了三层：输入层、投影层及输出层。CBOW 模型是以当前词 w_t 的上下文$(w_{t-2},w_{t-1},w_{t+1},w_{t+2})$为前提预测当前词 w_t 的概率，而 skim-gram 则是根据 w_t 预测其上下文$(w_{t-2},w_{t-1},w_{t+1},w_{t+2})$。

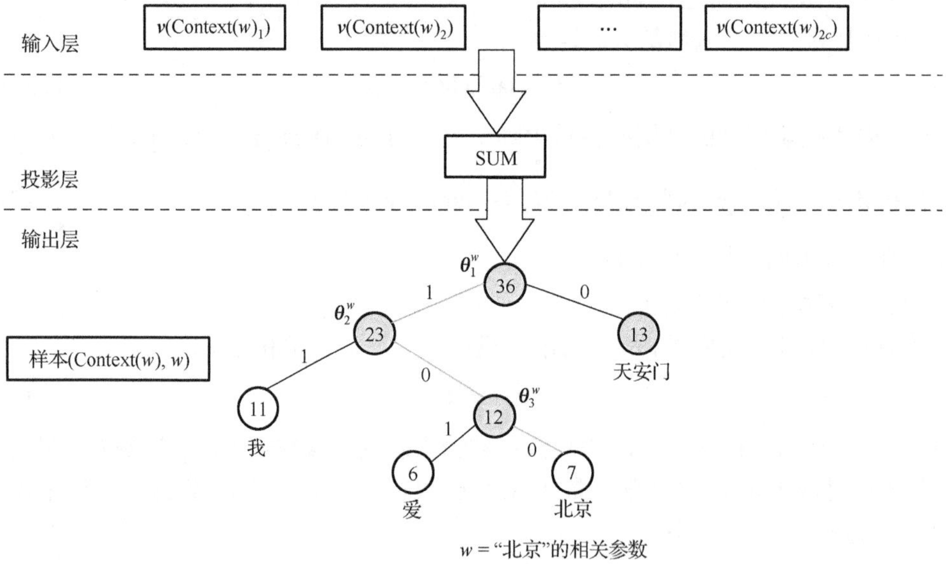

图 10.19　CBOM 模型示意图

如 10.9.3 节所示，神经网络语言模型的目标函数通常为式(10.49)所示的对数似然函数。而 skim-gram 则以式(10.53)为目标函数：

$$L=\sum\nolimits_{w\in C}\log p(\text{Context}(w)\,|\,w) \tag{10.53}$$

所以构造条件概率矩阵 $p(\text{Context}(w)\,|\,w)$ 或 $p(w|\text{Context}(w))$ 并求解是很关键的。

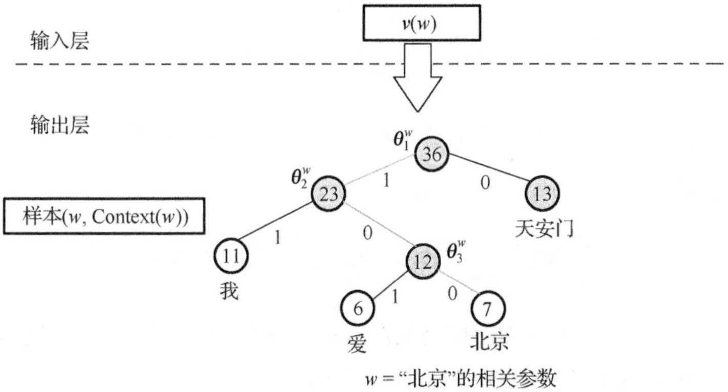

图 10.20　skip-gram 模型示意图

10.9.6　CBOM 模型

CBOM 模型网络结构由输入层、投影层及输出层三层构成(Mikolov et al., 2013b；Rumelhart et al., 1986)(图 10.19)。

(1)输入层：由目标单词的上下文构成 Context(*w*)，即前后各 *c* 个单词，共 2*c* 个单词构成。

(2)投影层：将 2*c* 个单词向量累加求和，即 $\boldsymbol{x}_w=\sum_{i=1}^{2c}\boldsymbol{v}(\text{Context}(w)_i)\in\mathbb{R}^m$。

(3)输出层：对应一棵哈夫曼树，该树是以语料库 *C* 为叶子节点，以各词在语料中出现的次数当权值构造出来的。该树的叶子节点共有 $N=|D|$ 个，对应词典 *D* 中的词，而非叶子节点共有 *N*−1 个。

由前所述，CBOM 模型同神经网络语言模型相比较，其输入层采用相加降维的方法，移除了隐藏层，而输出层采用哈夫曼树，从而极大地简化了算法的时间及空间复杂度。

哈夫曼树中有如下定义。

(1) p^w：从根节点到单词 *w* 对应的子节点路径。

(2) l^w：路径中包含的节点个数。

(3) $p_1^w,p_2^w,\cdots,p_{l^w}^w$：路径 p^w 中的 l^w 个节点。

(4) $d_2^w,d_3^w,\cdots,d_{l^w}^w\in\{0,1\}$：单词 *w* 的哈夫曼编码，由 l^w-1 个位编码组成。

(5) $\boldsymbol{\theta}_1^w,\boldsymbol{\theta}_2^w,\cdots,\boldsymbol{\theta}_{l^w-1}^w\in\mathbb{R}^m$：路径 p^w 中非叶子节点对应的向量，主要用于拟合概率函数。

图 10.19 为移除隐藏层，采用哈夫曼树作为输出层的 CBOM 模型示意图。

基于哈夫曼树中的定义，可以根据哈夫曼图中的哈夫曼编码，参数 $\boldsymbol{\theta}_i^w(i=1,\cdots,l^w-1)$ 及逻辑斯特函数拟合条件概率：

$$\begin{cases} p(w \mid \text{Context}(w)) = \prod_{j=2}^{l^w} p(d_j^w \mid \boldsymbol{x}_w, \boldsymbol{\theta}_{j-1}^w) \\ p(d_j^w \mid \boldsymbol{x}_w, \boldsymbol{\theta}_{j-1}^w) = [\sigma(\boldsymbol{x}_w^{\mathrm{T}} \boldsymbol{\theta}_{j-1}^w)]^{1-d_j^w} \cdot [1-\sigma(\boldsymbol{x}_w^{\mathrm{T}} \boldsymbol{\theta}_{j-1}^w)]^{d_j^w} \end{cases} \tag{10.54}$$

将式(10.54)转化为对数似然函数，可得：

$$L = \sum_{w \in C} \log \prod_{j=2}^{l^w} \{[\sigma(\boldsymbol{x}_w^{\mathrm{T}} \boldsymbol{\theta}_{j-1}^w)]^{1-d_j^w} \cdot [1-\sigma(\boldsymbol{x}_w^{\mathrm{T}} \boldsymbol{\theta}_{j-1}^w)]^{d_j^w}\} \tag{10.55}$$

其中，C 为包含 w 及其上下文的语料库，$\boldsymbol{x}_w^{\mathrm{T}}$、$\boldsymbol{\theta}_{j-1}^w$ 及 d_i^w 为上文定义的输入层矢量之和及哈夫曼树中定义的路径参数。进一步简化，得到：

$$L = \sum_{w \in C} \sum_{j=2}^{l^w} \{l(w,j)\} \tag{10.56}$$

$$l(w,j) = (1-d_j^w) \cdot \log[\sigma(\boldsymbol{x}_w^{\mathrm{T}} \boldsymbol{\theta}_{j-1}^w)] + d_j^w \cdot \log[1-\sigma(\boldsymbol{x}_w^{\mathrm{T}} \boldsymbol{\theta}_{j-1}^w)] \tag{10.57}$$

根据上面得到的似然函数对参数 $\boldsymbol{\theta}$ 求最优解，采用随机梯度上升法求解优化的解。其解法是每取一个样本(Context(w),w)，对目标函数中的所有参数进行一次更新。而函数 L 中包含以下向量：$\boldsymbol{x}_w$，$\boldsymbol{\theta}_{j-1}^w$ 以及 $w \in C$（j=2,⋯,l^w），由此可以先求得关于 $\boldsymbol{\theta}_{j-1}^w$ 的梯度计算：

$$\begin{aligned} \frac{\partial L(w,j)}{\partial \boldsymbol{\theta}_{j-1}^w} &= \frac{\partial}{\partial \boldsymbol{\theta}_{j-1}^w} \left\{(1-d_j^w) \cdot \log[\sigma(\boldsymbol{x}_w^{\mathrm{T}} \boldsymbol{\theta}_{j-1}^w)] + d_j^w \cdot \log[1-\sigma(\boldsymbol{x}_w^{\mathrm{T}} \boldsymbol{\theta}_{j-1}^w)]\right\} \\ &= \left\{(1-d_j^w) \cdot [1-\sigma(\boldsymbol{x}_w^{\mathrm{T}} \boldsymbol{\theta}_{j-1}^w)] - d_j^w \cdot \sigma(\boldsymbol{x}_w^{\mathrm{T}} \boldsymbol{\theta}_{j-1}^w)\right\} \boldsymbol{x}_w \\ &= [1-d_j^w - \sigma(\boldsymbol{x}_w^{\mathrm{T}} \boldsymbol{\theta}_{j-1}^w)] \boldsymbol{x}_w \end{aligned} \tag{10.58}$$

从而得到 $\boldsymbol{\theta}_{j-1}^w$ 的更新公式：

$$\boldsymbol{\theta}_{j-1}^w = \boldsymbol{\theta}_{j-1}^w + \eta[1-d_j^w - \sigma(\boldsymbol{x}_w^{\mathrm{T}} \boldsymbol{\theta}_{j-1}^w)] \boldsymbol{x}_w \tag{10.59}$$

其中，η 为学习效率。而 $\boldsymbol{x}_w$ 与 $\boldsymbol{\theta}_{j-1}^w$ 是对称关系，容易得到 $\boldsymbol{x}_w$ 更新公式：

$$\boldsymbol{x}_w = \boldsymbol{x}_w + \eta[1-d_j^w - \sigma(\boldsymbol{x}_w^{\mathrm{T}} \boldsymbol{\theta}_{j-1}^w)] \boldsymbol{\theta}_{j-1}^w \tag{10.60}$$

而对于词典中每个词的词向量，如何更新其公式？实际上，将 $\boldsymbol{x}_w$ 更新公式，利用链式导数法则，就可以得到每个词的词向量的更新公式：

$$\boldsymbol{v}(\tilde{w}) = \boldsymbol{v}(\tilde{w}) + \eta \sum_{j=2}^{l^w} \frac{\partial L(w,j)}{\partial \boldsymbol{x}_w} \cdot \frac{\partial \boldsymbol{x}_w}{\partial \boldsymbol{v}(\tilde{w})} = \boldsymbol{v}(\tilde{w}) + \eta \sum_{j=2}^{l^w} \frac{\partial L(w,j)}{\partial \boldsymbol{x}_w} \tag{10.61}$$

其中，$\tilde{w} \in \text{Context}(w)$，$\boldsymbol{x}_w = \sum_{\tilde{w} \in \text{Context}(w)} \boldsymbol{v}(\tilde{w})$。

算法 10.6 展示了 CBOW 的算法流程。

算法 10.6　CBOW 算法

$\boldsymbol{e}=\mathbf{0}$

$\boldsymbol{x}_w=\sum_{\tilde{w}\in\text{Context}(w)}\boldsymbol{v}(\tilde{w})$

对 j=2:l^w，循环

$q=\sigma(\boldsymbol{x}_w^{\mathrm{T}}\boldsymbol{\theta}_{j-1}^w)$

$g=\eta(1-d_j^w-q)$

$\boldsymbol{e}=\boldsymbol{e}+g\boldsymbol{\theta}_{j-1}^w$

$\boldsymbol{\theta}_{j-1}^w=\boldsymbol{\theta}_{j-1}^w+g\boldsymbol{x}_w$

for $\tilde{w}\in\text{Context}(w)$， $\boldsymbol{v}(\tilde{w})=\boldsymbol{v}(\tilde{w})+\boldsymbol{e}$

10.9.7　skip-gram 模型

skip-gram 模型同 CBOM 模型刚好相反，即根据中心词推导上下文词语，不过其采用的结构，推导过程同 CBOM 相似(Mikolov et al.，2013b；Rumelhart et al.，1986)。图 10.20 给出了 skip-gram 的网络结构，它也包括输入层及输出层。训练样本为：$(w,\text{Context}(w))$。同 CBOM 不一样的是，skim-gram 没有投影层。

(1)输入层：当前样本的中心词的词向量 $\boldsymbol{v}(w)\in\mathbb{R}^m$。

(2)输出层：输出层也是一棵哈夫曼树。

在梯度的计算中，已知当前词 w，需要对其上下文 Context(w)的词进行预测，其目标函数同式(10.49)，关键是条件概率函数 $p(\text{Context}(w)\,|\,w)$ 的构建。skip-gram 将其定义为：

$$p(\text{Context}(w)\,|\,w)=\prod_{\tilde{w}\in\text{Context}(w)}p(\tilde{w}\,|\,w)\tag{10.62}$$

其中，$\tilde{w}$ 表示单词 w 上下文中的单词。

类似 CBOW，可有：

$$p(\tilde{w}\,|\,w)=\prod_{j=2}^{l^{\tilde{w}}}p(d_j^{\tilde{w}}\,|\,\boldsymbol{v}(w),\boldsymbol{\theta}_{j-1}^{\tilde{w}})\tag{10.63}$$

其中，$p(d_j^{\tilde{w}}\,|\,\boldsymbol{v}(w),\boldsymbol{\theta}_{j-1}^{\tilde{w}})=[\sigma(\boldsymbol{v}(w)^{\mathrm{T}}\boldsymbol{\theta}_{j-1}^{\tilde{w}})]^{1-d_j^{\tilde{w}}}\cdot[1-\sigma(\boldsymbol{v}(w)^{\mathrm{T}}\boldsymbol{\theta}_{j-1}^{\tilde{w}})]^{d_j^{\tilde{w}}}$。并采用对数似然函数，得到：

$$\begin{aligned}L&=\sum_{w\in C}\log\prod_{\tilde{w}\in\text{Context}(w)}\prod_{j=2}^{l^{\tilde{w}}}\{[\sigma(\boldsymbol{v}(w)^{\mathrm{T}}\boldsymbol{\theta}_{j-1}^{\tilde{w}})]^{1-d_j^{\tilde{w}}}\cdot[1-\sigma(\boldsymbol{v}(w)^{\mathrm{T}}\boldsymbol{\theta}_{j-1}^{\tilde{w}})]^{d_j^{\tilde{w}}}\}\\&=\sum_{w\in C}\sum_{\tilde{w}\in\text{Context}(w)}\sum_{j=2}^{l^{\tilde{w}}}\{(1-d_j^{\tilde{w}})\log[\sigma(\boldsymbol{v}(w)^{\mathrm{T}}\boldsymbol{\theta}_{j-1}^{\tilde{w}})]\cdot+d_j^{\tilde{w}}\log[1-\sigma(\boldsymbol{v}(w)^{\mathrm{T}}\boldsymbol{\theta}_{j-1}^{\tilde{w}})]\}\end{aligned}\tag{10.64}$$

可将大括号里的内容简记为 $L(w,\tilde{w},j)$，即：

$$L(w,\tilde{w},j)=(1-d_j^{\tilde{w}})\cdot\log[\sigma(\boldsymbol{v}(w)^{\mathrm{T}}\boldsymbol{\theta}_{j-1}^{\tilde{w}})]+d_j^{\tilde{w}}\cdot\log[1-\sigma(\boldsymbol{v}(w)^{\mathrm{T}}\boldsymbol{\theta}_{j-1}^{\tilde{w}})] \tag{10.65}$$

式(10.64)及式(10.65)即 skip-gram 的目标函数，采用随机梯度法求优化解。类似地，采用逻辑斯谛函数的一阶导数表达，得到：

$$\frac{\partial L(w,\tilde{w},j)}{\partial\boldsymbol{\theta}_{j-1}^{\tilde{w}}}=[1-d_j^{\tilde{w}}-\sigma(\boldsymbol{v}(w)^{\mathrm{T}}\boldsymbol{\theta}_{j-1}^{\tilde{w}})]\boldsymbol{v}(w) \tag{10.66}$$

从而得到 $\boldsymbol{\theta}_{j-1}^{\tilde{w}}$ 的更新公式：

$$\boldsymbol{\theta}_{j-1}^{\tilde{w}}=\boldsymbol{\theta}_{j-1}^{\tilde{w}}+\eta[1-d_j^{\tilde{w}}-\sigma(\boldsymbol{v}(w)^{\mathrm{T}}\boldsymbol{\theta}_{j-1}^{\tilde{w}})]\boldsymbol{v}(w) \tag{10.67}$$

考虑到 $\boldsymbol{v}(w)$ 同 $\boldsymbol{\theta}_{j-1}^{\tilde{w}}$ 的对称性，有：

$$\frac{\partial L(w,\tilde{w},j)}{\partial\boldsymbol{v}(w)}=[1-d_j^{\tilde{w}}-\sigma(\boldsymbol{v}(w)^{\mathrm{T}}\boldsymbol{\theta}_{j-1}^{\tilde{w}})]\boldsymbol{\theta}_{j-1}^{\tilde{w}} \tag{10.68}$$

于是 $\boldsymbol{v}(w)$ 更新公式为：

$$\boldsymbol{v}(w)=\boldsymbol{v}(w)+\eta[1-d_j^{\tilde{w}}-\sigma(\boldsymbol{v}(w)^{\mathrm{T}}\boldsymbol{\theta}_{j-1}^{\tilde{w}})]\boldsymbol{\theta}_{j-1}^{\tilde{w}} \tag{10.69}$$

算法 10.7 展示了一个样本的训练流程。

算法 10.7　skip-gram 样本训练流程

对于 $\tilde{w}\in\mathrm{Context}(w)$，执行以下循环：

　　$\boldsymbol{e}=\boldsymbol{0}$

对　$j=2:l^{\tilde{w}}$，执行以下循环：

　　$q=\sigma(\boldsymbol{v}(w)^{\mathrm{T}}\boldsymbol{\theta}_{j-1}^{\tilde{w}})$

　　$g=\eta(1-d_j^{\tilde{w}}-q)$

　　$\boldsymbol{e}=\boldsymbol{e}+g\boldsymbol{\theta}_{j-1}^{\tilde{w}}$

　　$\boldsymbol{\theta}_{j-1}^{\tilde{w}}=\boldsymbol{\theta}_{j-1}^{\tilde{w}}+g\boldsymbol{v}(w)$

$\boldsymbol{v}(w)=\boldsymbol{v}(w)+\boldsymbol{e}$

10.10　小　　结

本章系统且简要地总结了除经典的前馈神经网络、卷积网络及循环神经网络之外的其他典型神经网络的基本原理及结构，包括反卷积网络、自动编码器、变分自动编码器、生成对抗网络、深度信任网络、注意力机制、图网络及自然语言处理的网络结构等，这些结构可实现重要的特定功能，或者针对专门的应用目标，有的是新的发展方向或趋势，在深度学习的算法集中占据重要的位置。

参 考 文 献

Arjovsky M, Chintala S, Bottou L. 2017. Wasserstein GAN. arXiv:1701.07875

Atwood J, Towsley D. 2016. Diffusion-convolutional neural networks. Proceedings of the 30th Annual Conference on Neural Information Processing Systems, Barcelona:1993-2001

Broder A, Glassman S, Manasse M, et al. 1997. Syntactic clustering of the web. Computer Networks and ISDN Systems, 29(8):1157-1166

Cai H Y, Zheng V W, Chang K C C. 2018. A comprehensive survey of graph embedding: Problems, techniques, and applications. IEEE Transactions on Knowledge and Data Engineering, 30(9):1616-1637

Duvenaud D, Maclaurin D, Aguilera-Iparraguirre J, et al. 2015. Convolutional networks on graphs for learning molecular fingerprints. arXiv preprint arXiv:150909292

Goodfellow I, Pouget-Abadie J, Mirza M, et al. 2014. Generative adversarial networks. arXiv:1406.2661

Hamilton W L, Ying R, Leskovec J. 2017a. Representation learning on graphs: Methods and applications. arXiv preprint arXiv:170905584

Hamilton W L, Ying R, Leskovec J. 2017b. Inductive representation learning on large graphs. Proceedings of the 31st International Conference on Neural Information Processing Systems, Long Beach :1025-1035

Han K, Xiao A, Wu E, et al. 2021. Transformer in transformer. arXiv preprint arXiv:210300112

Harris Z. 1954. Distributional structure. WORD, 10:146-162

Hinton E, Osindero S, Teh Y W. 2006. A fast learning algorithm for deep belief nets. Neural Computation, 18(7):1527-1554

Kingma D P, Welling M. 2013. Auto-encoding variational bayes. arXiv preprint arXiv:13126114

Kipf T N, Welling M. 2016. Semi-supervised classification with graph convolutional networks. arXiv preprint arXiv:160902907

Larsen A B L, Sønderby S K. 2015. Generating faces with torch. http://torch ch/blog/2015/11/13/gan html[2021-01-01]

Li Y, Tarlow D, Brockschmidt M, et al. 2015. Gated graph sequence neural networks. arXiv preprint arXiv:151105493

Mikolov T, Le V Q, Sutskever I. 2013a. Exploiting similarities among languages for machine translation. arXiv:1309.4168v1

Mikolov T, Sutskever I, Chen K, et al. 2013b. Distributed representations of words and phrases and their compositionality. arXiv:1300.4546

Parmar N, Vaswani A, Uszkoreit J, et al. 2018. Image transformer. Proceedings of the 35th International Conference on Machine Learning, Stockholmsmässan: 4055-4064

Radford A, Metz L, Chintala S. 2015. Unsupervised representation learning with deep convolutional generative adversarial networks. arXiv preprint arXiv:151106434

Ronneberger O, Fischer P, Brox T. 2015. U-Net: Convolutional networks for biomedical image segmentation. Proceedings of the International Conference on Medical Image Computing and Computer-Assisted Intervention, Munich: 234-241

Rumelhart D, Hinton G, Williams R. 1986. Learning representations by back-propagating errors. Nature, 323:533-536

Salton G, Buckley C. 1988. Term-weighting approaches in automatic text retrieval. Information Processing & Management, 24 (5) :513-523

Salton G, Fox E A, Wu H. 1983. Extended Boolean information retrieval. Communications of the ACM, 26:1022-1036

Sivic J. 2009. Efficient visual search of videos cast as text retrieval. IEEE Transactions on Pattern Analysis and Machine Intelligence, 31 (4) :591-605

Tang S, Li B, Yu H. 2019. Chebnet: Efficient and stable constructions of deep neural networks with rectified power units using Chebyshev approximations. arXiv preprint arXiv:191105467

Van der Maaten L, Hinton G. 2008. Visualizing data using t-SNE. Journal of Machine Learning Research, 9 (86) :2579-2605

Vaswani A, Shazeer N, Parmar N, et al. 2017. Attention is all you need. Proceedings of the 31st International Conference on Neural Information Processing Systems, Long Beach: 6000-6010

Veličković P, Cucurull G, Casanova A, et al. 2017. Graph attention networks. arXiv preprint arXiv:171010903

Yoshua B, Ducharme R, Vincent P, et al. 2003. A neural probabilistic language model. Journal of Machine Learning Research, 3:1137-1155

Zeiler M D, Fergus R. 2014. Visualizing and understanding convolutional networks. European Conference on Computer Vision, Zurich: 818-833

Zhou J, Cui G, Hu S, et al. 2020. Graph neural networks: A review of methods and applications. AI Open, 1:57-81

遥感地学分析篇

在前10章基础上，本篇系统分析了深度学习在遥感地学分析中面临的问题，包括应用领域的局限、标记数据的缺陷及域知识的嵌入、多尺度变化及黑箱模型等，由此提出了相应的解决方法及若干应用案例。本篇共包括7章，其中第11章是问题的系统总结及剖析，提出了基于深度学习的遥感地学分析的系统建模框架及建议；第12章重点描述了土地利用的遥感图像分割的典型应用，包括存在的问题，以及采用残差U-Net网络解决案例；第13章侧重挑战性较高的建筑物识别，包括将形态融入及残差学习的重要性；第14章是气象参数的预测总结，给出了较难预测风险的应用案例，说明了深度学习方法在提高气象参数预测的可行性；第15章针对遥感地学中由云层等导致的大量数据缺失的问题，提出了基于深度学习的高效地表气溶胶卫星参数的缺值插补方法，同其他方法相比，在典型区域的应用中取得了优异的插补效果；第16章是地表参数反演的典型案例，根据领域知识设计了计算图，实现了遥感参数的优化反演，提高了气溶胶到地面系数转化的效果；第17章则是大气污染物浓度即 $PM_{2.5}$ 预测的典型案例，采用聚集引导的深度学习方法，提高了预测效果，并估计了不确定性。

第 11 章　遥感地学分析概述

在当前地球信息科学的大数据时代，大量的遥感卫星、无人机等通过传感器获得了海量的时空数据，但是标注样本比较缺乏，而许多传统机器学习乃至深度学习是基于数据驱动的，对知识的融合较为有限。深度学习方法发展源于计算技术、计算机视觉及自然语言处理等，用于遥感地学还需要大量的专业领域知识，需要将二者充分地融合。本章对此进行了综合的概述，说明了在遥感地学分析背景下面临的问题，以及如何将领先的机器学习及深度学习技术融合，提高地学信息及知识的处理能力，构建了系统的遥感地学分析的智能建模框架。

11.1　背 景 介 绍

随着卫星遥感、无人机技术、传感器技术、互联网技术的发展，当前地学数据以每天超过数百 TB 级别的体量大幅度增长，积累的地学数据的存储量已超过上百 PB 级别(Agapiou，2017；郭华东 等，2014)，以气候模型比对项目 CMIP5 为例，当前已积累 3PB 级别的数据量，而 CMIP6 将积累达到 30PB 级别的数据(Stockhause and Lautenschlager，2017)。一方面，随着地球大数据持续增长，人们可采用机器学习及统计方法从海量的数据中挖掘关联规则、模式，修正已有的知识，甚至形成新的机理知识，促进地球科学知识系统的发展与演化(Reichstein et al.，2019；程昌秀 等，2018；郭华东，2018；郭华东 等，2014；罗建明和张旗，2019)。典型的例子如采用随机森林的机器学习方法进行土壤属性及类型的空间插值(Hengl et al.，2017)，而 Coops 等(2003)、Verrelst 等(2011)及何国金等(丁佳，2019)采用了随机森林及高斯过程等机器学习方法制作了植被相关参数的局部或全球分布；Papale 和 Valentini(2003)采用神经网络模型预测 CO_2 通量的每日及季节性变化，为碳循环模型的研究提供了重要的模式及参数；Jung 等(2010)采用机器学习方法量化全球陆地光合作用及水蒸散发的指标参数，其预测的结果作为物理地表及气候模型评估的标准数据(Anav et al.，2015；Jung et al. ，2017)；Kühnlein 等(2014)采用随机森林法提高了降雨的时空预测结果；近来，Li(2020)采用了自微分方法求取气溶胶光学厚度(aerosol optical depth，AOD)到地面气溶胶的优化的转化参数，结果提高了转化的效果。另一方面，考虑将地球科学相关的专业领域知识(模式、机理、规则)融入机器学习中，来“指导”建模及预测的过程，使结果更合理，增强预测的鲁棒性(Caldwell et al.，2014；Reichstein and Beer，2008；Wright，1921)。而 Li 等(2017)

将先验知识量化为一列的限制性条件，通过限制性优化实现了对混合机器学习方法预测的时空 $PM_{2.5}$ 预测结果的合理化校正。如同 Reichstein 等(2019)所论述的，地球大数据同地球科学知识之间是一个交互的过程(图 11.1)，一方面，从大数据中挖掘模式、规则，进行假设检验、假设修正或提取新的知识；而另一方面，可以将已有的正确的地球系统科学知识引入到机器学习的模型中去，通过知识来引导建模的过程，对结果进行校正，降低预测结果的偏差及合理性。

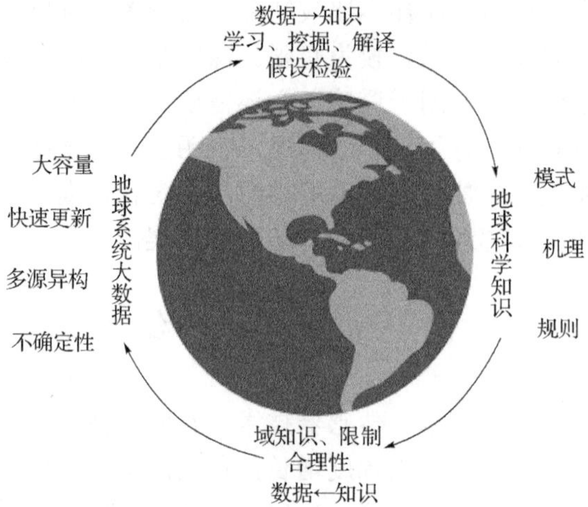

图 11.1　地球大数据同地球科学知识的交互关系

近年来，随着一系列技术的突破及高泛化性，深度学习已在计算机视觉、自然语言处理及生物信息科学等领域取得了成功应用。同传统机器学习方法相比较，深度学习的优势主要体现在自动化的特征提取、点对点的高效率学习、测试精度的大幅提升、灵活的非线性建模的学习框架等方面(Bishop，2006；Goodfellow et al.，2016)。深度学习也正在逐步地应用到地学领域，并在一些地学任务尤其是遥感图像分类/分割中取得了重要的研究进展(Li et al.，2018b；Reichstein et al.，2019；Zhu et al.，2017)。但是深度学习技术在应用到地球系统科学领域时还存在诸多的问题，而这些问题也限制了深度学习在地学领域中的应用。这些潜在的问题包括以下几方面。

(1)应用领域的局限。

深度学习最初的发展是基于计算机视觉及自然语言处理方面的应用(Goodfellow et al.，2016；LeCun et al.，2015)，其后期的许多发展及新技术都是基于这两个领域，尤其在视觉领域，算法一般是处理 RGB 三基色或者 RGB-D(三基色加深度)，由此衍生的分类、分割、图像理解等都是基于这些波段信息。这些波段的属性同地学领域的数据类型、物理意义或/和光谱特性有很大的差距(张安定，2016)，例如，遥感领域一般是使用多光谱甚至高光谱信息，光谱特性同三基色完全不同。波段信息的差异，导致深度学习的许多预训练模型不能用于遥感乃至地学领域，许多在计算机视觉领域表现良好的方法也不能直接应用到遥感/地学领域(Zhu et al.，2017)。地学的许多应用场合需要强调空间相关性(Ripley，2005)和空间分异性的(Wang et al.，2016)，而这些在深度学习中也没有直接的解决方法。另一方面，应用目标的不同，可能导致深度学习的某些方法不能直接应用。例如，卷积神经网络的目标变量是分类时，假定了位置、形状及尺度等的不变性(invariance)(Goodfellow et al.，2016)，而正是这种不变性提高了对物体整体的识别效率，取得了理想的分类或分割效果及精度；但如果卷积网络用来预测受多种复杂因素影响的物理变量(如连续的大气气溶胶光学深度)，这种不变性则不能发挥应有的作用，预测效果有限(Li et al.，2018a；Li et al.，2020)。

(2)数据驱动缺乏域知识的嵌入。

大量的深度学习模型是数据驱动的，通过海量的数据学习模型参数，包括权重系数等，缺乏嵌入域知识的模块，也缺乏类似贝叶斯机器学习将先验知识与数据结合的模型(Ghahramani，2015)。这也导致许多域知识不能直接加入到深度学习的模型之中。虽然有大量的地学大数据可供提取相关的模式、规则等，但一些地学知识通过海量的数据(如自然灾害损失数据)获取是不太现实的，需要提供能够嵌入先验知识的模块，最好能同深度学习的可微学习方法结合，让模型自然融合先验知识。另一方面，数据驱动的深度学习一般需要大量的数据输入，尽管当前地球系统科学有大量数据，但是一些领域的监测数据在空间上还是比较有限的，最典型的例子即空气污染监测数据，中国环境监测总站在全国范围内有 5000 个左右的监测站点。这些监测站点的数据对于像中国这样地形、气象、环境及人口等因素具有巨大差异的区域，是远远不足以捕捉局部空间信息的。采用这些有限的监测数据，如何采用大容量数据驱动的深度学习获得可靠的预测结果，如何考虑区域因素上的空间变异，或者提取有价值模式的应用规则，也是深度学习技术应用到地学领域时常遇到的问题。

(3)多尺度变化。

地学领域尺度的变化可能会导致地理模式或过程的变化，同样的地理变量在不同的尺度下表现出不同的空间相关性及异质性，需要依据地理变量的尺度独立性或依赖性而采用不同的尺度化方法(Ge et al.，2019)。由于领域差异，深度学习方法不能直接处理地学领域的尺度变化，需要从地学的角度，根据应用目标及涉及的相关变量，对变量进行恰当的多尺度的处理，让模型的训练适应地学领域的多尺度变化，增强模型预测对尺度变化的鲁棒性。

(4)黑箱模型。

深度学习的神经网络模型是一个黑箱模型，模型通过数据训练虽然可能取得了很高的精度，但应用领域专家对于网络内部是如何取得结果的并不是很清楚，而对于各个变量之间是如何交互的及相互间的关系，模型本身也不能显示(Goodfellow et al.，

2016)。这可能会导致模型在估值出现偏差的情况下无法评估原因，也无法对模型进行适当的解译。而如果要从深度学习的结果中提取相关的模式或规则，深入探索地学物理变量时空变化的内部原因或驱动力，还需要深入模型内部，探索变量之间的关系及变量对预测结果的影响。从深度学习的结果中提取有价值、有意义的模式或规则，对结果做出合理解释，这也是将深度学习模型变成“白箱模型”，促进地球系统科学相关领域发展的关键步骤。

(5) 标注数据的缺乏。

对于普通图片或视频训练样本，有大量公用的训练样本数据库，如比较有名的 ImageNet (http://image-net.org/) (Deng et al.，2009) 提供大量的人工标注图片训练样本，这些海量的标注数据，也极大地促进深度学习在计算机视觉领域的发展 (Russakovsky et al.，2015)。但是对于遥感乃至地学领域，这样大量的训练样本是比较缺乏的。各种遥感卫星及传感器之间波段的差异，也导致了样本间的差异及其通用性。用于训练的标注样本的不足进一步限制了一些深度学习模型的训练与研究 (Reichstein et al.，2019)。

11.2　遥感地学智能分析的系统框架

针对深度学习对地球系统科学应用的诸多限制，本书提出了融合域知识的多尺度时空深度学习模型及其可解译性的研究方法。本书着眼于将地学的领域知识(机理、模式、规律)同深度学习良好的学习泛化能力相结合，以建立适用于不同应用情景的深度学习时空建模框架为目标，将地学的域知识与时空尺度变化融入深度神经网络模型之中，探索各影响因素对目标变量的影响，揭示二者之间的非线性关系，增加深度学习模型的可解释性，以达到通过深度学习的大数据挖掘及假设检验增加相关域知识的目标。

地学领域某些应用的标注数据较为匮乏，比如空气质量评估数据、实测数据对于中国变化较大的地形、气候及城市化等是较为有限的，又比如遥感领域土地利用分类，需要投入大量的人力及物力获取相应的标注数据。此外，空间相关性在深度学习模型中也较少考虑。针对这两个问题，应用中可以采用残差学习方法提高小样本的学习效率，考虑多尺度时空全残差网络半监督学习模型，将标注样本同非标注样本充分结合起来，充分挖掘非标注样本的模式识别功能，减少缺乏标注数据产生的负面影响，提高学习的效率；建模可融入坐标协变量及时间指数、时空邻近点或克里金(Kriging)插值协变量，充分捕捉数据的时空或空间自相关性。

对地学领域比较规则的密集样本，比如全球多年的粗分辨率的气象及 MERRA-2 数据，可以结合域知识及历史数据，设计可融入知识编码的三维卷积网络与卷积-长短期记忆的时空混合模型，从海量的时空数据中挖掘典型的时空模式

(知识)，探索其同气候灾害等事件的关系，并利用该关系进行未来一定时段内的事件外推预测或发展趋势的模拟。该方法可探索深度学习挖掘同(灾害)事件的关系，通过深入模型内部进行解译，探明同(灾害)事件紧密相关的(气候)参数的时空分布模式，提取知识，并可以采用此三维卷积与卷积-长短期的记忆网络进行情景预测。

对于传统空间建模方法(如莫兰 I 数(Moran I)及克里金等方法)，不能直接应用于深度学习模型的情况，依据“越近越相关”的托布勒(Tobler)地理学第一定理(Tobler，1970)，可以应用图神经网络量化邻近节点间相似关系，实现不规则样本的空间建模功能。同传统空间方法相比，该方法除了空间位置，还融入了属性数据的相关性。而对于地理位置上不同类别地物间的相关性或空间分异性，传统的空间建模方法一般采用简单的 0-1 空间邻接矩阵或距离矩阵进行模拟，形式固定，拟合能力有限，新的研究可以设计地学域知识编码及条件随机场(conditional random fields，CRF)两种机器学习模型，地学知识编码是通过矢量方法量化类别变量的空间模式及相关性，量化相关性可通过注意力机制嵌入模型，以此提高估计或预测结果的精度；而条件随机场则通过适应性学习建立不同地物间的空间关系，并将其作为预测结果的后处理手段。

针对深度学习在地学应用中的诸多限制，包括领域局限、域知识缺乏、黑箱模型及标注数据缺乏，作者提倡将深度学习与地学的空间相关性、专业领域知识融合进行多尺度性建模，加强提高深度学习在地学中应用，并通过解剖模型，增强结果可解释性。

图 11.2 展示了深度学习同地球系统知识融合及典型应用案例的路线图，球的左边列出了当前普遍存在的四个问题，即有限样本、地学领域知识、尺度及空间相关性，并针对这些问题列出了主要的解决方法。球的右边则展示了这些方法的典型应用。在结合地学本身特点(空间自相关、空间异质性及多尺度)的前提下，以深度学习技术为重点，结合具体的大气、地表不同类型变量的典型应用，考虑具体的方法及其改进；同时，考虑不同应用情景下的深度学习时空建模方法，在验证先前研究的基础上，总结方法的扩展性及适用情况，克服应用中的限制及阻碍，促进相关交叉领域的发展。

把握深度学习发展方向，重点围绕遥感地学分析应用的关键问题，采用残差及半监督学习等提高有限样本学习效率，融入时空自相关协变量，编码领域知识提供正则化因素，或通过条件随机场校正预测，或使用图卷积等先进方法提高空间建模的精度，采用三维卷积及卷积-长短期记忆模型挖掘时空模式，解译并提取地学知识。结合地学领域典型的连续变量回归预测及类别或离散变量分类等问题，考虑实现多尺度转换及模式提取，以气象参数(风速、相对湿度(relative humidity，RH))、归一化植被指数(normalized differential vegetation index，NDVI)、空气污染物浓度($PM_{2.5}$)、气象灾害事件及土地利用/建筑物分割等为例。图 11.3 展示了基于深度学习的遥感地学智能分析的系统框架图。

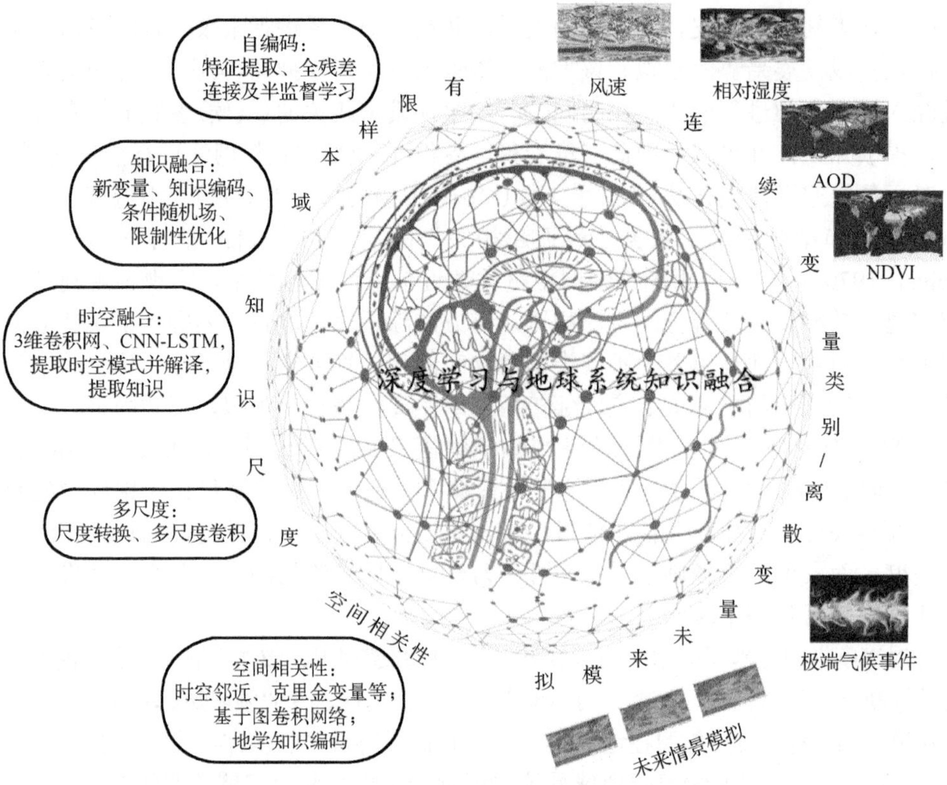

图 11.2　融合深度学习与地球系统科学的研究路线

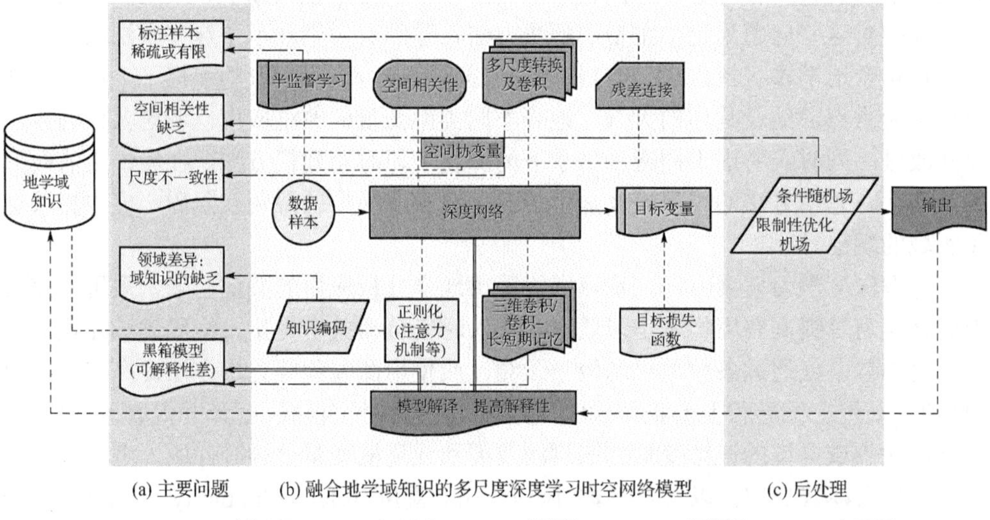

图 11.3　融合域知识的多尺度深度地学遥感分析的系统框架图(见彩图)

针对地球科学领域不同样本可靠性、应用目标、数据与输入特点，采取不同的建模结构以取得最佳性能(图 11.3(b))。例如，针对有限测量样本的地表变量采取基于自编码的全残差半监督学习法，提高预测精度；对像素级的密集的类别/离散目标变量，可采用融合残差学习及知识编码的三维卷积网络或卷积-长短期记忆模型挖掘时空模式，获得高级特征变量，以便对结果及其驱动力进行合理的解释。建模输入包括了坐标协变量建模空间趋势，时空邻近点或克里金协变量融入时空或空间自相关性。

在每种模型中都可考虑域知识融合及多尺度效应，知识融合目标考虑将地学分类知识(如气候带、土地利用)进行编码，借助注意力机制的正则化方法融入网络，对预测结果进行模型内部校正及后处理，提高模型预测可靠性及精度(图 11.3(b)及(c))。尺度变化方面主要考虑：①尺度的依赖或独立性，选择合适变换方法；②多时空尺度的模式提取，提高建模的效果。对模型在典型应用基础上进行扩展，建立了更通用的模型。建立相应开源数据集、预训练模型及算法工具库，有助于推动学科的发展及应用。

结合典型的应用，解译深度模型内部所提取的高级特征，探索输出结果的潜在驱动力，解释模型结构及结果，必要时进行校正，为采用深度学习从地球大数据中提取知识提供有意义透明的解释(图 11.3(c))，也是重要的保持建模透明的步骤。

而在算法的组合及调优方面，空间相关性主要涉及时空邻近点的协变量提取或克里金插值，地学知识分类(以气候带分区、土地利用分类为例)编码的目标主要是根据适当的地学知识分类进行空间最近邻编码，获取合适编码，并借助注意力机制嵌入到模型中对结果进行正则化，以对预测结果进一步地校正；而半监督学习主要是将地学里面的大量的非标注样本充分利用起来，提高建模的效果；残差连接则有助于提高学习的效率；条件随机场主要考虑空间地物间的相关联性。而在损失函数方面，可根据正则化及应用目标设置合适的损失函数，实现目标函数的求优。在对组合涉及的各项参数调优方面，采用随机搜索同网络搜索方法组合的形式，获得最优解。

本篇以下的章节中，将重点围绕着 6 个典型的遥感地学分析方面的应用展开，主要强调了这些应用中技术同背景知识的融合，以提高遥感地学分析的效果：

(1) 残差深度学习的遥感土地利用分类；

(2) 融合了尺度变换及形态的深度学习的建筑物分割；

(3) 气象参数预测，以较难预测的中国大陆风速的估计为典型示范；

(4) 遥感气溶胶数据缺值处理；

(5) 地表参数反演，利用遥感数据，通过遥感模型反演地学参数，获取地表信息；

(6) 采用聚集引导的残差深度学习的大气污染物的浓度预测，提高预测效果及生成不确定性。

参 考 文 献

程昌秀, 史培军, 宋长青, 等. 2018. 地理大数据为地理复杂性研究提供新机遇. 地理学报, 73(8): 1397-1406

丁佳. 2019. 首幅 2018 年全球 30 米分辨率森林覆盖图发布. https://news.sciencenet.cn/htmlnews/2019/11/432928.shtm[2019-11-15]

郭华东. 2018. 科学大数据驱动地学学科发展. 科技导报, 36(5): 1

郭华东, 王力哲, 陈方, 等. 2014. 科学大数据与数字地球. 科学通报, 59(12): 1047-1054

罗建明, 张旗. 2019. 大数据开创地学研究新途径：查明相关关系，增强研究可行性. 地学前缘, 26(4): 6-12

张安定. 2016. 遥感原理与应用题解. 北京: 科学出版社

Agapiou A. 2017. Remote sensing heritage in a petabyte-scale: Satellite data and heritage Earth Engine© applications. International Journal of Digital Earth, 10(1): 85-102

Anav A, Friedlingstein P, Beer C, et al. 2015. Spatiotemporal patterns of terrestrial gross primary production: A review. Reviews of Geophysics, 53(3): 785-818

Bishop M C. 2006. Pattern Recognition and Machine Learning. Berlin: Springer

Caldwell P M, Bretherton C S, Zelinka M D, et al. 2014. Statistical significance of climate sensitivity predictors obtained by data mining. Geophysical Research Letters, 41(5): 1803-1808

Coops N C, Smith M L, Martin M E, et al. 2003. Prediction of eucalypt foliage nitrogen content from satellite-derived hyperspectral data. IEEE Transactions on Geoscience and Remote Sensing, 41(6): 1338-1346

Deng J, Dong W, Socher R, et al. 2009. ImageNet: A large-scale hierarchical image database. Proceedings of the IEEE Conference on Computer Vision and Pattern Recognition, Miami, 248-255

Ge Y, Jin Y, Stein A, et al. 2019. Principles and methods of scaling geospatial Earth science data. Earth-Science Reviews, 197(c): 102897

Ghahramani Z. 2015. Probabilistic machine learning and artificial intelligence. Nature, 521(7553): 452-459

Goodfellow I, Bengio Y, Courville A. 2016. Deep Learning. Cambridge: MIT Press

Hengl T, de Jesus J M, Heuvelink G B, et al. 2017. SoilGrids250m: Global gridded soil information based on machine learning. PLOS One, 12(2): e0169748

Jung M, Reichstein M, Ciais P, et al. 2010. Recent decline in the global land evapotranspiration trend due to limited moisture supply. Nature, 467(7318): 951-954

Jung M, Reichstein M, Schwalm C R, et al. 2017. Compensatory water effects link yearly global land CO_2 sink changes to temperature. Nature, 541(7638): 516-520

Kühnlein M, Appelhans T, Thies B, et al. 2014. Improving the accuracy of rainfall rates from optical satellite sensors with machine learning: A random forests-based approach applied to MSG SEVIRI. Remote Sensing of Environment, 141: 129-143

LeCun Y, Bengio Y, Hinton G. 2015. Deep learning. Nature, 521(7553): 436-444

Li L. 2020. Optimal inversion of conversion parameters from satellite AOD to ground aerosol extinction coefficient using automatic differentiation. Remote Sensing, 12(3): 492

Li L, Franklin M, Girguis M, et al. 2020. Spatiotemporal imputation of MAIAC AOD using deep learning with downscaling. Remote Sensing of Environment, 237: 1-17

Li L, Fang Y, Wu J, et al. 2018a. Autoencoder based full residual deep networks for robust regression prediction and spatiotemporal estimation. IEEE Transactions on Neural Networks and Learning Systems, 32(9): 4217-4230

Li L, Fred L, Habre R. et al. 2017. Constrained mixed-effect models with ensemble learning for prediction of nitrogen oxides concentrations at high spatiotemporal resolution. Environmental Science and Technology, 51(17): 9920-9929

Li Y, Zhang H, Xue X, et al. 2018b. Deep learning for remote sensing image classification: A survey. Wiley Interdisciplinary Reviews: Data Mining and Knowledge Discovery, 8(6): e1264

Papale D, Valentini R. 2003. A new assessment of European forests carbon exchanges by eddy fluxes and artificial neural network spatialization. Global Change Biology, 9(4): 525-535

Reichstein M, Beer C. 2008. Soil respiration across scales: The importance of a model-data integration framework for data interpretation. Journal of Plant Nutrition and Soil Science, 171(3): 344-354

Reichstein M, Camps-Valls G, Stevens B, et al. 2019. Deep learning and process understanding for data-driven Earth system science. Nature, 566(7743): 195-204

Ripley B D. 2005. Spatial Statistics. New York: John Wiley & Sons

Russakovsky O, Deng J, Su H, et al. 2015. ImageNet large scale visual recognition challenge. International Journal of Computer vision, 115(3): 211-252

Stockhause M, Lautenschlager M. 2017. CMIP6 data citation of evolving data. Data Science Journal, 16(30): 1-13

Tobler W. 1970. A computer movie simulating urban growth in the Detroit region. Economic Geography, 46(S): 234-240

Verrelst J, Alonso L, Camps-Valls G, et al. 2011. Retrieval of vegetation biophysical parameters using Gaussian process techniques. IEEE Transactions on Geoscience and Remote Sensing, 50(5): 1832-1843

Wang J F, Zhang T L, Fu B J. 2016. A measure of spatial stratified heterogeneity. Ecological Indicators, 67: 250-256

Wright S. 1921. Correlation and causation. Journal of Agricultural Research, 20: 557-580

Zhu X X, Tuia D, Mou L, et al. 2017. Deep learning in remote sensing: A comprehensive review and list of resources. IEEE Geoscience and Remote Sensing Magazine, 5(4): 8-36

第 12 章　遥感图像土地利用分类

土地利用与人类的生产和生活密切相关，由人类活动引起的土地利用变化监测是目前全球变化研究的一个热点，土地利用分类是研究土地利用变化基础性、关键性的环节。早期的土地利用调查以地区性野外调查为主，耗时耗力，可重复性差。随着对地观测技术与计算机应用的发展，遥感开始应用于各领域的土地利用调查与监测，极大地方便了土地利用信息的获取。

深度学习技术已经广泛应用到遥感图像语义分割(semantic segmentation)领域，显著提高了遥感图像土地利用、土地覆盖分类的精度。近几年随着计算机计算能力的进步，深度学习网络结构往更深、更宽的方向发展，基于深度学习的语义分割方法层出不穷，其中应用到遥感图像的比较典型的方法有全卷积网络(fully convolutional networks，FCN)、U-Net、SegNet、PSPNet 和 DeepLab 等。但在遥感图像土地利用分类问题上，如何选择合适的网络结构和参数以达到最优的分类效果仍是亟待解决的问题。

12.1　遥感图像土地利用分类方法综述

为有效保护和合理开发利用土地资源，首先必须要把握真实、实时的土地利用现状数据。本节首先介绍利用遥感图像获取土地利用分类信息的几种典型的遥感图像分类方法，以及基于深度学习的遥感图像分类方法的优势(12.1.1 节)；然后简要概述了基于深度学习的遥感图像语义分割发展近况(12.1.2 节)。

12.1.1　遥感图像土地利用分类方法

遥感图像分类就是把图像中每一个像素或区域划分为若干类别中的一种，即通过对各类地物的光谱特征分析来选择特征参数，将特征空间划分为不重叠的子空间，然后将影像内各个像素划分到各子空间中去，从而实现分类(王昆和戚浩平，2008)。最先出现的分类技术是目视解译，它可以充分利用判读人员的知识，灵活性好，便于理解，但同时也有效率低下、定位不准确、时效性差、可重复性差等缺点，并存在个人差异(王圆圆和李京，2004)。

传统的遥感图像计算机自动分类按照是否需要选取标记样本可将分类方法分为监督(supervised)和非监督(unsupervised)两种。经典的监督分类方法有最大似然估计(MLE)法、最小距离法、光谱角分类法等。常见的非监督分类方法有 k 均值

(k-means)、迭代自组织数据分析(iterative self-organize data analysis)等。传统的监督分类和非监督分类由于其单一地依靠地物的光谱特征，对某些图像的分类效果并不理想。

随着航空航天和传感器技术的快速发展，遥感图像的空间分辨率已经从米级向亚米级甚至更高水平突破(张兵，2017)。高分辨率遥感图像拥有更加丰富和细致的空间信息、几何结构和纹理信息(Richards and Jia，1999)，从中解译获得的地物信息精度更高，能够实现规划级的土地利用分类。遥感图像分类根据最小分类单元可将分类方法分为像素级、对象级和场景级分类。根据表达和学习特征的方式，大致分为基于人工特征描述的分类方法、基于机器学习的分类方法和基于深度学习的分类方法，这三类方法之间没有严格的区分界限，相互之间互有重叠和借鉴(张裕 等，2018)。

基于人工特征描述的分类方法，主要依靠有大量专业领域知识和实践经验的专家来设计各种图像特征，如颜色、形状、纹理、光谱信息等，这些特征包含了大量可用于目标分类的有用信息。这种分类方法直观、易于理解，但遥感图像分辨率越来越高，图像中出现大量的细节，单一的特征难以全面表达目标对象。此外，基于人工特征描述的分类方法特征的设计依赖于相关专业知识和经验，在面对复杂图像时，这些特征的描述能力十分有限。

基于机器学习的遥感图像分类方法建立在概率统计的基础上，典型的机器学习分类方法包括支持向量机、决策树、主成分分析、K 均值聚类和稀疏表示等。与基于人工特征描述的分类方法相比，基于机器学习的分类方法在遥感图像分类任务中取得了良好的效果。但随着遥感技术的进步，遥感图像信息呈现海量增长的趋势，目标样本的数量和多样性也急剧增加，上述机器学习的分类方法属于浅层学习网络，很难建立复杂的函数表示，不能适应复杂样本的遥感图像分类。

深度学习是机器学习的新兴技术，它能通过海量的训练数据和具有多个隐藏层的深度模型学习更有用的特征，最终提高分类的准确性。深度学习的出现，显著地提高了遥感图像分类的效果。一方面，与需要大量专业知识和经验的人工特征描述的分类方法相比，深度学习能通过深层架构自动学习数据特征；另一方面，与常用的浅层机器学习模型相比，由多个处理层组成的深度学习模型可以学习到更强大的具有多个抽象层次的数据特征，这些抽象的深层特征更适应于语义级别的目标分类。

在过去的几年里，深度学习算法在遥感图像土地利用分类分析中得到了广泛的应用。Sherrah(2016)将深度卷积神经网络(DCNN)应用于高分辨率土地利用遥感数据的语义标注，充分利用图像特征，取得了较好的分类效果。Marcos 等(2018)提出了一种具有旋转等变特性的 CNN 架构，并将其应用于两个亚分米级土地覆盖语义标记问题。Zhu 等(2018)首次将生成对抗网络(GAN)作为正则化技术引入 CNN 模型中，用于高光谱遥感图像的分类，避免了训练过程中的过拟合现象。此外，他们还提出了两种处理光谱特征和处理光谱加空间特征的策略，即用于光谱矢量的 1D-GAN，用于光谱和空间特征的 3D-GAN，与传统的 CNN 分类方法相比，该方法能显著提高土地利用图像分类的精度。王协等(2020)提出基于多尺度学习与 DCNN 的多尺度神经网络(multi-scale neural network，MSNet)模型，基于残差网络构建了 100 层编码网络，通过并行输入实现输入图像的多尺度学习，并利用空洞卷积实现特征图像的多尺度学习，设计了一种端到端的分类网络，用以提取高分辨率遥感图像的土地利用信息。

12.1.2　基于深度学习的遥感图像语义分割

语义分割指的是在语义上有意义的像素级的“目标分割与识别”(Edelman and Poggio，1989；Ohta et al.，1978)。在遥感领域，语义分割从遥感图像中提取特定位置上的土地利用结果，为土地覆盖监控、城市规划、交通管理、农作物监控等提供重要的信息(Ma et al.，2019；Yang et al.，2018a；Zhu et al.，2017)。深度学习提高了一般图像数据语义分割的有效性和准确性。典型的深度学习模型有 FCN、U-Net、Micro-Net 和空洞残差网络等，以及最近发展起来的 DeepLab 3+。然而，这些方法大都只能解决普通影像、视频以及医学图像的分割问题，不能直接用于遥感图像。对于遥感图像语义分割的深度学习研究十分有限。本章将介绍一种灵活的基于自动编码器的深度学习结构，该结构充分利用了残差学习和多尺度信息，对遥感土地利用图像进行鲁棒性的语义分割。

人工神经网络(artificial neural network，ANN)是一种经典的机器学习方法，它由一组相互连接的人工神经元组成，这些神经元大致模拟生物大脑中的神经元，网络的目的是通过学习实例来完成任务的执行，而不是借助特定任务的规则(Bishop，1995)。基于人工神经网络的深度学习(DL)采用多层的方法逐步从原始输入中获取更高层次的特征(Deng and Yu，2014)。由于科学技术的进步，深度学习产生的结果可以与人类专家的结果相媲美，甚至在某些情况下优于人类专家(LeCun et al.，2015；Mnih et al.，2015；Saunders et al.，2015)。在语义分割方面，深度学习通过高效的学习和强大的特征标识能力，极大地提高了许多计算机视觉应用上预测的可靠性，包括一般的图像和视频(Garcia-Garcia et al.，2017；Yu et al.，2018a)，以及医学图像(Ker et al.，2018；Litjens et al.，2017)。卷积神经网络 CNN 是一种有效的分析视觉图像(如语义分割)的深度学习方法，它在至少一层中使用一种称为卷积的数学线性运算来代替全连接神经网络中一般的矩阵乘法，以使用更小、更简单的模式以及更少的手工设计要求来集成复杂的模式(Goodfellow et al.，2016)。

2015 年首次提出的全卷积网络(FCN)促进了语义分割的发展(Long et al.，2015)。它用低分辨率的卷积层来代替卷积神经网络中与最后一个卷积层相连接的全连接层，以提高卷积神经网络的计算效率。与原先使用卷积层作为图像块分类器或特征提取器的方法相比，FCN 大大地提高了语义分割学习的效率，并推动了该领域的最新发展(Yu et al., 2018a)。此外，在 2015 年也提出了一种深度卷积的编解码结构——SegNet，该方法将池索引从编码层复制到解码层，以此来节省存储空间(Badrinarayanan et al.，2017)。此外，空洞卷积也于 2015 年被提出，它以可能降低语义分割的分辨率为代价扩大感受野(Yu and Koltun，2015)。DeepLab 版本 1 和版本 2 分别于 2014 年(Chen et al.，2014)和 2016 年(Chen et al.，2016)开发，利用空洞卷积、空洞空间池化金字塔(atrous spatial pyramid pooling，ASPP)和全连通条件随机场(CRF)来提高一般图像语义分割的准确性。为了克服空洞层的大量内存需求和低分辨率输出的缺点，2016 年提出了使用残差构建块和编解码器结构的 RefineNet(Lin et al.，2016)方法。然后，2017 年提出了金字塔场景解析网络(Zhao et al.，2017)，通过使用多级池模块和辅助损失来促进分割。随后，2017 年 Peng 等提出在全局卷积网络(global convolutional network，GCN)中使用大卷积核来提高分割的分类效果。此外，2017 年，加强的 ASPP 和多个空洞卷积被添加到了 DeepLab 3+(Chen et al.，2017)中。

上面提到的许多深度学习方法，在普通图像和视频(如自然场景、医学影像)的语义分割中都表现得不错，但利用这些方法处理遥感图像时会受到很多限制(Panboonyuen et al.，2019)。这是因为这些方法不是专门为遥感图像设计的，普通图像与遥感图像的训练样本，在用于获取它们的物理传感器、捕获的波段、感测内容，以及识别的目标等方面都有很大的差异。例如，许多预训练模型都是基于 RGB(红、绿、蓝)或 RGB-D(RGB 和深度)通道的，不是为遥感图像的分割而设计，因此不能直接用于遥感图像的分割。一些研究使用 CNN(Kang et al.，2017；Nieto-Hidalgo et al.，2018)或生成对抗网络(GAN)(Yu et al.，2018b)完成合成孔径雷达或高光谱影像的语义分割，以此来识别船只或石油泄漏现象。CNN 被用来实现航空影像(Kaiser et al.，2017；Zhang et al.，2018b)的道路提取。但是，由于普通图像与遥感图像的差异以及遥感训练样本的多样性和不足，总体而言，这类研究还是十分有限(Zhang et al.，2016)。此外，与遥感和地球科学相关领域的特定知识(如空间相关性(Tobler，1970)和多尺度)尚未或仅部分被纳入到这些模型中。尽管全连接 CRFs(Krähenbühl and Koltun，2011)方法可用于编码此领域的知识，但在遥感领域相关研究的发表还十分有限(Pan and Zhao，2018；Yang et al.，2018b)。

12.2 相关工作

本章介绍作者提出的一种新的基于自动编码结构的深度学习方法，该方法使用残差学习和多尺度来改善遥感土地利用图像的语义分割(Li，2019a)。在该结构中，每个解码和编码层内除了有经典的残差单元，还通过恒等映射捷径，以嵌套的方式从编码层到相应的解码层建立残差连接。为了介绍该方法，本节简要介绍了残差学习(第 12.2.1 节)与多尺度和 ASPP(第 12.2.2 节)等相关工作，并在第 12.2.3 节中总结了借助深度学习实现的语义分割方法。

12.2.1　残差学习

研究表明,人脑中隐藏的捷径(定义为比两个神经元之间的常规路径更短的路径)在协调运动行为、奖励学习(Saunders et al.，2015)以及从损伤中恢复(Zelikowsky et al.，2013)等方面起着重要作用。在这些捷径的帮助下，简单的神经连接可以有效地完成复杂的功能。虽然人脑中捷径的机制尚不清楚，但在深度学习领域(如残差卷积神经网络(CNN)(He et al.，2016a；He et al.，2016b)和高速路神经网络(Srivastava et al.，2015))应用了相似的想法。以前的研究也证明基于残差向量的图像识别有强大的浅层表示能力(Jegou et al.，2012；Szeliski，2006)。

传统的残差 CNN 由许多残差单元组成。图 12.1 显示了残差 CNN 中一个典型的残差单元(图(a))和多个叠加的残差单元(图(b))。这里，特征映射的捷径是以连续叠加序列的形式实现，以此建立残差连接，从而使学习中的误差反向传播，这非常类似于相对较浅网络的集合(Veit et al.，2016)。残差学习在许多应用中有效地提高了学习和模型性能，包括但不限于分类(He et al.，2016a；He et al.，2016b)、图像超分辨率处理(Zhang et al.，2018a)、图像压缩(Alexandre et al.，2018)、语义分割(Zhang et al.，2018b；Yu et al.，2017)、视频理解(Taylor et al.，2010)、视频动作分解(Lea et al.，2016)和全市人群的时空估计流量(Zhang et al.，2017a)、车辆流量(Zhang et al.，2017b)和流感趋势(Xi et al.，2018)。

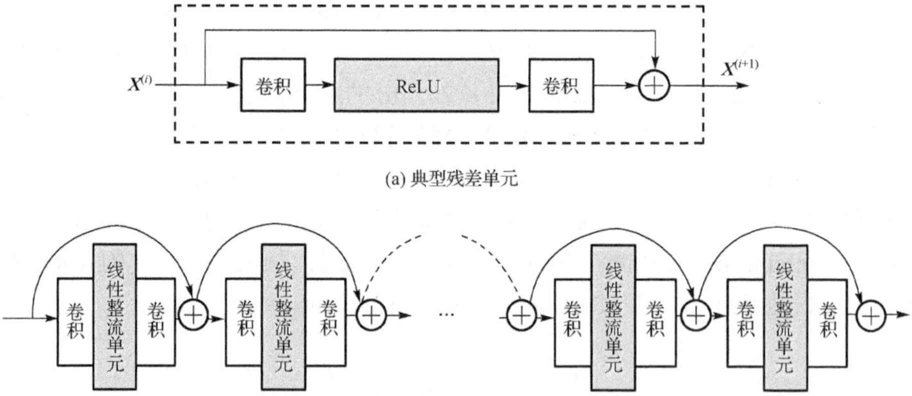

(a) 典型残差单元

(b) 多个叠加残差单元

图 12.1　残差卷积神经网络中的典型残差单元和叠加残差单元

Tran 等人(2017)的研究使用级联的简单残差自动编码器进行残差学习，而大多数现有的残差 CNN 研究都是基于 He 等(2016a)提出的残差单元结构(图 12.1)。这些残差单元通过增加隐藏层的数量，一定程度上解决了饱和度和精度下降的问题，并改善了模型性能，如许多应用所示。

12.2.2　多尺度

多尺度是指由于空间、时间或测量环境的不同，输入图像的尺度(分辨率)发生变化。CNN 的体系结构由多个具有固定分辨率和大小的卷积层组成。这些卷积层(滤波器)在预先规定的尺度上学习如何检测特征，并假定尺度不变。因此，得到的模型可能很难推广到不同的尺度上(Garcia-Garcia et al.，2017)。与单尺度 CNN 相比，多尺度 CNN 的引入可以得到能更好地适应输入尺度变化的训练模型，并且可以对不同尺度的图像产生鲁棒的预测。Raj 等(2015)设计了两个不同尺度的 CNN，一个采用浅卷积，另一个采用全卷积视觉几何组 (Visual Geometry Group，VGG)-16 架构，并将它们的预测合并生成一个输出。Roy 和 Todorovic(2016)设计了 4 个多尺度 CNN，其结构与 Eigen 和 Fergus(2015)使用的结构相同，并将它们以顺序的方式连接来预测深度、常态和语义分割标签。Bian 等(2016)基于两个阶段的学习方法设计了 n 个不同尺度的 FCN，其优点是具有有效添加新训练的模型的能力。

Raza 等(2019)基于一种具有编解码结构的自动编码器(称为 Micro-Net)，将输入调整到与不同编码层对应的不同尺度，并将调整后的层级联起来以提高性能。此外，由克罗内克因子(Kronecker factor)卷积滤波器(Zhou et al.，2015)衍生的空洞卷积，利用上采样(由空洞率控制)在不损失分辨率的前提下以指数的方式扩展感受野。因此，这样的卷积实际上充当了多尺度信息的特征滤波器。Chen 等(Chen et al.，2016；Chen et al.，2017；Chen et al.，2018)设计了 ASPP 来捕获多尺度的背景信息。在 ASPP 中，使用不同空洞率(r)下的多个空洞卷积从多尺度背景中提取特征表示(图 12.2)，并与其他层级联以提高不同尺度下训练模型的鲁棒性。

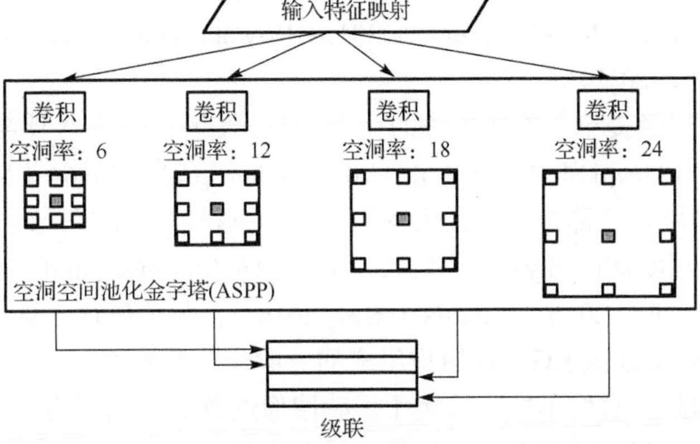

图 12.2　基于 Chen 等(2016)的典型的空洞空间池化金字塔(ASPP)架构

12.2.3 基于深度学习的语义分割

在过去的几十年中，基于手工设计特征的像素分类方法是语义分割的主流方法，其中使用了经典的机器学习方法，如互增强(Fink and Perona，2004)、随机森林(Shotton et al.，2008)和支持向量机(Fulkerson et al.，2009)。此外，朴素(Silberman and Fergus，2011)、高阶(Kohli and Torr，2009)和稠密(Torralba et al.，2005)CRF被开发为背景模型，以捕获互连像素之间的复杂关系。然后，CNN可以作为一个图像块分类器来捕获邻域背景(Farabet et al.，2012；Alvarez et al.，2012)。然而，这些方法对计算资源的要求很高，并没有考虑如何在足够广泛的背景信息中进行语义分割(Yu et al.，2018a)。

近年来，FCN(Long et al.，2015)在学习效率和性能方面推动了语义分割的长足进步(Yu et al.，2018a)。在FCN结构的基础上引入上采样(被称为UP-FCN)，可以从粗分辨率预测图像中获得高分辨率图像，并为高分辨率输出进行端到端训练(Noh et al.，2015)。空洞卷积也可以在不引入额外参数的情况下获得更精细的分辨率(Chen et al.，2014；Zhao et al.，2017)。此外，还利用跳转连接帮助UP-FCN或类似的模型捕获无法获取的低级视觉信息。典型的具有跳转连接的网络包括FCN(Long et al.，2015)、U-Net(Ronneberger et al.，2015)和GCN(Peng et al.，2017)。许多学者还考虑将CRF融合到UP-FCN体系结构中，即融合先验领域知识以提高训练模型的鲁棒性。例如，Chen等(2014)通过将DCNN与CRF相结合以超前精度定位清晰边界，而Zheng等(2015)通过循环神经网络(RNN)将CNN与CRF结合起来，在端到端的训练过程中模拟CRF迭代。Arnab等(2016)进一步推导出了高阶的CRF，从而实现了对CRF-RNN结构的显著改进。此外，基于编码层和解码层之间给定的差异，残差学习有限地用于CNN中进行语义分割(Zhang et al.，2018b；Yu et al.，2017)。如前所述，UP-FCN结构中的多尺度也是增强训练模型对尺度变化鲁棒性的一种手段(Chen et al.，2014；Raj et al.，2015；Roy and Todorovic.，2016；Bian et al.，2016；Raza et al.，2019)。

然而，尽管已经提出了许多先进的技术，并开发了相应的模型来实现尖端性能，但这些模型中(如DeepLab(Chen et al.，2014；Chen et al.，2016；Chen et al.，2017；Chen et al.，2018))许多都是基于预训练模型(作为该模型的编码部分)提取的特征表示的，如AlexNet(Krizhevsky et al.，2012)，VGG-16(Simonyan and Zisserman，2014)、GoogLeNet(Szegedy，2015)或ResNet(He，2016a)。如前所述，这些预先训练的模型通常是基于由RGB或RGB-D通道组成的一般或自然场景图像的，并不是为遥感图像设计的。因此，它们不能直接用于遥感图像的语义分割。为了使这些先进的技术(如残差学习和多尺度)能有效地用于遥感图像的语义分割，必须要考虑深层学习中使用灵活的UP-FCN结构和充足的合格遥感图像训练样本。

12.3　多尺度深度残差自动编码

本节提出了一种灵活的基于自动编码器的遥感图像语义分割体系结构(12.3.1 节)，它广泛地利用残差学习(12.3.2 节)来提高学习效率，并利用输入图像或特征的多尺度(12.3.3 节)来建立训练模型，其对尺度变化具有鲁棒性。12.3.4 节和 12.3.5 节描述了该结构的实施和评估办法。12.3.6 节给出了执行过程。

12.3.1　基于自动编码器的结构

本节介绍的体系结构(图 12.3)是一个具有残差连接和通过 ASPP 或缩放的多尺度信息的自动编码器。在这个架构中，线性整流单元(ReLU)激活函数和批正则化(BN)主要用于隐藏层，如图 12.3 所示。

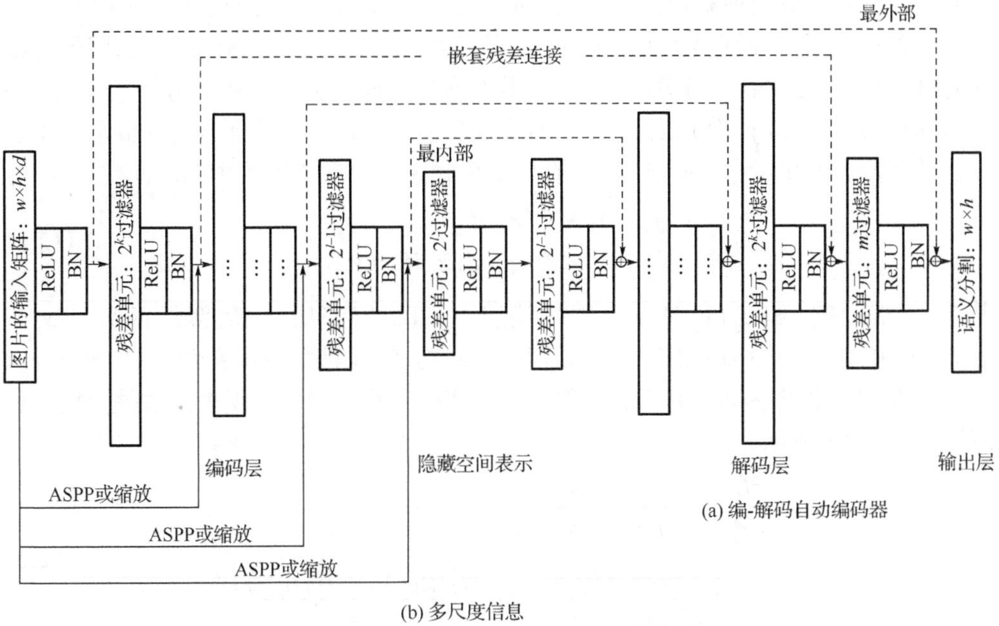

图 12.3　提出的一种基于自动编码器的体系结构

该结构基于 ASPP 或缩放的多尺度融合，包含编码层、解码层、输出层和隐藏空间表示四部分，其中，2^k 为最多的残差单元的特征个数；l 为残差单元的计数器；m 为输出单元的变量数

自动编码器是神经网络的一种，它的目的是学习一种有效的数据编码方案或一组数据的表示方法(Liou et al.，2008；Liou et al.，2014)。它通常以监督或非监督的方式来实现降维的目的。通过学习，自动编码器可以过滤信号“噪声”，并编码一个尽可能接近原始输入的表示。由自动编码器提取的隐藏信息可以有效地

提高分类和语义分割性能(Jolliffe，2011)。值得注意的是，自动编码器具有对称结构，编码层和对应的解码层具有相同的节点数或相同的维数，从而满足了嵌套残差连接的要求。

12.3.2 两种残差连接

Li(2019b)首次为多层感知器(MLP)提出了一种基于自动编码器并带有嵌套的残差连接的体系结构。在实际应用中，这种深度残差 MLP 比常规 MLP 具有更好的学习效率和性能(Li et al.，2018；Li，2019b；方颖和李连发，2019)。本章将嵌套残差连接的概念推广到全卷积网络(FCN)中进行语义分割。与在 CNN 中加入的传统的残差单元(图 12.1)不同，嵌套残差连接实现了从每个编码层到相应对称的解码层的特征映射(图 12.3)。因此，从最外面到最里面所有的残差连接都是以嵌套的方式组织起来的，如图 12.3 所示。除了嵌套的残差连接，传统的残差单元(He et al.，2016a)也被融合到每个编码或解码层中，最大限度地提高了残差学习的效率(图 12.3)。

残差连接要求要连接的两个层具有相同数量的节点(对于 MLP)或相同的特征映射维度(对于 CNN)。考虑编码层 l 及其对应的解码层 L；$\boldsymbol{x}_l$ 和 $\boldsymbol{y}_l$ 分别表示层 l 的输入和输出，$\boldsymbol{x}_L$ 和 $\boldsymbol{y}_L$ 分别表示层 L 的输入和输出。这里，特征映射的概念用于建立残差连接。因此，对于输出层 L，有以下公式来说明残差连接中的反向传播误差：

$$\begin{aligned}\boldsymbol{y}_L &= \boldsymbol{x}_l + f_L(\boldsymbol{x}_L, \boldsymbol{W}_L) \\ &= \boldsymbol{x}_l + f_L(g_L(f_l(\boldsymbol{x}_l, \boldsymbol{W}_l)), \boldsymbol{W}_L)\end{aligned} \tag{12.1}$$

其中，$f_l(\boldsymbol{x}_l, \boldsymbol{W}_l)$ 和 $f_L(\boldsymbol{x}_L, \boldsymbol{W}_L)$ 分别是浅层 l 和相应深层 L 的激活函数；$\boldsymbol{x}_L = g_L(f_l(\boldsymbol{x}_l, \boldsymbol{W}_l))$ 中，$g_L(f(\boldsymbol{x}_l, \boldsymbol{W}_l))$ 表示浅层输入 $\boldsymbol{x}_l$ 的递归函数，用此求解深层的输入 $\boldsymbol{x}_L$。

假设 L' 是损失函数。基于自动微分(Baydin et al.，2018)，损失函数关于输入层 l 的导数，如下所示：

$$\begin{aligned}\frac{\partial L'}{\partial \boldsymbol{x}_l} &= \frac{\partial L'}{\partial f_L(\boldsymbol{y}_L)} \frac{\partial f_L(\boldsymbol{y}_L)}{\partial \boldsymbol{y}_L} \frac{\partial \boldsymbol{y}_L}{\partial \boldsymbol{x}_l} \\ &= \frac{\partial L'}{\partial f_L(\boldsymbol{y}_L)} \frac{\partial f_L(\boldsymbol{y}_L)}{\partial \boldsymbol{y}_L} \left(1 + \frac{\partial f_L(g_L(f_l(\boldsymbol{x}_l, \boldsymbol{W}_l)), \boldsymbol{W}_L)}{\partial \boldsymbol{x}_l}\right)\end{aligned} \tag{12.2}$$

根据方程(12.2)，引入一个残差连接，将浅层(l)特征映射到其对应深层(L)的输出，导数的结果输出($\boldsymbol{y}_L$ 到 $\boldsymbol{x}_l$)中有一个常数项 1。如果将线性激活函数应用于 $\boldsymbol{y}_L$ (即 $\partial f_L(\boldsymbol{y}_L) / \partial \boldsymbol{y}_L = 1$)，则方程(12.2)可以进一步简化。

基于方程(12.2)，常数项 1 可以使 $\partial L / \partial f_L(\boldsymbol{y}_L) \cdot \partial f_L(\boldsymbol{y}_L) / \partial \boldsymbol{y}_L = 1$ (如果把 f_L 当作激活函数的话，即 $\partial L / \partial f_L(\boldsymbol{y}_L)$)的误差信息直接反向传播到浅层，而不需要任何权重层。由于 $\partial f_L(g_L(f_l(\boldsymbol{x}_l, \boldsymbol{W}_l)), \boldsymbol{W}_L) / \partial \boldsymbol{x}_l$ 并不总是等于−1 来抵消用于小批量学习的梯度，这就可以有效地避免信号误差反向传播中梯度的消失，从而减少学习过程中精度的

下降(Li et al.，2018)。如果使用具有完全或部分线性特征映射的激活函数，如线性函数、ReLU 函数或指数线性单元(exponential linear unit，ELU)函数作为 $f_L(\boldsymbol{y}_L)$，则损失函数关于输入层 l 的导数简化后可以确保误差信息有效地反向传播。

虽然残差学习必须基于式(12.2)中所示相似的原理，但残差连接可以以两种不同的方式实现，即以传统残差单元的方式或以嵌套的方式。图 12.1 显示了一个包括两个卷积层和一个 ReLU 层的典型残差单元，此外，还可以添加一个 BN 层。在这种残差单元中，第一个卷积层的输出需要与最后一个卷积层的输出具有相同的维数和特征映射的数目。因此，残差连接在残差单元内实现。但在自动编码器中，每一层的维数和特征映射的数量通常与其同级和父级的不同，因此误差信息不能直接递归地反向传播。相比之下，前面提到的在编码层和解码层之间的残差连接(Li et al.，2018)能够以嵌套方式将误差直接反向传播到较浅层(图 12.3)。

与基于 U-Net 结构的 UP-FCN(Ronneberger et al.，2015)相比，通过级联的方式，使用跳转连接从浅编码层来捕获低分辨率信息，可以产生较少的训练参数。引入的残差连接不会增加参数的数量，并且可以提高学习的效率，因此除了嵌套的残差连接外，每个编码或解码层也使用了残差单元(因此，可以在每个编码或解码层中使用两个或更多具有激活/批处理规范化的卷积)，最大限度地改进残差学习。与仅使用残差单元相比，使用这两种类型的残差连接可以更有效地促进误差的反向传播和后续学习(Zhang et al.，2018b)。从编码层到其相应解码层的残差连接的引入，大大延长了总残差连接的路径，从而扩展了反向传播的范围，如图 12.4 中的点划线所示。

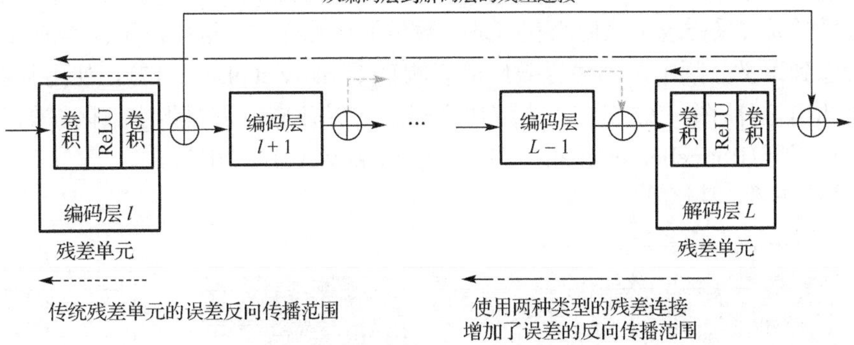

图 12.4　通过所有编码层和解码层内部和之间的残差连接有效地反向传播误差

12.3.3　空洞卷积和多尺度的融合

研究表明，融合多尺度信息可以提高训练模型处理局部和大型对象的能力(Papandreou et al.，2015)，及其对尺度变化的鲁棒性(Garcia-Garcia et al.，2017)。因此，从输入图像中提取多尺度信息并通过 ASPP 或缩放融合(图 12.3)到上述体系结构中。

ASPP（图 12.2）源自 Chen 等（2016）的 DeepLab 模型。在 ASPP 中，多个并行的空洞卷积层以不同的采样率（空洞率）捕获多个分辨率（尺度）的局部信息，然后级联到目标卷积层中。前面提到的结构使用多个空洞卷积，通过 ASPP 对输入图像进行多尺度缩放，将不同尺度的输入图像送入中间编码层（通过级联）。ASPP 涉及额外的带有可训练的参数的空洞层，这可能需要大量的内存空间，超出实际可用的范围。因此，ASPP 中空洞层和特征映射的数量可能受到可用计算资源的限制。

另一种方法，将图像调整到不同的分辨率也可实现对输入图像的多尺度缩放，医学图像使用此方法来提高语义分割的性能（Raza et al.，2019）。与 ASPP 相比，该方法相对简单，易于实现。因此，如果内存限制阻止了 ASPP 中空洞层的最佳配置，则该方法也可以作为 ASPP 的替代方案使用。

12.3.4 训练集的采样和边界效应

高分辨率遥感图像通常不能存储在可用于训练的存储空间中。因此，需要使用块采样的方法（图 12.5（a））获得小的训练样本（Ronneberger et al.，2015；Iglovikov et al.，2017）。对于二值语义分割，过采样和欠采样可分别用于正实例和负实例的采样过程。可以利用一个具有适当采样距离的滑动窗口对大图像进行采样，从而获得块样本。对于数量较少的实例，可使用过采样方法增加训练块样本数；对于数量较大的实例，可使用欠采样方法减少块样本数，维持多数类与少数类之间训练样本数的平衡。在实际中，过采样使用较短的采样距离来获得具有一定比例重叠区域的块样本；欠采样使用较长的采样距离来获得没有重叠区域但间距较长的块样本。对于多类语义分割，过采样或欠采样也可以用来获得适当数量的训练样本，这取决于样本的可用性。

考虑到语义分割中局部边界效应的影响（Iglovikov et al.，2017），使用裁剪层为输出过滤出边界（图 12.5（b））。为解决全球的边界效应，需要将中部区域的反射添加到填充区域（Ronneberger et al.，2015；Iglovikov et al.，2017）。

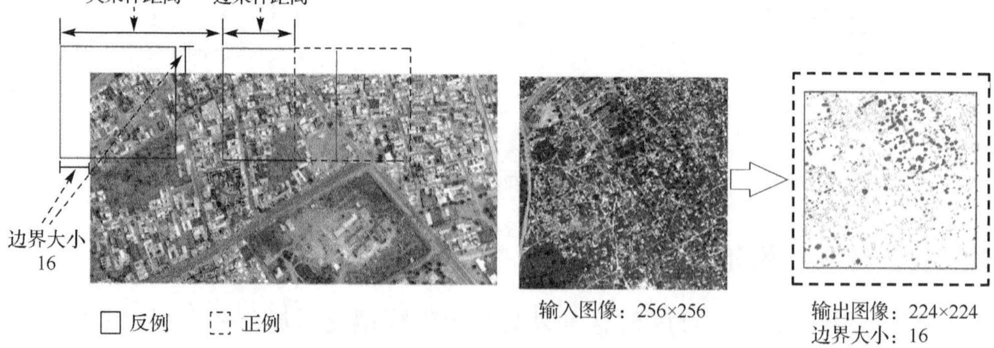

(a) 正例过采样和负例欠采样　　(b) 考虑边界效应

图 12.5　采样方案：正例过采样和负例欠采样与考虑边界效应

12.3.5 衡量指标和损失函数

使用以下指标，评估训练模型的性能。

(1) 像素精度 (pixel accuracy，PA) 是一个基本度量，定义为正确分类的像素数与像素总数的比率。

$$\mathrm{PA}=\frac{\sum_{i=0}^{k} p_{ii}}{\sum_{i=0}^{k}\sum_{j=0}^{k} p_{ij}} \tag{12.3}$$

其中，k 是类的数目，p_{ij} 表示属于类 i 预测成类 j 像素数。通常，p_{ii} 表示真正例的数目，而 p_{ij} 和 p_{ji} 分别表示假正例和假反例的数目。

(2) Jaccard 索引 (Jaccard index，JI) 定义为两个集合的交集大小除以它们的并集大小 (Farabet et al.，2012)。这是一个著名的测量两个集合相似性的统计量，也被称为并集上的交集 (intersection over union，IU 或 IOU) (Long et al.，2015)。

$$\mathrm{JI}(c)=\frac{|P\cap G|}{|P|+|G|-|P\cap G|}=\frac{p_{cc}}{\sum_{i=1}^{k} p_{ic}+\sum_{j=1}^{k} p_{cj}-p_{cc}} \tag{12.4}$$

其中，c 是目标类 (c=1,2,⋯,k)，P 表示预测像素的集合，G 表示地面真的集合。

(3) 均交并比 (mean intersection over union，MIoU) 是在每个类的基础上计算 JI 值，然后对所有类求平均。

$$\mathrm{MIoU}=\frac{1}{k}\sum_{i=1}^{k}\mathrm{JI}(i) \tag{12.5}$$

尽管 JI 或 MIoU 是评价语义分割结果的一个重要指标，但是这些指标是不可微的，因此不能用于梯度下降优化法的损失函数。然而，一般可以将 JI 表示为梯度下降优化法的可微形式：

$$J_n(\boldsymbol{y},\hat{\boldsymbol{y}})=\frac{1}{n}\sum_{i=1}^{n}\frac{y_i\cdot\hat{y}_i+\varepsilon}{y_i+\hat{y}_i-y_i\cdot\hat{y}_i+\varepsilon} \tag{12.6}$$

其中，$J_n(\boldsymbol{y},\hat{\boldsymbol{y}})$ 表示归一化的 Jaccard 索引，$\boldsymbol{y}$ 表示地面真实掩模（y_i 是第 i 像素的地面真值)，$\hat{\boldsymbol{y}}$ 表示预测为属于正类的概率（$\hat{y}_i$ 是第 i 个像素的预测概率)。因为分母可能为 0，所以用一个小的正值 ε 作为平滑因子，以避免溢出。

对于二值语义分割，将二元叉熵损失与法向 JI 一起使用：

$$H=\frac{1}{n}\sum_{i=1}^{n}(y_i\log(\hat{y}_i)+(1-y_i)\log(1-\hat{y}_i)) \tag{12.7}$$

二值语义分割的全损失函数定义如下：

$$L = H - \log J_n \tag{12.8}$$

对于多类语义分割，可以使用以下多类叉熵损失：

$$L = -\frac{1}{n}\sum_{i=1}^{n}\sum_{j=1}^{k} y_i^{(j)} \log(\hat{y}_i^{(j)}) \tag{12.9}$$

$$\hat{y}_i^{(j)} = \frac{e^{s_i^{(j)}}}{\sum_{a=1}^{k} e^{s_i^{(a)}}} \tag{12.10}$$

其中，$y_i^{(j)}$ 表示第 i 个样本是否属于 j 的基本事实；$\hat{y}_i^{(j)}$ 表示第 i 个样本属于 j 的预测概率，可通过使用 Softmax 方程获得。方程(12.10)表示 Softmax 计算的概率，其中 $s_i^{(j)}$ 表示 Softmax 计算之前最后一层的输出。

12.3.6　执行过程

本章针对核心算法(多尺度深度残差自动编码器)，开发了以 TensorFlow 为后端的 Keras 版本的程序。该程序已作为 Python 包 resmcseg(https://pypi.org/project/resmcseg) 并通过 GitHub(https://github.com/lspatial/resmcsegpub)发布。

地理空间背景下的执行工作流如图 12.6 所示。在该工作流中，还将考虑来自地理空间数据集的预测因子和其他属性，以及用于处理地理空间数据集的重投影和重采样信息。对于这个工作流图，共七个步骤。

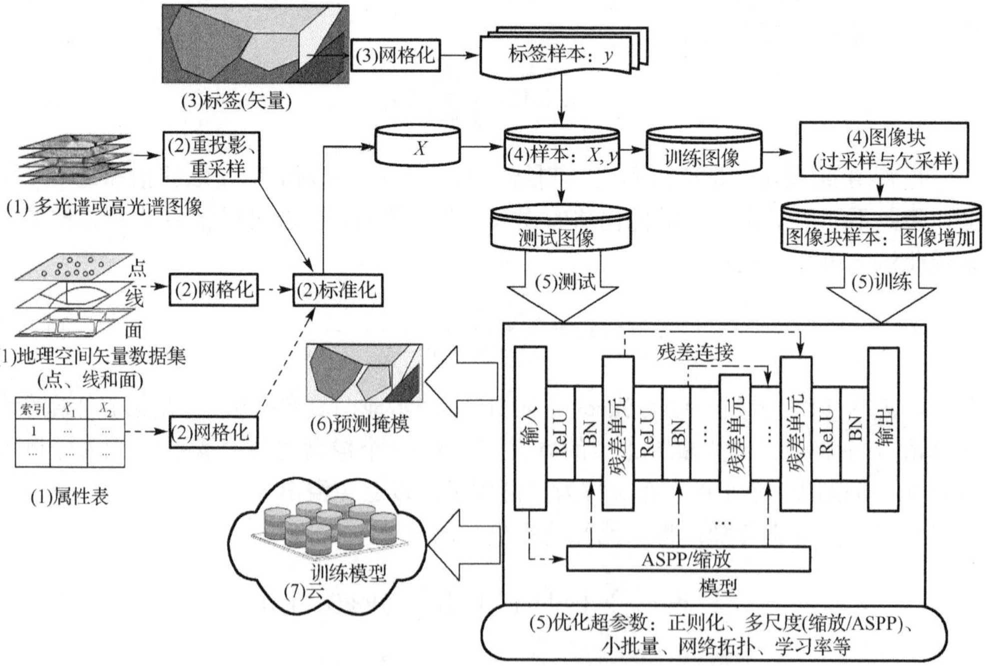

图 12.6　多尺度深度残差自动编码器的实现流程

(1) 输入预测因子 (X)：除了多波段和高光谱图像外，还考虑了其他来自地理信息科学 (Geographical Information Science，GIS) 的潜在数据源 (如点、线和多边形的矢量数据) 和属性数据库。尽管在测试案例中未使用 (因此在本图中以虚线表示)，但这些数据可能有助于改进语义分割，因此包含在工作流中。

(2) 预测因子的预处理：预处理包括重投影、使用双线性插值对不同空间分辨率的图像进行重采样以获得目标分辨率和坐标系一致的样本、矢量数据的栅格化和归一化。对于重投影、重采样和栅格化，R 软件的光栅库 (https://cran.r project.org/web/packages/raster) 提供相关功能。归一化的目的是消除不同预测因子在价值尺度上的差异，提高学习效率。Python 的 scikit 包 (https://scikit-learn.org) 提供方便的规范化函数。

(3) 输入标签 (y)：标签数据对于模型的训练是必不可少的。通常，矢量形式 (点、线或多边形) 的标签数据都是手工获取的，必须要把它以目标分辨率的大小栅格化到掩模中。在该步骤中，可以对每个标签类的像素比例进行概括。

(4) 数据融合、采样和图像增强：这包括预测值和标签数据 (X 和 y) 的合并、训练样本和测试样本的随机分割、借助过采样或欠采样对训练样本进行块采样、图像增强。如 12.3.4 节所述，为实现训练，块采样将大图像分割成小块，样本的不平衡比例可以用来确定块采样的策略。然后，训练集 (包括图像和掩模) 在训练时随机增强，包括旋转 45°、缩放 15%～25%、裁剪、垂直翻转和水平翻转。

(5) 训练和测试：这包括模型的构建、训练和测试以及栅格搜索，以获得最优的超参数 (如正则化因子、网络拓扑、多尺度选择、小批量和学习率)。已发布的核心算法——resmcseg 的 Python 包可用于构造具有不同超参数的模型。对于不同的超参数及其组合，可以进行网格搜索 (Bishop，2006)，以获得这些超参数的最优解。

(6) 预测：这涉及使用经过训练的模型来预测新数据集的土地利用掩模。此外，预测的掩模还可以转换为矢量输出，以便在地理空间环境下使用。

(7) 云预训练模型：训练后的模型可以作为预先训练的模型存储在云平台中 (如 Amazon Web Services 或 Google Cloud)，并可以在以后的预测中进行调用，或作为进一步训练的基本模型。

12.4　数据集与训练

本节介绍了研究中使用的两个真实的遥感图像数据集 (12.4.1 节)，以及利用两个数据集分别进行基准 U-Net、无多尺度残差自动编码器、基于尺寸调整的残差自动编码器和基于 ASPP 多尺度的残差自动编码器四个模型的训练和评估方法 (12.4.2 节)。

12.4.1　数据集

第一个数据集来自 2017 年的国防科学与技术实验室(the Defense Science and Technology Laboratory，DSTL)卫星图像特征检测挑战赛，它由 Kaggle 管理(https://www.kaggle.com/c/dstl-satellite-imagery-feature-detection/overview/description)。在此次研究中总共使用了 25 幅卫星图像进行训练、验证和测试。每个图像覆盖地球表面 $1km^2$ 的面积。这些图像都是由 WorldView-3 卫星获得的，包含着不同的通道信息：分辨率为 31cm 的高分辨率全色图像、分辨率为 1.24m 的 8 波段(M 波段)图像，以及分辨率为 7.5m 的短波红外(A 波段)图像。全色锐化(Padwick et al.，2010)用于将每个高分辨率全色图像与相应的低分辨率 M 波段和 A 波段图像融合，以获得分辨率为 31cm 的图像。此次任务是为输入图像的每个像素预测一个类标签。由于类别分布不均，为每个类别训练一个单独的模型而不是对所有的类别训练一个模型，可以获得更好的结果(Iglovikov et al.，2017)。因此，对于该数据集，分别对建筑物、农作物、道路、树木、车辆五个类别进行二值语义分割。图 12.7 显示了其中一个 DSTL 图像及其地面真实掩模。相应地，使用了法线 JI 与二元叉熵损失结合起来的综合损失函数，如式(12.8)所示。

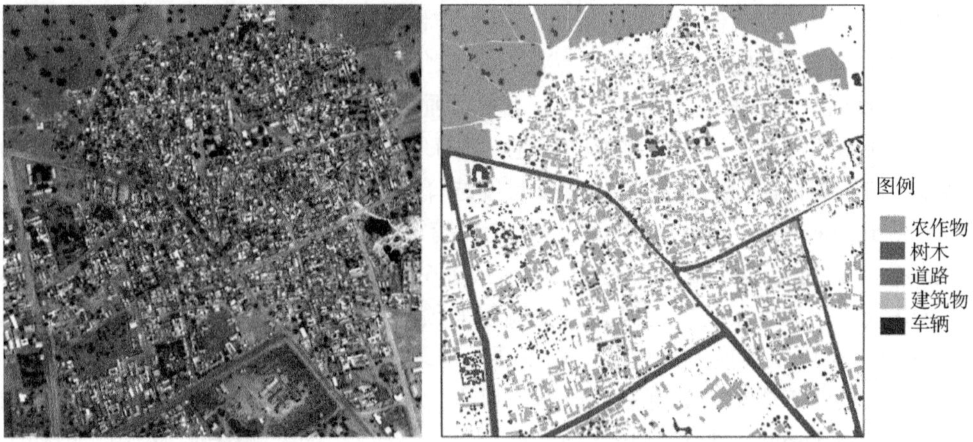

(a) 全色锐化图像　　(b) 地面真值掩模

图 12.7　DSTL 数据集样本的全色锐化图像和地面真值掩模(见彩图)

第二个数据集苏黎世(Zurich)是 2002 年由快鸟(Quick Bird)卫星在瑞士苏黎世市上空采集的 20 幅多光谱超高分辨率图像(Volpi and Ferrari，2015)组成。平均图像大小为 1000×1150 像素，有 4 个通道跨越近红外到可见光谱(NIR-R-G-B)。全色锐化后的图像具有 0.61m 的空间分辨率。地面真实掩模为这些图像提供了 9 种类别：道路、树木、裸土、铁路、建筑物、草地、水、池塘和其他(背景)。图 12.8 显示了一幅 Zurich 图像及地面真实掩模。对于该数据集，本章案例使用如式(12.9)所示的多类叉熵损失来测试本章案例提出的多类语义分割方法的性能。

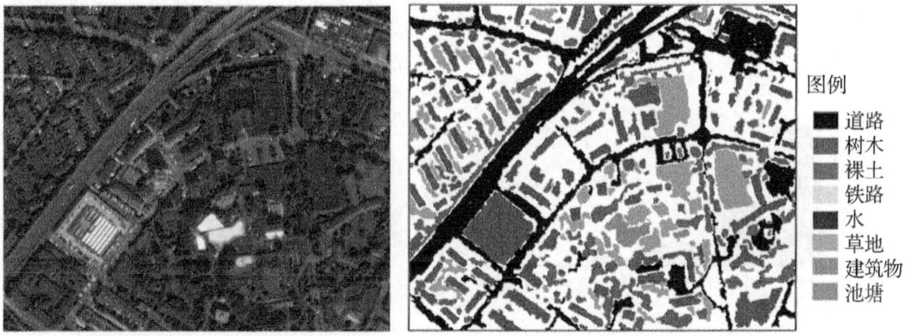

(a) 全色锐化图像　　(b) 地面真值掩模

图 12.8　Zurich 数据集样本的全色锐化图像和地面真值掩模(见彩图)

12.4.2　训练及测试

二值语义分割(DSTL 数据集)对正实例进行过采样，负实例进行欠采样，以获得块样本(patch)(输入块大小为 256×256，输出块大小为 224×224，每侧边界大小为 16，以消除分割过程中的边界效应)。对于具有少量样本的类，正实例(如车辆)的过采样距离可以是一个较小的值，负实例的欠采样距离可以是一个较大的值，以获得足够且均衡的训练样本数；对于具有许多样本的类，过采样距离可以是一个较大的值，欠采样距离可以是较小的值。

对于多类语义分割(Zurich 数据集)，用 150 个像素的距离进行过采样，以获得足够数量的实例。输入和输出图像块的大小与 DSTL 数据集的大小相近。

使用带有 Nesterov 动量的 Adam 优化器训练每个模型 100 次，初始学习率设置为 0.001，然后在学习过程中进行自适应调整，并采用早停止准则。在训练过程中，每批图像由 15 个图像块组成。

利用两个数据集(DSTL 和 Zurich)分别进行基准 U-Net、无多尺度残差自动编码器、基于尺寸调整的残差自动编码器和基于 ASPP 的多尺度残差自动编码器四个模型的训练和比较。

12.5　土地利用分类结果及讨论

DSTL 和 Zurich 数据集的不同类别的分布比例分别如图 12.9(a)和图 12.9(b)所示，相应的采样距离如表 12.1 所示。使用表 12.1 中给出的参数，用滑动窗口对两个数据集中的每个图像进行采样，获得用于训练、验证和测试的块样本。采用随机分裂的方法将样本分为：60%的训练样本、20%的验证样本和 20%的测试样本。如 12.3.6 节所述，训练集(包括图像和掩模)在训练时进行了扩充，验证或测试数据没有进行扩充。

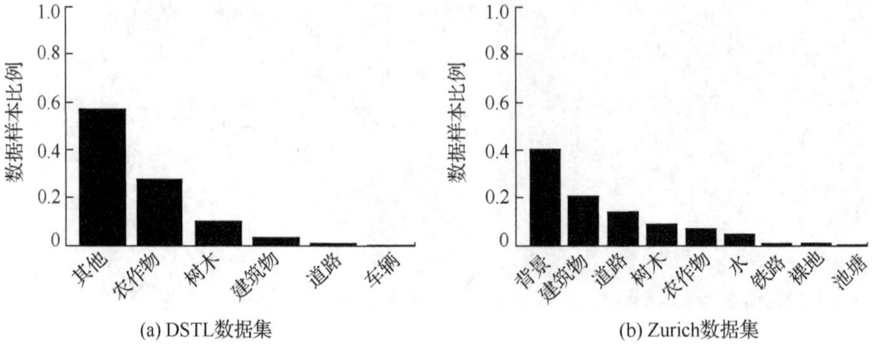

图 12.9　DSTL 数据集和 Zurich 数据集样本数据的比例分布

表 12.1　两个数据集的采样方案

数据集	类别	输入大小	输出大小	上采样距离/像素	下采样距离/像素	样本数量
DSTL	农作物	256	224	220	350	2560
	建筑物	256	224	150	400	2138
	树木	256	224	150	400	2484
	道路	256	224	120	400	2039
	车辆	256	224	100	450	2219
Zurich	所有类别	256	224	150	—	2840

四个模型的性能如表 12.2 所示(JI/MIoU 的统计箱线图如图 12.10 所示)，DSTL 数据集的训练和验证阶段的学习曲线如图 12.11 所示，Zurich 数据集的学习曲线如图 12.12 所示。

表 12.2　两个数据集在训练、验证和测试阶段的表现(粗体表示四个模型中的最佳模型)

数据集	类别	模型	#Par (百万)[a]	训练		验证		测试	
				PA[b]	JI/ MIoU[c]	PA	JI/ MIoU	PA	JI/ MIoU
DSTL	农作物	Baseline[d]	31	0.88	0.85	0.89	0.79	0.89	0.87
		Residual[e]	28	0.90	0.87	0.90	0.80	0.91	0.88
		Res+resizing[f]	31	0.91	0.88	0.90	0.81	0.92	0.89
		Res+ASPP[g]	29	**0.94**	**0.93**	**0.91**	**0.83**	**0.93**	**0.91**
	建筑物	Baseline	31	0.95	0.72	0.95	0.77	0.95	0.72
		Residual	28	0.95	0.72	0.95	0.78	0.95	0.72
		Res+resizing	31	0.95	0.72	0.95	0.77	0.95	0.72
		Res+ASPP	29	**0.96**	**0.76**	**0.96**	**0.80**	**0.96**	**0.75**

续表

数据集	类别	模型	#Par (百万)[a]	训练		验证		测试	
				PA[b]	JI/ MIoU[c]	PA	JI/ MIoU	PA	JI/ MIoU
DSTL	树木	Baseline	31	0.93	0.56	0.93	0.61	0.93	0.53
		Residual	28	0.94	0.59	0.94	0.62	0.94	0.55
		Res+resizing	31	**0.94**	**0.61**	**0.94**	**0.65**	**0.94**	**0.58**
		Res+ASPP	29	0.94	0.61	0.94	0.64	0.94	0.57
	道路	Baseline	31	0.97	0.71	0.97	0.74	0.97	0.67
		Residual	28	**0.98**	**0.81**	**0.97**	**0.81**	**0.97**	**0.74**
		Res+resizing	31	0.97	0.73	0.97	0.74	0.97	0.68
		Res+ASPP	29	0.97	0.76	0.97	0.77	0.97	0.69
	车辆	Baseline	31	0.99	0.69	0.99	0.88	0.99	0.69
		Residual	28	**0.99**	**0.78**	**0.99**	**0.92**	**0.99**	**0.78**
		Res+resizing	31	0.99	0.69	0.99	0.88	0.99	0.72
		Res+ASPP	29	0.99	0.72	0.99	0.90	0.99	0.69
Zurich	所有类别	Baseline	31	0.88	0.78	0.86	0.78	0.87	0.69
		Residual	28	**0.94**	**0.89**	**0.91**	**0.86**	**0.92**	**0.74**
		Res+resizing	31	0.88	0.80	0.87	0.81	0.87	0.71
		Res+ASPP	29	0.89	0.80	0.88	0.80	0.88	0.72

注：a. #Par(百万)表示可训练参数个数(单位：百万)；b. PA 表示像素精度；c. JI/MIoU 表示二值语义分割的 Jaccard 索引(JI)或多类语义分割的均交并比(MIoU)； d. Baseline(基线)表示 U-Net 模型； e. Residual 表示无多尺度残差自动编码器； f. Res+resizing 表示基于尺寸调整的残差自动编码器； g. Res+ASPP 表示基于 ASPP 多尺度的残差自动编码器。

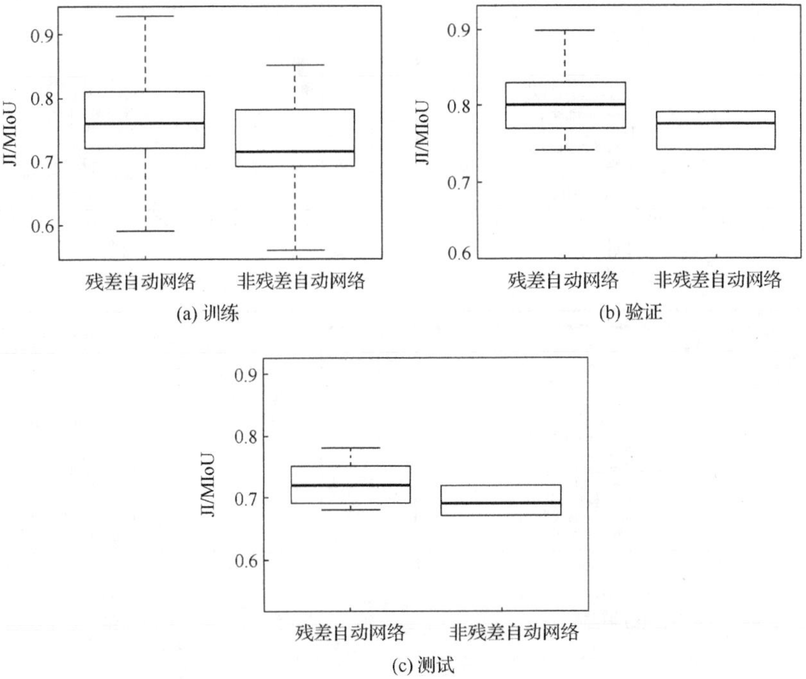

图 12.10　残差与非残差自动网络(AutoNet)训练、验证和测试阶段的 JI/MIoU 箱线图对比

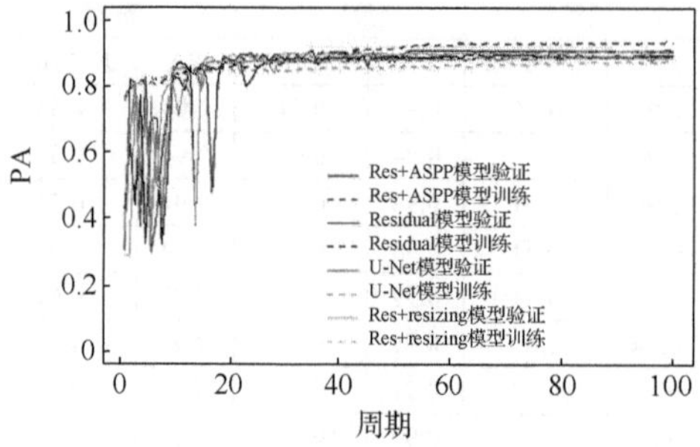

(a) 农作物

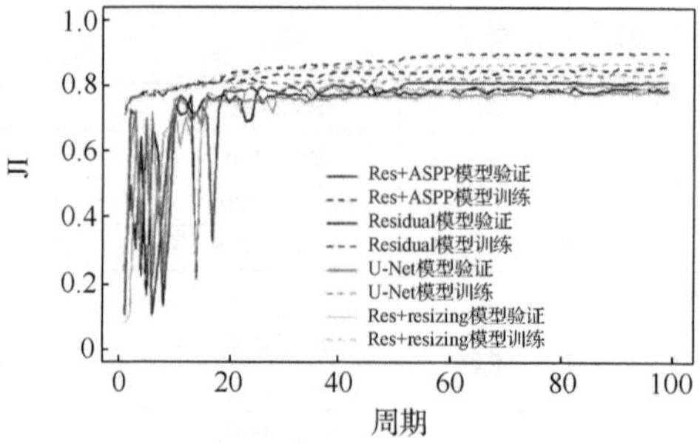

(b) 农作物

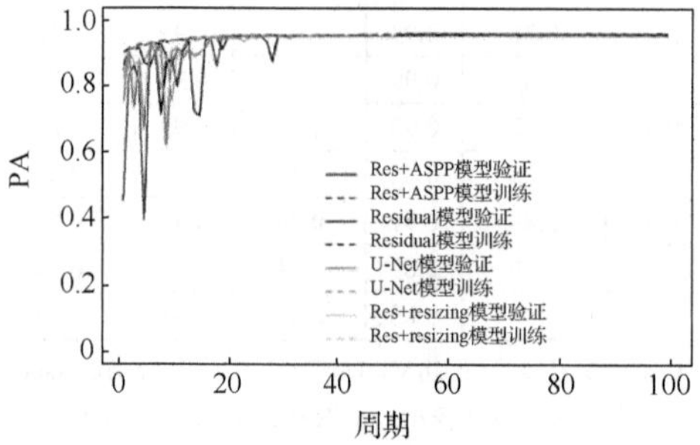

(c) 建筑物

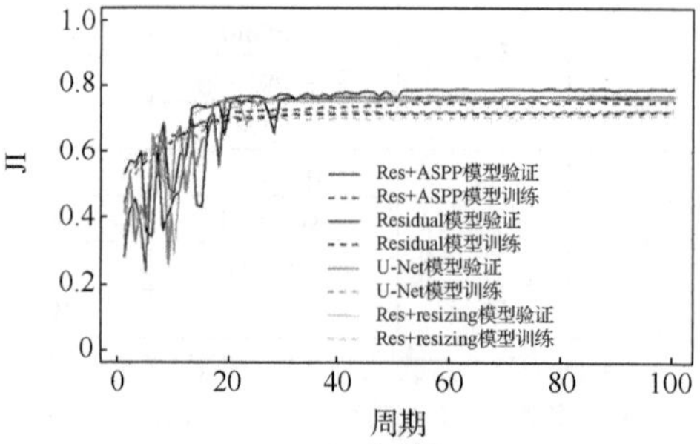

(d) 建筑物

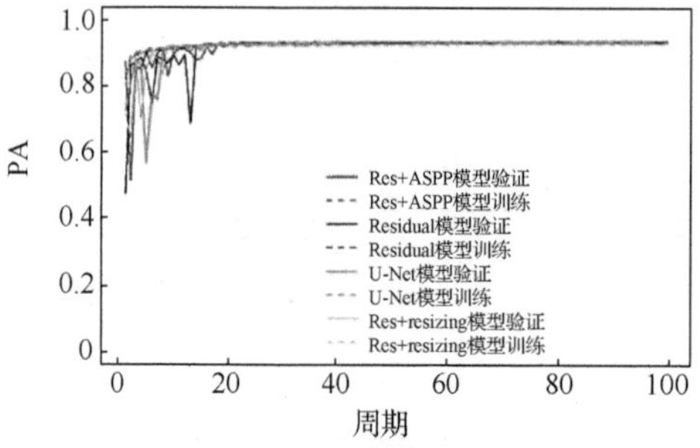

(e) 树木

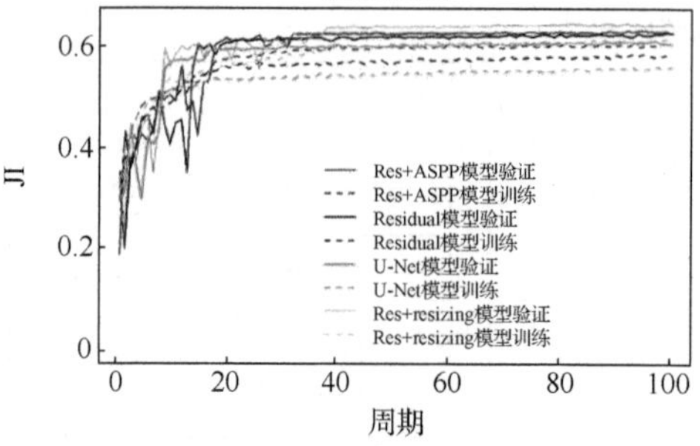

(f) 树木

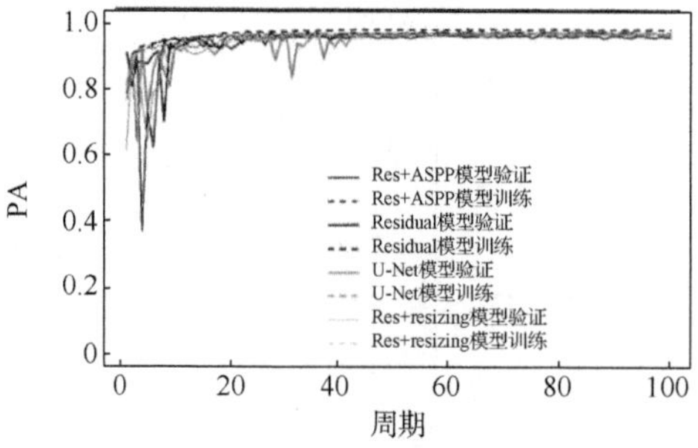

(g) 道路

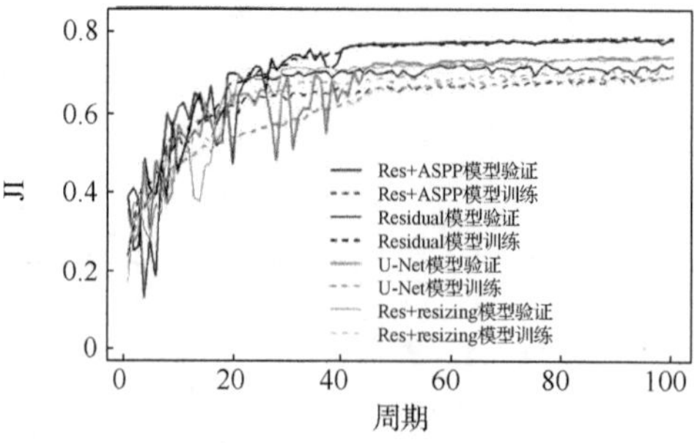

(h) 道路

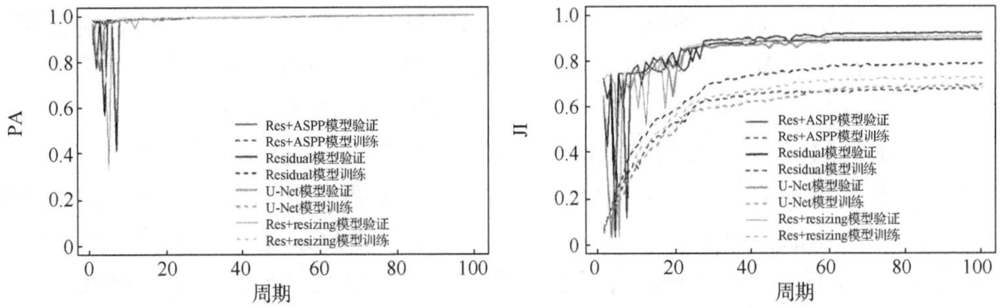

(i) 车辆　　　　(j) 车辆

图 12.11　DSTL 数据集二值语义分割各阶段像素精度(PA)(图(a)、(c)、(e)、(g)和(i))和 Jaccard 索引(JI)(图(b)、(d)、(f)和(j))学习曲线的比较(见彩图)

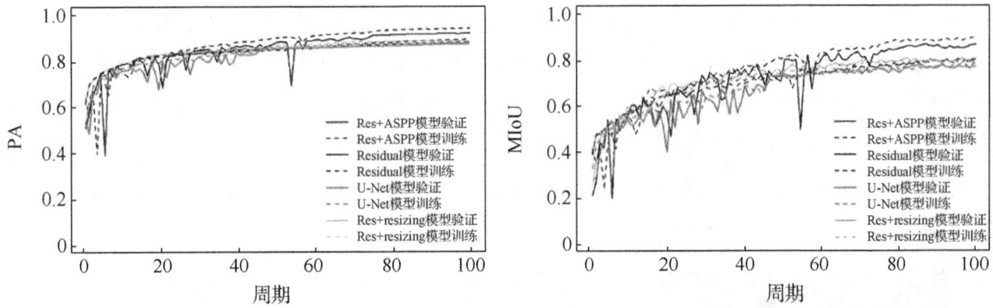

(a) PA　　　　(b) MIoU

图 12.12　Zurich 数据集多类语义分割各阶段 PA 和平均交集(MIoU)学习曲线的比较(见彩图)

结果表明，在 DSTL 训练集中，与 U-Net 模型相比，除了建筑物与车辆类别外，非多尺度残差自动编码器的像素精度 PA 在训练阶段提高了 1%～6%(在验证和测试阶段提高了 1%～5%)。而 JI 或 MIoU 在训练阶段提高了 2%～11%(在验证阶段提高了 1%～8%，在测试阶段提高了 1%～9%)。因此，相较于提高精度，残差学习更能提高 JI 或 MIoU。统计数据(图 12.10)显示，残差自动编码器(有无多尺度)在训练中比非残差自动编码器平均提高了约 4.1%(0.76 vs. 0.72)，在验证中提高了约 2.7%(0.79 vs. 0.76)，在测试中提高了约 2.9%(0.72 vs. 0.69)。

通过 ASPP 的多尺度有利于 DSTL 数据集中农作物和建筑物的语义分割(相对于无多尺度的残差自动编码器的结果，在验证中，JI 进一步提高了 2%～3%，在测试中提高了 3%)。然而，通过 ASPP 的多尺度分割并没有提高残差自动编码器在 DSTL 数据集中树木、道路和车辆语义分割的性能和在 Zurich 数据集中的分割性能。对于树木的分割，通过缩放的多尺度方法在训练、验证和测试方面比用 ASPP 方法得到的结果有轻微的改善。通过 ASPP 或缩放进行多尺度缩放并不总能提高残差自动编码器的性能。如表 12.2 所示，无多尺度的残差自动编码器在 DSTL 数据集中的道路和车辆的二值语义分割以及在 Zurich 数据集中的多类分割中取得了最好的性能。对于这些分割任务，残差自动编码器的 JI 或 MIoU 在训练中比 U-Net 的性能提高了 9%～11%，在验证中提高了 4%～8%，在测试中提高了 5%～9%。多尺度信息的融合并没有提高 JI 或 MIoU，事实上，这两个指标的价值都有所下降。

PA、JI 和 MIoU 指标的学习曲线(图 12.11 和图 12.12)也显示出一致的趋势，即在 DSTL 数据集上的每个二值分段任务和 Zurich 数据集上的多类分段任务，深度残差自动编码器的性能都优于 U-Net 模型。对于 DSTL 数据集中的道路和车辆(图 12.11(h)和(j))以及 Zurich 数据集中的多类(图 12.12(b))，无多尺度残差自动编码器的 JI 或 MIoU 学习曲线在训练阶段比其他三个模型的学习曲线显示了更高的值。

如表 12.2 所示，在所有考虑的模型中，无多尺度的残差自动编码器具有最少的可训练参数(约 2800 万)，而较小数量的模型参数可能导致较少的过度拟合。

图 12.13 和图 12.14 分别展示了 DSTL 和 Zurich 数据集独立测试中的地面真实掩模和预测掩模。结果表明，本章案例中的方法在二值(JI：0.80～0.94)和多类(MIoU：0.84～0.85)分割中都能捕捉到大部分的地面真实掩模，证明了该方法在实践中是可行的。这两个实验表明，所提出的方法较 U-Net 方法有了显著的改进。

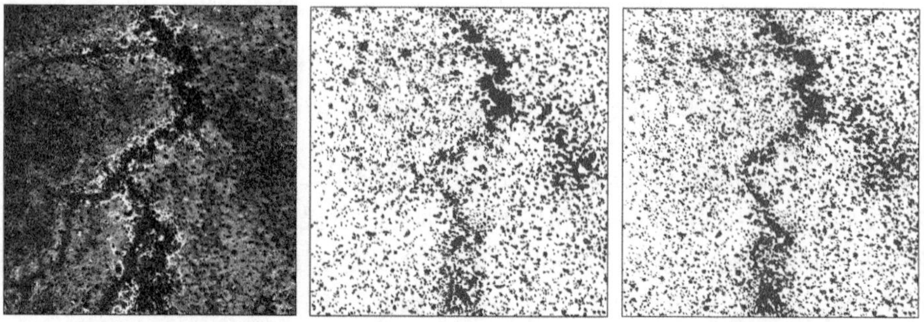

(a) 原始图像1　(b) 图像1的地面真实掩模　(c) 图像1的预测掩模(MIoU：0.82)

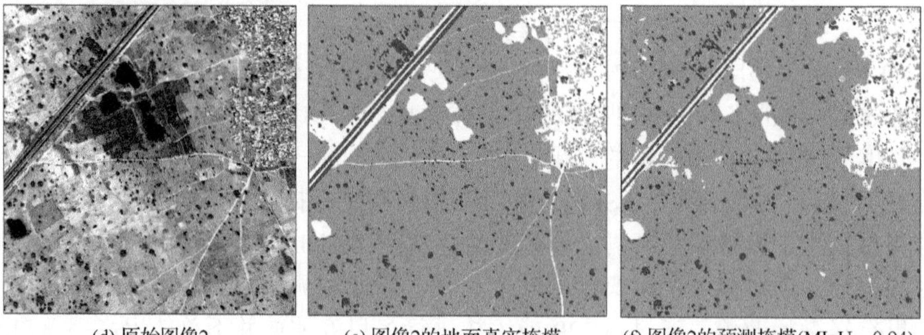

(d) 原始图像2　(e) 图像2的地面真实掩模　(f) 图像2的预测掩模(MIoU：0.94)

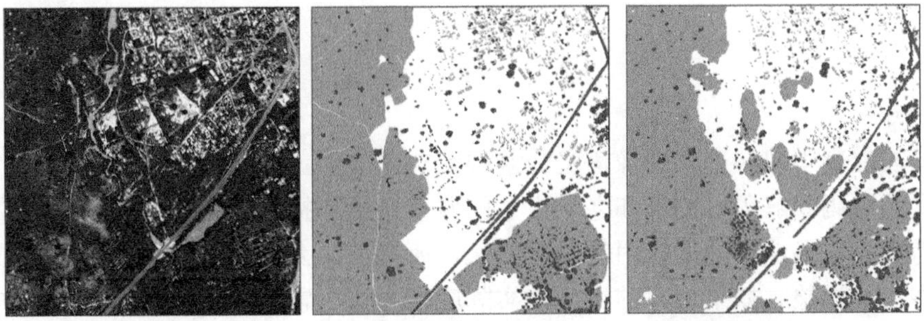

(g) 原始图像3　　(h) 图像3的地面真实掩模　　(i) 图像3的预测掩模(MIoU：0.80)

图例 农作物 树木 道路 建筑物 车辆

图 12.13　DSTL 数据集中三个图像样本及其相应的地面真值掩模和预测掩模(见彩图)

(a) 原始图像1　　(b) 图像1的地面真实掩模　　(c) 图像1的预测掩模(MIoU：0.84)

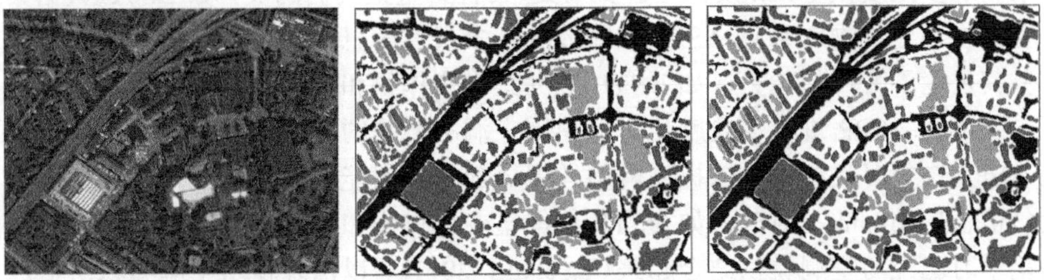

(d) 原始图像2　　(e) 图像2的地面真实掩模　　(f) 图像2的预测掩模(MIoU：0.85)

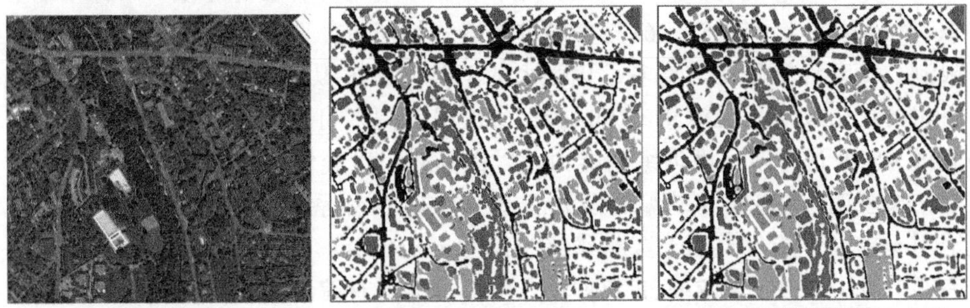

(g) 原始图像3　　(h) 图像3的地面真实掩模　　(i) 图像3的预测掩模(MIoU：0.85)

图例 道路 树木 水 裸土 草地 建筑物 池塘

图 12.14　Zurich 数据集中三个图像样本及其相应的地面真值掩模和预测掩模(见彩图)

12.6 小　结

针对深度学习在遥感图像语义分割中的有限应用，本章介绍了一种灵活的新方法，利用编码和解码层内部和之间大量的残差连接来提高训练模型的学习效率和性能。考虑到许多地理空间应用的尺度变化，所提出的方法还包括通过 ASPP 或缩放进行多尺度调整。如果可行的话，在实际应用中可以融合多个数据源，包括矢量格式的地理空间数据和属性。这些辅助数据可以提供重要的背景信息，即把先验地学知识作为模型的约束条件，可能有助于提高模型的综合性和减少模型的过拟合。相应地，对于不同尺度、不同格式的多源数据，可能需要进行重投影、重采样、栅格化等预处理步骤，以获得目标分辨率和坐标系一致的训练样本。必须承认，这些预处理步骤可能会引起输入的变化。研究案例的结果表明，这种变化对模型的训练和预测仅产生了有限的影响。这说明了深度学习在遥感图像与其他潜在地理空间数据语义分割中的适用性。

结果表明，多尺度信息的引入并不一定能提高训练模型的性能。对于少数类(具有少量正实例的类，如 DSTL 数据集中的道路和车辆)，由于训练中用于捕捉尺度变化的样本不足，融合多尺度信息并不一定能提高模型的性能，可能需要更多的正样本来训练多尺度模型。相反，对于多数类(具有大量正实例的类，如 DSTL 数据集中的农作物和建筑物)，通过 ASPP 或缩放融合多尺度信息可能会提高模型捕获局部对象及其尺度不变性的能力，如 DSTL 数据集中农作物和建筑物的分割实例。

在通过 ASPP 进行多尺度化时，使用空洞率增加的空洞卷积来扩大感受野。通过 ASPP 进行多尺度化可以提高网络捕捉局部对象的能力以及它对尺度变化的鲁棒性(Yu and Koltun，2015)，如 DSTL 数据集中农作物和建筑物的结果所示。传统的残差学习已经与空洞卷积结合起来(Yu et al.，2017)，以消除使用空洞卷积所造成的“除杂(degridding)”效应。在这些实验中，由于可用计算资源有限，只有 4 个空洞卷积(空洞率为 1、4、8、16)与少量过滤器并行使用，训练也受到小批量大小(15)的限制。随着计算资源的增多，更强大的工具，如虚拟化深度神经网络(virtualized deep neural network，vDNN)(Rhu et al.，2016)和更多可用的正例图像样本，可以增强通过 ASPP 进行多尺度训练的能力，以提高对尺度变化的鲁棒性。

结果表明，在基于自动编码器的深度学习 FCN 体系结构中，扩展残差连接被有效地用于提高性能，类似于深度残差 MLP(Li，2019b；Li et al.，2018)。敏感性分析表明，对于 DLST 和 Zurich 数据集，所提出的所有编解码层内部和之间的扩展残差连接与传统的残差连接相比，具有更好的性能。理论上，如前所述，扩展的残差连接延长了误差直接反向传播的路径，从而提高了训练模型的性能。即使不使用多尺度方法，深度扩展残差 FCN 在遥感图像语义分割方面仍比 U-Net 有很大的改进。

本章所提到的扩展残差学习也可以应用于其他类型的图像(如自然场景和医学图像)。但在本章案例中，深度残差自动编码器结构是专门为土地利用遥感图像的语义分割而开发和训练的。实验中使用两个不同的数据集来说明该遥感图像分割方法的通用性。考虑到遥感和地球科学应用的多尺度效应(Ge et al.，2019)，该方法结合了多尺度输入，以保证对尺度变化的不变性。基于灵活的体系结构和本书作者发布的 Python 包 resmcseg，该模型可以在网络拓扑结构(如隐含层数)、多尺度、残差连接和输出类型等方面进行调整，以达到最佳效果。这两个数据集的预训练模型已存储在云平台中，并通过公共接口共享。对于地理空间环境下的实际应用，R 软件的光栅包提供了可靠的重投影、重采样和网格划分功能；Python 的 scikit 模块提供了规范化、随机采样和一次性编码功能。

该方法的一个局限性是缺乏对预测图像的后处理，未能去除像素级的噪声分类结果。然而，本章的目的是利用扩展的残差学习和多尺度技术，呈现一种新的灵活的深度学习体系结构，而不是一种完整的语义分割方法。总的来说，验证和测试结果表明，该方法在两个独立的测试数据集上取得了显著的改进效果。基于地理空间领域知识，如“一切事物都与其他事物相关，但与近处事物比与遥远事物更相关”的 Tobler 地理学第一定律(Tobler，1970)，可将 CRF 和半监督学习视为后处理组件，以融合地理空间背景(Hoberg et al.，2014)和模型的空间依赖性，并消除噪声或不合理的预测。在未来，地理空间领域的知识可以以一种端到端的方式，与整合了 CRF 的残差自动编码器融合起来，以提高学习过程的自动化。

参 考 文 献

方颖, 李连发. 2019. 基于机器学习的高精度高分辨率气象因子时空估计. 地球信息科学学报, 21(6): 799-813

王昆, 戚浩平. 2008. 土地利用与土地覆盖遥感分类方法研究综述. 山西建筑, (5): 353-354

王协, 章孝灿, 苏程. 2020. 基于多尺度学习与深度卷积神经网络的遥感图像土地利用分类. 浙江大学学报(理学版), 47(6): 715-723

王圆圆, 李京. 2004. 遥感影像土地利用/覆盖分类方法研究综述. 遥感信息, (1): 53-59

张兵. 2017. 当代遥感科技发展的现状与未来展望. 中国科学院院刊, 32(7): 774-784

张裕, 杨海涛, 袁春慧. 2018. 遥感图像分类方法综述. 兵器装备工程学报, 39(8): 108-112

Alexandre D, Chang C P, Peng W H, et al. 2018. An autoencoder-based learned image compressor: Description of challenge proposal by NCTU. Proceedings of the Computer Vision and Pattern Recognition Conference Workshops, Salt Lake City:2539-2542

Alvarez J M, LeCun Y, Gevers T, et al. 2012. Semantic road segmentation via multi-scale ensembles of learned features. Proceedings of the European Conference on Computer Vision, Florence: 586-595

Arnab A, Jayasumana S, Zheng S, et al. 2016. Higher order conditional random fields in deep neural networks. Proceedings of the European Conference on Computer Vision, Amsterdam:524-540

Badrinarayanan V, Kendall A, Cipolla R. 2017. SegNet: A deep convolutional encoder-decoder architecture for image segmentation. IEEE Transactions on Pattern Analysis and Machine Intelligence, 39(12):2481-2495

Baydin A G, Pearlmutter B, Radul A A, et al. 2018. Automatic differentiation in machine learning: A survey. Journal of Machine Learning Research, 18:1-43

Bian X, Lim S N, Zhou N. 2016. Multiscale fully convolutional network with application to industrial inspection. Proceedings of the IEEE Winter Conference on Applications of Computer Vision , Lake Placid:1-8

Bishop M C. 1995. Neural Networks for Pattern Recognition. New York:Oxford University Press

Bishop M C. 2006. Pattern Recognition and Machine Learning. Berlin:Springer

Chen L C, Papandreou G, Kokkinos I, et al. 2014. Semantic image segmentation with deep convolutional nets and fully connected CRFs. arXiv:1412.7062

Chen L C, Papandreou G, Kokkinos I, et al. 2016. DeepLab: Semantic image segmentation with deep convolutional nets, atrous convolution, and fully connected CRFs. arXiv:1606.00915

Chen L C, Papandreou G, Schroff F, et al. 2017. Rethinking atrous convolution for semantic image segmentation. arXiv preprint arXiv:170605587

Chen L C, Zhu Y, Papandreou G, et al. 2018. Encoder-decoder with atrous separable convolution for semantic image segmentation. Proceedings of the European Conference on Computer Vision, Munich:801-818

Deng L, Yu D. 2014. Deep learning: Methods and applications. Foundations and Trends® in Signal Processing, 7(3/4):197-387

Edelman S, Poggio T. 1989. Integrating visual cues for object segmentation and recognition. Optics and Photonics News, 15(5):8-13

Eigen D, Fergus R. 2015. Predicting depth, surface normals and semantic labels with a common multi-scale convolutional architecture. Proceedings of the IEEE International Conference on Computer Vision, Santiago:2650-2658

Farabet C, Couprie C, Najman L, et al. 2012. Learning hierarchical features for scene labeling. IEEE Transactions on Pattern Analysis and Machine Intelligence, 35(8):1915-1929

Fink M, Perona P. 2004. Mutual boosting for contextual inference. Advances in Neural Information Processing Systems, Vancouver:1515-1522

Fulkerson B, Vedaldi A, Soatto S. 2009. Class segmentation and object localization with superpixel neighborhoods. Proceedings of the IEEE 12th International Conference on Computer Vision, Kyoto: 670-677

Garcia-Garcia A, Orts-Escolano S, Oprea S, et al. 2017. A review on deep learning techniques applied to semantic segmentation. arXiv preprint arXiv:1704.06857

Ge Y, Jin Y, Stein A, et al. 2019. Principles and methods of scaling geospatial Earth science data. Earth-Science Reviews, 197:102897

Goodfellow I, Bengio Y, Courville A. 2016. Deep Learning. Cambridge:MIT Press

He K M, Zhang X Y, Ren S Q, et al. 2016a. Deep residual learning for image recognition. Proceedings of the 2016 IEEE Conference on Computer Vision and Pattern Recognition, Las Vegas:770-778

He K M, Zhang X Y, Ren S Q, et al. 2016b. Identity mappings in deep residual networks. Proceedings of the European Conference on Computer Vision, Amsterdam:630-645

Hoberg T, Rottensteiner F, Feitosa R Q, et al. 2014. Conditional random fields for multitemporal and multiscale classification of optical satellite imagery. IEEE Transactions on Geoscience and Remote Sensing, 53 (2) :659-673

Iglovikov V, Mushinskiy S, Osin V. 2017. Satellite imagery feature detection using deep convolutional neural network: A kaggle competition. arXiv preprint arXiv:170606169

Jegou H, Perronnin F, Douze M, et al. 2012. Aggregating local image descriptors into compact codes. IEEE Transactions on Pattern Analysis and Machine Intelligence, 34 (9) : 1704-1716

Jolliffe I. 2011. Principal Component Analysis. Berlin: Springer

Kaiser P, Wegner J D, Lucchi A, et al. 2017. Learning aerial image segmentation from online maps. IEEE Transactions on Geoscience and Remote Sensing, 55 (11) :6054-6068

Kang M, Lin Z, Leng X G, et al. 2017. A modified faster R-CNN based on CFAR algorithm for SAR ship detection. Proceedings of the International Workshop on Remote Sensing with Intelligent Processing, Shanghai: 1-4

Ker J, Wang L P, Rao J, et al. 2018. Deep learning applications in medical image analysis. IEEE Access, 6:9375-9389

Kohli P, Torr P H. 2009. Robust higher order potentials for enforcing label consistency. International Journal of Computer Vision, 82 (3) :302-324

Krähenbühl P, Koltun V. 2011. Efficient inference in fully connected CRFs with Gaussian edge potentials. arXiv:1210.5644

Krizhevsky A, Sutskever I, Hinton G E. 2012. ImageNet classification with deep convolutional neural networks. Proceedings of the 25th International Conference on Neural Information Processing Systems, Lake Tahoe:1097-1105

Lea C, Vidal R, Reiter A, et al. 2016. Temporal convolutional networks: A unified approach to action segmentation. European Conference on Computer Vision, Amsterdam: 47-54

LeCun Y, Bengio Y, Hinton G. 2015. Deep learning. Nature, 521:436-444

Li L, Fang Y, Wu J, et al. 2018. Autoencoder based deep residual networks for robust regression and spatiotemporal estimation. arXiv:1812.11262

Li L F. 2019a. Deep residual autoencoder with multiscaling for semantic segmentation of land-use images. Remote Sens-Basel, 11 (18) : 2142

Li L F. 2019b. Geographically weighted machine learning and downscaling for high-resolution spatiotemporal estimations of wind speed. Remote Sensing, 11 (11) :1378

Lin G, Milan A, Shen C, et al. 2017. RefineNet: Multi-path refinement networks for high-resolution semantic segmentation. Proceedings of the IEEE Conference on Computer Vision and Pattern Recognition, Honolulu:1925-1934

Liou C Y, Huang J C, Yang W C. 2008. Modeling word perception using the Elman network. Neurocomputing, 71 (16/17/18) :3150-3157

Liou C Y, Cheng W C, Liou J W, et al. 2014. Autoencoder for words. Neurocomputing, 139:84-96

Litjens G, Kooi T, Bejnordi B E, et al. 2017. A survey on deep learning in medical image analysis. Medical Image Analysis, 42:60-88

Long J, Shelhamer E, Darrell T. 2015. Fully convolutional networks for semantic segmentation. Proceedings of the IEEE Conference on Computer Vision and Pattern Recognition, Boston: 3431-3440

Ma L, Liu Y, Zhang X L, et al. 2019. Deep learning in remote sensing applications: A meta-analysis and review. ISPRS Journal of Photogrammetry and Remote Sensing, 152:166-177

Marcos D, Volpi M, Kellenberger B, et al. 2018. Land cover mapping at very high resolution with rotation equivariant CNNs: Towards small yet accurate models. ISPRS Journal of Photogrammetry and Remote Sensing, 145: 96-107

Mnih V, Kavukcuoglu K, Silver D, et al. 2015. Human-level control through deep reinforcement learning. Nature, 518 (7540) :529-533

Nieto-Hidalgo M, Gallego A J, Gil P, et al. 2018. Two-stage convolutional neural network for ship and spill detection using SLAR images. IEEE Transactions on Geoscience and Remote Sensing, 56 (9) :5217-5230

Noh H, Hong S, Han B. 2015. Learning deconvolution network for semantic segmentation. Proceedings of the IEEE International Conference on Computer Vision, Santiago: 1520-1528

Ohta Y I, Kanade T, Sakai T. 1978. An analysis system for scenes containing objects with substructures. Proceedings of the 4th International Joint Conference on Pattern Recognitions, Kyoto:752-754

Padwick C, Deskevich M, Pacifici F, et al. 2010. WorldView-2 pan-sharpening. Proceedings of the ASPRS 2010 Annual Conference, San Diego

Pan X, Zhao J. 2018. High-resolution remote sensing image classification method based on convolutional neural network and restricted conditional random field. Remote Sensing, 10 (6) :920

Panboonyuen T, Jitkajornwanich K, Lawawirojwong S, et al. 2019. Semantic segmentation on remotely sensed images using an enhanced global convolutional network with channel attention and domain specific transfer learning. Remote Sens-Basel, 11 (1) : 83

Papandreou G, Kokkinos I, Savalle P A. 2015. Modeling local and global deformations in deep learning: Epitomic convolution, multiple instance learning, and sliding window detection. Proceedings of the IEEE Conference on Computer Vision and Pattern Recognition, Boston:390-399

Peng C, Zhang X, Yu G, et al. 2017. Large kernel matters: Improve semantic segmentation by global convolutional network. Proceedings of the IEEE Conference on Computer Vision and Pattern Recognition, Honolulu: 4353-4361

Raj A, Maturana D, Scherer S. 2015. Multi-scale convolutional architecture for semantic segmentation. Pittsburgh: Robotics Institute, Carnegie Mellon University

Raza S E A, Cheung L, Shaban M, et al. 2019. Micro-Net: A unified model for segmentation of various objects in microscopy images. Medical Image Analysis, 52:160-173

Rhu M, Gimelshein N, Clemons J, et al. 2016. vDNN: Virtualized deep neural networks for scalable, memory-efficient neural network design. Proceedings of the 49th Annual IEEE/ACM International Symposium on Microarchitecture, Taipei: 1-13

Richards J A , Jia X P . 1999. Remote Sensing Digital Image Analysis. Berlin:Springer

Ronneberger O, Fischer P, Brox T. 2015. U-Net: Convolutional networks for biomedical image segmentation. Proceedings of the International Conference on Medical Image Computing and Computer-Assisted Intervention, Munich

Roy A, Todorovic S. 2016. A multi-scale CNN for affordance segmentation in RGB images. European Conference on Computer Vision, Amsterdam: 186-201

Saunders A, Oldenburg I A, Berezovskii V K, et al. 2015. A direct GABAergic output from the basal ganglia to frontal cortex. Nature, 521 (7550) :85-89

Sherrah J. 2016. Fully convolutional networks for dense semantic labelling of high-resolution aerial imagery. arXiv:1606.02585

Shotton J, Johnson M, Cipolla R. 2008. Semantic texton forests for image categorization and segmentation. Proceedings of the IEEE Conference on Computer Vision and Pattern Recognition, Anchorage: 1-8

Silberman N, Fergus R. 2011. Indoor scene segmentation using a structured light sensor. Proceedings of the IEEE International Conference on Computer Vision Workshops, Barcelona: 601-608

Simonyan K, Zisserman A. 2014. Very deep convolutional networks for large-scale image recognition. arXiv:1409.1556

Srivastava R K, Greff K, Schmidhuber J. 2015. Highway networks. arXiv e-prints arXiv:1505.00387

Szegedy C. 2015. Going deeper with convolutions. Proceedings of the IEEE Conference on Computer Vision and Pattern Recognition, Boston: 1-9

Szeliski R. 2006. Locally adapted hierarchical basis preconditioning. ACM Transactions on Graphics, 25(3): 1135-1143

Taylor G W, Fergus R, LeCun Y, et al. 2010. Convolutional learning of spatio-temporal features. European Conference on Computer Vision, Crete: 140-153

Tobler W. 1970. A computer movie simulating urban growth in the Detroit region. Economic Geography, 46(S):234-240

Torralba A, Murphy K P, Freeman W T. 2005. Contextual models for object detection using boosted random fields. Proceedings of the 17th International Conference on Neural Information Processing Systems, Vancouver: 1401-1408

Tran L, Liu X, Zhou J, et al. 2017. Missing modalities imputation via cascaded residual autoencoder. Proceedings of the IEEE Conference on Computer Vision and Pattern Recognition, Honolulu: 1405-1414

Veit A, Wilber M, Belongie S. 2016. Residual networks behave like ensembles of relatively shallow networks. Proceedings of the 30th International Conference on Neural Information Processing Systems, Barcelona: 550-558

Volpi M, Ferrari V. 2015. Semantic segmentation of urban scenes by learning local class interactions. Proceedings of the IEEE Conference on Computer Vision and Pattern Recognition Workshops, Boston: 1-9

Xi G, Yin L, Li Y, et al. 2018. A deep residual network integrating spatial-temporal properties to predict influenza trends at an intra-urban scale. Proceedings of the 2nd ACM SIGSPATIAL International Workshop on AI for Geographic Knowledge Discovery, Seattle: 19-28

Yang G W, Luo Q, Yang Y D, et al. 2018a. Deep learning and machine learning for object detection in remote sensing images. Proceedings of the International Conference on Signal and Information Processing, Networking and Computers, Chongqing: 249-256

Yang Y, Stein A, Tolpekin V A, et al. 2018b. High-resolution remote sensing image classification using associative hierarchical CRF considering segmentation quality. IEEE Geoscience and Remote Sensing Letters, 15(5):754-758

Yu F, Koltun V. 2015. Multi-scale context aggregation by dilated convolutions. arXiv preprint arXiv:151107122

Yu F, Koltun V, Funkhouser T. 2017. Dilated residual networks. Proceedings of the IEEE Conference on Computer Vision and Pattern Recognition, Honolulu: 472-480

Yu H S, Yang Z G, Tan L, et al. 2018a. Methods and datasets on semantic segmentation: A review. Neurocomputing, 304:82-103

Yu X R, Zhang H, Luo C B, et al. 2018b. Oil spill segmentation via adversarial *f*-divergence learning. IEEE Transactions on Geoscience and Remote Sensing, 56(9):4973-4988

Zelikowsky M, Bissiere S, Hast T A, et al. 2013. Prefrontal microcircuit underlies contextual learning after hippocampal loss. Proceedings of the National Academy of Sciences, 110(24):9938-9943

Zhang J, Zheng Y, Qi D. 2017a. Deep spatio-temporal residual networks for citywide crowd flows prediction. Proceedings of the 31st AAAI Conference on Artificial Intelligence, San Francisco

Zhang L P, Zhang L F, Du B. 2016. Deep learning for remote sensing data: A technical tutorial on the state of the art. IEEE Geoscience and Remote Sensing Magazine, 4(2):22-40

Zhang R, Li N, Huang S, et al. 2017b. Automatic prediction of traffic flow based on deep residual networks. Proceedings of the International Conference on Mobile Ad-Hoc and Sensor Networks, Beijing: 328-337

Zhang Y, Li K, Li K, et al. 2018a. Image super-resolution using very deep residual channel attention networks. Proceedings of the European Conference on Computer Vision, Munich: 286-301

Zhang Z X, Liu Q J, Wang Y H. 2018b. Road extraction by deep residual U-Net. IEEE Geoscience and Remote Sensing Letters, 15(5):749-753

Zhao H, Shi J, Qi X, et al. 2017. Pyramid scene parsing network. Proceedings of the IEEE Conference on Computer Vision and Pattern Recognition, Hawaii: 2881-2890

Zheng S, Jayasumana S, Romera-Paredes B, et al. 2015. Conditional random fields as recurrent neural networks. Proceedings of the IEEE International Conference on Computer Vision, Santiago: 1529-1537

Zhou S, Wu J N, Wu Y, et al. 2015. Exploiting local structures with the Kronecker layer in convolutional networks. arXiv preprint arXiv:151209194

Zhu L, Chen Y S, Ghamisi P, et al. 2018. Generative adversarial networks for hyperspectral image classification. IEEE Transactions on Geoscience and Remote Sensing, 56(9):5046-5063

Zhu X X, Tuia D, Mou L C, et al. 2017. Deep learning in remote sensing. IEEE Transactions on Geoscience and Remote Sensing, 5(4):8-36

第 13 章　建筑物识别

从高分辨率遥感图像中提取建筑物是遥感应用的一个重要分支。城市建筑的精确提取可以提供建筑空间分布的关键信息，进而可以应用于城市规划、行政开发、灾害和危机管理等领域(Bischke et al.，2019；林祥国和张继贤，2017；Yi et al.，2019)。然而，考虑到建筑物及其遥感图像外观的高可变性和背景的复杂性，建筑物的高精度提取是一项具有挑战性的工作。

早期的建筑物识别方法都是基于人工手动特征选择来提取建筑物信息的，精度低，且只能处理某类具有共性的影像，泛化能力不足(刘蝶，2020)。近年来，由于深度神经网络能够自动提取特征，并通过训练大量样本，建立从输入到输出的高维度非线性模型，遥感图像建筑物识别的研究与应用发生了巨大的飞跃。

13.1　遥感图像建筑物识别方法研究

随着城市发展的日新月异，各种类型建筑物的建造速度异常快。基于高分辨率遥感影像，对建筑物进行准确提取，对城市管理和规划有重要的作用。高分辨率遥感图像中的建筑物光谱特征明显且多变，纹理、结构特征详细，上下文信息明确，为遥感影像建筑物自动提取提供了更多的便利(张庆云和赵东，2015；张亚一 等，2020)。但由于建筑物及其图像具有高度的外观可变性和背景复杂性，基于高分辨率遥感图像的建筑物语义分割是一项具有挑战性的工作。

从遥感图像中提取建筑物的方法有两种：自上而下的模型驱动方法和自下而上的数据驱动方法(王俊 等，2016)：前者基于多维高分辨率遥感数据，通过语义模型和先验知识提取整个场景的建筑物信息(AkÇay and Aksoy，2008；Blaschke et al.，2014；Tian et al.，2016)。然而，自上而下的模型驱动方法的性能很大程度上依赖于模型的精度和先验知识，需要大量的训练样本，因此其适用性受到限制。后一种自下而上的方法主要考虑建筑物的外观和内部特征，如形状、纹理、光谱和辅助信息(如阴影)，以区分建筑物与其他地理特征。例如，形态学建筑指数(morphological building index，MBI)(Huang and Zhang，2011a)和纹理衍生的建筑存在指数(PanTex)(Pesaresi et al.，2008)等形态学建筑/阴影指数，被建议作为建筑物存在的两个指标。

建筑物的语义分割是建筑物提取的一个关键步骤，机器学习中的支持向量机(support vector machine，SVM)(Das et al.，2011；Song and Civco，2004；Wang et al.，

2016）和随机森林分类器（Tian et al.，2016）等方法已经用于建筑物的语义分割。人工、专业的特征提取对支持向量机性能的影响非常重要，在高分辨率遥感图像的建筑物语义分割任务中，传统的机器学习方法对大规模像素级分类的计算也存在局限性（Li，2019）。

深度学习作为一种现代机器学习方法，避免了人工提取特征，在高分辨率遥感图像的建筑物识别中逐渐得到应用。Maggiori 等（2017）开发了一种多尺度 FCN，使用原始的开放街道地图（open street map，OSM）数据作为标签对模型进行预训练，然后使用小尺度的人工标签样本对模型进行训练。杨嘉树等（2018）提出了一种基于局部特征的卷积神经网络提取方法，以提高检索效率。Qin 等（2019）使用了深度卷积神经网络（DCNN）；Yi 等（2019）使用深度残差神经网络在超高分辨率（Very High Resolution，VHR）图像中改进城市建筑物的语义分割效果；余威和龙慧云（2019）设计并实现了端到端全卷积神经网络的分割方法，将 IOU 评价标准变形加入损失函数中，提高遥感影像建筑物分割的有效性。王宇等（2019a，2019b）以深度残差网络为基础，构建 Encoder-Decoder 的深度学习架构。Shi 等（2020）在建筑物分割中开发了门控图卷积神经网络。

深度学习方法运用半监督式的特征学习和分层特征进行提取，用高效的算法代替手工获取，提高了高分辨率遥感图像建筑物识别的精度和效率。随着城市建筑的快速发展，基于深度学习的高精度建筑物提取成为研究学者的主要研究内容。

13.2　基于形状表示和多尺度的深度残差分割方法

本章提出了一种用于建筑物语义分割的方法，该方法基于 U-Net 结构（13.2.1 节），采用残差连接（13.2.2 节）和多尺度 ASPP（atrus spatial pyramid pooling）模块（13.2.3 节），引入形状表示自动编码器的正则化因子（13.2.4 节）和多尺度模型（13.2.5 节）集成学习，增强模型训练，减少过拟合。研究表明，多尺度残差模型的集成学习和形状表示的正则化方法对建筑物的语义分割有重要贡献。

13.2.1　U-Net 结构

网络是基于 U-Net 结构构建的，类似于编解码结构。U-Net（Ronneberger et al.，2015）结构源于 FCN。它具有 U 形结构，包括编码层、译码层和解码层三部分。编码部分通常由多个隐藏层组成，每层的节点数逐渐减少，以从输入中提取强大的表示特征；译码层用来压缩信息表示层；解码层也由多个隐藏层组成，每层的节点数对应于编码层逐渐增加，以恢复原始输入（作为自动编码器）或检索目标输出（如语义分割）。在 U-Net 结构中，使用跳转连接检索相应编码层中早期的信息，以促进训练过程（Garcia-Garcia et al.，2017）。U-Net 结构为后来的高级语义分割网络结构提供了一个起点（Yu et al.，2018）。

该方法的网络架构(图 13.1)基于 U-Net 结构，同时使用残差连接、多尺度 ASPP 模块和形状表示的正则化因子进行增强。

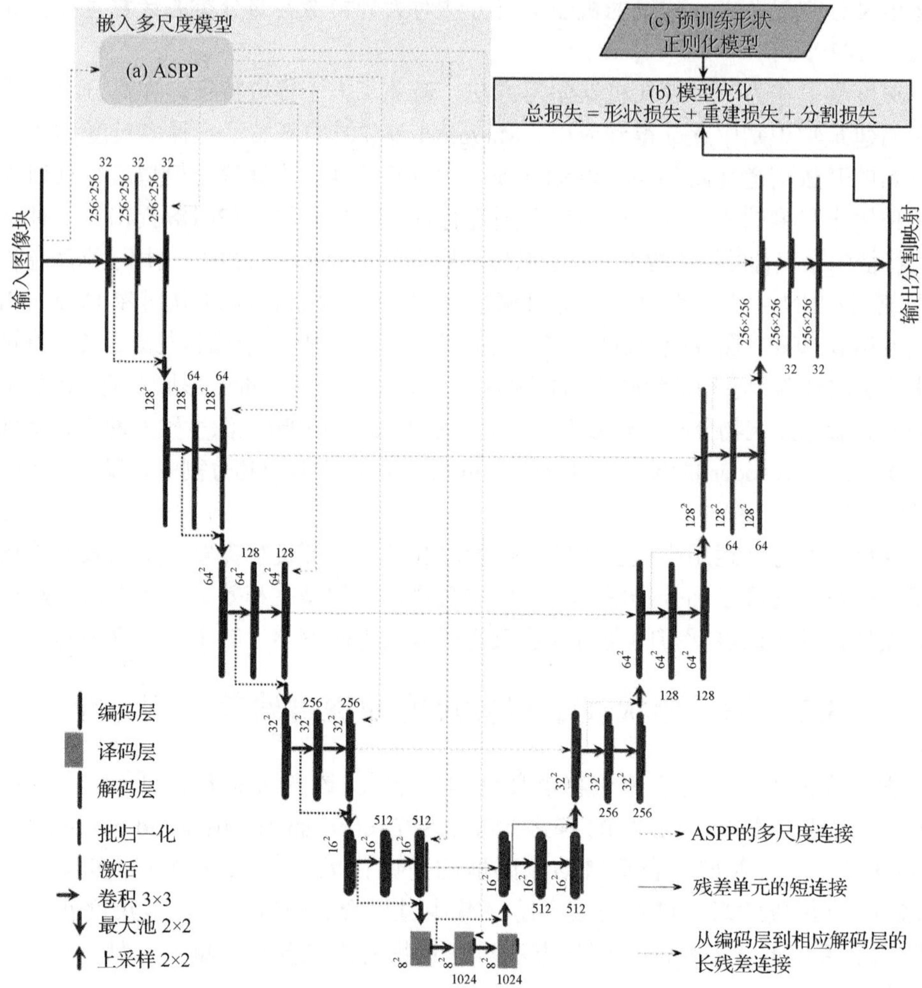

图 13.1　基于编、解码 U-Net 结构，融合残差连接、多尺度 ASPP 模块和形状正则化因子的结构(见彩图)

与传统的 U-Net 相比，该体系结构在每个编码层或解码层引入短残差连接(He et al.，2016a)，并在编码层和解码层之间使用长残差连接，通过张量加法来实现跳转连接(详见 13.2.2 节)，以降低模型复杂度，提高模型的学习效率。

除了短残差和长残差连接，本章案例还在输入层与每个编码层之间融入了一个 ASPP 模块，以捕获多尺度上下文信息(图 13.1(a))和形状正则化因子。ASPP(13.2.3 节)使用不同空洞率下的多个空洞(扩张)卷积来提取多尺度上下文中的特征表示。在本章案例之前的研究(Li，2019)中，ASPP 模块已经被证明能够很好地捕获遥感土地利用语义分割中的上下文信息。形状正则化因子(13.2.4 节和 13.2.5 节)将总损失函数(图 13.1(b))纳入模型中，经过预训练后可以捕捉建筑物的形状特征。

13.2.2 残差学习

残差学习使用跳转连接或捷径跳过一些隐藏层，以重用前一层的激活因子，直到邻接层学习到其权重(He et al.，2016a；He et al.，2016b)。残差学习可以有效地减少或避免梯度消失的问题，提高学习效率(Wiki，2020)。对于卷积神经网络，一个典型的残差单元通常由两个或多个卷积层(Conv)组成，其中包含 ReLU 和批量归一化(BN)(图 13.2)。在本章案例之前的研究中，在编码层和相应的解码层之间扩展了残差连接，以显著提高基于编码器-解码器的深度神经网络的性能(Li et al.，2020)。

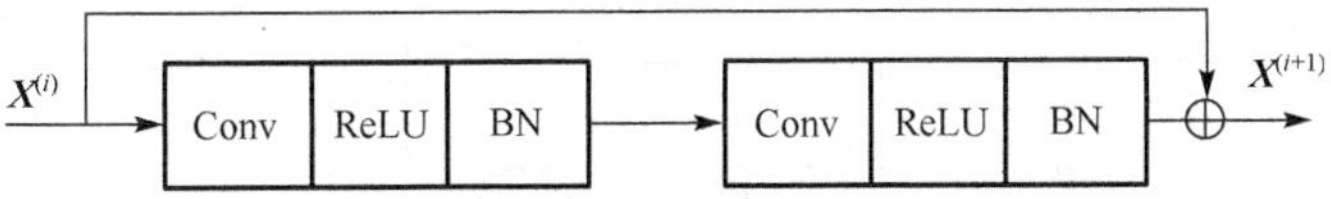

图 13.2 一个残差单元(两个卷积层，每层紧跟一个激活层和一个批处理层)

在所提出的架构(图 13.1)中，残差连接用于两个方面：在每个编码或解码层内使用传统的残差单元，在每个编码层与其对应的解码层之间使用扩展的残差连接。在本章案例中使用了类似的网络结构，显示了最佳的性能(Li，2019)。

本章案例的架构尽管有一个 U 形的结构作为 U-Net，但它不同于 U-Net。关键的区别在于跳转连接，它在 U-Net 中是通过级联张量运算连接的，但在本章案例的体系结构中是通过残差张量运算(矩阵加法)连接的。因此，在本章案例的网络中，残差学习的参数比常规的 U-Net 少。

13.2.3 ASPP

在 DeepLab 3+(Chen et al.，2018)中，ASPP 用于捕获更多的上下文信息以改进语义分割。ASPP 嵌入到本章案例的网络中，以多种采样率的滤波器探测卷积的特征层，从而在多种尺度下捕获图像上下文(Chen et al.，2017)。

该模型的编码层和解码层添加了多个 ASPP 模块(图 13.1(a))——每个编码或解码层各添加一个 ASPP 模块(图 13.3(a))。例如，在图 13.1 的示例体系结构中，本章案例有五个编码层和一个译码层，因此总共有六个 ASPP 模块。对于每个 ASPP 模块，本章案例使用四种不同的空洞率(r=[4,8,16,32])来捕获不同大小的对象。根据分割目标的复杂性，ASPP 模块可以使用更多的空洞率来捕获多尺度上下文信息。

在每个 ASPP 模块中，这些使用不同空洞率过滤的空洞卷积层(又称扩张卷积层或膨胀卷积层)，首先通过通道维度级联形成矩阵张量(图 13.3(b))，然后与 ReLU 激活层和 BN 层连接。为了在本章案例的模型中嵌入 ASPP 模块，将融合了 ASPP 模块的输出与相应的编码层通过通道维度级联成矩阵张量，作为下一个编码层或译码层的输入(图 13.3(c)和(d))。本章案例还开发了一个定制的调整大小层(图 13.3(c))来改变融合了 ASPP 多尺度输出的输出形状，以匹配要连接的相应编码或译码层的输出形状。因此，该方法在网络中实现了多尺度的 ASPP 模块，类似于 Li(2019)。

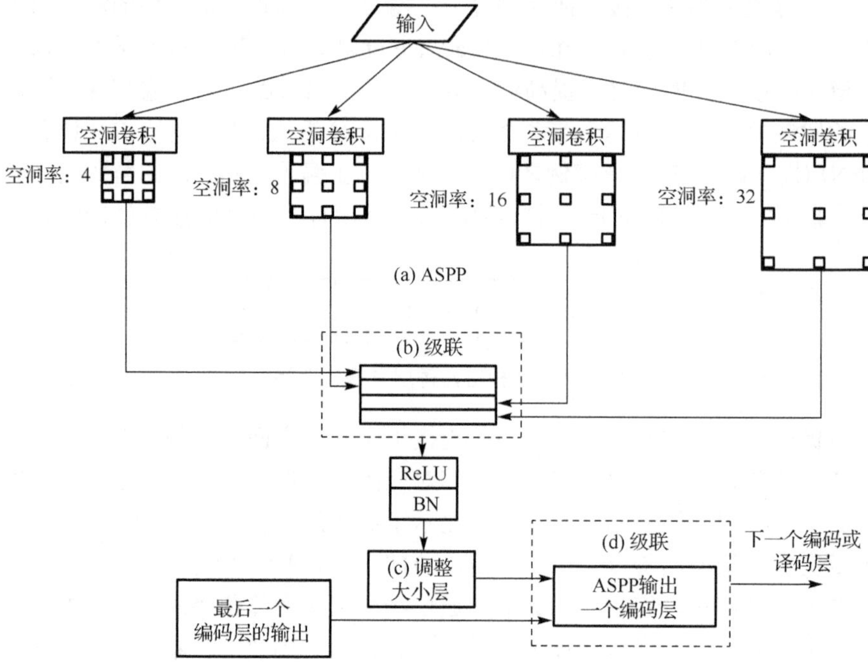

图 13.3　嵌入分割模型的 ASPP 模块

13.2.4　形状表示自动编码器的正则化方法

为了对建筑物的形态特征进行编码，本章案例开发了一个形状表示自动编码器(图 13.4)。自动编码器将训练样本的真实掩模同时作为输入和输出，学习形状表示。本章案例使用了类似于图 13.1 中 U-Net 的自动编码器结构，但是没有使用残差单元和 ASPP 模块，输入和输出是相同的。每个编码层与其对应解码层之间的残差连接(但不使用残差单元)用于优化学习过程。利用隐式表示的中间层对建筑物的形状特征进行编码，然后在基于隐式表示层的解码器中对输入图像(建筑物掩模图像)进行重构。

利用训练样本的掩码标签对形状表示自动编码器进行预训练，然后将训练好的形状表示作为正则化算子嵌入到语义分割网络的损失函数中。对于二值分类，可以使用整数标签的单个通道作为掩码标签(1 代表建筑物,0 代表背景);对于多重分类,可以使用一个热编码(Sethi,2020)的 K 个通道(K 表示类数)作为掩码标签。从数据样本中获得的掩模标签被用作形状表示自动编码器的输入和输出,并且预训练并不局限于研究区域的数据样本。如果其他来源的掩模标签可用,也可以使用它们来重新训练形状自动编码器,以增强建筑物形状表示提取的通用性。

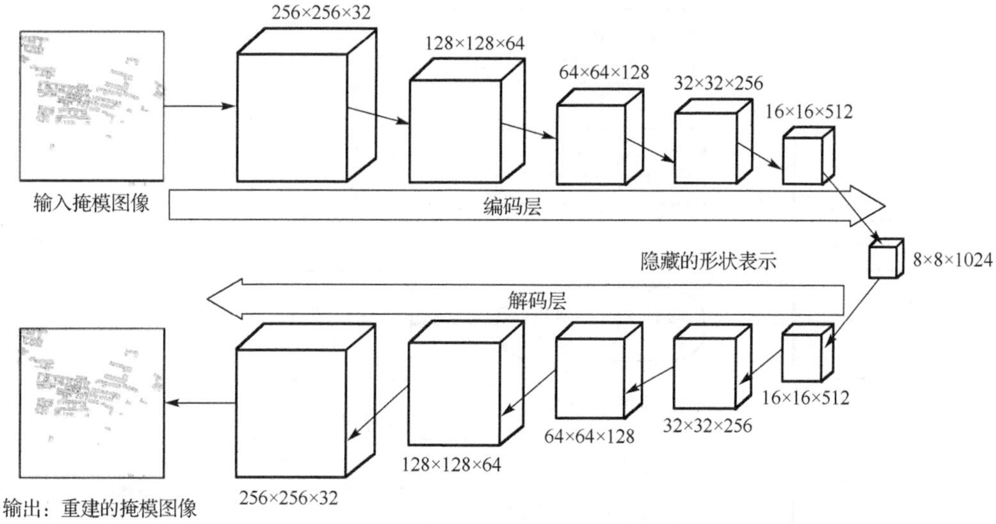

图 13.4 建筑物形状表示的自动编码器

13.2.5 损失函数,多尺度和边界效应

全部的损失函数(图 13.5)由语义分割、形状和重建三部分组成:

$$\ell_t(\boldsymbol{Y},\boldsymbol{Y}') = \ell_{\text{seg}}\left(\boldsymbol{Y},\boldsymbol{Y}'\right) + \lambda_1 \ell_{\text{shp}}(E(\boldsymbol{Y}),E(\boldsymbol{Y}')) + \lambda_2 \ell_{\text{rec}}(\boldsymbol{Y},D(E(\boldsymbol{Y}'))) \tag{13.1}$$

其中,$\boldsymbol{Y}$ 表示真实掩模矩阵,$\boldsymbol{Y}'$ 表示预测概率矩阵,ℓ_t 表示总损失,ℓ_{seg} 是语义分割的主要损失,ℓ_{shp} 是 $\boldsymbol{Y}$ 的形状表示损失,ℓ_{rec} 是重建损失,λ_1 和 λ_2 分别是 ℓ_{shp} 和 ℓ_{rec} 的权重。$E(\cdot)$ 和 $D(\cdot)$ 分别表示形状表示模型中的编码器和解码器部分(图 13.4)。

使用二进制叉熵和归一化 Jaccard 索引的总和作为语义分割的损失,被证明是可靠的(Li,2019)。对于形状表征模型的重建损失,本章案例使用了类似的组合函数(二元叉熵+归一化 Jaccard 索引);对于潜在形状表征的损失,使用均方误差(MSE)作为超参数;使用网格搜索检索 λ_1 和 λ_2 的最优解(Bergstra and Bengio,2012)。

在实际应用中引入多尺度通常会改善语义分割性能(Cui et al.,2019)。本章案例之前的研究(Li,2019)嵌入了连接到输入层的多尺度模块来改进语义分割,多个模块会受到输入样本大小的限制,而目前的 GPU 内存使之无法使用大尺度的输入。因此，除了多尺度 ASPP 外，本章案例还采用了多尺度训练模型来进一步提高语义分割的有效性。针对一个特定的研究区域进行敏感性分析，可以找出多尺度模型的最佳数目。因此，本章案例利用 ASPP 嵌入和形状表示模型的正则化方法训练了一定数量的深度残差网络模型，然后得到三个模型概率预测的平均值作为最终预测。

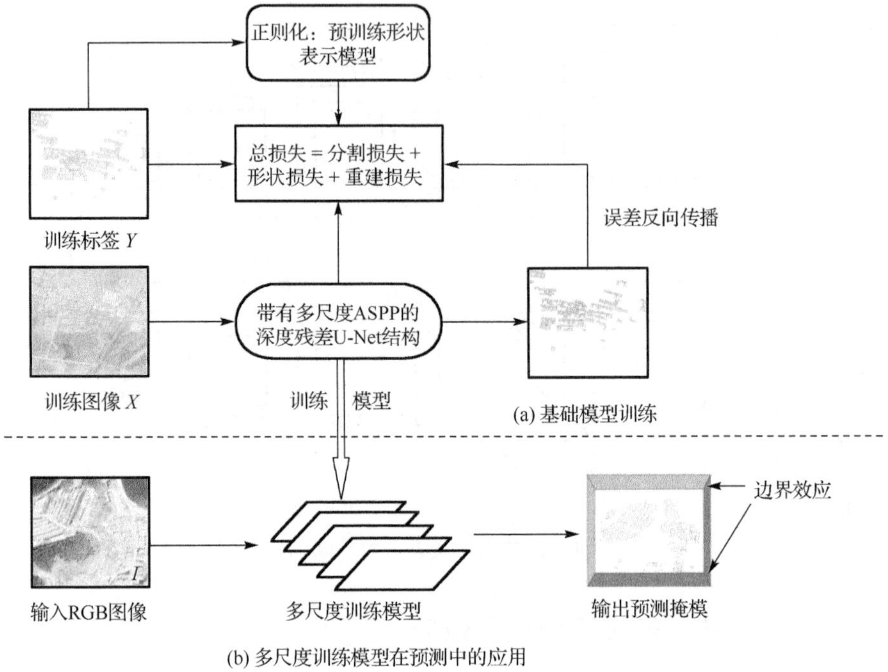

图 13.5　结合形状表示正则化因子基础分割模型的训练和多尺度训练模型的预测

为了进行预测，本章案例需要从一幅新的大图像中裁剪出与输入样本大小相同的小块；然后将每个小块的预测模板合并在一起，得到整个图像的标签预测。这种修补策略通常会导致结果图像的边缘呈正方形结构，并且当从修补中心移动时，预测质量会下降(Iglovikov et al.，2017)。因此，本章案例通过去除每侧 16 个像素的边界来过滤预测的局部边界效应(图 13.5)。Iglovikov 等(2017)使用相同的距离来求解正方形结构。本案例研究区域的建筑规模小、形态复杂度低，敏感性分析表明，这样的距离对于该区域是合适的。

13.3　实验数据集和评估

本章案例使用基于形状表示和多尺度的深度残差分割方法对中国长海县大长山岛的高分辨率图像(13.3.1 小节)进行测试、训练和验证，并使用多个指标衡量训练模型的性能。本节还描述了三个额外的可公开访问的数据集，案例中借助它们验证基于形状表示方法的通用性(13.3.2 小节)。

13.3.1　研究区域

研究区位于中国辽东半岛东南部，长山群岛北部的大长山岛(图 13.6)，陆地面积 31.79km^2，海岸线 94.4km，海域面积 651.5km^2。在本章案例中，通过人工判读获得了研究区域建筑物的真实掩模。

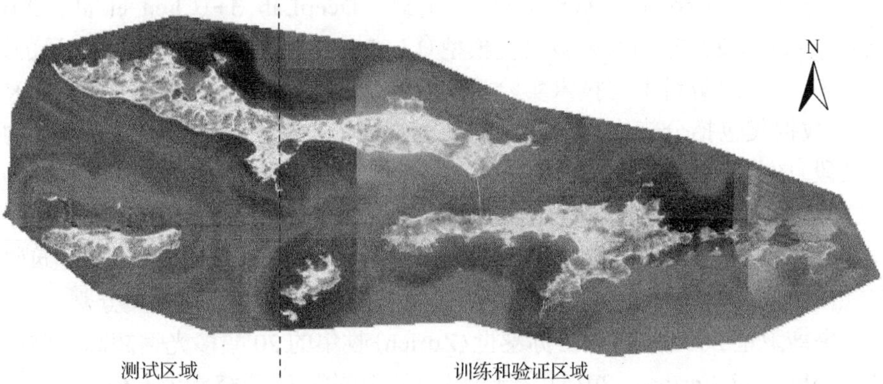

图 13.6　研究区域——中国大长山岛的 RGB 图像

为了提高训练模型的泛化能力，本章案例在训练前使用三分之一数据集(20 幅图像)对模型进行预训练，以量化初始参数。本章案例使用了 2002 年由快鸟卫星获取的一组超高分辨率(0.61×0.61m^2)的苏黎世(瑞士)城市图像(https://sites.google.com/ site/michelevolopiresearch/data/zurich-dataset)数据。原始图像是使用 RGB 通道(未使用近红外波段)匹配基本规模模型的子集。本章案例利用这些数据对语义分割模型进行预训练，得到初始系数(权重和偏差)。然后，基于预先训练好的参数，对分割模型进行训练，缩短了训练时间。

13.3.2　评估

研究区域的左三分之一图像用于独立测试，其余三分之二图像依据标签特征随机取样，以训练(样本的 60%)、验证(样本的 20%)和测试(样本的 20%)模型。独立测试样本不用于训练和验证，只用于训练结束后评估模型真实的泛化能力。

对于模型的训练，本章案例使用带有牛顿动量的 Adam 作为优化器。使用早停止标准来减少训练中的过拟合，使用灵敏度分析来检验残差学习、形状表示模型的正则化和多尺度的效果。

为了衡量训练模型的性能，本章案例使用了三个指标：像素精度 PA(定义为正确分类的像素数与像素总数的比)、Jaccard 索引 JI(定义为两个集合的交集大小除以它们的并集大小)和均交并比 MIoU(定义为每个类别的 JI 值的平均值)。对于模型之间的比较，除了 MIoU 和 PA 之外，本章案例还使用了其他三个指标：召回率 Recall(定义为检索到的真实相关实例与实际相关实例总数的比)，精准率 Precision(定义为检索实例中相关实例的分数)和 F-度量 F-measure(定义为精准率和召回率的加权平均值，以此来衡量测试精度)。

本章案例使用了三个额外的可公开访问的数据集来验证该方法的通用性，通过将该方法与 U-Net(Ronneberger et al.，2015)、DeepLab 3+(Chen et al.，2018)、GCN(Peng et al.，2017)和残差多尺度模型(Li，2019)进行比较，进行了广泛的评估。

(1)2017 年国防科学与技术实验室(DSTL)卫星图像特征检测挑战赛的 Kaggle 数据集。数据集包括分辨率为 31cm 的高分辨率全色图像、分辨率为 1.24m 的 8 波段(M 波段)图像和分辨率为 7.5m 的短波红外(A 波段)图像(全部由 WorldView-3 卫星提供)。通过全色锐化(Padwick et al.，2010)将高分辨率全色图像和低分辨率图像融合，以获得 25 幅分辨率为 31cm 的图像。本章案例从 5 个类别标签(建筑物、农作物、道路、树木和车辆)中提取二值建筑物标签以进行建筑物语义分割。

(2)快鸟卫星 2002 年在瑞士苏黎世(Zurich)收集的 20 幅多光谱超高分辨率图像数据集(Volpi and Ferrari，2015)。全色锐化图像的空间分辨率为 0.61m，有 4 个通道，跨越近红外与可见光谱(NIR-R-G-B)。本章案例从 9 个类别标签(道路、树木、裸土、铁路、建筑物、草地、水、池塘和背景)中提取二元建筑物标签，对建筑物进行语义分割。

(3)无人机部署分割数据集(The Dataset of DroneDeploy Segemntation) (Aburas et al.，2016)，包括 2019 年由无人机拍摄的地面分辨率为 10cm 的空中场景。标签图像文件格式是 RGB，标签是 PNG 格式，标签中 7 种颜色代表 7 个类别(建筑、杂物、植被、水、地面、汽车和背景)。总共有 36 个小图像(空间分辨率为 256×256)用于训练，130 个小图像用于验证，130 个小图像用于测试。由于建筑物标签的训练样本较少，训练的模型对所有类别(包括建筑物)进行图像分割，以评估模型。

13.4　建筑物识别结果

总的来说，本章案例大约获得了总像素的 0.25%作为建筑物的标签掩模。通过网格搜索得到超参数集的最优解：初始学习率为 0.001，学习过程中能进行自适应调整，小批量图像 12 幅，λ_1=0.01，λ_2=0.001，训练周期为 80。敏感性分析表明，在使用 Zurich 数据集的迁移学习中，与随机初始化参数相比，预先训练的模型具有较高的学习效率(但测试性能没有一致的变化)。

在研究的大长山地区，建筑物规模较小，其形状和特征不太复杂。灵敏度分析表明，3 种不同尺度模型(256m、512m 和 1024m)的集成学习可以获得最优解。对于尺度为 256×256 的输入图像使用前面提到的方法，结果(3 个尺度(分辨率)：4m、2m 和 1m)(表 13.1)显示了良好的性能：在训练阶段，PA 均为 0.99，JI 分别为 0.92、0.94 和 0.95，MioU 分别为 0.94、0.93 和 0.91；在验证阶段，PA 分别为 0.99、0.98 和 0.98，JI 分别为 0.92、0.92 和 0.89，MioU 分别为 0.93、0.93 和 0.91；在测试阶段，PA 分别为 0.99、0.98 和 0.98，JI 分别为 0.91、0.92 和 0.90，MIoU 分别为 0.93、0.93 和 0.91。对于使用研究区域图像三分之一的独立测试，4m 尺度的模型得到的 PA 为 0.99，JI 为 0.86，MIoU 为 0.82；2m 尺度的模型得到的 PA 为 0.99，JI 为 0.88，MIoU 为 0.82；1m 尺度的模型得到的 PA 为 0.99，JI 为 0.71 和 MIoU 为 0.82。

表 13.1　训练、验证、测试和三个尺度的独立检测结果

尺度(分辨率)	度量	训练	验证	测试	独立测试
4m	样本数量	4595	1531	1531	2245
	PA	0.99	0.99	0.99	0.99
	JI	0.92	0.92	0.91	0.86
	MIoU	0.94	0.93	0.93	0.82
2m	样本数量	7531	2510	2510	9464
	PA	0.99	0.98	0.98	0.99
	JI	0.94	0.92	0.92	0.88
	MIoU	0.93	0.93	0.93	0.82
1m	样本数量	7540	2513	2513	43708
	PA	0.99	0.98	0.98	0.99
	JI	0.95	0.89	0.90	0.71
	MIoU	0.91	0.91	0.91	0.82

三个尺度使用和不使用形状表示正则化因子模型的结果(损失和 MIoU 的学习曲线如图 13.7 所示)一致表明，使用形状正则化因子的模型具有更好的性能(较低的损失和较高的 MIoU)。敏感性分析表明，在独立测试中，使用形状正则化因子的模型的 MIoU 提高了 1%～3%。Tong 等(2018)将完全卷积神经网络(FCNN)与形状表示模型(SRM)相结合，开发了一种新颖的自动头颈部风险器官分割方法。结果表明，该方法能有效地利用遥感数据对建筑物进行语义分割。形状表示的正则化有助于减少训练模型的过拟合，提高模型在建筑物语义分割中的泛化能力。早期的研究(Huang and Zhang，2011a；Pesaresi et al.，2008；Huang and Zhang，2011b)中使用了人工提取的形态特征来区分建筑物和其他地理特征，但是在使用深度学习的建筑物语义分割的许多现有研究中，这些特征是缺失的。本章案例使用自动编码器来提取形态特征作为形状表示，并将其作为正则化因子嵌入到损失函数中，以减少噪声输出和过拟合。

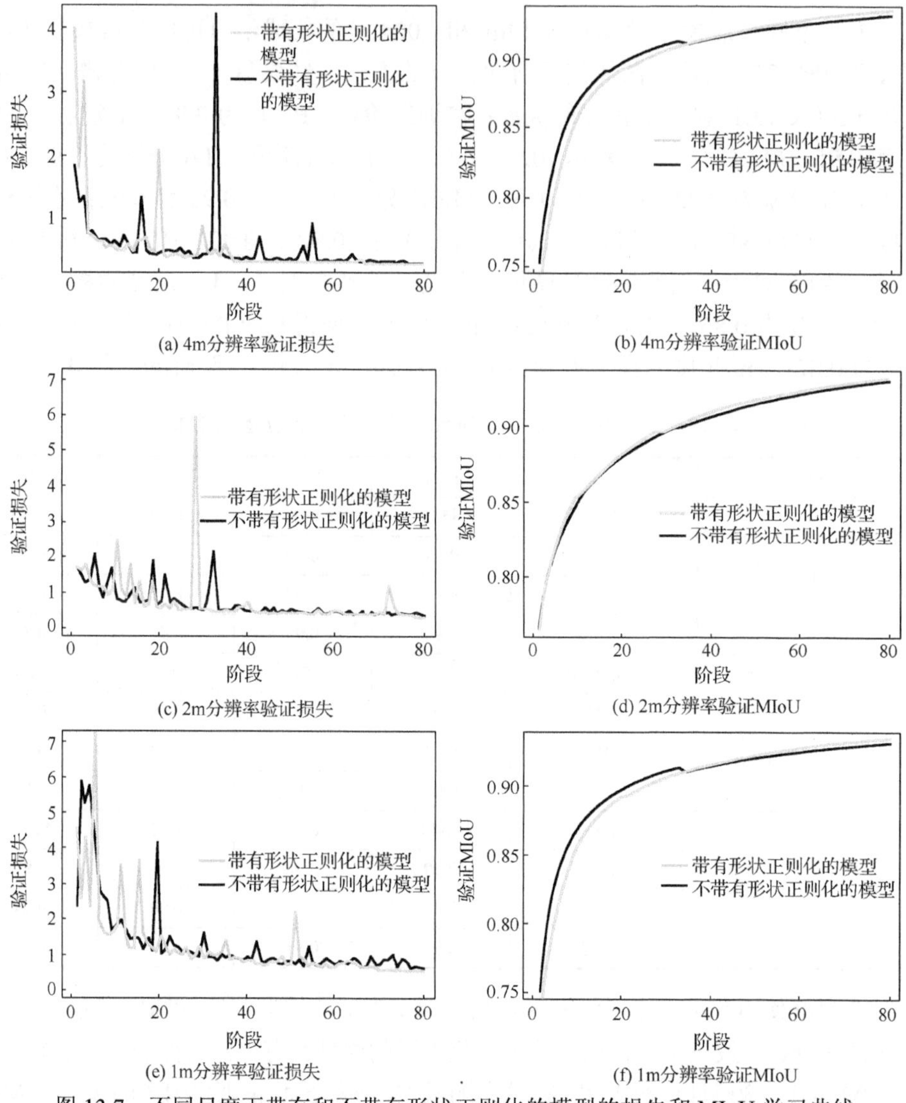

图 13.7　不同尺度下带有和不带有形状正则化的模型的损失和 MIoU 学习曲线

正如本章案例之前的研究(Li，2019)所示，在 U-Net 中使用残差连接来代替矩阵的连接，可以减少参数，从而降低过拟合。同时，之前研究的敏感性分析显示，使用残差连接的验证和测试过程有 1%～3%的改进。

在不同尺度(分辨率)的背景下，输入图像的尺度对语义分割有重要影响。为了获取多尺度上下文信息，许多研究在模型中嵌入了多尺度模块。例如，本章案例嵌入了两个多尺度模块(缩放和 ASPP)来捕获局部和长期上下文信息(Li，2019)；Zhang 等(2020)在遥感图像分割中利用高分辨率网络聚合多尺度上下文。尽管网络中的多尺度模块可以帮助模型捕捉局部和全局的上下文信息(Li，2019；Peng et al.，2017；

Chen et al.，2017；Zhang et al.，2020；Lin et al.，2018)，但输入图像的尺度可能会从更宽或更全局的上下文中约束训练模型。图 13.8 显示了对于输入大小为 256×256 的图像，在三个不同的尺度下捕获的上下文信息：尺度为 4m 分辨率(图 13.8(a)和(b))时，输入的上下文信息比其他两个尺度更宽；尺度为 1m 分辨率(图 13.8(e)和(f))时，输入的局部细节比其他两个尺度更多，但全局的上下文信息更少。不同尺度的训练模型在独立测试时泛化能力不同，如表 13.1 所示。尺度为 1m 分辨率的模型的 Jaccard 索引最低(0.71 vs. 0.86 和 0.88)，这说明了全局上下文信息对训练模型泛化能力的重要性。但由于用于训练模型的 GPU 的内存限制，输入图像的大小有一个阈值(本章案例的例子是 256)，因此，本章案例对大图像重采样，使用最近邻插值获得目标分辨率样本。在固定的输入大小下，本章案例使用重采样技术来获得三种分辨率(4m、2m 和 1m)下的不同上下文。

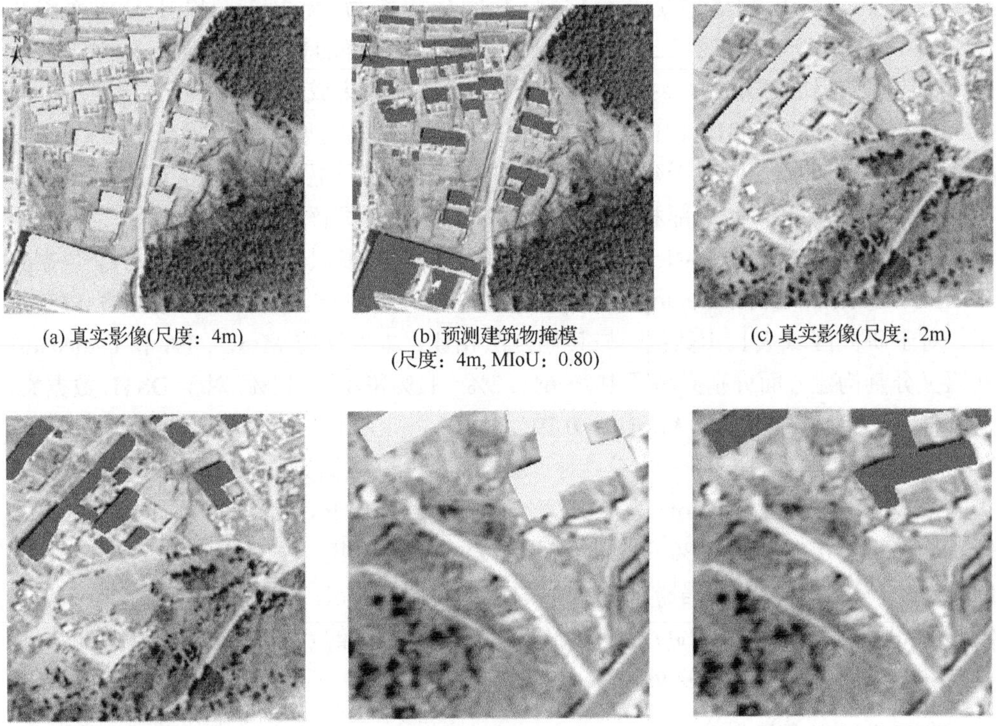

(a) 真实影像(尺度：4m)
(b) 预测建筑物掩模(尺度：4m, MIoU：0.80)
(c) 真实影像(尺度：2m)
(d) 预测建筑物掩模(尺度：2m, MIoU：0.83)
(e) 真实影像(尺度：1m)
(f) 预测建筑物掩模(尺度：1m, MIoU：0.84)

图 13.8 三种空间尺度下真实掩模和预测掩模的比较

此外，多尺度(分辨率)集成模型被用于提高训练模型的泛化能力。例如，Lee(2018)使用过采样和欠采样技术获取多尺度数据样本来训练多个模型，对多尺度集成模型的输出进行合并，得到最终的预测结果。该策略可以减少单个多尺度模型输入样本大小的限制，避免大型多尺度网络对 GPU 内存的高要求，但训练多个模型需要更多的时间。

在本章案例的方法中，ASPP 模块被嵌入到网络中，成为一个端到端集成的深度网络，并根据输入动态地提取多个上下文信息。虽然期望用足够大的输入样本（如 1024×1024）训练一个鲁棒的多尺度模型，但由于 GPU 内存的限制，实际上很难有效地训练这么大的模型。一般来说，为了适应 GPU 内存的要求，可能需要裁剪输入图像或者通过缩放来减小输入图像的大小，这样模型就可以得到训练。在训练中使用剪切后的较小的输入样本可能会导致大量上下文信息的丢失；在训练中使用通过缩放来减小大小的输入样本可能会导致局部细节的缺乏。因此，多尺度模型的集成学习是足够大输入样本的大模型和 GPU 可用内存限制之间的折中。在本章案例研究中，除了在模型中嵌入多尺度的 ASPP 模块外，还采用了多尺度集成模型的策略，建立标签的最终预测概率是三个模型（空间分辨率为 4m、2m 和 1m）概率输出（Jaccard 索引（JI）加权的独立测试）的平均值的。从最终的预测概率来看,本章案例选择 0.5 的阈值提取建筑物。对于原始分辨率（1m）下的集成预测，在独立检验中，本章案例得到的 JI 为 0.81，MIoU 为 0.83，MIoU 比基础模型的结果提高了 1%～2%。在模型尺度的选择上，对于建筑物尺寸不同、形状特征更复杂的较大研究区域，本章案例可能需要更多的局部和全局尺度模型来得到最优解。

本章案例的方法与 U-Net、DeepLab 3+、GCN 和多尺度残差模型在 4 个数据集（DSTL、Zurich、DroneDeploy 和大长山）上进行独立测试，其评估结果如表 13.2 所示。对于研究区域大长山数据，与其他方法相比，本方法将 MIoU、PA 和 F-measure 在语义分割构建方面分别提高了 1%～6%、2%～11%和 4%～12%。对于 DSTL 数据集，与其他方法相比，本方法的 MIoU 为 0.79（增加 3%～13%），PA 为 0.98（增加 1%～5%），F-measure 为 0.78（增加 3%～11%）；对于 DroneDeploy 数据集，本章案例的方法在七个类的语义分割中实现了 MIoU 为 0.51（增加 1%～12%），PA 为 0.65（增加 1%～6%）和 F-measure 为 0.71（增加 5%～18%）。对于 Zurich 数据集，与其他三种方法（U-Net、DeepLab 3+和残差自动编码器）相比，本案例的方法的 MIoU 为 0.91（增加了 2%～6%），PA 为 0.97（增加了 5%～7%）；与 GCN 相比，本章案例的方法取得了相似的性能，但测试性能略低（MIoU 为 0.92 vs. 0.91；PA 为 0.98 vs. 0.97；F-measure 为 0.96 vs. 0.95）。

表 13.2　四个数据集（DSTL、Zurich、DroneDeploy 和大长山）上独立检测的结果比较

数据集		DSTL	Zurich	DroneDeploy	大长山
目标类别		建筑物	建筑物	所有类别 [b]	建筑物
训练样本大小		2426	1932	36	4595
U-Net	MIoU	0.72	0.86	0.41	0.77
	PA	0.95	0.90	0.59	0.95
	Recall	0.69	0.90	0.65	0.79

续表

数据集		DSTL	Zurich	DroneDeploy	大长山
U-Net	Precision	0.78	0.89	0.45	0.80
	F-measure	0.73	0.90	0.53	0.80
DeepLab 3+	MIoU	0.70	0.85	0.42	0.76
	PA	0.93	0.92	0.64	0.88
	Recall	0.66	0.91	0.63	0.79
	Precision	0.75	0.92	0.64	0.73
	F-measure	0.70	0.92	0.63	0.75
GCN	MIoU	0.77	**0.92**	0.39	0.82
	PA	0.97	0.98	0.63	0.97
	Recall	0.72	0.96	0.75	0.86
	Precision	0.81	0.93	0.45	0.81
	F-measure	0.76	**0.96**	0.56	0.83
残差自动编码器[a]	MIoU	0.75	0.89	0.50	0.80
	PA	0.96	0.92	0.61	0.97
	Recall	0.69	0.95	0.81	0.83
	Precision	0.79	0.97	0.56	0.84
	F-measure	0.74	0.96	0.66	0.83
基于形状正则化的多尺度残差模型	MIoU	**0.79**[c]	0.91	**0.51**	**0.83**
	PA	0.98	0.97	0.65	0.99
	Recall	0.73	0.95	0.86	0.87
	Precision	0.84	0.94	0.61	0.87
	F-measure	**0.78**	0.95	**0.71**	**0.87**

注：a. 表示不使用形状正则化器；b. 包括建筑、杂物、植被、水、地面、汽车，以及背景；c. 粗体数字表示对各个数据集使用不同的方法最优的指标值(MIoU 或 F-measure)。

与 U-Net 和 DeepLab 3+相比，残差多尺度模型表现更好，这表明了残差学习和多尺度模块在网络中的贡献，这在本章案例之前的工作(Li，2019)的广泛比较中也得到了证实。作为最优模型，与残差的多尺度模型相比，本章案例的方法在四个数据集的测试中均有额外的改进，显示出形状表示正则化因子与多尺度模型集成学习的显著贡献。

总体而言，GCN 和 DeepLab 3+的性能相近或较优于 U-Net，但相近或较差于本章案例的方法。如前所述，DeepLab 3+和 GCN 主要针对一般的图像或视频数据，若直接应用于遥感数据的建筑物分割，则会受到限制，如本章案例的测试所示。然而，DeepLab 3+和 GCN 中的一些先进技术可能会调整并应用到本章案例的架构中。例如，在本章案例的结构中引入 DeepLab 中的 ASPP 多尺度连接模块，增强了本章案例体系结构中多个上下文信息的提取(图 13.1)。作为捕获全局上下文信息的潜在改进，GCN 中的全卷积和边界细化可能会被纳入本章案例未来的体系结构中。

结果(图 13.9 为测试区域的左上部分；图 13.10 为测试区域的右上部分；图 13.11 为测试区域的左下部分)表明，独立测试中的预测输出与建筑物的真实掩模匹配良好。大部分真实掩模(>80%)被集成预测的掩模覆盖，说明了该方法的可靠性。集成结果还表明，与未使用形状正则化因子的模型相比，使用形状正则化因子的模型的分割噪声更少。与单一尺度下的模型预测相比，集成预测的优点是综合了不同尺度下多个基本模型的输出，从而更好地捕捉到局部和长期的背景信息。

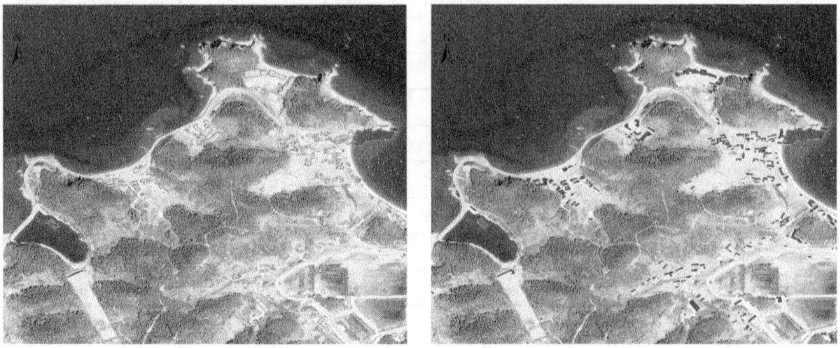

(a) 左上方建筑物真实掩模　(b) 左上方建筑物预测掩模

图 13.9　测试区域左上方建筑物真实掩模和预测掩模的比较

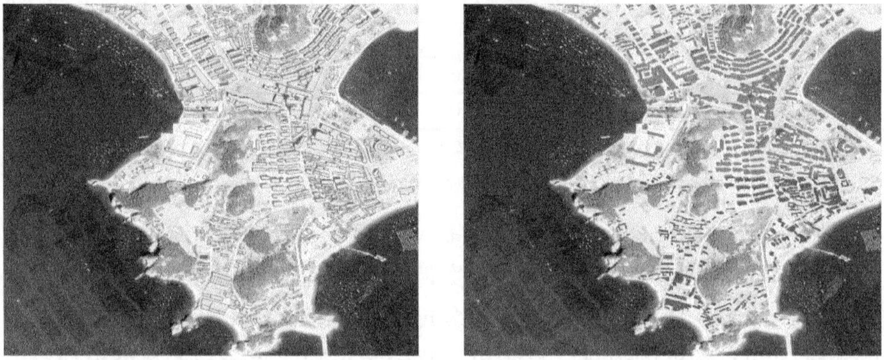

(a) 右上方建筑物真实掩模　(b) 右上方建筑物预测掩模

图 13.10　测试区域右上方建筑物真实掩模和预测掩模的比较

这项研究有两个局限。一是在集成多尺度学习中，尺度的数量是有限的。本章案例只使用了三种分辨率(4m、2m 和 1m)来训练三个尺度的基础模型。然而，本章案例的方法可以方便地推广到更多的尺度，如三个尺度或以上的尺度。这可以用来捕捉更多的局部细节和更广泛的上下文信息，以增强实际预测中的泛化能力。另一个局限是缺少对预测掩模的后处理。条件随机场(CRF)等后处理技术可用于去除噪声掩模并获得必需结果(Hoberg et al.，2014)，但这超出了本章案例的研究范围。在未来的研究中，一个重要的方向将是发展融合多个基本的多尺度模型、形状表示正则化因子和后处理的完整的端到端的建筑物语义分割方法。

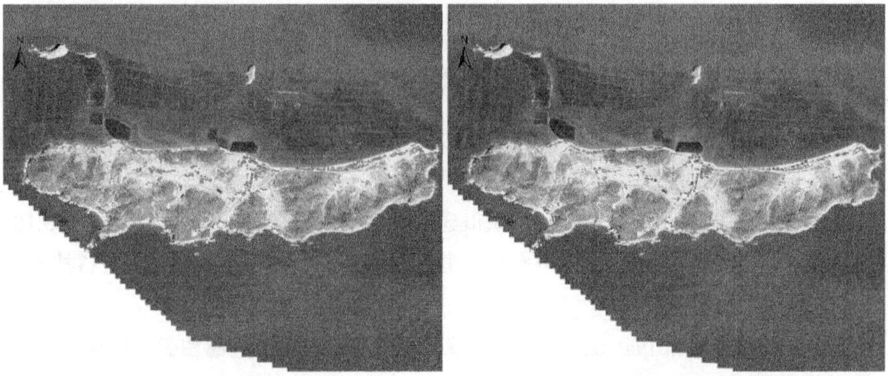

(a)左下方建筑物真实掩模　　　　　　　　　　　　　(b)左下方建筑物预测掩模

图 13.11　测试区域左下方建筑物真实掩模与预测掩模比较(见彩图)

13.5　小　　结

由于建筑物外观的高度可变性和背景的复杂性，对建筑物进行准确的语义分割是一个挑战。目前已经开发了许多用于普通或生物医学图像以及视频的深度学习方法，由于遥感数据与一般图像在光谱和形态特征上的差异，这些方法在建筑物语义分割中的应用有限。本章案例提出了一种利用多尺度模块、以多尺度模型集成学习和形状表示正则化因子的残差深度学习方法，用于建筑物的语义分割。与 U-Net 相似，在编码器-解码器结构的基础上使用残差连接提高深度网络的学习效率，使用自动编码器对建筑物的形状表示进行编码，并将其作为模型中的正则化因子，捕捉建筑物的形状特征，提高训练模型的泛化能力。为了在语义分割中获取局部、全局的上下文信息，除了在模型中嵌入多尺度 ASPP 模块外，本章案例还采用了多尺度模型的集成学习，以此来减少输入样本大小的限制。与单尺度训练模型的预测结果相比，集成预测提高了泛化能力(更高的 MIoU)。与现有的代表性方法(U-Net、DeepLab 3+、GCN 和多尺度残差模型)相比，该方法在本章案例研究区域以及三个额外的可公开访问数据集的独立测试中取得了最好的性能。研究表明，多尺度残差模型和集成学习，以及形状表示的正则化方法对建筑物的语义分割有重要贡献。虽然在本章案例的研究中使用了有限数量的多尺度模型(三个尺度的模型)，但是根据建筑物的大小和形态的复杂性，本章案例的模型结构可以灵活地添加更多的尺度模型。

从未来模型发展的角度出发，本章案例考虑将全卷积和边界细化合并到网络结构中，以获取全局上下文信息，并将多个基础多尺度模型、形状表示正则化因子和后处理集成为一个系统的端到端方法中，以提高建筑物分割学习和预测的效率。

参考文献

林祥国，张继贤. 2017. 面向对象的形态学建筑物指数及其高分辨率遥感影像建筑物提取应用. 测绘学报，46(6): 724-733

刘蝶. 2020. 基于卷积神经网络的航空影像城市建筑物分割. 地理空间信息, 18(1): 51-53,100,109

王俊，秦其明，叶昕，等. 2016. 高分辨率光学遥感图像建筑物提取研究进展. 遥感技术与应用, 31(4): 653-662, 701

王宇，杨艺，王宝山，等. 2019a. 深度神经网络条件随机场高分辨率遥感图像建筑物分割. 遥感学报, 23(6): 1194-1208

王宇，杨艺，王宝山，等. 2019b. 深度残差神经网络高分辨率遥感图像建筑物分割. 遥感技术与应用, 34(4): 736-747

杨嘉树，梅天灿，仲思东. 2018. 顾及局部特性的CNN在遥感影像分类的应用. 计算机工程与应用, 54(7): 188-195

余威，龙慧云. 2019. 基于深度卷积网络的遥感影像建筑物分割方法. 计算机技术与发展, 29(6): 57-61

张庆云，赵冬. 2015. 高空间分辨率遥感影像建筑物提取方法综述. 测绘与空间地理信息, 38(4): 74-78

张亚一，费鲜芸，王健，等. 2020. 基于高分辨率遥感影像的建筑物提取方法综述. 测绘与空间地理信息, 43(4): 76-79

左童春. 2017. 基于高分辨率可见光遥感图像的建筑物提取技术研究. 合肥：中国科学技术大学

Aburas M M, Ho Y M, Ramli M F, et al. 2016. The simulation and prediction of spatio-temporal urban growth trends using cellular automata models: A review. International Journal of Applied Earth Observation and Geoinformation, 52: 380-389

AkÇay H G, Aksoy S. 2008. Automatic detection of geospatial objects using multiple hierarchical segmentations. IEEE Transactions on Geoscience and Remote Sensing, 46(7): 2097-2111

Bergstra J, Bengio Y. 2012. Random search for hyper-parameter optimization machine learning research. The Journal of Machine Learning Research, 13: 281-305

Bischke B, Helber P, Folz J, et al. 2019. Multi-task learning for segmentation of building footprints with deep neural networks. Proceedings of the IEEE International Conference on Image Processing , Taipei: 1480-1484

Blaschke T, Hay G J, Kelly M, et al. 2014. Geographic object-based image analysis: Towards a new paradigm. ISPRS Journal of Photogrammetry and Remote Sensing, 87: 180-191

Chen L C, Papandreou G, Schroff F, et al. 2017. Rethinking atrous convolution for semantic image segmentation. arXiv preprint arXiv: 170605587

Chen L C, Zhu Y, Papandreou G, et al. 2018. Encoder-decoder with atrous separable convolution for semantic image segmentation. Proceedings of the European Conference on Computer Vision, Munich: 801-818

Cui W, Wang F, He X, et al. 2019. Multi-scale semantic segmentation and spatial relationship recognition of remote sensing images based on an attention model. Remote Sensing, 11(9): 1044

Das S, Mirnalinee T, Varghese K. 2011. Use of salient features for the design of a multistage framework to extract roads from high-resolution multispectral satellite images. IEEE Transactions on Geoscience and Remote Sensing, 49(10): 3906-3931

DSTL. 2018. DSTL satellite imagery feature detection. https://www.kaggle.com/c/dstl-satellite-imagery-feature-detection/overview/description [2019-01-01]

Garcia-Garcia A, Orts-Escolano S, Oprea S, et al. 2017. A review on deep learning techniques applied to semantic segmentation. arXiv preprint arXiv: 170406857

He K M, Zhang X Y, Ren S Q, et al. 2016a. Deep residual learning for image recognition. Proceedings of the IEEE Conference on Computer Vision and Pattern Recognition, Las Vegas: 770-778

He K M, Zhang X Y, Ren S Q, et al. 2016b. Identity mappings in deep residual networks. Proceedings of the European Conference on Computer Vision, Amsterdam: 630-645

Hoberg T, Rottensteiner F, Feitosa R Q, et al. 2014. Conditional random fields for multitemporal and multiscale classification of optical satellite imagery. IEEE Transactions on Geoscience and Remote Sensing, 53(2): 659-673

Huang X, Zhang L. 2011a. A multidirectional and multiscale morphological index for automatic building extraction from multispectral GeoEye-1 imagery. Photogrammetric Engineering & Remote Sensing, 77(7): 721-732

Huang X, Zhang L. 2011b. Morphological building/shadow index for building extraction from high-resolution imagery over urban areas. IEEE Journal of Selected Topics in Applied Earth Observations and Remote Sensing, 5(1): 161-172

Iglovikov V, Mushinskiy S, Osin V. 2017. Satellite imagery feature detection using deep convolutional neural network: A kaggle competition. arXiv preprint arXiv: 170606169

Lee K. 2018. DSTL satellite imagery competition, 1st place winner's interview. https://medium.com/kaggle-blog/dstl-satellite-imagery-competition-1st-place-winners-interviewkyle-lee-6571ce640253

Li L, Fang Y, Wu J. et al. 2020. Encoder-decoder full residual deep networks for robust regression and spatiotemporal estimation. IEEE Transactions on Neural Networks and Learning Systems, 32(9): 1-14

Li L F. 2019. Deep residual autoencoder with multiscaling for semantic segmentation of land-use images. Remote Sensing, 11(18): 2142

Lin D, Ji Y, Lischinski D, et al. 2018. Multi-scale context intertwining for semantic segmentation. Proceedings of the European Conference on Computer Vision, Munich: 603-619

Maggiori E, Tarabalka Y, Charpiat G, et al. 2017. Convolutional neural networks for large-scale remote-sensing image classification. IEEE Transactions on Geoscience and Remote Sensing, 55(2): 645-657

Padwick C, Deskevich M, Pacifici F, et al. 2010. WorldView-2 pan-sharpening. Proceedings of the ASPRS 2010 Annual Conference, San Diego

Peng C, Zhang X, Yu G, et al. 2017. Large kernel matters: Improve semantic segmentation by global convolutional network. Proceedings of the IEEE Conference on Computer Vision and Pattern Recognition, Honolulu: 4353-4361

Pesaresi M, Gerhardinger A, Kayitakire F. 2008. A robust built-up area presence index by anisotropic rotation-invariant textural measure. IEEE Journal of Selected Topics in Applied Earth Observations and Remote Sensing, 1(3): 180-192

Qin Y, Wu Y, Li B, et al. 2019. Semantic segmentation of building roof in dense urban environment with deep convolutional neural network: A case study using GF2 VHR imagery in China. Sensors, 19(5): 1164

Ronneberger O, Fischer P, Brox T. 2015. U-Net: Convolutional networks for biomedical image segmentation. Proceedings of the International Conference on Medical Image Computing and Computer-Assisted Intervention, Munich: 234-241

Sethi A. 2020. One-hot encoding vs. label encoding using scikit-learn. https://www.analyticsvidhya.com/blog/2020/03/one-hot-encoding-vs-label-encoding-using-scikit-learn [2019-01-01]

Shi Y, Li Q, Zhu X X. 2020. Building segmentation through a gated graph convolutional neural network with deep structured feature embedding. ISPRS Journal of Photogrammetry and Remote Sensing, 159: 184-197

Song M, Civco D. 2004. Road extraction using SVM and image segmentation. Photogrammetric Engineering & Remote Sensing, 70(12): 1365-1371

Tian S, Zhang X, Tian J, et al. 2016. Random forest classification of wetland landcovers from multi-sensor data in the arid region of Xinjiang, China. Remote Sensing, 8(11): 954

Tong N, Gou S, Yang S, et al. 2018. Fully automatic multi-organ segmentation for head and neck cancer radiotherapy using shape representation model constrained fully convolutional neural networks. Medical Physics, 45(10): 4558-4567

Volpi M, Ferrari V. 2015. Semantic segmentation of urban scenes by learning local class interactions.

Proceedings of the IEEE Conference on Computer Vision and Pattern Recognition Workshops, Boston: 1-9

Wang C, Li L. 2020. Multi-scale residual deep network for semantic segmentation of buildings with regularizer of shape representation. Remote Sensing, 12(18): 2932

Wang Y, Song H, Zhang Y. 2016. Spectral-spatial classification of hyperspectral images using joint bilateral filter and graph cut based model. Remote Sens-Basel, 8(9): 748

Wiki. 2020. Residual neural network. https://en.wikipedia.org/wiki/Residual_neural_network [2019-01-01]

Yang J, Wang Y. 2012. Towards automatic building extraction: Variational level set model using prior shape knowledge. Proceedings of the International Conference on Image Analysis and Signal Processing, Milan: 1-6

Yi Y N, Zhang Z J, Zhang W C, et al. 2019. Semantic segmentation of urban buildings from VHR remote sensing imagery using a deep convolutional neural network. Remote Sens-Basel, 11(15): 1774

Yu H S, Yang Z G, Tan L, et al. 2018. Methods and datasets on semantic segmentation: A review. Neurocomputing, 304: 82-103

Zhang J, Lin S, Ding L, et al. 2020. Multi-scale context aggregation for semantic segmentation of remote sensing images. Remote Sens-Basel, 12(4): 701

第 14 章　气象参数预测

气象要素与人们的生产、生活息息相关，对整个人类活动产生着巨大的影响。准确的气象空间分布数据，理论上由高密度的气象站网采集，依赖于气象台站的观测，但我国气象台站数量有限、空间分布不均，难以反映气候空间连续过渡的基本特征。因此，站点外区域的气象数据通常只能由邻近站点的观测值进行估算，即气象要素空间插值。

气象数据不仅具有空间特征，而且具有属性和时间特征，是一种典型的时空数据(王绍武，1990)。早期的研究大多将气象数据的空间特征和时间特征单独考虑(李静思 等，2016；姜晓剑 等，2010)，忽略时空数据的重要信息。后来人们逐渐意识到这个问题，开始探求气象数据的时空插值方法，其中比较典型的是从空间克里金(Kriging)插值衍生出来的时空 Kriging 插值方法。近几年，随着人工神经网络的发展，各国学者致力于应用其强大的计算和存储能力，捕捉数据的时空结构。研究表明，神经网络模型可以深入研究气象属性的时空依赖性，为时空插值相关的不确定性提供新的解决方案。

14.1　应 用 综 述

气象要素是指表明大气物理状态、物理现象的各项要素，主要有气温、气压、风、湿度、云、降水以及各种天气现象。气象要素常作为重要的影响因子出现在环境污染、疾病健康和农业等领域，是多种地学模型和气候学模型的基础。但气象站点的数量有限，空间分布离散，高时空分辨率的气象数据需要通过插值产生。

常用于气象要素的空间插值方法有反距离权重法(inverse distance weighting，IDW)、多项式插值法(interpolating polynomials，IP)、Kriging、样条插值法(spline interpolation)等(姜晓剑 等，2010；赵婷和杨旭艳，2012；于洋 等，2015)。气象数据同时具有空间和时间特征，仅仅从时间或空间上进行插值会丢失时空数据集所包含的重要信息，影响插值精度。因此，对具有时空特性的数据进行插值的过程中，需要同时考虑时间趋势性和空间关联性(许美玲 等，2020)。

针对时空插值问题，Li 等(2004)提出了将时间视为独立维度的约简方法和将时间视为空间维度的扩展方法。对于地理数据，一种比较典型的、应用较广的时空插值方法，是从空间 Kriging 插值算法衍生来的。徐爱萍等(2011)将空间插值 Kriging 模型扩展到时空领域，实现了时空变异函数、时空插值和时空交叉验证；李莎等(2011)

在空间变异函数与时间变异函数的基础上构建一类积和式时空变异函数，用以描述变量的时空相关结构。许美玲等(2020)利用弹性网算法解决时空 Kriging 算法中的因时空变异函数矩阵为病态矩阵而无法求逆的问题。时空 Kriging 算法广泛应用于气象预测、大气污染浓度估计、土壤重金属监测等领域(李莎 等，2012；Lin et al.，2018；杨勇 等，2014)。

上述时空插值方法要么分别考虑空间和时间维度，要么简单地将时间作为空间中的另一个维度合并这两个维度，这类插值结果精度较低，真实时空域会产生不合理倾斜，空间距离计算不准确(Tong et al.，2019)。还有少量研究使用贝叶斯最大熵(Bayesian maximum entropy，BME)插值模型(Kou et al.，2016；丁润杰和赵朝方，2018)，该模型为时空建模和插值之间建立了一个知识综合框架，能够有效利用不同来源和精度的数据，是一种非线性方法(杨勇和张若兮，2014；王劲峰 等，2014)，该方法出现较晚，各国学者还在不断探索中。

2001 年，Antonić 等(Antonić et al.，2001)利用具有前向反馈的多层神经网络对克罗地亚的 7 个气候变量进行时空插值，通过神经网络训练数据找出了变量之间的时间趋势性和空间关联性。研究表明，神经网络可以充分挖掘数据的时空特性，为气象参数预测工作提供了新的思路。

黄子洋等(2008)利用一个 3 层神经网络的多维非线性映射功能，实现对气象数据在空间上的按需插值以及对其他不同信息来源的数据进行融合的功能。由卷积神经网络(CNN)与循环神经网络(RNN)组成的时空神经网络，同时提取风速数据的空间特征和时序特性，在处理时序数据中取得了巨大的进步。

随着深度学习的兴起，气象要素时空估计精度上升到一个新的台阶。方颖和李连发(2019)以中国大陆为研究区域，分别构建气温、相对湿度和风速的广义加性模型(generalized additive models，GAM)和残差自动编码器神经网络，实现了相应气象因子高精度高分辨率的时空估计。Li(2019)又基于降尺度的气象再分析数据与地理加权集成学习，研究了一种稳健的高分辨率时空风速估计方法。

本章对 Li(2019)研究的两个阶段的稳健的风速估计方法展开详细的介绍，包括中国大陆风速时空数据(第 14.2 节)和具体的研究方法(第 14.3 节)，以及研究最终的结果与讨论(第 14.4 节)。

14.2　中国大陆风速时空数据

高分辨率时空风速图对大气环境监测、空气质量评价和风力发电选址具有重要意义。现代再分析技术虽然可以获得可靠的高时间分辨率的气象插值表面，但其空间分辨率较粗糙。风速的局部变异性由于其不确定性而难以捕捉。本节介绍中国大陆风速时空数据，包括研究区域概况(14.2.1 节)，测量数据(14.2.2 节)，以及协变量(14.2.3 节)。

14.2.1 研究区域

研究区域为中国大陆，中国大陆地域辽阔，地形和海拔多样，气候因地区而异。在东北，夏天炎热干燥，冬天寒冷刺骨。在西南部，亚热带的夏天雨量充足，冬天凉爽。主要影响因素包括地理纬度、太阳辐射、陆地和海洋分布、洋流、拓扑结构和大气环流。因此，在全局区域与局部区域间有较大异质性的情况下，绘制风速等气象要素的高分辨率时空图具有很大的挑战性。

14.2.2 测量数据

地面监测站的观测数据来源于国家气象科学数据中心(http://data.cma.cn)提供的中国大陆每年每日的地面观测数据集，该数据集由 824 个国家基础气象监测站采集。本章案例使用 2015 年离地面 10～12m 以上日风速数据(单位：m/s)。为保证质量，去除了噪声样本，最终的监测站数目为 770 个。预测的目标变量为风速，输出的映射面空间分辨率为 1km(投影坐标系：以克拉索夫斯基(Krasovsky) 1940 为椭球体的北京 1954 坐标系，欧洲石油调查组织(European Petroleum Survey Group，EPSG)：4214(https://epsg.io/4214))和时间分辨率为 1 天。

14.2.3 协变量

根据影响因素和数据可及性，本章案例选取以下协变量。

(1) 坐标。

纬度和经度用于捕捉气象因素的位置差异和相关的地理环境。坐标的二次变换及其结果(反映经纬度的相互作用)可以反映地形的多样性和复杂性。虽然许多机器学习算法不能直接建立空间自相关模型，如神经网络、XGBoost 和随机森林，但坐标在这些算法中作为一种解释部分空间自相关性的表达方式。

(2) 高程。

高程的多样性也是造成中国大陆气象差异较大的部分原因。本章案例使用航天飞机雷达地形测绘任务(shuttle radar topology mission，SRTM)(https://www2.jpl.nasa.gov/srtm/)中空间分辨率为 500m 的海拔数据。SRTM 数据产品于 2003 年公开发布，覆盖地球上超过 80%的地表面。

(3) 再分析数据。

如前所述，气象再分析数据提供了可靠的粗空间分辨率的估计。再分析数据来自最新的基于数据同化系统(data assimilation system，DAS)的 Goddard 地球观测系统-前向处理(Goddard earth observation system-forward processing，GEOS-FP)数据集。GEOS-FP 以 0.25°(纬度)×0.3125°(经度)的空间分辨率和 3 小时的时间分辨率覆盖了中国大陆所有的地区(ftp://rain.ucis.dal.ca/ctm/GEOS_0.25x0.3125_CH.d/GEOS_FP)。实验中采用相应的粗分辨率的风速数据。此外，还提取了地表风梯度的重要因子行星边界层高度(planetary boundary layer height，PBLH)，它与风速密切相关(Wiki，2018；Wizelius，2007)。

再分析数据的分辨率较低，需要进行投影变换和重采样，以便将数据按照来源和分辨率进行对齐，以作为单个学习器的输入。

(4)一年中的某一天。

一年中的某一天被用来捕捉待估计风间变化。

(5)区域分离。

考虑到中国大陆不同的地理、大气和土地利用背景，使用资源与环境数据云平台(http://www.resdc.cn/)提供的中国大陆六个区域(东北部、中北部、西北部、西南部、中南部、西南部)的地图，确认区域定性因素，并在区域层面上解释中国大陆的空间异质性。

14.3 研 究 方 法

该系统框架基于两个阶段(图 14.1)：①训练，②推断和降尺度。在阶段 1，对于初始的高分辨率预测，训练了三个机器学习模型，分别是基于自动编码器的深度残差网络、XGBoost 和随机森林，并使用地理加权回归(GWR)模型来融合三个学习器的结果以进行集成预测(图 14.2)。在阶段 2，为了对新数据集进行高分辨率映射，在降尺度中迭代使用深度残差网络，以匹配粗分辨率下的风速和精细分辨率下的平均风速。这些风速最初是从第 1 阶段推断出来的，以减少偏差并获得更好的空间变化(平滑)的预测。

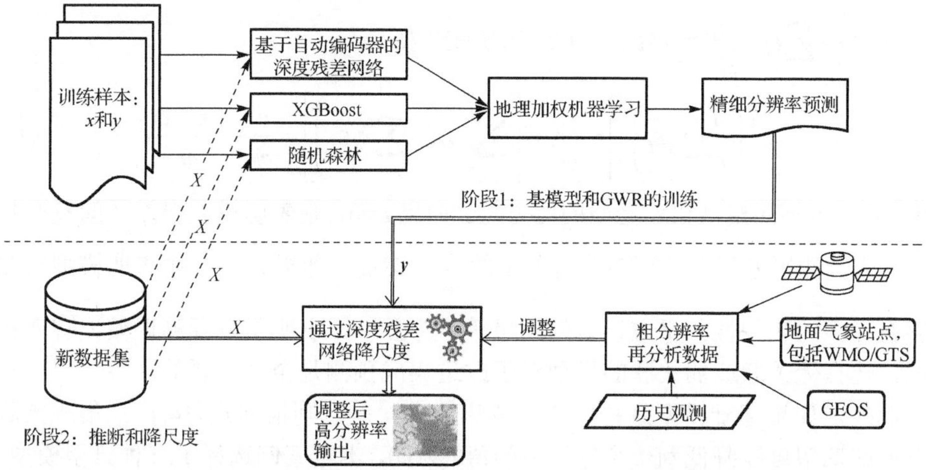

图 14.1　系统框架：基础模型和 GWR 的训练(阶段 1)以及推理和降尺度(阶段 2)

WMO 为世界气象组织(World Meteorological Organization)；GTS 为全球通信系统(global telecommunication system)；GEOS 为地球同步对地观测系统(geosynchronous earth observation system)

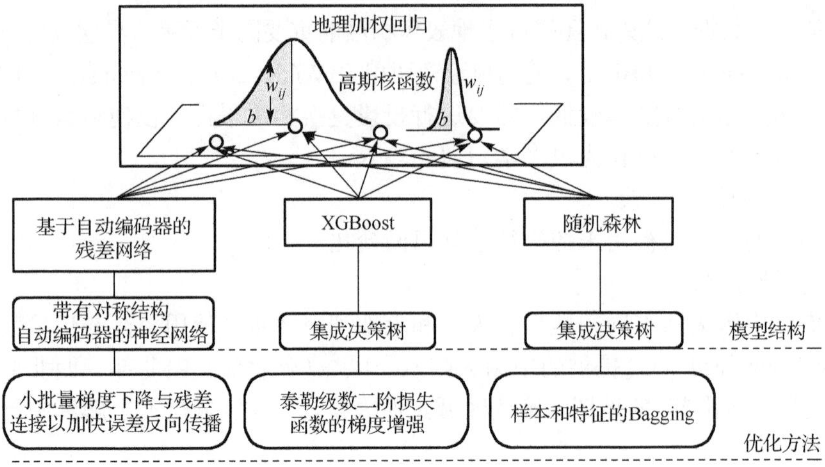

图 14.2　地理加权集成预测

14.3.1　阶段 1：地理加权学习

阶段 1 的目标是训练三个有代表性的基础模型，以改善使用 GWR 的集成估计，GWR 提供可靠的精细分辨率时空对比或变化。

1. 基学习器

在集成学习中，没有相关性或弱相关性的模型理论上可以产生误差更小的集成预测(Goodfellow et al.，2016)。假设 m 个模型的误差 ε_i (i=1,⋯,m，表示模型索引)，由方差 $\varepsilon_i^2 = v$ 和协方差 $E[\varepsilon_i\varepsilon_j] = c$ 的零均值多元正态分布得出。然后，它们的平均预测误差为 $\frac{1}{m}\sum_i \varepsilon_i$。集成预测平方误差的期望为：

$$E\left[\left(\frac{1}{m}\sum_i \varepsilon_i\right)^2\right] = \frac{1}{m^2}E\left[\sum_i\left(\varepsilon_i^2 + \sum_{j\neq i}\varepsilon_i\varepsilon_j\right)\right] = \frac{v}{m} + \frac{(m-1)}{m}c \tag{14.1}$$

其中，c 表示不同模型误差之间的协方差。如果 c=0，则表明模型误差之间没有相关性，集成预测平方误差的期望为方差 v 的 $\frac{1}{m}$。然而，如果 $c = v$，则表明模型误差之间存在完美的相关性，平方误差的期望等于方差 v，表明集成预测误差没有变化。因此，选择无关联或弱关联的模型对于改进集成预测是至关重要的。

此外，如果基础模型是稳健的，意味着小误差，则根据式(14.1)，集成预测平方误差的期望可能降低到一个低于 v 的值。为此，本章案例选择了三种典型模型(基于自动编码器的深度残差网络(Li et al.，2018)、XGBoost(Chen and Guestrin，2016)和随机森林(Tin，1998))。深度残差网络与其他两种基于决策树的模型(XGBoost

和随机森林)具有完全不同的结构。XGBoost 和随机森林的优化方法不同，前者采用梯度增强，后者采用 Bagging。因此，这三种模型在实际应用中有很大的不同和鲁棒性(Li et al.，2018；Chen and Guestrin，2016；Hastie et al.，2008；He et al.，2016a)。其他学习器，如 AdaBoost 或高斯过程回归，也可以考虑。为了简化应用和证明地理加权机器学习方法，这三种典型的学习器被用作地理加权建模的稳健的基学习器，它们的集成预测对于本章的案例研究具有足够的优势。

(1)基于自动编码器的深度残差网络。

在这种方法中，自动编码器为网络提供了基础架构，以便可以通过从编码组件中的浅层到解码组件中的深层的跳转连接来实现残差映射(Li et al.，2018)。神经网络中的残差(捷径)连接已被证明可以解决 CNN 中梯度消失或爆炸(Srivastava et al.，2015)和精度下降(He and Sun，2015；He et al.，2016b)问题。基于类似的想法，将残差连接添加到基于自动编码器的深度网络中，以提高学习精度和效率。

图 14.3 显示了风速预测的网络拓扑结构。该网络有 9 个输入节点，分别代表 9 个协变量(纬度、经度、经纬度平方、经纬度积、高程、GEOS-FP 风速、GEOS-FP、PBLH 和一年中的某一天)。对于内部自动编码器，编码组件的网络结构由 4 个隐藏层组成(每层的节点数依次为 256、128、64、32)，中间译码层有 16 个节点；相应地，解码组件也由 4 个隐藏层组成，每层的节点数与编码组件的节点数相反。残差连接从浅层向深层增加。最终输出是要预测的目标变量(高分辨率风速，m/s)。以下损失函数用于优化：

$$L(\theta_{w,b}) = \frac{1}{N} l_0(y, f_{\theta_{w,b}}(x)) + \Omega(\theta_{w,b}) \tag{14.2}$$

其中，y 是目标变量(风速)，x 表示输入协变量，N 为样本量，$f_{\theta_{w,b}}$ 是带有参数 w 和 b 的映射函数，$\Omega(\theta_{w,b})$ 表示线性组合 L1 和 L2 的惩罚的弹性网络正则化因子(Zou and Hastie，2005)。在本章节中，基于自动编码器的深度残差网络也称为(深度)残差网络。

(2)XGBoost。

XGBoost 是一个可扩展的端到端的树提升学习系统，在许多领域都有广泛的应用，实现了最先进的结果(Chen and Guestrin，2016)。XGBoost 使用稀疏感知算法和缓存感知块结构来实现高效的树学习。

假设 n 个样本和 d 个特征，$D=\{(x_i, y_i)\}$，$|D|=d$。加性函数用于进行最终预测(Chen and Guestrin，2016)：

$$\hat{y}_i = \varphi(x_i) = \sum_{k=1}^{K} f_k(x_i) \tag{14.3}$$

其中，k 是对应于每棵树(总共 K 棵树)的函数个数，$f(x) = w_{q(x)}$ 表示回归树的空间，q 表示将实例映射到相应叶子的每棵树的结构。

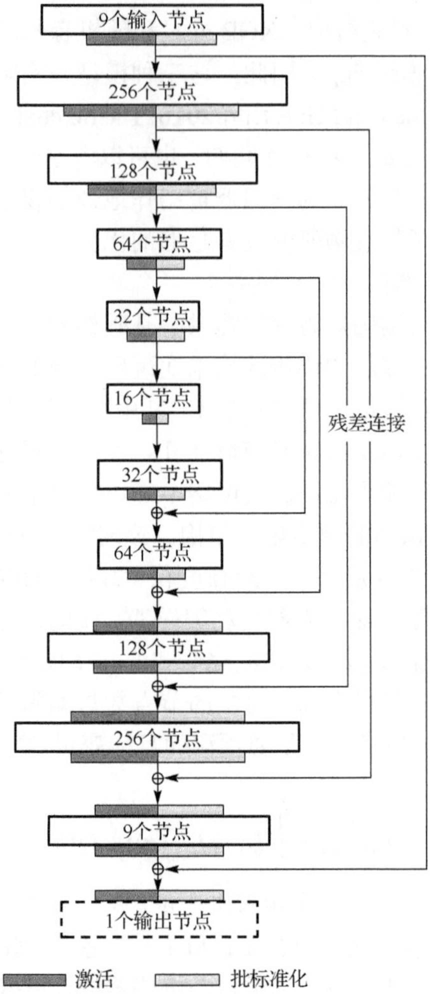

图 14.3　基于自动编码器的风速深度残差网络(9 个输入变量)

在梯度提升树的基础上，对 XGBoost 进行加法训练。假设第 k 步的正则化损失函数为：

$$L^{(k)} = \sum_{i=1}^{n} l(y_i, \hat{y}_i^{(k-1)} + f_k(x_i)) + \Omega(f_k) \tag{14.4}$$

其中，l 是可微分的损失函数，Ω 是正则化因子。为了得到 $f_k(x_i)$ 的最优加法，泰勒级数的二阶近似可以比一阶近似更有效地达到优化目标：

$$L^{(k)} \cong \sum_{i=1}^{n} [l(y_i, \hat{y}_i^{k-1} + g_i f_k(x_i) + \frac{1}{2} h_i f_k^{\ 2}(x_i))] + \Omega(f_k) \tag{14.5}$$

其中，$g_i = \partial \hat{y}_i^{k-1} l(y_i, \hat{y}_i^{k-1})$ 和 $h_i = \partial^2 \hat{y}_i^{k-1} l(y_i, \hat{y}_i^{(k-1)})$ 分别是最后预测结果 $\hat{y}_i^{k-1}$ 损失函数

的一阶和二阶梯度导数。

然后，对于固定的树结构 q，可以得到最优的权值 w。基于最优的权值和损失，根据分裂得分，即分裂后的损失减少，采用贪婪启发式算法或近似算法构造最优树。详情的请参阅(Chen and Guestrin，2016)。

(3)随机森林。

随机森林(Breiman，2001)是自采样聚集算法(Bagging)的集成学习方法改进版本，以决策树为基模型。Bagging 先从原始样本中抽取(有放回抽样)n 个(样本量)训练样本；然后，重采样子样本训练树。将单个回归树的预测结果平均，得到最终的预测结果，如下:

$$\hat{f}(\boldsymbol{x})=\frac{1}{K}\sum_{k=1}^{K}f_k(\boldsymbol{x}) \tag{14.6}$$

其中，k 是树的数量，$\boldsymbol{x}$ 表示 d 维输入，$f_k(\boldsymbol{x})$ 是 $\boldsymbol{x}$ 的第 k 棵树的输出。

引导聚集算法程序可以减少模型的方差而不增加偏差，实现了良好的性能。这意味着，只要树是不相关的，在训练集中单棵树的预测对噪声高度敏感时，多棵树预测的平均值不会敏感。在随机森林中，除了数据实例之外，还对输入特征集进行了有放回的抽样，以降低模型之间的相关性。

2. 地理加权学习

三种稳健的基模型(基于自动编码器的深度残差网络、XGBoost 和随机森林)及其均值，不能直接将空间自相关嵌入到模型和它们的预测中。因此提出了 GWR，它可以在考虑空间自相关和异质性的情况下，获得三种健壮模型的最优配置(权重)及其空间变化，实现健壮的融合预测(图 14.2)。

GWR 是一种通过移动窗口或空间核来约束回归(Fotheringham and Charlton，1998)样本的范围的局部回归方法。在 GWR 中，空间依赖性是根据 Tobler 的地理学第一定律(即“任何事物都是与其他事物相关的,但距离近的事物比距离远的事物更相关”)(Tobler，1970)来考虑的。假设在局部域 D 中有一个特征样本 x(本章案例研究的特征：三个基学习器的预测)，GWR 考虑特定位置的回归系数:

$$y_i=\beta_0(u_i,v_i)+\sum_{k=1}^{3}\beta_k(u_i,v_i)x_{ik}+\varepsilon_i(u_i,v_i)\in D,\quad i=1,2,\cdots,n \tag{14.7}$$

其中，(u_i,v_i)为第 i 个样本的坐标，β_0 为常数项，$\beta_k(u_i,v_i)$为第 k 个基预测的回归系数，x_{ik} 为第 i 个样本，ε_i 为随机噪声($\varepsilon_i \sim N(0,1)$)。

利用加权最小二乘法，可以得到如下解:

$$\hat{\beta}(u_i,v_i)=(\boldsymbol{X}^{\mathrm{T}}\boldsymbol{W}(u_i,v_i)\boldsymbol{X})^{-1}\boldsymbol{X}^{\mathrm{T}}\boldsymbol{W}(u_i,v_i)\boldsymbol{y} \tag{14.8}$$

其中，$\boldsymbol{X}$ 为所有样本的输入矩阵，$\boldsymbol{W}$ 为目标位置样本 (u_i,v_i) 的空间权重矩阵，$\boldsymbol{y}$ 为输出向量。

本章案例采用高斯核量化空间权重矩阵 $\boldsymbol{W}$：

$$w_{ij} = \exp(-(d_{ij} / b)^2) \tag{14.9}$$

其中，b 是表示采样域的带宽，d_{ij} 是位置 i 到位置 j 之间的距离。

GWR 通过融合三个学习器（基于自动编码器的深度残差网络、XGBoost 和随机森林）的预测结果，输出预测结果及其方差。此外，利用 GWR 中每个学习器的空间回归系数，也可以反映每个学习器对集成预测的贡献及其空间异质性。

对于三个基学习器，每个完整的模型都用 2015 年所有的样本数据来训练。考虑到 GWR 局部回归的隐式特征，以及风速在每天之间存在较大的差异，对单个学习器每天的预测进行 GWR，得到相应的预测结果。

14.3.2　阶段 2：基于深度残差网络的降尺度

对于新的数据集，阶段 2 旨在利用粗分辨率下的再分析数据或其他可靠的数据，调整最初从阶段 1 推断出的输出结果，使得细分辨率下的输出均值与相应粗分辨率下的值一致（图 14.3）。以可靠的粗分辨率数据作为先验知识，这样阶段 1 的集成预测是合理并符合假定趋势背景（粗糙的分辨率）的。降尺度从第 1 阶段的集成预测开始，该阶段在精细的局部尺度上很好地捕捉了时空对比或可变性。然后，在降尺度上迭代使用深度残差网络，将细分辨率输出与粗分辨率值进行匹配，直至两者的差值达到阈值。降尺度时，除了粗分辨率目标变量，将新数据集所有其他协变量的集合用于细分辨率的预测。假设目标变量在一个粗分辨率网格单元上的值为 G_i，$i = 1,2,\cdots,C$（C 为粗分辨率网格单元数），在细分辨率网格单元上的值为 g_i，$i = 1,2,\cdots,F$（F 为细分辨率网格单元数）。基于自动编码器的深度残差网络能够很好地捕捉协变量与目标变量（Li et al.，2018）之间的非线性关系以及空间连续性，使用以下正则化因子，将其用于建立细分辨率下上述协变量与 g_i 之间关系的模型：

$$\frac{1}{|F_l|}\sum_{i \in F_l} g_i = G_l,\quad l = 1,2,\cdots,C \tag{14.10}$$

其中，F_l 表示覆盖在第 l 个粗分辨率网格单元上的一组细分辨率网格单元。式 (14.10) 中的正则化因子表明，每个粗分辨率网格单元内的细分辨率网格单元的平均值等于粗分辨率网格单元的网格值。考虑到粗分辨率数据集（再分析数据）的可靠性，将该正则化因子作为约束是合理的。

实现上，使用以下公式对每个细分辨率单元格的预测值进行调整，以确保式 (14.10) 成立，并在每次迭代中使用深度残差网络更新回归：

$$\hat{g}_i^{(t)} = \hat{g}_i^{(t-1)} \cdot \frac{G_l}{\frac{1}{|F_l|}\sum_{j\in F_l}\hat{g}_j^{(t-1)}} \tag{14.11}$$

其中，G_l 与 g_i 假定重合，t 表示迭代次数，$\hat{g}_i^{(t)}$ 表示迭代 t 次后的调整值。

迭代的过程直到两次连续迭代的精细化网格单元差的绝对值的均值等于或低于一个停止判据值，或达到最大迭代次数才结束。

14.3.3 超参数优化与验证

为了获得稳健的风速预测，本章案例使用经验知识和机器学习网格搜索来寻找最优的超参数值。对于基于自动编码器的残差网络，首先根据已有的经验知识构建初始网络，然后利用灵敏度分析对其进行修正。通过对小批量大小(mini batch size)、网络深度、输出类型和激活函数的交叉验证网格搜索，寻找这些超参数的最优解。对于 XGBoost，网格由最大加强迭代(100、200、300 和 400)、最大树深度(6～12)、学习率(0.05、0.5、1)等组成，以实现最优搜索。对于 GWR，用于搜索的网格由不同的带宽(100km、200km、300km、400km 和 500km)组成。

在阶段 1 的独立测试中，对完整样本的 30%进行取样(按地区和月份分层)，以验证三个独立的模型。这种分层抽样方法确保了样本在空间和时间上的均匀分布，以减轻对空间结果的过高估计。考虑到局部回归需要更多的样本，本章案例使用留一法交叉验证(leave-one-out cross-validation，LOOCV)来验证 GWR。训练(所有的模型)、独立测试和交叉验证(对于 GWR 的)决定系数(R^2)、调整 R^2、均方根误差(RMSE)和平均绝对误差(MAE)，并在结果中进行比较。在阶段 2，基于自编码器的深度残差网络，将协变量映射到细分辨率网格中；粗分辨率网格单元和在降尺度中重叠平均精细网格单元，都有类似的指标(独立测试 R^2 和 RMSE)。

为了进行比较，非线性 GAM 和前馈神经网络(FNN)使用了阶段 1 中训练基模型的样本进行训练，同样产生了训练和测试 R^2、RMSE 和 MAE。为了保证比较的公平性，除了残差连接外，该前馈神经网络具有与深度残差网络相同的隐层数和参数个数(100，959)。为了探究 GWR 集成预测的残差中潜在的空间相关性，对每天的残差(Li et al.，2007)计算莫兰 I 数(Moran I)；变异函数也适用于每一天的残差，从而用在泛克里金中估计相应日的残差。对每天的原始和预估残差进行 LOOCV R^2 和 RMSE 评估。

14.4 风速预测结果

14.4.1 数据总结和预处理

共收集了中国大陆 770 个风速监测站的 255209 个测量样本及其协变量。2015 年，平均日风速为 2.1m/s。表 14.1 显示了测量样本及其部分协变量的统计数据。先验知识和外侧栏(outer fence)技术(Iglewicz and Hoaglin，1993)也被用来过滤掉几个无效的测量样本。

表 14.1　风速样本数据的测量统计量和协变量

项目	WS	WSI	O3I	PBLH	TEMI	ELE
单位	m/s	m/s	DU	m	°C	m
均值	2.1	2.8	318.6	683.4	12.9	790.2
中值	1.8	2.4	311.9	612.3	13.3	400.0
IQR	1.4	1.9	52.3	531.0	16.6	1045.5
范围	[0.0, 23.2]	[0.3, 19.2]	[219.4, 484.4]	[55.7, 3865.8]	[−18.1, 38.4]	[1.8, 4800.0]

注：IQR 表示四分位距(interquartile range)；　WS 表示风速；WSI 表示再分析数据的风速；O3I 表示再分析数据的臭氧浓度；PBLH 表示再分析数据的行星边界层高度；TEMI 表示再分析数据的表面温度；ELE 表示航天飞机雷达地形测绘任务(SRTM)的高度。

14.4.2　阶段 1 的训练模型

在阶段 1，先单独训练三个模型(基于自动编码器的深度残差网络(autoencoderbased deep residual network，ARN)随机森林(RF)和 XGBoost)，然后将它们的预测值进行地理加权，获得集成预测。表 14.2 呈现了三个基模型、GAM 和前馈神经网络(FNN)在训练和独立测试中的性能。总共获得 76563 个独立测试样本。基于自动编码器的深度残差网络的训练 R^2 为 0.68(训练 RMSE 为 0.76m/s)，低于 XGBoost 的训练 R^2(0.76)(RMSE 为 0.60m/s)，略低于随机森林的训练 R^2(0.69)(RMSE 为 0.76m/s)。然而，三个模型的独立测试 R^2 和 RMSE 值相似，差异非常小(测试 R^2：残差网络为 0.66，XGBoost 为 0.67，随机森林为 0.63；测试 RMSE：残差网络为 0.72m/s，XGBoost 为 0.71m/s，随机森林为 0.77m/s)。结果表明，与 GAM 和前馈神经网络相比，深度残差网络、XGBoost 和随机森林的测试 R^2 更高，测试 RMSE 以及 MAE 更低。图 14.4 显示与前馈神经网络相比，深度残差网络的收敛速度更快，损失更低，有效性 R^2 更高。结果还表明，基于自动编码器的深度残差网络在训练和测试上的 R^2 和 RMSE 差异性较小，意味着泛化过程中过拟合较少。图 14.5 显示了三个独立风速模型的预测值或残差与观测值的对比图。总的来说，在独立测试中，这三个独立模型的差异很小，有着相似的表现。

表 14.2　训练和独立测试的性能

基模型	训练				独立测试			
	R^2	调整的 R^2	RMSE	MAE	R^2	调整的 R^2	RMSE	MAE
ARN	0.68	0.68	0.76	0.49	0.66	0.66	0.72	0.51

续表

基模型	训练				独立测试			
	R^2	调整的 R^2	RMSE	MAE	R^2	调整的 R^2	RMSE	MAE
XGBoost	0.76	0.76	0.60	0.46	0.67	0.67	0.71	0.51
RF	0.69	0.69	0.76	0.49	0.63	0.63	0.77	0.53
GAM	0.43	0.43	0.95	0.67	0.42	0.42	0.96	0.67
FNN	0.58	0.58	0.83	0.57	0.58	0.58	0.82	0.57

注：RMSE 表示均方根误差；MAE 表示平均绝对误差。

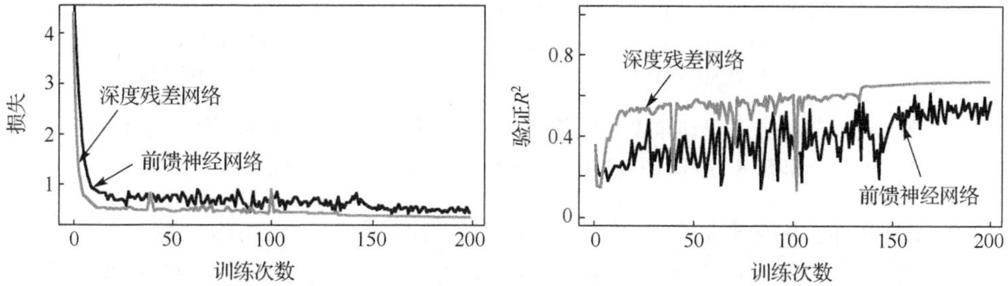

(a) 验证损失　　(b) 验证R^2

图 14.4　深度残差网络与前馈神经网络的学习曲线对比

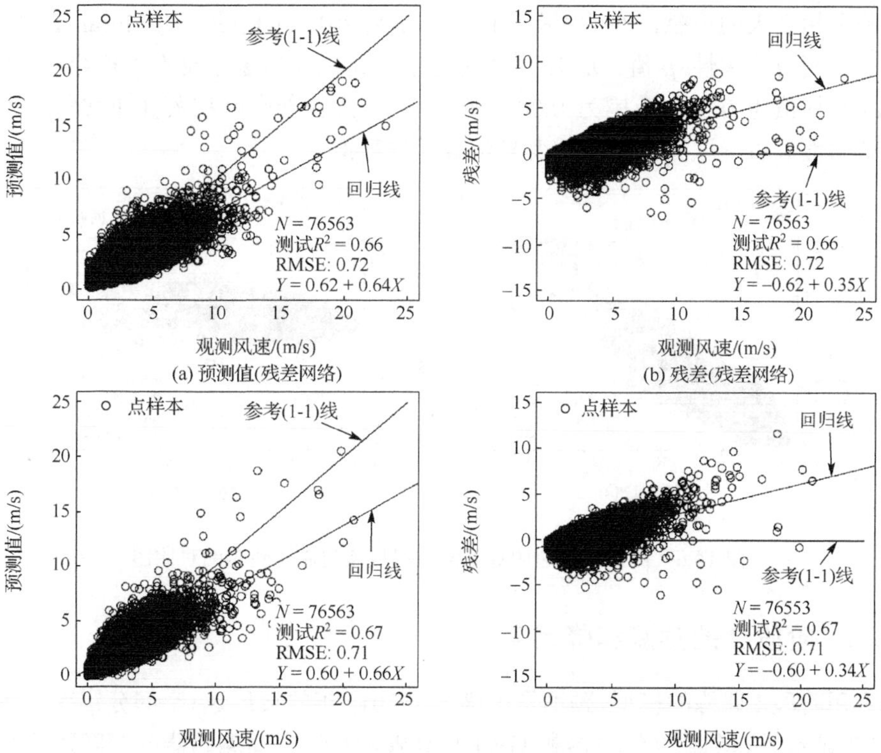

(a) 预测值(残差网络)　　(b) 残差(残差网络)

(c) 预测值(XGBoost)　　(d) 残差(XGBoost)

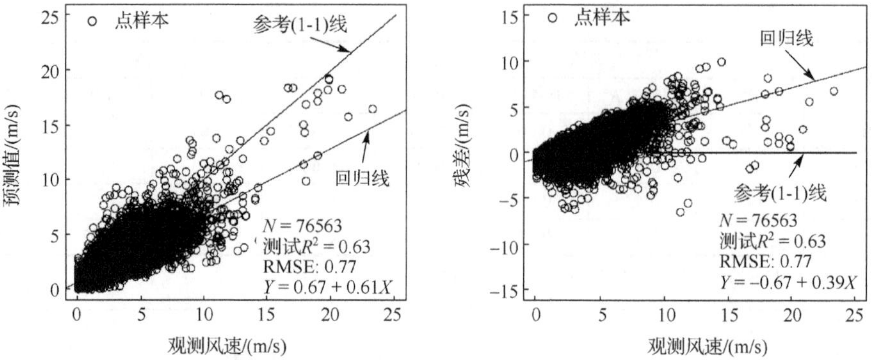

(e) 预测值(随机森林)　　(f) 残差(随机森林)

图 14.5　三个独立风速模型即残差网络(图(a)和(b))，XGBoost(图(c)和(d))和随机森林(图(e)和(f))的预测值或残差与观测值对比

在 GWR 的集成机器学习中，集成预测的测试 R^2 为 0.79，测试 RMSE 为 0.56m/s(训练 R^2 为 0.81；训练 RMSE 为 0.56m/s)。图 14.6 显示了它们的观测值与测试中的预测值和残差之间的关系。结果表明，与单个模型相比，测试 R^2 提高了 12%～16%，测试 RMSE 降低了 0.14～0.19m/s。考虑空间自相关和异质性后，GWR 对集成预测有相当大的贡献。在 GWR 测试中，得到 2015 年日残差的 Moran I。结果表明没有空间自相关性(p 值≥0.05，说明完全空间随机性的零假设不能拒绝)或者较低 Moran I(均值为 0.06，范围为 0.001～0.15)，这意味着空间相关性非常弱。另外，通过敏感性分析选取指数模型的变异函数并进行拟合。

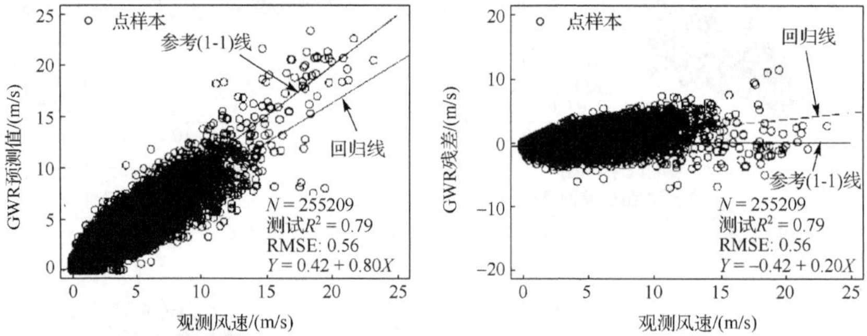

(a)　　(b)

图 14.6　测试中风速的观测值分别与预测值和残差的对比图

14.4.3　阶段 2 的预测和降尺度

利用阶段 1 训练的模型，预测了中国大陆 2015 年的日风速(空间分辨率为 1km)。图 14.7 显示了三个独立学习器和 GWR((a)表示基于自动编码器的深度残差网络，

(b)表示XGBoost，(c)表示随机森林，(d)表示GWR的集成预测)对冬季典型日(2015年1月1日)的中国部分地区的预测网格。结果表明，XGBoost在中国的西北部和南部，随机森林在中国的中东部是正效应；深度残差网络在中国的中西部和南部，XGBoost在中部和东北部，随机森林在西北部是负效应。

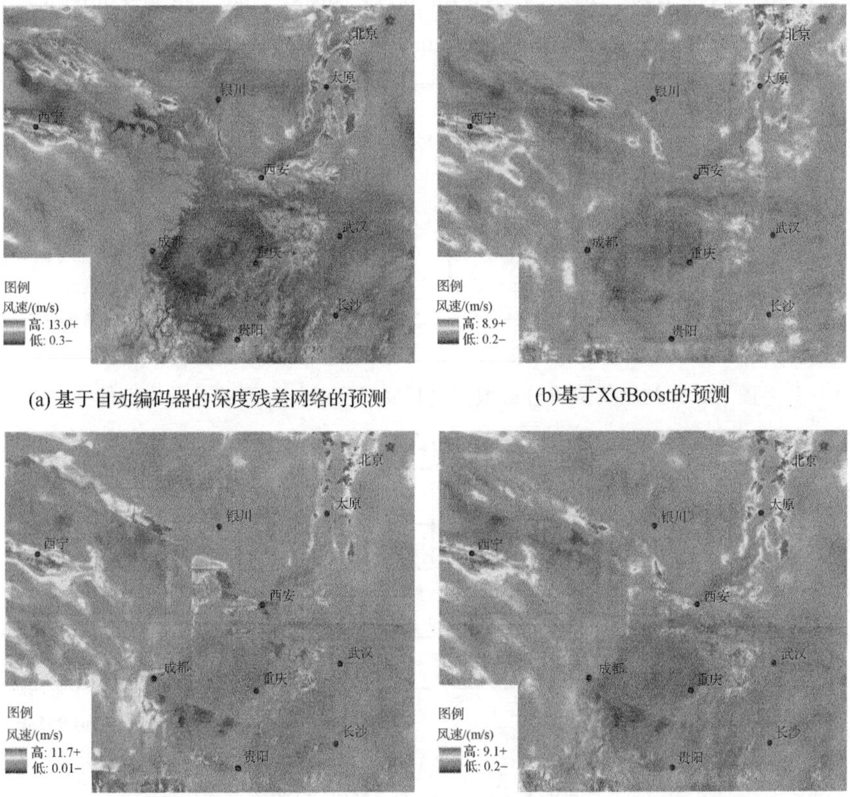

(a) 基于自动编码器的深度残差网络的预测　　(b)基于XGBoost的预测

(c) 基于随机森林的预测　　(d) 基于GWR的集成预测

图 14.7　2015 年 1 月 1 日地面以上 10～12m 高度处基于自动编码器的深度残差网络(图(a))、XGBoost(图(b))和随机森林(图(c))的风速独立预测以及它们的 GWR 集成预测(图(d))

如图14.7的(b)和(c)所示，即使XGBoost和随机森林具有相似的测试性能，预测网格总体上表现良好，但在局部尺度上显示出一些空间突变性，这可能是由XGBoost和随机森林的基模型——决策树或回归树的特征离散化引起的。相对而言，基于自编码器的深度残差网络生成的预测网格在空间上自然平滑。此外，通过GWR生成的三个学习器的集成预测减少了空间突变，如图14.7(d)所示。

在阶段2的降尺度中，深度残差网络在协变量上对2015年的日细分辨率网格单元进行了回归，其均值的正则化因子等于粗分辨网格单元(图14.8)：测试R^2，范围为0.83～0.93，平均值为0.89；测试RMSE，范围为0.36m/s～0.83m/s，平均值为

0.54m/s。粗分辨率网格单元和相应预测的细分辨率网格单元的均值在 2015 年的统计上相匹配(图 14.9)：皮尔逊(Pearson)相关，范围为 0.92～0.97，平均值为 0.95；R^2，范围为 0.85～0.93，平均值为 0.91；RMSE，范围为 0.33m/s～0.78m/s，平均值为 0.51m/s。2015 年 1 月 1 日和 2015 年 7 月 1 日，每个粗分辨网格单元内的平均细分辨率风速图和其相对于粗分辨风速的残差(再分析数据)表明，两者之间的匹配非常接近，差异不大。两个日期最终细分辨率和原始粗分辨率的图像如图 14.10 所示。

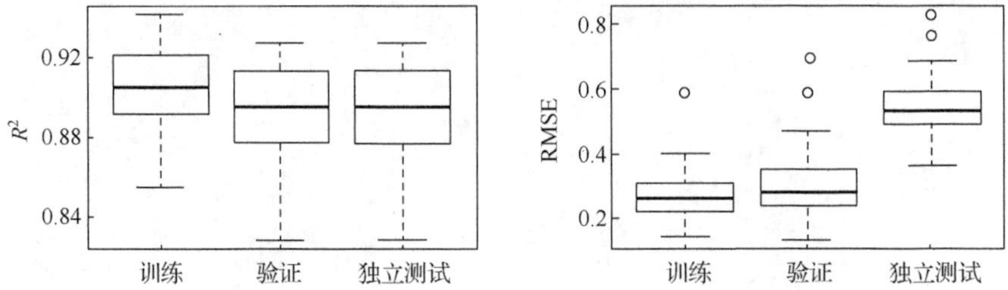

(a) 训练、验证和测试的R^2　　(b) RMSE

图 14.8　利用气象再分析数据进行降尺度时的深度残差网络性能

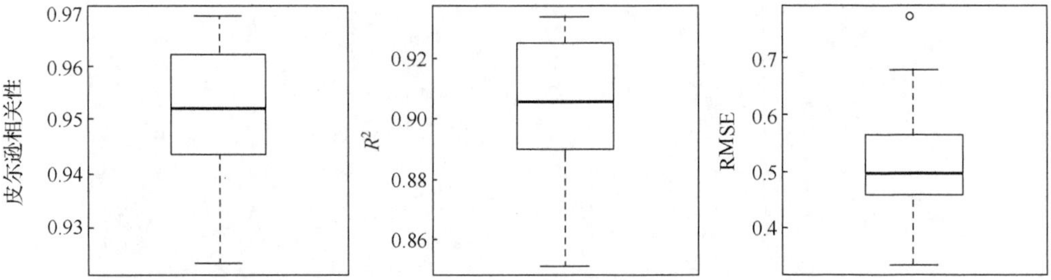

(a) 皮尔逊相关性　　(b) R^2　　(c) RMSE

图 14.9　细分辨率网格单元平均值(预测)和相应的粗分辨网格单元(再分析数据)之间的相关性、R^2 和 RMSE 箱线图

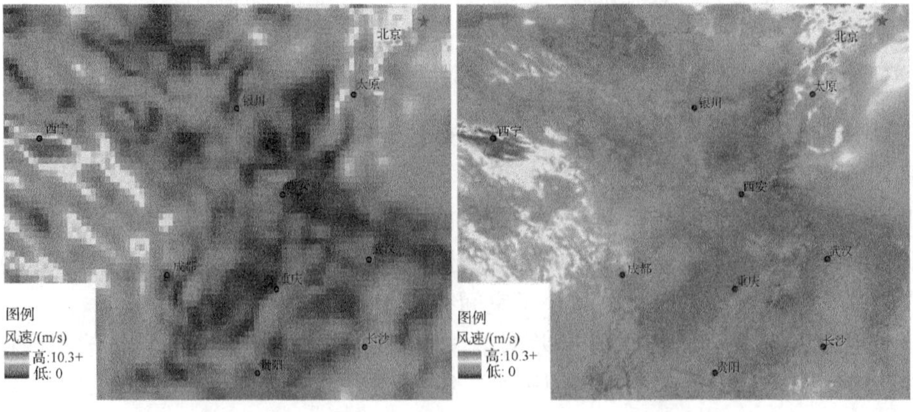

(a)　　(b)

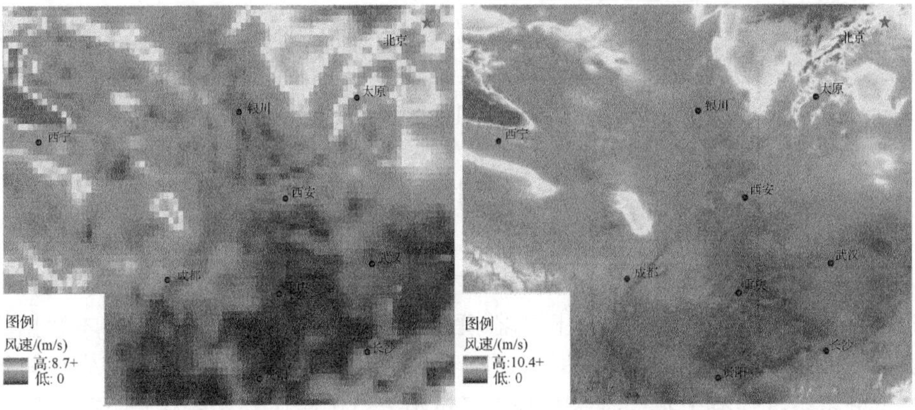

(c)　(d)

图 14.10　2015 年冬季 1 月 1 日(图(a)和(b))和夏季 7 月 1 日(图(c)和(d))，地面以上 10～12m 处的原始粗分辨率风速图像(图(a)和(c))和其通过深度残差网络降尺度调整的图像(图(b)和(d))

对中国大陆 2015 年的日风速细分辨率网格进行了时间序列分析。如前所述，图 14.11 显示了 2015 年的四个典型日中国部分地区的风速估计值。总体而言，中国大

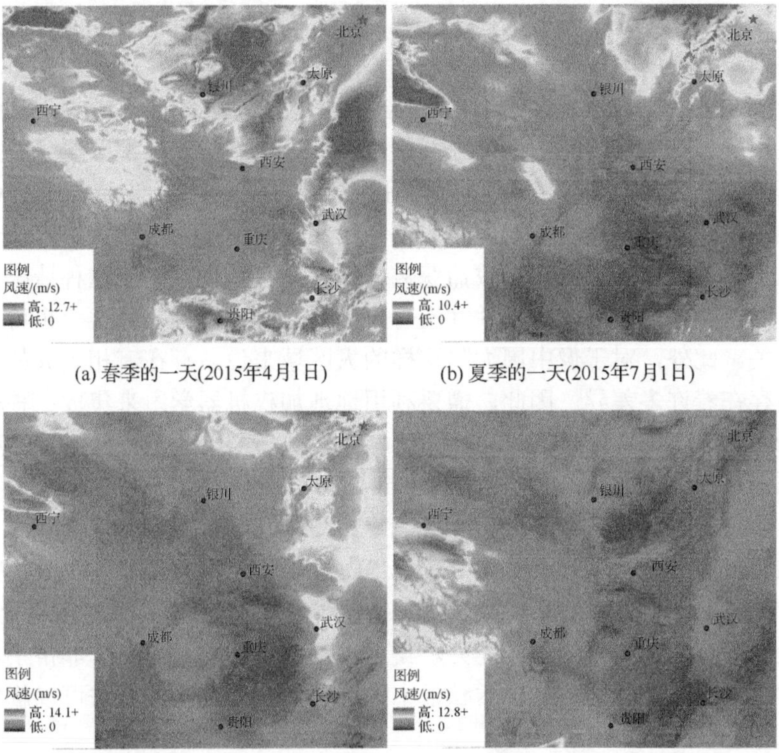

(a) 春季的一天(2015年4月1日)　(b) 夏季的一天(2015年7月1日)

(c) 秋季的一天(2015年10月1日)　(d) 冬季的一天(2015年12月20日)

图 14.11　中国大陆部分地区 2015 年四个季节典型日地面以上 10～12m 处风速的高空间分辨率图

陆上春季和夏季的高风速分布比秋冬季更为均匀。平均而言，春季、夏季和秋季的风速高于冬季。冬季，中国西部西藏地区及其附近地区的风速高于其他地区。低风速加剧了京津冀地区的空气污染(Zou et al.，2017)。

14.5　小　　结

本节提出了一个具有两个阶段的稳健的风速估计方法，阶段 1 旨在提高目标变量的可靠估计，以便使用地理加权机器模型学习在精细分辨率下捕获样本数据的时空变异性；阶段 2 旨在调整从阶段 1 初步获得的细分辨率预测网格，使它们与粗分辨率再分析数据保持一致。阶段 2 减少了过拟合，改善了空间变化(平滑)。因此，该方法可以获得可靠的高分辨率风速估计。

由于可用协变量的数量有限(如在本章案例中只有 9 个协变量)，气象参数的高分辨率制图具有挑战性，影像时空变化的因素众多，它们呈现复杂的相互作用。尽管气象再分析采用各种来源的综合数据，包括地面基站、船舶、飞机、卫星，通过数值天气预报模型进行预报，以使气象参数估计的系统的状态尽可能地准确(Parker，2016)，但其空间分辨率很粗糙，限制其在很多地方的应用。考虑到这一挑战，在系统框架的阶段 1 采用了地理加权的机器学习方法，该方法基于三个具有代表性的最先进的学习器：基于自动编码器的深度残差网络、XGBoost 和随机森林。测试结果表明，与 GAM 和前馈神经网络相比，三个基学习器都取得了更好的泛化能力和高效的学习能力。与在风速样本测试中收敛速度很慢的支持向量机(SVM)和模糊神经系统相比，三种学习器使用方便，泛化程度高，特征相关内容操作少。

这些学习器通过坐标及其导数捕获数据的空间自相关性，在这种情况下确实取得了良好的性能，但空间自相关性并没有直接嵌入到模型中，其残差也可能表现出空间自相关。此外，对于像中国大陆这样的大区域来说，存在着相当大的多样性，区域之间存在着许多差异。因此，需要利用地理加权机器学习来集成三种类型的学习器所做的预测。GWR 作为一种局部回归技术，用于解释空间自相关和异质性(Charlton and Fotheringham，2018；Lu et al.，2014；Propastin et al.，2008)，弥补了现代机器学习的不足，提高了集成预测。在 2015 年中国大陆风速测试中，个体学习器在独立测试中 R^2 达到了 0.63～0.67(RMSE 为 0.72～0.77m/s)，GWR 在 LOOCV 中进一步提高 R^2 到 0.79(RMSE 为 0.58m/s)。结果表明，GWR 通过融合空间变化，有效地提高了个体学习器的预测能力。集成预测的残差的 Moran I 非常小，基于变异函数的泛克里金对残差估计的贡献很小，这说明上面提到的方法可以解释大部分的空间自相关性。

由于在决策(回归)树中将定量的协变量进行了离散化，基于决策树(Rokach and Maimon，2008)(XGBoost 和随机森林)方法的海量网格预测可能会在局部空间尺度上出现空间突变(非自然的)现象，如图 14.7 所示。相比之下，基于自编码器的深度残差网络不涉及协变量的离散化，模型中保留了完全连续的定量信息，因此可以生成比 XGBoost 和随机森林在空间上表面更加光滑的预测网格。在此基础上，利用 GWR 融合三个基模型的集成预测，缓解了空间突变。因此，使用三个独立稳健的学习器和 GWR，集成估计提高了 R^2，降低了 RMSE，可以有效地捕捉精细尺度下目标变量的变化。

为了进一步减少潜在的偏差，改善预测值的空间变化(平滑)(由基于决策树的算法造成)，粗分辨率的再分析数据如果可靠的话，可以作为正则化因子调整集成估计，使其在尺度上与粗分辨率网格一致。为了在完全去除空间突变(非自然的)的情况下实现可靠的泛化，一种基于自动编码器的深度残差网络被用来在选定的协变量上回归调整过的或正则化过的集成输出。因此，通过可靠的粗分辨率再分析数据，可以在降尺度中保持阶段 1 捕获的精细分辨率下的特定对比或变化，从而获得合理的网格。以风速为例，说明了在降尺度方面的有效模拟，以减小偏差，改善空间变化(平滑)。精细分辨率网格的时间序列呈现出合理的中国大陆风速季节分布。

在降尺度方面，与基于 Kriging 的面到点预测(area-to-point prediction，ATPP)插值(Atkinson，2012)相比，基于自编码器的深度残差网络提供了一个灵活的网络结构，具有较大的参数空间。虽然 Kriging 插值没有直接嵌入到网络中，但 GWR 在局部精细尺度上捕捉了阶段 1 的空间自相关性和异质性。此外，在阶段 2 的降尺度中，以坐标及其相互作用的导数作为模型内的协变量来表示空间变化。与 Kriging 方法相比，深度残差网络的降尺度不需要变异函数来模拟，这可能会对不稳定的风速引入不确定性。敏感性分析表明，泛克里金对风速解释的方差仅占 14%(但对相对湿度解释的方差为 72%)，相比之下，独立测试中基于自动编码器的深度残差网络占 66%。这说明了 Kriging 插值在捕捉可变风速变异性方面的不适用性，并表明所提出的方法可以更好地预测风速。

对于其他气象或地表变量和其他区域的应用，该方法分为两个阶段(图 14.1)。阶段 1 的目标是使用训练样本中的 x 和 y 来训练三个基学习器(深度残差网络、XGBoost 和随机森林)和 GWR。第二阶段使用新的和再分析数据集进行推理(预测)和降尺度，以获得可靠的高分辨率网格预测。新的数据集在阶段 1 首先向经过训练的基学习器和 GWR 提供 X，以获得初始的细分辨率预测 $\hat{y}$。然后，利用粗分辨率的再分析数据调整 $\hat{y}$ 或 $\hat{y}'$ (由每次迭代的降尺度模型推断)。再使用 X 和调整后的 $\hat{y}$ 或 $\hat{y}'$ 对降尺度模型进行训练或再训练。重复此过程，直到达到预选的停止标准值(stopping criterion value，SCV)。

该研究有以下局限性。第一，虽然在阶段 2 引入了降尺度，用粗分辨的再分析数据来调整集成预测，但假设再分析数据是可靠的，因此降尺度中的调整曲面才是可靠的。否则，降尺度可能会扭曲调整后的结果，并在结果中均匀地引入偏差。第二，提出的方法没有在模型中嵌入产生风速的机理知识，而是仅使用有限量的可用协变量来捕捉阶段 1 的时空变化。然而，粗分辨率再分析数据也被用作模型内的协变量，用以表示基于气候模型、数值预测、卫星数据和监测数据的混合结果。特别地，利用粗分辨率的再分析数据进行降尺度，使集成结果正则化。第三，用于训练模型的风速数据主要是在离地面 10～12m 的高度上测量的，因此训练模型仅预测了类似高度的风速。这可能会限制能源方面关于恢复风能潜力的相关应用，其中包括估计地面以上 50～100m 高度处的风速。然而，本章主要研究高时空风速映射的机器学习方法，而不是在风能潜力恢复的实际应用上。对于后者，可以收集新的风速测量数据对模型进行再训练，以便对风能潜力进行适当的评估。

参 考 文 献

丁润杰, 赵朝方. 2018. 基于最优插值和贝叶斯最大熵的海表温度融合方法研究. 海洋技术学报, 37(2): 35-42

方颖, 李连发. 2019. 基于机器学习的高精度高分辨率气象因子时空估计. 地球信息科学学报, 21(6): 799-813

黄子洋, 李毅, 高太长. 2008. 一种基于神经网络的气象要素插值方法与分析. 解放军理工大学学报(自然科学版), (4): 404-408

姜晓剑, 刘小军, 黄芬, 等. 2010. 逐日气象要素空间插值方法的比较. 应用生态学报, 21(3): 624-630

李静思, 潘润秋, 范馥麟. 2016. 基于 Kriging 模型的地面气温空间插值研究. 西南师范大学学报(自然科学版), 41(5): 21-27

李莎, 舒红, 董林. 2011. 基于时空变异函数的 Kriging 插值及实现. 计算机工程与应用, 47(23): 25-26,38

李莎, 舒红, 徐正全. 2012. 利用时空 Kriging 进行气温插值研究. 武汉大学学报(信息科学版), 37(2): 237-241

王劲峰, 葛咏, 李连发, 等. 2014. 地理学时空数据分析方法. 地理学报, 69(9): 1326-1345

王绍武. 1990. 近百年我国及全球气温变化趋势. 气象, (2): 11-15

徐爱萍, 胡力, 舒红. 2011. 空间克里金插值的时空扩展与实现. 计算机应用, 31(1): 273-276

许美玲, 邢通, 韩敏. 2020. 基于时空 Kriging 方法的时空数据插值研究. 自动化学报, 46(8): 1681-1688

杨勇, 梅杨, 张楚天, 等. 2014. 基于时空克里格的土壤重金属时空建模与预测. 农业工程学报, 30(21): 249-255

杨勇, 张若兮. 2014. 贝叶斯最大熵地统计方法研究与应用进展. 土壤, 46(3): 402-406

于洋, 卫伟, 陈利顶, 等. 2015. 黄土高原年均降水量空间插值及其方法比较. 应用生态学报,

26(4): 999-1006

赵婷, 杨旭艳. 2012. 黄土高原降水量空间插值方法研究. 地下水, 34(2): 189-191

Antonić O, Križan J, Marki A, et al. 2001. Spatio-temporal interpolation of climatic variables over large region of complex terrain using neural networks. Ecological Modelling, 138(1/2/3): 255-263

Atkinson M P. 2012. Downscaling in remote sensing. International Journal of Applied Earth Observation and Geoinformation, 22:106-114

Breiman L. 2001. Random forests. Machine Learning, 45(1):5-32

Charlton M, Fotheringham S. 2018. Geographically weighted regression a tutorial on using GWR in ArcGIS 9.3. Maynooth:National Centre for Geocomputation National University of Ireland

Chen T, Guestrin C. 2016. XGBoost: A scalable tree boosting system. Proceedings of the 22nd ACM SIGKDD International Conference on Knowledge Discovery and Data Mining, San Francisco:785-794

Fotheringham A S, Charlton M E. 1998. Geographically weighted regression: A natural evolution of the expansion method for spatial data analysis. Environment and Planning A, 30(11):1905-1927

Goodfellow I, Bengio Y, Courville A . 2016. Deep Learning. Cambridge: MIT Press

Hastie T, Tibshirani R, Friedman J. 2008. The Elements of Statistical Learning. 2nd ed. Berlin: Springer

He K, Sun J. 2015. Convolutional neural networks at constrained time cost. Proceedings of the IEEE Conference on Computer Vision and Pattern Recognition, Boston: 5353-5360

He K, Zhang X, Ren S, et al. 2016a. Identity mappings in deep residual networks. Proceedings of the European Conference on Computer Vision, Amsterdam:630-645

He K M, Zhang X Y, Ren S Q, et al. 2016b. Deep residual learning for image recognition. Proceedings of the IEEE Conference on Computer Vision and Pattern Recognition, Las Vegas: 770-778

Iglewicz B, Hoaglin C D. 1993. How to detect and handle outliers// Mykytka F E. The ASQ Basic References in Quality Control: Statistical Techniques. Milwaukee: American Society for Quality

Kou X, Jiang L, Bo Y, et al. 2016. Estimation of land surface temperature through blending MODIS and AMSR-E data with the Bayesian maximum entropy method. Remote Sensing, 8(2):105

Li H, Calder C A, Cressie N. 2007. Beyond Moran's I : Testing for spatial dependence based on the spatial autoregressive model. Geographical Analysis, 39(4): 357-375

Li L. 2019. Geographically weighted machine learning and downscaling for high-resolution spatiotemporal estimations of wind speed. Remote Sensing, 11(11): 1378

Li L, Fang Y, Wu J, et al. 2018. Autoencoder based residual deep networks for robust regression prediction and spatiotemporal estimation. arXiv e-prints arXiv:1812.11262

Li L, Li Y, Piltner R. 2004. A New Shape Function Based Spatiotemporal Interpolation Method. International Symposium on Constraint Databases and Applications. Berlin: Springer, 3074: 25-39

Lin J, Zhang A, Chen W, et al. 2018. Estimates of daily $PM_{2.5}$ exposure in Beijing using spatio-temporal Kriging model. Sustainability, 10(8): 2772

Lu B, Charlton M, Harris P, et al. 2014. Geographically weighted regression with a non-Euclidean distancemetric: A case study using hedonic house price data. International Journal of Geograohical Information Science, 28:660-681

Parker W. 2016. Reanalyses and observations, what is the difference? Bulletin of the American Meteorological Society, 97(9): 1565-1572

Propastin P, Kappas M, Erasmi S. 2008. Application of geographically weighted regression to investigate the impact of scale on prediction uncertainty by modelling relationship between vegetation and climate. International Journal of Spatial Data Infrastructures Research, 3:73-94

Rokach L, Maimon O. 2008. Data mining with decision trees: Theory and applications. Singapore:World Scientific Publishing Company Private Trading Enterprise Limited

Srivastava R K, Greff K, Schmidhuber J. 2015. Highway networks. arXiv e-prints arXiv:1505.00387

Tin K H. 1998. The random subspace method for constructing decision forests. IEEE Transactions on Pattern Analysis and Machine Intelligence, 20(8):832-844

Tong W, Li L, Zhou X, et al. 2019. Efficient spatiotemporal interpolation with spark machine learning. Earth Science Informatics, 12(1): 87-96

Tobler W R. 1970. A computer movie simulating urban growth in the detroit region. Economic Geography, 46: 234-240

Wiki. 2018. Planetary boundary layer. https://en.wikipedia.org/wiki/Planetary_boundary_layer [2019-01-01]

Wizelius T. 2007. The relation between wind speed and height is called the wind profile or wind gradient//Developing Wind Power Projects. London: Earthscan Publications Ltd

Zou H, Hastie T. 2005. Regularization and variable selection via the elastic net. Journal of the Royal Statistical Society: Series B (Statistical Methodology), 67(2): 301-320

Zou Y, Wang Y, Zhang Y, et al. 2017. Arctic sea ice, Eurasia snow, and extreme winter haze in China. Science Advances, 3(3):1-8

第 15 章　遥感气溶胶数据缺值处理

在数据获取过程中，一些客观因素或突发的因素会导致一段时间内的监测数据缺失。例如，MODIS LST[①]产品会由于云覆盖、数据算法差异等因素的影响产生不容忽视的空值现象(李楠 等，2018)；MAIAC AOD[②]会因为高表面反射率和云层条件出现缺失(Li et al.，2020)；一些突发的环境因素、设备故障等会导致监测数据缺失(郭昆鹏 等，2020)。数据缺失是遥感监测数据应用中一个非常棘手的问题，原始数据的缺失会影响数据分析的结果和精度，限制了遥感监测数据的应用。因此对缺失数据进行处理，以获得连续、完整的数据集是十分必要的。

15.1　缺值数据插补方法概述

常见的缺失数据处理手段分为两种：一种是个案剔除法，即直接将原始数据中标记为数据缺失的个案删除，但这种方法只适用于具备大量原始数据而且缺失数据在原始数据中占比很小的情况；另一种处理手段是通过对缺失数据进行估算，从而对缺失数据进行插补，该类方法是遥感数据缺值处理的主要手段。

统计学中 9 种常见的缺失数据插补方法包括均值插补、随机插补、回归插补、多重插补、k 最近邻插补、决策树插补、随机森林插补、支持向量机插补和神经网络插补(廖祥超，2017)。以上数据插补方法多是基于非地理数据提出的，而对于地理数据的插补，需要同时考虑数据本身的时间和空间位置信息(曹凯鑫 等，2020)，以让插补值尽量接近真实值，避免使用插补的数据集进行后续分析预测时产生偏差。

目前国内外对于地理时空缺失数据插补方法的研究有很多，大致可以分为两种。一种是基于缺失数据的邻域统计信息，比如使用邻域内的均值、众数填充缺失值，或使用聚类等方法进行缺值的填补。李楠等(2018)依据两幅影像的地表温度变化趋势一致的基本思想，使用精度较低的 MOD11C2 产品中的非空值，插补精度较高的 MOD11A2 产品中相应位置的空值。由于用来填充空值的数据自身存在少量空值，以致插补后的高精度产品中仍存在少量的空值。

另一种思想是分析数据的整体变化特征，比如使用 LSTM 网络、GRU 网络进

① MODIS：moderate resolution imaging spectroradiometer(中分辨率成像光谱仪)；LST: land surface temperature。

② 该 AOD 数据是使用多角度大气校正(multiangle implementation of atmospheric correction，MAIAC)算法，从 Terra 和 Aqua 卫星搭载的 MODIS 传感器上获取的 1km 分辨率数据，而这两颗卫星分别在当地时间上午 10:30 和下午 1:30 左右穿越赤道。

行缺失数据的插补。使用这种填补方法的数据大都具有时序特征。郭昆鹏等(2020)针对空气质量监测数据缺失问题，提出了一种融合双向 GRU 数据缺失的补充算法，实验表明，相比于传统的均值补差法和单向的 GRU 插值法，融合双向 GRU 的空气质量监测数据缺失补充算法具备更好的缺失数据补充效果。

不同类型的时空数据适用不同的插补方法。就气象数据而言，降水时间序列的插补方法主要有频率分析法(高文义和郭海华，2008)、水文相关法(Teegavarapu，2009)、人工神经网络法(田琳 等，2012)、贝叶斯线性回归法(刘田 等，2018)、逐步回归法(陈福容 等，2009)、时间尺度转换与空间插值结合的方法(姬世保 等，2021)等。气温数值的缺值的插补方法有回归法(Huth and Nemeov，1995)、标准化序列法(DeGaetano et al.，1995)、主成分分析法(江志红 等，1999)、SVD 迭代方法(张永领 等，2006)、最优配对分段插补法(黄蓉 等，2014)、多元回归法与标准化序列法结合的方法(司鹏 等，2017)等。此外，Acock 和 Pachepsky(Acock and Pachepsky，2000)利用分组数据处理法对日太阳辐射、最高最低气温、风速、降水量缺测值进行了插补。

对于空气质量数据，常使用空间插值的方法进行缺失数据的插补，如使用 Kriging 插值、反距离权重、径向基函数等方法(周淑玲，2018)。还有海洋遥感数据如海表温度、叶绿素浓度、风场数据等的缺值插补，目前常用的有最优插值法(Everson et al.，1998)、DIEOF(data interpolating empirical orthogonal functions)算法(Alvera-Azcárate et al.，2007；盛峥 等，2009)、Kriging 方法(Müller，2007；俞晓群和马翱慧，2013)。普通 Kriging 方法对于大面积和分布不均匀的数据的插值一直被认为是最鲁棒的方法(Müller，2007)。

本章针对 MAIAC AOD 缺失数据提出了一种降尺度与深度学习结合的插补方法(Li et al.，2020)。研究中利用基于自动编码器的深度残差神经网络进行降尺度，并在网络中引入 MERRA-2 GMI 产品数据，将其作为 MAIAC AOD 缺值插补的重要特征。

15.2　MAIAC AOD 数据

15.2.1　案例研究区域

本章案例的研究区域(图 15.1)为加利福尼亚州(California，CA，简称加州)。加州包含各种地形、土地利用类型和显著的人口特征(Fast et al.，2014)，以及具有显著时空变异性的气象特征(Brugh et al.，2012)。与美国中部和东部地区相比，这些特征导致了气溶胶复杂的时空变异。

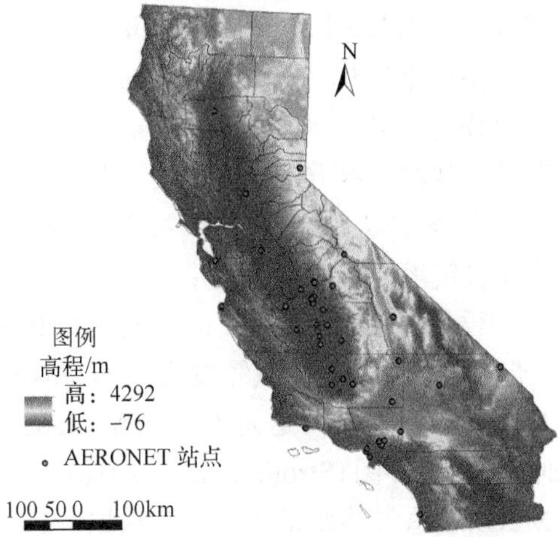

图 15.1 显示高程(30m 分辨率)和 AERONET 站点位置的加州案例区域

15.2.2 数据变量

1) MAIAC AOD

本章案例从 LP DACC(Land Process Distributed Active Archive Center)，获取了加州从 2000 年 2 月 28 日～2016 年 12 月 31 日共 17 年的 MAIAC AOD 数据(https://lpdaac.usgs.gov/ news/release-of modis-version-6-maiac-data-products)，并在 550nm 处提取具有质量保证标志的 AOD 及其相应的表面反射率。云层、土地、水或雪污染的质量保证标志(包括云/雪的邻接遮罩)用于移除无效的 AOD 值。

2) AERONET AOD

从加州的 35 个站点获得了 17 年、具有 2 级质量保证的 AERONET AOD(第 3 版)数据(https://aeronet.gsfc.nasa.gov/)(站点的空间分布见图 15.1)。5min 的 AERONET 数据用 60min 的时间间隔进行平均，以匹配卫星的通过时间，并在 440nm 和 600nm(两个最近的波长)之间的对数空间中使用光谱线性插值，将其插值到 550nm(Eck et al.，1999；Franklin et al.，2017)。将 AERONET AOD 作为验证本章案例估算的 MAIAC AOD 的“真值”。

3) 气象变量

气象变量是从 1979 年至今美国邻近地区的每日高分辨率(约 4km，1/24°)地面气象数据中提取的(http://www.climatologylab.org /gridmet.html)(Abatzoglou，2013)。提取了日最低气温(°C)、最高气温(°C)、风速(m/s)、比湿度(每千克空气中的蒸气克数，g/kg)、日平均向下短波辐射(W/m^2)和累积降水量(mm/m^2)并平均为周值。

4) MERRA-2 全球建模倡议(global modeling initiative，GMI)重放模拟

MERRA-2 GMI 重放模拟(M2GMI，https://www.nasa.gov/goddard)是一种全球的再分析数据产品，与其前身 MERRA-2 类似(Brauer et al.，2016；Randles et al.，2017)，利用 Goddard 地球同步对地观测系统(GEOS)吸收了多种气溶胶遥感、排放和气象数据，并且进一步结合了化学、大气、陆地、冰和地球海洋生物数据。它提供 0.5°×0.625° 网格化的总柱状气溶胶光学深度，并估计了本章案例整个研究周期内日时间分辨率的表层海盐、黑炭、灰尘、有机碳、硫酸盐和 $PM_{2.5}$。M2GMI 具有高的时间分辨率(每天 3h)，但空间分辨率较低(纬度方向约 50km)。通过前面这些，它提供了长期稳定可靠的气溶胶区域估计，这是本案例 MAIAC AOD 插补的组成部分。有关 M2GMI 的更详细描述，请参阅(Strode et al.，2018)。本章案例获得了 2000～2016 年研究周期内的 M2GMI 总气溶胶消光 AOD 数据，包括来自 NASA(National Aeronautics and Space Administration，国家航空航天局)和 NOAA(National Oceanic and Atmospheric Administration，国家海洋和大气管理局)的卫星观测和地面测量数据(NASA，2018；Strode et al.，2018)。

5) 坐标和高程

提取每个 MAIAC 网格单元的中心坐标，用于捕获模型中的空间自相关。从 GoogleMaps API 获得的 30m 分辨率的高程在每 1km MAIAC 网格单元上取平均值，并用作模型变量。

15.3 降尺度与深度学习结合的插补方法

通过对每日 MAIAC AOD 观测值进行预处理(第 15.3.1 节)，生成每个像素的周 MAIAC AOD 数据。本章案例开发了一个基于周数据的深度学习建模框架，该框架包括两个核心组件，基于自动编码器和降尺度算法的深度残差网络(第 15.3.2 节和第 15.3.3 节)，以及集成预测(第 15.3.4 节)。利用 AERONET 数据进行模型验证(第 15.3.5 节)和预测校正(第 15.3.6 节)，以减少估算 AOD 中的偏差。

15.3.1 MAIAC AOD 预处理

MAIAC AOD 图像预处理有以下 7 个步骤(图 15.2)。

(1) 双线性重采样将 2 级(L2)AOD 重投影到局部投影(通用横轴墨卡托投影(universal transverse Mercator projection，UTM)11 带)。

(2) 根据报告的有效 AOD 值的范围过滤异常值和噪声(Lyapustin，2018)(即去除 AOD<0 和 AOD>3 部分的异常数据)。

(3) 应用质量保证(quality assurance，QA)标志去除云或雪覆盖部分的观测值。

(4) 创建每像素 Aqua 和 Terra AOD 的日平均值。

(5) 融合 Aqua 和 Terra AOD：当两个 AOD 在一个像素中都可用时，计算其平均值；如果只有一个 AOD 可用，则对两个 AOD 都可用的样本进行 GAM 回归训练，以预测缺失的 Terra 或 Aqua AOD，然后计算其平均值。

(6) 镶嵌和裁剪加州研究周期内所有的 MAIAC 切片。

(7) 使用步骤 (1)～(6) 预处理的日 AOD，计算周 AOD 平均值。由此产生的周 MAIAC AOD 被视为本章案例的分析样本，并用其进行插补以填补缺失的空白。

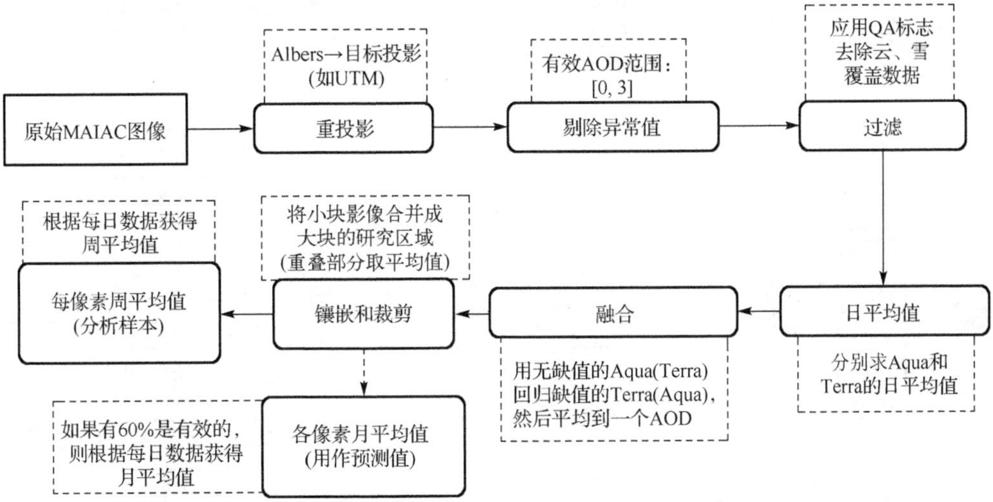

图 15.2　MAIAC AOD 预处理过程

在应用步骤 (1)～(6) 之后，进行第 2 个预处理步骤，以从日观测中得到月 MAIAC AOD。然而，基于敏感性分析，仅计算了在一个自然月的至少 60%的天数内具有有效 MAIAC AOD (来自 Terra 和/或 Aqua) 的网格单元的月平均值。本章案例使用月平均值作为深度残差网络的输入，以捕捉插补中空间和长期时间的变化。对于没有有效月平均 AOD 值的地区，本章案例使用其他协变量重新训练插补模型，称为非全模型 (第 15.3.4 节)。相应地，使用包括月平均值在内的所有协变量训练的模型被称为全模型。

15.3.2　基于自动编码器的深度残差网络

插补框架的核心部分 (图 15.3) 是一个基于自动编码器的深度残差网络。自动编码器 (图 15.3 (c)) 是在输入层和输出层中具有相同变量的神经网络，通常有一个或多个编码层、一个中间编码层和一个或多个解码层 (Kingma and Welling，2014；Liou et al.，2014)。自动编码器的目的是在输出层重构输入数据。通常，每个编码层都有一个与之对应的具有相同节点数量 (隐藏层中的变量) 的解码层，使其在结构上对称。

在实际应用中，通过在编码阶段引入多个隐藏层，减少每个隐藏层的节点数，将高维输入数据压缩分解成强大的潜在表示或独立的主成分，从而在中间编码层(潜在编码层)降低输入数据的维数(Baldi and Hornik，1989)，这有利于训练和泛化(Jolliffe，2002)。因此，对于相关输入变量，自动编码器类似于主成分分析，通过提取潜在层中的独立成分来降低多重共线性(尽管是通过非线性变换，而不是使用线性变换的主成分分析)。

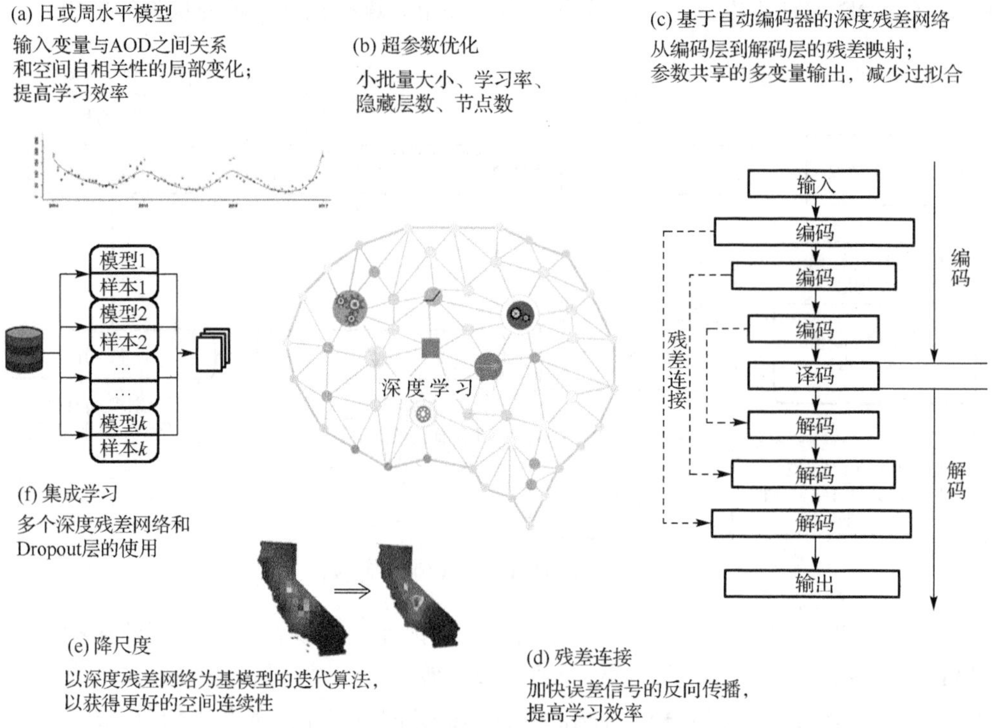

图 15.3　基于自动编码器的深度残差神经网络建模框架

在为插补 AOD 而开发的网络中，本章案例采用了自动编码器框架，该框架的编码层和解码层具有相同数量的节点，编码器中的每个浅层与解码器中的每个深层之间存在残差连接(图 15.3(d))。镜像/对称网络是实现残差连接的自然选择。

该网络在 1km×1km 的像素上训练的，该像素具有连续三周的周 MAIAC AOD 值。使用这种时间分层方法捕捉短期时间变化，将三周的指数定义为(1,0,1)，中间一周作为预测的目标周。

本章案例的深度残差网络包含 15 个输入变量(协变量)：最低和最高温度、风速、比湿度、短波辐射、降水量、M2GMI AOD、海拔、月平均 MAIAC AOD、时间指数、UTM 投影经纬度和经纬度各自的平方与二者乘积。为了解释空间变化，将坐标作为线性项、二次项和交互项的组合引入深度残差网络。对于所有的输入协变量，使用质量标志和变量范围的上限(Iglewicz and Hoaglin，1993)进行预处理，以过滤无效值或异常值，并使用其平均值和标准偏差对每个值进行归一化(Freedman et al.，2020)。AOD 没有被归一化，因为与其他归一化协变量相比，它的有效值范围很小(0～3)，在数值尺度上没有明显差异。

相应地有 16 个输出变量：15 个输入变量加上目标变量 $\hat{y}$，即未观察到的 MAIAC AOD(图 15.4)。自动编码器拓扑由含有节点数分别为 15、128、64 和 32 的 4 个隐藏层的编码层，16 个节点的中间译码层(即隐藏空间表示)，以及与编码器对称的含有 4 个节点数分别为 32、64、128 和 15 的隐藏层的解码层组成。网络具有以下损失函数：

$$L(\theta_{W,b})=\frac{1}{N}[\ell_y(\boldsymbol{y},\hat{\boldsymbol{y}}_{\theta_{W,b}}(\boldsymbol{x}))+\ell_x(\boldsymbol{x},f_{\theta_{W,b}}(\boldsymbol{x}))]+\Omega(\theta_{W,b}) \quad (15.1)$$

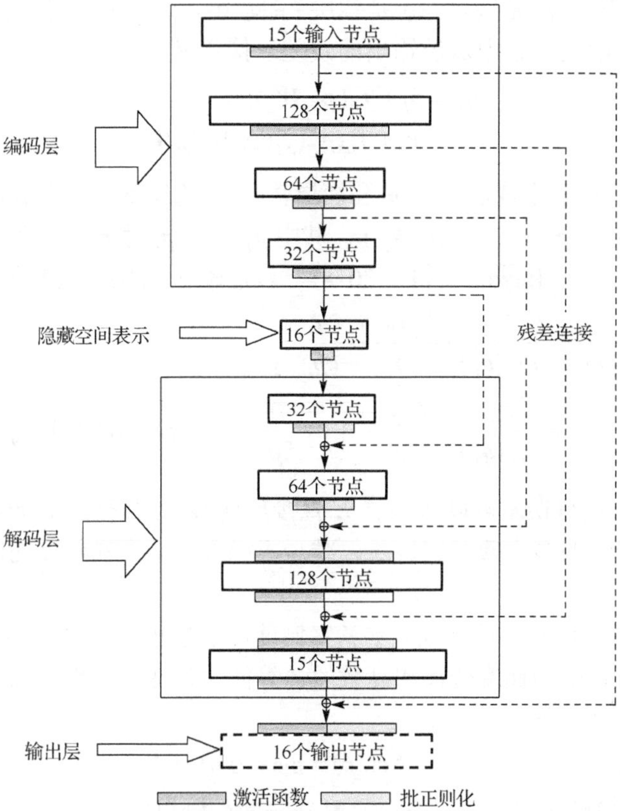

图 15.4 基于自动编码器的深度残差网络设置

虚线形成从编码器到解码器的 4 个隐藏层的残差连接；每一层的输出被激活(深灰矩形)和批标准化(浅灰矩形)

其中，N 是每 3 周分层的训练样本量；$\boldsymbol{y}$ 代表观测的 MAIAC AOD；$\hat{\boldsymbol{y}}_{\theta_{W,b}}$ 是估计(估算)的 MAIAC AOD；$\theta_{\boldsymbol{W},\boldsymbol{b}}$ 表示输入层、隐藏层、输出层和相关批正则化等的权重参数 $\boldsymbol{W}$ 和偏差 $\boldsymbol{b}$；$\boldsymbol{x}$ 表示输入协变量，是一个维度为 N×15 的矩阵；$f_{\theta_{W,b}}(\boldsymbol{x})$ 表示由 $\theta_{\boldsymbol{W},\boldsymbol{b}}$ 确定的 $\boldsymbol{x}$ 的输出矩阵；$\ell_{\boldsymbol{y}}$ 和 $\ell_{\boldsymbol{x}}$ 分别表示目标变量 $\boldsymbol{y}$ 和输入协变量 $\boldsymbol{x}$ 的损失函数；$\Omega(\theta_{\boldsymbol{W},\boldsymbol{b}})$ 表示权重 $\boldsymbol{W}$ 和偏差 $\boldsymbol{b}$ 的正则化因子。假设本章案例是对连续变量(AOD)回归，使用均方误差(MSE)损失来计算 $\ell_{\boldsymbol{y}}$ 和 $\ell_{\boldsymbol{x}}$。

在(15.1)中引入 $\ell_{\boldsymbol{x}}(\boldsymbol{x},f_{\theta_{W,b}}(\boldsymbol{x}))$ 使得在目标变量($\boldsymbol{y}$，MAIAC AOD)和协变量($\boldsymbol{x}$ 也作为输出)之间共享参数成为可能。本章案例的训练样本很大，在每个 3 周分层的训练样本中大约有 100000～600000 个观测值。这些训练样本中的共享参数有效地起到了正则化因子的作用，以限制目标变量的过拟合，正如深度学习的其他几个应用中所证明的那样(Goodfellow et al.，2016；Yi et al.，2014；Zhang et al.，2016)。敏感性分析表明，如果没有这种共享，网络在预测中的泛化能力会降低。

残差连接提供了从编码层到解码层的捷径，促进了网络学习中误差的有效反向传播。假设在编码时 $\boldsymbol{p}_l$ 是输入，$\boldsymbol{q}_l$ 是浅层 l 的输出，而在解码时，$\boldsymbol{p}_L$ 是输入，$\boldsymbol{q}_L$ 是深层 L 的输出，解码过程中深层输出的残差连接定义为

$$\begin{aligned}\boldsymbol{q}_L &= \boldsymbol{p}_l + f_L(\boldsymbol{p}_L,\boldsymbol{W}_L)\\ &= \boldsymbol{p}_l + f_L(g_L(f_l(\boldsymbol{p}_l,\boldsymbol{W}_l)),\boldsymbol{W}_L)\end{aligned} \tag{15.2}$$

其中，$\boldsymbol{W}_l$ 和 $\boldsymbol{W}_L$ 分别表示浅层输入 $\boldsymbol{p}_l$ 和深层输入 $\boldsymbol{p}_L$ 的权重参数；f_l 和 f_L 分别表示 $\boldsymbol{p}_l$ 和 $\boldsymbol{p}_L$ 的激活函数；$\boldsymbol{p}_L = g_L(f_l(\boldsymbol{p}_l,\boldsymbol{W}_l))$，其中 g_L 表示 $\boldsymbol{p}_l$ 对 $\boldsymbol{p}_L$ 的函数。

基于自动微分法(Baydin et al.，2018)，浅层输入 $\boldsymbol{p}_l$ 损失函数的梯度为：

$$\begin{aligned}\frac{\partial L}{\partial \boldsymbol{p}_l} &= \frac{\partial L}{\partial f_L(\boldsymbol{q}_L)}\cdot\frac{\partial f_L(\boldsymbol{q}_L)}{\partial \boldsymbol{q}_L}\cdot\frac{\partial \boldsymbol{q}_L}{\partial \boldsymbol{p}_l}\\ &= \frac{\partial L}{\partial f_L(\boldsymbol{q}_L)}\cdot\frac{\partial f_L(\boldsymbol{q}_L)}{\partial \boldsymbol{q}_L}\cdot\left(1+\frac{\partial}{\partial \boldsymbol{p}_l}f_L(g_L(f_l(\boldsymbol{p}_l,\boldsymbol{W}_l)),\boldsymbol{W}_L)\right)\end{aligned} \tag{15.3}$$

其中，常数项 1 使得误差可以从深层 L 直接反向传播到浅层 l。嵌套在具有深层的内部自动编码器中的多个残差连接一起减少了梯度的消失和精度的降低(Li et al.，2018a)。

对于图 15.4 中的每个隐藏层，本章案例使用了修正线性单元(ReLU)激活函数，该函数由于具有良好的梯度传播和高效的计算能力，在许多现代深度学习系统中被广泛使用。其定义如下：

$$\mathrm{Act}(p) = \max(0,p) \tag{15.4}$$

其中，p 是输入层的神经元，$\mathrm{Act}(p)$ 是激活函数的输出。

对于回归问题，输出层常使用线性激活函数。敏感性分析表明，这种半线性激

活函数的配置可以有效地防止回归中梯度的过早饱和。此外，还在每个隐藏层中添加了批处理规范化，以防止或减少协方差偏移，从而实现有效学习（Ioffe and Szegedy，2015）。

如前所述，通过在每个输出节点之间共享参数（与协变量和目标变量相同），将多节点的输出作为正则化因子。式（15.1）中额外的正则化因子 $\Omega(\theta_{W,b})$，在本章案例的测试中没有必要。采用梯度下降法对残差网络进行优化训练。

本章案例用 Python 和 R（resautonet 的库或包）实现了 Keras 版本的基于自动编码器的深度残差网络。

15.3.3 基于深度残差网络的 MERRA-2 GMI 重放模拟 AOD 降尺度

本章案例的插补框架在很大程度上依赖 M2GMI AOD 作为输入变量，但是其原始空间分辨率远比本章案例的目标参数 MAIAC AOD（1km）粗糙（50km）。在模型开发过程中发现，初始插补具有模拟原始 50km M2GMI AOD 分辨率的空间变化的特点，而在预处理中添加降尺度这一步可以实现输入到目标 1km 空间分辨率之间更好的空间对应。因此，通过类似于上述的单独的深层网络，进行迭代降尺度，将 50km M2GMI AOD 降尺度到 1km 空间分辨率。敏感性分析表明，当改变降尺度残差深度自动编码器，以产生单个输出（1km M2GMI AOD），而不是像插补模型中描述的产生多个共享输出时，该编码器得到了优化。

本章案例使用了一组简化的输入协变量进行降尺度：网格单元的投影地理坐标和 30m 高程。类似于插补，这些协变量在预处理中被归一化，但 M2GMI AOD 没有被归一化，因为它的数值范围为 0～2，与归一化协变量几乎一致或只有轻微差异。假定 Y_k $(k=1,\cdots,R)$ 是 $k=1,\cdots,R$ 网格单元中 50km 分辨率下的原始 M2GMI AOD，$\hat{y}_k$ $(k=1,\cdots,r)$ 是 $k=1,\cdots,r$ 网格单元中到 1km 分辨率下 M2GMI AOD 估计值，假设每个粗分辨率单元封装了 n_f 个细分辨率单元。初始化时，重合的粗分辨率像素直接为 1km 网格单元赋值。然后在迭代过程中，调整细分辨率下的估计量，以使这些调整后的 1km 估计量的平均值等于在空间上覆盖它们的粗分辨率网格单元的值：

$$\frac{1}{|F_m|}\sum_{i\in F_m}\hat{y}_i = Y_m,\quad m=1,2,\cdots,R \tag{15.5}$$

其中，F_m 表示第 m 个粗分辨率网格单元在空间上覆盖的一组细分辨率网格单元的集合。因此，得到 $n_f=|F_m|$。

对于第 t 次迭代，本章案例使用以下公式来确保式（15.5）：

$$\hat{y}_i^{(t)} = \hat{y}_i^{(t-1)}\cdot\frac{Y_i}{\frac{1}{|F_m|}\sum_{j\in F_m}\hat{y}_j^{(t-1)}},\quad i\in F_m \tag{15.6}$$

在每次迭代中，对前$(t-1)$步的 1km 预测进行调整，使其平均值等于 50km M2GMI AOD（Y_k），然后使用归一化的 1km 协变量(即投影纬度、经度和高程)进行模型下一步(t)的重新训练。一直迭代，直到最后两次迭代之间的细分辨率单元的差值的绝对值的平均值，即$\frac{1}{|F|}\sum\left|\hat{y}_i^{(t)}-\hat{y}_i^{(t-1)}\right|$（$|F|$为样本总数）满足停止准则(SC)（即≥SC），并且设置了最大迭代次数以防止收敛缓慢。通过敏感性分析，选取[32,16,8,4]作为降尺度深度残差网络编码层的最佳节点数。

15.3.4　全模型和非全模型

如前所述，对于一个月内日观测值少于 60%的网格单元，没有计算月 MAIAC AOD，因此本章案例开发了两个插补模型：全模型和非全模型。全模型的输入除了气象和空间变量外，还包括月 AOD 数据(如上所述，共 15 个变量)。当月 AOD 不可用时，非全模型与全模型相同(共 14 个输入变量)。

本章案例利用小批量梯度下降随机优化法(Goodfellow et al.，2016)进行学习，为了获得稳定的预测结果和减少不确定性，使用 Bagging 来训练 10 多个残差网络。Bagging 降低了模型之间的相关性，提高了集成预测的准确性。

从 2000 年 2 月 28 日(最早的 MODIS AOD 数据)到 2016 年 12 月 31 日，分别对 879 个每周 1km 的样本集进行了训练。总共训练了 879 个模型，时间分层的训练样本由目标周和紧邻的之前和之后一周的数据组成，以确保计算的可处理性的同时有足够的样本量用于训练。此外，这种方法考虑到了输入变量和 MAIAC AOD 之间关联的局部时间变化，同时控制了不同时间尺度上混合的样本所引起的混杂效应。

15.3.5　超参数调整与验证

本章案例使用网格搜索来获得残差神经网络超参数的局部最优解，这些超参数包括小批量大小、学习率、网络深度和规模以及激活函数。

对于插补和降尺度残差网络，样本数据被随机分为三部分(使用周指数的分层因子)：约 63.2%的样本用于模型训练，剩余 36.8%的样本的一半用于模型验证(调整学习中的超参数)，而另一半则被完全排除在外并用作独立测试，将训练、验证和测试的 R^2、RMSE 用作模型总体性能的统计参考。

本章案例将基于深度残差网络的 M2GMI AOD 降尺度结果与使用 GAM 的典型方法(Malone et al.，2012)获得的结果进行比较，并将插补结果与具有类似结构但没有残差连接的常规神经网络以及 GAM 获得的结果进行比较。

此外，为了检验降尺度对插补的影响，本章案例使用 2000 年～2016 年 29 周的 MAIAC AOD，在几乎没有缺失数据(> 90%有效的每周 MAIAC AOD 值)

的情况下，对深度残差网络进行了留一法交叉验证。在这个交叉验证中，从训练样本中删除了加州 58 个县中一个县的所有网格单元的数据，并使用其余 57 个县的样本训练了两个插补模型(原始和降尺度的 M2GMI AOD)。重复该过程，直到所有县内的所有单元都被预测为测试样本。报告插补曲面以及平均 R^2 和 RMSE。

为了评估所开发方法的可靠性和真实度，本章案例对比了观测到的和/或估算的 MAIAC AOD 与来自一致 MAIAC 像素的 AERONET AOD，以及在每个 AERONET 站点周围 1km、3km、5km、7km 和 9km 一系列圆形缓冲区内的多像素平均值。具体进行了以下验证。

(1)比较 MAIAC AOD(无插补)与 AEORNET AOD。

(2)随机选择 MAIAC AOD 与 AERONET AOD 进行比较。在本次验证中，每周观察到的 MAIAC AOD 中约有 18.2%被排除在模型训练之外，并由训练过的模型进行独立预测。由于独立测试的样本是在 AERONET 站点随机抽取的，因此未检查缓冲区平均值。

(3)验证插补的 MAIAC AOD(不包括观测 AOD)与 AERONET AOD。

(4)验证综合观测和插补的 MAIAC AOD 与 AERONET AOD。

测试性能指标包括与 AERONET 站点和上述可用缓冲区平均值的皮尔逊相关系数、R^2 和 RMSE。

15.3.6　利用 AERONET 数据进行偏差校正

尽管在数据预处理中改进了对云和雪区域的检测和质量筛选，但是已经发现 MAIAC AOD 可能高估了测量的“真实”AOD(Li et al.，2015)。为了解决这一问题，对配对样本进行了学生 t 检验，以检验研究区域内每个 AERONET 站点的 MAIAC AOD 是否在统计学上显著大于(即高估)地面真实 AOD。如果标准(t 检验)显示高估，本章案例使用 GAM 对高程、纬度、经度、月份和年份进行调整，对原始和插补的 MAIAC AOD 相对于 AERONET AOD 的偏差进行系统校正。这些协变量是根据它们与 AERONET 和 MAIAC AOD 之间的差异的相关性来选择的。在给定少量训练样本进行调整的情况下，不采用基于神经网络的方法，而是采用 GAM 方法。

为了评估调整，AERONET 数据被随机分成 80%的训练集和 20%的独立测试集。此外，还进行了留一法交叉验证，其中从训练集中迭代移除来自一个 AERONET 站点的所有数据，并与从 GAM 获得的预测 AOD 进行比较。在结果中报告 AERONET AOD 与调整后的 MAIAC AOD 之间的相关性、R^2 和 RMSE。

15.4 插补结果

15.4.1 卫星 AOD 和协变量概要

MAIAC AOD 的空间可用性在综合研究期间(2000～2016 年)以及夏季(6~8 月)和冬季(12 月至来年 2 月)分别进行了可视化(图 15.5)。在研究期间，平均每像素 MAIAC AOD 缺失率为 41%，夏季(21%)的缺失率远低于冬季(61%)。在空间上，北加州的缺失观测值比例(46%)高于南加州(32%)。研究期间加州每日 MAIAC AOD 的平均值为 0.084(标准差为 0.017)，夏季的值高于(平均值为 0.10，标准差为 0.024)冬季(平均值为 0.062，标准差为 0.018)。多年和季节(夏季和冬季)观测的 AOD 平均值的空间分布如图 15.6 所示，其中显示的像素至少具有 10% 的完整性。表 15.1 显示了总体和季节性 MAIAC AOD 以及残差网络输入变量的描述性统计(平均值和标准差)信息。

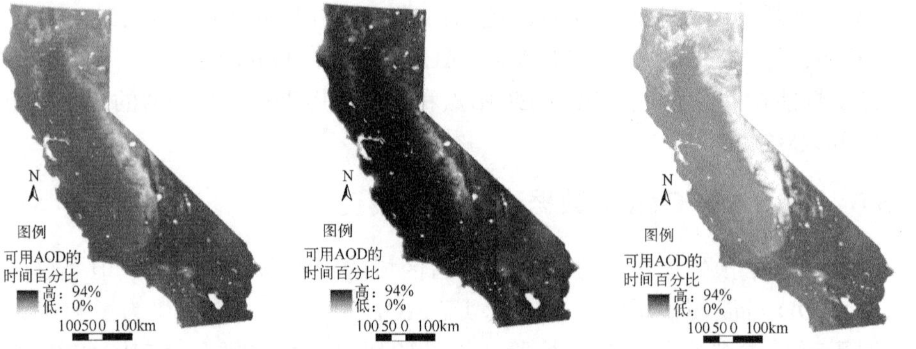

(a) 平均AOD 范围　　(b) 夏季(6月～8月)AOD 范围　　(c) 冬季(12月～来年2月)AOD 范围

图 15.5　2000～2016 年期间每日可用 MAIAC AOD 的覆盖比例(%)

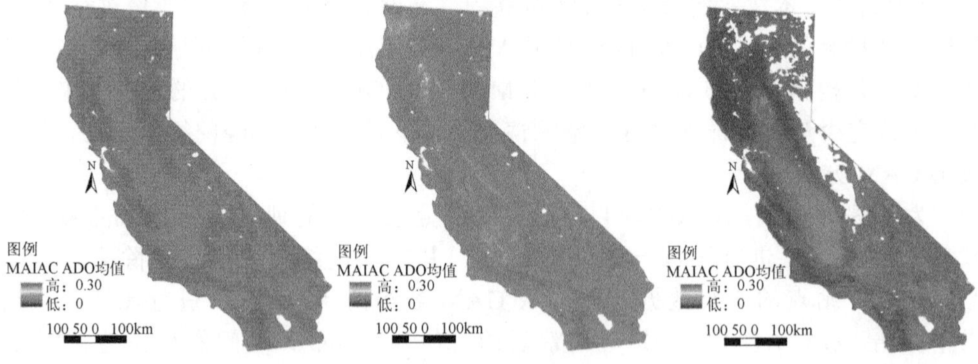

(a) 平均AOD　　(b) 夏季(6月～8月)AOD　　(c) 冬季(12月～来年2月)AOD

图 15.6　加州 2000～2016 年日 MAIAC AOD

表 15.1 2000～2016 年加州 MAIAC AOD 和输入变量的描述性统计信息

组别	变量	总体均值		夏季		冬季	
		均值	标准差[a]	均值	标准差	均值	标准差
N	样本数量	150 万		50 万		20 万	
目标变量	MAIAC AOD	0.084	0.017	0.100	0.024	0.062	0.018
	月 MAIAC AOD	0.081	0.039	0.100	0.056	0.063	0.025
Meteorology	最低温度/(°C)	7.880	7.570	15.070	5.870	1.480	4.950
	最高温度/(°C)	22.060	9.590	31.660	6.240	12.870	5.680
	风速/(m/s)	3.470	1.140	3.360	0.960	3.460	1.320
	比湿度/(g/kg)	0.005	0.002	0.007	0.002	0.004	0.001
	短波辐射/(W/m^2)	226.300	89.220	322.400	28.000	124.100	35.300
	降水/(mm/m^2)	1.500	4.010	0.180	0.660	3.200	6.000
M2GMI	日平均 AOD	0.093	0.073	0.120	0.110	0.062	0.038
坐标	纬度/(°)	37.300	2.880	37.300	2.880	37.300	2.880
	经度/(°)	−119.170	3.130	−119.170	3.130	−119.170	3.130
高程	高程/m	858.300	735.900	858.300	735.900	858.300	735.900

注：a.表示均值的标准差。

15.4.2 MERRA-2 GMI 重放模拟 AOD 降尺度

图 15.6 显示了原始(纬度方向约 50km)和分别通过 GAM 和深度残差网络降尺度(1km)得到的 M2GMI AOD 地图。与使用残差网络相比，通过 GAM 降尺度生成的曲面在空间上更为平滑，但与原始数据相比，其空间可变性有所损失。图 15.7 也显示了整个加州的 M2GMI AOD 两周(2000 年 5 月 1 日～5 月 7 日和 2015 年 9 月 14 日～2015 年 9 月 20 日)典型缺失 MAIAC AOD 模式(低与高 AOD；非集群与集群)。

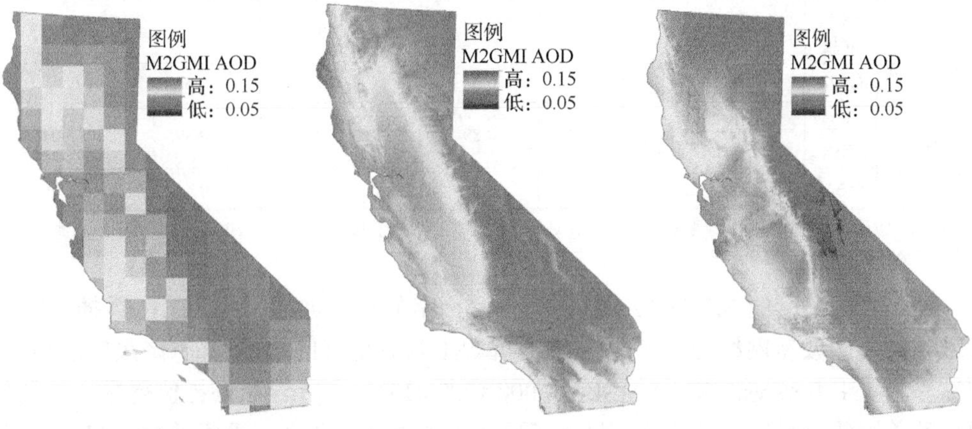

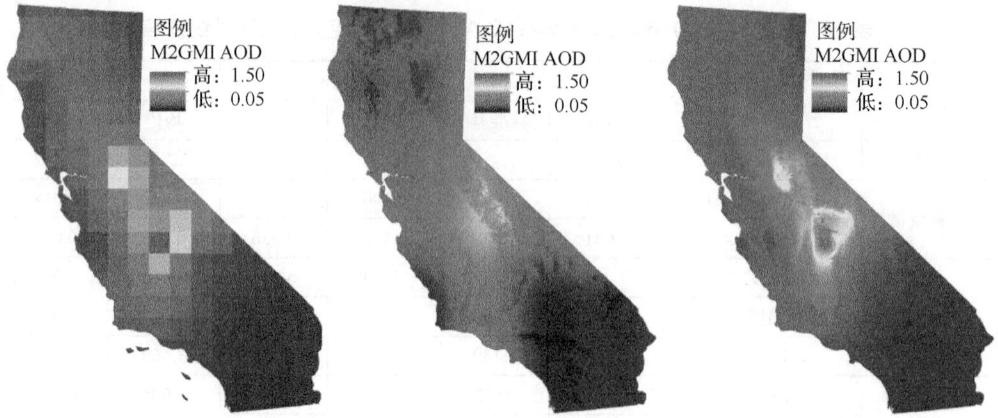

(d)　　　　(e)　　　　(f)

图 15.7　比较两周的原始 M2GMI AOD(图(a)和(d))、GAM 降尺度的 M2GMI AOD(图(b)和(e))和深度残差网络降尺度的 M2GMI AOD(图(c)和(f))

图(a)、(b)和(c)为 2000 年 5 月 1 日～5 月 7 日；图(d)、(e)和(f)为 2015 年 9 月 14 日～9 月 20 日

相应地，在这几周里，通过深度残差网络进行降尺度比 GAM 有更好的性能(测试 R^2：0.94 vs. 0.65 和 0.89 vs. 0.81；测试 RMSE：0.05 vs. 0.14 和 0.004 vs. 0.006）(表 15.2)。

表 15.2　使用 GAM 和深度残差网络对 M2GMI AOD 降尺度的两个典型周和整个研究周期的平均值的比较

日期	模型	常规 R^2	常规 RMSE	验证 [a] R^2	验证 RMSE	独立测试 [b] R^2	独立测试 RMSE
所有周的均值	残差网络	0.89 [0.31,0.99]	0.0001 [6.95×10^{-6}, 2.1×10^{-2}]	0.89 [0.23,0.99]	0.0001 [4.64×10^{-6}, 0.16×10^{-2}]	0.89 [0.24,0.99]	0.008 [0.002,0.12]
	GAM	0.78 [0.22,0.98]	0.014 [0.003,0.22]	0.78 [0.22,0.98]	0.014 [0.003,0.22]	0.78 [0.22,0.99]	0.014 [0.002,0.12]
2015-09-14～2015-09-20	残差网络	0.94	0.034	0.95	0.003	0.94	0.05
	GAM	0.66	0.14	0.66	0.14	0.65	0.14
2000-01-05～2000-07-05	残差网络	0.87	2.52×10^{-5}	0.89	2.07×10^{-5}	0.89	0.004
	GAM	0.81	0.006	0.82	0.006	0.81	0.006

注：a. 验证，20%的样本用于验证，也用于在训练过程中调整参数；b. 独立测试，20%的样本用于独立测试(未用于训练的样本)。

当使用降尺度的 M2GMI AOD 作为残差网络的输入进行 MAIAC AOD 插补时，验证实验表明残差网络降尺度比 GAM 降尺度具有更好的模型性能(降尺度的独立测试平均 R^2：0.89 vs.0.78；RMSE：0.008 vs. 0.014)(表 15.2)。同样值得注意的是，通过残差网络降尺度，插补结果显示了现实中的空间异质性，避免了 50km M2GMI

AOD 粗分辨率输入的伪影(图 15.8(c) vs. 图 15.8(d))。在图 15.8～图 15.10 中，使用较窄的色差范围(0～0.4)而不是从最小到最大 AOD 值的全范围(0～0.87)来渲染结果图像，以突出显示小 AOD 值的局部细节。在图例中，“0.40+”表示等于或大于 0.4 的 AOD 值使用同一颜色。

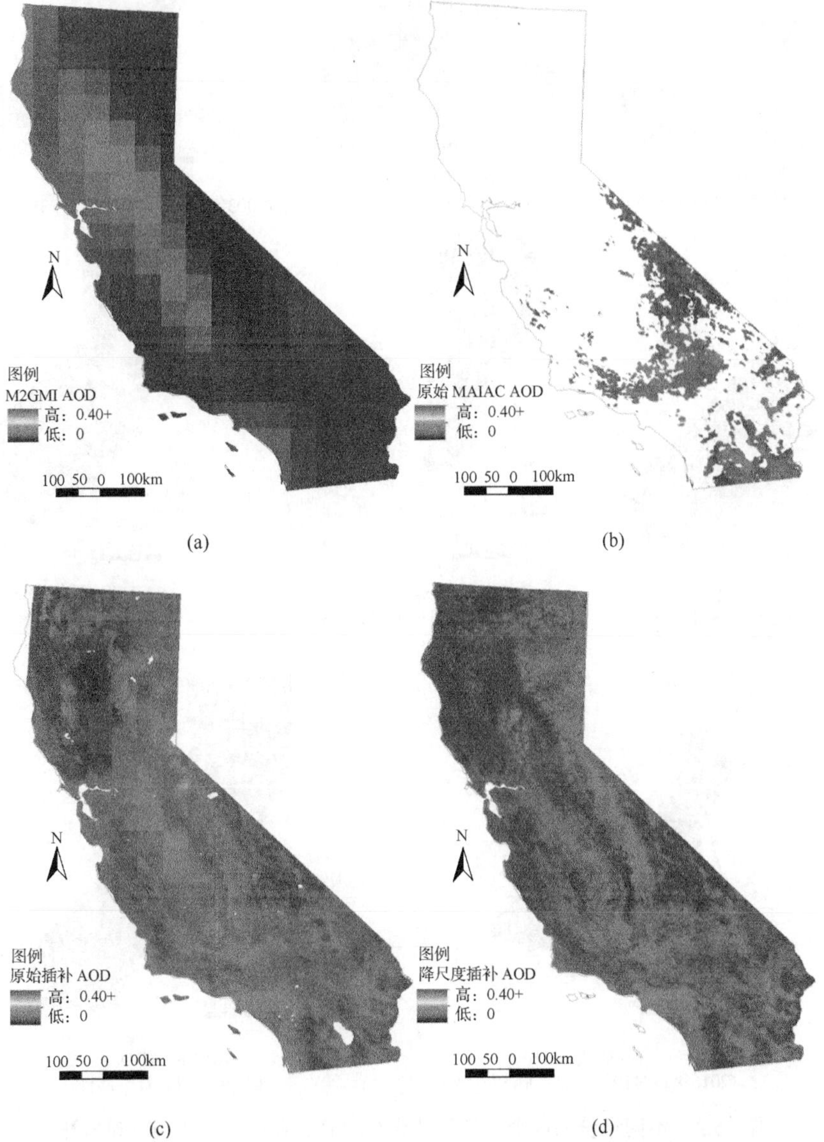

图 15.8　对于典型的一周(2016 年 12 月 5 日～2016 年 12 月 11 日)M2GMI AOD(图(a))和 MAIAC AOD(图(b))的网格面地图，其中有相当比例的缺失观测值，用原来的 50km M2GMI AOD 估算 MAIAC AOD(图(c))，用降尺度的 1km M2GMI AOD 估算 MAIAC AOD(图(d))

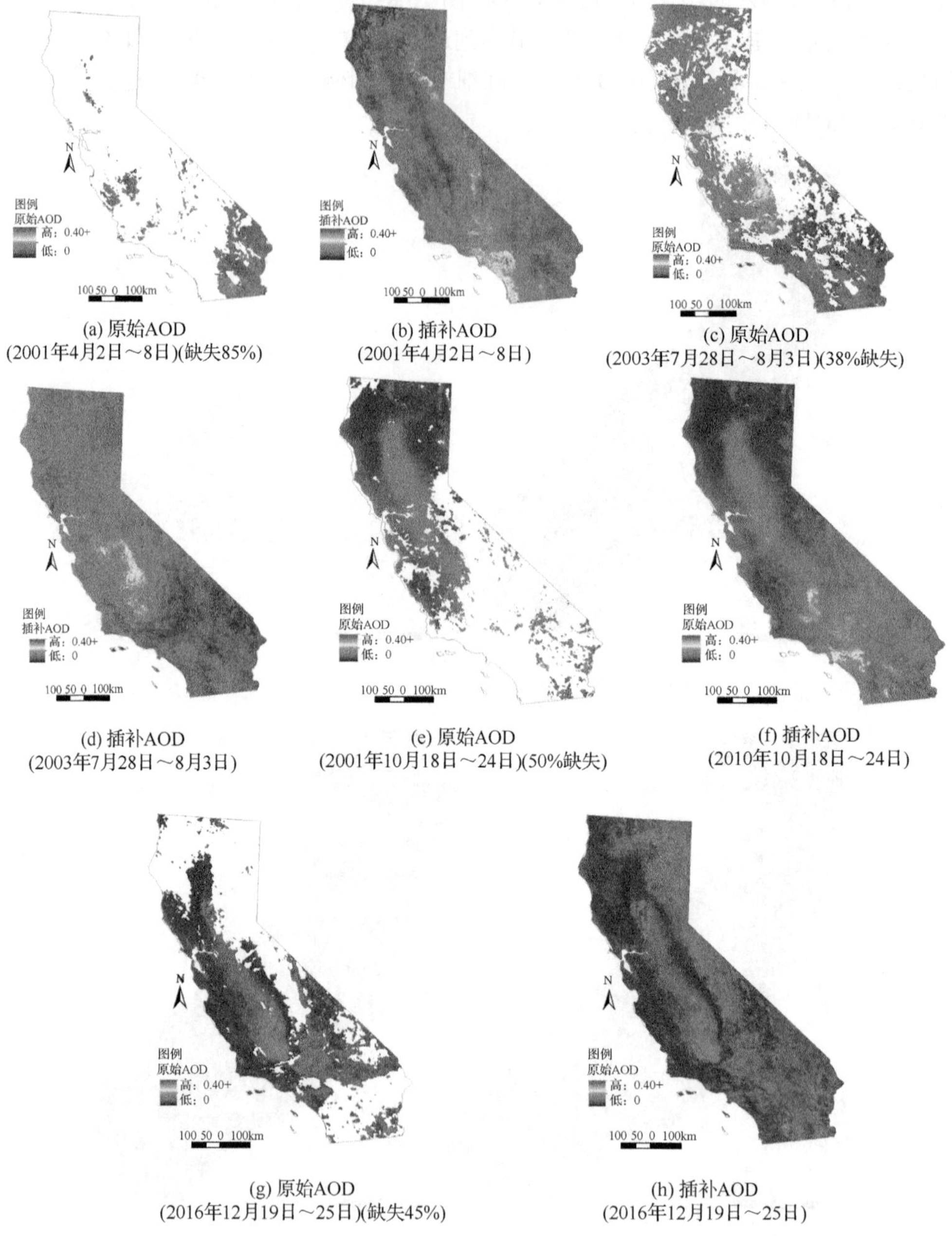

(a) 原始AOD
(2001年4月2日～8日)(缺失85%)

(b) 插补AOD
(2001年4月2日～8日)

(c) 原始AOD
(2003年7月28日～8月3日)(38%缺失)

(d) 插补AOD
(2003年7月28日～8月3日)

(e) 原始AOD
(2001年10月18日～24日)(50%缺失)

(f) 插补AOD
(2010年10月18日～24日)

(g) 原始AOD
(2016年12月19日～25日)(缺失45%)

(h) 插补AOD
(2016年12月19日～25日)

图 15.9　不同年份的四个季节的缺失(图(a)、(c)、(e)和(g))和插补 MAIAC AOD(图(b)、(d)、(f)和(h))的网格面(见彩图)

(图(a)和(b)为 2001 年春季；图(c)和(d)为 2003 年夏季；图(e)和(f)为 2010 年秋季；图(g)和(h)为 2016 年冬季)

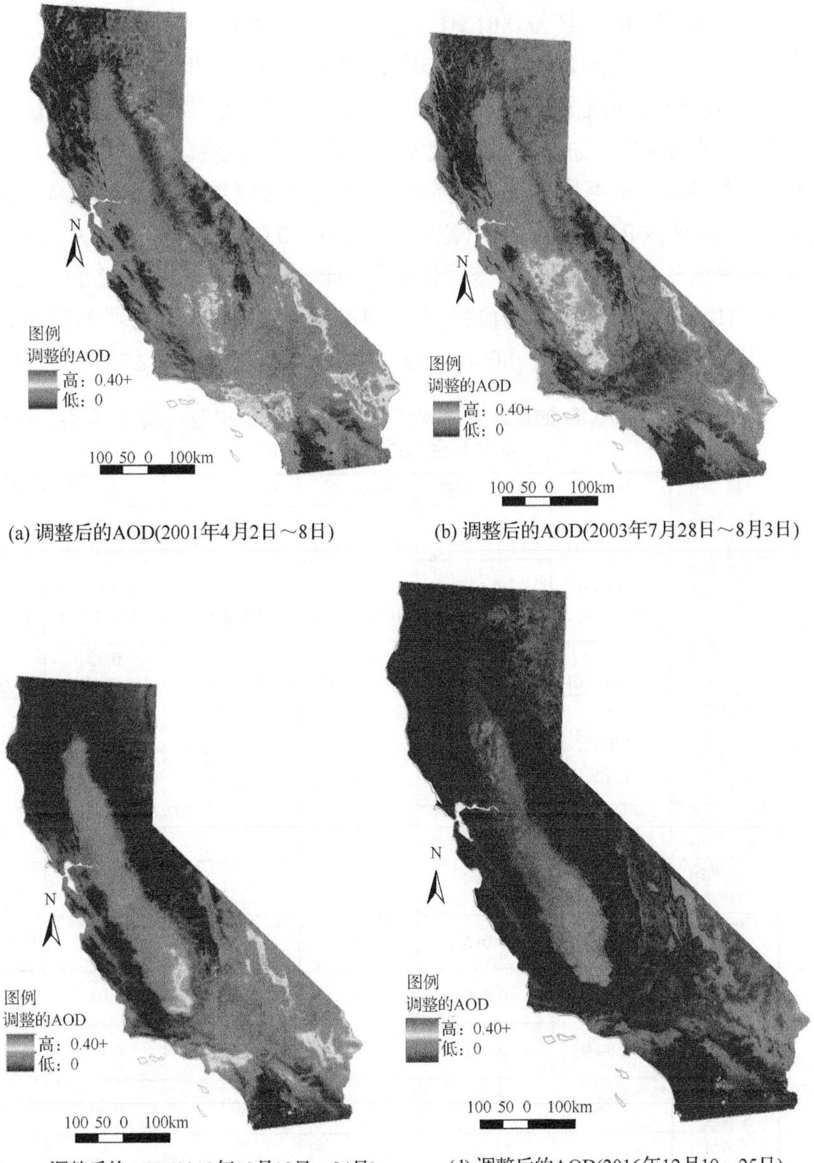

(a) 调整后的AOD(2001年4月2日～8日)　(b) 调整后的AOD(2003年7月28日～8月3日)

(c) 调整后的AOD(2010年10月18日～24日)　(d) 调整后的AOD(2016年12月19～25日)

图 15.10　不同年份的四季的偏校正 MAIAC AOD 曲面

15.4.3　插补

在 2000 年 2 月～2016 年 12 月的几周内，本章案例共训练了 879 个每周的残差网络模型。基于自动编码器的深度残差网络通常比常规前馈网络或 GAM 具有更好的收敛性和性能。对于所有周的平均值，与常规网络（测试 R^2 平均值（范围）为

0.73(0.08～0.99)；测试 RMSE 为 0.015(0.007～0.095))和 GAM(测试 R^2 平均值(范围)为 0.81(0.57～0.93)；测试 RMSE 为 0.013(0.009～0.037))相比，残差网络具有更高的测试 R^2 平均值(0.94)和范围(0.84～0.99)，更低的测试 RMSE 平均值(0.007)和范围(0.004～0.023)(表 15.3)。总的来说，残差网络比常规网络提高了 21%，比 GAM 提高了 13%。当月 AOD 不可用作输入变量时，非全残差网络的平均测试 R^2 为 0.84(范围为 0.48～0.99)，测试 RMSE 为 0.01(范围为 0.007～0.031)；虽然测试 R^2 下降了 10%，但与完全残差网络相比，非完全残差网络的性能仍优于完全常规网络和 GAM。不同空间模式下，MAIAC AOD 观测值缺失程度不同的四个样本周的观测和插补表面表明，即使缺失数据的比例很大(>80%)，深残差网络也能提供可靠的插补(图 15.9)。

表 15.3 周插补 MAIAC AOD 的深度残差网络(全模型和非全模型)、规则网络(全模型)和 GAM(全模型)的性能

周日期	模型	训练 R^2	训练 RMSE	验证 R^2	验证 RMSE	测试 R^2	测试 RMSE
所有周的平均值	残差网络(全模型)[a]	0.94 [0.85,0.99]	0.007 [0.003,0.022]	0.94 [0.85,0.99]	0.007 [0.003,0.023]	0.94 [0.84,0.99]	0.007 [0.004,0.023]
	残差网络(非全模型)[b]	0.86 [0.68,0.99]	0.01 [0.007,0.030]	0.86 [0.69,0.99]	0.01 [0.007,0.030]	0.84 [0.48,0.99]	0.01 [0.007,0.031]
	常规网络(全模型)	0.78 [0.54,0.90]	0.013 [0.007,0.095]	0.80 [0.56,0.99]	0.011 [0.007,0.031]	0.73 [0.08,0.99]	0.015 [0.007,0.095]
	GAM(全模型)	0.81 [0.57,0.93]	0.011 [0.008,0.032]	—	—	0.81 [0.56,0.93]	0.013 [0.009,0.037]
2000-05-01～2000-07-05	残差网络(全模型)	0.92	0.008	0.92	0.008	0.92	0.008
	残差网络(非全模型)	0.85	0.010	0.85	0.010	0.82	0.011
	常规网络(全模型)	0.75	0.012	0.76	0.011	0.70	0.013
	GAM(全模型)	0.71	0.015	—	—	0.71	0.015
2015-09-14～2015-09-20	残差网络(全模型)	0.98	0.012	0.98	0.012	0.98	0.012
	残差网络(非全模型)	0.94	0.021	0.94	0.021	0.94	0.021
	常规网络(全模型)	0.92	0.023	0.93	0.022	0.94	0.022
	GAM(全模型)	0.80	0.043	—	—	0.80	0.043

注：a. 全模型是指用于模型训练的所有协变量；b. 非全模型意味着除了月平均 AOD 变量外，使用所有其他协变量来训练模型。

15.4.4 用 AERONET 数据验证模型并校正偏差

在 2000～2016 年间，共有来自 35 个 AERONET 站点的 18097 个日样本可用于验证模型和校正偏差。通过这些每日测量，本章案例获得了 2921 个用于验证观测和/或插补的 MAIAC AOD 的周平均值，以及 737 个用于验证独立测试点 MAIAC AOD 的周平均值。

验证结果(表 15.4)显示，观测 AOD 和观测-插补组合的 AOD 的性能表现相似：皮尔逊相关性：一致像素点估计为 0.67 vs. 0.69，缓冲区半径为 9km 时为 0.75 vs. 0.74；点估计的 RMSE 相同(0.06)；点估计的 R^2：0.44 vs. 0.45。插补的 AOD 与 AERONET AOD 的相关性较低(0.60～0.66)，其 RMSE 仅略高于观测数据(0.07)。用来比较插补 AOD 与 AERONET AOD 的样本是一个小样本(N=122)，这可能是因为 MAIAC 不能产生有效观测值时 AERONET 也往往无法测量气溶胶光学厚度(AOD/AOT)(即多云的天空)。缺少 MAIAC AOD 但有可用 AERONET 的情况不太常见，会导致验证的样本很小，进而导致这些验证指标的不确定性。

表 15.4　MAIAC AOD 与 AERONET AOD 的四种验证

验证	n^a	皮尔逊相关性(无缓冲区/x km)[b]	R^2(无缓冲区)	RMSE(无缓冲区)
观测 MAIAC AOD	2799	0.67(无缓冲区)；0.71(1km)；0.73(3km)；0.74(5km)；0.75(7km)；0.75(9km)	0.44	0.06
MAIAC AOD 独立测试点	737	0.81(无缓冲区)	0.61	0.05
插补 MAIAC AOD	122	0.60(无缓冲区)；0.61(1km)；0.62(3km)；0.65(5km)；0.66(7km)；0.65(9km)	0.32	0.07
结合观测和插补的 MAIAC AOD	2921	0.69(无缓冲区)；0.70(1km)；0.71(3km)；0.73(5km)；0.73(7km)；0.74(9km)	0.45	0.06

注：a. 周样本数量；b. “(无缓冲区)” 表示基于匹配的重合像素-站点样本的度量(相关或 RMSE)；“(x km)” 表示基于每个站点周围具有一定半径(如 1km、3km、5km、7km 或 9km 半径)的圆形缓冲区内的空间平均数的度量(相关性或 RMSE)。

与插补 MAIAC AOD 的验证相比，独立测试 MAIAC AOD 的样本量更大(N=737)，并且与 AERONET AOD 的点估计值具有更高的相关性(0.81)和 R^2(0.61)，略低的 RMSE(0.05)，说明了本章案例插补方法的可靠性。

对于那些空间缓冲区 1～9km 的平均值验证，本章案例发现空间平均值越大，MAIAC AOD 和 AERONET AOD 之间会存在越多的积极影响(表 15.4 和表 15.5)。

与 AERONET AOD 相比，在观测到的 MAIAC AOD 中存在系统性的高估，特别是在海拔较高的 AERONET 站点。三个典型的 AERONET 站点(Table Mountain、Goldstone 和 Monterey)中，Table Mountain 和 Goldstone 这两个站点是典型的内陆站点，Monterey 站点是海岸线 AERONET 站点。与 Monterey 站点相比，Table Mountain 和 Goldstone 这两个站点具有不同的特征，特别是表面反射率和海拔，并且 MAIAC AOD 和 AERONET AOD 之间的地形不规则，差异相当大(Loría-Salazar et al.，2016)。

表 15.5　用 AERONET 测量验证每周插补的 MAIAC AOD 的月变化

月	n^{a}	相关性		R^2		RMSE	
		重合 [b]	9km [c]	重合	9km	重合	9km
1	254	0.35	0.46	0.09	0.19	0.07	0.07
2	245	0.54	0.60	0.27	0.32	0.06	0.06
3	222	0.41	0.47	0.11	0.19	0.05	0.05
4	233	0.59	0.63	0.27	0.34	0.05	0.04
5	237	0.66	0.65	0.40	0.40	0.04	0.04
6	247	0.82	0.82	0.63	0.58	0.05	0.06
7	230	0.87	0.92	0.71	0.81	0.06	0.05
8	244	0.76	0.80	0.57	0.64	0.04	0.04
9	238	0.79	0.83	0.62	0.66	0.04	0.04
10	247	0.72	0.75	0.48	0.50	0.05	0.05
11	259	0.73	0.79	0.46	0.51	0.06	0.05
12	265	0.50	0.64	0.23	0.36	0.07	0.06

注：a. 样本大小；b. 使用的重合像素；c. 9km，AERONET 站点 9km 缓冲区内的平均 MAIAC AOD。

15.5　小　　结

本章介绍了一种深度学习的方法，以改善在一个大而异质的地理区域内大量非随机缺失的 MAIAC AOD 的插补。卷积神经网络作为图像处理（Goodfellow et al.，2016）、特征提取和预测中常用的强大工具，不能直接应用于缺失数据的插补。作为一个可行的替代方案，本章案例在回归框架中采用基于自动编码器的残差网络，残差连接可以促进误差从深层到浅层的反向传播。由于网络拓扑中存在多个输出，参数在输入变量和目标输出变量之间共享，有效地防止了模型的过拟合。在深度学习中通过网格搜索的超参数，包括小批量大小、学习率、隐层数和节点数，得到了一个局部最优解，充分提高了学习的有效性。

本章案例将这种深度残差网络框架作为关键输入变量插补和空间降尺度的核心组成部分。在有限的可用输入（气象因素、M2GMI AOD、月 MAIAC AOD、空间坐标和高程）下，插补具有大量缺失值（41%）的 MAIAC AOD 的长时间序列，测试 R^2 均值为 0.94（范围 0.85～0.99），达到了前沿性能。利用气象、月 AOD 和 M2GMI AOD 等时空变化预测变量，捕获 MAIAC 的变异性。与全局模型相比，通过不同的空间和/或时间变化预测变量训练的每周局部模型，能更好地捕捉 MAIAC AOD 与预测因子之间关联的局部时间变异性，并减少了不同时间尺度下混合样本的混杂效应。采用类似的局部化建模方法对卫星 AOD 进行插补（Xiao et al.，2017），并估算 $PM_{2.5}$（Li et al.，2018b）。与常规神经网络和 GAM 相比，深度残差网络的性能提高了 13%～

21%。Xiao 等(2017)利用 GAM 对中国长三角地区的 MAIAC AOD 进行了插补，模型拟合的平均 R^2 为 0.77(模型拟合范围为 0.48～0.97)，并与 AERONET AOD 进行验证，R^2 为 0.44。此外，它们包含的协变量比本章中使用得多，如云分数、归一化植被指数和 CMAQ(Community multiscale air quality)模拟。在某些地区长期的时间序列插补中，这些测量值并不总是公开和容易获得的。其他研究(Di et al.，2016；Just et al.，2015；Kloog，2016；Lv et al.，2016)中使用多种建模方法，但其性能较差，或插补率较低。这是第一个采用先进的深度学习技术对大规模缺失卫星 AOD 进行稳健降尺度和插补的研究。

传统上使用双线性或最近邻重采样等简单方法在多个尺度上融合输入变量(如 M2GMI 和气象因素)。这种传统方法可以在图层的空间分辨率差异很大的情况下引入粗分辨率的栅格效应(偏差)(Alparone et al.，2015；Baboo and Devi，2010；Wald，2002)。基于克里金法的面到点预测方法(Goovaerts，2010；Gotway and Young，2002；Pardo-Iguzquiza et al.，2011)和 GAM(Malone et al.，2012)也可以使用，但考虑到较大的训练样本量，与深度学习相比，泛化是有限的(Goodfellow et al.，2016)。相比之下，本章案例的降尺度算法，利用了深度残差网络模型，捕捉到了精细空间尺度的局部异质性。本章案例的研究结果表明，与 GAM 等传统方法相比，使用深度残差网络可以获得更好的降尺度性能。

通过内部云掩模和积雪检测，MAIAC AOD 提供了质量保证指标，以检测和剔除无效或高度不确定的 AOD 值。尽管有这些质量保证指标，但调查人员发现，与 AERONET AOD 相比，卫星 AOD 在云和雪边缘位置偶尔会被高估(Emili et al.，2011；Li et al.，2015)。本章案例观察并处理了类似的问题，特别是在高海拔地区。加州多样的地形、海拔、排放源(如交通、灰尘、光化学反应)以及异质的气象导致了气溶胶的高度时空变异性。此外，云、雪或高表面反射率是 AOD 值缺失的主要原因。加州冬季的雨、云和雪比夏季多，而且它也有大片沙漠状区域，这导致缺失值的比例更大，以及对 AOD 的过高估计(Li et al.，2015)。在本章案例中观察到，12 月至来年 2 月的缺失观测值为 61%，此外，冬季 MAIAC AOD 和 AERONET AOD 之间的相关性较低且估计过高。尽管如此，插补的 MAIAC AOD 与 AERONET AOD 的广泛验证证明了所提出方法的可靠性。本章案例的研究还表明，高估的 AOD 可以通过高程、地理分布和时间变化趋势来解释和纠正，从而使 MAIAC AOD 和 AERONET AOD 之间的相关性从 0.70 提高到 0.83。

具有缺失观测插补的长时间序列空间分辨 MAIAC AOD 具有超过先前研究的性能统计，为更完整和准确地分析加州上空气溶胶的时空变化提供了基础。此外，这些 AOD 可以用来更好地描述和推断地面 $PM_{2.5}$。如果没有完整的 MAIAC AOD，本章案例将不得不依赖其他外部信息来估计 $PM_{2.5}$ 浓度，这可能导致偏差和测量误差增加(Paciorek and Liu，2009)。这些误差随后可能导致对 $PM_{2.5}$ 相关健康影响的评估不足、无效或错误。

该方法对减少 $PM_{2.5}$ 的估计误差，以及在评估 $PM_{2.5}$ 对健康影响时的暴露估计偏差具有重要意义。本案例的方法也很容易推广到更精细的空间尺度(如 1km)和其他地区。随着 2000 年～2016 年加州 MAIAC AOD 的稳健插补，未来的工作是利用这些数据对整个加州的 $PM_{2.5}$ 进行高分辨率时空估计。

参 考 文 献

曹凯鑫, 汤猛猛, 葛建鸿, 等. 2020. 大气污染物 $PM_{2.5}$ 缺失数据插值方法的比较研究: 基于北京市数据. 环境与职业医学, 37(4): 299-305

陈福容, 任立良, 杨邦, 等. 2009. 基于逐步回归分析的雨量信息插补计算和应用. 水电能源科学, 27(2): 7-10

高文义, 郭海华. 2008. 用频率分析方法对年降水量系列插补延长的探讨. 吉林水利, (3): 3-4

郭昆鹏, 祁柏林, 刘首正, 等. 2020. 融合双向 GRU 的空气质量数据缺失补充算法. 小型微型计算机系统: 1-6

黄蓉, 胡泽勇, 关婷, 等. 2014. 藏北高原气温资料插补及其变化的初步分析. 高原气象, 33(3): 637-646

姬世保, 杜军凯, 仇亚琴, 等. 2021. 缺资料地区降水系列的插补及验证. 人民黄河, 43(5): 42-47

江志红, 丁裕国, 屠其璞. 1999. 基于 PC-CCA 方法的气象场资料插补试验. 南京气象学院学报, (2): 141-148

李楠, 崔耀平, 刘素洁, 等. 2018. 基于多源遥感数据的地表温度空值插补. 测绘, 41(2): 57-61

廖祥超. 2017. 九种常用缺失值插补方法的比较. 昆明: 云南师范大学

刘田, 阳坤, 秦军, 等. 2018. 青藏高原中、东部气象站降水资料时间序列的构建与应用. 高原气象, 37(6): 1449-1457

盛峥, 石汉青, 丁又专. 2009. 利用 DINEOF 方法重构缺测的卫星遥感海温数据. 海洋科学进展, 27(2): 243-249

司鹏, 郝立生, 罗传军, 等. 2017. 河北保定气象站长序列气温资料缺测记录插补和非均一性订正. 气候变化研究进展, 13(1): 41-51

田琳, 王龙, 余航, 等. 2012. 基于 BP 神经网络的缺测降水数据插补. 云南农业大学学报(自然科学), 27(2): 281-284

俞晓群, 马翱慧. 2013. 基于 Kriging 空间插补海表叶绿素遥感缺失数据的研究. 测绘通报, (12): 47-50

张永领, 丁裕国, 高全洲, 等. 2006. 一种基于 SVD 的迭代方法及其用于气候资料场的插补试验. 大气科学, (3): 526-532

周淑玲. 2018. 福州市 $PM_{2.5}$ 浓度分布的空间插值方法比较. 环境与发展, 30(6): 177, 179

Abatzoglou J T. 2013. Development of gridded surface meteorological data for ecological applications and modelling. International Journal of Climatology, 33(1): 121-131

Acock M C, Pachepsky Y A. 2000. Estimating missing weather data for agricultural simulations using group method of data handling. Journal of Applied Meteorology, 39(7): 1176-1184

Alparone L, Aiazzi B, Baronti S, et al. 2015. Remote Sensing Image Fusion. Boca Raton: CRC Press

Alvera-Azcárate A, Barth A, Beckers J M, et al. 2007. Multivariate reconstruction of missing data in sea surface temperature, chlorophyll, and wind satellite fields. Journal of Geophysical Research Oceans,112(C03008): 1-11

Baboo S S, Devi M R. 2010. An analysis of different resampling methods in coimbatore, district. Global Journal of Computer Science & Technology, 10(15): 61-66

Baldi P, Hornik K. 1989. Neural networks and principal component analysis: Learning from examples without local minima. Neural Networks, 2(1): 53-58

Baydin G A, Pearlmutter B, Radul A A, et al. 2018. Automatic differentiation in machine learning: A survey. Journal of Machine Learning Research, 18(1): 5595-5637

Brauer M, Freedman G, Frostad J, et al. 2016. Ambient air pollution exposure estimation for the global burden of disease 2013. Environmental Science & Technology, 50(1): 79-88

Brugh J, Henzing J S, Schaap M, et al. 2012. Modelling the partitioning of ammonium nitrate in the convective boundary layer. Atmospheric Chemistry and Physics, 12(6): 3005-3023

DeGaetano A T, Eggleston K L, Knapp W W. 1995. A method to estimate missing daily maximum and minimum temperature observations. Journal of Applied Meteorology and Climatology, 34(2): 371-380

Di Q, Kloog I, Koutrakis P, et al. 2016. Assessing $PM_{2.5}$ exposures with high spatiotemporal resolution across the continental United States. Environmental Science & Technology, 50(9): 4712-4721

Eck T F, Holben B N, Reid J S, et al. 1999. Wavelength dependence of the optical depth of biomass burning, urban, and desert dust aerosols. Journal of Geophysical Research: Atmospheres, 104(D24): 31333-31349

Emili E, Lyapustin A, Wang Y, et al. 2011. High spatial resolution aerosol retrieval with MAIAC: Application to mountain regions. Journal of Geophysical Research: Atmospheres, 116(D23211): 1-12

Everson R, Cornillonz P, Sirovichy L, et al. 1998. An empirical eigenfunction analysis of sea surface temperatures in the Western North Atlantic. Journal of Physical Oceanography, 27(3): 468-479

Fast J D, Allan J, Bahreini R, et al. 2014. Modeling regional aerosol and aerosol precursor variability over California and its sensitivity to emissions and long-range transport during the 2010 CalNex and CARES campaigns. Atmospheric Chemistry and Physics, 14(18): 10013-10060

Franklin M, Kalashnikova O V, Garay M J. 2017. Size-resolved particulate matter concentrations derived from 4.4km-resolution size-fractionated multi-angle imaging spectroradiometer (MISR) aerosol optical depth over Southern California. Remote Sensing of Environment, 196: 312-323

Freedman D, Pisani R, Purves R. 2020. Statistics (Fourth International Student Edition). New York:

WW Norton & Company

Goodfellow I, Bengio Y, Courville A. 2016. Deep Learning. Cambridge: MIT Press

Goovaerts P. 2010. Combining areal and point data in geostatistical interpolation: Applications to soil science and medical geography. Mathematical Geosciences, 42(5): 535-554

Gotway C A, Young L J. 2002. Combining incompatible spatial data. Journal of the American Statistical Association, 97(458): 632-648

Huth R, Nemeov I. 1995. Estimation of missing daily temperatures: Can a weather categorization improve its accuracy? Journal of Climate, 8(7): 1901-1916

Iglewicz B, Hoaglin C D. 1993. How to detect and handle outliers// Mykytka F E. The ASQ Basic References in Quality Control: Statistical Techniques. Milwaukee: American Society for Quality

Ioffe S, Szegedy C. 2015. Batch normalization: Accelerating deep network training by reducing internal covariate shift. Proceedings of the 32nd International Conference on International Conference on Machine Learning, Lille: 448-456

Jolliffe I T. 2002. Principal Component Analysis. 2nd ed. New York: Springer

Just A C, Wright R O, Schwartz J, et al. 2015. Using high-resolution satellite aerosol optical depth to estimate daily $PM_{2.5}$ geographical distribution in Mexico City. Environmental Science & Technology, 49(14): 8576-8584

Kingma D P, Welling M. 2014. Auto-encoding variational Bayes. Proceedings of the International Conference on Learning Representations. http: //arxiv.org/abs/1312.6114 [2019-01-01]

Kloog I. 2016. Fine particulate matter ($PM_{2.5}$) association with peripheral artery disease admissions in northeastern United States. International Journal of Environmental Health Research, 26(5/6): 572-577

Li J, Carlson B E, Lacis A A. 2015. How well do satellite AOD observations represent the spatial and temporal variability of $PM_{2.5}$ concentration for the United States? Atmospheric Environment, 102: 260-273

Li L, Fang Y, Wu J, et al. 2018a. Autoencoder based residual deep networks for robust regression prediction and spatiotemporal estimation. arXiv e-prints arXiv: 1812.11262

Li L, Zhang J, Meng X, et al. 2018b. Estimation of $PM_{2.5}$ concentrations at a high spatiotemporal resolution using constrained mixed-effect bagging models with MAIAC aerosol optical depth. Remote Sensing of Environment, 217: 573-586

Li L, Franklin M, Girguis M, et al. 2020. Spatiotemporal imputation of MAIAC AOD using deep learning with downscaling. Remote Sensing of Environment, 237: 1-17

Liou C Y, Cheng W C, Liou J W, et al. 2014. Autoencoder for words. Neurocomputing, 139: 84-96

Loría-Salazar S M, Holmes H A, Arnott W P, et al. 2016. Evaluation of MODIS columnar aerosol retrievals using AERONET in semi-arid Nevada and California, U.S.A., during the summer of

2012. Atmospheric Environment, 144: 345-360

Lv B, Hu Y, Chang H H, et al. 2016. Improving the accuracy of daily $PM_{2.5}$ distributions derived from the fusion of ground-level measurements with aerosol optical depth observations, a case study in North China. Environmental Science & Technology, 50(9): 4752-4759

Lyapustin A, Wang Y, Korkin S, et al. 2018. MODIS collection 6 MAIAC algorithm. Atmospheric Measurement Techniques, 11(10): 5741-5765

Malone B P, McBratney A B, Minasny B, et al. 2012. A general method for downscaling earth resource information. Computers and Geosciences, 41: 119-125

Müller D. 2007. Estimation of algae concentration in cloud covered scenes using geostatistical methods. Envisat Symposium 2007, Montreux: 23-27

NASA. 2018. MERRA-2 GMI. https: //acd-ext.gsfc.nasa.gov/Projects/GEOSCCM/MERRA2GMI[2019-01-01]

Paciorek C J, Liu Y. 2009. Limitations of remotely sensed aerosol as a spatial proxy for fine particulate matter. Environmental Health Perspectives, 117(6): 904-909

Pardo-Iguzquiza E, Rodríguez-Galiano V F, Chica-Olmo M, et al. 2011. Image fusion by spatially adaptive filtering using downscaling cokriging. ISPRS Journal of Photogrammetry and Remote Sensing, 66(3): 337-346

Randles C A, Silva A M D, Buchard V, et al. 2017. The MERRA-2 aerosol reanalysis, 1980-onward, Part I: System description and data assimilation evaluation. Journal of Climate, 30(17): 6823-6850

Strode S A, Ziemke J R, Oman L D, et al. 2018. Global changes in the diurnal cycle of surface ozone. Atmospheric Environment, 199: 323-333

Teegavarapu R S V. 2009. Estimation of missing precipitation records integrating surface interpolation techniques and spatio-temporal association rules. Journal of Hydroinformatics, 11(2): 133-146

Wald L. 2002. Data fusion//Definitions and Architectures: Fusion of Images of Different Spatial Resolutions. Paris: Les Presses des Mines

Wikipedia. 2018. List of California wildfires. https: //en.wikipedia.org/wiki/List_of_California_wildfires[2019-01-01]

Xiao Q, Wang Y, Chang H H, et al. 2017. Full-coverage high-resolution daily $PM_{2.5}$ estimation using MAIAC AOD in the Yangtze River Delta of China. Remote Sensing of Environment, 199: 437-446

Yi S, Wang X, Tang X. 2014. Deep learning face representation by joint identification-verification. Proceedings of the 27th International Conference on Neural Information Processing Systems, Montreal: 1988-1996

Zhang Z, Luo P, Loy C C, et al. 2016. Learning deep representation for face alignment with auxiliary attributes. IEEE Transactions on Pattern Analysis and Machine Intelligence, 38(5): 918-930

第 16 章　地表参数反演

地表参数如地表温度、植被参数、土壤水分、积雪等在地学应用中有十分重要的作用。传统的地表测量方法很难大范围、高效率、实时动态地得到地表参数的时空分布信息。遥感地学反演是指利用遥感数据，通过遥感模型反演地学参数，获取地表信息的过程。遥感数据具有多空间分辨率、多波段、多角度、多时相的特点，这为获取大范围、高效率、实时动态的地表参数信息提供了条件。随着卫星探测技术的发展，遥感观测数据更加的多样化和海量化，遥感反演变得越来越具有挑战性。

16.1　遥感反演模型概述

定量遥感从工作内容上可以分为数据预处理和模型研究与反演这两类，定量遥感的重点是定量地提取地表参数。实现地表参数反演关键的一步是建立传感器可测参数与目标状态参数之间的转换关系，即建模(明冬萍和刘美玲，2017)，其中目标状态参数可以是地表温度、植被参数、土壤水分、积雪、地表反照率等。遥感地学反演的经典模型有物理模型、统计回归模型及混合模型。

关于地表温度的遥感反演，传统上使用大气校正算法(Sobrino et al.，1991)。该算法通过模拟大气对地表热辐射的影响，把地表的热辐射强度转化为相应的地表温度，计算过程复杂，实时性差，且存在较大的误差。单窗算法(覃志豪　等，2001)是一种简单易行且精度较高的演算方法，该算法可以把大气和地表的影响直接包括在演算公式中，精度较高。劈窗算法(Ulivieri et al.，1994)将两个相邻通道的测量值进行各种线性组合来剔除大气的影响，以此来反演地表温度。劈窗算法计算简单，有较高的定量精度，是地表温度反演中应用较为广泛的一种方法。

土壤水分反演主要包括主动微波遥感反演、被动微波遥感反演、光学遥感或多源遥感反演(梁顺林　等，2020)。主动微波空间分辨率较高，对地表粗糙度和植被结构的变化敏感，但数据处理复杂，且重复观测率低；被动微波具有较高的时间分辨率，对土壤水分敏感，数据处理简单，但空间分辨率低(施建成，2012)。受限于被动微波的低空间分辨率和主动微波反演土壤水分的低精度问题，不少研究者基于光学遥感或多源遥感结合的方式来获取研究所需的土壤水分(梁顺林　等，2020)。

植被参数的遥感反演主要包括植被指数(Ma et al.，2020；菅永峰　等，2021)、植被叶面积指数(leaf area index，LAI)(Yang et al.，2019；郭云开等，2020)、植被高度(谈璐璐　等，2011)等。除地表温度、土壤水分、植被参数外，积雪(王子龙　等，

2016；孙知文 等，2015)、地表反照率(齐文栋 等，2014；Seidel et al.，2012)、蒸散发量(夏浩铭 等，2015)、地表与地下水量(Zeng et al.，2020)等地学参数也可以通过反演获得。

遥感反演过程中存在病态(ill-posed)反演的问题。一种情况是当遥感可测参数的数目少于未知的大气和陆表参数时，会导致求解结果不确定。另一种情况是，由于不同的大气地表参数数值组合都会生成相似的遥感辐射数值，遥感反演的结果将不是唯一的。此外，参量和模型的误差也会导致类似的问题(梁顺林 等，2016)。很多研究试图找寻更好的办法来克服病态反演的问题，比如利用先验知识(李小文 等，1998)、时空约束(Houborg et al.，2006；Laurent et al.，2013)、多源数据(杨贵军 等，2010；张友静 等，2010)、数据同化(Zhan et al.，2019)等正则化方法。

新的趋势是借助机器学习或深度学习方法进行反演。借助遥感数据与对应变量的测量数据，建立输入输出数据对，训练出一个学习算法(梁顺林 等，2016)。例如，利用人工神经网络估计蒸散发量(Chen et al.，2013)，利用辐射传输模型和随机森林回归反演叶面积指数(郭开云 等，2020)，利用深度信任网络反演气溶胶光学厚度(AOD)(贾臣 等，2020)等。

本章详细介绍 Li(2020)提出的利用自动微分(AD)技术，求解柱状卫星气溶胶光学厚度到模拟地面气溶胶(消光)系数(ground-based aerosol(extinction) coefficient，GAC)转换参数最优解的方法。也可使用类似的方法求解遥感中其他地表网格变量的反演参数。

16.2　利用自动微分法转换卫星 AOD 与 GAC

卫星气溶胶光学厚度 AOD 对直径≤2.5μm 的细颗粒物($PM_{2.5}$)的高时空分辨率估算具有重要意义。Terra 和 Aqua 卫星上的 MODIS 传感器主要利用大气中所有高度的气溶胶(消光)系数来测量柱状 AOD，但柱状 AOD 与 $PM_{2.5}$ 的相关性小于低空或地面气溶胶(消光)系数(GAC)与 $PM_{2.5}$ 的相关性。近年来，随着自动微分(AD)技术在深度学习中的广泛应用，出现了一种利用 AD 技术求解柱状 AOD 到模拟 GAC 转换参数的最优解的方法。基于计算图的 AD 算法大大提高了应用梯度下降法求解多参数、多时空因子等复杂问题的效率。以中国京津冀地区的通过多角度大气校正(MAIAC)算法得到的 AOD 进行 2015 年的 $PM_{2.5}$ 估计为例，利用 AD 和均方误差(MSE)损失函数得到了转换参数的最优解。由于 AD 工具的可用性，该方法可推广到遥感中其他类似转换参数的反演中。

与现有方法相比，该转换方法更为灵活。考虑到气溶胶垂直剖面中涉及的多种复杂大气和环境因素(如排放源(Zíková et al.，2016；Bmepb，2019)、气象(Liu et al.，2018；Wang et al.，2018)和海拔(Wang et al.，2018；Xu et al.，2019))，该方法引入了行星边界层高度(PBLH)和相对湿度(RH)的比例因子(斜率)和位移因子(截距)，以捕捉潜在的其他混杂因素(如大气化学过程和其他气象因素)或基于 Wang 等(2010)中简化换算公式的随机因素。为了优化转换公式中的多个参数，在梯度下降法中使用自动微分来提高学习效率。在深度学习中，自动微分是必不可少的，随着 Tensorflow、PyTorch 或 Caffe 等深度学习软件的发展，它可以在许多实际应用中提供一种寻找最优解的有效方法(Goodfellow et al.，2016)。此外，在模拟的地面气溶胶系数中引入线性和多项式尺度因子和位移因子，作为气溶胶消光系数的替代，以构造一个合适的均方误差损失(MSE)来训练模型。

16.3 GAC 模拟的材料和方法

16.3.1 案例研究区域

案例研究区域覆盖了中国北方京津冀都市圈的大部分地区。京津冀也被称为北京-天津-河北，是中国北方最大的城市化都市圈。它包括北京市和天津市以及渤海沿岸的多个城市。这一地区是中国北方雾霾的核心地带，也是中国污染最严重的地区之一。这儿有包括工业污染、散煤燃烧和机动车尾气等在内的多种污染物排放源。与周围太行山-燕山等高海拔地区相比，本章案例研究区域的海拔较低，产生了热岛效应，导致大气污染物浓度升高，这不利于局部地区高温和低气压现象的消散(Miao et al.，2015；Wang et al.，2014)。研究区域冬季的取暖导致 $PM_{2.5}$、有机碳、黑炭等污染物的排放量，比其他季节的高达数倍，污染程度要高得多，且冬季具有风速低、大气稳定性高等不利的气象条件。

16.3.2 数据集

1)卫星 AOD

MAIAC 算法可以以高空间(1km)和时间(日)的分辨率从 Terra 和 Aqua 卫星的 MODIS 中检索卫星 AOD，它可以在黑暗和中等明亮表面上得到比以前的暗像元和深蓝算法更好的大气校正结果。本章案例从美国地质调查局的网站(https://lpdaac.usgs.gov/news/release-of-modis-version-6-maiac-data-products)上收集了 2015 年覆盖本章案例研究区域的 MAIAC AOD 图像。以 1954 年北京坐标系为目标投影，并对这些图像进行了到目标系统的投影变换。使用 MAIAC 数据集中提供的质量保证(QA)数据过滤由于接近云层或雪，或由高表面反射率而导致的无效像素。采用非线性广义可加模型(non-linear generalized additive model)对 Aqua 和 Terra 的日图像进行融合，这样可以在一个 AOD 缺失而另一个可用的情况下，提高可用 AOD 的空间覆盖率。具体来说，当 Aqua 和 Terra 观测到的 AOD 都可用时，使用 Aqua 和 Terra（观测/估计）AOD 的平均值进行融合；当一个观测到的 AOD 可用而另一个 AOD 缺失时，使用 Aqua 和 Terra 观测到的 AOD 都可用的样本训练 GAM，以此来估计缺失的 AOD。相关文献（Hu et al.，2014；Xiao et al.，2017）中使用了类似的方法。

2）$PM_{2.5}$ 测量值

覆盖研究区域的每小时的 $PM_{2.5}$ 测量（单位：μg/m^3）数据，来自中国政府机构运营的 102 个监测站。$PM_{2.5}$ 的监测数据是用带有 Thermo Fisher 1405F 的锥形元件振荡式微量天平（tapered element oscillating microbalance，TEOM）（Wang et al.，2015）测量得到的。具体来说，首先通过 TEOM 将环境空气泵入并加热到 40℃，以消除水蒸气的影响。然后使用特殊过滤器选择粒径小于等于 2.5μm 的颗粒，并称重。最后，获得并记录单位体积环境空气中干燥的 $PM_{2.5}$ 的质量。因此，在计算潮湿的状态下颗粒的干燥质量时，相对湿度（RH）起着重要作用。采用 75%的完整性标准，将小时测量值平均化为每日的 $PM_{2.5}$ 浓度。

3）PBLH

2015 年的 PBLH 数据来自 MERRA-2 的再分析数据。再分析数据具有 0.25°（纬度）×0.3125°（经度）的粗空间分辨率和 3h 的高时间分辨率。日均值是通过将 3h 的再分析数据平均得到的。再采样将粗空间分辨率的 PBLH 数据转换为 1km 空间分辨率的数据，以匹配 MAIAC AOD 的空间分辨率。

4）相对湿度

RH（单位：%）的测量数据来自国家气象科学数据中心（http://data.cma.cn）的中国地面气候资料日值数据集。测量数据来自国家 824 个气象站，将这些测量数据与其他因子进行空间插值。使用深度残差网络的方法获得空间分辨率为 1km 的日栅格图像（RH 交叉验证 $R^2=0.85$）（方颖和李连发，2019）。从插值数据中获取研究区域的相对湿度格网。

16.3.3　地面气溶胶消光系数的模拟

卫星 AOD 作为总柱状综合气溶胶消光的度量，由气溶胶标高和相应的气溶胶消光系数确定（图 16.1（a））：

$$\tau_a=\int_0^{z_{\mathrm{TOA}}} k_a(\lambda,z)\mathrm{d}z \tag{16.1}$$

其中，τ_a 为柱状 AOD，$k_a(\lambda,z)$ 表示测量点实际标高为 z 和光谱波长为 λ 时的气溶胶消光系数（如卫星 AOD 的光谱波长 λ=0.55μm），TOA 代表大气顶部（Chung，2012）。

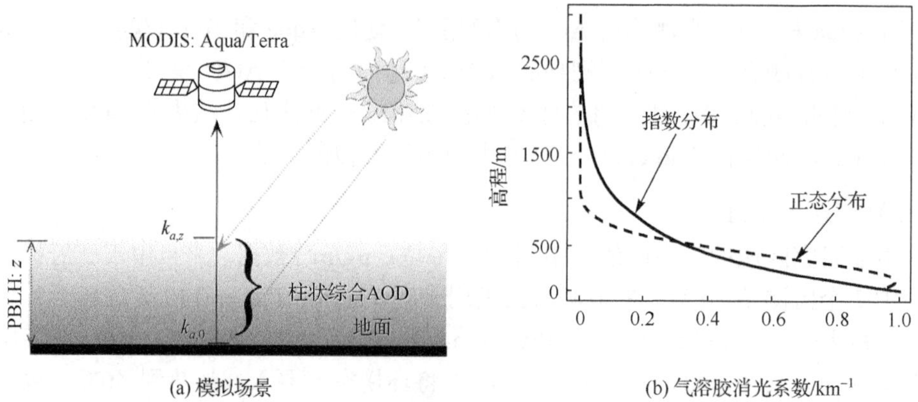

(a) 模拟场景　(b) 气溶胶消光系数/km^{-1}

图 16.1　卫星气溶胶光学深度(AOD)、地面气溶胶消光系数与 PBLH 和气溶胶消光系数垂直指数分布的关系

虽然气溶胶消光系数的垂直分布不是简单地随着高度而呈指数衰减，使用指数分布模拟的高度虽然不完美，但却是气溶胶垂直范围的一个很好的近似值(图 16.1(b))，具有有限的不确定性和一个低对流层中气溶胶垂直混合的特征(Léon et al.，2009)：

$$k_a(\lambda,z)\approx k_{a,0}(\lambda)\cdot\exp(-z/H_A) \tag{16.2}$$

其中，$k_{a,0}(\lambda)$ 表示 λ 波长处的地面气溶胶消光系数；H_A 表示大气标高，近似用 PBLH 表示；z 是测量点实际的标高(Koelemeijer et al，2006)。

将式(16.2)代入式(16.1)中，可得到如下公式：

$$\begin{aligned}\tau_a&=-k_{a,0}(\lambda)\cdot H_A\cdot\exp\left(-\frac{z}{H_A}\right)\Bigg|_0^{z_{\mathrm{TOA}}}\\&=k_{a,0}(\lambda)\cdot H_A\cdot\left(1-\exp\left(-\frac{z_{\mathrm{TOA}}}{H_A}\right)\right)\\&=k_{a,0}(\lambda)\cdot(H_A+\mathrm{it})\end{aligned} \tag{16.3}$$

其中，$-H_A\cdot\exp\left(-\frac{z_{\mathrm{TOA}}}{H_A}\right)$代表截距 it，由于 z_{TOA} 在许多研究中的值都很高，所以通常将它忽略不计(Wang et al.，2010；Li et al.，2015)。

此外，研究(Zhang and Shi，2001；Malm et al，2000)表明，k_a 与 $PM_{2.5}$ 浓度之间的关联随着颗粒物的化学成分和环境空气的相对湿度的变化而变化。因此，Wang 等(2010)引入 RH 因子调整地面气溶胶消光系数：

$$k_{a,\mathrm{Dry}}(\lambda)=k_{a,0}(\lambda)/f(\mathrm{RH}) \tag{16.4}$$

其中，$k_{a,\mathrm{Dry}}(\lambda)$ 表示颗粒物的“干燥质量”，它与 $PM_{2.5}$ 浓度密切相关；$f(\mathrm{RH})$ 表示相对湿度因子：

$$f(\mathrm{RH}) = (1-\mathrm{RH}/100)^{-g} \tag{16.5}$$

其中，g 是经验拟合系数。

将式(16.3)和式(16.5)代入式(16.4)中，可得到如下公式：

$$\begin{aligned} k_{a,\mathrm{Dry}}(\lambda) &= \frac{\tau_a}{(H_A+\mathrm{it})\cdot f(\mathrm{RH})} \\ &= \frac{\tau_a\cdot(1-\mathrm{RH}/100)^g}{H_A+\mathrm{it}} \end{aligned} \tag{16.6}$$

为了使 $k_{a,\mathrm{Dry}}(\lambda)$ 的解具有适应性，在式(16.6)中分别向 PBLH 和 RH 引入位移因子和比例因子，以考虑由测量误差或其他混杂因素(如式(16.3)中的截距)引起的不确定性的影响。由此得到如下公式：

$$k_{a,\mathrm{Dry}}(\lambda) = \frac{\tau_a\cdot\left[s_{\mathrm{RH}}\cdot(1-\mathrm{RH}/100)^g + i_{\mathrm{RH}}\right]}{s_{H_A}\cdot H_A + i_{H_A}} \tag{16.7}$$

其中，s_{RH} 和 i_{RH} 分别表示 RH 中的比例因子和位移因子；s_{H_A} 和 i_{H_A} 分别表示 PBLH 的比例因子和位移因子(类似于式(16.6))。

16.3.4　自动微分法求解

在方程(16.7)的适应模型中，很难使用传统的解析法或最小二乘法求解 $\theta(g, s_{\mathrm{RH}}, i_{\mathrm{RH}}, s_{H_A}, i_{H_A})$。相反，使用梯度下降的机器学习可以获得局部的最优解。自动微分(AD) (Baydin et al.，2018)又称算法微分(algorithmic differention)，它提供了一种有效的方法来实现梯度下降，从而为多个待解参数的复杂问题找到最优解。对于梯度下降法中的微分，传统的手工方法需要大量的公式和繁重的工作，这对于复杂的问题是不切实际的；数值微分法可能存在截断和舍入误差的问题；符号微分法预先定义一组运算，如积的链式法则，但是它可能有一个表达式膨胀的问题，即导数的表示比原始函数的表示大得多的现象(Laue，2019)。与这些以往的方法不同，AD 不受函数性质的限制，能跨越复杂的控制流，使得梯度下降法便于应用到许多实际的优化问题中。它由基于动态规划的计算图中的一系列操作组成。计算图是一个包含基本运算(如加法、乘法、除法、三角函数)的有向图，最终值可以通过图中相应路径的传播获得。具体地说，AD 首先生成一个域变量的计算图，然后根据微分学的链式法则继续替换变量的域，并将导数并入。本质上，AD 在初等层次上应用符号微分，并通过对主函数的求值来保持中间的数值结果。利用链式法则，误差可以通过梯度反向传播，以此来更新参数，直到收敛或得到最优解。

自动微分的效率和使用的便利性带来了深度学习的长足发展，这对于寻找一般问题的最优解至关重要(Goodfellow et al.，2016)。在本章案例中，Tensorflow (https://tensorflow.google.cn/)(版本 2.0)被用作 AD 的工具来求解方程(16.7)中的参数。

对于一个使用梯度下降的典型的优化问题，首先需要一个损失函数来量化训练模型拟合训练输入 $\boldsymbol{X}$ 的程度。然后，在梯度下降中使用 AD 以求解以下损失函数的最小值：

$$\arg\min L(\boldsymbol{X},\boldsymbol{Y},\theta) \tag{16.8}$$

其中，$\boldsymbol{X}$ 表示输入数据，包括 AOD(τ_a)、PBLH(H_A)和相对湿度(RH)；$\boldsymbol{Y}$ 表示要转换为 $PM_{2.5}$ 的地面气溶胶消光系数的目标变量；θ 表示学习中要优化和估计的参数。

方程(16.8)的最终目标是改善地面气溶胶消光系数与 $PM_{2.5}$ 之间的相关性。因此，可以使用以下损失函数使其相关性可微：

$$L = 1-(c(k_{a,\mathrm{Dry}}(\lambda),\mathrm{PM}_{2.5}))^2 \tag{16.9}$$

其中，c 表示方程(16.7)中 $k_{a,\mathrm{Dry}}(\lambda)$ 与地面监测 $PM_{2.5}$ 之间的皮尔逊相关系数。

为了提高学习的效率，应该选择可以避免病态问题并在优化中具有有效的收敛性的合适的损失函数。但是，相关系数由于收敛性差和病态的问题不能用于损失函数中，灵敏度检验也证明了这一点。MSE 作为回归中最常见的损失函数，具有良好的收敛性，且无误差较大的异常值预测(Goodfellow et al.，2016)，可以代替相关系数。由于在接下来的过程中，最终采用地面气溶胶消光系数 $k_{a,\mathrm{Dry}}(\lambda)$ 来估计 $PM_{2.5}$，因此可以用以下非线性多项式公式来定义一个它到 $PM_{2.5}$ 的转换函数：

$$\hat{y} = s_{k_{a,\mathrm{Dry}}^2} k_{a,\mathrm{Dry}}^2(\lambda) + s_{k_{a,\mathrm{Dry}}} k_{a,\mathrm{Dry}}(\lambda) + i_{k_{a,\mathrm{Dry}}} \tag{16.10}$$

其中，$\hat{y}$ 表示要估计的 $PM_{2.5}$ 浓度；$k_{a,\mathrm{Dry}}^2(\lambda)$ 是 $k_{a,\mathrm{Dry}}(\lambda)$ 的平方项，$s_{k_{a,\mathrm{Dry}}^2}$ 是其尺度(斜率)因子；$s_{k_{a,\mathrm{Dry}}}$ 和 $i_{k_{a,\mathrm{Dry}}}$ 分别表示 $k_{a,\mathrm{Dry}}(\lambda)$ 的尺度(斜率)和偏移(截距)因子。

将方程(16.10)定义为 $PM_{2.5}$ 的估计值，可以得到均方误差损失函数：

$$L = \mathrm{MSE}(\hat{\boldsymbol{y}},\boldsymbol{y}) = \sum_{i=1}^{N}(y_i-\hat{y}_i)^2 \tag{16.11}$$

其中，$\boldsymbol{y}=\{y_i\}$ 是观测到的 $PM_{2.5}$ 的矢量，$\hat{\boldsymbol{y}}=\{\hat{y}_i\}$ 是估算 $PM_{2.5}$ 的矢量。在获得最小损失(MSE)的情况下，地面气溶胶消光系数与 $PM_{2.5}$ 的相关性可以得到相应的改善。

另外，梯度下降法一般能找到局部最优解。尺度因子和位移因子的引入，使得估计的 $k_{a,\mathrm{Dry}}(\lambda)$ 不直接等于地面气溶胶消光系数，但这个解可以作为地面真实低层气溶胶消光系数的替代变量。为简单起见，本章将替代变量命名为地面气溶胶系数(GAC)。

AD 的计算图用节点和线表示进行训练的模型，包括输入变量、目标变量、待求解的参数以及它们之间的相互关系(正向和反向传播)(图 16.2)。在计算图中，复合运算可以由多个基本的和/或复合的运算组成。梯度下降时，目标损失函数(方程(16.11))是分解的起点，然后逐步分解复杂的运算，直到得到简单的基本运算。图 16.2 显示了分解中的复合节点和基本节点，以及使用指示梯度运算中正向或反向模式(黑线：正向传播；红点线：反向传播)的直线箭头来显示它们之间的连接。由于需要求解多个参数，反向模式或反向传播是提高计算效率的最佳方法(Baydin et al.，2018)。表 16.1 显示了每个节点的名称、定义、相关公式、反向传播中的导数以及待求解参数的导数(如果有的话)。对于反向传播，起点是损失目标函数的最后一行(方程(16.11)；表 16.1)，第 4 列显示了上一个节点相对于当前节点的导数，第 5 列显示了目标参数的导数(如果有的话)。计算图中涉及目标损失函数(方程(16.11))、模拟 $PM_{2.5}$(方程(16.10))、GAC 的复合公式(方程(16.7))(表 16.1)。

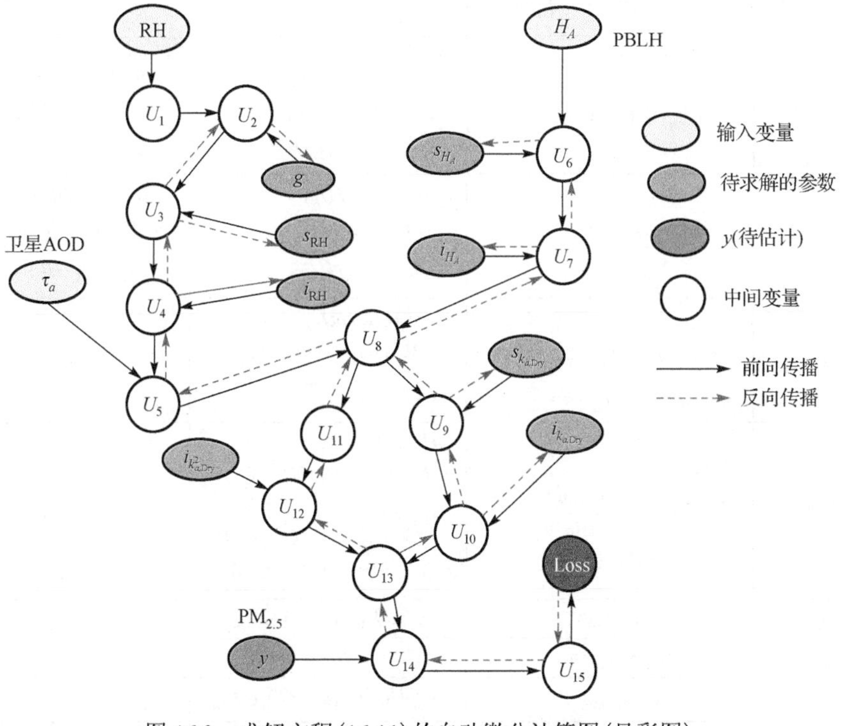

图 16.2　求解方程(16.11)的自动微分计算图(见彩图)

梯度下降法作为一种局部优化方法，需要选择优化器进行训练。在这项研究中，使用小批量大小为 1024 的自适应 Adam 优化器来获得最优解。Adam(Kingma and Ba，2014)是一种基于平方梯度和动量的动态调整学习率的先进的优化算法。

表 16.1　卫星 AOD 转换为地面气溶胶系数(GAC)计算图中的节点及其导数

名称	定义	公式	反向传播的导数	待求解参数的导数
U_1	$1-\mathrm{RH}/100$	$1-\mathrm{RH}/100$	$U_2'(\partial U_2/\partial U_1)$ $=-2s_{\mathrm{RH}}\cdot\tau_a\cdot U_{14}\cdot(s_{k_{a,\mathrm{Dry}}}+$ $2U_8\cdot s_{k^2_{a,\mathrm{Dry}}})\cdot g\cdot U_1^{g-1}/U_7$	$U_2'(\partial U_2/\partial g)$ $=-2s_{\mathrm{RH}}\cdot\tau_a\cdot U_{14}\cdot(s_{k_{a,\mathrm{Dry}}}+$ $2U_8\cdot s_{k^2_{a,\mathrm{Dry}}})\cdot\ln(g)\cdot U_1^g/U_7$
U_2	U_1^g	$(1-\mathrm{RH}/100)^g$	$U_3'(\partial U_3/\partial U_2)$ $=-2s_{\mathrm{RH}}\cdot\tau_a\cdot U_{14}\cdot$ $(s_{k_{a,\mathrm{Dry}}}+2U_8\cdot s_{k^2_{a,\mathrm{Dry}}})/U_7$	$U_3'(\partial U_3/\partial s_{\mathrm{RH}})$ $=-2\tau_a\cdot U_{14}\cdot(s_{k_{a,\mathrm{Dry}}}$ $+2U_8\cdot s_{k^2_{a,\mathrm{Dry}}})/U_7\cdot U_2$
U_3	$s_{\mathrm{RH}}U_2$	$s_{\mathrm{RH}}(1-\mathrm{RH}/100)^g$	$U_4'(\partial U_4/\partial U_3)$ $=-2\tau_a\cdot U_{14}\cdot$ $(s_{k_{a,\mathrm{Dry}}}+2U_8\cdot s_{k^2_{a,\mathrm{Dry}}})/U_7$	$U_4'(\partial U_4/\partial i_{\mathrm{RH}})$ $=-2\tau_a\cdot U_{14}\cdot(s_{k_{a,\mathrm{Dry}}}$ $+2U_8\cdot s_{k^2_{a,\mathrm{Dry}}})/U_7$
U_4	U_3+i_{RH}	$s_{\mathrm{RH}}(1-\mathrm{RH}/100)^g+i_{\mathrm{RH}}$	$U_5'(\partial U_5/\partial U_4)$ $=-2\tau_a\cdot U_{14}\cdot$ $(s_{k_{a,\mathrm{Dry}}}+2U_8\cdot s_{k^2_{a,\mathrm{Dry}}})/U_7$	
U_5	$\tau_a\cdot U_4$	$\tau_a(s_{\mathrm{RH}}(1-\mathrm{RH}/100)^g+i_{\mathrm{RH}})$	$U_8'(\partial U_8/\partial U_5)$ $=-2U_{14}\cdot(s_{k_{a,\mathrm{Dry}}}+$ $2U_8\cdot s_{k^2_{a,\mathrm{Dry}}})/U_7$	$U_6'(\partial U_6/\partial s_{H_A})$ $=2U_{14}\cdot(s_{k_{a,\mathrm{Dry}}}+U_8\cdot s_{k^2_{a,\mathrm{Dry}}})\cdot$ $s_{k_{a,\mathrm{Dry}}}\cdot(U_5/U_7^2)\cdot H_A$
U_6	$s_{H_A}\cdot H_A$	$s_{H_A}\cdot H_A$	$U_7'(\partial U_7/\partial U_6)$ $=2U_{14}\cdot(s_{k_{a,\mathrm{Dry}}}+2U_8\cdot s_{k^2_{a,\mathrm{Dry}}})\cdot$ $s_{k_{a,\mathrm{Dry}}}\cdot(U_5/U_7^2)$	$U_7'(\partial U_7/\partial i_{H_A})$ $=2U_{14}\cdot(s_{k_{a,\mathrm{Dry}}}+2U_8\cdot s_{k^2_{a,\mathrm{Dry}}})\cdot$ $s_{k_{a,\mathrm{Dry}}}\cdot(U_5/U_7^2)$
U_7	$U_6+i_{H_A}$	$s_{H_A}\cdot H_A+i_{H_A}$	$U_8'(\partial U_8/\partial U_7)$ $=2U_{14}\cdot(s_{k_{a,\mathrm{Dry}}}+2U_8\cdot s_{k^2_{a,\mathrm{Dry}}})\cdot$ $s_{k_{a,\mathrm{Dry}}}\cdot(U_5/U_7^2)$	
U_8	U_5/U_7	$k_{a,\mathrm{Dry}}(\lambda)=$ $\dfrac{\tau_a\cdot[s_{\mathrm{RH}}\cdot(1-\mathrm{RH}/100)^g+i_{\mathrm{RH}}]}{s_{H_A}\cdot H_A+i_{H_A}}$ (式(16.7))	$U_{13}'(\partial U_{13}/\partial U_8)$ $=U_{13}'(\partial U_{10}/\partial U_8+\partial U_{12}/\partial U_8)$ $=U_{13}'\begin{pmatrix}\partial U_{10}/\partial U_9\cdot\partial U_9/\partial U_8+\\ \partial U_{12}/\partial U_{11}\cdot\partial U_{11}/\partial U_8\end{pmatrix}$ $=-2U_{14}\cdot(s_{k_{a,\mathrm{Dry}}}+2U_8\cdot s_{k^2_{a,\mathrm{Dry}}})$	$U_9'(\partial U_9/\partial s_{k_{a,\mathrm{Dry}}})=-2U_{14}\cdot U_8$
U_9	$s_{k_{a,\mathrm{Dry}}}U_8$	$s_{k_{a,\mathrm{Dry}}}k_{a,\mathrm{Dry}}$	$U_{10}'(\partial U_{10}/\partial U_9)=-2U_{14}$	$U_{10}'(\partial U_{10}/\partial i_{k_{a,\mathrm{Dry}}})=-2U_{14}$
U_{10}	$U_9+i_{k_{a,\mathrm{Dry}}}$	$s_{k_{a,\mathrm{Dry}}}k_{a,\mathrm{Dry}}+i_{k_{a,\mathrm{Dry}}}$	$U_{13}'(\partial U_{13}/\partial U_{10})=-2U_{14}$	
U_{11}	U_8^2	$k^2_{a,\mathrm{Dry}}$	$U_{12}'(\partial U_{12}/\partial U_{11})=-2U_{14}\cdot s_{k^2_{a,\mathrm{Dry}}}$	$U_{12}'(\partial U_{12}/\partial s_{k^2_{a,\mathrm{Dry}}})=-2U_{14}\cdot U_{11}$
U_{12}	$U_{11}\cdot s_{k^2_{a,\mathrm{Dry}}}$	$k^2_{a,\mathrm{Dry}}\cdot s_{k^2_{a,\mathrm{Dry}}}$	$U_{13}'(\partial U_{13}/\partial U_{12})=-2U_{14}$	
U_{13}	$U_{10}+U_{12}$	$\hat{y}=s_{k^2_{a,\mathrm{Dry}}}\cdot k^2_{a,\mathrm{Dry}}+s_{k_{a,\mathrm{Dry}}}\cdot k_{a,\mathrm{Dry}}+i_{k_{a,\mathrm{Dry}}}$ (式(16.10))	$U_{14}'(\partial U_{14}/\partial U_{13})=-2U_{14}$	
U_{14}	$y-U_{13}$	$y-\hat{y}$	$U_{15}'(\partial U_{15}/\partial U_{14})=2U_{14}$	

续表

名称	定义	公式	反向传播的导数	待求解参数的导数
U_{15}	U_{14}^2	$(y-\hat{y})^2$	$\text{Loss}'(\partial\text{Loss}/\partial U_{15})=1$	
Loss	$\sum U_{15}$	$\sum(y-\hat{y})^2$（式(16.11)）	$\partial\text{Loss}/\partial\text{Loss}=1$	

注：RH 代表相对湿度变量；H_A代表行星边界层高度，简写为 PBLH，五个参数$(g, s_{\text{RH}}, i_{\text{RH}}, s_{H_A}, i_{H_A})$在 16.3.3 节已有说明；$U_i$代表的图 16.2 中对应连接多个节点的复合变量(节点)，而 U_i' 对应了 U_i的反向传播导数。

16.3.5　验证和比较

在研究区的 53040 个可用的 AOD 和 $PM_{2.5}$测量值数据样本中，随机抽取 70%进行模型训练，其余 30%的数据样本用于训练模型的检验。用不同的训练样本和测试样本重复这一过程五次，并对五个过程的结果进行平均，得到最终结果。

将不同方法生成的地面气溶胶消光系数替代变量进行了生成和比较，这些变量包括原始 AOD 和 PBLH，分别使用 Wang 等(2010)中提出的经验公式以及本章提出的 AD 方法模拟 GAC。比较了 AOD 或模拟 GAC 与实测 $PM_{2.5}$的皮尔逊相关系数，以及使用这些估计值进行 $PM_{2.5}$线性回归的 R^2 和均方根误差(RMSE)，给出并比较了 AOD 和模拟 GAC 的网格曲面。

16.4　GAC 模拟结果

16.4.1　描述性统计

2015 年数据样本 MAIAC AOD 的均值为 0.79，南部高于北部(0.92 vs. 0.69)，夏季高于冬季(1.05 vs. 0.62)。$PM_{2.5}$皮尔逊相关系数为 0.39。2015 年 $PM_{2.5}$的年平均浓度为 78μg/m^3，南部高于北部(89μg/m^3 vs. 65μg/m^3)，冬季高于夏季(119μg/m^3 vs. 69μg/m^3)。$PM_{2.5}$区域间和季节间的平均浓度差异显示，工业和交通排放源(包括冬季取暖产生的碳排放)主要来自研究区的中部和南部地区。使用 37128 个数据样本来训练模型，求解转换参数。表 16.2 显示了 2015 年 MAIAC AOD、PBLH、RH 和 $PM_{2.5}$的年度和季节统计数据。

表 16.2　2015 年数据集统计

变量	单位	范围 [a]	IQR [b]	均值			标准差			相关性 [c]		
				Y [d]	S [e]	W [f]	Y [d]	S [e]	W [f]	Y [d]	S [e]	W [f]
卫星 AOD	—	(0,3.77)	0.92	0.79	1.05	0.62	0.63	0.71	0.54	0.39	0.60	0.59
PBLH	m	(76, 3016)	777	841	1240	356	492	293	205	−0.25	−0.06	−0.0026
RH	%	(18, 96)	27	59	66	54	17	12	16	0.19	0.10	0.50
$PM_{2.5}$	μg/m^3	(2, 735)	70	78	56	119	69	34	95	1	1	1

注：a. 值范围(最小值,最大值)；b. IQR 为四分位距，即数据样本的第 75 百分位和第 25 百分位之间的差异；c. 与 $PM_{2.5}$的皮尔逊相关性；d. 2015；e. 2015 年夏季(6 月、7 月和 8 月)；f. 2015 年冬季(12 月、1 月和 2 月)。

16.4.2 学习和验证

对于经验转换公式(方程(16.6)中 it=0)，使用不同的指数参数 g，从小值(−0.3)到大值(0.8)，来测试卫星 AOD 与 $PM_{2.5}$ 之间的皮尔逊相关性。结果表明，当 g=0.208 时，达到最佳相关性(0.54)(图 16.3)。

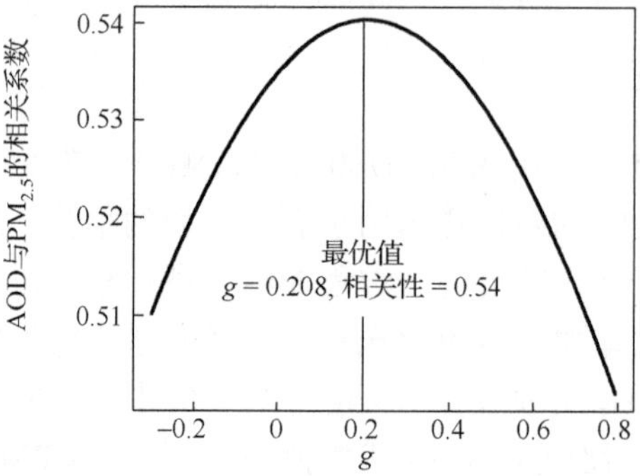

图 16.3　采用不同 g 的经验法求解最优解

机器学习中，一个阶段是指将数据样本学习为一个模型(Bishop，2006)的完整的表示过程。通常，机器学习器需要多个阶段来逼近最优解。本次研究进行了 20000 次训练来获得转换参数(共 5 个)。学习曲线(图 16.4)显示，训练和测试中的损失、RMSE 和 AOD 与 $PM_{2.5}$ 的皮尔逊相关性，以及经验拟合系数(式(16.6)中的 g)，随着训练阶段数量的增加而趋于平稳。最终的最优解为 $g = 0.51$，s_{RH}=164，i_{RH}= 65，$s_{H_A} = 0.40$，$i_{H_A} = 33$，测试数据集与 $PM_{2.5}$ 的显著性皮尔逊相关系数为 0.58。使用独立测试对本案例的方法进行有效验证，独立测试结果与训练样本的结果显示出极小的差异(与 $PM_{2.5}$ 的皮尔逊相关系数：0.59 vs. 0.58)，这表明本案例的方法几乎没有过拟合。

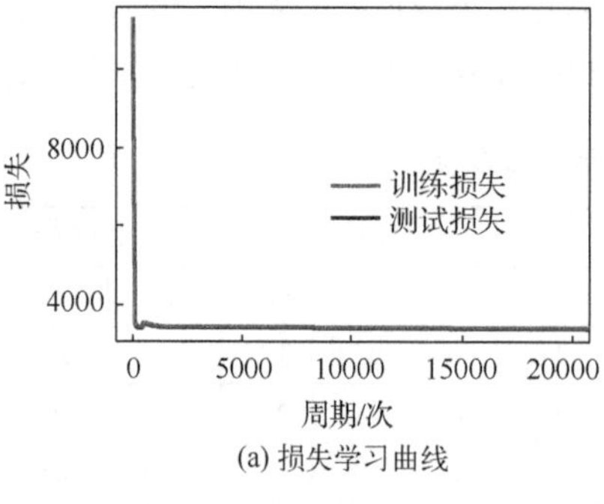

(a) 损失学习曲线

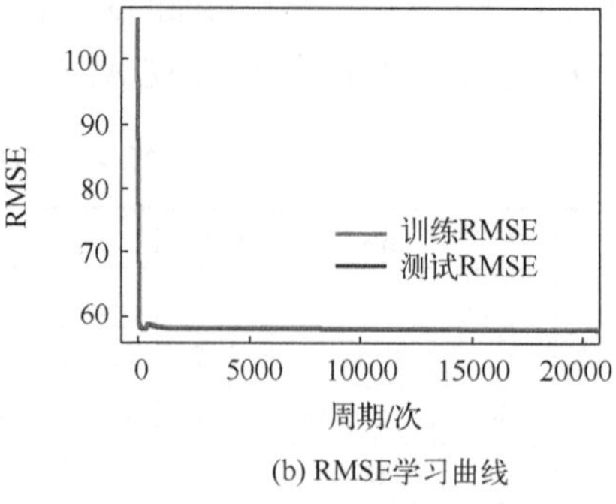

(b) RMSE学习曲线

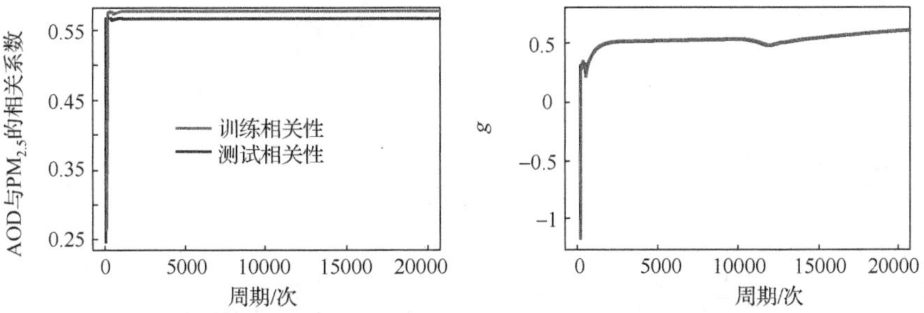

(c) 相关性学习曲线　(d) 学习中g的曲线

图 16.4　训练和测试中的损失趋势、均方根误差(RMSE)、AOD 与 $PM_{2.5}$ 的皮尔逊相关性和 g(见彩图)

16.4.3　方法比较

测试结果(表 16.3)表明，未经任何调整的卫星 AOD 与 $PM_{2.5}$ 的相关性(0.38)、R^2(0.15)最低，线性回归的 RMSE 最高(65μg/m^3)；PBLH 调整后的柱状 AOD 使相关性从 0.38 提高到 0.53，增加了 0.15(R^2 增加了 0.13，RMSE 减少了 5μg/m^3)。用经验方法模拟的 GAC(图 16.3)进一步将相关性提高到 0.54(R^2 增加 0.01，RMSE 降低 1μg/m^3)。自动微分法模拟的最优 GAC 与 $PM_{2.5}$ 的相关性最高(0.58)(最高的 R^2 为 0.33，最低的 RMSE 为 56μg/m^3)。

表 16.3　测试中不同方法模拟的 AOD 和 GAC 指标

方法	均值	范围	标准差	与 $PM_{2.5}$ 的相关性	线性回归中的 R^2	线性回归中的 RMSE(μg/m^3)
卫星 AOD	0.78	[0, 3.77]	0.63	0.38	0.15	65
GAC(通过 PBLH 得到)	0.14	[0, 1.40]	0.16	0.53	0.28	60
经验 GAC	0.11	[0, 1.10]	0.12	0.54	0.29	59
通过 AD 得到的 GAC	0.33	[0, 2.41]	0.32	0.58	0.33	56

直方图(图 16.5)显示了原始 AOD 和模拟 GAC 的值分布。结果表明，与其他三种方法相比，AD 法优化的 GAC 与 $PM_{2.5}$ 匹配得最好。

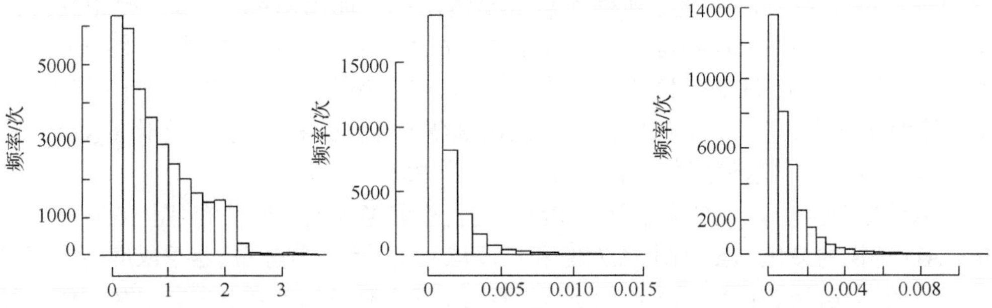

(a) 原始AOD　(b) 通过PBLH调整的GAC/km^{-1}　(c) 模拟GAC/km^{-1}

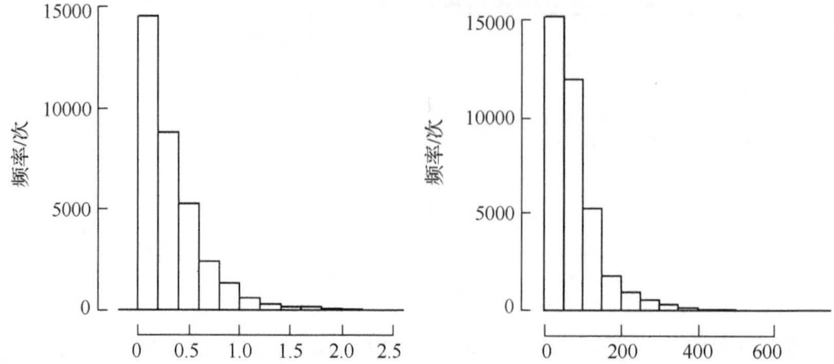

(d) 最佳GAC/km^{-1}　　(e) $PM_{2.5}$/(μg/m^3)

图 16.5　卫星 AOD、模拟 GACs 和 $PM_{2.5}$ 的分布

$PM_{2.5}$、AOD 和 GAC 总平均值的时间序列(图 16.6)显示，与原始卫星 AOD(夏季高冬季低)相比，使用 AD 得到的模拟 GAC 的季节变化与研究区域 $PM_{2.5}$ 的变化(夏季低冬季高)非常相似。

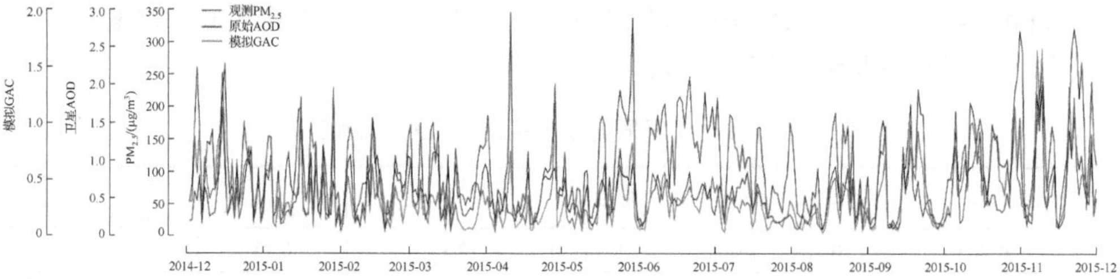

图 16.6　$PM_{2.5}$、卫星 AOD 和自动微分(AD)模拟 GAC 的时间序列图(见彩图)

16.4.4　地面气溶胶系数模拟值和 $PM_{2.5}$ 预测值的空间分布

利用 AD 优化模拟的 GAC，得到模拟的地面气溶胶系数和预测的 $PM_{2.5}$ 的网格面。使用深度残差网络作为回归模型(Li et al.，2018a)。与仅使用原始 MAIAC-AOD 和其他协变量训练的模型相比，使用优化 GAC 训练的模型将测试 R^2 从 0.78 提高到 0.90(提高了 12%)。图 16.7 显示了一个典型夏季日(图(a)、(b)和(c)为 2015 年 7 月 29 日)和一个典型冬季日(图(d)、(e)和(f)为 2015 年 12 月 31 日)的网格面：图(a)和(d)表示 MAIAC AOD，图(b)和(e)表示优化的 GAC 模拟，图(c)和(f)表示使用优化的 GAC 预测的 $PM_{2.5}$。

从模拟的 AOD/GAC 和估计的 $PM_{2.5}$ 在夏季和冬季的空间分布(图 16.7)可以看出，AD 转换的最优 GAC(图 16.7(b)和(e))与 $PM_{2.5}$ 的季节分布(冬季浓度高于夏季浓度)(图 16.6)更为匹配；但原始 AOD(图 16.7(a)和(d))的夏季值高于冬季值，与 $PM_{2.5}$ 的季节变化相反。此外，AOD/GAC 和 $PM_{2.5}$ 的空间分布在中部和南部地区始终高于研究区内的其他地区。如上所述，研究区域的主要排放源包括工业污染、煤炭和汽车尾气，这些排放源在人口稠密的中部和南部地区聚集，因此可能导致 $PM_{2.5}$ 的浓度更高。我国北方的冬季，具有低海拔、低风速、高大气稳定性、少降雨等特点，人口集中地区因取暖而大量燃煤，造成的污染比其他季节和地区要严重得多。夏季，由于煤炭排放量较少，污染物消散的天气条件比冬季有利，所以区域间的 $PM_{2.5}$ 浓度差异较小。对于中国首都北京来说，很多重工业工厂被搬迁，因此，平均而言，它的污染比其他城市和地区要少，如图 16.7(c)和(f)所示。

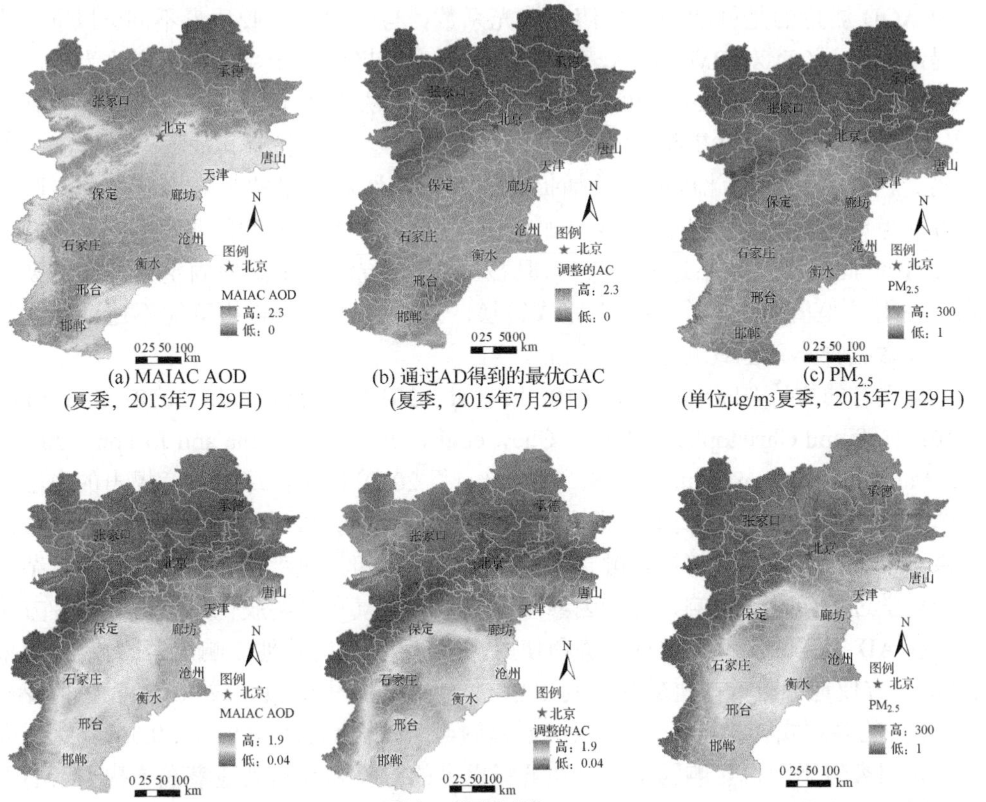

(a) MAIAC AOD（夏季，2015年7月29日）
(b) 通过AD得到的最优GAC（夏季，2015年7月29日）
(c) $PM_{2.5}$（单位μg/m³夏季，2015年7月29日）
(d) MAIAC AOD（冬季，2015年12月31日）
(e) 通过AD得到的最优GAC（冬季，2015年12月31日）
(f) $PM_{2.5}$（单位μg/m³，冬季，2015年12月31日）

图 16.7　多角度实施大气校正 MAIAC AOD(图(a)和(d))、由 AD(图(b)和(e))预测的最佳地面气溶胶系数和使用最佳 GAC 预测的 $PM_{2.5}$(图(c)和(f))的网格面

16.5　小　　结

在高空间分辨率(如 1km)和时间分辨率(如日分辨率)下估计 $PM_{2.5}$ 浓度非常有助于评估其排放和健康影响(Giannadaki et al.，2016；Shi et al.，2015)，但由于监

测数据源数量有限、影响多种因素较多（排放源、气象、大气过程和高程）及其相互作用对 $PM_{2.5}$ 时空变异产生的影响（Li et al.，2018b）等，估计 $PM_{2.5}$ 是一个非常具有挑战性的问题。卫星 AOD，例如最近的高时空分辨率 MAIAC AOD，由于其覆盖全球的时空范围，已被用作 $PM_{2.5}$ 时空估计的主要指标。它可以补偿其他预测因子的不可用性或有限可用性，例如，精细分辨率的排放源和库存（Xiao et al.，2017）。但对于卫星 AOD 而言，潜在的困难在于其季节模式与地面气溶胶质量（包括 PM_{10} 和 $PM_{2.5}$）之间的显著不一致性或差异性（Wang et al.，2010；Li et al.，2015），因为 AOD 测量的是柱状综合气溶胶消光系数，与地面气溶胶质量不同。以前，为了提高柱状 AOD 对 $PM_{2.5}$ 的代表性和预测能力，提出了卫星 AOD 简化为地面气溶胶系数方法（Wang et al.，2010）。然而，这种方法类似于固定效应模型的单参数（仅需求解 RH 的指数参数）公式，没有考虑由测量误差和/或其他混杂因素产生的不确定性的影响，因此可能无法捕捉此类不确定性对结果的影响。其他的经验转换方法考虑了更具影响力的因素，如粒径（Li et al.，2018c）和能见度（Zeng et al.，2018），但此类协变量不适用于案例研究。现有的方法大多采用固定格式的转换公式，并用经验值填充多个参数来完成转换。这些参数的经验值可能不适合特定的背景和数据样本，因此可能是次优的。

与现有的方法（Wang et al.，2010；Li et al.，2018c；Zeng et al.，2018；Chu et al.，2016；Hoff and Christopher，2009；Chew et al.，2016；Shrestha and Joseph，2018；Jin et al.，2019；Sun et al.，2018；Toth et al.，2019）相比，尽管本章提出的方法模拟的大气颗粒物与 $PM_{2.5}$ 之间的测试相关性仅略有改善（经验方法为 4%），但该方法提供了一个更灵活的框架，以融合多重缩放、偏移和其他潜在因素对气溶胶复杂大气和化学过程转换的影响，这些因素涉及复杂的大气和气溶胶化学过程；这种方法便于在 AD 工具的支持下进行训练和使用，并且可以利用其他影响因素的数据（如果有的话）方便地调整或改进转换。利用稳定的 MSE 损失函数完成从 GAC 替代变量到 $PM_{2.5}$ 的多项式转换，可以获得比线性转换稍好的相关性（0.58 vs. 0.56）。这些因素的作用类似于随机影响因素，旨在解释更多的方差和来自其他潜在干扰因素的不确定性的影响。此外，如果参数的多项式项和/或其他可用的协变量对卫星 AOD 到 GAC 的转换有显著影响，则该方法可以方便地结合更多的参数多项式项和/或其他可用的协变量来获得多个参数的最优解。该方法的一个潜在扩展是，如果有多层垂直数据可以模拟气溶胶消光系数垂直分布，则可以推断气溶胶消光系数垂直分布的最佳参数。自动微分法提供了一种方便可靠的工具，可以利用梯度下降法来寻找多个参数的局部最优组合解。在地面气溶胶消光系数模拟的替代变量中引入尺度因子和位移因子，利用 MSE 损失函数进行自动微分，比皮尔逊相关系数损失函数训练（Good fellow et al.，2016）效果更好。结果表明，与其他方法相比，本章提出的转换方法获得了最好的性能，$PM_{2.5}$ 的测试相关性最高（0.58），$PM_{2.5}$ 回归的测试 R^2 最高

(0.33)，RMSE 最低(56μg/m^3)。用 AD 模拟的地面气溶胶系数的分布和季节变化与 $PM_{2.5}$ 十分相似。与原始柱状 MAIAC AOD 相比，模拟的 GAC 将皮尔逊系数与地面真实 $PM_{2.5}$ 的相关性从 0.38 提高到 0.58。

在 AD 中使用梯度下降得到的解是局部最优的，而不是全局最优的。因此，方程(16.7)中模拟的输出不能完全等于地面气溶胶消光系数，而是被称为地面气溶胶消光系数的替代变量。由于仅提供了有限的气溶胶消光系数垂直剖面数据，因此直接估计地面气溶胶消光系数是困难的(Wang et al.，2010；Li et al.，2015)。

对于 $PM_{2.5}$ 的估算，考虑到模拟 GAC 的可用性，模型中应考虑其他因素，包括气象(风速、相对湿度、气温、降水等)、高程和交通密度，因为这些因素影响 $PM_{2.5}$ 的时空变异(Li et al.，2018c；Li et al.，2017)。将这些数据融合到深度残差网络模型中，$PM_{2.5}$ 估计的测试 R^2 达到 0.90。与 MAIAC AOD 相比，模拟的地面气溶胶系数的 R^2 提高了 12%。模拟 GAC 在概率分布(图 16.5)和空间分布(图 16.7)上与 $PM_{2.5}$ 非常相似，对 $PM_{2.5}$ 的时空估计贡献大于原始 AOD。结果表明，与原 AOD 相比，最佳模拟的 GAC 与 $PM_{2.5}$ 的匹配较好。$PM_{2.5}$ 与模拟 GAC 之间的相关性虽然较高，但这种相关只是线性相关。考虑到 $PM_{2.5}$ 二次生成过程中存在多种不同的排放源和复杂的大气化学过程，实际关系应该是复杂且非线性。如上所述，$PM_{2.5}$ 的时空估计模型应考虑多因素的影响及其影响 GAC 的非线性相互作用。实验表明，在没有 GAC 作为预测因子的情况下，训练模型的 $PM_{2.5}$ 估计的测试 R^2 为 0.60，而用 GAC 模型得到的测试 R^2 为 0.90。因此，模拟 GAC 比不使用 AOD 的模型在 R^2 中的贡献约为 30%。

该方法有三个局限性。首先，该方法的解不是全局最优，而是局部最优的。所提出的适应性模型可能会使不同训练周期之间的预测参数(如缩放和位移因子)有所不同。然而，灵敏度测试的结果显示，最终模拟的 GAC 标准差很小，说明了该方法的可靠性。其次，由于数据不可用，所提出的方法没有在垂直剖面中包括特定的多层信息，如由主动式 LIDAR 卫星提供的多层信息。这样的垂直信息可能有助于转换。然而，在实际应用中，往往没有足够空间分辨率和时空覆盖的多层信息，许多现有的利用卫星 AOD 估算 $PM_{2.5}$ 的研究中没有将其纳入(Wang et al.，2010；Krishna et al.，2019)。本章采用指数分布对这种垂直剖面进行了简化和模拟，以供实际应用。该方法基于灵活的模型和自动差分，虽然垂直剖面的模拟还不完善，但该方法在 $PM_{2.5}$ 估算的转换和随之的应用中取得了领先的性能。最后，所有讨论的转换方法在边界层中以区域气溶胶为主的地区效果最好，但在高海拔以远程气溶胶传输为主的地区效果较差(Guo et al.，2019；Zhao et al.，2013)

借助深度学习软件，可以方便地应用 AD 求解卫星 AOD 与其他遥感环境地表变量反演转换参数(如涉及指数、缩放、偏移等参数)的复杂公式。

参 考 文 献

方颖，李连发. 2019. 基于机器学习的高精度高分辨率气象因子时空估计. 地球信息科学学报, 21(6): 799-813

郭云开，刘雨玲，张晓炯，等. 2020. 利用辐射传输模型和随机森林回归反演 LAI. 测绘工程, 29(3): 33-38

贾臣，孙林，陈允芳. 等. 2020. 深度置信网络算法反演 Landsat 8 OLI 气溶胶光学厚度. 遥感学报, 24(10): 1180-1192

菅永峰，韩泽民，黄光体，等. 2021. 基于高分辨率遥感影像的北亚热带森林生物量反演. 生态学报, 41(6): 2161-2169

李小文，王锦地，胡宝新，等. 1998. 先验知识在遥感反演中的作用. 中国科学(D 辑：地球科学), (1): 67-72

梁顺林，白瑞，陈晓娜，等. 2020. 2019 年中国陆表定量遥感发展综述. 遥感学报, 24(6): 618-671

梁顺林，程洁，贾坤，等. 2016. 陆表定量遥感反演方法的发展新动态. 遥感学报, 20(5): 875-898

明冬萍，刘美玲. 2017. 遥感地学应用. 北京：科学出版社

齐文栋，刘强，洪友堂. 2014. 3 种反演算法的地表反照率遥感产品对比分析. 遥感学报, 18(3): 559-572

施建成，杜阳，杜今阳，等. 2012. 微波遥感地表参数反演进展. 中国科学：地球科学, 42(6): 814-842

孙知文，于鹏珊，夏浪，等. 2015. 被动微波遥感积雪参数反演方法进展. 国土资源遥感, 27(1): 9-15

谈璐璐，杨立波，杨汝良. 2011. 基于 ESPRIT 算法的极化干涉 SAR 植被高度反演研究. 测绘学报, 40(3): 296-300

覃志豪, Minghua Z, Karnieli A, 等. 2001. 用陆地卫星 TM6 数据演算地表温度的单窗算法. 地理学报, (4): 456-466

王子龙，胡石涛，付强，等. 2016. 积雪参数遥感反演研究进展. 东北农业大学学报, 47(9): 100-106

夏浩铭，李爱农，赵伟，等. 2015. 遥感反演蒸散发时间尺度拓展方法研究进展. 农业工程学报, 31(24): 162-173

杨贵军，黄文江，王纪华，等. 2010. 多源多角度遥感数据反演森林叶面积指数方法. 植物学报, 45(5): 566-578

张立盛，石广玉. 2001. The impact of relative humidity on the radiative property and radiative forcing of sulfate aerosol. 气象学报(英文版), 15(4): 465-476

张友静，王军战，鲍艳松. 2010. 多源遥感数据反演土壤水分方法. 水科学进展, 21(2): 222-228

Baydin A G, Pearlmutter B A, Radul A A, et al. 2018. Automatic differentiation in machine learning: A survey. Journal of Machine Learning Research, 18: 1-43

Bishop C. 2006. Pattern Recognition and Machine Learning. New York: Springer-Verlag

Bmepb. 2019. Main sources of $PM_{2.5}$ in Beijing: Vehicles, coal burning, industry, dust and neighboring cities. https: //cleanairasiaorg/node12353/[2019-08-20]

Chen Z, Shi R, Zhang S. 2013. An artificial neural network approach to estimate evapotranspiration from remote sensing and ameriFlux data. Frontiers of Earth Science, 7 (1) : 103-111

Chew B N, Campbell J R, Hyer E J, et al. 2016. Relationship between aerosol optical depth and particulate matter over Singapore: Effects of aerosol vertical distributions. Aerosol and Air Quality Research, 16 (11) : 2818-2830

Chu Y, Liu Y, Li X, et al. 2016. A review on predicting ground $PM_{2.5}$ concentration using satellite aerosol optical depth. Multidisciplinary Digital Publishing Institute, 7 (10) : 129-135

Chung C. 2012. Aerosol direct radiative forcing: A review// Abdul-Razzak H. Atmospheric Aerosols-Regional Characteristics-Chemistry and Physics. Wilmington: Scitus Academics: 379-394

Giannadaki D, Lelieveld J, Pozzer A. 2016. Implementing the US air quality standard for $PM_{2.5}$ worldwide can prevent millions of premature deaths per year. Environmental Health, 15 (1) : 88

Goodfellow I, Bengio Y, Courville A. 2016. Deep Learning. Cambridge: MIT Press

Guo P, Yu S, Wang L, et al. 2019. High-altitude and long-range transport of aerosols causing regional severe haze during extreme dust storms explains why afforestation does not prevent storms. Environmental Chemistry Letters, 17 (3) : 1333-1340

Hoff R M, Christopher S A. 2009. Remote sensing of particulate pollution from space: Have we reached the promised land? Journal of the Air & Waste Management Association, 59 (6) : 645-675

Houborg R, Soegaard H, Boegh E. 2006. Combining vegetation index and model inversion methods for the extraction of key vegetation biophysical parameters using Terra and Aqua MODIS reflectance data. Remote Sensing of Environment, 106 (1) : 39-58

Hu X, Waller L A, Lyapustin A, et al. 2014. Estimating ground-level $PM_{2.5}$ concentrations in the Southeastern United States using MAIAC AOD retrievals and a two-stage model. Remote Sensing of Environment, 140: 220-232

Jin X, Fiore A, Curci G, et al. 2019. Assessing uncertainties of a geophysical approach to estimate surface fine particulate matter distributions from satellite-observed aerosol optical depth. Atmospheric Chemistry and Physics, 19: 295-313

Kingma D P, Ba J. 2014. Adam: A method for stochastic optimization. arXiv e-prints arXiv: 1412.6980

Koelemeijer R B A, Homan C D, Matthijsen J. 2006. Comparison of spatial and temporal variations of aerosol optical thickness and particulate matter over Europe. Atmospheric Environment, 40 (27) :

5304-5315

Krishna R K, Ghude S D, Kumar R, et al. 2019. Surface $PM_{2.5}$ estimate using satellite-derived aerosol optical depth over India. Aerosol and Air Quality Research, 19(1): 25-37

Laue S. 2019. On the equivalence of forward mode automatic differentiation and symbolic differentiation. arXiv e-prints arXiv: 1904.02990

Laurent V C E, Verhoef W, Damm A, et al. 2013. A Bayesian object-based approach for estimating vegetation biophysical and biochemical variables from APEX at-sensor radiance data. Remote Sensing of Environment, 139: 6-17

Léon J F, Derimian Y, Chiapello I, et al. 2009. Aerosol vertical distribution and optical properties over M'Bour (16.96° W; 14.39° N), Senegal from 2006 to 2008. Atmospheric Chemistry and Physics, 9(23): 9249-9261

Li J, Carlson B E, Lacis A A. 2015. How well do satellite AOD observations represent the spatial and temporal variability of $PM_{2.5}$ concentration for the United States? Atmospheric Environment, 102: 260-273

Li L. 2020. Optimal inversion of conversion parameters from satellite AOD to ground aerosol extinction coefficient using automatic differentiation. Remote Sensing, 12(3): 492

Li L, Fang Y, Wu J, et al. 2018a. Autoencoder based residual deep networks for robust regression prediction and spatiotemporal estimation. arXiv e-prints arXiv: 1812.11262

Li L, Wu A H, Cheng I, et al. 2017. Spatiotemporal estimation of historical $PM_{2.5}$ concentrations using PM_{10}, meteorological variables, and spatial effect. Atmospheric Environment, 166: 182-191

Li L, Zhang J, Meng X, et al. 2018b. Estimation of $PM_{2.5}$ concentrations at a high spatiotemporal resolution using constrained mixed-effect bagging models with MAIAC aerosol optical depth. Remote Sensing of Environment, 217: 573-586

Li Y, Xue Y, Guang J, et al. 2018c. Ground-level $PM_{2.5}$ concentration estimation from satellite data in the Beijing area using a specific particle swarm extinction mass conversion algorithm. Remote Sensing, 10(12): 1906

Liu M, Lin J, Wang Y, et al. 2018. Spatiotemporal variability of NO_2 and $PM_{2.5}$ over Eastern China: Observational and model analyses with a novel statistical method. Atmospheric Chemistry and Physics Discussions, 18(17): 12933-12952

Ma X, Huete A, Tran N N, et al. 2020. Sun-angle effects on remote-sensing phenology observed and modelled using Himawari-8. Remote Sensing, 12(8): 1339

Malm W C, Day D E, Kreidenweis S M. 2000. Light scattering characteristics of aerosols as a function of relative humidity: Part I: A comparison of measured scattering and aerosol concentrations using the theoretical models. Journal of the Air & Waste Management Association, 50(5): 686-700

Miao Y, Zheng Y J, Wang S. 2015. Recent advances in, and future prospects of, research on haze formation over Beijing-Tianjin-Hebei, China. Climatic and Environmental Research, 20: 356-368

Seidel F C, Kokhanovsky A A, Schaepman M E. 2012. Fast retrieval of aerosol optical depth and its sensitivity to surface albedo using remote sensing data. Atmospheric Research, 116: 22-32

Shi L, Zanobetti A, Kloog I, et al. 2015. Low-concentration $PM_{2.5}$ and mortality: Estimating acute and chronic effects in a population-based study. Environmental Health Perspectives, 124 (1): 46-52

Shrestha B, Joseph E. 2018. Retrieval of $PM_{2.5}$ profile using the Doppler Lidar across New York State Mesonet. Proceedings of the 19th Coherent Laser Radar Conference, Okinawa

Sobrino J, Coll C, Caselles V. 1991. Atmospheric correction for land surface temperature using NOAA-11 AVHRR channels 4 and 5. Elsevier, 38 (1): 19-34

Sun T, Che H, Qi B, et al. 2018. Aerosol optical characteristics and their vertical distributions under enhanced haze pollution events: Effect of the regional transport of different aerosol types over eastern China. Atmospheric Chemistry and Physics, 18 (4): 2949-2971

Toth T D, Zhang J, Reid J S, et al. 2019. A bulk-mass-modeling-based method for retrieving particulate matter pollution using CALIOP observations. Atmospheric Measurement Techniques, 12 (3): 1739-1754

Ulivieri C, Castronuovo M M, Francioni R, et al. 1994. A split window algorithm for estimating land surface temperature from satellites. Pergamon, 14 (3): 59-65

Wang X, Dickinson R E, Su L, et al. 2018. $PM_{2.5}$ pollution in China and how it has been exacerbated by terrain and meteorological conditions. Bulletin of the American Meteorological Society, 99 (1): 105-119

Wang Y, Zhang J, Wang L, et al. 2014. Researching significance, status and exception of haze in Beijing-Tianjin-Hebei Region. Advances in Earth Sciences (in Chinese), 29: 388-396

Wang Z, Chen L, Tao J, et al. 2010. Satellite-based estimation of regional particulate matter (PM) in Beijing using vertical-and-RH correcting method. Remote Sensing of Environment, 114: 50-63

Wang Z, Fang C, Xu G, et al. 2015. Spatial-temporal characteristics of the $PM_{2.5}$ in China in 2014. Acta Geographica Sinica, 70 (11): 1720-1734

Xiao Q, Wang Y, Chang H H, et al. 2017. Full-coverage high-resolution daily $PM_{2.5}$ estimation using MAIAC AOD in the Yangtze River Delta of China. Remote Sensing of Environment, 199: 437-446

Xu M, Sbihi H, Pan X, et al. 2019. Local variation of $PM_{2.5}$ and NO_2 concentrations within metropolitan Beijing. Atmospheric Environment, 200: 254-263

Yang X, Wang C, Pan F, et al. 2019. Retrieving leaf area index in discontinuous forest using ICESat/GLAS full-waveform data based on gap fraction model. ISPRS Journal of Photogrammetry and Remote Sensing, 148: 54-62

Zeng Q L, Chen L F, Zhu H, et al. 2018. Satellite-based estimation of hourly $PM_{2.5}$ concentrations using a vertical-humidity correction method from Himawari-AOD in Hebei. Sensors, 2018, 18(10): 3456.

Zeng Z, Gan Y, Kettner A J, et al. 2020. Towards high resolution flood monitoring: An integrated methodology using passive microwave brightness temperatures and Sentinel synthetic aperture radar imagery. Journal of Hydrology, 582: 124377

Zhan X, Xiao Z, Jiang J, et al. 2019. A data assimilation method for simultaneously estimating the multiscale leaf area index from time-series multi-resolution satellite observations. IEEE Transactions on Geoscience and Remote Sensing, 57(11): 1-18

Zhang L S, Shi G Y. 2001. The impact of relative humidity on the radiative property and radiative forcing of sulfate aerosol. Journal of Meteorological Research,4: 465-476

Zhao Z, Cao J, Shen Z, et al. 2013. Aerosol particles at a high-altitude site on the Southeast Tibetan Plateau, China: Implications for pollution transport from South Asia. Journal of Geophysical Research: Atmospheres, 118(19): 11360-11375

Zíková N, Wang Y, Yang F, et al. 2016. On the source contribution to Beijing $PM_{2.5}$ concentrations. Atmospheric Environment, 134: 84-95

第 17 章　大气污染物浓度预测

人类的活动或自然过程使得某些物质进入大气，当其达到一定的浓度和时间时，就会造成空气污染，危害人类的健康。随着社会的进步和经济的迅速发展，世界各国空气污染严重，提高空气质量成为环境综合治理的目标。国内外关于大气污染浓度预测模型的研究有很多，主要分为传统的统计预测、以大气的物理化学变化为基础的数值预测和基于机器学习、深度学习的智能方法三类(李勇 等，2016)。空气污染物浓度的高精度预测有利于人们提前采取措施，为制定国家及地方级环保政策提供标准，为依法监测及惩治提供依据，推动我国生态文明建设，为人类的幸福生活提供健康的环境。

17.1　空气污染建模综述

大气污染物主要有氮氧化合物(NO_x)、二氧化硫(SO_2)、一氧化碳(CO)、臭氧(O_3)、颗粒物($PM_{2.5}$、PM_{10})等，污染物浓度达到有害程度会破坏生态环境，影响人类正常生存发展。空气质量状况预测一直是国内外研究的热点之一，各国学者致力于大气污染物高精度、长时期的预测。

传统的统计预测是指通过分析空气中污染物的变化规律来进行预测，主要有灰色预测理论模型和回归模型。20 世纪 80 年代，邓聚龙教授首创灰色系统理论，该理论针对只掌握部分信息的系统的控制问题建立一个由过去预测未来的数学模式(邓聚龙，1982)。大气中污染物浓度影响因素很多，如污染源的排放、同步气象要素、各污染物之间的相关关系等，在预测时本章案例只能掌握部分信息，所以将大气环境看作一个灰色系统是可行的(董洪艳和陈淑媛，1995)。国内许多学者(曹进，2002；李金娟 等，2012；司志娟 等，2013)使用灰色理论预测模型进行空气污染物浓度的预测，避免了收集大量的历史数据，但其精度依赖于数据样本的特性，且在预测时不可外推太多的步长(李勇 等，2016)。

回归模型是一种基于统计关系的预测性的建模技术，在空气污染物的预测中有着广泛的应用(Xue and Liu，2014；Cobourn，2010)，包括基于时间序列预测的自回归(Slini et al.，2002)、滑动平均(Chelani and Devotta，2005)、自回归积分移动平均(Kumar and Jain，2010)等方法。此外，还有不少基于遥感和 GIS

的回归模型，像土地利用回归模型(Kloog et al.，2012)、时空自回归移动平均模型(徐文 等，2016)和地理加权回归模型(Li et al.，2017b)。但影响大气污染物浓度变化的因子具有复杂性、非线性、多变性以及各因子之间关系错综复杂等特点(周丽 等，2003)，回归模型相对简单，不能准确地反映多个因素之间复杂的非线性关系。

以大气的物理化学变化为基础的数值预测需要掌握具体的污染源情况以及污染物之间的化学反应(刘炳春 等，2020)，利用数学的方法建立起污染物在空气中扩散的模型来预测未来一段时间内污染物浓度的变化。其中主流的模型有 CMAQ(Wang et al.，2010a)、NAQPMS(苏航 等，2012)和 CAMs(Almanza et al.，2012)等，虽然数值预报在空气质量预测方面有着不可取代的作用，但其计算任务重、模拟复杂，预测精度存在问题(祁柏林 等，2021)。

为了解决传统统计预测方法和数值预测方法中大气污染物影响因子复杂关系描述程度低、预测精度不高和时效性差等问题，人们逐渐将眼光投向基于机器学习、深度学习的智能方法。神经网络具有分布式信息存储和处理功能，在描述空气污染物非线性特征方面有独特的优势，其中 BP 神经网络的应用较为广泛(祝翠玲 等，2007；申浩洋 等，2014；艾洪福和石莹，2015)。但其泛化能力及稳定性差，存在局部最优和过度拟合等问题(刘小生，2013)。引入动量因子可以加速模型的收敛，避免模型陷入局部最优(邱晨，2019)，或者利用鲸鱼优化算法(Mirjalili and Lewis，2016)以及狼群算法(吴虎胜 等，2013)混合优化其权值和阈值，提高模型的稳定性和预测精度(谢劭峰 等，2021)。

支持向量机具有出色的泛化能力(Sánchez et al.，2011；Nieto et al.，2013)，可以解决神经网络低泛化性、低鲁棒性以及过学习等问题(谢永华 等，2015)。结合小波分解的 SVM 模型能将时间序列按照不同尺度分解到不同层次，使问题简单而便于预测(陈伟 等，2011)。随机森林(Zhao and Song，2017)、提升树(王智 等，2018)、XGBoost 算法(夏润和张晓龙，2019)等其他机器学习方法在空气质量预测中也发挥了重要的作用。对于长时间空气质量预测及预测系统中的不确定性和非线性问题，仍是利用机器学习模型进行预测所面临的挑战(朱晏民 等，2020)。

基于深度学习的方法在大气污染物浓度预测中表现出巨大的潜力。卷积神经网络(CNN)特征表达能力较强，在图像识别与分类领域表现突出，利用 CNN 进行预测有一定的可行性(Chakma et al.，2017)，但其预测精度有待提高。循环神经网络(RNN)记忆力较强，在时间序列预测中表现出良好的性能(黄婕 等，2019)，但无法应对长时间序列预测中出现的梯度消失或梯度爆炸现象。长短期记忆(LSTM)网络是 RNN 的改进模型，对长时间序列的预测稳定性较好(Li et al.，2017a)，但其参数较多，内部设计复杂。单一的深度学习模型很难同时达到高精度、长时期预测的效果，各国学者考虑使用多种深度学习模型融合的网络，以期取长补短(Huang et al.，2018；黄婕 等，2019)。此外，自然语言处理中的 Sequence to Sequence 模型(余长慧和刘良，2020)、基于自动编码器的全残差网络(Li et al.，2020a)也被逐渐应用于污染物浓度预测。与传统的机器学习方法相比，深度学习预测模型取得了较好的效果。本章以 Li 等(2020a)融合多源异构大数据的集成深度学习方法为例展开介绍。

17.2　融合多元大数据的集成学习方法

Li 等(2020b)开发了一个融合多源大数据的集成学习方法，对加利福尼亚州(简称加州)上空的 $PM_{2.5}$ 浓度进行 10 年时间跨度(2008～2017 年)内，高空间(1km×1km)和时间(每周)分辨率下的不确定性估计。利用基于自动编码器的全残差深度网络来模拟 $PM_{2.5}$ 排放、传输、扩散因子以及其他影响特征之间复杂的非线性关系。这些影响因素包括遥感数据(MAIAC 气溶胶光学厚度(AOD)、归一化植被指数(NDVI)、防渗表面)、MERRA-2 GMI 重现模拟(M2GMI)输出、野火烟羽扩散、气象、土地覆盖、交通、海拔和时空趋势(地理坐标、时间基函数、时间指数)等。MAIAC AOD 作为主要预测因素之一，由于明亮的表面、云量和其他的已知干扰，在加州存在大量的缺失数据，缺失的 MAIAC AOD 观测值被插补，并采用相对湿度(RH)和行星边界层高度(PBLH)变量进行矫正。利用火灾能量学和排放研究 1.0 版模型，对 MODIS 火灾辐射功率产生的烟羽排放进行拉格朗日混合单粒子轨道(hybrid single particle Lagrangian integrated trajectory，HYSPLIT)扩散模拟，计算野火烟羽对 $PM_{2.5}$ 的贡献。

17.3　研究区域及数据

17.3.1　研究区域

本章案例的研究领域(图 17.1)是加州。它的占地面积为 423970km^2，具有异质地形(沙漠表面、山脉、积雪)、气溶胶排放源(如自然源为野火和灰尘；人为源为化石燃料燃烧、畜牧、生物质燃烧)和气象过程(Fast et al.，2014)。与美国东部各州相比，这导致在 AOD(更多反射表面)、$PM_{2.5}$ 的化学成分(主要是硝酸盐(Tolocka et al.，2001))和气溶胶垂直分布的季节变化上都存在差异(Fast et al.，2014；Li et al.，2015)。

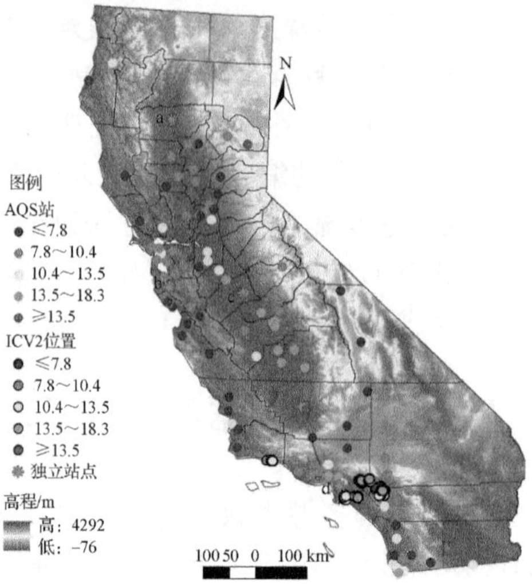

图 17.1　加州研究区域（监测点以及四个独立测试点（a, b, c 和 d）的 $PM_{2.5}$ 采样周期平均值）

17.3.2　$PM_{2.5}$ 的测量

本章案例从美国环境保护署（Environmental Protection Agency，EPA）空气质量系统（air quality system，AQS）中获取了 $PM_{2.5}$ 的每日测量值（2008～2017 年）（https://www.epa.gov/aqs），这些数据由州、地方和社区的空气污染控制机构收集。本章案例还从南加利福尼亚大学（简称南加州大学）社区内变异性研究中获得了空间聚集的（267 个位置）双周 $PM_{2.5}$ 样本（2008～2009）。使用哈佛级联冲击器在从圣巴巴拉南部到河滨（图 17.1）的 8 个南加州社区采集了这些样本，详情见 Fruin 等（2014）。为了将两周一次的监测样本暂时降尺度到每周的值，本章案例基于离社区变异性监测站点最近的 AQS 站，得出了一个每周与两周均值的比。本章案例之所以选择建立一个以每周为时间分辨率的 $PM_{2.5}$ 模型，这是因为对妊娠结果进行预期流行病学分析所需的最短暴露期为一周。AQS $PM_{2.5}$ 网络包括连续监测和 24 小时采样，时间安排为每 6 天一次、每 3 天一次和每天一次。2008～2017 年的数据库提供了至少一年 $PM_{2.5}$ 测量点每日约半天的 $PM_{2.5}$ 测量数据。根据 EPA75%的完整性标准，依靠这些站点的监测仅能获得 43%的有效周值。本章案例使用线性回归模型，利用有大量可用数据的附近地（50 公里以内）的每日数据（超过 1 年的数据）来拟合大部分地点缺失的每日值。所有回归模型的 R^2 中位数为 0.74（IQR 从 0.63～0.83）；每日估计的三分之二是使用“附近两个地点”的回归模型（R^2 中位数=0.77）获得的。使用至少 5 个日测量值（允许从回归模型中估计最多 2 个日值）获得模型训练和评估的周值。在 2008～2017 年期间，拟合程序将每周完整样本的可用性从 43%提高到 79%，随着连续监测器部署的增加，后期的完整性有增加的趋势。

对于每周的 $PM_{2.5}$ 预测，本章案例使用通用横轴墨卡托(UTM) 11N 带坐标系(椭球体，1984 年世界大地测量系统，单位为 m)在加州生成了 1km×1km 的固定空间网格。

17.3.3 特征变量

1) MAIAC AOD

MAIAC 作为一种先进的算法，利用时空算法从 MODIS 数据中同时反演大气气溶胶和双向反射率。与决策树(decision tree，DT)和可微二值化(differentiable binarization，DB)算法相比，MAIAC 进一步检测云并校正黑色植被表面和明亮沙漠目标上的大气影响，以获得更高空间分辨率(1km×1km)下的日 AOD 值(Lyapustin et al.，2018)。这个算法也进行了调整，以减少把野火烟羽作为云的掩蔽(Lyapustin et al.，2012)。本章案例从 MODIS Terra 和 Aqua 卫星上获得了覆盖加州 9 年(2008 年 1 月 1 日～2016 年 12 月 31 日)的 MAIAC AOD(550nm 处有质量保证标志)数据，这两颗卫星分别在当地时间上午 10:30 和下午 1:30 左右经过赤道。本章案例从更新的 NASA 网站上获得了 2017 年的 MAIAC AOD 数据，它的投影从阿尔伯斯(Albers)投影变成了全球正弦曲线投影(https://lpdaac.usgs.gov/products/mcd19a2v006/)。因此，所有的 MAIAC AOD 图像都被转换成 UTM 11 N 带的投影。使用同一地点样本进行的 AERONET 测量评估显示，2008 年、2016 年和 2017 年的 MAIAC AOD 具有一致性，差异非常小(皮尔逊相关系数>0.91，p 值<0.01)。本章案例使用基于自动编码器的深度残差网络以高性能拟合缺失的 MAIAC AOD 值，如早期工作中所述(Li et al.，2020a)。

2) 气象

在区域和局部尺度上，气象因素对 $PM_{2.5}$ 的形成、扩散和输送起着非常重要的作用(Chu et al.，2016)。本章案例从每日高空间分辨率(4km)地表气象数据中提取美国周边格网气象参数(grid meteorological parameters, grid MET)(http://www. climatologylab. org/gridmet.html)(Abatzoglou，2013)。这些参数包括日最低气温(°C)、日最高气温(°C)、风速(m/s)、比湿度(g/kg)、日平均向下短波辐射(W/m^2)和累积降水量(每平方米 1 小时降雨量毫米数，mm/m^2)。气象特征的周均值由日值产生。利用双线性重采样将气象数据转换为目标 UTM 11 带投影。

3) MERRA-2 全球建模倡议(GMI)重放模拟

MERRA-2 GMI 输出公开提供)通过仿真大气成分，将 MERRA-2 气象场(风、温度和压力)与全球建模倡议(GMI)的平流层化学机制耦合。这个仿真交互地耦合化学气溶胶辐射和传输模块，包括与 MERRA-2 所用的类似的排放物(NASA，2018；Strode et al.，2019)。从 MERRA-2 GMI 重放模拟(M2GMI)底层中，本章案例提取了 $PM_{2.5}$ 粒级中的 30 种模拟气体污染物和颗粒物源贡献(包括一氧化碳、二氧化氮和氧化物、臭氧、海盐的质量浓度、硝酸盐、二氧化硫、氨、硫酸盐、有机碳、粉尘和黑炭)，12 个气象参数(包括 PBLH、气温、比湿度、降水、风速等)以及空间分辨率约为 50km 下的其他 24 个参数。本章案例从 66 个 M2GMI 变量中选择了 18 个作为预测因子，要么是基于它们与每周 $PM_{2.5}$ 浓度的相关性(绝对值≥0.05)，要么基于它们对 $PM_{2.5}$ 浓度影响的可信物理解释。基于 10m 和 50m 高度的 M2GMI 风速，本章案例得出了风力的垂直停滞和风切变的指标如下：

$$w_{\text{stag}} = \sqrt{u_{50}^2 + v_{50}^2} - \sqrt{u_{10}^2 + v_{10}^2} \tag{17.1}$$

$$w_{\text{mix}} = \sqrt{u_{10}^2 + v_{10}^2} - \sqrt{u_2^2 + v_2^2} \tag{17.2}$$

其中，w_{stag} 表示风力停滞的指标，w_{mix} 表示风切变变量，u_{10} 表示 10m 的东向风速，v_{10} 表示 10m 的北向风速，u_2 表示 2m 的东向风速，v_2 表示 2m 的北向风速，u_{50} 表示 50m 的东向风速，v_{50} 表示 50m 的北向风速。

4) 野火烟羽扩散模拟

野火烟雾羽流可导致 $PM_{2.5}$ 浓度达到峰值，并对加州 $PM_{2.5}$ 的时空变异性产生显著影响。本章案例利用野火的主要排放物 $PM_{2.5}$ 的扩散模型计算了烟雾中的地面 $PM_{2.5}$，其中排放物由 MODIS Aqua 和 Terra 辐射功率反演的火灾能量和排放研究 1.0 版(FEER.v1)模型(Ichoku and Ellison，2014)确定。为了捕捉局部影响和远距离的烟羽传输，本章案例估计了加利福尼亚州所有火灾以及整个美国西部、加拿大和墨西哥部分地区所有的大型火灾(>1000 英亩，1 英亩=4046.864798m^2)的排放量。根据 2014 年国家排放清单(EPA，2018)，使用特定生态区域的每个探测面积的估算值计算火灾面积。为了减少计算需求，本章案例使用 DBSCAN(density-based spatial clustering of applications with noise)方法(Ester et al.，1996)对 0.05°范围内的所有热点进行了聚类，并对聚类热点的排放量进行了汇总。

本章案例使用 HYSPLIT 模型(Stein et al.，2015)来建立烟羽扩散的模型，计算烟雾喷射的高度。本章案例使用 WRAP(Western Regional Air Partnership，2005)时间分布图的每小时排放量来分配每日的排放总量，该分布图估算了晚上 8 点到第 2 天上午 9 点之间的最小排放量(<0.01%)，下午 4 点的峰值排放量(占总排放量的 17%)。利用 NOAA 空气资源实验室提供的 12km 网格化的气象资料支撑驱动烟羽扩散模拟(https://www.ready.noaa.gov/archives.php)。烟雾产生的 $PM_{2.5}$ 在烟雾消散后最多可携带 5 天。使用 HYSPLIT 模型的 100m 表层浓度作为烟雾产生的地面 $PM_{2.5}$。本章案例以每小时一次的时间步长估算了 NAM 12km 网格上的最终浓度。为了为后续建模准备数据，本章案例将每小时数据的均值作为每周的浓度，并使用双线性插值将每周的值从 12km 降到 1km 分辨率。

5) 土地覆盖变量

土地利用参数可以捕捉到 $PM_{2.5}$ 的排放源和汇，这已经在许多研究中得到应用。国家土地覆盖数据库(national land cover database，NLCD)(https://www.mrlc.gov)以 30m 的分辨率提供美国土地覆盖及其变化数据。根据 NLCD，本章案例在 1km 的目标建模网格上生成了每个土地覆盖类别的年覆盖率(Yang et al.，2018)。对于 16 个土地覆盖类别(如开阔水域、低强度开发、高强度开发、荒地、草地和耕地等)，本章案例计算了每个类别在每个可用年份(2001、2003、2006、2008、2011、2013 和 2016)的 1km 网格单元内的 0 到 1 之间的覆盖率，并线性插值了 2001～2016 年不可用的值。本章案例使用 2016 年土地覆盖数据计算 2017 年的数据。对于 $PM_{2.5}$ 模型，本章案例排除了加州中不常见的土地覆盖类型(<1%)。

本章案例还从 NLCD 中提取了地表防渗层，该层表示 2001 年、2006 年、2011 年 2016 年美国每 30m 像素上的城市防渗表面占已开发表面的百分比。本章案例使用类似的线性插值来推导缺失年份的防渗表面百分比(同样假设 2017 年没有变化)。

本章案例使用由 NASA 用 Aqua 和 Terra 卫星分别搭载的 MOSID 传感器获得的的 16 天 MODIS NDVI(归一化植被指数)平均值数据(mod13a2v6 和 mcd13a2v6)，计算了月 NDVI 平均值。这个 16 天的 NDVI 产品是在 1km 分辨率网格上获得的，本章案例将最终的月平均值重新采样到上述标准的 1km 建模网格。

6) 时间基函数

本章案例使用迭代奇异值分解从 10 年(2008～2017)的 AQS $PM_{2.5}$ 测量值中提取的四个时间基函数(Finkenstadt et al.，2007)。如本章案例之前的研究(Li et al.，2019)所示，四个时间基函数代表了 2008～2017 年加州 $PM_{2.5}$ 浓度的主要时间趋势，可用于模型中捕捉加州等复杂大区域 $PM_{2.5}$ 的长期和短期时间变化。

7) 高程、地理坐标和时间索引

本章案例从谷歌地图编程接口中获取了 30m 分辨率的高程数据，并计算了每个 1km MAIAC 网格单元内的平均高程。利用目标投影下分辨率为 $1\times1km^2$ 的目标中心的 x 和 y 坐标来解释空间变异性。用一年中的某一天来解释季节变化，用年指数来解释年度变化。

17.4　$PM_{2.5}$ 浓度估计集成学习方法

为了模拟特征与 $PM_{2.5}$ 浓度之间的非线性关联和复杂的相互作用，本章案例采用了基于自动编码器的全残差深度网络，分为降尺度、缺失 AOD 插补、基模型和集成学习四个阶段。

图 17.2 显示了加州 $PM_{2.5}$ 建模的流程图。模型的输入包括多源异构数据(图 17.2(a))。本章案例从一个输入(M2GMI 变量)中得出了垂直水位和风切变变量，

并从 $PM_{2.5}$ 测量中提取了四个时间基函数(17.3.2 节和 17.3.3 节)。为了使所有回归器具有相同的投影和时空分辨率(1km)，本章案例对 M2GMI 变量和 MAIAC AOD 进行了预处理，包括重采样或降尺度以及插补(图 17.2(b)，17.4.1 节)。在预处理过程中还进行了数据清洗、离群点过滤、AOD 转换和特征选择。准备好所有数据后，首先对 100 个深度残差网络模型进行训练和验证(17.4.2 节)，然后进行集成预测(17.4.3 节)和评估(17.4.4 节)，再量化特征重要性并解释模型(17.4.5 节)(图 17.2(c))。在获得最佳模型后，生成了加州完全时空覆盖的、分辨率为 1km 的网格化日表面的 $PM_{2.5}$ 估算值(图 17.2(d)；结果见 17.5.4 节)。

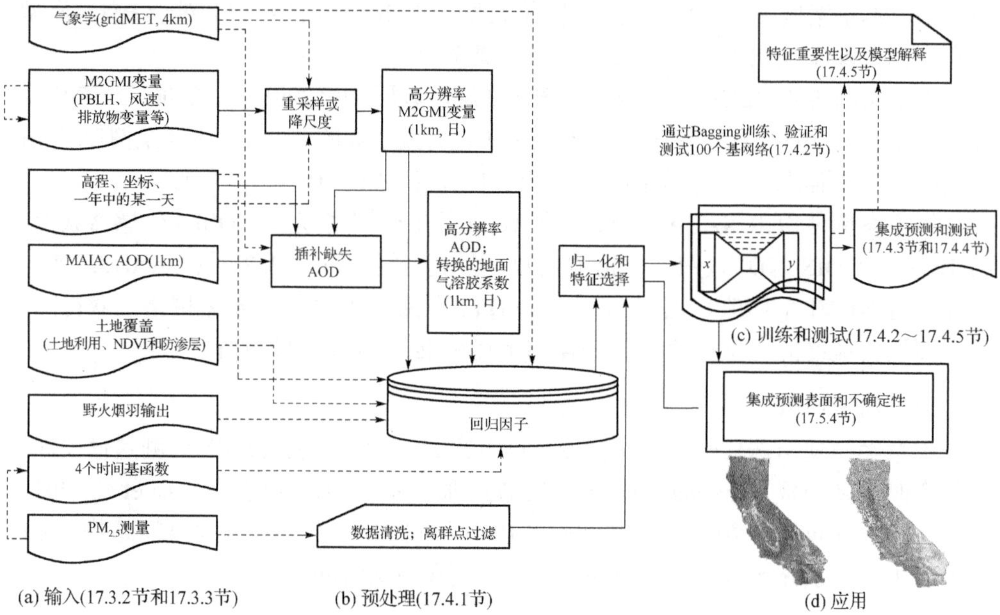

图 17.2　加州 $PM_{2.5}$ 建模过程流程图

17.4.1　预处理

预处理包括数据清理、异常点剔除、降尺度、AOD 缺失值插补、柱状 MAIAC AOD 与地面气溶胶消光系数的转换、归一化和特征选择。在数据清理中，使用数据质量标志(如 MAIAC AOD 的有效值范围为(0,3)，NDVI 的有效值范围为(−1,1)；土地利用面积比例的有效值范围为(0,1))来删除每个特征中的无效值。使用外部围栏(NIST/SEMATECH，2016)过滤异常值。使用基于深度残差网络的降尺度算法(Li et al.，2020a)将 M2GMI 变量(约 50km 空间分辨率)降到目标分辨率(1km)。在降尺度中，空间坐标、高程和 gridMET 变量被用作目标分辨率的特征。此外，使用深度残差网络估算(Li et al.，2020a)缺失的 MAIAC AOD。通过归一化进行标准化，以确保所有变量的尺度一致，并稳定模型训练(Bhandari，2020)。对于特征选择，从潜在的预测因子列表中删除与每周 $PM_{2.5}$ 浓度有较低且非统计学显著相关(绝对值<0.02)的特征，然后根据物理可解释性和冗余性来过滤剩余的特征。例如，保留了 $PM_{2.5}$ 粒级或底层表面中的 M2GMI 变量。M2GMI 气体或其他参数可以基于 $PM_{2.5}$ 形成或扩散的物理或化学关系的先验知识得以保留。

此外，使用经验公式将卫星柱式 AOD 转换为地面气溶胶消光系数(Wang et al.，2010b)，并根据垂直分布和相对湿度的影响进行调整，如下所示：

$$k_g = \frac{\tau_c \cdot (1 - h/100)^g}{H_A} \tag{17.3}$$

其中，k_g 为转换后的地面气溶胶消光系数，假设其与地面测量的 $PM_{2.5}$ 的相关性比柱式 AOD 更密切；τ_c 为柱式卫星 AOD(MAIAC AOD)；H_A 为气溶胶的标高，近似于 M2GMI PBLH(Koelemeijer et al.，2006)；h 为相对湿度(单位：%)；g 为待优化的经验参数。

17.4.2　全残差深度网络基模型

全残差深度网络被开发为基模型，它由编码层(包括输入层和节点数逐渐减少的隐藏层)、潜在(译码)表示层、解码层和输出层组成(图 17.3(a))(Li et al.，2020a)。

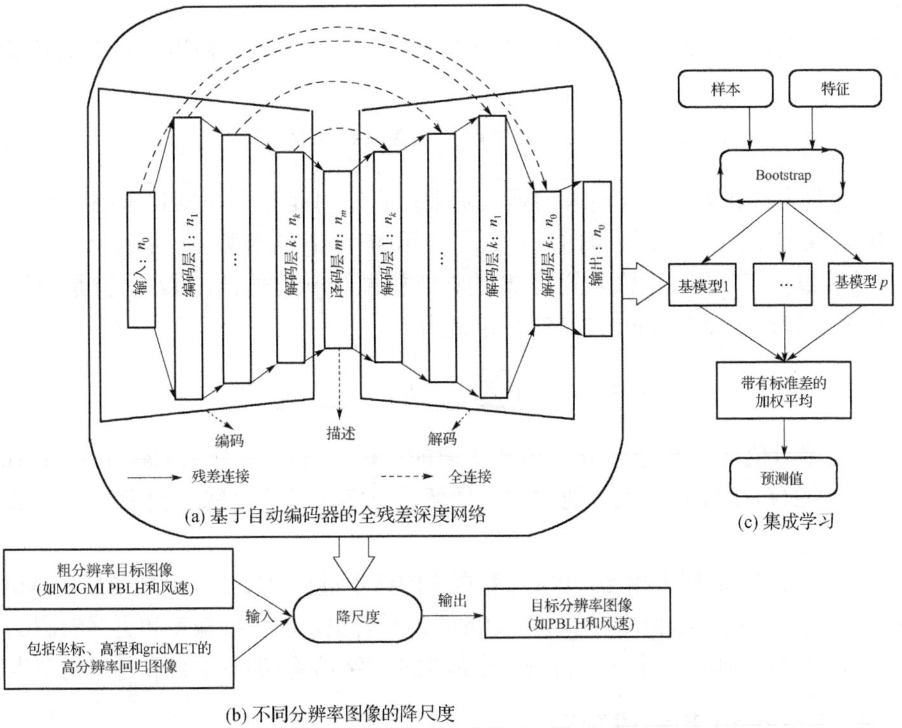

图 17.3　基于自动编码器的全残差深度网络、降尺度和集成学习

在自动编码器中，潜在(译码)层用于从输入层中提取特征；每个解码层具有与其对应编码层相同数目的节点。潜在层利用压缩维度对输入层进行强大表示，有助于提高模型训练的有效性。自动编码器中引入了全残差连接：每个编码层都有一个跳转的特征映射(残差连接)到相应的解码层，以提高训练和误差反向传播。残差学习是一种在不降低性能的前提下适当增加隐藏层深度的有效方法。受大脑皮层锥体细胞的启发(Thomson，2010)，残差学习利用捷径跳过某些层，从而重用前一层的激活，以减少或避免梯度消失的问题(He et al.，2016)。基于编码-解码结构的自动编码器中，所有编码层及其相应解码层的全残差连接可以嵌套的方式构造(图 17.3(a))，以显著地增强训练的鲁棒性并提高训练模型的泛化能力，如本章案例先前的研究所示(Li et al.，2020a)。

因为全残差深度网络对预测特征和目标变量之间的非线性关系有强大的建模能力，所以本章案例在三个阶段中都采用了全残差深度网络：预处理中的降尺度(图 17.3(b))、大量缺失 MAIAC AOD 的插补和 $PM_{2.5}$ 浓度的时空估计。本章案例之前的研究(Li et al.，2020a)详细地描述了降尺度算法(在本章案例中也用于 M2GMI 变量的降尺度)和 2000～2016 年加州上缺失 MAIAC AOD 的插补(用 AERONET AOD 验证：相关性=0.83；R^2=0.69)。2017 年加州缺失 MAIAC AOD 的估计也使用同样的方法。

对于 $PM_{2.5}$ 时空估计的输出层，本章案例使用了以下单个输出的损失函数($PM_{2.5}$ 浓度估计)：

$$\ell(\theta_{W,b}) = \ell_y(\boldsymbol{y}, f^{y}_{\theta_{W,b}}(\boldsymbol{X})) + \Omega(\theta_{W,b}) \tag{17.4}$$

其中，ℓ_y 是未经正则化的 $PM_{2.5}$ 的损失函数；$\ell(\theta_{W,b})$ 是带有正则化项的最终损失函数，$\boldsymbol{W}$ 是权重矩阵，$\boldsymbol{b}$ 是偏差向量，$\theta_{W,b}$ 表示 $\boldsymbol{W}$ 和 $\boldsymbol{b}$ 的参数；$\boldsymbol{y}$ 是目标变量($PM_{2.5}$ 浓度)的真值；$f^{y}_{\theta_{W,b}}(\boldsymbol{X})$ 是输入矩阵 $\boldsymbol{X}$ 的训练模型对 $\boldsymbol{y}$ 的估计；$\Omega(\theta_{W,b})$ 是弹性网的正则化因子(Zou and Hastie，2005)，定义为：

$$\Omega(\theta_{W,b}) = \lambda_1 \left| \sum\nolimits_{p \in \theta_{W,b}} p \right| + \lambda_2 \sum\nolimits_{p \in \theta_{W,b}} p^2 \tag{17.5}$$

其中，$|\cdot|$是绝对值运算符，p 是 $\theta_{W,b}$ 内要学习的参数，λ_1 和 λ_2 是索套(lasso)及脊(ridge)正则化因子的超参数的权重。他们的最佳解决方案可以通过网格搜索检索(Chicco，2017)。

与卫星 AOD 数据集相比，$PM_{2.5}$ 数据集的样本量相对较小，因此与用于 MAIAC AOD 插补的多参数方法相比，单个参数的输出具有更低的训练偏差和更好的测试性能(Li et al.，2020a)。通过网格搜索得到一个最优的网络结构(编码层数和每层的节点数)。

17.4.3 Bagging 和集成预测

Bagging 使用全残差深度网络做基模型，以获得集成预测(图 17.3(c))。对数据样本和部分特征进行了自举抽样。通过自举法，本章案例使用大约 63.3%的样本进行训练，其余 36.7%的样本进行测试。本章案例总共有 59 个可用于建模的预测特征。在这些特征中，28 个特征与 $PM_{2.5}$ 具有显著的统计相关性(绝对值 > 0.1)，将其用作固定预测因子以使训练模型的性能保持在一定水平以上，并对剩余的 31 个特征进行了替换取样。平均一个基模型大约使用 50 个预测特征。集成预测是使用所有训练基模型预测的加权平均值获得的：

$$\hat{x}_w = \frac{\sum_{i=1}^{N} w_i \hat{x}_i}{\sum_{i=1}^{N} w_i} \tag{17.6}$$

$$\hat{\sigma}(\hat{x}_w) = \sqrt{\frac{\sum_{i=1}^{N} w_i (\hat{x}_i - \hat{x}_w)^2}{\frac{(N'-1)\sum_{i=1}^{N} w_i}{N'}}} \tag{17.7}$$

其中，w_i 是分配给模型 i 的权重(如在本章案例的研究中 $w_i = 1/\text{RMSE}_i$)，$\hat{x}_i$ 是估计值，N 是样本数，N' 是非零权重数，$\hat{x}_w$ 是集成加权估计，$\hat{\sigma}(\hat{x}_w)$ 是 $\hat{x}_w$ 不确定性度量的标准差估计。本章案例从估计的标准差出发，通过对预测平均值归一化得到变异系数。

利用样本和特征的重采样来降低训练模型之间的相关性。此外，本章案例还引入了一个小的变化，基于最优的基模型，为每个隐藏层的节点数在一个小的间隔([−10,10])上采样，以减少训练模型之间的相关性。从理论上讲，通过将低相关性模型的输出进行聚合，可以得到标准误差较小的集成预测。假设 ε_i 是每个模型预测中包含的误差，误差来自于零均值多元正态分布 $E[\varepsilon^2] = v$ 和 $E[\varepsilon_i \varepsilon_j]_{i \neq j} = c$，则集成预测器平方误差的期望为：

$$E\left[\left(\frac{1}{m}\sum_i \varepsilon_i\right)^2\right] = \frac{1}{m^2} E\left[\sum_i \left(\varepsilon_i^2 + \sum_{j \neq i} \varepsilon_i \varepsilon_j\right)\right] = \frac{v}{m} + \frac{(m-1)c}{m} \tag{17.8}$$

其中，m 是模型数，c 表示不同模型之间误差的相关性。如果 c=0(无相关性)，则平方误差仅为 $\frac{v}{m}$，表明随集成大小呈线性下降。但如果 c=v(完全相关，皮尔逊相关系数=1)，则集成误差不变(仍为 v)。因此，皮尔逊相关性越小，集成预测中的平方误差的期望就越小。

在集成学习中，本章案例有几个超参数，$\vartheta(m,\lambda_1,\lambda_2,l_r,n_b)$ (m 为训练模型的数目；λ_1 和 λ_2 为 lasso and ridge 正则化因子的权重；l_r 为初始学习率；n_b 为训练中小批量的样本大小)需要求解。本章案例的方法学习效率高，可以采用小批量梯度下降法来寻找最优解。在这种优化方法中，训练样本被分成小批，迭代地使用每批样本计算模型误差、更新模型系数。小批的样本量（n_b）是模型训练的重要超参数之一(Goodfellow et al.，2016)。本章案例使用网格搜索来寻找这些参数的最优解，并使用 Spark 大数据平台将数据处理、集成训练和网格搜索并行处理。

使用集成学习来预测 $PM_{2.5}$ 的另一个优点是，可以得到预测 $PM_{2.5}$ 的变异系数，将其作为不确定性度量，以告知预测值的置信度。

为了减少每个重采样过程中样本之间的依赖性，本章案例采用了一种有效的分层策略。在该策略中，首先根据县 id 和月份索引的时空因子将样本分为不同的层；然后在不同的层之间和每个选定的层内进行随机打乱和重采样。合并所有选择的样本，获得每个重采样的训练样本(其余样本用作验证和测试)。该方法作为非重叠简单块重采样的一个改进版本，通常用于时间序列数据的采样(Carlstein，1986)，本章案例的方法在每个层中执行额外的重采样。采用基于县、月指数的时空分层方法，每个层对应一个块，这种分层方法大大降低了块(层)之间的时空依赖性。与原始数据相比，本章案例得到的训练样本具有较小的相关性。使用敏感性分析比较本章案例的分层策略和简单块重采样。在简单块重采样法中，本章案例首先基于坐标和时间指数(周指数)，使用 k-means 方法将样本分组为 500 个簇(类似于本章案例策略中的层数)；然后在块级别执行重采样并重新训练模型。

17.4.4　验证和独立测试

本章案例通过层间和层内的重采样，选择了约 63.3%的样本用于训练和验证，其余 36.7%的样本用于独立测试。在选定的 63.3%的样本中，80%用于训练，其余 20%用于验证。36.7%的样本全部用来进行独立测试。

此外，本章案例将收集了 4 个监测点 $PM_{2.5}$ 测量值的时间序列数据进行独立测试(图 17.1)，使用来自 3 个 AQS 常规站点的数据进行基于站点的独立测试(即从模型训练和验证中排除)。选中的 3 个 AQS 站点分别代表加州北部、东部和中部人口稠密的子区域(与人口较少的西部子区域相比)。对于南部子区域，本章案例使用来自洛杉矶南加州大学(USC)粒子仪器装置监测站点(Shirmohammadi et al.，2016)的数据作为第三方独立测试数据。这些数据是为精细颗粒特性研究收集的，在 Shirmohammadi 等(2016)的研究中有更详细的描述，并未用于模型的训练和验证。总之，USC 站点位于加州洛杉矶市中心以南约 3km 处。在 2012 年 7 月～2013 年 2 月期间，使用测量仪器(MOUDIs，型号 110 MSP Corporation)采集每周周一～周五为期五天的完整样本。将同一研究中其他 3 个邻近站点的 AQS 数据并置在一个广义加性模型中，以调整 AQS 站点和 USC 监测点不同仪器造成的 $PM_{2.5}$ 测量偏差。

17.4.5　特征重要度和模型解释

本章案例使用沙普利加和解释加法(the Shapley Additive exPlanations，SHAP)

解释工具(Lundberg and Lee，2017)来测量每个预测因子对训练模型的平均贡献(特征显著性)，以此来解释训练模型中关键特征对性能的影响。此外，本章案例使用个体条件期望(the individual conditional expectation，ICE)图(Goldstein et al.，2015)和部分依赖图(partial dependence plot，PDP)(Friedman，2001)来可视化每个预测特征与目标变量($PM_{2.5}$ 浓度)之间的关系。PDP 可以显示一个特征对训练模型结果的边界效应，不管这个目标和特征之间的关系是线性的、单调的还是更复杂的(非线性的)。ICE 图可以将预测结果对每个实例特征的依赖性分别可视化，结果是每个实例有一条依赖线，而 PDP 中只有一条。

17.5　估计结果及验证

17.5.1　总结和相关性

本章案例总共收集了 34812 份周 $PM_{2.5}$ 样本，其中，来自 133 个 AQS 站点的常规样本 34005 份，来自 267 个社区变异性监测站点的其他样本 807 份(图 17.1)。研究区域的 $PM_{2.5}$ 平均浓度为 10.41μg/m^3(标准偏差：6.21μg/m^3)，冬季高于夏季(12.05μg/m^3 vs. 10.26μg/m^3)，南加州高于北加州(10.95μg/m^3 vs. 9.49μg/m^3)。与美国东部不同，加州的 AOD 值有夏季高于冬季(0.10 比 0.06)的季节变化，与 $PM_{2.5}$ 相反。利用式(17.3)将 MAIAC AOD 转换为经验参数 $g = 0.21$ 的地面气溶胶消光系数，MAIAC AOD 与 $PM_{2.5}$ 的相关性从 0.25 提高到 0.47。

本章案例共有 59 个预测特征(MAIAC AOD、20 个 M2GMI 变量、16 个土地利用变量、6 个气象变量、野火烟羽、2 个交通变量、5 个坐标、NDVI、高程、年、日、4 个时间基函数)，并在每个自举法抽样过程中选择约 50 个特征进行建模。表 17.1 显示了每个类别中与每周 $PM_{2.5}$ 相关性绝对值大于 0.1 的特征的描述性统计。

表 17.1　与 $PM_{2.5}$ 浓度高度或中度相关的预测特征总结

类别	名称	单位	范围	IQR	均值	中值	相关性
卫星 AOD	MAIAC AOD		0～1.55	0.05	0.07	0.06	0.47*
M2GMI 或衍生要素	钠盐表面质量浓度 -$PM_{2.5}$	kg/m^3	1.25×10^{-13}～5.13×10^{-9}	6.22×10^{-10}	5.28×10^{-10}	3.64×10^{-10}	0.37*
	一氧化碳浓度	mol/mol	5.67×10^{-8}～9.27×10^{-7}	3.18×10^{-8}	1.17×10^{-7}	1.14×10^{-7}	0.35*
	风力/机械混合大小	m/s	0.08～2.46	0.43	0.9	0.88	−0.3*
	O_x 干沉积量	kg/(m^2·s)	3.38×10^{-11}～2.84×10^{-10}	5.50×10^{-11}	1.30×10^{-10}	1.25×10^{-10}	−0.24*
	海盐表面质量浓度 -$PM_{2.5}$	kg/m^3	3.38×10^{-11}～2.84×10^{-10}	2.35×10^{-9}	2.24×10^{-9}	1.72×10^{-9}	−0.2*
	SO_4 表面质量浓度	kg/m^3	5.32×10^{-12}～1.38×10^{-8}	9.33×10^{-10}	1.65×10^{-9}	1.39×10^{-9}	0.2*

续表

类别	名称	单位	范围	IQR	均值	中值	相关性
M2GMI或衍生要素	炭黑表面质量浓度	kg/m^3	1.31×10^{-10}～6.97×10^{-9}	4.13×10^{-10}	6.59×10^{-10}	5.04×10^{-10}	0.2^*
	路面蒸发量	$kg/(m^2·s)$	1.98×10^{-11}～5.04×10^{-8}	1.37×10^{-5}	1.15×10^{-5}	8.22×10^{-6}	-0.19^*
	停滞指标	m/s	–0.48～2.7	0.63	0.7	0.72	-0.18^*
	平均行星边界层高度	m	121.58～3589.42	526.72	920.07	845.35	-0.12^*
气象要素	风速	m/s	0.58～10.97	1.27	3.27	3.07	-0.33^*
	日平均向下短波辐射	W/m^2	40.25～377.54	166.52	228.44	235.24	-0.14^*
	降水量	mm/m^2	0～85.4	0.74	1.13	0	-0.12^*
时间基函数	时间基函数 1		–1.51～2.42	1.03	–0.22	–0.38	0.35^*
	时间基函数 3		–1.23～2.39	1.01	0.79	0.85	-0.19^*
坐标	经度	°	–124.2～–116.48	3.46	–119.92	–120.1	0.18^*
遥感	归一化植被指数		723.8～7843.4	1465.3	3127.29	3073.6	-0.16^*
	防渗层		0.03～87.79	43.74	41.29	44.34	0.15^*
土地利用	灌木		0～0.86	0.03	0.05	0	-0.14^*
野火	野火烟羽	$\mu g/m^3$	0～264.83	0.29	0.78	0.06	0.14^*
时间序列	年		2008～2017	5	2013.33	2014	-0.15^*

注：* 表明统计显著性（p 值<0.01）。

17.5.2　最优基模型与集成学习

本章案例通过网格搜索得到了一个最佳的基准结构，其编码层和潜在层具有用于 $PM_{2.5}$ 估计的节点数([50,128,64,32,16])。相应地，本章案例总共有 11 个层，分别为 1 个输入层、4 个编码层、1 个潜在层、4 个解码层和 1 个输出层。为了求解最优解中的超参数 $\theta(m,\lambda_1,\lambda_2,l_r,n_b)$，本章案例得到了训练模型的最优个数($m$=100)、初始学习率($l_r$=0.01)、弹性网络的权重($\lambda_1$=0.5，$\lambda_2$=0.5)和小批量大小($n_b$=512)。本章案例总共训练了 100 个基模型，每个模型都根据基准网络结构改变了每个隐藏层的节点数。综上所述(表 17.2)，本章案例得到的平均训练 R^2 为 0.94(范围为 0.77～0.97)(平均训练 RMSE 为 1.54μg/m³，范围为 1.03～3.02μg/m³)，平均测试 R^2 为 0.82(范围为 0.70～0.85)(平均测试 RMSE 为 2.70μg/m³，范围为 2.46～3.49μg/m³)(图 17.4)。

表 17.2　集成学习中 100 个训练模型的性能统计

	训练		验证 [a]		测试 [b]	
	均值	范围	均值	范围	均值	范围
样本大小	17629		4407		12776	
R^2(range)	0.94	(0.77, 0.97)	0.82	(0.75, 0.85)	0.82	(0.70, 0.85)
RMSE/($\mu g/m^3$)	1.54	(1.03, 3.02)	2.70	(2.49, 3.24)	2.70	(2.46, 3.49)

注：a.表示样本不用于训练模型，但用于验证模型(调整超参数以获得最佳效果)；b.表示用于测试训练模型的样本(不用于训练和验证)。

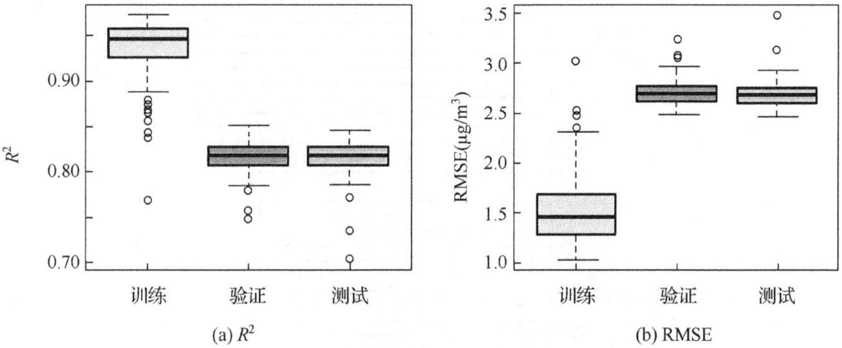

图 17.4　训练、验证和测试的 R^2 和 RMSE 箱线图

敏感性分析(表 17.2 和图 17.4)表明，与简单的自举法相比，本章案例的分层抽样的表现更好(平均测试 R^2 为 0.82 vs. 0.72；提高了 14%)。简单自举的集成预测的测试 R^2 为 0.79，而分层方法的测试 R^2 为 0.87(改进了 10%)。

本章案例通过计算每个单独的基模型的 SHAP 值来对每个预测因子的贡献进行排序(图 17.5(a)显示了前 20 个特征)。将 100 个训练模型的 SHAP 贡献进行平均(图 17.5(b)显示了前 20 个特征)。如图所示，100 个训练模型的前 10 个特征包括一氧化碳、时间基函数、坐标(经纬度乘积、纬度、经度及纬度平方)、最高温度、MAIAC AOD、压力和海盐表面质量浓度-$PM_{2.5}$。

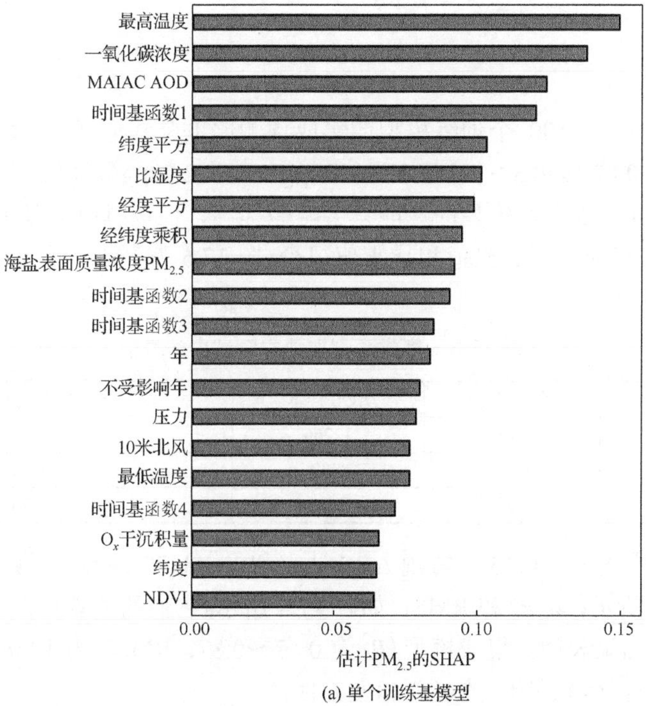

(a) 单个训练基模型

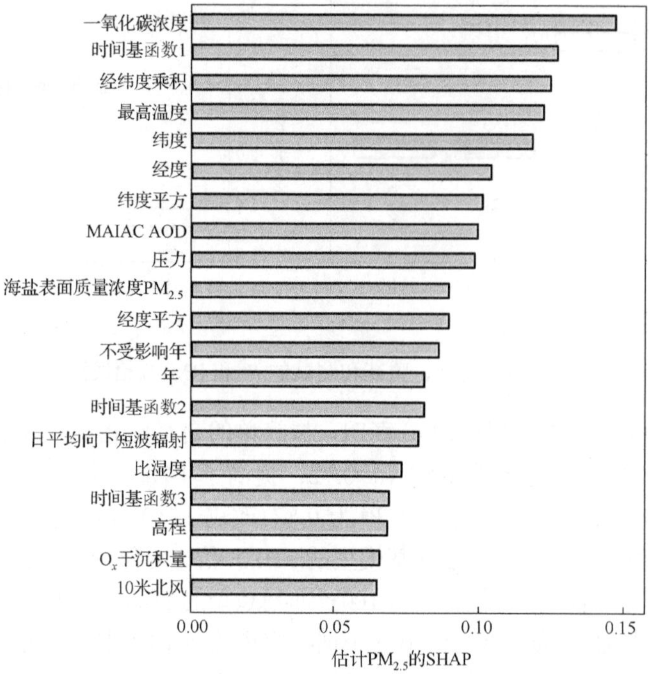

(b) 100个训练模型的平均值

图 17.5　按 SHAP 值排序的前 20 个特征的特征重要性条形图

17.5.3　评估

在集成学习中，100 个训练模型的集成预测比单个基模型的平均性能提高了约 5%(测试 R^2 为 0.87 vs. 0.82；RMSE 为 2.29μg/m^3 vs. 2.70μg/m^3) (表 17.3)。将模型的数量增加到 100 个以上，模型的性能只会略微提高，但训练时间却大大增加。与单个基模型相比，集成预测的极值和异常值很少(图 17.6 为 $PM_{2.5}$ 观测值与预测值或残差的散点图对比)。

表 17.3　集成预测在独立测试中的性能

	全部样本	AQS 样本	社区变异性区域样本
样本大小	12776	12266	510
R^2	0.87	0.87	0.82
RMSE/(μg/m^3)	2.29	2.30	2.70

独立测试中 4 个站点(3 个常规 AQS 站点和 1 个 USC 站点)的预测 $PM_{2.5}$ 的时间序列如图 17.7 所示，其 R^2 和 RMSE 如表 17.4 所示(它们的位置如图 17.1 中的 a、b、c 和 d 所示)。结果表明，集成模型(R^2 为 0.67～0.87；RMSE 为 1.80～2.81μg/m^3)较好地捕捉了时间(季节和年)的趋势和变异性。

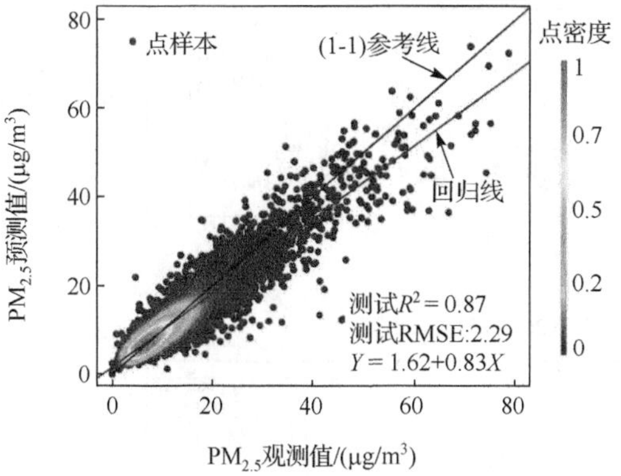

(a) $PM_{2.5}$观测值与预测值

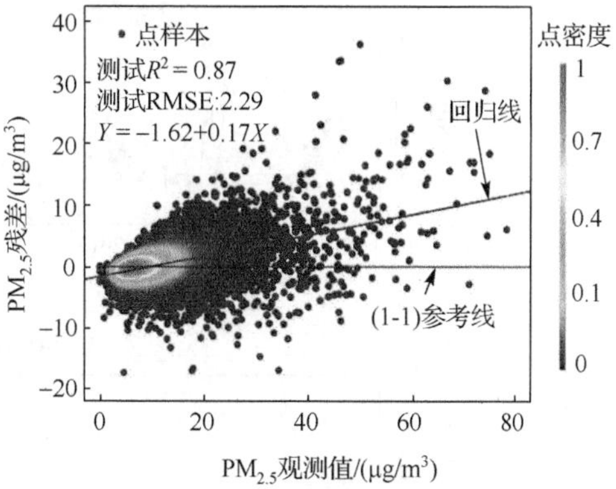

(b) $PM_{2.5}$观测值与残差

图 17.6　$PM_{2.5}$观测值与预测值和$PM_{2.5}$观测值与残差的散点图(见彩图)

表 17.4　独立测试中时间序列的性能

站点地址	来源	时间切片	相关性	$PM_{2.5}$均值/(μg/m³)	R^2	RMSE/(μg/m³)
a(加利福尼亚州雷德布拉夫市中心主要街区)	AQS	171	0.82	9.88	0.67	2.36
b(加利福尼亚州库珀蒂诺沃大道)	AQS	162	0.90	8.70	0.76	1.80
c(加利福尼亚州默塞德咖啡大道)	AQS	329	0.93	13.32	0.87	2.81
d(南加州大学)	Shirmohammadi 等(2016)	34	0.92	13.04	0.78	2.55

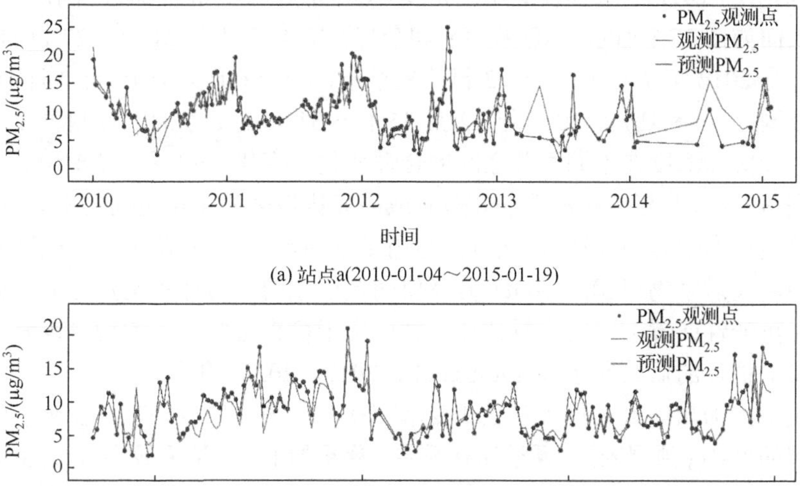

(a) 站点a(2010-01-04～2015-01-19)

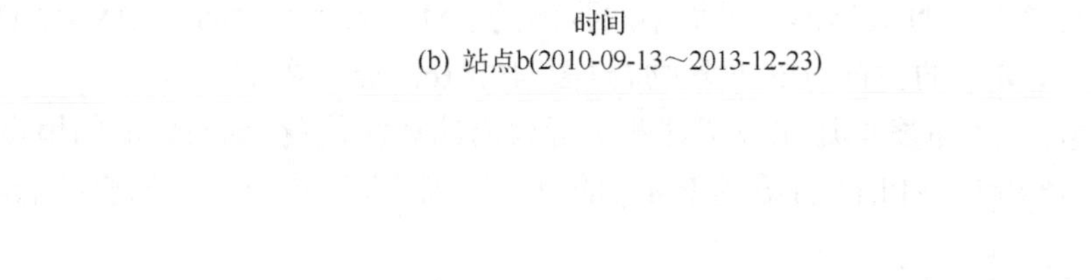

(b) 站点b(2010-09-13～2013-12-23)

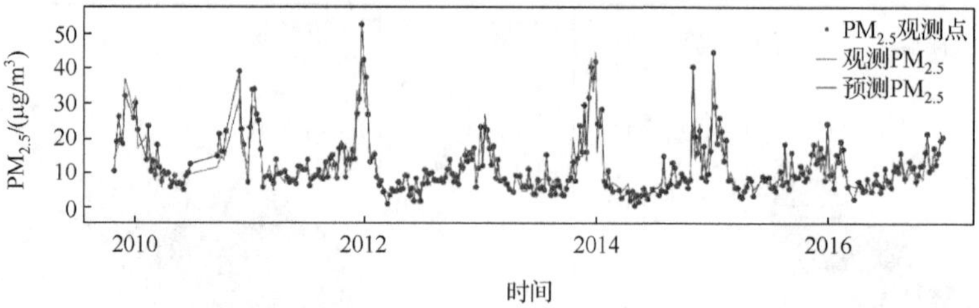

(c) 站点c(2009-10-26～2017-11-20)

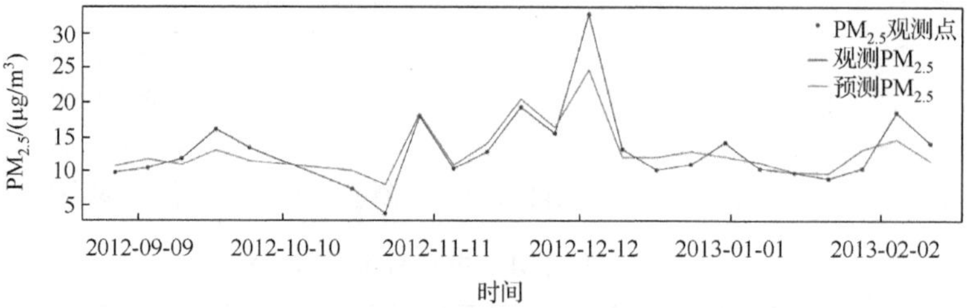

(d) 站点d(2012-08-27～2013-02-11)

图 17.7　独立试验中 $PM_{2.5}$ 观测值与预测值的时间序列(见彩图)

17.5.4　预测 $PM_{2.5}$ 和野火的表面

基于 100 个训练模型的引导聚集算法(Bagging)生成 2008～2017 年集成预测 $PM_{2.5}$ 周均值的 $1\times1km^2$ 表面及其不确定度(变异系数)。2008～2017 年在不同季节的四周的表面如图 17.8 所示，其中，(a)和(b)为 2008 年 4 月 21 日～27 日的春季周；(c)和(d)为 2012 年 7 月 16 日～22 日的夏季周；(e)和(f)为 2015 年 9 月 14 日～20 日的秋季周；(g)和(h)为 2017 年 12 月 25 日～31 日的冬季周。预测表面显示了加州上空的 $PM_{2.5}$ 浓度在不同季节之间的合理变化。变化系数(图 17.8(b)、(d)、(f)和(h))在落叶林、混交林和水体(如湖泊)或高海拔地区显示出更高的不确定性(平均值为 0.57，标准偏差为 0.39)，这可能是由冬季的水、雪(不确定性冬季比夏季高)、云或其他高反射率物引起的 AOD 假高值间接造成的。这些不确定性估计提供了预测 $PM_{2.5}$ 可变性或置信度的定量估计，并可用于检查这些预测的测量误差及其对下游健康影响估计的后续影响(Girguis et al.，2019，2020)的分析。

历史上，加州的野火最常发生在夏季和秋季。图 17.8(c)和(e)显示了受野火影响的两周的 $PM_{2.5}$ 预测表面(夏季和秋季中，秋季的 $PM_{2.5}$ 浓度较高)，它呈现出了不同的空间分布(夏季为东北部至中部的 $PM_{2.5}$ 浓度较高；秋季为中东区域 $PM_{2.5}$ 浓度较高)。在这两个野火周内，平均集成预测的 $PM_{2.5}$ 的空间分布与 HYSPLIT 产生的野火烟羽 $PM_{2.5}$ 的空间分布非常吻合(图 17.8(c) vs. 图 17.9(a)；图 17.8(e) vs. 图 17.9(b))。本章案例还比较了这两个野火周的观测值(在烟羽影响的地点)、集成模型预测值和 HYSPLIT 推导的 $PM_{2.5}$ 的时间序列，发现本章案例的模型能够充分捕

捉野火引起的 $PM_{2.5}$ 时间峰值。这些结果表明，本章案例的方法可以捕捉到野火烟羽过程中 $PM_{2.5}$ 的空间分布和时间峰值。

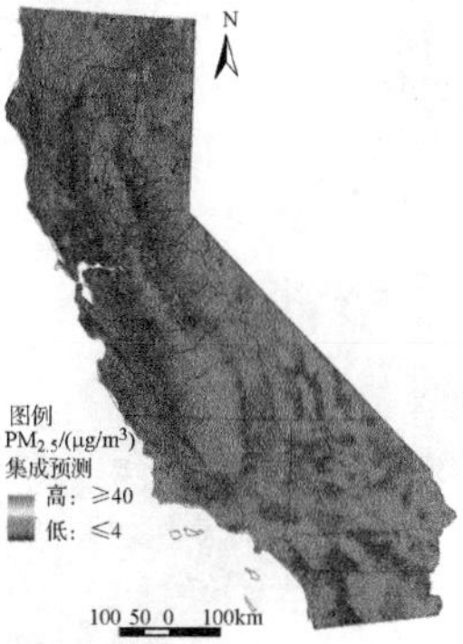

(a) 2008年春季周(4月21日～27日)
$PM_{2.5}$集成预测

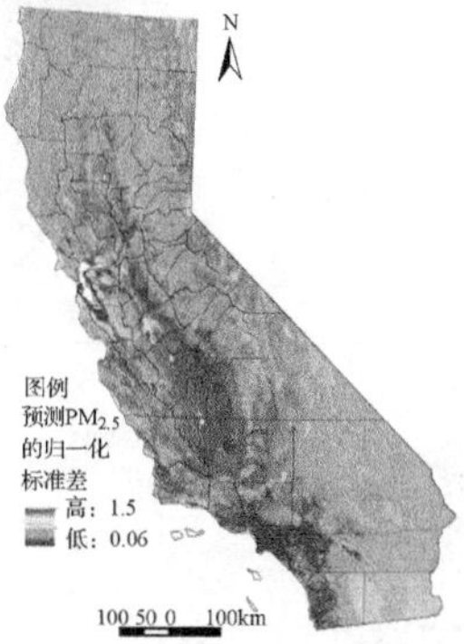

(b) 2008年春季周(4月21日～27日)
$PM_{2.5}$集成预测变异系数

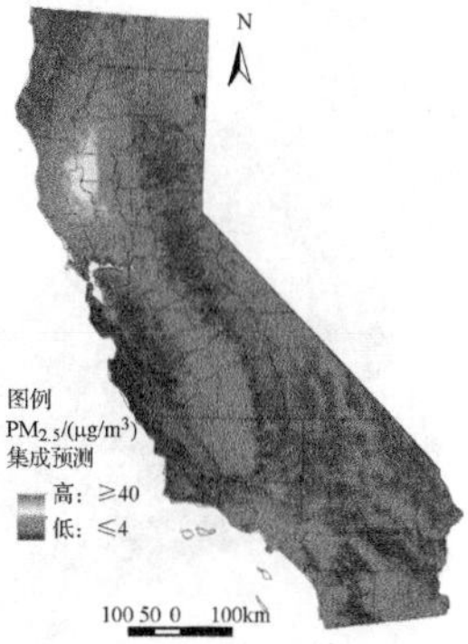

(c) 2012年夏季周(7月16日～22日)
$PM_{2.5}$集成预测

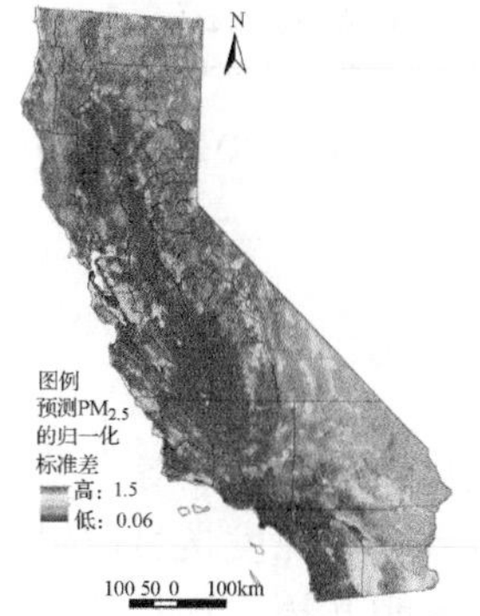

(d) 2012年夏季周(7月16日～22日)
$PM_{2.5}$集成预测变异系数

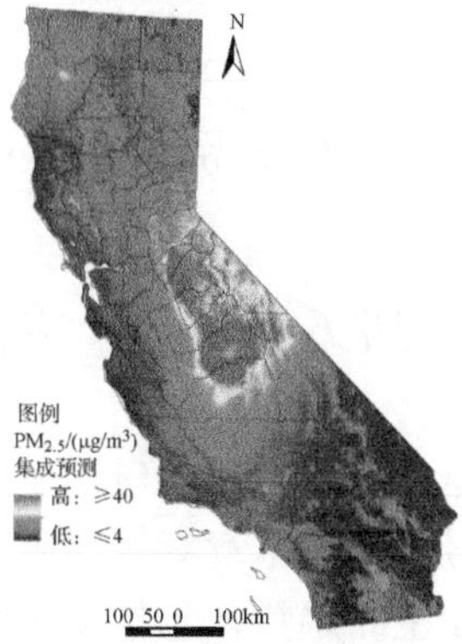

(e) 2015年秋季周(9月14日～20日)
$PM_{2.5}$集成预测

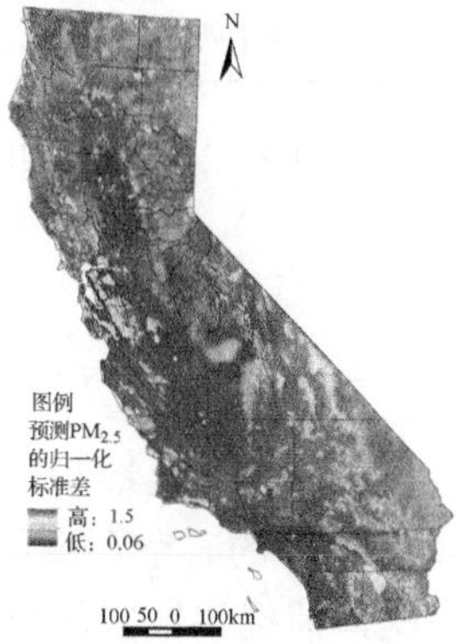

(f) 2015年秋季周(9月14日～20日)
$PM_{2.5}$集成预测变异系数

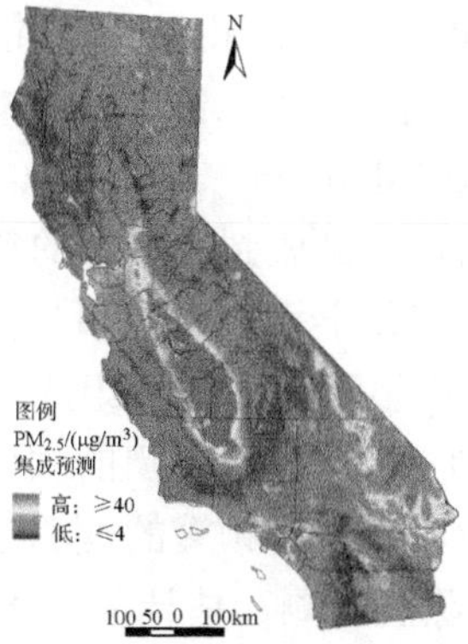

(g) 2017年冬季周(12月25日～31日)
$PM_{2.5}$集成预测

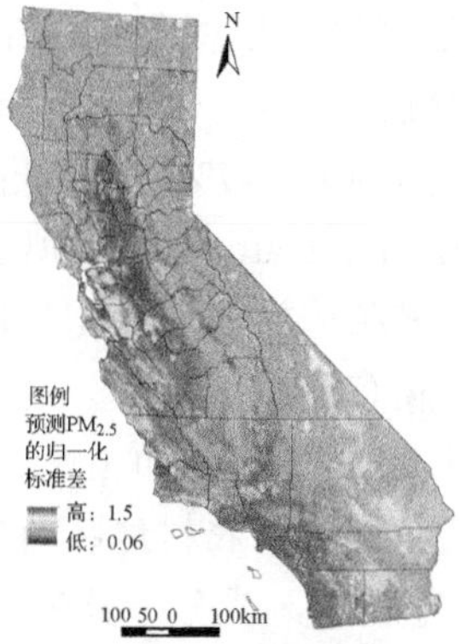

(h) 2017年冬季周(12月25日～31日)
$PM_{2.5}$集成预测变异系数

图 17.8　不同年份 4 个典型季节周的 $PM_{2.5}$ 集成预测表面及其变异系数(见彩图)

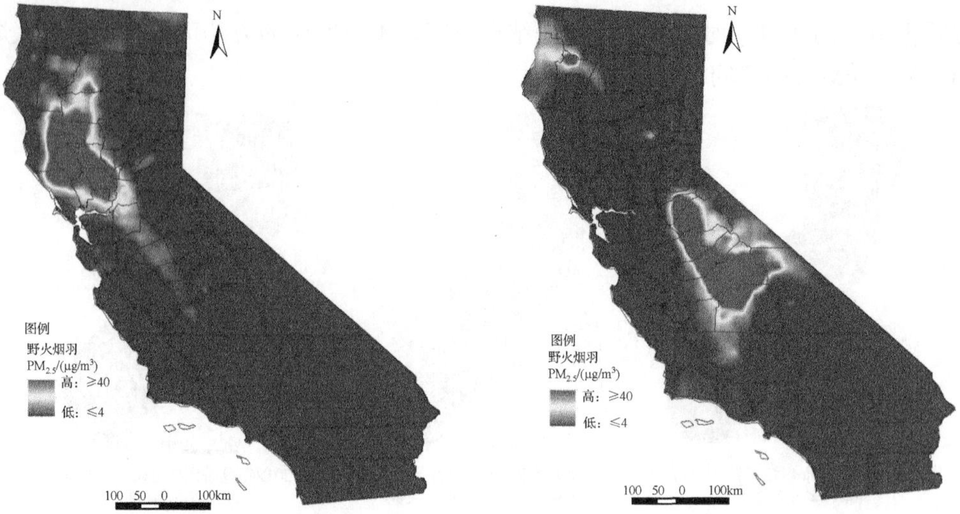

(a) 2012年夏季周(7月16日～22日)野火烟羽$PM_{2.5}$(0～226μg/m^3)

(b) 2015年秋季周(9月14日～20日)野火烟羽$PM_{2.5}$(0～856μg/m^3)

图 17.9　2012 年和 2015 年两个野火季节周 HYSPLIT 模拟野火烟羽 $PM_{2.5}$ 的分布

17.6　小　　结

在排放源、土地利用、地形、气象和人口等方面变化较大的加州等大型异质性区域，$PM_{2.5}$ 的时空预测具有挑战性。本章案例利用整合到集成深度学习框架中的多源数据，捕捉该地区的时间和空间趋势，包括发生野火的那几周。这是第一个在加州利用包括 M2GMI 变量和野火烟羽 $PM_{2.5}$ 在内的各种大数据源，并利用残差深度学习来解释变异性和改进 $PM_{2.5}$ 估计的研究。与全州范围内的混合模型(Lee et al.，2016)和两个邻近区域的模型(Di et al.，2016；Hu et al.，2017)相比，加州获得的 R^2 为 0.66～0.80(RMSE：2.85～5.69μg/m^3)，低于美国东部各州。本章案例的加州特定模型通常具有更高的 R^2(>7%)和更低的 RMSE(0.55～3.39μg/m^3)。

颗粒物(Paticular matter，PM)既包括直接排放到空气中的初级颗粒物，也包括燃料燃烧和其他来源排放的前体物质通过光化学氧化反应和其他化学反应在空气中形成的次级颗粒物(EPA，2014)。细颗粒由多种化学成分组成，包括碳、硫酸盐和硝酸盐化合物以及地壳物质(如土壤、灰尘和灰烬)。加州的主要城市地区拥有密集的交通网络和工业设施，农村地区有农业、沙漠和频繁的烟羽事件(如野火)，这导致 $PM_{2.5}$ 有多种排放源，成分十分复杂。除了观测和估计的 MAIAC AOD(Li et al.，2020a)，本章案例还使用交通和土地利用变量来解释排放的影响，正如许多研究所做的那样(Beckerman et al.，2013；Di et al.，2019；Hu et al.，2017；Huang et al.，

2018；Zhai et al.，2018）。但土地利用变量缺乏时间变化，只能间接反映排放影响，对估计 $PM_{2.5}$ 的贡献有限。M2GMI 数据集中几个在以前的研究中通常不使用的变量，对解释 $PM_{2.5}$ 的可变性作出了重要贡献。一氧化碳浓度和 O_x 干沉积是重要的预测因子，因为它们分别指示了主要燃烧源的位置和强度，与颗粒物的二次形成有关。海盐气溶胶浓度的贡献可能是在于它区分了沿海和内陆的气溶胶特征。这些变量与 $PM_{2.5}$ 炭黑浓度等可以强烈地解释 $PM_{2.5}$ 可变性。与 MAIAC AOD、交通、土地利用变量不同的是，这些 M2GMI 变量弥补了加州 $PM_{2.5}$ 排放和成分数据不足的缺点，并可作为 $PM_{2.5}$ 估计的重要预测因子。

气象因素在颗粒物质的形成和变化中也起着重要作用（Tai et al.，2010）。例如，空气温度、阳光、水汽和湿度会影响固态或液态和气态之间的转换；风可以远距离传输细颗粒物；大气边界层（planetary boundary layer，PBL）会在低对流层污染物的湍流混合和垂直分布中发挥重要作用（Wang et al.，2019）。大气边界层高度（PBLH）决定了污染物扩散和传输的体积，并显著影响着污染物的垂直结构和湍流混合，其中，湍流混合是造成地面空气质量变化的原因。毫无疑问，PBLH 作为一个关键的输入，是影响包括 $PM_{2.5}$ 在内的空气污染物地面浓度的关键变量（Knote et al.，2015；Su et al.，2018）。在本章案例的研究中，gridMET 数据集提供了高分辨率的气象参数（气温、风速、湿度、短波辐射和降水量），但缺少其他重要参数，如 PBLH 和不同高度的风速。因此，本章案例从 M2GMI 中提取了 PBLH 变量，该变量在柱状卫星 AOD 转换为地面气溶胶消光系数（将 AOD 与 $PM_{2.5}$ 的相关性提高了 0.22）和 $PM_{2.5}$ 估计中有重要的应用。此外，本章案例从海拔 2m、10m 和 50m 的风速中得出了停滞和风切变/机械混合的指标。与许多其他特征相比，风切变/机械混合与 $PM_{2.5}$ 具有高度相关性。研究表明，M2GMI 数据集中关键气象参数，特别是垂直气象参数，和污染物浓度在 $PM_{2.5}$ 时空估计中具有重要作用。1980～2018 年全球的 M2GMI 数据集都可用，可有效用于获取估计 $PM_{2.5}$ 的重要参数。

加州每年都会发生大规模的野火，这导致野火烟羽中 $PM_{2.5}$ 的峰值浓度远远超过其他观测到的典型浓度范围。如结果所示，野火烟羽扩散和强度的变异性可导致 $PM_{2.5}$ 在野火季节的空间分布的变异性（Thompson and Calkin，2011）。在这项研究中，本章案例将野火烟羽 $PM_{2.5}$ 作为预测的特征来解释野火事件的影响。野火烟羽 $PM_{2.5}$ 大排放是由自上而下的方法产生的，然后采用自下而上的方法进行 HYSPLIT 扩散建模，同时测量火灾辐射功率（fire radiative power，FRP）和 MODIS 的 AOD 值（Ichoku and Ellison，2014）。结果表明，本章案例预测的 $PM_{2.5}$ 表面和烟羽 $PM_{2.5}$ 在野火季节表现出一致性。很少有研究使用野火相关的烟羽特征来解释野火事件的影响，如本章案例的研究（Chu et al.，2016）。对于加州来说，野火是 $PM_{2.5}$ 时空变异的一个重要因素，也是一个重要的公共卫生问题，本章案例的模型中直接包含的 $PM_{2.5}$ 野火烟羽支持了 $PM_{2.5}$ 浓度峰值的表现，类似的建模方法通常会忽略这一点。

鉴于使用的多源数据范围大、异质性强等特点，本章案例利用集成深度学习，即对基础深度残差网络进行 Bagging，来模拟特征与 $PM_{2.5}$ 之间的复杂的非线性关系和相互作用。该模型中引入了残差学习来提高学习的效率和泛化能力。基于自动编码器的全残差深度网络，在非线性建模和对 MAIAC AOD 的时空插补中表现出很强的鲁棒性(Li et al.，2020a)，本章案例还将其用于 M2GMI 变量从粗空间分辨率降尺度到 $1\times1km^2$ 目标分辨率的过程中。敏感性分析表明，测试 R^2 值使用基础深度残差网络进行 $PM_{2.5}$ 的时空估计比使用 GAM 提高了 21%，比使用前馈神经网络提高了 5%。与简单的自举法相比，使用时空因子(县 id 和月份索引)分层，对训练样本进行去相关的自举法对提高本章案例方法的测试性能非常重要。在简单的自举中，每个块中的样本是相互依赖的，这会导致测试性能较差。此外，Bagging 100 个基础深度残差网络可以使单个基模型的测试 R^2 平均提高 5%。常规前馈神经网络常用于 $PM_{2.5}$ 的估计(Di et al.，2016，2019；Feng et al.，2015)。本章案例的集成方法还生成了集成预测的变异系数，将其作为不确定性度量，以指导暴露和健康研究的误差评估。本章案例的方法与现有方法相比，将 2008～2017 年 $PM_{2.5}$ 估计值(包括变异系数)的 R^2 提高了至少 7%，这表明本章案例的方法很好地解释了加州 $PM_{2.5}$ 的时空变异性。

本章案例研究有几个局限性。第一，本章案例将不同分辨率的多源数据(如 M2GMI 变量和 MAIAC AOD)进行融合，以在 1km 的空间分辨率下进行 $PM_{2.5}$ 估计。空间分辨率之间的这种不一致可能会在估计中引入偏差。本章案例利用基于自动编码器的深度残差网络，将粗分辨率图像降尺度为具有高程和坐标特征的高分辨率图像，以获取空间变异性。降尺度中得到了较高的测试精度，可以相应地减少偏差。第二，不确定性分析表明，落叶林和混交林的土地利用以及水体(如湖泊、河流)对预测 $PM_{2.5}$ 具有高度不确定性(变异系数)。由于这种具有高度不确定性的预测在加州所有像素级的预测中所占比例很小，而且大多暴露估计的受试者位于城市化程度较高的地区，远离农村地区，本章案例不期望这种不确定性模式在评估下游人群健康影响时引入显著的偏差。第三，本章案例的方法在 $1\times1km^2$ 的空间分辨率下，生成每周而不是每天的 $PM_{2.5}$，以支持妊娠结果的流行病学研究。然而，它的性能鼓舞大家将它调整和推广到每天的分辨率。

参 考 文 献

艾洪福，石莹. 2015. 基于BP人工神经网络的雾霾天气预测研究. 计算机仿真, 32(1): 402-405,415

曹进. 2002. 空气 SO_2 和 NO_x 污染及灰色动态预测. 环境与健康杂志, (3): 202-203

陈伟，吴介军，段渭军. 2011. 基于小波分解和 SVM 的城市大气污染浓度预测. 现代电子技术, 34(13): 145-148

邓聚龙. 1982. 灰色控制系统. 华中工学院学报, (3): 9-18

董洪艳, 陈淑媛. 1995. 灰色系统模型在大气环境质量预测中的应用. 环境科学研究, (6): 53-57

黄婕, 张丰, 杜震洪, 等. 2019. 基于 RNN-CNN 集成深度学习模型的 $PM_{2.5}$ 小时浓度预测. 浙江大学学报(理学版), 46(3): 370-379

李金娟, 龚地萍, 刘兴荣. 2012. 基于 GM(1,1)模型的甘肃省武威市空气污染物浓度的预测及分析. 环境科学与管理, 37(1): 65-67,71

李勇, 白云, 李川. 2016. 大气污染物 SO_2 预测模型研究综述. 四川环境, 35(1): 144-148

刘炳春, 陈佳丽, 郭晓玲, 等. 2020. 基于 DWT-GRU 模型的天津市 NO_2 浓度预测研究. 环境科学与技术, 43(6): 94-100

刘小生, 李胜, 赵相博. 2013. 基于基因表达式编程的 $PM_{2.5}$ 浓度预测模型研究. 江西理工大学学报, 34(5): 1-5

祁柏林, 郭昆鹏, 杨彬, 等. 2021. 基于 GCN-LSTM 的空气质量预测. 计算机系统应用, 30(3): 208-213

邱晨, 罗璟, 赵朝文, 等. 2019. 基于 BP 神经网络的空气质量模型分类预测研究. 软件, 40(2): 129-132

申浩洋, 韦安磊, 王小文, 等. 2014. BP 人工神经网络在环境空气 SO_2 质量浓度预测中的应用. 环境工程, 32(6): 117-121

司志娟, 孙宝盛, 李小芳. 2013. 基于改进型灰色神经网络组合模型的空气质量预测. 环境工程学报, 7(9): 3543-3547

苏航, 银燕, 朱彬, 等. 2012. 中国环渤海地区 SO_2 和 NO_2 干沉降数值模拟及影响因子分析. 中国环境科学, 32(11): 1921-1932

王智, 张志强, 谢晓芹, 等. 2018. 基于提升树的 $PM_{2.5}$ 浓度预测模型. 软件, 39(10): 156-163

吴虎胜, 张凤鸣, 吴庐山. 2013. 一种新的群体智能算法——狼群算法. 系统工程与电子技术, 35(11): 2430-2438

夏润, 张晓龙. 2019. 基于改进集成学习算法的在线空气质量预测. 武汉科技大学学报, 42(1): 61-67

谢劭峰, 赵云, 李国弘, 等. 2021. 基于 WPA-WOA-BP 神经网络的 $PM_{2.5}$ 浓度预测. 大地测量与地球动力学, 41(1): 12-16

谢永华, 张鸣敏, 杨乐, 等. 2015. 基于支持向量机回归的城市 $PM_{2.5}$ 浓度预测. 计算机工程与设计, 36(11): 3106-3111

徐文, 黄泽纯, 张倩宁. 2016. 基于时空模型的 $PM_{2.5}$ 预测与插值. 江苏师范大学学报(自然科学版), 34(3): 70-75

余长慧, 刘良. 2020. 基于注意力机制的 Seq2seq 模型在 $PM_{2.5}$ 浓度预测中的研究. 测绘地理信息: 1-9

周丽, 徐祥德, 丁国安, 等. 2003. 北京地区气溶胶 $PM_{2.5}$ 粒子浓度的相关因子及其估算模型. 气象

学报, (6): 761-768

朱晏民, 徐爱兰, 孙强. 2020. 基于深度学习的空气质量预报方法新进展. 中国环境监测, 36(3): 10-18

祝翠玲, 蒋志方, 王强. 2007. 基于 B-P 神经网络的环境空气质量预测模型. 计算机工程与应用, (22): 223-227

Abatzoglou J T. 2013. Development of gridded surface meteorological data for ecological applications and modelling. International Journal of Climatology, 33(1): 121-131

Alex G, Adam K, Justin B, et al. 2015. Peeking inside the black box: Visualizing statistical learning with plots of individual conditional expectation. Journal of Computational and Graphical Statistics, 24(1): 44-65

Almanza V H, Molina L T, Sosa G. 2012. Soot and SO_2 contribution to the supersites in the MILAGRO campaign from elevated flares in the tula refinery. Atmospheric Chemistry and Physics, 12(21): 10583-10599

Bhandari A. 2020. Feature scaling for machine learning: Understanding the difference between normalization vs. standradization. https: //www.thetechplatform.com/profile/sofiasondh94/profile [2019-01-01]

Beckerman B S, Jerrett M, Serre M, et al. 2013. A hybrid approach to estimating national scale spatiotemporal variability of $PM_{2.5}$ in the contiguous United States. Environmental Science & Technology, 47(13): 7233-7241

Carlstein E. 1986. The use of subseries values for estimating the variance of a general statistic from a stationary sequence. The Annals of Statistics, 14(3): 1171-1179

Chakma A, Vizena B, Cao T, et al. 2017. Image-based air quality analysis using deep convolutional neural network. Proceedings of the IEEE International Conference on Image Processing, Beijing: 3949-3952

Chelani A B, Devotta S. 2005. Air quality forecasting using a hybrid autoregressive and nonlinear model. Atmospheric Environment, 40(10): 1774-1780

Chicco D. 2017. Ten quick tips for machine learning in computational biology. BioData Mining, 10(1)1:17

Chu Y Y, Liu Y S, Li X Y, et al. 2016. A review on predicting ground $PM_{2.5}$ concentration using satellite aerosol optical depth. Atmosphere-Basel, 7(10): 129

Cobourn W G. 2010. An enhanced $PM_{2.5}$ air quality forecast model based on nonlinear regression and back-trajectory concentrations. Atmospheric Environment, 44(25): 3015-3023

Di Q, Amini H, Shi L, et al. 2019. An ensemble-based model of $PM_{2.5}$ concentration across the contiguous United States with high spatiotemporal resolution. Environment International, 130: 104909

Di Q, Kloog I, Koutrakis P, et al. 2016. Assessing $PM_{2.5}$ exposures with high spatiotemporal resolution across the continental united states. Environmental Science and Technology, 50(9): 4712-4721

EPA. 2014. Guidance for $PM_{2.5}$ permit modeling. Boston: United States Environmental Protection Agency

EPA. 2018. 2014 National emissions inventory, version 2 technical support document. Boston: United States Environmental Protection Agency

Ester M, Kriegel H P, Sander J, et al. 1996. A density-based algorithm for discovering clusters in large spatial databases with noise. Proceedings of the 2nd International Conference on Knowledge Discovery and Data Mining, Portland: 226-231

Fast J D, Allan J, Bahreini R, et al. 2014. Modeling regional aerosol and aerosol precursor variability over California and its sensitivity to emissions and long-range transport during the 2010 CalNex and CARES campaigns. Atmospheric Chemistry and Physics, 14(18): 10013-10060

Feng X, Li Q, Zhu Y J. et al. 2015. Artificial neural networks forecasting of $PM_{2.5}$ pollution using air mass trajectory based geographic model and wavelet transformation. Atmospheric Environment, 107: 118-128

Finkenstadt B, Held L, Isham V. 2007. Statistical Methods for Spatio-Temporal Systems. New York: Chapman and Hall/CRC

Friedman J H. 2001. Greedy function approximation: A gradient boosting machine. The Annals of Statistics, 29(5): 1189-1232

Fruin S, Urman R, Lurmann F, et al. 2014. Spatial variation in particulate matter components over a large urban area. Atmospheric Environment, 83: 211-219

Girguis M S, Li L F, Lurmann F, et al. 2019. Exposure measurement error in air pollution studies: A framework for assessing shared, multiplicative measurement error in ensemble learning estimates of nitrogen oxides. Environment International, 125: 97-106

Girguis M S, Li L F, Lurmann F, et al. 2020. Exposure measurement error in air pollution studies: The impact of shared, multiplicative measurement error on epidemiological health risk estimates. Air Quality, Atmosphere, & Health, 13(6): 631-643

Goldstein A, Kapelner A, Bleich J, et al. 2015. Peeking inside the black box: Visualizing statistical learning with plots of individual conditional expectation. Journal of Computational and Graphical Statistics, 24(1): 44-65

Goodfellow I, Bengio Y, Courville A. 2016. Deep Learning. Cambridge: MIT Press

He K M, Zhang X Y, Ren S Q, et al. 2016. Identity mappings in deep residual networks. Proceedings of the European Conference on Computer Vision, Amsterdam: 630-645

Hu X, Belle J H, Meng X, et al. 2017. Estimating $PM_{2.5}$ concentrations in the conterminous united states using the random forest approach. Environmental Science and Technology, 51(12): 6936-6944

Huang C J, Kuo P H. 2018. A deep CNN-LSTM model for particulate matter（$PM_{2.5}$）forecasting in smart cities. Sensors, 18(7): 2220

Huang K, Xiao Q, Meng X, et al. 2018. Predicting monthly high-resolution $PM_{2.5}$ concentrations with random forest model in the North China Plain. Environmental Pollution, 242(Pt A): 675-683

Ichoku C, Ellison L. 2014. Global top-down smoke-aerosol emissions estimation using satellite fire radiative power measurements. Atmospheric Chemistry and Physics, 14(13): 6643-6667

Kloog I, Nordio F, Coull B A, et al. 2012. Incorporating local land use regression and satellite aerosol optical depth in a hybrid model of spatiotemporal $PM_{2.5}$ exposures in the Mid-Atlantic states. Environmental Science & Technology, 46(21): 11913-11921

Knote C, Tuccella P, Curci G, et al. 2015. Influence of the choice of gas-phase mechanism on predictions of key gaseous pollutants during the AQMEII phase-2 intercomparison. Atmospheric Environment, 115: 553-568

Koelemeijer R B A, Homan C D, Matthijsen J. 2006. Comparison of spatial and temporal variations of aerosol optical thickness and particulate matter over Europe. Atmospheric Environment, 40(27): 5304-5315

Kumar U, Jain V K. 2010. ARIMA forecasting of ambient air pollutants（O_3, NO, NO_2 and CO）. Stochastic Environmental Research and Risk Assessment, 24(5): 751-760

Lee J L, Chatfield R B, Strawa A W. 2016. Enhancing the applicability of satellite remote sensing for $PM_{2.5}$ estimation using MODIS deep blue AOD and land use regression in California, United States. Environmental Science & Technology, 50(12): 6546-6555

Li J, Carlson E B, Lacis A A. 2015. How well do satellite AOD observations represent the spatial and temporal variability of $PM_{2.5}$ concentration for the United States? Atmospheric Environment, 102: 260-273

Li L, Girguis M, Lurmann F, et al. 2019. Cluster-based bagging of constrained mixed-effects models for high spatiotemporal resolution nitrogen oxides prediction over large regions. Environment International, 128: 310-323

Li L, Franklin M, Girguis M, et al. 2020a. Spatiotemporal imputation of MAIAC AOD using deep learning with downscaling. Remote Sensing of Environment, 237: 1-17

Li L, Girguis M, Lurmann F, et al. 2020b. Ensemble-based deep learning for estimating $PM_{2.5}$ over California with multisource big data including wildfire smoke. Environment International, 145: 106143

Li X, Peng L, Yao X, et al. 2017a. Long short-term memory neural network for air pollutant concentration predictions: Method development and evaluation. Environmental Pollution, 231: 997-1004

Li X, Zhang C, Li W, et al. 2017b. Evaluating the use of DMSP/OLS nighttime light imagery in predicting $PM_{2.5}$ concentrations in the Northeastern United States. Remote Sensing, 9 (6): 620

Lundberg S, Lee S I. 2017. A unified approach to interpreting model predictions. arXiv e-prints arXiv: 1705.07874

Lyapustin A, Korkin S, Wang Y, et al. 2012. Discrimination of biomass burning smoke and clouds in MAIAC algorithm. Atmospheric Chemistry and Physics, 12 (20): 9679-9686

Lyapustin A, Wang Y J, Korkin S, et al. 2018. MODIS collection 6 MAIAC algorithm. Atmospheric Measurement Techniques, 11 (10): 5741-5765

Mirjalili S, Lewis A. 2016. The whale optimization algorithm. Advances in Engineering Software, 95: 51-67

NASA. 2018. MERRA-2 GMI. https://acd-ext.gsfc.nasa.gov/Projects/GEOSCCM/MERRA2GMI/ [2019-01-01]

Nieto P J G, Combarro E F, Díaz J J D C, et al. 2013. A SVM-based regression model to study the air quality at local scale in Oviedo urban area (Northern Spain): A case study. Applied Mathematics and Computation, 219 (17): 8923-8937

NIST/SEMATECH. 2016. e-Handbook of Statistical Methods. https://www.nist.gov/publications/handbook-151-nistsematech-e-handbook-statistical-methods

Qian D, Heresh A, Liuhua S, et al. 2019. An ensemble-based model of $PM_{2.5}$ concentration across the contiguous United States with high spatiotemporal resolution. Environment International, 130: 10490

Sánchez A S, Nieto P J G, Fernández P R, et al. 2011. Application of an SVM-based regression model to the air quality study at local scale in the Avilés urban area (Spain). Mathematical and Computer Modelling, 54 (5/6): 1453-1466

Shirmohammadi F, Hasheminassab S, Saffari A, et al. 2016. Fine and ultrafine particulate organic carbon in the Los Angeles basin: Trends in sources and composition. The Science of the Total Environment, 541: 1083-1096

Slini T, Karatzas K, Moussiopoulos N. 2002. Statistical analysis of environmental data as the basis of forecasting: An air quality application. Science of the Total Environment, 288 (3): 227-237

Stein A, Draxler R R, Rolph G, et al. 2015. NOAA's HYSPLIT atmospheric transport and dispersion modeling system. Bulletin of the American Meteorological Society, 96 (12): 2059-2077

Strode S A, Ziemke J R, Oman L D, et al. 2019. Global changes in the diurnal cycle of surface ozone. Atmospheric Environment, 199: 323-333

Su T, Li Z, Kahn R. 2018. Relationships between the planetary boundary layer height and surface pollutants derived from lidar observations over China: Regional pattern and influencing factors. Atmospheric Chemistry and Physics, 18 (21): 15921-15935

Tai A P K, Mickley L J, Jacob D J. 2010. Correlations between fine particulate matter ($PM_{2.5}$) and meteorological variables in the United States: Implications for the sensitivity of $PM_{2.5}$ to climate change. Atmospheric Environment, 44 (32) : 3976-3984

Theang O B, Komei S, Koji Z. 2016. Dynamically pre-trained deep recurrent neural networks using environmental monitoring data for predicting $PM_{2.5}$. Neural Computing & Applications, 27: 1553-1566

Thompson M P, Calkin D E. 2011. Uncertainty and risk in wildland fire management: A review. Journal of Environmental Management, 92 (8) : 1895-1909

Thomson A M. 2010. Neocortical layer 6, a review. Frontiers in Neuroanatomy, 4: 13

Tolocka M P, Solomon P A, Mitchell W, et al. 2001. East versus west in the US: Chemical characteristics of $PM_{2.5}$ during the winter of 1999. Aerosol Science and Technology, 34 (1) : 88-96

Wang C, Jia M, Xia H, et al. 2019. Relationship analysis of $PM_{2.5}$ and boundary layer height using an aerosol and turbulence detection lidar. Atmospheric Measurement Techniques, 12 (6) : 3303-3315

Wang L, Jang C, Zhang Y, et al. 2010a. Assessment of air quality benefits from national air pollution control policies in China. Part I: Background, emission scenarios and evaluation of meteorological predictions. Atmospheric Environment, 44 (28) : 3442-3448

Wang Z F, Chen L F, Tao J H, et al. 2010b. Satellite-based estimation of regional particulate matter (PM) in Beijing using vertical-and-RH correcting method. Remote Sensing of Environment, 114 (1) : 50-63

Western Regional Air Partnership. 2005. 2002 Fire Emission Inventory for the WRAP Region-Phase II. http://www.wrapfets.org/pdf/WRAP%202002%20PhII%20EI%20Report_20050722.pdf 2022_9_10

Xue D, Liu Q. 2014. Investigating the impacts of meteorological parameters on air pollution in Shanghai. Applied Mechanics and Materials, (675/676/677) : 643-646

Yang L, Jin S, Danielson P, et al. 2018. A new generation of the United States national land cover database: Requirements, research priorities, design, and implementation strategies. ISPRS Journal of Photogrammetry and Remote Sensing, 146: 108-123

Zhai L, Li S, Zou B, et al. 2018. An improved geographically weighted regression model for $PM_{2.5}$ concentration estimation in large areas. Atmospheric Environment, 181: 145-154

Zhao C, Song G. 2017. Application of data mining to the analysis of meteorological data for air quality prediction: A case study in Shenyang. IOP Conference Series: Earth and Environmental Science, 81 (1) : 012097

Zou H, Hastie T. 2005. Regularization and variable selection via the elastic net. Journal of the Royal Statistical Society: Series B (Statistical Methodology) , 67: 301-320

索　引

彩　图

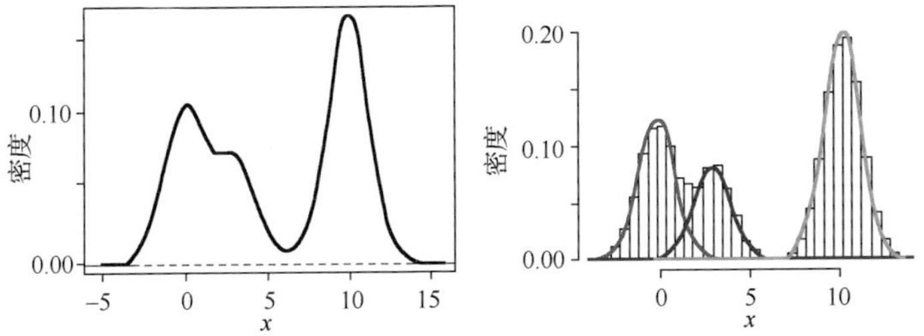

(a) 混合高斯模型的密度图　　(b) 使用EM算法提取的组成模式

图 1.4　由 3 个高斯组件（$\pi_1 = 0.3, x \sim N(0,1)$；$\pi_2 = 0.5, x \sim N(10,1)$；$\pi_3 = 0.2, x \sim N(3,1)$）合成的混合高斯模型的密度图及采用 EM 算法提取的组成模式

图(a)中灰线表示密度为 0 的基准线；图(b)中 3 条不同颜色表示 3 个不同的高斯分布

(a) 第 1 主成分　　(b) 前 3 个主成分　　(c) 前 185 个主成分

图 2.3　采用 PCA 对蒙娜丽莎图片保留不同主成分的压缩结果

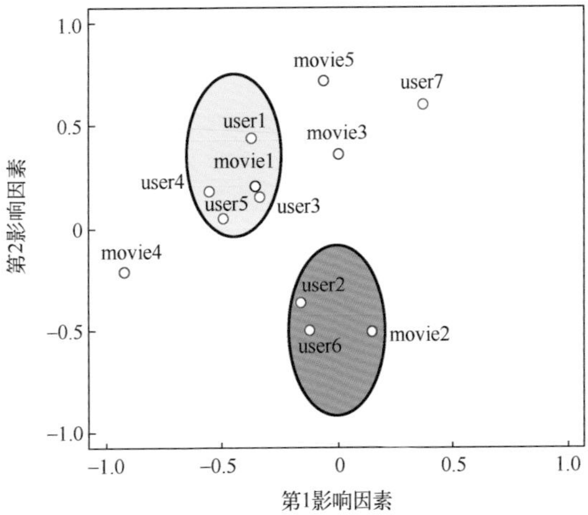

图 2.6　用户及电影在第一及第二影响因素在空间上的分布聚类

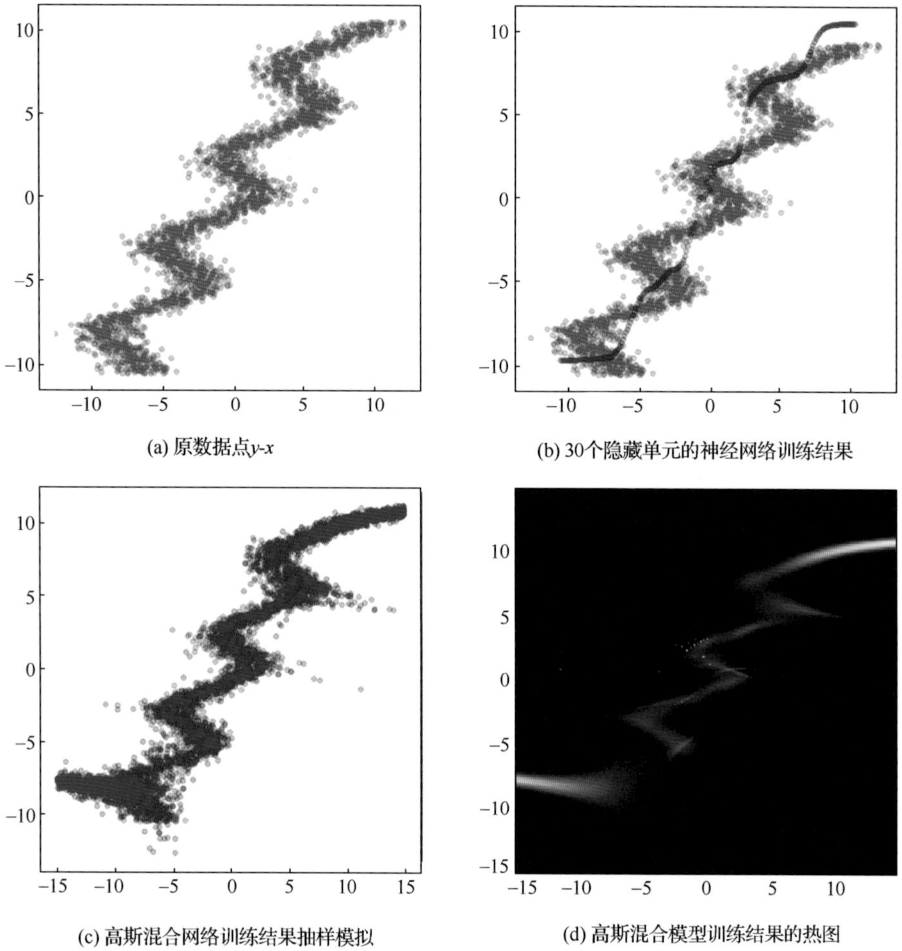

图 6.6　采用高斯混合网络训练模拟复杂路径图

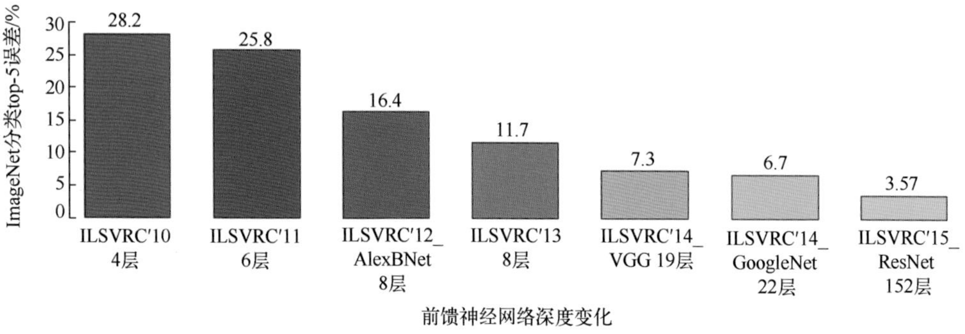

图 6.7　前馈神经网络在图像分类中随着深度的变化性能也在变化

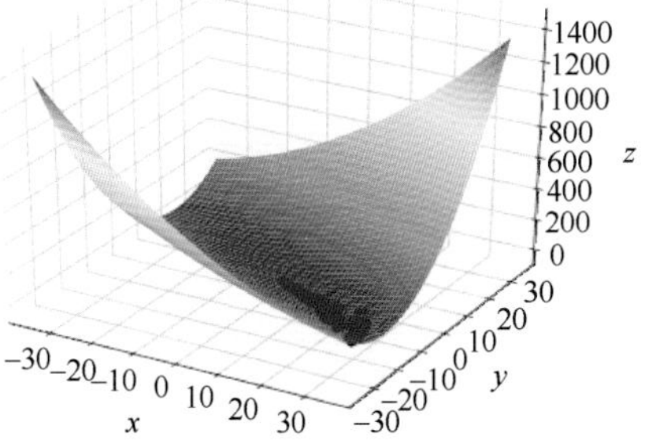

(a)三维损失曲面(SGD法)

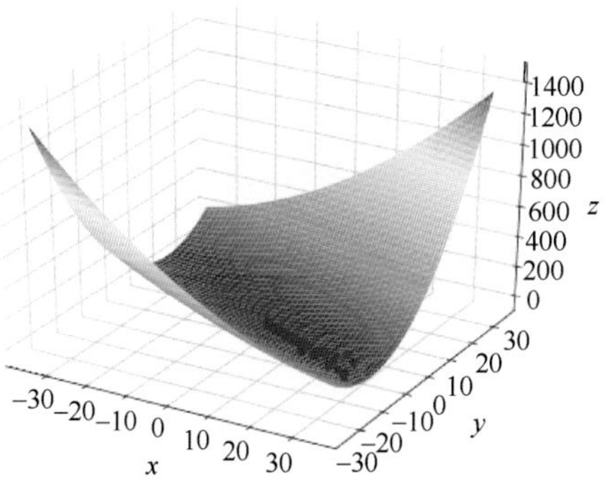

(b)三维损失曲面(小批量梯度下降法)

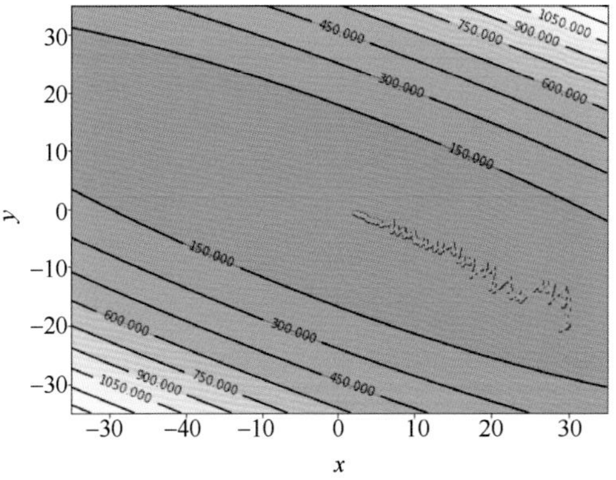

(c) 损失等值线及收敛性(SGD法)

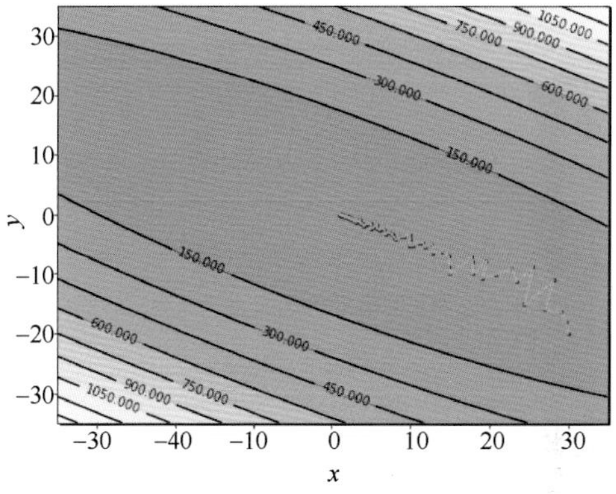

(d) 损失等值线及收敛性(小批量梯度下降法)

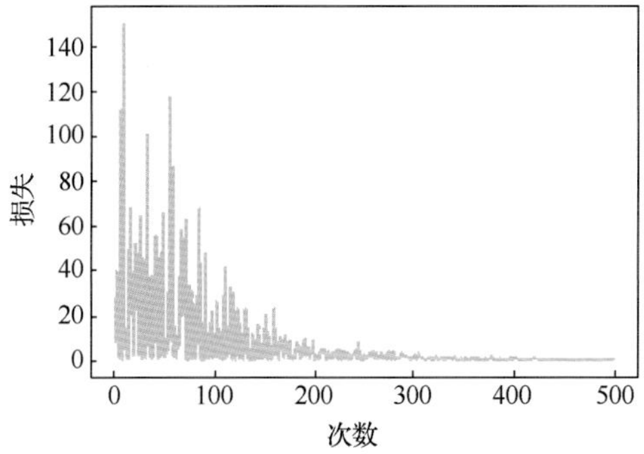

(e) 学习训练损失曲线收敛性(SGD法)

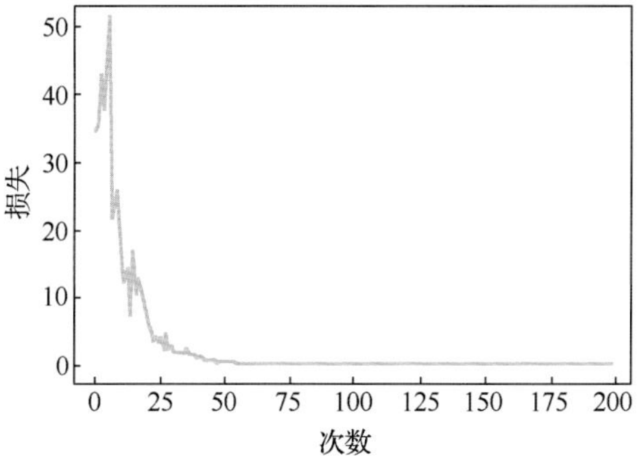

(f) 学习训练损失曲线收敛性(小批量梯度下降法)

图 7.11　SDG 法(图(a)、(c)及(e))与小批量梯度下降法(mini batch size = 7)(图(b)、(d)及(g))求解一元回归函数最优解对比

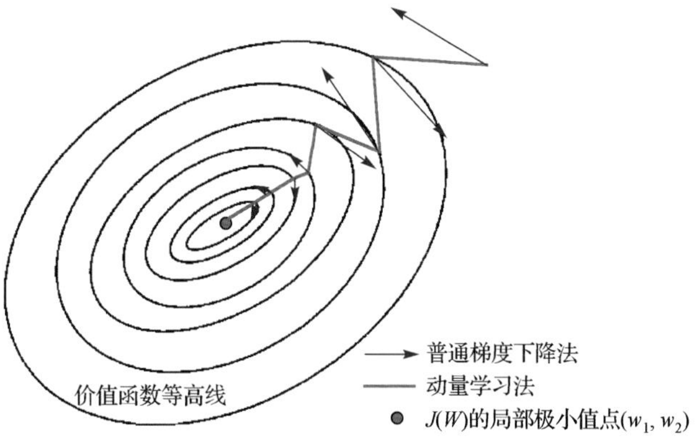

图 7.13　动量梯度学习法学习曲线

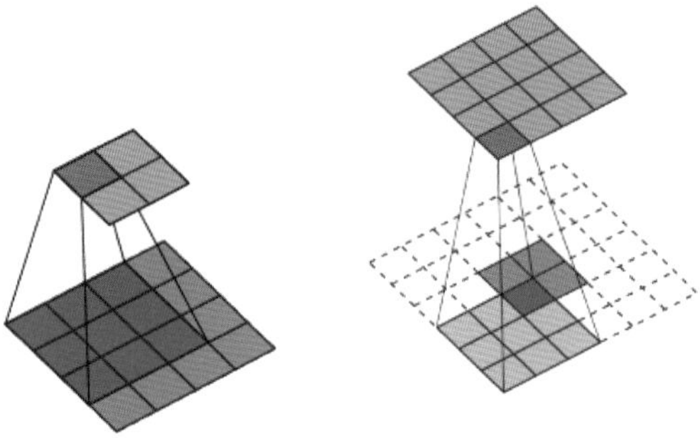

(a) 卷积过程　　(b) 反卷积过程

图 10.1　卷积及反卷积过程

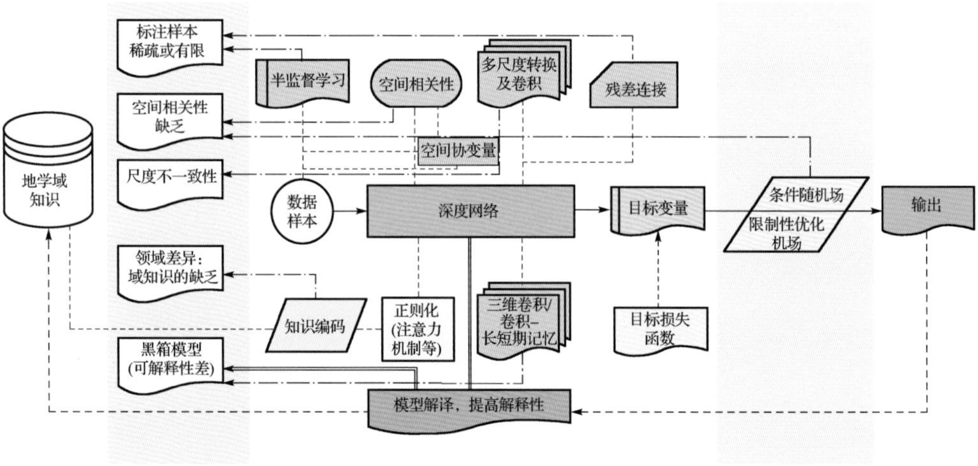

(a) 主要问题　(b) 融合地学域知识的多尺度深度学习时空网络模型　(c) 后处理

建模流程　解决方案　模型融入　模型解译　知识提取

图 11.3　融合域知识的多尺度深度地学遥感分析的系统框架图

(a) 全色锐化图像　　(b) 地面真值掩模

图 12.7　DSTL 数据集样本的全色锐化图像和地面真值掩模

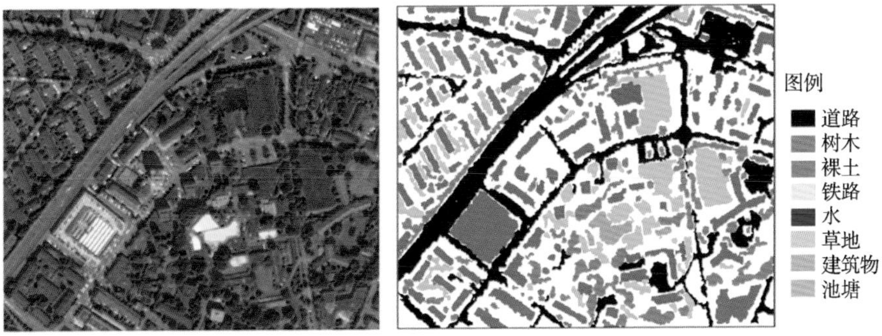

(a) 全色锐化图像　　(b) 地面真值掩模

图 12.8　Zurich 数据集样本的全色锐化图像和地面真值掩模

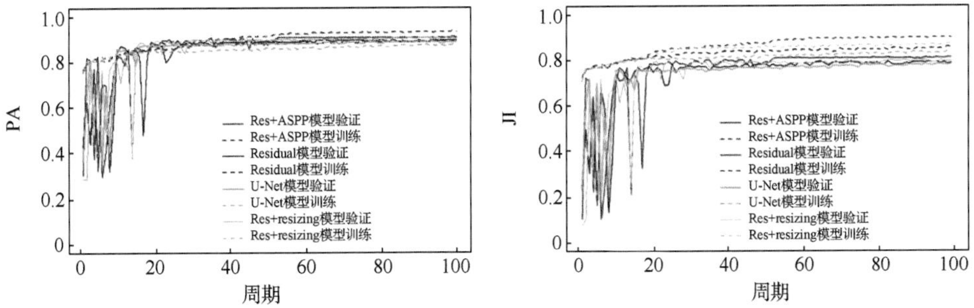

(a) 农作物　　(b) 农作物

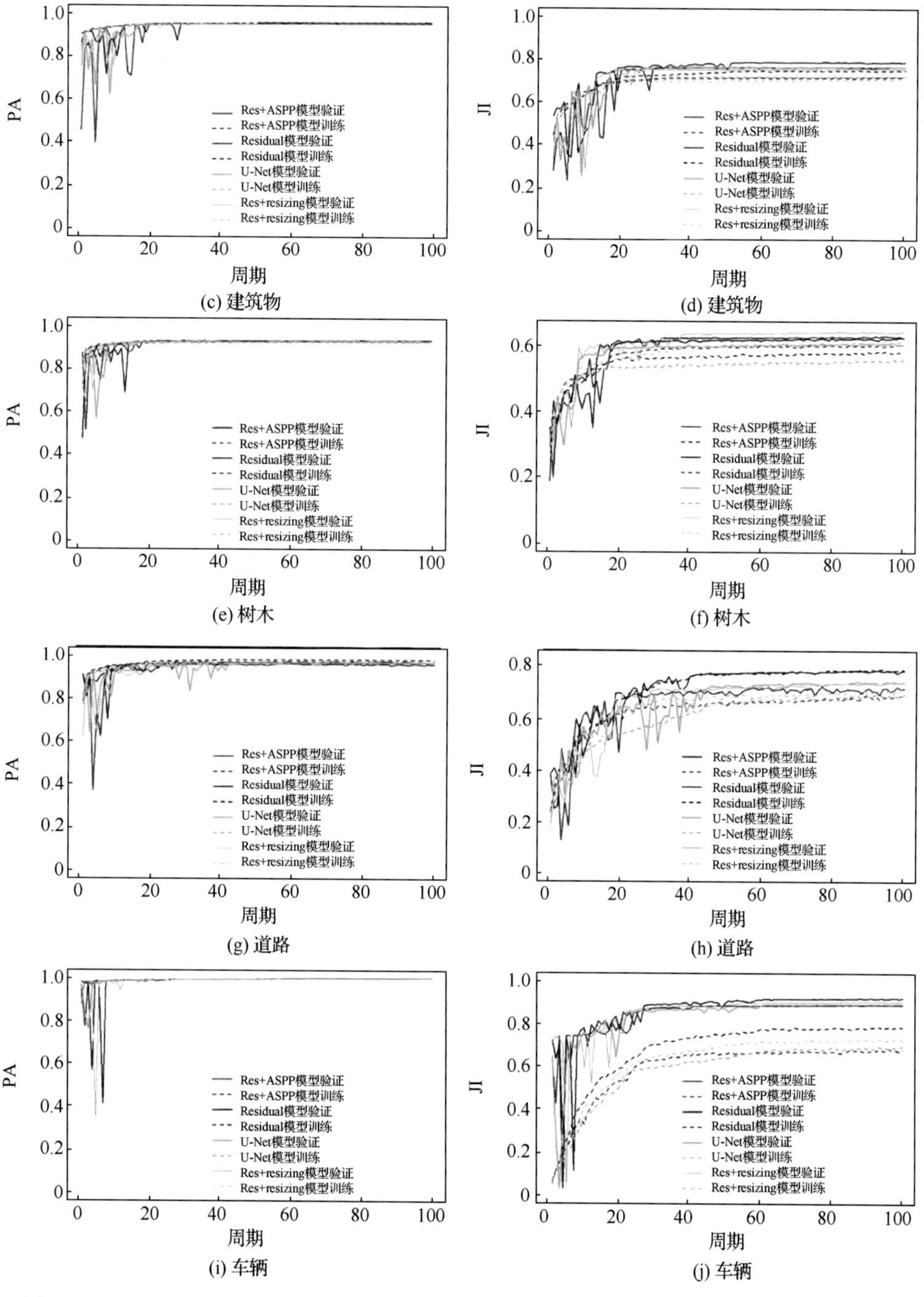

图 12.11　DSTL 数据集二值语义分割各阶段像素精度（PA）（图（a）、（c）、（e）、（g）和（i））和 Jaccard 索引（JI）（图（b）、（d）、（f）和（j））学习曲线的比较

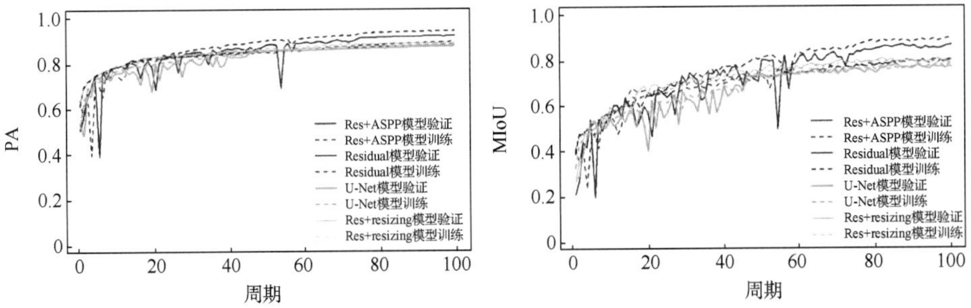

(a) PA

(b) MIoU

图 12.12　Zurich 数据集多类语义分割各阶段 PA 和平均交集(MIoU)学习曲线的比较

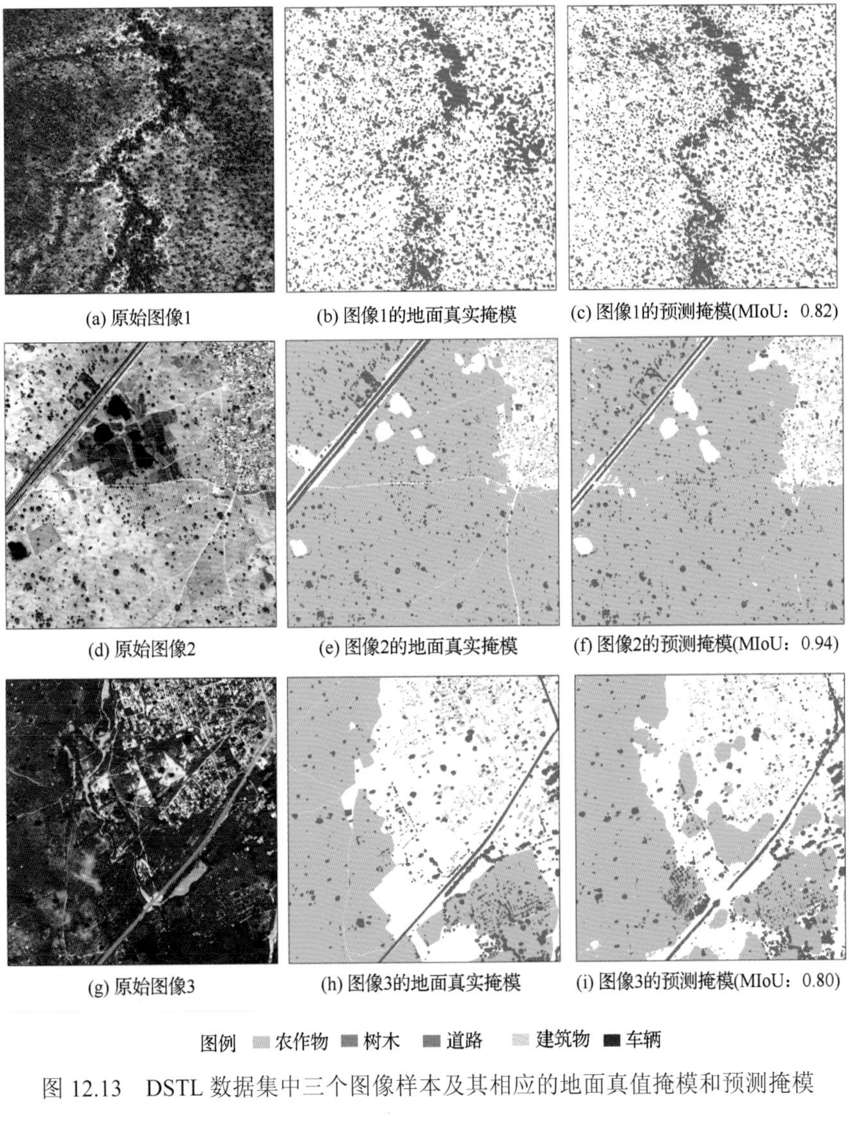

(a) 原始图像1　(b) 图像1的地面真实掩模　(c) 图像1的预测掩模(MIoU：0.82)

(d) 原始图像2　(e) 图像2的地面真实掩模　(f) 图像2的预测掩模(MIoU：0.94)

(g) 原始图像3　(h) 图像3的地面真实掩模　(i) 图像3的预测掩模(MIoU：0.80)

图例　■ 农作物　■ 树木　■ 道路　■ 建筑物　■ 车辆

图 12.13　DSTL 数据集中三个图像样本及其相应的地面真值掩模和预测掩模

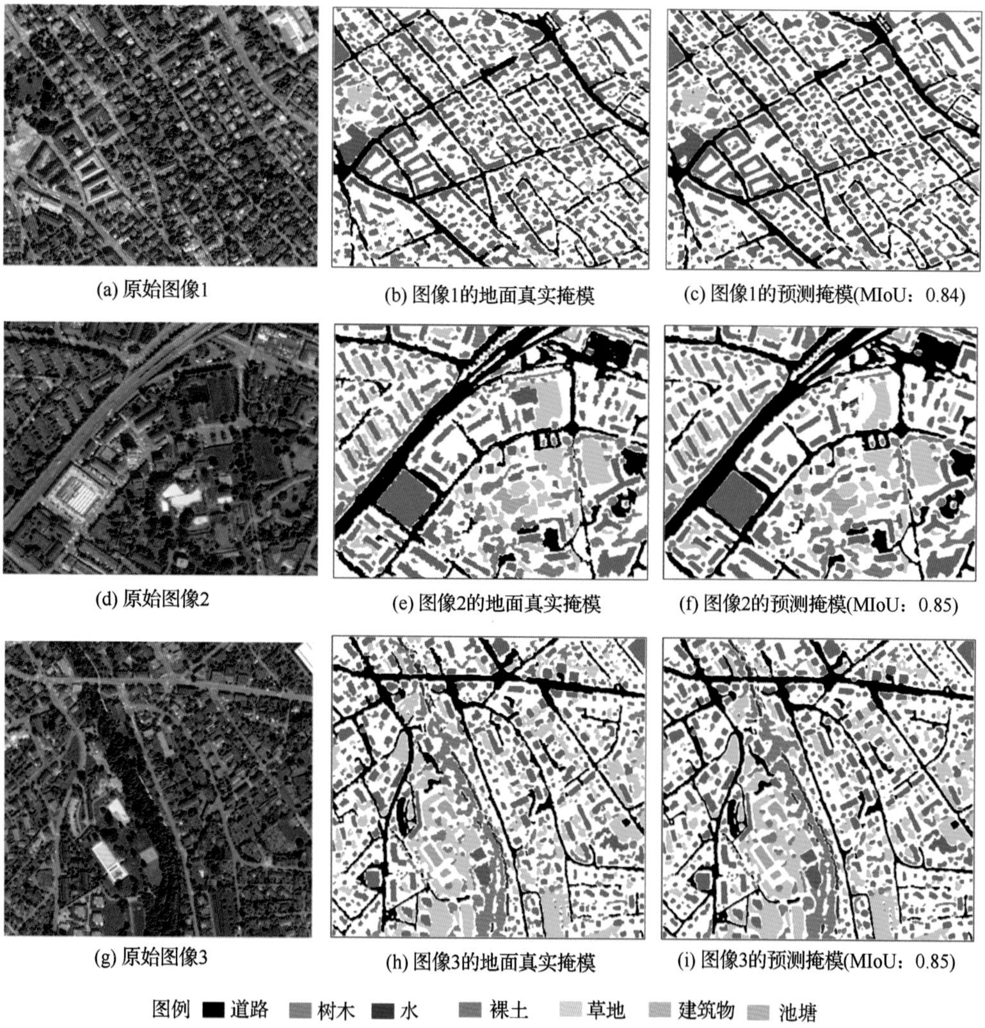

图 12.14　Zurich 数据集中三个图像样本及其相应的地面真值掩模和预测掩模

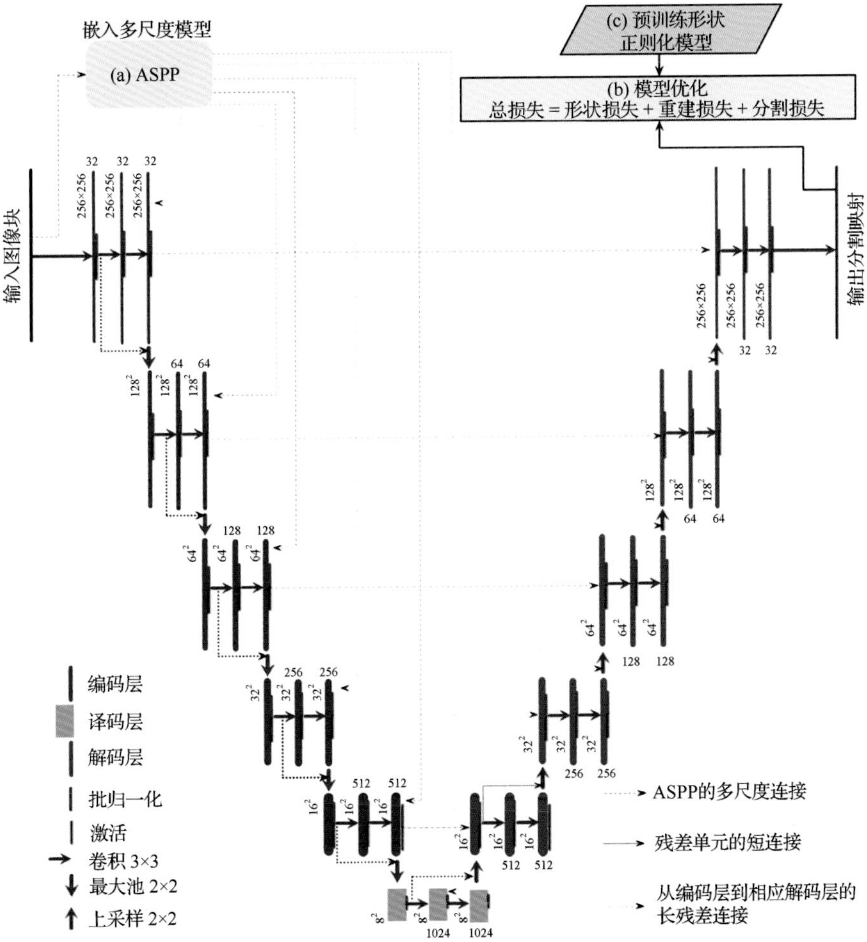

图 13.1　基于编、解码 U-Net 结构，融合残差连接、多尺度 ASPP 模块和形状正则化因子的结构

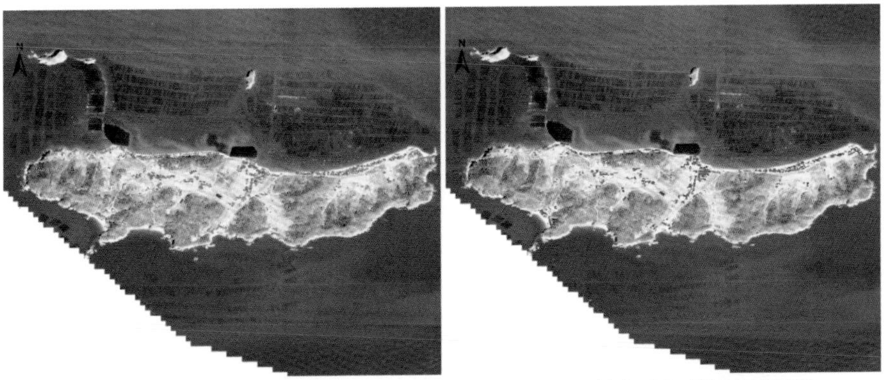

(a) 左下方建筑物真实掩模　　(b) 左下方建筑物预测掩模

图 13.11　测试区域左下方建筑物真实掩模与预测掩模比较

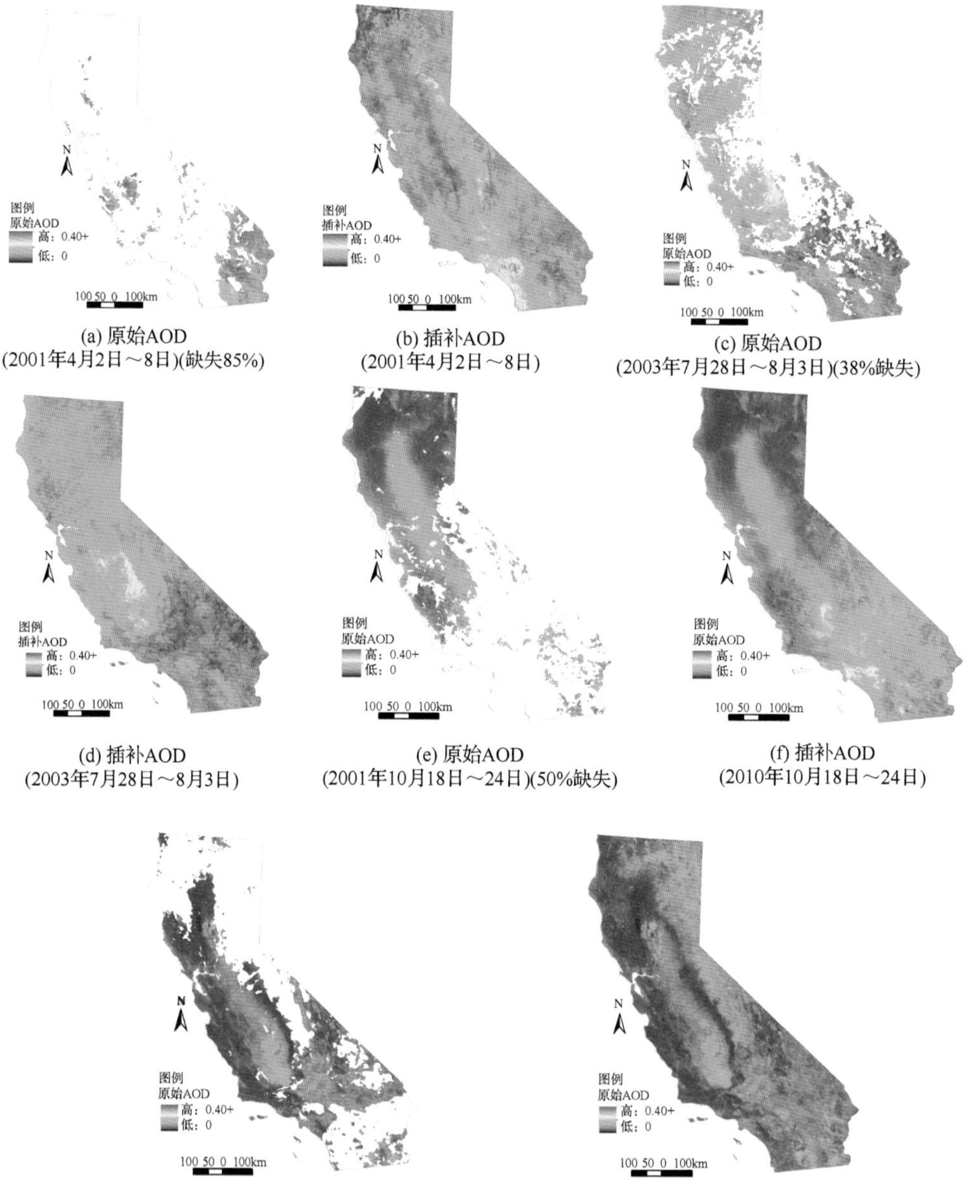

(a) 原始AOD
(2001年4月2日～8日)(缺失85%)

(b) 插补AOD
(2001年4月2日～8日)

(c) 原始AOD
(2003年7月28日～8月3日)(38%缺失)

(d) 插补AOD
(2003年7月28日～8月3日)

(e) 原始AOD
(2001年10月18日～24日)(50%缺失)

(f) 插补AOD
(2010年10月18日～24日)

(g) 原始AOD
(2016年12月19日～25日)(缺失45%)

(h) 插补AOD
(2016年12月19日～25日)

图 15.9 不同年份的四个季节的缺失(图(a)、(c)、(e)和(g))和插补 MAIAC AOD(图(b)、(d)、(f)和(h))的网格面

(图(a)和(b)为 2001 年春季；图(c)和(d)为 2003 年夏季；图(e)和(f)为 2010 年秋季；图(g)和(h)为 2016 年冬季)

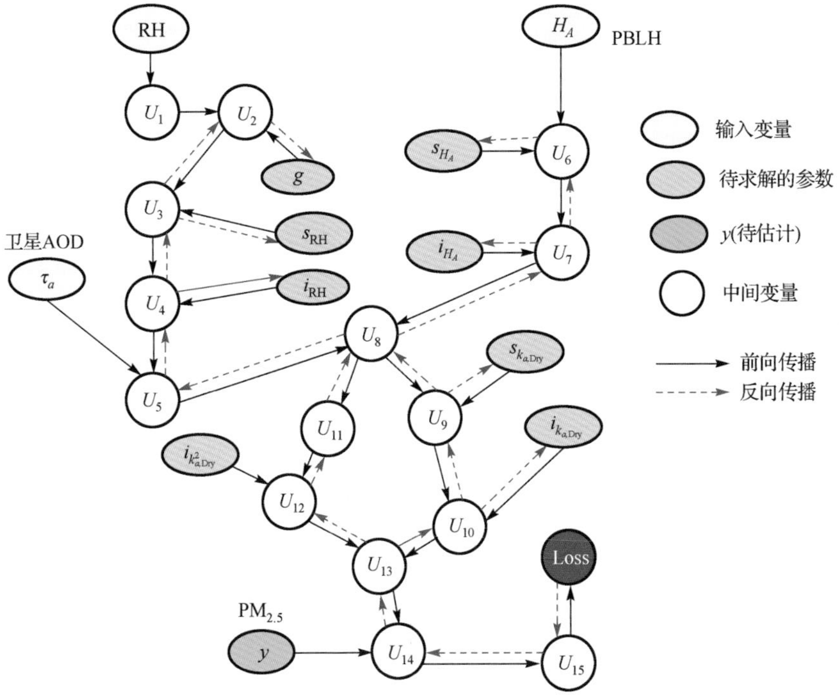

图 16.2　求解方程(16.11)的自动微分计算图

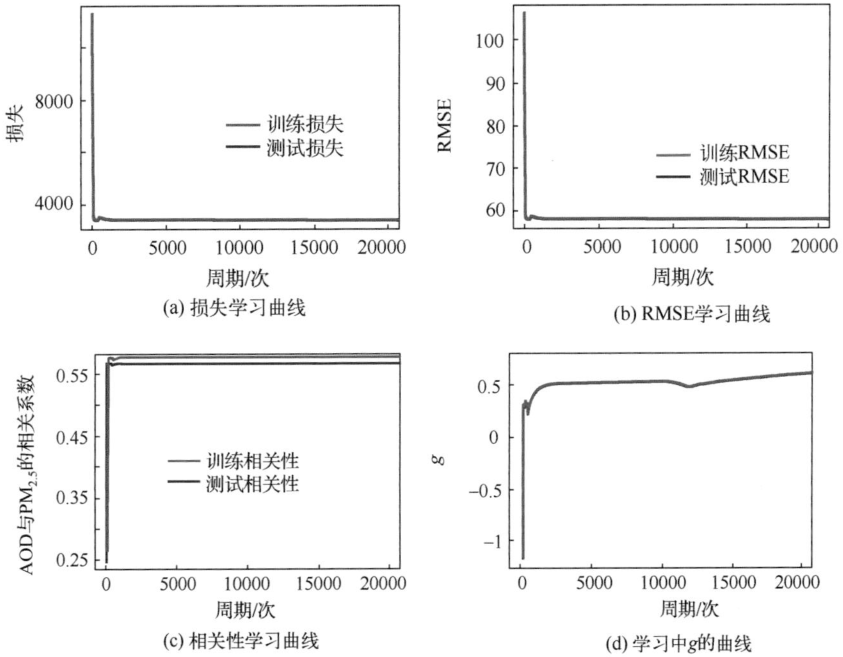

图 16.4　训练和测试中的损失趋势、均方根误差(RMSE)、AOD 与 $PM_{2.5}$ 的皮尔逊相关性和 g

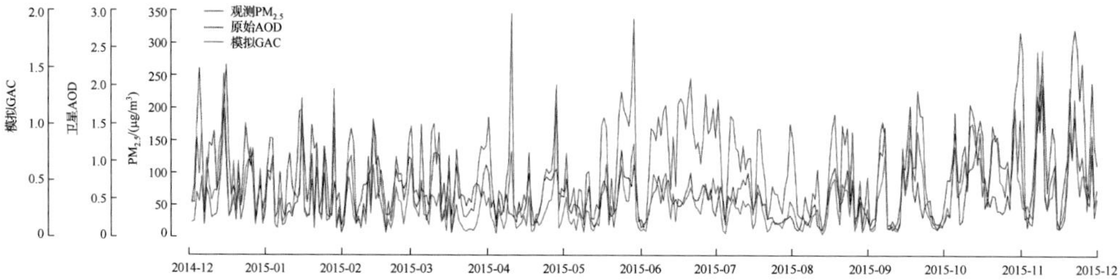

图 16.6 $PM_{2.5}$、卫星 AOD 和自动微分(AD)模拟 GAC 的时间序列图

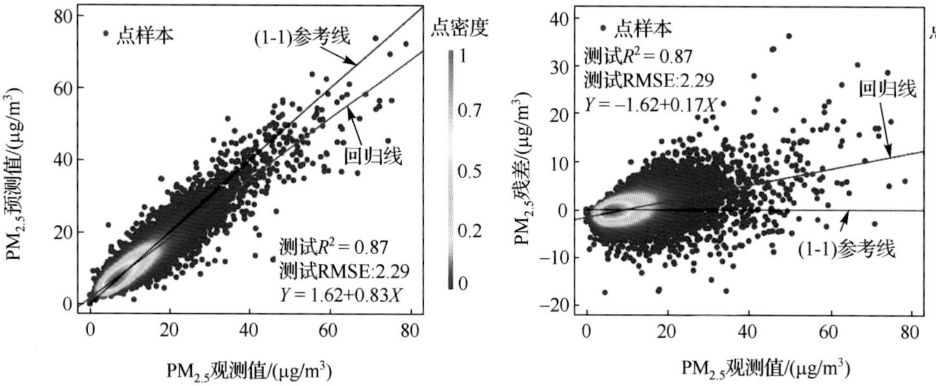

(a) $PM_{2.5}$观测值与预测值

(b) $PM_{2.5}$观测值与残差

图 17.6 $PM_{2.5}$ 观测值与预测值和 $PM_{2.5}$ 观测值与残差的散点图

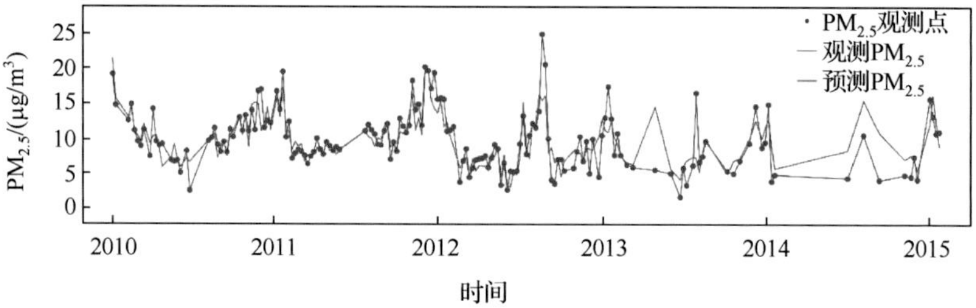

(a) 站点a(2010-01-04～2015-01-19)

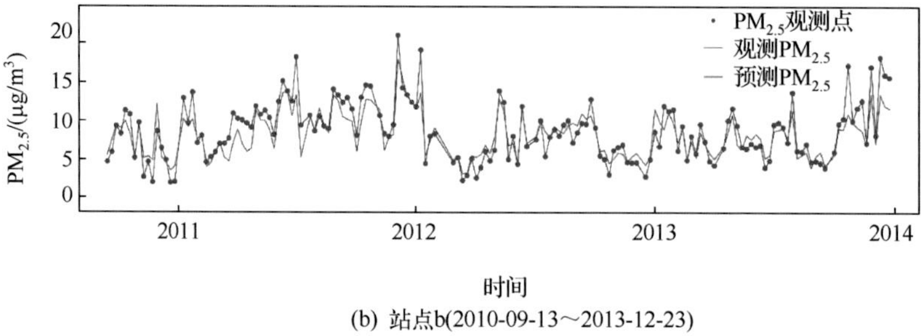

(b) 站点b(2010-09-13～2013-12-23)

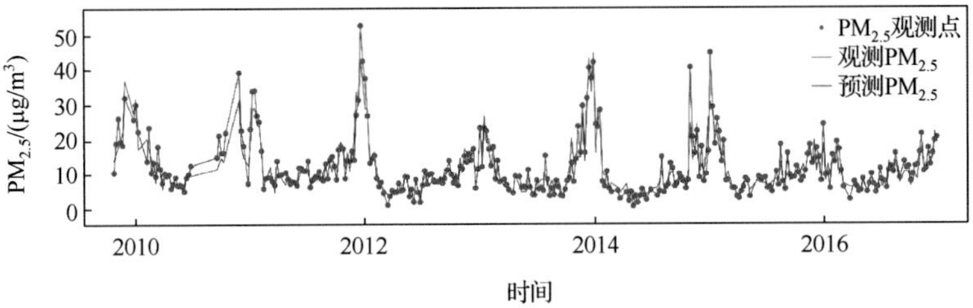

(c) 站点c(2009-10-26～2017-11-20)

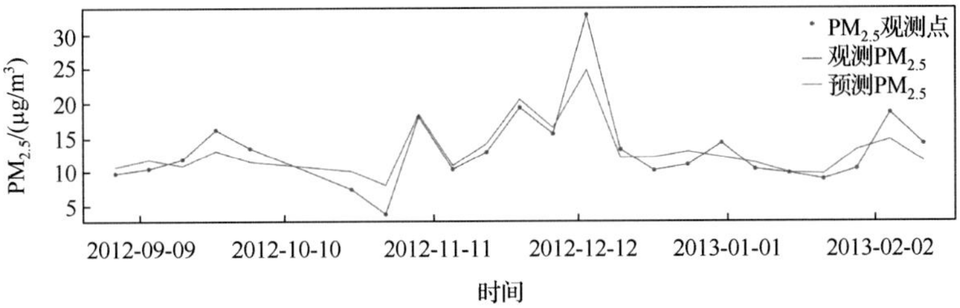

(d) 站点d(2012-08-27～2013-02-11)

图 17.7 独立试验中 PM$_{2.5}$ 观测值与预测值的时间序列

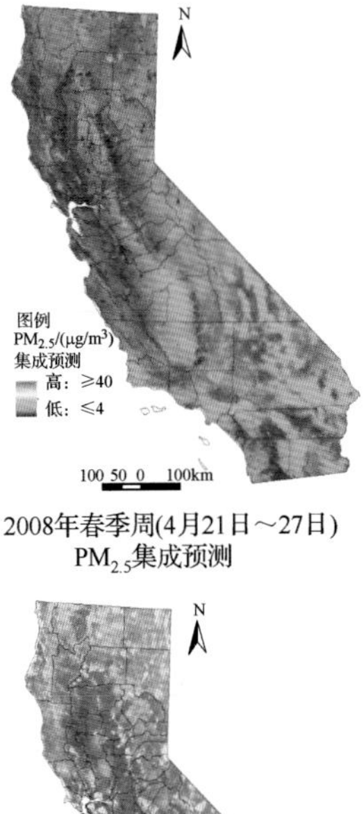

(a) 2008年春季周(4月21日～27日)
PM$_{2.5}$集成预测

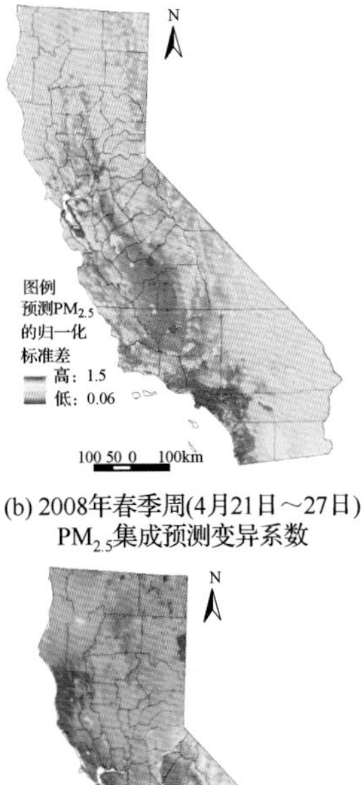

(b) 2008年春季周(4月21日～27日)
PM$_{2.5}$集成预测变异系数

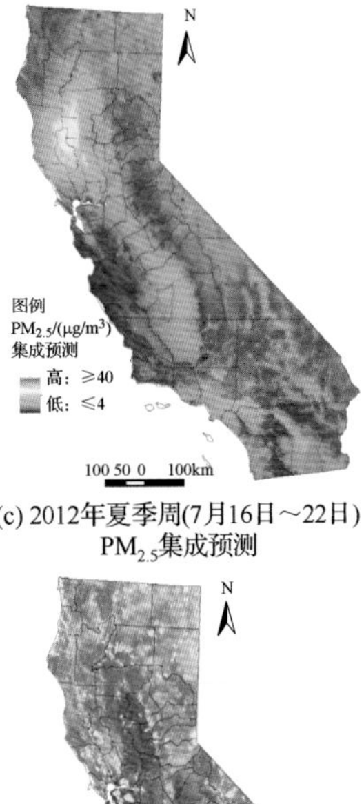

(c) 2012年夏季周(7月16日～22日)
PM$_{2.5}$集成预测

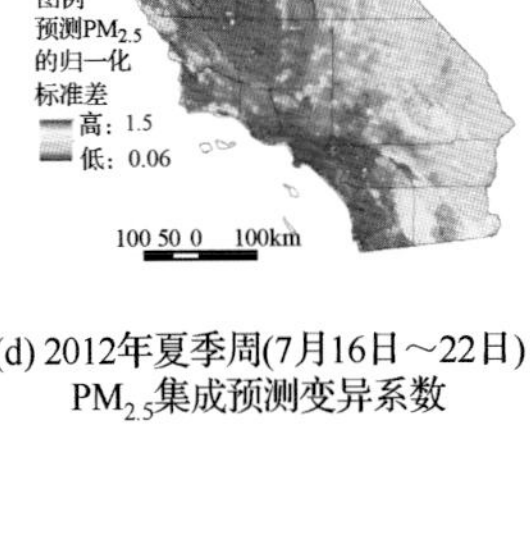

(d) 2012年夏季周(7月16日～22日)
PM$_{2.5}$集成预测变异系数

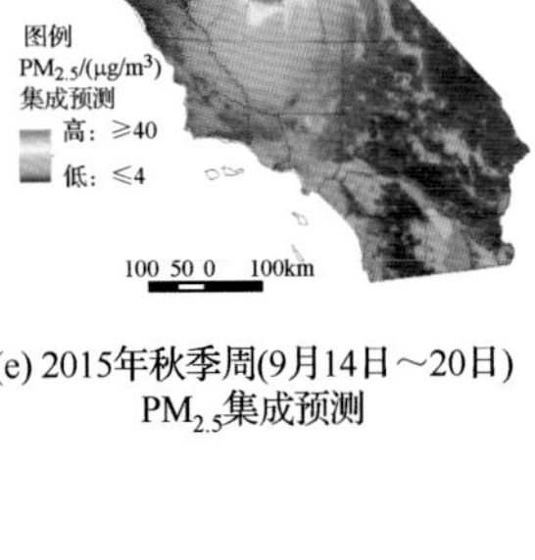

(e) 2015年秋季周(9月14日～20日)
PM$_{2.5}$集成预测

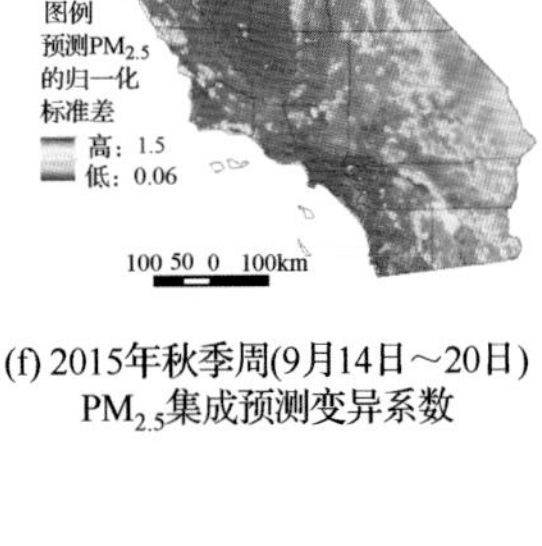

(f) 2015年秋季周(9月14日～20日)
PM$_{2.5}$集成预测变异系数

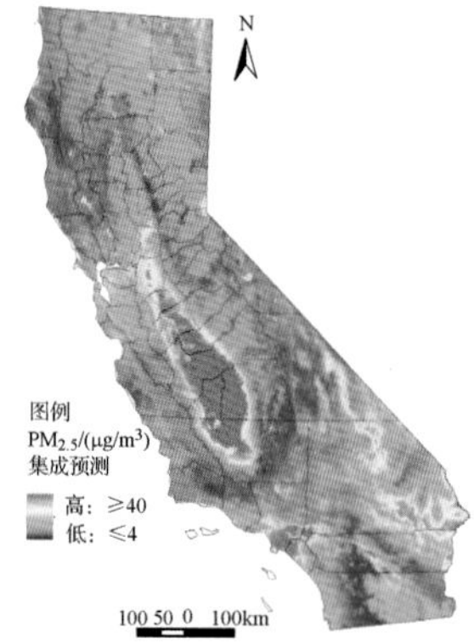

(g) 2017年冬季周(12月25日～31日)
$PM_{2.5}$集成预测

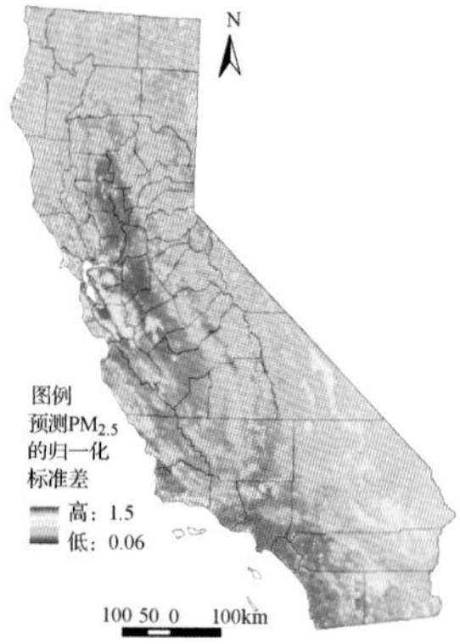

(h) 2017年冬季周(12月25日～31日)
$PM_{2.5}$集成预测变异系数

图 17.8　不同年份 4 个典型季节周的 $PM_{2.5}$ 集成预测表面及其变异系数